生态工业系统理论与实践
——兼论生态宜居城市和产业低碳发展

李健　周慧　郝珍珍　高杨　康懿/著

天津市哲学社会科学规划后期资助项目（TJGLHQ14）

教育部哲学社会科学研究重大课题攻关项目（15JZD021）

科 学 出 版 社

北 京

内 容 简 介

本书系统地阐述了生态工业系统和生态宜居城市建设的基本原理及方法，并对近年来全球范围内迅速兴起的碳市场这一生态工业系统应用的前沿领域进行了相关理论与运行机制的论述，主要包括生态工业系统、生态宜居城市及碳市场的基本元素和特征、评价指标体系、运行机制和国内外典型案例分析等内容。

本书有助于加深读者对生态工业系统及生态宜居城市的理解，促进我国与国际间的生态工业系统及生态宜居城市的接轨，可读性强；可供环境管理和城市规划部门的管理人员，从事生态学、环境科学和管理科学等相关专业和领域的科研人员及广大科研院校的师生参考阅读；对于碳市场关联机构的从业人员、科研工作者和社会公众具有普及作用。

图书在版编目（CIP）数据

生态工业系统理论与实践：兼论生态宜居城市和产业低碳发展/李健等著. —北京：科学出版社，2017.2
　　ISBN 978-7-03-051662-6

　Ⅰ. ①生… Ⅱ. ①李… Ⅲ. ①工业生态系统–研究 ②城市环境–生态环境建设–研究　Ⅳ. ①X171 ②X21

中国版本图书馆 CIP 数据核字（2017）第 021642 号

责任编辑：徐　倩/责任校对：贾伟娟　彭珍珍
责任印制：张　伟/封面设计：无极书装

科 学 出 版 社 出版
北京东黄城根北街 16 号
邮政编码：100717
http://www.sciencep.com

北京厚诚则铭印刷科技有限公司 印刷
科学出版社发行　各地新华书店经销

*

2017年2月第 一 版　开本：720×1000　B5
2017年2月第一次印刷　印张：36
字数：714 000
定价：150.00 元
（如有印装质量问题，我社负责调换）

序

党的十八大把生态文明建设放到了突出位置，以独立篇章系统提出了今后五年大力推进生态文明建设的总体要求，并把生态文明建设放在事关全面建成小康社会更加突出的战略地位，将其纳入社会主义现代化建设的总体布局"五位一体"的建设中。

产业生态化和城市生态化是实现生态文明的重要途径，改革开放以来，我国工业化和城市化速度一直处于一个较高的水平，经济增长势头强劲。随着经济和社会快速发展，人口、资源和生态问题也面临严峻的考验。持续增长的现代化需求、大规模的基础设施建设、高物耗和高污染型产业、密集的人类开发活动给生态系统造成了极大的威胁。现代工业系统的形成与发展及城市规模的逐步扩大致使工业、城市二者的发展与生态环境的矛盾日益突出。这种矛盾突出表现在：一方面是生产及城市规模的不断扩大、生产地域的不断扩张、产品品质的不断提升和产品种类的日益丰富；另一方面是自然资源消耗量的急剧增长和生态环境恶化程度的增加。

生态工业系统是效仿自然生态系统，利用生态系统整体性原理，将各种原料、产品、副产物及废弃物利用相互联系与作用组成的共生网络。在生态工业共生网络中，一个企业或部门进行工业生产时所产生的工业垃圾被视为"副产品"，作为另一个企业或部门的原材料，供其生产使用，形成"资源→工业垃圾→资源"的模式，形成资源和能源利用率高、经济与生态效益双赢的体系，实现经济可持续发展。生态工业园是通过模仿自然界生态系统的运作模式，按生态学规律来规划、组织工业生产的发展模式，有可能从根本上实现资源、能源、环境和生态的良性循环，实现经济社会的协调、可持续发展。生态宜居城市是城市发展到后工业化阶段的产物，是城市社会、经济、环境协调发展的结果。生态宜居城市具有丰富的内涵，包括城市的社会生态化、经济生态化、自然生态化及社会-经济-自然复合系统的生态化，在这四个方面，自然生态化是实现城市生态化的基础，经济生态化是实现城市生态化的条件，社会生态化是实现城市生态化的目的，社会-经济-自然复合系统生态化是实现城市生态化的前提。

本书根据目前国内外生态工业系统和生态宜居城市的发展情况，比较全面系统地阐述了生态工业系统和生态宜居城市建设的基本原理及方法的基本知识，主要内容有生态工业系统理论基础、生态工业系统设计、生态工业系统运行、生态工业系统模型及实例、生态工业系统评价、生态工业系统健康分析与评价、生态工业园典型案例；生态宜居城市建设的相关理论、生态宜居城市设计规划与建设、生态宜居城市建设的评价、生态宜居城市建设的典型案例；产业低碳发展的相关理论、产业环境绩效测度与评价、碳减排政策工具与运行机制、金融服务系统及传导机制。

　　本书分为上、中、下三篇共计十五章。上篇七章，主要是对生态工业系统运行、设计、分析与评价，研究经济、社会和环境各因素对生态工业系统的影响，以系统的、全面的、量化的、科学的技术方法，研究如何使生态工业系统边界内整体效益最大化，并运用系统工程理论，探析园区范围内资源流动规律，构建生态工业园物质能量循环框架；建立企业间副产品交换模型，分析区域工业发展生态产业链构成，探寻园区经济发展与环境资源效率提升的有效路径。中篇四章，以生态宜居城市为对象，论述生态宜居城市建设的相关理论、生态宜居城市设计规划与建设、生态宜居城市建设的评价、生态宜居城市建设的典型案例。下篇四章，以产业低碳发展为对象，论述产业低碳发展的相关理论、产业环境绩效测度与评价、碳减排政策工具与运行机制、金融服务系统及传导机制。

　　本书经天津理工大学苑清敏教授、唐燕老师审稿，并且得到了天津大学高杨、王博和王庆山等博士及天津理工大学相关研究生的支持与帮助，在此深表谢意。

　　本书所涉及的许多理论尚处于实践、探索和完善阶段，以及作者自身的学识和水平有限，书中存在不足之处在所难免，欢迎各位专家、同行和广大读者批评指正。

李　健

2016 年 10 月于天津

目　录

上　篇

生态工业系统篇

第一章　生态工业系统理论基础

第一节　生态工业系统内涵及结构

一、生态工业系统发展

从 18 世纪发起的工业革命发展到今天，由于无节制使用资源和对生态环境的严重破坏与污染，传统工业发展模式（资源的线性利用模式）受到全球广泛质疑与挑战，在这种背景下生态工业的概念应运而生。美国哈佛大学教授罗伯特·福罗什（Robert Frosch）和尼古拉斯·加罗布劳斯（Nicolas Gallopoulos）于 1989 年 9 月，首次在《制造业的战略》一文中指出，生态工业是一种仿照自然界生态过程物质循环的方式来规划工业系统的工业模式，它的核心是物质循环利用。生态工业系统（industrial ecosystem）是以自然生态系统理论和工业生态学为理论基础，通过将工业系统内的物料流、能量流和信息流相互关联，建立资源和能量梯级网状利用模式的工业系统，以达到优化利用资源和能源、缓解环境污染的可持续发展目标。

1989 年美国通用汽车公司的研究人员首次提出生态工业系统的概念：在一个封闭的循环系统中，各企业依据合作互惠互利的原则，通过物料流、能量流和信息流相互关联，以对方生产过程中产生的废弃物作为本企业生产过程的原料或能源加以利用，从而使资源浪费得以缓解。在这个封闭的循环系统中，类似于自然生态系统中的生物链：一个企业生产出的产品或废物是另一个企业的原材料或能源，各个企业之间通过"工业生态链"进行交流，从而建立了一种共生、伴生或寄生的关系。这样多条生物链相互交织便构成了高级的生态工业网络系统，即生态工业系统。因此，生态工业系统中各企业之间通过上述这种有序但纵横交错的联系，使物质和信息等得以流通，使其流到系统外环境中的量减至最小，从而使外界生态环境得到保护。

生态工业系统可以建立在企业内部或者由联合企业构成的企业群落，也可以是在一个包含若干工业企业及农业、居民生活区等的区域系统——生态工业园区的范围内建立。在生态工业系统内的各过程实现清洁生产，减少废物，在各过程之间进行物质、能量和信息的交换，实现资源的有效利用和物质循环，使整个系统对外界排放的废物最少。建设生态工业系统是减少环境污染、实现可持续发展的一个有效途径（顾培亮，2000）。

生态工业系统理论的主要实践表现形式有工业共生体系（industrial symbiosis

system，ISS）、生态工业园区（eco-industrial park，EI）和静脉产业园（venous industrial park，VIP）等。生态工业系统并不强调追求工业生产过程中特定工序、特定流程的资源能量充分利用，而强调通过工序之间、流程之间、工厂投入产出之间的合理搭配，达到资源能量综合利用的最大化，这正是生态工业学研究的独特之处（周劲松等，2009）。

二、生态工业系统定义

传统工业经济视经济生产为一个孤立体系，以经济效益最大化为唯一合理目标，是一种片面思维理念，它忽略了自然生态系统对经济具备反作用及自然生态系统容量有限，严重违背了自然规律。传统工业经济以"高开采、高消耗、高污染、低效益"为特征，但是伴随快速提升的社会生产力、迅速扩大的经济规模，这种经济模式必然导致环境的极大破坏、资源枯竭及生态的严重退化，最终毁坏人类赖以生存和发展的前提条件——资源基础与良好的生态环境。这也促使人类必须把自然生态系统和社会的经济发展结合起来考虑。

工业结构生态化就是应用法律、行政、经济等手段，把工业系统的结构规划成由三大工业部分——资源生产、加工生产和还原生产构成的工业生态链。其中，资源生产部门主要为工业生产提供初级原料和能源，承担不可更新资源、可更新资源的生产及永续资源的开发利用，并以可更新的永续资源逐渐取代不可更新资源为目标，相当于生态系统的初级生产者；加工生产部门则通过对初级资源的加工，将其转换成可满足人类生产生活需要的工业品，实现生产过程无浪费、无污染，等同于生态系统的消费者；还原生产部门对各副产品进行无害化处理和再资源化从而将其转化为新的工业品。

生态工业系统将相关的工业企业组合在一起，通过废弃物的循环利用使系统共生共存、相互依赖，即某一家企业的废物是另一家或几家企业的原材料，实现资源的利用率最大化，从而将企业对环境的污染和破坏降到最低。与自然生态系统相比，生态工业系统是人造的，是人类仿照大自然而特意设计出来的。

生态工业系统内的工业链接受市场经济规律的制约，同时也必须顺应自然生态规律。生态工业系统将工业园区这样一个人工生态系统设想为自然生态系统，并通过工业代谢研究物质、能量和信息在内部的流动与存储，利用生态系统整体性原理及物理、化学成分间的相互联系、相互作用，互为因果地将各种原料、产品、副产物乃至所排放的废物，组成一个结构与功能协调的共生系统（郭莉，2003）。

生态工业系统的目标是使系统内各个生产过程从原料、废物再到产品的循环，能够满足能源、投资及资源的最优利用，即最大化资源利用效率及最小化污染排放，最终实现生态与经济、人与自然的和谐共处及可持续发展。从全球化的角度来看，生态工业系统可以看成是由不计其数的相关工业子系统按照一定的规律和需求构建而成的复杂的整体网络，并且这些子系统涉及不同的原料、地域和行业。生态工业真正的核心是仿照自然系统的运行情况构建工业体系的运行模式，而不是简单地把生物生态系统概念与生态工业系统概念进行类比。

目前，生态工业系统被理论界下了很多定义。比如，周劲松等基于生态工业理论的观点，将生态工业系统定义为：基于经济学原理和工业生态学，应用经济规律、系统工程和生态规律的方法来管理和经营的现代化的工业运行系统，其主要特征为废弃物的多层次、多结构、多功能和网络化综合利用（周劲松等，2009）。综合前人优秀观点及团队研究结论，本书更倾向于这样定义生态工业系统：在一定的空间范围内，由产业群落及无机或有机物质、能量、经济体制、人文观念、环保政策等其他非产业因素构成的一个相互作用、相互依存的生态型产业功能单元，并且在这种功能单元内，不论是物质流，还是价值流、能量流等均处于一种有序稳定的、自我调节的良好状态（曲格平，1994）。

三、生态工业系统的系统构架、分类

（一）生态工业系统结构

从上文可以知道，相互关联的工业子系统所组成的庞大网络可以视为工业生态系统。各个工业子系统之间存在很多联系，可以用生态工业链的方法把各个工业子系统联系起来。这些联系主要受决策者所要达成的目标及系统中的资源、信息和产品等因素的影响。

深入认识生态工业系统，我们必须清楚意识到社会系统是它的组成环境。从微观层面来说，社会系统主要包括公司、组织、机构、工业园区、地区甚至可以是整个国家；从宏观层面来说，社会系统主要涉及社会政治系统、社会经济系统、社会意识系统等。研究生态工业系统，就不能避免对社会系统进行研究，二者是相互依赖、相互影响的关系。为了最大限度地简单又准确地把问题描述清晰，我们可以忽略某些技术实现层面的一些细节，而尽可能地注重对特定区域的生态工业系统的考量，生态工业系统是层次较多、结构较复杂的一个系统，具体见图 1-1（张文红和陈森发，2004）。

图 1-1 的首层是生态工业系统，末层主要包括材料、维数及具体产品的其他参数。中间三层由公司层、产品层和许多子系统层组成。由图 1-1 可知，生态工业系统包含彼此密切联系的层次与系列。从纵向角度看，它是由串行树枝状的结构组成；从横向角度看，它是链状、网络状及原子结构状的各个"系统元"，而各"系统元"之间的联系方式是物质流、能量流及信息流。各子系统相互之间存在着统一性、各向异性及非均质性。

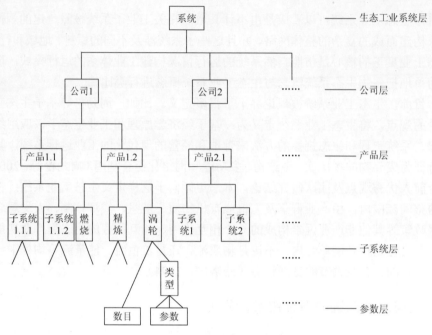

图 1-1　多层生态工业系统

（二）生态工业系统构成要素

1. 系统的诸部件及其属性

可将系统的部件分为结构部件、操作部件和流部件三种。其中，结构部件相对固定；操作部件主要负责执行过程的处理；流部件则是用于物质流、能量流和信息流的交换，而结构部件和操作部件等又会限制交换能力。虽然三种部件各自属性不同，但在整体上其组合结构影响着系统的特征和行为。例如，电阻、电感、电容等电子元件及电源、导线、开关等部件的连接或组合，就形成了电路系统的属性。系统是由许多部件组成的。当系统中的某个部件本身也是一个系统时，就可以称此部件为该系统的子系统。子系统的定义与上述一般系统的定义类似。例如，城市系统是由该城市的交通系统、资源系统、商业系统、市政系统、卫生系统等部件组成的，而这些部件本身又各自成为一个独立的系统。所以，可将交通系统、资源系统、商业系统、市政系统、卫生系统等都称为城市系统的子系统（周先波，2001）。

2. 系统的环境及其界限

在一定的外界环境条件下，系统才能运行，系统和环境之间相互影响。对于物质系统来讲，系统与环境的界限由基本系统结构和系统的目标来确定。对于抽象系统界限的划分与确定则主要取决于分析人员或决策者。例如，企业未来发展的经营战略系统，或者说企业决策分析系统，对某个决策者来说，能以该企业目前已经占领的国内市场规模作为分析的主要范围，于是就圈定该企业决策分析系统的环境是属于一国的界限。但是如果换了另一位企业家，他的雄心很大，希望自己经营的企业在今后能扩展成一个跨国公司，占领世界市场，在这种情况下，该企业的决策分析系统必然会以世界作为环境来确定界限（Jacobsen，2006）。

3. 系统的输入和输出

系统与环境的交互影响就产生了输入和输出的含义。从图 1-1 可以看出，外界环境给系统一个输入，系统进行处理和变换，产生一个输出，从而再返回到外界环境。系统中的部件是输入、处理、变换和输出活动的执行部分，即一个理想的系统在目标或要求明确之后，相应地处理变换系统的部件，并提供系统所期望实现的目标输出，最后将信息再返回到环境中。如果形象地来描述输入、输出和系统的关系，把系统从环境中分离出来的界限就好似一个滤波器，通过它来调整输入与输出的关系。如果在输入、处理和输出活动之外，再加入反馈活动，则该系统就具有更为完备的系统功能。系统与环境之间存在输入和输出的交互影响，或者说，系统与环境之间进行物质、能量和信息的交换，该系统称为开放系统（opened system）。如果没有交换，该系统就称为封闭系统（closed system）。在现实世界中绝大部分的系统都是开放系统，因为任何系统总是或多或少地要与包围它的环境进行某种类型的物质、能量或信息交换（蔡明，2002）。可以通过一个系统的输出来了解它的行为，并且可以利用系统输出的信息反馈反过来调整输入。例如，以某工厂的生产和管理活动为内容所形成的一个物质系统，其外界环境有社会供应系统和社会商业销售系统。该工厂通过社会供应系统获得原材料、动力、资金等的物质输入，通过工厂生产和管理系统的经营活动生产出各类批量产品作为系统的输出，送交商业销售系统供应社会的需要。根据顾客的反映，销售部门把对产品类型和质量、数量等的要求以信息形式反馈给工厂，希望工厂改进生产计划或产品质量等。工厂根据各方面的信息及改变后的生产计划，向社会供应系统反馈信息，对其供应的原材料、动力等提出新的要求。这种周而复始的系统活动构成了一个输入、处理、输出和反馈的系统。

（三）生态工业系统分类

根据系统内各产业之间的相互关系，生态工业系统主要包括以下三种类型的形态框架。

1. 共生型生态工业系统

图1-2　共生型生态工业系统

这类系统内，产业主要是主动产业，而且，系统内由被动产业和主动产业组成的共生关系很少。主动产业基于"平等互利、互通有无、优势互补"的基本原则实现生态、经济的协同进化，二者共存于同一环境中，最终实现环境及经济等各个方面的共生或者双赢。图1-2是一个简单的共生型生态工业系统。

2. 寄生型生态工业系统

与共生型生态工业系统不同，寄生型生态工业系统中有明显的主动产业和被动产业（即寄生产业）之分。寄生产业通常从主动产业（即被寄生产业）寄主处获取自身生产所需的各种原材料，并且以此减轻被寄生产业的环境污染压力（张文红和陈森发，2004）。但是在工业生产过程中，这种寄生关系不同于自然生态系统中的寄生关系，因为这种寄生关系不会对工业寄主的生存造成威胁，也不会最终导致寄主的死亡。现代工业生产的技术水平，导致了工业生产过程中废物的大量产生。这也使得寄生型生态工业系统将会成为一种极其普遍的模式。图 1-3 是一个简单的寄生型生态工业系统的示意图。

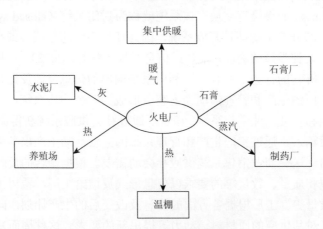

图1-3　寄生型生态工业系统

3. 异生型生态工业系统

异生型生态工业系统是通过一连串前后彼此关联的产业构成一个连续的"链状"的生态工业系统稳定模式。在这种模式中，多个厂商生态协同。图1-4是一个异生型生态工业系统的示意图。

图 1-4　异生型生态工业系统

现实中的生态工业系统并不存在如此明显的分类，而是由以上三种最基本的结构形态组合而成的复杂生态系统。

第二节　生态工业系统的基本特征

一、开放性与综合性

系统开放性是指系统对象、系统环境及子系统相互之间存在着信息、能量和物质的交换。组成生态工业系统的各个生产过程是彼此关联的，它们各自产生的废物是其他生产过程的原料。生态工业系统的根本目的是要各个生产过程中的原料、废物到产品的整个过程中能够形成物质循环，并且能够最大化地利用投资、资源与能源。生态工业系统的核心是要研究自然生态系统的运行规律和模式，并合理地运用到生态工业系统中，使人类社会能得到可持续发展（周哲，2005）。

一般生态工业系统的另一个基本属性是综合性，系统的组成要素、结构、功能、环境及其内部的综合性因素决定了系统的发展和演化，但是这种综合作用很不平衡，其中各因素所扮演的角色不同，起的作用也不同。系统的综合性越强，系统的生存能力也越强，系统对人类的价值也就会越高。

工业生态学指出工业系统是自然生态系统内的一个子系统，这就决定了必须通过了解二者之间的矛盾，解决工业系统与社会经济系统等子系统之间的各种联系，采用系统科学的集成与综合的研究方法化解二者之间的矛盾。此外，工业生态学还强调在解决工业活动对局部、区域的环境影响的同时，还要解决对地球生命保障系统的影响，即要对研究问题系统看待。工业生态学的研究对象是自然生态系统与人类的社会经济系统及二者之间的联系，它涵盖了自然科学问题、工程技术科学问题及人文与社会科学问题。在近 20 年间，特别是自然科学、工程技术科学、人文与社会科学等的介入，以及学科交叉学习和研究的不断深入和发展，必将逐步形成一门多学科交叉与共融的、崭新的综合性学科（周哲，2005）。

二、复杂性与有序性

生态工业系统的复杂性主要表现为：工业系统是由社会、经济、环境三个子系统复合而成，不仅构成要素比较多，而且产业种类复杂，系统内各组分间成网状结构，所要研究的目标系统中的子系统种类非常多，并且它们彼此之间有形式和层次的交互作用。同时，整个系统之间存在着很多层次，有时甚至会不知道到底有多少个层次。而生态工业系统的有序性表现为资源能量的输出输入搭配合理。因为，虽然系统不同的组成部分具有各自的活动主体和功能主体，而且数量众多，但是不同的主体都会根据接收到的总体"环境"信息，根据系统规则调整自身的行为和状态，使系统在整体上显现出职能的有序性。站在系统论角度来考虑，若要保持一个生态工业系统的稳定性，那该系统就必须具备非常合理、科学的层级结构，必须达到系统复杂性与有序性的平衡，这也是生态工业系统区别于传统工业系统的特点。

三、稳定性与刚性

生态工业系统的稳定性指的是生态工业系统内所有节点流量的稳定性，即系统内所有节点从初始偏离状态恢复到平衡状态的能力。生态工业系统能够自动建造、调节和修补，从而维持其本身的动态平衡。生态工业系统，主要是通过人工干预经过一系列的动态过程持续不断来反映系统稳定性。生态工业系统的结构，如企业数量、层次布局等，主要受人的因素控制，因此生态工业系统的稳定性不是主要研究系统结构，还研究系统功能。从系统论角度出发，生态工业系统的稳定性是一种动态的、开放的、相对的、整体的稳定。与稳定性相对立，生态工业系统的另一个特性——系统刚性（生态工业系统的刚性包含输入刚度和输出刚度两种）指的是生态工业系统内的节点物质在系统流中表现的产量的不稳定程度。其中，系统的输出刚度越大，系统流量的变化幅度就越大，影响系统其他成分的可能就越大。通常，节点的源汇途径越少，源汇强度越集中，其表现的刚性越大。生态工业技术、市场竞争等方面是影响节点刚度的根本因素，但也可通过将生态工业系统合理设计，以达成降低生态工业系统刚性、规避市场与相关技术风险的目标。

四、自组织性与协同性

生态工业系统自组织性是指生态工业系统在系统内外因素的共同作用下，自发组织，从无序到有序、从低级到高级的有序变动。自组织性是系统自发的运动，指一个系统在内在机制的驱动下，自行从简单向复杂、从粗糙向细致方向发展，不断地提高自身的复杂度和精细度的过程，它是不受特定外来干扰而进行的。值得注意的是：第一，系统的自组织包括系统的进化与优化，系统的自组织在强调系统的自发运动的同时，还强调自发运动过程也是自发形成一定的组织结构的过程；第二，系统的自组织不能离开环境而独自存在，只有开放系统才有自组织，所以系统的自组织也是相对的。因为生态工业系统是由许多子系统组成的，是一个开放、复杂的系统，所以，在其形成过程中具有协同学的特性。在具有协同性质的生态工业系统中，各子系统的行为由序参量支配。因此，协同学中的协同是指在序参量支配下形成的子系统之间的协同运动，它是系统走上有序及形成演化序列的原因。

第三节　生态工业系统分析的概念及逻辑流程

一、生态工业系统分析概念

"系统分析"（systems analysis）一词最早是在 20 世纪 30 年代研究管理问题中提出的。随后，在各个学科领域系统分析方法都得到了广泛应用。系统分析方法与传统解析研究方法不同，后者是先将事物分解为各个独立的部分，再分别加以研究，而系统分析方法则采用综合研究方法，通过引入系统的概念将事物看成一个整体，从系统整体结构出发分析系统各个组成部分的相互联系及同外部环境之间的交互关系。系统分析以人类活动为主要研究对象，由于人类活动不可避免地要与自然系统发生必然联系，并产生交互影响，所以对某个事物进行系统分析时，必须充分考虑对自然系统的影响及其对系统的反作用（孙东川和林福永，2004）。

虽然人们早已提出系统分析并在专业领域进行了广泛的应用，但是迄今为止，对于系统分析并没有一个相对统一的概念。不同时代的学者从自身领域出发结合自身经验对系统分析的概念作了阐述。而本书中主要引用美国学者奎德（Quade）在 1987 年出版的《系统分析手册》中给系统分析下的一个定义，"系统分析是通过一系列步骤，帮助领导者选择最佳方案的一种系统方法。总的来说，这些步骤主要是：将领导者提出的整个问题进行研究，确定目标，设计出方案，并且根据各方案的可能结果，通过适当的方法对各个方案进行比较，以便可以根据专家的判断能力和经验解决问题"。本书把系统分析描述为：针对系统的功能、目的、环境、效益、费用等问题，通过运用充分而有效的调查研究，收集相应资料信息并对已经获得的资料信息进行分析研究处理，在此基础上，明确系统目标并制订相应的备选方案，通过优化分析和模型仿真实验及对各方案做出的综合评价等措施，从而为系统的设计、决策及最终的实施提供可靠的依据。

生态工业系统通过成员之间副产物和废物的交换、能量和废水的逐级利用、基础设施的共享等方式，组成了一个工业共生网络，系统中各过程通过物料流、能量流、货币流、信息流互相关联。生态工业系统与一般的工业系统相比，其物质利用的模式更为复杂。

生态工业系统分析即工业生态学理论、动力系统学运用层次分析法、模糊评价法、混合指标层次模糊综合评价法等定量方法的有机融合，目的是把整个工业体系改造成闭环生态系统，在该闭环系统中，包括能源、水及原材料在内的各种资源循环流动。对生态工业系统进行设计、分析与评价，研究各因素对生态工业系统的影响，以整体的、全面的、量化的、科学的技术方法研究，以使生态工业系统边界内整体效益最大化，从系统的角度考虑，提倡在园区内进行资源的循环流动，鼓励副产品在企业间的交换，从而使副产品变"废"为"宝"，在创造经济效益的基础上提高园区的环境表现及资源效率，进而从根本上改善工业发展过程中的环境问题，提高环境资源的利用效率（顾培亮，2000）。其显著特点是：把研究对象视为一个整体，强调定性分析与定量分析的结合、部分与整体的结合、系统要素与外部环境的结合，真正做到如实详尽地分析各子系统间、系统和环境间的相互作用及其动态变化过程。

二、生态工业系统分析的逻辑流程

（一）生态工业系统分析的目的

上文提到生态工业系统分析是工业生态学理论、动力系统学运用层次分析法、模糊评价法、混合指标层次模糊综合评价法等定量方法的有机融合，即运用系统分析的理念和方法，采用各种系统分析评价方法，对生态工业系统的建立、实施、优化等环节提出各种可行性方案，以便决策主体做出最优决策。目的是把整个工业体系改造成闭环生态系统，在该闭环系统中，包括能源、水及原材料在内的各种资源循环流动，进而从根本上改善工业发展过程中的环境问题，提高环境资源的利用效率（顾培亮，2000）。

环境与系统彼此关联、相互依存，这种关系在生态工业系统中尤为重要。生态工业系统所处的环境往往影响着该系统的状态及存在的问题，因此，若要接近问题进而更好地解决问题，就必须对环境及环境与生态工业系统的关系进行深入的了解和分析研究。环境影响的作用、生态工业系统的输入所发生的变化也是环境影响作用的主要体现，也标志着系统功能的发挥。

系统目标是生态工业系统分析和设计的出发点，它是生态工业系统所追求目标的具体化。目标分析的主要任务是：论证生态工业系统目标是否合理、可行、经济并根据生态工业系统目标分析的结果建立系统目标的指标体系。

生态工业系统分析主要是指生态工业系统结构分析，主要是为了更好地找出系统构成上的相关性、整体性等特征，进而使系统的组成要素及它们彼此之间的关联程度在分布上达到最优的状态。下列公式有效地表达了系统结构分析的这一思想。

$$E^{**} = \max p(x,r,c), p \to G, p \to 0, \text{Sopt} = \max\{S / E^{**}\} \qquad (1\text{-}1)$$

其中，x 是系统要素的集合；r 是系统要素的相关关系的组合；c 是系统要素及其相互关联在各层次上的分布；$p \to G$ 指 p 函数对应于系统目标集；$p \to 0$ 指 p 函数对应于环境因素约束集；E^{**} 指 p 函数在两个对应条件下所能达到的最优结合效果；Sopt 指具有最佳结合效果的结构中能给出的最大的系统。

（二）生态工业系统分析的作业活动

生态工业系统分析遵循一般系统分析方法，作业活动程序包括以下几个方面：问题状况、系统研究、系统设计、系统量化、系统评价、方案确定。其中系统研究、系统设计、系统量化、系统评价属于专业系统分析人员的常规工作内容，需要专业人员之间的有效沟通得以实现。而问题状况和方案确定需要专业人员和决策人员互相沟通进行信息反馈后才可能产生较满意的结果，如图1-5和图1-6所示。

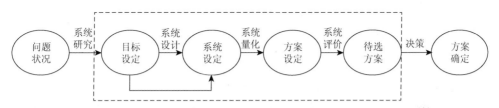

图 1-5　系统分析的程序构成

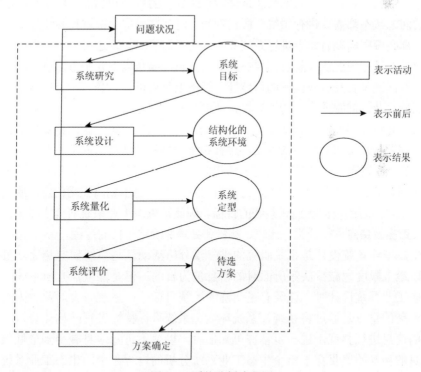

图 1-6　系统分析流程图

从生态工业系统分析流程角度出发，系统分析研究问题状况及系统目标的最终确认，是整个生态工业系统分析中的决定性活动，是一项开创性的过渡活动。因为凭借对外部环境刺激的反应和主观感受提出内部存在的问题，这种对问题的描述大多是一种定性表达，这种定性表述往往无法准确抓住系统问题的要害，难以满足系统设计和量化等技术性较强的工作的需要。只有对问题进行分析，从中剥离大量无关信息，确定系统目标，系统的界限与约束、系统的可行性方案等活动才可以陆续进行。生态工业系统研究主要包括四个步骤，即发现问题、界定问题、分析问题及确认目标等，如图1-7所示。

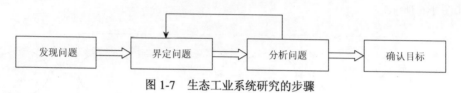

图1-7　生态工业系统研究的步骤

提到问题状况，不得不对问题有个明确的界定。从生态工业系统分析角度看，问题是指系统实际状况不同于期望状况的状态。问题状况是决策主体在一定的时空范围上面临的问题状态。问题状态是进行系统分析的原因和起点。然而并不是所有发现的问题状态都需要进行系统分析和判断，对某些问题状况进行系统分析是无意义的。那么哪些问题有必要进行系统分析？这就需要对问题进行界定。生态工业系统中出现的某一问题状况是否需要进行系统分析需要从以下几个方面进行考虑：第一，判断问题是否具有被改变的可能性，经济上是否可行，是否符合价值准则；第二，明确涉及该问题的人、物和环境，他们是与该问题直接相关的研究对象，与时间要素一起将对问题的分析限定在一定范围之内；第三，该问题的特殊性，也就是说每个问题状况都有其特定的性质，进行系统分析就需要将与问题状况相关的研究对象做进一步的区分，确定与问题确切相关的部分，将关系不大的部分予以去除，以简化问题信息。在对问题状况进行分析的基础上，逐步剥离无用信息，明确研究对象，找出问题的根源后确认系统的目标。因此，生态工业系统研究实质上是一个对相关数据及信息进行分类、比较、解释和处理并确定目标的过程。

生态工业系统设计是系统研究的进一步分析活动。与系统研究相比，虽然两者都以最大限度地减少决策所面对的信息量为目的，但是侧重点有所不同。在进行生态工业系统设计时，已经有了明确的系统目标——系统研究对象。因而，其分析活动的重点是通过将系统、系统环境、系统目标特性进行结构化分析，对所获得的信息进行整理，进一步掌握可知信息，以使不可知信息减少到最低限度。对信息的精简始终贯穿于整个生态工业系统分析的过程之中。生态工业系统分析的目的便是在保证反映所研究问题本质的前提下，最大限度地减少需要处理的信息量。生态工业系统分析过程中信息量的变化如图1-8所示。

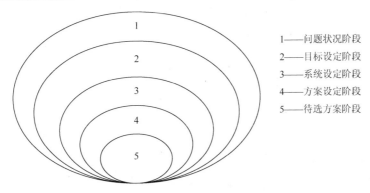

图 1-8　生态工业系统信息量变化图

　　作为系统设计的特殊形式，生态工业系统设计需要遵循系统设计的一般原则。

　　（1）准确性。该原则要求准确反映系统环境与系统目标之间的关系，强调系统设计的精确度。

　　（2）可操作性。也就是说在解释系统环境与目标的关系及具体操作上要做到简便易行。

　　（3）经济性。保护现有资源，在保证质量和满足需求的前提下，尽量减少成本。

　　不难发现，上述原则从不同角度对生态工业系统设计提出要求，所以在进行生态工业系统设计时需要根据目标特性，对上述原则作权衡，最大限度地保证决策质量。

　　像生态工业系统这类的社会经济系统所面临的系统环境是相当复杂的，既存在可控因素，也包含大量的不可控因素。由于不可控因素的客观存在，生态工业系统中环境与系统组成要素之间的关系具有不确定性，在设计阶段无法对系统的行为特性有一直观了解，这必然影响到系统决策的实际效果。所以对此类复杂系统，在系统设计阶段中需要特别强调设计过程的方法及系统各组成部分的因果关系，以此来确定设计结果的合理性和可行性。此外，需要对系统环境作进一步的交代。对系统环境的认识决定了系统决策的效果。系统环境是一个相对概念。特定系统对应特定环境；同一个问题因决策主体不同，所面临的环境也不同；系统与环境的界限随着系统目标的变动而发生变动。此目标下的系统环境会成为彼系统目标下的系统要素。

　　最后对生态工业系统设计的步骤作一总结：①按照生态工业系统研究所限定的目标及信息范围，确认系统要素；②从系统结构上分析生态工业系统环境与系统的构成要素彼此之间的关系；③分析生态工业系统的构成要素彼此之间的关系，画系统结构框图，将系统环境、系统目标和系统要素有机结合，以反映生态工业系统的行为特征。

（三）生态工业系统的逻辑分析步骤

应用系统分析的方法求解生态工业问题时，要保证在逻辑数学意义上考虑有关的因素和过程，主要包括明确需求、确定分析思路及计算准则、选定计算技术及模型、数据收集、可行方案的制订与评价、结果分析等过程，如图1-9所示。

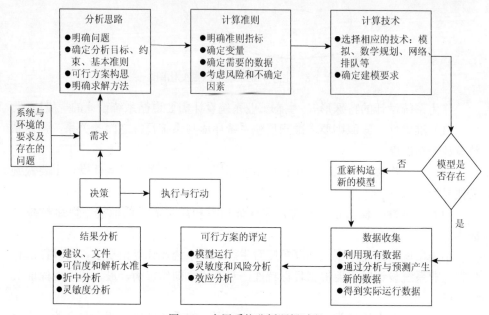

图 1-9　应用系统分析逻辑过程

第四节　生态工业系统分析的基本方法

工业生态学系统分析方法包括生态足迹法、物质流分析（substance flow analysis，SFA）法、能量流分析法、生命周期评价（life cycle assessment，LCA）、投入产出法（input output analysis，IOA）等。

一、生态足迹法

人类社会的可持续发展，必须建立在自然资源存量的维持及其可持续利用的基础之上。若要地球生态系统安全，就必须保证人类对自然系统所造成的压力处于地球生态系统的承载力范围内。所以，定量了解人类对自然资源的利用情况及定量测量人类的需求是否超出了生态系统的承载范围就成了持续发展评估的核心（张杰等，2007）。

生态足迹分析主要是指在考虑地球整体承载力的基础上研究可持续发展的相关问题。为了实现评估人类对生态系统影响的目的，可以通过生态足迹分析测量人类为了维持自身的生存而利用的自然资源的数量。一般而言，生态足迹可以用来度量人类消费的能源和物质数量，再利用相应的转换因子将其转换成海洋及陆地面积（即生物生产面积）。也正是通过"earth share"（即人均生物生产面积），生态足迹得以把个人与地区和全球的目标紧密联系起来。

某地区、国家甚至全球自然资源的利用情况都可以通过生态足迹计算。就自然生态系统而言，生态足迹可以通过测定人类所需与所得服务的差距，了解人类对整个生态系统的利用情况，最终通过生态足迹模型将人类对自然的消费量与自然资本承载量进行比较。通过生态足迹模型的运用，国外有学者计算了世界上52个国家和地区1993年的生态足迹，这些拥有世界80%人口和95%世界国内生产总值（GDP）的国家及地区对全球的可持续发展举足轻重。结果表明，这52个国家和地区的人类消费已超过了其生态承载力（ecological capacity）总和的35%。而存在生态赤字的有35个国家和地区，人均生态足迹超过全球人均生态承载力的国家和地区达到40个。具体而言，孟加拉国人均生态足迹最低，仅为0.7公顷；而人均生态足迹较大的国家分别是冰岛、新西兰及美国，分别为9.9公顷、9.8公顷及8.4公顷；冰岛、新加坡及日本的人均生态赤字比较大，分别为7.4公顷、4.8公顷及4.6公顷。包括美国、中国、俄罗斯、日本及印度在内的五个国家已经成为对地球影响最大的国家（岳强，2006）。

生态足迹指标主要有以下几个优点：交流和理解比较简单；地区消费与全球消费之间很容易建立联系，并且对于是否具备可持续性的评价也很容易进行；无论是物质还是行为或者服务，即使种类不同，也可以进行评价和比较；数据的计算及结果的得出是基于生态事实而非简单估计。

生态足迹的计算必须满足两个基本前提：①人类消费的大部分资源及中间产生的废弃物的数量都是可以测算的；②部分生物生产面积可由相应的资源流及废弃物流转换而成。在计算生态足迹的过程中，各种资源及能源消费必须分别折算为耕地、牧地、林地、化石燃料用地、建筑用地及海洋（水域）六种类型的生物生产面积。其中耕地提供了人类食物消费中的大部分生物量，是最有生产能力的。因为生态生产力不同，所以需要将上述六类生物生产面积分别乘上一个当量因子（equivalence factor）从而转化成具备相同的生态生产力的面积。就某类具体生物的生产面积而言，其当量因子就等于在全球范围内这种生物生产面积的平均生态生产力与所有生物生产面积的平均生态生产力之商。目前使用比较普遍的当量因子分别是：0.2（海洋）、0.5（牧地）、1.1（林地、化石燃料用地），2.8（耕地、建筑用地）。

生态足迹方法的相关计算如下。

对于某个地区而言，人类消耗的所有物质及能源所需要的包括陆地、水域在内的所有生物生产面积就是该地区的生态足迹。具体计算公式如下：

$$EF = N \times ef = N \sum (A_n) = N \sum C_n Y_n \tag{1-2}$$

其中，EF 是总生态足迹；N 是人口数；ef 是人均生态足迹（公顷/人）；n 是消费项目类型；A_n 是 n 种消费项目折算的人均生物生产面积；C_n 是 n 种消费项目的人均消费量；Y_n 是 n 种消费项目的世界平均生产能力。通过公式不难发现，生态足迹是由人口数与人均物质消费量所构成的函数，它表示每种消费项目所拥有的总生物生产面积。对于某个国家或者地区而言，将其所能提供的生物生产面积与生态足迹测量的人类生存所必需的真实生物生产面积进行对比，而对比结果可以作为判断其生产消费活动是否超出当地生态系统承载力的定量依据。

生态足迹分析包括综合法和成分法。前者更适合对于全球、国家及区域层次的生态足迹研究。该区域范围内各类物质的宏观统计量构成综合法的研究基础，进而可计算该区域或群体的整体消费及相对应的生态足迹。与前者不同，后者更适合于计算诸如城镇、学校、个人等小单元对象的生态足迹。它在测量构成消费成分的单体的基础之上计算物质消费量及相应的生态足迹。

1. 各项消费项目的人均生态足迹分量计算

人均生态足迹分量为

$$A_n = \frac{C_n}{Y_n} = \frac{P_n + I_n - E_n}{Y_n \times N} \tag{1-3}$$

其中，n，A_n，C_n，Y_n，N 同式（1-2）的定义；P_n，I_n，E_n 分别表示第 n 种消费项目的年生产量、年进口量、年出口量（若计算对象是一个地区，则 I_n 和 E_n 分别表示该地区的外调入量及调出量）。

2. 人均生态足迹的计算

人均生态足迹为

$$\text{ef} = \sum b_m A_n = \sum b_m \frac{P_n + I_n - E_n}{Y_n \times N} \tag{1-4}$$

其中，b_m 表示当量因子，$m = 1$，2，3，4，5，6，分别对应耕地、牧地、林地、化石燃料用地、建筑用地及海洋；ef，A_n，Y_n，N 同式（1-2）的定义；P_n，I_n，E_n 同式（1-3）的定义。区域总人口的生态足迹为 $\text{EF} = N \times \text{ef}$。

3. 生态承载力的计算

由于不同国家或者地区的同类生物生产土地的实际面积不能直接进行对比，所以在计算该国家或地区生态承载力的时候，必须对土地面积进行相应的调整。对于某个具体国家或者地区而言，可以用"产量因子"（yield factor），即该地区的平均生产力与世界同类土地平均生产力之比表示该国家或地区某类生物生产面积所代表的局部产量和世界平均产量的差异。通过将现有的耕地、牧地等面积乘以相应的当量因子及当地产量因子，进而计算出生态承载力。出于保护生物多样性的目的，在计算生态承载力的时候要扣除 12%的生物生产用地。

4. 人均生态承载力

人均生态承载力为

$$ec = a_m \times b_m \times y_m \tag{1-5}$$

其中，ec 表示人均生态承载力（公顷/人）；a_m 表示人均生物生产面积；b_m 和 y_m 分别表示均衡因子和产量因子；m =1，2，3，4，5，6，分别表示耕地、牧地、林地、化石燃料用地、建筑用地和海洋。

5. 区域生态承载力

区域生态承载力为

$$EC = N \times ec \tag{1-6}$$

其中，EC 表示区域总人口的生态承载力；N 表示区域总人口；ec 表示区域总人口的平均生态承载力。对于具体区域而言，如果其生态足迹在其生态承载力范围之内，就表示生态盈余，反之则表示生态赤字。不论是生态盈余还是生态赤字，二者均客观反映了该区域内自然资源的相关利用状况。一般情况下，"生态效率"表示使用 1 单位的生态资源可以获得的产出。而在运用生态足迹来考察研究对象的生态效率时，它主要是指单位生态足迹的经济产出值（如 GDP 等）。其中，生态足迹大小用生态资源使用量表示。一般而言，把生态效率的倒数称为"生态消耗强度"，即 1 单位经济产出需要的生态足迹大小。

二、SFA

此方法是针对全球、国家、地区或者某一区域，分析某种特定物质（如碳、硫、硼、铁、铝、铜、纸张等）或者一组这样的物质流动过程（王博，2003）。

SFA 主要基于以下基本观点：经济系统从自然生态系统摄入的自然资源与物质的质量和数量及由此排放到环境中的废物的质量与数量在很大程度上决定了人类的生产活动对环境所造成的影响程度，前者主要造成资源枯竭、环境退化等，而后者主要造成污染环境。

SFA 主要是从实物的质量出发探寻自然资源及物质的开发、利用和遗弃的整个过程，进而对可持续发展的相关问题进行研究，即通过分析研究自然资源及物质从"摇篮"到"坟墓"的整个过程（即开采、生产、转移、分配、消耗、循环、废弃等），考察资源和物质在某区域内的流动特征及相应的转化效率，进而找出直接造成环境压力的原因，并把它作为区域可持续发展的指标，最终针对问题及原因提出解决方案，为制定本区域的可持续发展目标提供依据。

SFA 主要包括三个研究层次，即经济系统 SFA、产业部门 SFA 及 LCA。它基于质量守恒定律把经过经济系统、产业部门及企业的物质分为三大部分，即输入、储存及输出，通过对三者关系的研究，追踪、定位物质的利用及迁移、转化途径。由输入端进入经济系统的自然物质分为两部分：直接物质输入及隐藏流，二者又可以分为两部分——区域内部开采及进口。前者主要是指包含空气、水及生物物质和固体非生物物质在内的直接进入经济系统的自然物质。后者又称为生态包袱，主要指为了获取直接物质，人类必须使用的数量巨大的有关环境物质，包括：①为了开采化石能源等工业原材料而必须移动的表土量及造成的水土流失量；②生物收获的非使用部分；③建筑遗弃的土方及疏浚河流；④自然环境水工流失量。一般情况下，不同直接输入物质的隐藏流可以用隐藏流系数进行衡量。输出端的物质输出总量主要由二部分组成：区域内的物质输出、区域内隐藏流及出口物质。其中，区域内的物质输出主要指经济系统排放到环境中的废气、废水及固体废弃物。

在 SFA 研究中，一些软件工具的应用将有助于进行数据的组织和分析、对不确定性进行处理、进行情景分析及对系统进行图形展现等。目前通常采用的软件主要包括 MS Excel、SFINX、Dynflow、STAN、GaBi、Umberto 等。一般的簿记核算由常用的 MS Excel 便可进行。

SFINX 和 Dynflow 是由莱顿大学环境科学中心开发的 SFA 研究工具。前者可进行簿记和静态分析，后者基于 Matlab-Simulink，可以进行静态和动态 SFA 模拟与分析。STAN 是最近出现的支持 SFA 研究的软件，它主要依据奥地利标准 ONORM 520% [物流分析（material flow analysis，MFA）]，数据存在不确定性。该软件的开发由奥地利农业、森林、水利与环境署及最大的钢铁制造集团 VoestalPine 联合资助，目前可在网站（www.iwa.tuwien.ac.at）下载使用。

GaBi、Umberto 是针对 SFA 和 LCA 等的专业应用软件。前者由德国斯图加特大学塑料测试研究所（Institut für Kunststoff Prufuug，IKP）发展，后者是德国汉堡公司环境信息学研究所开发。基于强大的数据库，这些软件构建相应的物流网络模型分析和管理能源及材料流动过程中产生的相关数据信息。

随着 SFA 研究的广泛开展，以减轻数据的处理量和规范研究过程的相应软件被开发出来。Excel、Umberto 及 GaBi 等是目前应用比较成熟和普遍的软件或者技术平台。Excel（电子表格）是人们经常使用的软件也是种分析程序，可用于 MFA 的分析，不需要为此设计特定的程序，使用方便，更加不需要进行专门的培训，但是其只能用于比较简单的 SFA。由海德堡公司能源与环境研究所及汉堡公司环境信息学研究所联合开发的软件 Umberto，在 1994 年就已经开始使用，目前已经更新至 Umberto 5.0 系列。系统物流过程可用该软件可视化，通过绘流程图的方式输入和处理数据，这对于复杂系统的分析很有帮助，而且该软件考虑了生命周期的不同阶段，同时提供了评价系统行为的一些指标。它非常重要的一个特色是：可以同时进行经济及环境评价，所以，它能有效应用于企业基础经济成本的环境管理。一个主要用于 LCA 的软件系统——GaBi 是由斯图加特大学聚合体试验和科学研究所与 PE Europe GmbH 公司于 1992 年合作研究开发的，现在已经更新至 GaBi4 系列。作为一个 LCA 软件，该软件同样适用于代谢分析。该软件同时考虑了代谢过程的社会经济投入，在做物流分析的同时，可以分析生命周期成本、生命周期工作时间等指标。Excel 只能用于比较简单的代谢分析，一般用于考虑的"过程"较少（少于 20 个）的案例。Umberto、GaBi 虽然能用于比较复杂的案例，但是这两个软件本身是针对 LCA 而开发的，因此在术语使用、材料的分类方面并不是严格按照代谢分析方法设定的。德国的 Simbox 软件是专门针对代谢分析而开发的，而且严格按照代谢分析的过程和分类体系，目前该软件刚刚开发了英语版本。

三、能量流分析法

（一）能流分析概述

各种生态系统和人类社会经济系统均可视为能量系统，系统各组分及其作用都涉及能量的流动、转化与储存。能量可以表达生命与环境、人类与自然之间的关系。据统计，人类工业时期约占人类历史长河的 0.2%，然而这一时期人口量却占历史总人数的 80%，这期间消耗的能量占之前人类历史总消耗量的 99% 以上，非再生能源和可再生能源的消耗量相当于过去 30 多亿年地球对太阳能的吸收量。相关模型参数及其意义见表 1-1。

表 1-1　模型参数及含义

序号	变量符号	变量含义	变量类型	变量单位	序号	变量符号	变量含义	变量类型	变量单位
1	p	总人口	L	人	11	qcl	迁出率	C	—
2	bp	年出生人口	R	人	12	gycz	工业产值	L	万元
3	dp	年死亡人口	R	人	13	gyczz	工业产值年增加值	R	万元
4	qr	年迁入人口	R	人	14	gldl	工业劳动力比例	A	—
5	qc	年迁出人口	R	人	15	gtz	工业投资比例	A	—
6	csl	出生率	C	—	16	gk	工业的科技因子	C	—
7	swl	死亡率	C	—	17	nycz	农业产值	L	万元
8	jy	生育影响因子	C	—	18	nyczz	农业产值年增加值	R	万元
9	hy	环境生态影响因子	C	—	19	nldl	农业劳动力比例	A	—
10	qrl	迁入率	C	—	20	ntz	农业投资比例	A	—

续表

序号	变量符号	变量含义	变量类型	变量单位	序号	变量符号	变量含义	变量类型	变量单位
21	nk	农业的科技因子	A	—	41	kpfl	矿产品废物率	C	—
22	fwycz	服务业产值	L	万元	42	lyl	矿产品废物利用率	C	—
23	fwyczz	服务业产值年增加值	R	万元	43	kyszl	可用水资源总量	L	万立方米
24	fldl	服务业劳动力比例	A	—	44	ss	供给水量	R	万米^3/年
25	ftz	服务业投资比例	A	—	45	xs	需求水量	R	万米^3/年
26	fk	服务业的科技因子	A	—	46	cyys	年产业用水量	A	万立方米
27	hbycz	环保业产值	L	万元	47	jmys	年居民用水量	A	万立方米
28	hbyczz	环保业产值年增加值	R	万元	48	wyczys	万元产值用水量	C	—
29	hldl	环保业劳动力比例	A	—	49	rjysl	居民人均用水量	C	—
30	htz	环保业投资比例	A	—	50	xhsl	循环水量	A	万米^3/年
31	hk	环保业的科技因子	A	—	51	xhl	水循环率	C	—
32	zcz	总产值	A	万元	52	zrbgl	水自然补给量	A	万米^3/年
33	ldl	总劳动力	A	人	53	cdmj	耕地面积	L	亩
34	zykcql	矿资源可采储量	L	万吨	54	cdmjz	耕地面积年增加量	R	亩
35	zyxhl	矿资源消耗量	R	万吨/年	55	cdmjj	耕地面积年减少量	R	亩
36	zyzzl	矿资源增长量	R	万吨/年	56	cyzd	产业年占地量	A	亩
37	kcpcl	矿产品产量	A	万吨/年	57	jmzd	居民年占地量	A	亩
38	kxhlyl	固废循环利用量	A	万吨/年	58	cyzdxs	产业占地系数	C	—
39	kzrbgl	矿资源自然补给量	A	万吨/年	59	jmzdxs	民用占地系数	C	—
40	lyxs	矿产品利用率	C	—					

注：1 亩≈666.67 平方米

　　SFA 主要是分析社会经济的物质流代谢方法，早期的环境经济系统的相关研究主要集中于此，经过不断发展，其指标和框架也在不断完善。Haber 于 2001 年提出，为了扩大代谢方法的研究范围，必须全面地考虑社会代谢的能源和物质，且由于能量是系统内物质得以转移和转换的驱动力，获得能量是物质流动得以维持的前提条件，因此，在对社会经济代谢了解方面，能流分析具有不可替代的作用。他还类比 SFA 的理论体系，引入并描述了能量代谢的一些基本概念，如能量输入、利用及能量内部转化等。Haber 于 2001 年，提出了与 SFA 相一致的能流方面的核算方法，并运用其对进出国家经济系统的相关能量流进行分析。Haber 等（2004）提出了 MEFA 框架（即物质及能量流核算框架），此框架主要用于对社会与自然系统彼此之间的作用进行分析，其前提条件是：对社会经济中的相关物质和能量的流动进行跟踪，并对相关生态系统的变化进行评估。2006 年国内有学者将 SFA 和能值（energy）分析的结果进行了对比研究，主要是分析台湾 1981~2001 年的社会经济代谢，他们发现，仅仅依靠 SFA 并不能完全识别台湾社会经济代谢的主要问题。依据社会代谢方法，2006 年，Haber 对与社会经济能量流有关的可持续性问题进行了深入分析研究，相对于只考虑技术设备使用的能源的传统统计量，该方法考虑范围更广，只要与人类社会相关，这种能量流就会被考虑在内。

能值主要是指储存或者流动的能量中含有的其他能量的数量，是新的度量标准及科学概念，由 Odum 创立。因为太阳能是所有产品、劳务或者资源的能量的直接来源或者间接来源，所以，一般情况下，采用太阳能值（solar energy）衡量某一能量能值的大小，其单位是太阳能焦耳（solar emjoules，sej）。太阳能值是指任何储存或流动状态的能量包含太阳能的数量。换句话说，某种能源能值是指在其形成过程中所利用的太阳能总量。因此，以能值为统一标准，以分析方法及能值理论为依据，原本无法进行比较的多种能量得以统一衡量和进行比较。

能流分析的主要对象有能源产品、化石燃料等。它量化分析相关系统中能量的投入与产出，而且以能量统计为基础，对能源的初级输入、转换及使用、输出等多个过程进行相应的结算。因此，它也是对能源的使用效率进行有效评价的方法。

过去，能流分析总是首先把各种能源（甚至是性质及来源完全不同的能源）用能量单位表示，然后进行相关的对比分析研究。但是，在现实中，很多类型的能源彼此之间是不能进行比较的。现在，基于这个统一的度量标准——能值，将系统分析建立在太阳能值为标准的基础上，就可将各种原本不具可比性的能量进行加减和比较。通过对区域（城市）经济-环境系统进行能流分析，可以为区域（城市）污染物总量控制、能源结构优化及能源政策制定提供科学依据。

（二）能流分析的基本框架

基于能量守恒的基本原理，构建国家/区域能流分析研究框架，如图 1-10 所示，能量守恒主要是指某系统的能量总输入等于该系统的能量总输出与净累积量之和。以区域能流分析为基础，时间序列分析和跨国家/区域得以进行有效比较。

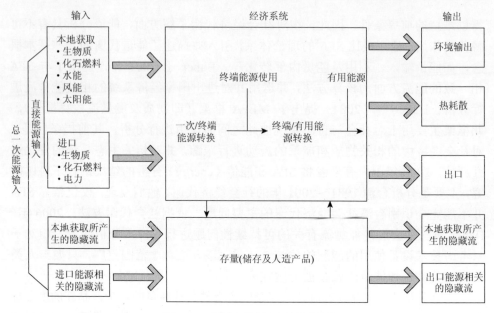

图 1-10　国家/区域能流分析框架

1. 分析的主要能源类型

就能流分析而言，其分析过程主要包括能源输入、能源转换、终端能源和有用能源及能源输出等。

（1）能源输入。输入经济系统的能流主要包括本国/本区域自然生态环境系统及从其他国家/区域进口的能量含量高的物质，前者是最主要的部分，如太阳能、风能和原子能等向热能及电能的转化等。

可以将能源输入描述为总一次能源输入或者直接能源输入。前者考虑隐藏流（即虽然获得直接输入，但是没有经过系统的能量流），而后者只考虑实际进入经济系统的能源量。因此，对于某国或者某区域而言，其能源消耗=直接能源输入–出口。

（2）能源转换。一般是指由一次能源转变为二次能源形式的能源生产，其中能源的物理形态发生改变。例如，煤燃烧产生热能，而热能又能够产生蒸汽从而对汽轮机驱动产生机械能，最终通过发电机产生了电能。就当代工业社会而言，电力与热能、原油提炼及煤相关的多种转化过程是最关键的转化过程。当然，转化过程中，难免会出现类似于废热等多种损失，但是，相对于一次能源，二次能源具备更高的终端使用效率，更加清洁、方便。

虽然进入社会系统的能源都会转变成其他能源，但是转换方式各异，最终都将为系统提供能源服务，也就是终端能源。尽管人类营养和耕作动物的营养被认为是终端能源，但是供人类食用的动物被看成是转换过程中的一部分。一旦某些能源输入并没有实现能量供给，它们就很可能会被作为富能物质或者是能源储备存储下来。

表 1-2 主要总结了 13 种能源的转换过程。新的能源转换形式（例如，利用技术开发新的能源，或者采用新的方式使用已知的能源）通常被看成是技术发展的重要部分。

表 1-2　能流分析中常考虑的能量转换过程

能源转化过程	工艺流程	能源载体
电磁能→热能	太阳能收集器	太阳能
电磁能→电能	太阳能电池	太阳能
化学能→化学能	冶炼厂、其他化学生产过程	化石燃料
化学能→热能	燃烧（明火、炉子、熔炉等）	生物质、化石燃料
核能→热能	核裂变（核电厂）	铀或钚裂变
热能→热能	热泵、热交换器	来自环境介质或燃烧的热
热能→机械能	蒸汽机、内燃机、搅拌机	化石燃料或生物质、核裂变或太阳能
机械能→机械能	通过曲轴，把水或风能转化为转动能（如水力涡轮机）	水能、风能等；通过各种机械设备进行能量传输
机械能→热能	发电机	来自水、风或潮汐能等的机械能，或者来自蒸汽机或能燃机的机械能
电能→机械能	电动机	电
电能→热能	电阻加热	电
电能→电磁能	电磁放射，电致发光	电
电能→化学能	电解	电

对于工业社会，燃烧（以化学方式储存在富能源物质中的能量向热转换）通常是最重要的能源转换过程。通过计算燃烧中产生的热量可计算转换的能量。

目前，就低热值和总热值还存在一些争议。低热值是通过燃烧燃料产生的热量，不包括燃烧过程中产生的水蒸气潜热。相反，总热值包括水蒸气释放的能量。在很多能量平衡分析中都采用低热值把燃料的质量（以吨为单位）转换为能量。

（3）终端能源和有用能源。前者主要包括两类能源：一类是用于最终能源服务及生产生活的能源；另一类是生物质，即人类生存及活动、耕作动物所必需的营养能源。其中，能源服务主要是指通过能源的使用所得到的相关非物质服务，如供暖以调节温度等，它决定了社会能量代谢作用，而其数量可以用后者使用量进行衡量，但是它并不包含类似于汽油发电等运用能源进行的其他能源载体的生产活动等。终端能源的使用最终直接关系到经济核算系统及不同部门的相关活动。

与能源服务不同，有用能源主要包括光、热能及动力等实际做功的那些能源。终端能源和有用能源仅仅是指系统中的相关能源转换，但是，相较于能源输入，二者几乎不存在和自然环境系统及社会的关联性。主要是因为，一次能源在向终端能源的转化过程中，其中大部分能源要么已经损失，要么由于其他非能量的目的而被消耗，如表1-2所示。

（4）能源输出。主要是指在能源转换及使用的过程中所产生的热耗散、出口或者输入到本区域外部的相关能源、由于本地开采而产生的隐藏流及与出口能源相关的隐藏流。

2. 确定系统边界

系统边界主要是指所研究的空间边界及时间边界等。在其确定过程中，必须注意以下几方面：①所选时间跨度较大，以使所得分析结果能更好地反映变化趋势；②所选时间段最好具备连续性，以便分析和预测（特殊原因除外，如缺少必要的统计数据等）；③对于所选的特定时间段，空间边界要保持一致性，以便统计数据和进行相关分析。

为了使分析更有实际意义，在所选的时间段内，其研究对象最好具备以下特点：消耗能量较大或者经济增长速度较快。

3. 数据的获取与处理

可以基于能源的不同类型，对相关数据进行分类统计。获取数据主要有以下几种途径：①统计年鉴（农业、林业、工业、气象、水利等）、网络统计数据库及环境质量报告书等；②已被学术界认可的研究成果；③权威机构已经发布的相关研究报告，如国家经济或者环境报告等。

在对相关数据进行统计分析过程中，必须对有些数据进行筛选和处理。

（1）人和家禽的营养被认为是一种能量转换过程，也需要进行明确核算。人和耕作动物的食物输入被定义为终端能源，家禽的食物输入不看成是终端能源。

（2）人和耕作动物做功被看成是"有用能源"的一部分。

（3）直接能源输入和隐藏流又分为区域内和进口两部分，这两部分数量之和就构成了总一次能源输入，虽然进口能源所产生的隐藏流会对出口区域产生一定的环境压力，但是仍将其计算在内。

（4）一般情况下，统计机构采用体积、质量或者热量单位对相应数据进行统计和计算，最终发布，因此，为了便于分析，有必要将其通过能值转化率转换为统一单位。

最后，基于对分类能源收集到的统计数据，在相应的指标计算公式的辅助下，得出分析结果。

（三）能流分析指标

在对区域经济-环境系统进行能流分析之前，必须确立一系列的指标。而这些指标是其他有关方面的综合反映，如人与自然及经济与环境彼此之间关系的综合反映、人类社会的经济发展及自然环境资源的价值反映，以及相关系统的能源使用效率、功能和结构等，此外它们也是综合分析及进行社会经济发展的有关决策时非常重要的参考指标。区域经济-环境系统能流分析指标（主要从强度效率及环境和经济等角度构建）如表 1-3 所示。

表 1-3 区域经济-环境系统能流分析指标

种类	主要指标	计算公式
经济指标	直接能源输入	进口+国内或区域内开采
	总一次能源输入	直接能源输入+隐藏流
	能源消费量	直接能源输入−出口能量
	能源自给率	（本地能源生产量÷能源消耗总量）×100%
	能流密度	（能源消费量÷国家或区域土地面积）×100%
	净能量产出率	（产出能量÷反馈能量）×100%
	单位产值能耗	（能源消费量÷GDP）×100%
	能源生产弹性系数	能源生产总量年平均增长速度÷国民经济年平均增长速度
	能源消费弹性系数	能源消费量年平均增长速度÷国民经济年平均增长速度
环境指标	环境负载率	（不可更新能源投入量÷可更新能源投入量）×100%
	环境纳污饱和度	（污染物年排放量÷污染物环境容量）×100%
强度效率指标	能源转换效率	（能源加工与转换产出量÷能源加工与转换投入量）×100%
	能源利用效率	（有效能源÷能源消费量）×100%
	能源消耗强度	（能源消费量÷人口数）×100%

1. 经济指标

（1）直接能源输入。考察某国家或者地区的能源生产的规模、水平、发展速度及构成的总量指标，主要是指特定时段内，某国家或者地区一次能源的总生产量，一次能源主要包括天然气、原煤、原油、水电、太阳能、核能等，但是也不能忽略诸如家禽放牧等应包含的内容。就进口而言，不能仅仅考虑能源载体，而必须把全部能源物质的进口都包含在内。

（2）总一次能源输入。隐藏流与直接能源输入之和。隐藏流既可以是本区域或者国内的，也可以是进口的。

（3）能源消费量。考察某地区或者国家的能源构成及消费水平和增长速度的总量指标，主要是指特定时期内，特定地区或者国家的非物质与物质生产部门及生活消费的能源总量，主要包括天然气、原煤、原油及其制品等，但是太阳能及生物质能等的利用不包括在内。其可以分为能源损失量、能源加工转换损失量及终端能源消费量三部分。

能源损失量主要是指在一定时间段内，能源在储存、分配和输送等过程中产生的损失，以及由客观原因造成的损失总量，但是，能源损失量并不包括气体能源的放空及耗散量等。

能源加工转换损失量是用来观察在能源加工转换的过程中损失量变化的指标，主要是指一定时间段内，某个国家或者地区投入到加工转换过程的所有能源的总量与各能源产品总产出量的差额。

终端能源消费量主要指特定时间段内，除去用于加工转换损失量及二次能源消费量之后，某个国家或者地区生产生活所消费的能源量。

（4）能源自给率。该指标主要是指某个国家或者地区，相关能源的本地产量与消耗总量之比，用来反映描述该国家或者地区的经济发展程度及对外交流程度。比值越高，表示经济发展对外部能源依赖程度越低。

（5）能流密度。该指标主要指某地区或者国家的能流消费总量与其土地面积之比，主要用以反映该地区的经济发展强度及其等级。其值越大，则该地区经济越发达，等级也就越高。

（6）净能量产出率。该指标主要是指系统产出的能量总量与其相应的经济反馈能量之比，主要用来衡量系统产出对经济的贡献，其值越高，该系统的生产效率就越高，即对于该系统而言，经济能量投入一定的情况下，其产品能值也越高。需要说明的是，反馈能量主要是指包括人类劳务、生产资料及燃料等在内的来自人类社会经济的能量。

（7）单位产值能耗。该指标主要是指某个地区或者国家在一定的时间内，获得一单位产值所消耗的能源总量，一般用单位 CDP 耗能量进行表示。它反映了该地区或者国家的经济对相关能源的依赖程度，受到包括人口、技术水平、经济体制及其水平等在内的多种因素的综合影响。

（8）能源生产弹性系数。该指标主要是用来研究国民经济增长的速度与能源生产增长速度彼此之间的关系。

（9）能源消费弹性系数。该指标主要反映了某个国家/区域国民经济增长速度与其能源消费增长速度彼此之间的关系。

2. 环境指标

（1）环境负载率。该指标主要是针对特定系统中的能源投入总量而言，其不可更新部分与可更新部分之比即为环境负载率。其值越高，表明环境受经济活动的扰动越大。

（2）环境纳污饱和度。该指标的主要功能是衡量特定区域的环境状况，能反映及衡量某地区/国家环境容量的使用情况，在很大程度上受到该地区或者国家由于消耗能源而向大气中排放污染物的影响。

3. 强度效率指标

（1）能源转换效率。该指标主要是指在一定时间段内，能源产品的产出总量与该时间段内所投入能源总量之比。该指标用以考察能源管理水平、生产工艺及加工转换装置等。

（2）能源利用效率。该指标主要是针对某国家或者地区而言，是有效利用的能量总量与实际消耗的能量总量之比。它能有效反映能源有效利用的程度。

（3）能源消耗强度。该指标指某国家或者地区对能源的人均消费量，可用以评价该区域人民的生活水平。

四、LCA

LCA 评价产品环境影响的方法是通过收集与产品相关的环境数据，应用一些计算方法，从资源消耗、人类健康和生态环境影响等方面对产品的环境影响做出定性和定量的评估，并进一步分析和寻找改善产品环境性能的时机与途径。

基于 ISO14040 标准，LCA 主要包括以下四个实施步骤：①目标和范围的界定；②清单分析；③影响评价；④结果解释。

LCA 的四个步骤及它们之间的关系如下。

1. 目标和范围的界定

LCA 的第一步是明确目的、对象（产品、过程或服务）、产品的功能单元和系统的时空边界，保证研究的广度、深度与要求的目标一致。有关 LCA 的目的和研究对象两个概念容易理解，而功能单元和系统边界需要进一步解释。下面首先来介绍什么是系统边界。

系统边界是 LCA 数据收集范围的时空界限，其重要性通过一个简单的例子就能体现出来。20 世纪 90 年代，美国环保署开始实施绿色照明计划，为了节约能源，拟采用荧光灯代替白炽灯。然而，荧光灯中含有汞，不是环境友好的产品。当荧光灯的寿命终结后，玻璃管中的汞就释放到环境中。而白炽灯不含汞，不存在汞污染环境的问题。如果改变 LCA 的系统边界，不仅考虑白炽灯和荧光灯的后处理，还考虑它们使用的能源，结论就可能发生变化。因为白炽灯和荧光灯都使用电能，发电所用的煤燃料含有微量的汞，煤燃烧是目前排放到空气中的汞最主要来源。由于白炽灯需要更多的能量，并且煤燃烧比荧光灯报废后排放的汞多，所以，使用白炽灯将比荧光灯导致更多的汞排放。显然，这两种照明灯汞排放量的 LCA 结果取决于系统边界的选择。

在 LCA 数据收集范围过于狭小时，就可能忽略掉系统的关键特征，导致错误的结论。但是，实际的 LCA 过程中，也不可能考虑所有的因素、收集所有的数据。例如，在比较白炽灯和荧光灯时，没有必要考虑灯泡玻璃的影响，因为它们对环境的影响可以忽略。系统边界考虑的范围一般根据具体的问题来判断，有时可以采用"5%规则"：如果原材料或者零部件的质量低于产品总质量的 5%，那么 LCA 就可以忽略这种原材料或者零部件。这项规则有一条补充，不能忽略任何可能产生严重环境影响的原材料和零部件。例如，汽车铅酸电池的质量不到汽车总质量的 5%，但是，铅酸电池中的毒性决定了它是不可忽略的。总体来说，在评估过程中，范围的界定是一个反复的过程，必要时可以进行修改。

界定 LCA 范围的另一个重要部分是确定功能单元，这对产品的比较尤其重要。例如，若塑料袋装的食品比纸袋少一半，将一个装食品的纸袋和一个装食品的塑料袋进行比较就会有不妥之处，它们之间的比较应基于它们所容纳食品的体积。因此，在进行 LCA 时，应该将两个塑料食品袋与一个纸袋进行比较。另外，在进行产品 LCA 时，必须考虑产品的寿命的差别。例如，一个布袋和塑料袋能装同样多的食品，但布袋有更长的使用寿命，在进行 LCA 时应该将一个布袋与多个塑料袋进行比较。

2. 清单分析

LCA 的第二步是对产品生命周期中涉及的输入（原料、能量）和输出（产品、副产品、废物和排放）数据按种类和大小进行登记列表，建立详细的数据清单，其结果可以清楚地确定系统内外的输入和输出关系。这是 LCA 中最耗时、数据最集中的部分。

3. 影响评价

将清单数据和环境影响进一步联系起来，环境影响评价让管理决策者尤其是非专业的环境决策者更易理解。首先根据环境影响类型对清单分析的结果进行归类，其次对其类型的特征进行量化，最后进行分析和判断。影响评价是 LCA 的第三步，也正是由于影响评价是最难、最具争议的部分，所以有关国际标准还未制定出来。

4. 结果解释

LCA 的第四步是综合考虑清单分析和影响评价的研究结果，得出结论并提出减少环境不良影响的改进措施。

五、IOA

（一）IOA 概述

IOA 是 Leontief 于 20 世纪 30 年代发明的一种经济学分析工具，旨在研究国家水平层次上的经济部门和经济结构彼此之间的关系。它是以数学模型为基础，旨在研究投入（初始、中间及总投入）、产品（中间、最终产品）、总产出彼此之间的关系而建立的平衡，IOA 能有效反映中间各个流量的去向及来源。20 世纪 60 年代以来，IOA 已经在经济-环境问题的相关分析方面取得了一定的发展。其中投入产出表（physical input-output table，PIOT）是实物型的，研究的较多。IOA 是工业生态学一个重要的分析方法，关注整个经济结构的个体的相互关系，目前已经应用于分析研究不同拓扑结构、尺度工业经济系统的工作中去。其中不仅考虑货币流，也将能量流及物质流包含在内，以便全面考虑工业生态学所关心的环境问题。概括而言，IOA 可以先对现有系统进行分析，进而提出改进方案，或者优化不同系统规划方案，这些都是结合了经济问题和环境问题的考虑（刘轶芳，2008）。

PIOT 方法描述自然资源从开始进入经济系统，经过各个环节（如加工使用及废弃等）最终回归环境的整个过程。PIOT 描述了不同产业之间相关物质的流动去向及经济-自然环境系统彼此之间存在的关系，与此同时，还描述物资存量的变化，也就是物质累积量。

对相关数据进行平衡、校核、推估及作为其他分析（或者模型）的基础是 PIOT 的最基本用途。PIOT 将经济资料进行重新组合，经济资料以货币形式表现，并与环境统计相结合进行编制，只要用于编制的原始资料不一致，就会被暴露出，从而有助于对原始资料相应缺失值的估计。在 SFA 的过程中，PIOT 也有广泛应用，在经济活动中，直接或者间接的物质投入及生产或者消费过程中的非直接负荷都能由 PIOT 很好地揭示出来。在与货币投入产出表（monetary input-output tables，MIOT）相结合的基础上，它能灵活应用于政策分析过程中。例如，能源消费如何受赋税变动的影响等。

但是，由于 PIOT 的编制建立在拥有大量数据的基础之上，所以，实际操作起来耗时费力、成本非常高。也正是因为这样，PIOT 往往若干年才编制一次，这也使 PIOT 所反映的信息往往具有滞后性，对于分析问题有严重影响。

现阶段，PIOT 方法在欧洲应用相对比较广泛。德国及丹麦基于其国家 1990 年的实物投入与产出，编制了相应的 PIOT。随后，德国又成功编制了 1995 年的 PIOT。另外，荷兰基于 1990 年造纸、钢材及水泥等物质编制了 PIOT。在亚洲，日本（1990 年）对部分物质完成了相关 PIOT 的编制。在我国，虽然有许多学者在对环境保护进行研究时对 PIOT 方法有所应用，但是，目前我国还没有编制出 PIOT。

（二）IOA 在生态工业系统中的应用

工业生态系统是复合型及网络型的产业系统，它是在生态学原理的理论基础上构建的，不仅生态功能和谐，而且代谢过程非常高效。通过把生产、流通及消费和回收等过程进行纵向结合，把不同行业的生产工艺进行横向耦合，进而使资源高效利用，最终实现对系统外有害废弃物的零排放。工业生态系统中，能量流、信息流、物质流彼此关联，因为，一个生产所用的原料很可能来自其他生产过程的废弃物。工业生态系统是一个开放的系统，其与域外产业通过相应的流量形式密切联系，进而最终实现区域与产业的有机结合。基于对工业生态系统概念的界定，生态工业系统中的企业，不仅在输入方向存在物质流，在输出方向亦是如此。假设：企业只有一种正产品、一种副产品，但是中间投入有多种，如果企业不能提供此中间投入则从系统外企业购入。

基于上述 PIOT，构建工业生态系统分析的基本框架，进而得出以下等式：

$$Y = (I - A)X, a_{ij} = \left[\frac{P_{ij}^D}{X_i} \right] \tag{1-7}$$

$$R = BX, b_{mj} = \left[\frac{R_j^m}{X_j} \right] \tag{1-8}$$

$$W = CX, c_{nj} = \left[\frac{W_j^n}{X_j} \right] \tag{1-9}$$

$$\eta_n = \frac{\sum_i \sum_j BP_{ij}^{nD} + \sum_i \sum BP_{ij}^{nF}}{\sum_i \sum_j BP_{ij}^{nD} + \sum_i \sum BP_{ij}^{nF} + \sum W_j^n} \tag{1-10}$$

其中，Y，R，W 分别表示最终产出、原材料消耗量及废弃物的最终产生量；η_n 表示第 n 种副产品的循环利用率；A 和 B 分别表示中间产品及原材料的直接消耗系数矩阵，而 C 表示废弃物的产生系数矩阵，它们的值由系统中企业的实际生产技术水平测得，并随之变化；a_{ij}，b_{mj}，c_{nj} 分别表示矩阵 A、B、C 中的元素，即中间产品直接消耗系数、原材料直接消耗系数、废弃物产生系数；x_i 和 x_j 分别表示中间产品产量和原材料总量；P_{ij}^D 表示系统内任一部门（*）向 i 部门输入的中间产品；R_j^m 表示其利用的第 m 种原材料的数量；BP_{ij}^{nD} 和 BP_{ij}^{nF} 表示其向系统内、外任意一个部门（*）输出的第 n 种副产品的数量；W_j^n 表示其第 n 种副产品的最终排放量；D 表示系统所在区域内，F 表示系统所在区域范围外。

参 考 文 献

蔡明. 2002. 生态系统生态学. 北京：科学出版社：77-80.

陈静，张文红. 2006. 生态工业系统开放的多级递阶智能控制系统. 东南大学学报，2：100-102.

邓南圣，吴峰. 2001. 国外生态工业园研究概况. 安全与环境学报，1（1）：24-27.

邓南圣，吴峰. 2002. 工业生态学——理论与应用. 北京：化学工业出版社.

董莉. 2006. 生态工业园区产业链设计及其系统稳定性研究——以烟台、乌鲁木齐为例. 北京化工大学博士学位论文.

段宁，邓华，乔琦. 2005. 我国生态工业园区稳定性的调研报告. 环境保护，（12）：66-69.

顾培亮. 2000. 系统分析. 天津：天津大学出版社：34-36，67-69.

郭莉. 2003. 工业共生进化及其技术动因研究. 大连理工大学博士学位论文.

郭莉，苏敬勤. 2005. 基于 Logistic 增长模型的工业共生稳定分析. 预测，（1）：25-29.

何东，曹丹. 2007. 论区域工业生态系统的构建. 西华大学学报，6（4）：15-17.

胡山鹰，李有润. 2003. 生态工业系统集成方法及应用. 环境保护，6（1）：22-23.

黄思铭，欧晓昆，杨树华，等. 2001. 可持续发展的评价. 北京：高等教育出版社：6-7.

李方义，刘钢. 2000. 模糊 AHP 方法在产品绿色模块化设计中的应用. 中国机械工程，11（9）：4-5，997-1000.

李健，金钰，陈力洁. 2006. 生态工业园区产业结构物质流分析. 现代财经，10：73-76.

李运帷. 2006. 生态工业系统构建及模式研究. 中南大学硕士学位论文.

刘轶芳. 2008. 循环经济投入产出模型研究. 中国科学院博士学位论文.

鲁成秀，尚金城. 2004. 生态工业园规划建设的理论与方法初探. 经济地理，24（3）：400-401.

曲格平. 1994. 环境科学基础知识. 北京：中国环境科学出版社.

宋言奇. 2004. 生态城市理念：系统环境观的阐释. 城市生态与环境，2：11-12.

孙东川. 2004. 系统工程与管理科学研究. 广州：暨南大学出版社.

孙东川，林福永. 2004. 系统工程引论. 北京：清华大学出版社.

王博. 2003. 基于物质流分析的生态工业园构建. 天津大学博士学位论文.

王兆华，武春友. 2002. 基于工业生态学的工业共生模式比较研究. 科学学与科学技术管理，2：66-69.

吴峰，徐栋. 2002. 生态工业园规划设计与实施. 环境科学学报，6：5-7.

夏训峰，海热提，乔琦. 2006. 工业生态系统的工业共生原理探讨. 上海环境科学，25（1）：7-10.

杨世琦，高旺盛，隋鹏，等. 2005. 湖南资阳区生态经济社会系统协调度评价研究. 中国人口·资源与环境，8（5）：36-38.

岳强. 2006. 物质流分析、生态足迹分析及其应用. 东北大学博士学位论文.

詹前涌. 2000. 层次模糊决策法及其在生态环境评价中的应用. 系统工程理论与实践，8（11）：30-31.

张杰，赵峰，刘希宋. 2007. 基于生态足迹的循环经济发展水平的测度研究. 干旱区资源与环境，21（8）：81-85.

张文红，陈森发. 2003. 我国现有工业园区发展生态工业的模式及途径. 管理世界，33（3）：13-17.

张文红，陈森发. 2004. 生态工业系统——一个开放的复杂巨系统. 系统仿真学报，50（3）：432-435，440.

张叶红，王海燕. 2005. 生态工业园区产品体系规划的模糊综合评判法. 四川环境，6：40-42.

周劲松，吴顺泽，王金南. 2009. 有序·网络·开放——生态工业系统解析. 环境保护与循环经济，2：7-9.

周先波. 2001. 信息产业与信息技术的经济计量分析. 广州：中山大学出版社.

周哲. 2005. 生态工业复杂适应系统研究. 清华大学博士学位论文.

周中平，朱慎林. 2002. 清洁生产工艺及应用实例. 北京：化学工业出版社.

Haber H. 2001. The energetic metabolism of societies（Part I）: accounting concepts. Journal of Industrial Ecology，5（1）：11-33.

Haber H. 2002. The energetic metabolism of societies（Part II）: empirical examples. Journal of Industrial Ecology，5（2）：71-88.

Haber H. 2006. The global socioeconomic energetic metabolism as a sustainability problem. Energetic，31（1）：87-99.

Haber H，Batterbury S，Moran E. 2001. Using and shaping the land: a long-term perspective. Land Use Policy，（18）：1-8.

Haber H，Fischer K M，Krausmann F. 2004. Progress towards sustainability？What the conceptual of material and energy flow accounting （MEFA）can offer. Land Use Policy，21（3）：199-213.

Jacobsen N B. 2006. A quantitative assessment of economic and environmental aspects. Journal of Industrial Ecology，10（12）：239-255.

Lambert A J D，Boons F A. 2003. Eco-industrial parks stimulating sustainable development in mixed industrial parks. Technovation，（22）：471-484.

Wallner H P. 2001. Regional embeddedness of industrial parks—strategies for sustainable production systems at the regional level. Journal of Cleaner Production，4（4）：56-58.

第二章　生态工业系统设计

第一节　生态工业系统设计的理论基础及任务

一、生态工业系统设计的理论基础

生态工业系统设计是根据清洁生产要求、工业生态学原理及循环经济理念，依靠物流传递或者能流传递等方式把各个工厂或企业以合理的方法连接起来，形成资源共享和副产品互换的产业共生组合，使一家工厂或企业的废弃物或副产品能够成为另一家工厂或企业的原料或能源，其目标是寻求物质闭循环、能量多级利用及废物产生最小化，尽可能地循环利用资源和保护环境。因此，生态工业系统是一项需要其他学科理论支撑的复杂系统工程，是在可持续发展和环境友好的理念下作为世界各国的重点工程的前提下发展起来的，因而系统工程学、可持续发展理论、循环经济理论和工业生态学是生态工业系统设计的理论基础（鲁成秀和尚金城，2004）。

（一）系统工程学

系统工程是系统科学的一个分支，是以大型复杂系统为研究对象，按一定目的对系统的构成要素、组织结构、信息流动和控制机构等进行设计、开发、管理与控制，利用数学方法和计算机技术等为主要工具，研究各种解决系统建模、分析、设计、实现及综合等问题以期达到系统总体效果最优的理论与方法。

生态工业系统设计是一项涉及面广泛、整体性和综合性相结合的复杂系统工程。它不仅在管理和规划上需要相互合作，而且需要政府的政策支持。政府有义务建立完善的法规制度，提供技术和资金，帮助企业壮大发展。

（二）可持续发展理论

"可持续发展"一词是世界环境与发展委员会 1987 年在 *Our Common Future* 报告中首次提出，现被世界各国广泛接受和应用的发展理念。一般认为"可持续发展是既满足当代人需要，又不对后代满足其需要的能力构成危害的发展"（黄思铭等，2001）。可持续发展以经济、社会和自然环境的协调发展为目标，倡导人与自然、人与人之间的和谐共处。生态工业系统与可持续发展的目标是一致的，生态工业园是可持续发展内涵的具体表现。生态工业系统设计需要以可持续发展的相关理论与方法为重要理论基础，完善理论体系为开展工业设计工作而服务。

（三）循环经济理论

循环经济是"将资源综合利用、清洁生产、生态设计及可持续消费集于一身的生态经济"（周中平和朱慎林，2002），使用生态学规律帮助人类合理可靠地进行社会经济活动，如图 2-1 所示。循环经济的典型特征是物质、能量梯次与闭路循环使用。高效利用资源及污染低排放甚至零排放是其在资源环境方面的集中体现。产生循环经济理念的根本原因是环境资源的有限性，污染物的排放超过了环境的自净能力，其根本目的是优化环境资源的配置。它在资源生产和消费领域，有三种维度的循环模式，即企业内部循环、企业之间循环、社会整体循环。

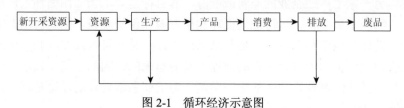

图 2-1　循环经济示意图

（四）工业生态学

供职于通用汽车研究实验室的美国哈佛大学教授罗伯特·弗罗斯彻（Robert Frosch）和尼古拉斯·格罗皮乌斯（Nicholas E. Gallopoulous）经过研究和论证于 1989 年 9 月在美国著名杂志 *Scientific American* 上发表了题为"可持续工业发展战略"的文章，在文章中两位教授首次提出了"工业生态学"的概念（陈跃和蒋明辉，2002）。工业生态学是在工业生产的全过程中运用生态学的理论观点进行相关研究，主要是研究工业活动和自然环境的相互作用与相互联系，从而"研究出调整现在的生态链结构的原则和方法，建立新的物质闭路循环，建立自然生态链和人工生态链结合的生态系统"（周中平和朱慎林，2002）。工业生态学的根本目的是尽量减轻工业活动对环境产生的污染，使工业生产与经济活动得到可持续发展。

生态工业系统的设计实际上是根据一定区域内的产业优势、资源优势和产业结构，进行相关性的组合、链接、补充，使之形成关联和互动的工业生态链或生态网，它的形成主要是以工业生态学为理论指导。据此得出，生态工业系统是在实践当中运用工业生态学的理论，生态工业系统的相关研究应参考工业生态学的理论和方法。生态工业系统设计的理论基础示意图如图 2-2 所示。

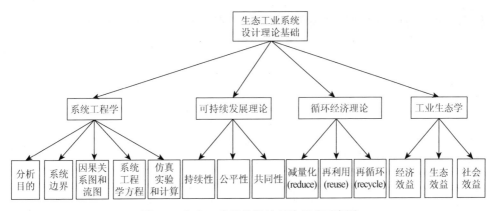

图 2-2　生态工业系统设计理论基础示意图

二、生态工业系统设计的任务

在阐述生态系统设计的任务之前先看一个具体的例子。假设某企业现生产若干种产品。该企业生产的产品所需要的原材料属于有限资源。资源的供应量一部分可以通过向国家提出申请计划调拨；另一部分可通过银行贷款向市场购买，以满足企业生产的需要。但银行贷款是受到种种条件的影响和约束的，如企业的资产规模和信誉、市场银根的紧张程度等。已通过系统研究作业确认了目标的性质，现需要进一步对此问题进行系统设计工作。

该企业制订生产计划，目的是要尽可能保证实现最佳经济效果（如最大利润）。根据该目标所提示的性质，找出目标所覆盖的主要系统部件，诸如原材料计划供应量、设计与生产部门、质量控制系统、销售服务部门、市场需求、银行贷款及向原材料计划供应量等。

根据上述初步认定的系统部件，首先找出其中的环境因素及与系统部件的关系。属于环境不可控因素的有银行贷款和市场需求。这两个因素分别影响着可能的原材料采购和供应量及产品的销售量。如果假设向国家申请的原材料计划供应量属于环境可控因素，即可以由企业决策者在一定范围内加以选择，该可控制因素当然也会影响原材料的供应量。所以，系统环境中的银行贷款、市场需求及原材料计划供应量等环境因素都会影响决策系统中的一些系统部件。其次，确认决策系统内各系统部件之间的关系。例如，原材料采购与供应及销售服务水平必然影响企业生产和产品设计的要求。质量控制系统对原材料和生产产品的质量进行监测和控制，剔除不合格的原材料和生产产品等。这些因素都属于相互联系和彼此影响的系统部件。

通过确认上述的系统部件与环境因素间的关系及系统部件间的相互关系，如果系统目标可以用生产不同类型产品的数量（这是调整企业经营利润的方向）来标志，并作为该企业经营系统活动的输出，那么便可具体做出该企业活动系统的系统设计概念框图。企业活动的系统示意图如图 2-3 所示。

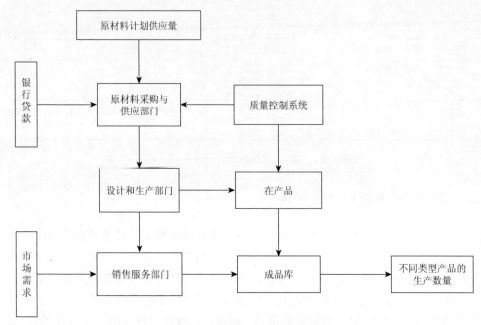

图 2-3　企业活动的系统示意图

综上所述，可以将生态工业系统设计工作的任务归纳如下。

（1）按照生态工业系统研究工作所规定的信息源和目标范围，应用专业知识提出或确定系统部件，这些部件应在目标提示的性质所涵盖的范围之内（系统中的整体状态是由系统部件组成的，系统部件代表系统中一部分的状态）。

（2）以目标性质所涵盖的系统部件为依据，从系统结构上讨论二者之间的相互关系（系统环境因素分为两类：一是可控制因素；二是不可控制因素）。

（3）分析讨论系统部件彼此的相互作用与相互联系，描绘出清晰易懂的系统结构框架图，有机地将系统环境、决策系统和优化目标联结为一体，使系统的运行特征具体化展现。

（4）依据目标系统的运行特征及它目前表现出的整体状态，该设计系统的输出建议采用由可以体现决策目标所希望达到的方向的参数表达。

一个系统包含多少个部件，虽然与设计的系统特性有关，但在系统设计时，必须考虑以下两个原则：第一个原则是关于系统的准确性，设计的系统是否能有效地解释系统环境及与目标间的关系；第二个原则是系统的可操作性，系统在解释系统环境、与目标间的关系及运算上和操作上是否可行与方便。上述的第一个原则在设计上是强调系统的精确程度，希望提高系统的解析水准。第二个原则是希望操作简便，隐含着解析水准不能要求过高。因为解析水准要求高，往往就要求增加系统部件，而增加系统部件，自然就会增加系统在操作和运算上的复杂程度及理解上的困难。上述生态工业系统设计工作的内容包含系统的环境因素、结构部件及其相互联系和系统的参数输出。简单地说，就是在信息源被限定的前提下，由生态工业系统分析人员运用各种专业知识扩大可知部分信息和缩小未知部分的信息，以使决策者能够进行决策。

第二节　生态工业系统决策的环境特性

生态工业系统分析的程序是用来帮助人们处理复杂的生态决策问题的，而决策存在的复杂性往往源于人们对生态系统环境认识不清。所以从这个意义上讲，决策的效果是依赖于人们对环境的认识的。由于对环境认识不清，所以有必要通过对环境结构的研究来了解其特性。为便于生态工业系统设计、建模和定量计算作业的进行，即使是做出一种人为的、概念性的结构描述也是有益的。对系统环境的认识不足，除了知识和经验不足的原因外，对决策系统与环境的意义认识不清也是重要原因之一。系统环境是相对的概念，并且其相对性的具体特征可以如下描述：①系统决策总是对应于特定的系统环境；②其所涵盖的范围是每一个具体的决策问题的系统和环境的边界；③决策人所处的立场不同，考虑问题的角度不同，因此对于同一决策问题，其所处的环境也是不一致的（杨世琦等，2005）。

这些层次之间的相互关系可以用图 2-4 来描述。

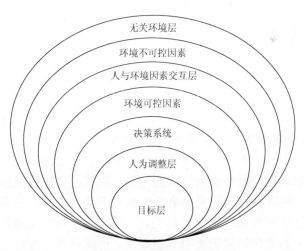

图 2-4　系统环境示意图

最核心的目标层对应于系统决策者的价值准则，而人与环境因素交互层则是对应于环境因素中的可控制和不可控制因素的无法确定的变化，这些可能发生的变化由决策者根据具体的系统特性来协调。下面以企业发展目标与市场营销为例说明，如图 2-5 所示。

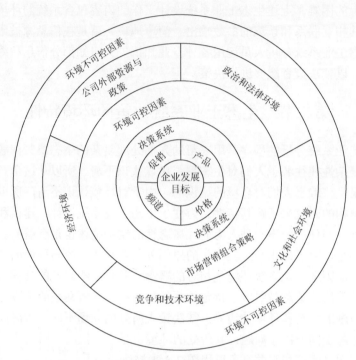

图 2-5   企业发展目标系统的环境

一、系统环境的复杂性

系统环境的复杂性是由信息源中所加入的信息量所决定的，它是一个相对的概念。"在一个具有多个决策层次的系统中，各个层次在决策过程中与环境联系的广度、深度和频度都会有很大的差别"（宋言奇，2004）。图 2-6 表示一个具有三个管理决策层次的系统与决策环境相联系的情况。

由图 2-6 所示，决策环境的相对复杂程度可以通过决策层与系统环境的交流频度和幅度来体现。随着决策层次的升高，决策层与决策环境的联系频度与幅度也会增强，环境可控制因素的复杂性也会升高，因而总的系统环境的复杂性是随着决策层次的降低而逐渐变弱的。所以，图 2-6 中高级管理层次中的战略型决策所对应的系统环境的复杂程度最高，也就是环境可控制因素选择的复杂性最强。而基层管理层次中的业务操作型决策所对应的环境的复杂性，相对高级管理层就减弱了许多。也就是说，环境可控制因素选择的复杂性相对高级管理层较弱。

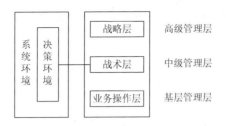

图 2-6　系统与决策环境

　　系统环境的复杂性还表现在环境状态的不确定性、不安定性及突变性方面。这些往往是由环境因素中的随机性和模糊性等特点引起的。

二、环境因素的向量设计

　　依据生态工业系统所处的环境，环境因素主要可分为两类因素：一类是决策者可以控制的因素；另一类是决策者不可控制的因素。如果将这两大类因素再加以细分，就可依照资料分类的独立性和互斥性准则，先将这两大类因素细分成相互独立的几个因素，即不相关的若干因素，如人力因素、资源因素、经济因素等，然后将两类因素中各个不相关的若干因素划分为几个具有排他性（即互斥性）的水准。如此，针对所有的系统环境，我们都能想办法用独立性向量及互斥性向量把系统环境的两类因素用表 2-1 的形式划分（李方义和刘钢，2000）。

表 2-1　可控制与不可控制因策划分表

可控制因素				不可控制因素			
A_1	A_2	$\cdots$	A_m	B_1	B_2	$\cdots$	B_n
a_{11}	a_{12}	$\cdots$	a_{1m}	b_{11}	b_{12}	$\cdots$	b_{1n}
a_{21}	a_{22}	$\cdots$	a_{2m}	b_{21}	b_{22}	$\cdots$	b_{2n}
$\vdots$	$\vdots$		$\vdots$	$\vdots$	$\vdots$		$\vdots$
a_{i1}	a_{i2}	$\cdots$	a_{im}	b_{i1}	b_{i2}	$\cdots$	b_{in}

　　表 2-1 控制因素中包含有 $A_1, A_2, \cdots, A_m$ 个独立因素，不可控制因素中包含有 $B_1, B_2, \cdots, B_n$ 个独立因素。然后把每一个相互独立的可控制因素 A_p（$p = 1, 2, \cdots, m$）分为 a_{ip} 个水准类别，而把相互独立的不可控制因素 B_q（$q = 1, 2, \cdots, n$）分为 b_{iq} 个水准类别。如此，环境状况就可用 $\{a_{ip}, b_{iq}\}$ 形成的集合表示。

　　环境状况的类别主要就是描述出各个相互独立的因素所含有的特性，而所谓的因素水准主要是指彼此相互独立的各个因素所含有的互斥性的各个单元。至于

单元 a_{ip} 中 i 的取值可以按照解析水准的相关要求来确定。

　　除了依据上述独立性和互斥性向量的构造外，对于动态的环境来说，环境特性的设定还另有一个能简化环境结构的向量，即时间向量。因为系统环境的各个因素类别还经常产生一种时间序列性。此种序列性同独立性和互斥性向量一样，常能起到简化环境特性描述的功用。在进行系统设计时，它有利于减少不可知部分的信息量。这就是三维空间的环境因素结构形式。环境特性的结构描述图如图 2-7 所示。

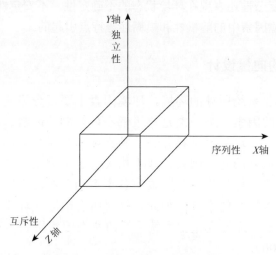

图 2-7　环境特性的结构描述图

三、环境因素的树状结构

　　环境因素结构化的设计方法中有所谓的决策树方法。决策树是环境因素结构化设计的主要方法。该方法在上述向量设计的基础上提供了一种序列性的思考过程，因而它特别适合在可控制因素为主导环境的条件下应用（詹前涌，2000）。决策树方法的主要内容是以两种符号来代表可选择（对应可控制因素）及不可选择（对应不可控制因素）两种状态；而环境结构则是这两种状态的一种可行的序列组合。环境因素的决策树状结构如图 2-8 所示。图 2-8 中方块代表决策者可选择（可控制）的状况；圆圈是代表决策者无法选择（不可控制）的状况。其中每组因素间的联系表达了某种环境状况。例如，"不带伞，下雨，下大雨，途中买把伞"，表达一种环境状况；"不带伞，下雨，下小雨，淋雨上班"，也是一组环境状况；"带伞，不下雨，大晴天，把伞寄存"等，都是在某个可控制因素为主导的条件下出现的一组环境状况。此环境状况以图 2-8 为例共可组合成若干组。

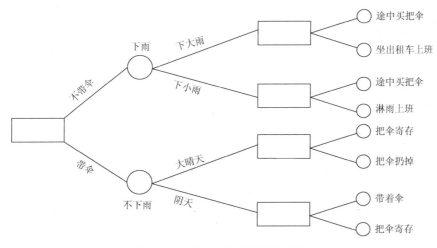

图 2-8　环境因素的决策树状结构

第三节　生态工业系统设计原则与方法

一、设计原则

在工业园区内进行生态工业改造，有六点设计原则需要注意。

（1）和地方因调整相关经济结构而发生变化的各个指标达成一致。这样有利于最大限度地挖掘当地的各项优势资源、先进技术、优秀人才等，使传统的粗放型经济发展模式快速地转变为集约循环型模式。

（2）尽可能地减弱工业发展所带来的环境污染问题，并且尽快恢复当地的生态环境。

（3）改变企业发展模式，促进企业向生态化发展，使企业的生态化效率得到大幅提高，将环境管理方式由传统的末端治理转变为预防为主的全程控制，改变以往只从浓度角度考虑的控制方法，尝试从浓度和总量的角度采用综合控制的方法。

（4）加强企业之间的联系，对企业间的物质、水和能量进行集成，尽可能地通过能量与水的逐级利用及物质的闭路循环最大化生态系统的生态效率，并且妥当使用无害化的方式处理最终废物。

（5）通过更有效地利用资源和能量，降低企业的生产和经营成本，使企业的产品竞争力得到快速提高。

（6）尽力为当地居民提供新的就业机会，并发挥示范辐射及带动周边地区经济发展的作用（吴峰和徐栋，2002）。

二、设计方法

（一）物质集成

物质集成是指采用可靠合理的方法构建原料、产品、副产物及废物的工业生态链，最大限度地实现物质的循环利用。生态工业的物质集成，包括反应过程的物质转化集成及净化分离过程的物质交换集成。反应过程的物质转化集成主要包括两个方面的内容：一是单个生产过程内从原料到产品的反应过程中以环境和经济为综合目标的优化；二是多个生产过程间的物质集成。为实现废物在过程间最大程度的循环利用，分离净化过程是十分重要的环节。废物通过吸收、吸附、萃取等净化分离过程，然后加以利用。物质集成的方法目前主要是产品体系规划、元素集成、生态工业物质链构建及多层面 LCA 与产品结构优化。

1. 产品体系规划

产品体系规划是一个全新的生态工业系统最主要的问题。为了对产品进行规划，应该充分考虑当地资金数量、资源状况及技术基础，依据市场发展需求现状和研究探讨未来需求，并结合发展规划，在此基础上设计一个适合的产品体系。而针对改造型生态工业系统，通常需要先对系统目前现有的产品与工艺体系进行合理的分析和研究，再根据研究分析报告对产品体系进行合理的、适合的规划（张叶红和王海燕，2005）。

以衢州沈家工业园区的改造情况作为实例进行说明。对园区目前现有产品与工艺体系进行合理的分析表明，园区目前还有的 60 多种化工产品存在如下问题：超过半数的企业生产规模较小，各个企业彼此之间不存在紧密的联系；这些企业生产的产品中缺乏支柱性的、拥有技术优势的或者迎合市场需求的系列化产品；对企业生产产品过程中的副产品，仅仅利用了少数经济效益很高的，大部分产生的副产品都视作废物而浪费了。意识到园区这种现状后，可以对大多数的副产物/废物进行自主回收、循环利用，某些副产品/废物可以供给其他的一些企业（园内的企业和园外的企业均可）作为原材料使用。为了改善园区企业的工艺体系与产品规划，主要针对园区内四种物质（硫酸、氨、碱和氯）进行工业代谢研究。研究结果表明，企业生产的很多对苯二胺对污水酸碱度影响效果明显。依据研究结果，对重点企业提供了一系列工艺改进的方案与措施，通过采取各种物理方法和化学方法减少企业的使用量，避免使用有毒化学物品，保证污水酸碱度维持基本平衡。合理的产品体系规划，应该考虑产品、原料、工艺三者的绿色化及废料的再利用，提倡和督促企业不再生产让环境受到严重污染的硝基氯苯及与其相关的衍生物系列，而应当利用当地农产品资源丰富和距离巨化集团氟化工基地较近的优势，大量开发使用生物化工品和与氟相关的化学品的生产研究。

2. 元素集成

元素集成的主要指导思想是，改善工业系统的过程中，一些重要的元素能够对整个系统的物质循环及废物排放有不可比拟的影响，所以，可以针对这些关键元素进行深入分析与研究，采用数学优化方法提出合理的、合适的元素集成方案。

通过研究分析发现，氯元素在系统的物质循环及废物排放方面扮演着非常重要的角色。因此，对园区氯元素进行集成，可以显著地降低对氯元素的使用与排放，从而保护环境，使环境不至于受到破坏。可以通过减量化、再利用、再循环三原则具体分析。经过分析研究，了解氯元素反应路径、单元过程。基于以上分析就能提出产品生产的新路线、原料替换、工业改善、物质再利用及废物再循环等方案。这些方案可以构成一个超结构网络，然后就可以使用混合整数非线性优化的方法得出最好的元素集成方案。

3. 生态工业物质链构建

工业系统的原料、产品、方法的构建与元素集成类似，副产物及废物的最优生态链是生态工业能够实现的关键。工业系统研究的对象主要是其所包含的全部过程和物质，在原有过程的基础之上，引入一系列措施和方法，如工艺改进、新的替代过程、新的替代原料及补链工艺等共同构建一个超结构模型，通过优化，进而得到满意的、合理的生态工业物质链。

以山东枣庄生态工业园区规划的案例对以上问题进行说明。据实地考察分析，该园区主要有三个关键企业，它们分别是合成氨厂、水泥厂及热电厂。除了这三个关键企业外，还有一些其他成员，分别是生产电石乙炔的化工厂、地毯厂、污水处理厂及居民区等。基于以上情况，主要有以下三个互斥的超结构方案。方案1的指导思想是依据园区内已经存在的物、能连接，考虑可以用热电厂的蒸汽作为居民区冬季供暖的重要来源，而合成氨厂、地毯厂及热电厂产生的煤渣是水泥厂的原料。方案2的指导思想是基于方案1的基础上考虑再增加一些关键的物、能连接，这样可以协调成员之间的连接。例如，在热电厂与地毯厂之间进行蒸汽连接就可以显著地降低小锅炉的低效率的影响，这样也可以有效减少煤耗及二氧化硫（SO_2）的排放，但是由于产生煤渣的数量大大减少，这是不利于水泥厂的。方案3的指导思想是基于方案2的基础上考虑市场需求及质、能集成策略适当地增加一些新的成员与一些新的物、能连接。新增的成员分别是以煤渣作为原料的建材厂、双氧水厂、二氧化碳（CO_2）气肥厂及轻质碳酸钙厂等。对各个方案进行分析可以得出：依据方案1可以很容易地获得令人比较满意的经济效益；而方案2，由于成员之间构建了更加密切的工业共生关系，能获得比方案 1 更好的环境与经济效益；方案 3 显然能获得比方案 2 更好的环境与经济效益，但它的经济风险显然也更大。

4. 多层面 LCA 与产品结构优化

现今，LCA 方法已经广泛应用于产品或者过程环境的评测管理中，并且也可以结合过程优化，对产品结构优化进行决策，获得令人满意的经济效益。目前在应用 LCA 方法时基本上都是从环境保护方面分析产品或者过程的好坏，从而进行决策，这不太合理，因为不仅应该考虑环境效益，也应该兼顾经济与社会效益，在这三者之间做出合理的权衡，这样才能获得最优的综合效益。

基于以上分析，对目前的 LCA 方法进行了改进，主要是在原有的只考虑环境效益的基础上增加了经济与社会效益评价的多层面产品综合评价模型。新的 LCA 方法可以按照如下步骤进行：第一步，把产品生命周期划为五个阶段，即原料获取、生产过程、运销过程、使用过程及循环利用；第二步，为每个阶段的各个因素构建多个评价指标；第三步，利用合理的方法综合这些指标，得到环境总指标、社会总指标、经济总指标及综合指标。根据以上分析就能合理地评价不同的产品。当工业系统可以选择多个产品生产或者多条供应链时，应用多层面 LCA 方法并结合优化算法可以得到最满意的结果。具体运用这种方法，可以借鉴衢州的一个有机硅生态工业园区的优化案例。首先构建一个有机硅产品体系，把环境、经济与社会效益作为优化对象得到三个产品优化体系结构，其次权衡三者，把总指标作为优化对象，得到最优的综合效益。

（二）水系统集成

水系统集成技术是考虑把企业整个用水系统作为一个有机的整体，通过优化技术优化水在系统中的分配，达到节约用水的目的。水系统集成的方法主要包括数学规划法、水夹点技术及中间水道技术等。目前，防治工业废水污染主要对策有三大类，分别是宏观性对策、管理性对策及技术性对策等。而水系统和其他子系统（产品体系、能量系统和信息系统）之间关系也很紧密。例如，在优化产品结构时，同样也会对园区内的废水组成与流量产生影响（如减小废水的毒性与排放），这可以在根源上改善园外的水流的质量；同时帮助企业准确配置企业布局，最大化地提高企业之间废水的综合利用效率；结合计算机信息管理系统，加强对企业用水和排污的监测，能够科学地为园区各层面水集成制定合理的措施。

1. 企业层次的水系统集成

生态工业园区的水系统在企业层次的集成可以使用衢州沈家生态工业园区的例子来具体说明问题。对企业的耗水量与排污量进行统计分析，得到分析结果如下：全年循环水用量只占全年用水总量的 15%；各个企业耗水量与排污量差别明显，在这其中有几家企业耗水量与排污量所占总量的比例超过了 85%，这是水系统集成应该重点关注的企业。在这些重点关注的企业之中，对一家造纸企业进行分析，结果表明：若是强化工艺排污的处理，可以把处理过后的污水回用到该企业水系统中再次利用，仅此该企业就可以降低新鲜水用量超过 70%，降低污水排放量约 80%；在这基础上，该企业可以通过增设冷却塔等各种措施进一步节水达 80% 以上，并可以节约大约 14 万吨水质较好的处理水提供给其他距离较近的企业使用。同理，通过认真对其他几家重要企业水系统进行分析可知，采用适当方法和措施可以大幅减少新鲜水的用量及污水的排放量。不过应该认识到企业之所以对水的减耗及废水的减排不太积极，一个很重要的原因是当前水资源的收费太低，企业没有节约和减排的压力，水的消耗不会成为企业的重大负担，故而政府应该建立一个合理的水资源收费体系，加强对企业水资源收费的管理。

2. 园区层次的水系统集成

园区层次的水系统集成可以通过以下途径实现。

（1）废水用作生产或者将以废治废的原料提供给其他企业循环利用，以达到节约水资源的目的。

（2）废水级联使用。某些企业排放的废水比较纯净，可以适用于一些对水质量要求不高的企业再次利用。

（3）废水集中回用。一些彼此距离较近的企业可以共建一个水循环系统。若是相同性质的废水（如含硫酸废水），可以先把它们集中到一起后再统一回用到企业。

（4）废水处理设施共享。一些能够处理较大规模废水的企业可以有偿帮助其他无废水处理能量的企业进行废水处理，可有效减小园区废水集中处理压力。

（三）能量集成

生态工业的能量集成是有效利用生态工业系统每个生产过程中的能量，它主要包括热回收与热交换网络、蒸汽动力系统及各过程间的能量交换。能量交换就是指某一个过程的热源可以通过其他过程中的一个过程产生的多余热量来提供。能源的高效利用除了可以节能，也可以在一定程度上保护生态环境。目前在能源高效利用方面，人们已经取得比较成熟的理论与技术。比如，由 Linnhoff 提出的夹点技术、Grossmann 等学者提出的混合整数线性规划（mixed-integer linear programming，MILP）与混合整数非线性规划（mixed-integer nonlinear programming，MINLP）数学规划方法。这些技术使能源高效利用取得了巨大的成功。

（四）信息集成

信息集成是指采用结构化的综合布线系统与计算机网络技术，其目的是将每个分离的设备、功能及信息等集成到一个彼此关联、协调和统一的系统之中，通过充分共享资源，让管理更加集中、高效与便捷。

生态工业园区本质上是一个复杂的区域产业共同体，因此需要所有参与者（包括政府部门、园区企业、园区管理委员会、园区规划人员、投资者及园区居民）紧密合作。由于信息传递的重要性及园区管理委员会恰好处于信息网络中心，可以帮助园区管理委员会建立计算机信息管理系统，实现信息的集中、高效处理和传递。第一个建立计算机信息管理系统的园区是衢州沈家工业园区，该系统集成了企业的方方面面有用的日常管理信息。在该系统的帮助下，能够为决策人员提供可靠的信息，有助于决策人员准确、高效地进行相关决策。该计算机信息管理系统主要集成了日常事物处理、入园企业评价及河流污染事故源分析三个重要功能。在日常事物处理模块主要集成数据管理、数据统计、数据查询、高级功能及帮助五个基本功能。入园企业评价通过内置项目评价体系进行，该体系涵盖经济、资源、环境与社会等多方面特性，并且对此进行量化，可以帮助决策者客观准确地做出决策，选择最好的、最适合的企业入园。而河流污染事故源分析能够时刻检测各个企业排污状况，依据时间、地点及污染物等因素明确造成河水污染的企业，并对其做出处理，保护河水的清澈度（胡山鹰和李有润，2003）。

第四节　生态工业系统多级递阶智能控制设计

一、多级递阶智能控制的结构

开放的生态工业系统庞杂性的主要特征表现为多回路、高层次、非线性，以及子系统的类别繁多、数量巨大、多重反馈、结构复杂。生态工业系统的设计过程，主要表现为涉及学科知识繁杂、信息来源多、定量信息和定性信息共存、信息精度也不均衡且系统参数的敏感性非常不一致、系统高层次结构比较清楚明晰与系统低层次结构难以准确描述、设计方法必须符合开放的复杂巨系统等特点。多级递阶智能控制设计方法就是根据多层生态工业系统的这种结构特征所提出的一种设计方法（陈静和张文红，2006）。多级递阶智能控制系统的结构如图2-9所示。

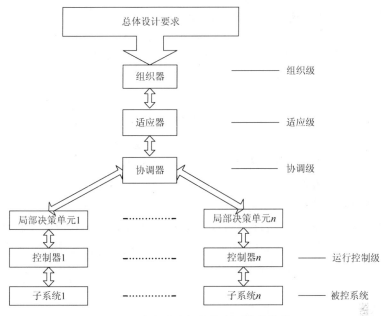

图 2-9　多级递阶智能控制系统的结构

图 2-9 中每一级的作用如下。

（1）组织级。作为多级递阶智能控制系统的最高级，具有一定的学习与决策能力，组织级是该系统的"大脑"。它按照生态工业系统的总目标来选择下层所采用的模型结构、控制策略。它可以随着总目标的变化而自动改变协调层中全部的性能指标，并且当参数辨识不合理时还可以对适应级的学习策略进行修改。

（2）适应级。它的任务是通过观测实际生态工业系统来辨识协调层中的模型参数，令模型与实际过程相一致。

（3）协调级。它的任务是依据最优性指标去规定运行控制层各控制器的设定值。这一级的运算精度要求较低，而决策能力要求较高，此外还需具备一定的学习能力。

（4）运行控制级。它直接控制局部过程并完成子任务。这一级对执行局部任务要求精度高，但不要求具备太多的能力。

二、多级递阶智能控制设计生态工业系统的优势

同级的子系统在递阶结构中能够平行地进行，因此工作效率较高；对于互相独立的决策单元来说，为了能实现系统的整体控制目标，采用协调器的形式比决策单元之间通信更为有效；从大规模的工业管理系统来讲，任务在本质上就是按照某一种递阶的形式去组织的。假如优化是管理的目标，则应该采用递阶优化的形式。

　　多级递阶智能控制设计系统在结构上具有比较好的可靠性和灵活性，因任何决策随着子系统的改变而改变都是局部性的，故成本低、费时少，因而这种多级递阶智能控制设计系统适应环境能力较强，在长时间内比严格的系统更加适应竞争，符合开放的工程系统的思想。

　　由图 2-9 可以看出，多级递阶智能控制设计系统的工作原理可以做两次分解：从横向来说，将一个复杂系统分解为多个相互关联的子系统，给每个子系统逐一配置控制器，这样方便直接控制，在很大程度上使复杂问题得到简化；从纵向来说，将控制这个复杂系统要求的智能程度，由低向高进行一次分解，这就又给解决复杂问题提供了方便。

　　多级递阶智能控制设计系统与一般的多级递阶控制系统在结构上基本相同，其差别主要表现在这个多级递阶智能控制设计系统利用了开放的工程系统的思想，采用了综合集成研讨体系的方法，最大限度地利用了人工智能的原理和方法，使组织器、适应器和协调器都具有利用与处理知识的能力，具有程度不同的自学习能力等。

参 考 文 献

陈静，张文红. 2006. 生态工业系统开放的多级递阶智能控制系统. 东南大学学报，2：100-102.
陈跃，蒋明辉. 2002. 工业生态学及其发展前景. 湖北民族学院学报（自然科学版），20（1）：94-96.
何东，曹丹. 2007. 论区域工业生态系统的构建. 西华大学学报，6（4）：15-17.
胡山鹰，李有润. 2003. 生态工业系统集成方法及应用. 环境保护，6（1）：22，23.
黄思铭，欧晓昆，杨树华，等. 2001. 可持续发展的评判. 北京：高等教育出版社：6，7.
李方义，刘钢. 2000. 模糊 AHP 方法在产品绿色模块化设计中的应用. 中国机械工程，11（9）：4，5，997-1000.
鲁成秀，尚金城. 2004. 生态工业园规划建设的理论与方法初探. 经济地理，24（3）：400，401.
宋言奇. 2004. 生态城市理念：系统环境观的阐释. 城市发展研究，2：11，12.
吴峰，徐栋. 2002. 生态工业园规划设计与实施. 环境科学学报，6：5-7.
杨世琦，高旺盛，隋鹏，等. 2005. 湖南资阳区生态经济社会系统协调度评价研究. 中国人口·资源与环境，8（5）：36-38.
詹前涌. 2000. 层次模糊决策法及其在生态环境评价中的应用. 系统工程理论与实践，8（11）：30，31.
张文红，陈森发. 2004. 生态工业系统——一个开放的复杂巨系统，11（3）：45-48.
张叶红，王海燕. 2005. 生态工业园区产品体系规划的模糊综合评判法. 四川环境，6：40-42.
周哲. 2005. 生态工业复杂适应系统研究. 清华大学硕士学位论文.
周中平，朱慎林. 2002. 清洁生产工艺及应用实例. 北京：化学工业出版社：116-118.

第三章　生态工业系统运行

第一节　生态工业系统的协同运作机制

一、生态工业系统的特点及运行机制

生态工业系统是一种由经济、社会、环境三个子系统复合而成的一种现代工业发展形式。通过运用生态学、经济学、技术科学和系统科学的基本原理与方法，经营和管理工业经济活动。它采取系统的思维方式对工业污染物进行防治和排放，并实现自然资源的合理利用。这不仅是重新审视人类对经济发展、社会进步、环境保护三者之间相互关系的结果，也是重新认识发展观的结果；不仅是生态经济思维应用于工业生产领域上的结果，也是可持续发展精神实质的体现。

生态工业系统的结构即系统中的各个子系统和其要素在此系统内的排列组合，按照某种方式把子系统、组成要素及各个子系统与其组成要素连接起来，运用某种方法使其形成链状组合和网状结构。

生态工业系统具有以下三个特点。

（1）各个子系统中的组成要素经社会子系统积累与消费链（网）、经济子系统中投入与产出链（网）及环境子系统中消耗与再生链（网）彼此相连；大系统则通过上述各子系统对应的链（网）之间的相互结合，形成一个三维的复合网络结构，如图 3-1 所示。

（2）系统内各组成要素之间、各子系统之间的网络结构关系经科学技术相互联结，同时经科技密集程度不同的各种科学技术体系加以耦合而形成。故科学技术水平决定各组成要素之间、各子系统之间联结的广度和深度，进而决定了链（网）状组合结构的内容、层次、规模及速度（郭莉和苏敬勤，2005）。

（3）系统内各组成要素之间、各个子系统之间的关系是非线性的，并不具有加和的性质。要素和子系统经物质、信息、能量、劳动力（人才）和价值的流动与转化，连接为生态经济有机整体（吴伟等，2002）。

生态工业系统的协同运作机制能够深刻揭示工业发展与经济、社会、环境之间相互作用的内在运动规律，以及协调这三方面相互作用时的多种变化过程的性质及相互关系，并根据现行工业系统的基础和条件（王兆华和武春友，2002），用图 3-2 来表示生态工业系统的协同运作机制。

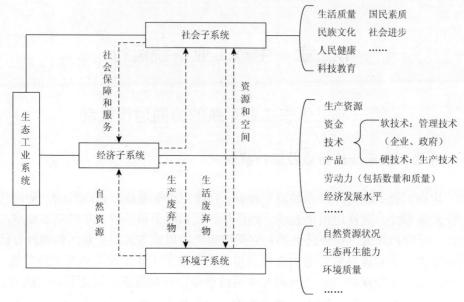

图 3-1　生态工业系统的要素及其结构

　　系统的协同运作机制可表述为：运用关于发展生态工业系统的理论、科技、经验和管理知识，提出相应的发展生态工业系统基本对策，作用于系统中社会、经济和环境这三个子系统。一方面，将子系统内运行的社会进步水平、经济发展水平和环境质量水平分别和子系统的持续发展的目标做比较。狭义的持续发展，侧重点在于各子系统纵向生态工业的协调性，表现为各个子系统内部各组成要素间互相促进、互相协调的关系。这三者的对比如图 3-2 中菱形判断框所示，由各子系统的持续发展协调器分别产生持续发展的控制变量。另一方面，依据系统协调发展的偏差信号（侧重点在于各子系统横向生态工业的协调发展，其表现为各子系统间的相互协调和相互促进），由各子系统间的协调发展协调器分别产生协调发展控制变量。由局部控制器把持续发展和协调发展控制变量进行综合，从而得到各个子系统的最优控制变量，并反馈作用于基本发展对策，使其更加完善。因此，综合系统纵向持续发展和横向协调发展，共同促进生态工业系统的建立和完善（吴伟等，2002）。

二、生态工业系统的协同运作机理

　　生态工业系统的协同运作机理主要包括三个方面，分别是复杂系统机理、自组织机理及协同机理。

（一）复杂系统机理

　　复杂系统是相对于简单系统来说的。简单系统通常具有少量个体对象，个体

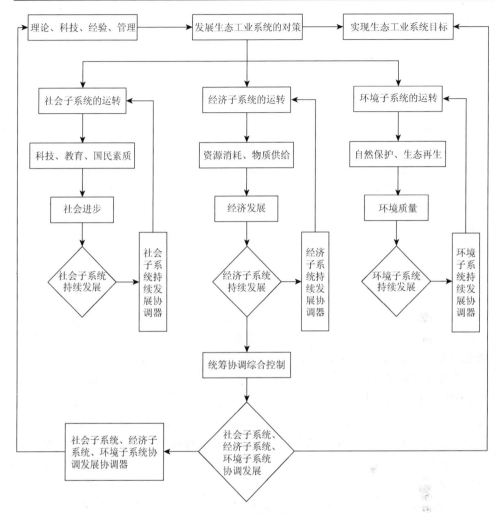

图 3-2　生态工业系统的协同运作机制

间相互作用比较弱，可以使用统计平均的简单方法来研究其行为。而复杂系统则具有中等以上数目的个体，且复杂性未必与系统规模成正比，复杂系统有一定的规模，对局部信息能做出智能性行动，具有自适应性。例如，组织中的细胞、生态系统中的动植物等。这些个体均可以依据身处的局部环境，通过自身的规则对局部信息做出智能的判断或决策。

生态工业系统是由社会、经济、环境三个子系统复合而成，系统不同的组成部分具有各自的活动主体和功能主体，而且数量众多，不同的主体都会根据接收到的总体"环境"信息，根据系统规则调整自身的行为和状态，使系统在整体上显现出职能的有序性。系统的整体行为随着系统内个体间的相互竞争和协作等局部的相互作用而涌现出来。生态工业系统具有复杂系统的特征，属于复杂系统研究范畴。

（二）自组织机理

在生物界、社会系统之中起主导性作用的演化是从无序到有序的进化。比利时布鲁塞尔学派领导人普利高津（Prigogine）教授经多年研究指出，在一个远离平衡的开放系统（无论是力学的、物理的、化学的、生物的等）中，当外界条件的变化达到某一特定阈值时，量变可能会引发质变，系统会不断与外界交换能量和进行分子运动进而产生一种自组织现象。组成系统的各个子系统相互协调，以致可能从原先的无序状态转变成为在时间、空间或功能上有序的一种自组织结构。这种自组织结构的维持，需要系统不断地"耗散"能量，所以普利高津等把这种非平衡态下的新的自组织结构称为耗散结构。因为耗散结构能产生自组织现象，所以又被称为"非平衡系统的自组织理论"。这个结构能够解决由无序的开放系统转化为有序的问题，为处理平衡与非平衡、有序与无序、可逆与不可逆、整体与局部、决定论与随机性等关系提供了非常好的思考方法，从而丰富和推动了一般系统论。一般情况下，形成自组织必须具备以下三个基本条件：①系统必须是远离平衡态的开放系统；②系统内各个要素之间存在着非线性的相互作用；③系统要有涨落的触发。

生态工业系统就是一个由工业经济系统、社会系统和自然生态系统三个子系统构成的相互作用的有机整体，其实质是人类在工业生产活动中和自然生态系统中进行的物质、能量、信息的交流。因这种交流表现为无限循环的输入和输出功能，所以保持了工业系统的"生命过程"，并持续由无序向有序状态进化发展。显然，工业共生网络必须具备耗散结构特征，必须通过不断与外界环境交换能量和物质，维持一种非平衡状态下的有序结构，只有这样该网络才能进一步演化和发展。

生态工业系统作为一种"工业生态系统"，处于多种因素的共同作用之下，且其中的这些因素彼此渗透、互相制约。因此，生态工业系统中各不同元素间必然存在非线性关系。一个富有活力的开放系统，其发展是受诸多非线性的复杂因素共同控制的。外部环境的变化，如环保法律法规的修订、环境技术的进步及新企业的加入等，导致了对生态网络的冲击和波动，致使生态工业系统始终受到强大的压力，从而远离平衡状态。此时，生态工业系统内部的企业通过不断地与其他企业交易，进行信息交换、人员流动及资源（能源、材料和水）的转移，使工业系统自始至终处于激烈的动态变化发展之中。当其达到某一特定值时，动态量变可能导致质变，从而生态工业系统有可能由原来的无序的运动状态转变为一种时间、空间和功能的相对有序的静止状态。这时，非平衡状态就成为生态工业系统的新组织系统有序的源泉，此时新的生态工业系统就随之自发地形成了（蒋岩松，2003）。

生态工业系统在平衡状态下，系统外部影响不会对系统产生太大影响。因为此时是全开放性网络，所以由此产生的是具有抗外界冲击能力的平衡；当生态工业系统正处在接近平衡状态的线性的非平衡区时，系统仍然处于相对平衡的状态，外部的改变只会给共生系统带来较小的冲击，导致系统的平衡状态出现暂时偏离，如修订环境法规时会使网络成员发生暂时性的波动等。若外部的变化不足以冲击到生态工业系统自身的平衡状态，则该偏离状态会不断衰减直至消失，直到回归到稳定状态。当生态工业系统处在偏离平衡状态的非线性区域时，若园区的管理政策发生了重大变动，且企业的成本急剧增加，此时生态工业系统中哪怕是一个微观随机的小振动，都会通过相关作用而放大，同时引发系统成员外流增多、园区形象不佳等诸多问题，形成一个整体的、宏观的"巨涨落"，使生态系统进入不稳定状态。此时，就需要当地政府、生态工业园区的投资者和经营者结合具体情况制定出有效的改善措施，以使生态工业系统的输入为负熵，从而跃迁到一个新的、稳定的有序状态，使生态工业系统在新的状态下达到平衡。

在实践中，生态工业系统通过共同遵守系统约定或合作协议来保证系统组织有序进行。由于这属于一个框架保证，所以不会由某一成员的变动或者"巨涨落"而破坏系统组织的结构，导致系统组织的混乱和低效。这是因为系统组织复杂性除了受结构和连接机制的影响之外，还具有一个在系统组织的内部自动寻求系统稳定的机制，即系统组织的文化、价值观及政治特征，其能在一定程度上针对技术层面、组织结构等层面的变革采用抵制措施，也可对迭代过程造成一定程度的影响，因此其与天气系统和物理领域等复杂系统不同，生态工业系统作为复杂系统有其固有特殊性。

实践表明，生态工业系统的自组织特性保证了系统网络中各子系统有足够的能力和资源来达到系统内部的协调、平衡，同时能够更好地适应外界环境的急剧变化，实现由不平衡到平衡、由无序到有序的发展。也正是这一特性的存在才使生态工业工程系统在不断波动的变化中持续发展完善。

（三）协同机理

生态工业系统是一个开放的复杂的系统，它由很多个子系统构成。因此，生态工业系统在其形成的过程中应具有协同的特性。德国物理学家哈肯首次提出协同学的概念，协同学主要是研究各个子系统之间是如何协作的，是如何形成宏观尺度上的空间、时间或者功能的结构的。其所具有的这种有序结构是由自组织的方式所形成的。一个系统由无序状态向有序状态转化的关键并不依据热力学是平衡的还是不平衡的，也不依据距离平衡态的距离，而在于这个系统是否由众多子系统构成的，并且在某些条件下，其各个子系统间经过非线性的相互作用可以产生时间结构、空间结构或时空结构，并能够生成自组织结构，实现新的有序的状态。实际上，生态工业系统在未形成平衡态之前的状态与形成平衡态之后的状态就构成了协同学的研究对象，贯穿于整个生态工业系统的形成过程。

在具有协同学性质的生态工业系统中，各子系统的行为由序参量支配。序参量能够支配其他参量，主宰其他参量深化的进程，与此同时其他参量的变化也可通过耦合和反馈影响序参量。因此，它们之间是互相依赖的，并在序参量的主导下达成一致，从而形成一个不受外界条件影响和内部变化影响的自组织结构。各子系统间能够实现协同合作的主要原因是各子系统间存在着某些关联力。因此，协同学中的协同实质上指的就是序参量支配下所形成的各个子系统间的协同运动。相变过程实质上都是自组织过程，无论是平衡相变还是非平衡相变，且各子系统的性质是无法影响自组织过程的运动规律的。

协同导致有序还表现在生态工业系统序参量之间的协作与竞争上。在很多情况下，生态工业系统同时存在着几个序参量，这些序参量间的协作与竞争的结果决定了系统的状况。因为其衰减常数相近，系统中的各子系统会自动妥协，协同运动后会共同形成系统组织系统中的有序结构。随着外界环境的变化，这种合作状态被打破，竞争导致只有一个序参量主宰共生网络的有序结构。这种序参量之间的协同合作与竞争决定着生态工业系统中各企业从无序到有序的深化进程。

生态工业系统内部的随机变化是推动网络系统进行转变的决定因素，在生态工业系统的形成过程中发挥着重要作用。协同作用序参量的变化实际上是指系统相应的统计平均值的变化，当去除大量慢变量对序参量的影响后，还存在着序参量偏离平均值的涨落。在通常情况下，这种涨落对生态工业系统的进程影响不大，但当外界条件达到临界值时，生态系统处于不稳定平衡，涨落便会被骤然放大，推进到新的稳定平衡状态，新的生态系统便会形成。

三、生态工业系统的控制机制

（一）控制机制类型及其适用性

20世纪80年代中后期，网络组织理论开始逐渐形成并发展成为一个新领域，主要用于对经济全球化及区域创新这两个现象的分析。该理论认为，在系统创新过程中需要一种新的制度安排即网络组织，该组织为其企业成员间建立强弱不等的各类联系纽带。生态工业系统是工业生态化的产物，涉及社会、经济、自然等不同系统的多个方面，是典型工业网络组织，生态工业系统即为生态工业网络组织。

在网络组织内，不同的知识扩散方式适用的管理机制不同。根据研究，从不同的角度出发可以得到不同类型的管理机制。从战略角度出发，网络组织控制机制可分为数据管理型控制、管理者监督型控制和冲突管理型控制；从企业从属关系出发，可分为结构型控制、流程管理型控制、业绩考核型控制与激励型控制；从委托代理和交易费用角度出发，可分为集权型控制、社会化型控制及利润中心制控制。根据生态工业系统理论与实践，可以将生态工业系统控制机制分为以下三种。

（1）层级型控制机制。层级型控制是结构化与形式化的管理机制，它包括的形式多样，主要涉及日常监督、标准化管理、数据管理、科层制与集权程度等。

层级型控制机制通常要求系统具有矩阵组织结构，系统管理机构与职能集成度高。在这类组织中，对独立节点的管理难度随着系统复杂程度的提升而增加，组织成本随着系统集成度的提高而提高，高集成度伴随着层级化的合作机制，集成控制方法越复杂，系统对信息处理能力要求越高。因此，这种控制机制适合于生态工业系统的生产和运营部分。

（2）绩效控制机制。绩效控制机制是依据产出计划进行管理的控制系统。它的核心部分包括产出控制、绩效评价、价格控制和利润中心等。

绩效控制机制适合于系统自给度高的节点，因为此类节点与网络组织外的企业知识传输度密集，而与组织内部节点的知识传输较少，组织面临的推卸成本较高，采用绩效控制机制比较有效，系统对该类型节点的控制主要基于节点绩效的评价考核。

（3）非正式控制机制。非正式控制机制主要借助协商、沟通等非正式管理手段，靠生态工业系统文化及非正式信息沟通方式进行管理，相互间的理解与信任是系统控制的基础。

非正式控制机制一般不作为主要控制机制，而作为一种辅助机制起作用。当系统节点对生产效率等信息掌握不足时，采用社会化的方式更为有效，其对于系统中的部分节点，协商沟通的频率高，控制要求高，采用非正式控制的效果能够弥补正式控制机制的不足。

（二）系统控制分析

首先将整个生态工业系统分解成三个子系统，即社会、经济与环境，本书采取"非现实法"，并且假设这三个子系统之间没有关联，而各子系统之间真实的关联关系通过引入一个非现实的变量"伪变量"来表示，从而可以得出生态工业系统分解后的状态方程组：

$$\begin{cases} dx_1/dt = k_{11}x_1 + k_{12}x_2 + k_{13}x_3 + v_1 \\ dx_2/dt = k_{21}x_1 + k_{22}x_2 + k_{23}x_3 + v_2 \\ dx_3/dt = k_{31}x_1 + k_{32}x_2 + k_{33}x_3 + v_3 \end{cases} \quad (3\text{-}1)$$

其中，k_{ij} 为子系统 j 对 i 演化速度的影响系数（可从经验数据中获得）；x_j（$j=1, 2, 3$）为各子系统的状态变量（即子系统发展水平的评估值）；v_i（$i=1, 2, 3$）为引入的"伪变量"。

$$v_i = \sum_{j \neq i}^{3} b_{ij} x_j \, (i=1,2,3, j=1,2,3) \tag{3-2}$$

其中，b_{ij} 为各个子系统间物质流、信息流、能量流、价值流及人流形成的联系参数。

　　本书通过对整个生态工业系统的划分，容易通过常规方法完成对系统内各子系统之间可持续发展的控制，但是生态工业系统并不是其所有子系统进行简单的加和得到的，要想最优化整个大系统，仍需在此基础上对总体进行整体协调。由于生态工业大系统是一个非常复杂的三维的复合系统，所以本书在实现大系统最优化的过程中加入了一些分散控制的思想，并通过关联预估法在实现各子系统可持续发展的基础上使整体与局部的关系得到协调。

　　v_{21}，v_{31}，v_{12}，v_{32}，v_{13}，v_{23} 为子系统间协调发展的输入控制变量；ε_1，ε_2，ε_3 为子系统间的协调发展偏差；$u_{21}, u_{31}, u_{12}, u_{32}, u_{13}, u_{23}$ 为各子系统之间实际的关联变量；设 y_1, y_2, y_3 为各子系统的持续发展变量（子系统发展持续度的评估值）；$\alpha_1(\gamma_1)$，$\alpha_2(\gamma_2)$，$\alpha_3(\gamma_3)$ 为各子系统持续发展的输入控制变量；γ_1，γ_2，γ_3 为子系统持续发展偏差；$m_1(\alpha, \beta)$，$m_2(\alpha, \beta)$，$m_3(\alpha, \beta)$ 为各子系统局部最优控制变量（图 3-3）。

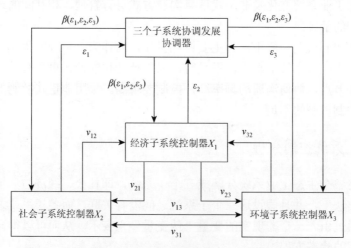

图 3-3　生态工业系统整体的二级递阶控制环境子系统控制器

　　图 3-4 中所显示的各子系统之间的实际关联变量是有顺序和方向的，即 $v_{ij} = (x_i, x_j)$ 与 $v_{i'j} = (x_{i'}, x_j)$ 不等价，前者表示的是子系统 x_j 关联子系统 $x_{j'}$，即物质流、信息

流、能量流、价值流和人流由 x_j 流向（输入）$x_{j'}$，后者则相反。因此，各子系统的“伪变量”应满足下面的式子

$$\begin{cases} v_1 = v_{21} + v_{31} \\ v_2 = v_{12} + v_{32} \\ v_3 = v_{13} + v_{23} \end{cases} \tag{3-3}$$

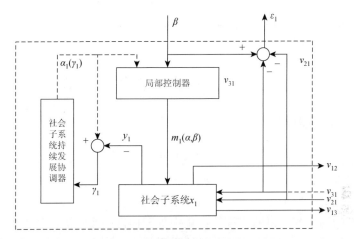

图 3-4　社会子系统控制器 x_1 详图

$$\begin{cases} 1/|v_{21} - v_{12}| = g(I_{Z_1}, I_{Z_4}) \\ 1/|v_{32} - v_{23}| = g(I_{Z_2}, I_{Z_4}) \\ 1/|v_{31} - v_{13}| = g(I_{Z_3}, I_{Z_4}) \end{cases} \tag{3-4}$$

式（3-4）是根据系统发展与协调的概念所得的，其中，I_{Z_1}，I_{Z_2}，I_{Z_3}，I_{Z_4} 分别表示“社会与经济协调度”“经济与环境协调度”“环境与社会协调度”“政策与管理水平”的评估值。把式（3-1）～式（3-4）综合起来计算子系统间的实际关联变量 V_{ij}。各系统持续发展与协调发展存在的偏差为

$$\begin{cases} \varepsilon_1 = \beta - v_{21} - v_{31} \\ \varepsilon_2 = \beta - v_{12} - v_{32} \\ \varepsilon_3 = \beta - v_{13} - v_{23} \end{cases}$$

$$\begin{cases} \gamma_1 = \alpha_1 - y_1 \\ \gamma_2 = \alpha_2 - y_2 \\ \gamma_3 = \alpha_3 - y_3 \end{cases}$$

　　按照关联预估法，各子系统持续发展协调器首先根据对应子系统的持续发展偏差反馈信号 γ，自行调整预估持续量（持续发展控制变量 α）；协调发展协调器

根据协调发展偏差的反馈信号 ε，调整预估关联量（协调发展控制变量 β）。其次，由局部控制器对这两个控制变量加以整合，形成各个子系统的最优控制变量 m（在对持续发展与协调发展输入控制变量的认定中，后者是主要的，前者处于从属地位并服务于后者）。最后，形成最优控制变量 α_0 和 β_0，使系统满足关联预估条件：$\varepsilon_i = 0, \gamma_i = 0(i = 1, 2, 3)$。

　　这样，通过二级递阶控制和分散控制的综合，实现各子系统的优化，从而促使大系统实现最优化目标。在具体操作中，通常采用"螺旋式推进原则"逐步达成大系统最优化目标。

第二节　生态工业系统的运行模式分析

一、模式一：互利型

　　20 世纪 70 年代出现的卡伦堡工业共生体为产业系统模仿自然生态系统提供了范本和动力，"工业共生"这个概念也随之产生。此后，共生合作在各企业间得到了广泛运用。总的来说，工业共生的相互作用主要涉及四个层面，如图 3-5 所示：内部的物质和能量的交换等；集中处理内部的废物流；使设备和服务成功共享；接收外部企业的剩余产品并且输送系统内的剩余产品到外界。其中，工业共生体内部的废物流的集中和废弃物的交换有明显区别，其区别体现在前者只能通过规模经济才能体现产生的效益，个别生产企业在生产经营中出现的问题不会对专业处理企业造成严重的影响，因此前者的运作风险要远低于后者。

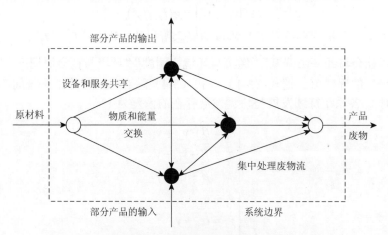

图 3-5　工业共生的相互作用

　　工业共生的相互作用关系表明，具有共生合作潜力的企业才能实现工业共生，正式和非正式的工业共生关系是在主动或者被动地交换和传递副产品、信息等资源的过程中形成的，因此工业共生体是一种网络组织，可运用网络组织中的理论对工业共生进行分析。但与传统经济关系不同，被认为"毫无价值"的废弃物成为企业间工业共生连接的纽带，但废弃物的性质、构成和经济价值却不能与产品和原料相比。所以，工业共生是一种复杂且特殊的经济关系，其目标是追求经济价值的同时也要改善环境，政策法规及技术变革都会对其造成一定的影响。工业共生在具有经济特征的同时仍具有生态特征，这是本书为何运用网络组织（行为外部性、资产专用性、资源外包等）和生物学（如关键种理论）的交叉视角进行研究的原因。

二、模式二：寄生型

（一）依托型

依托型工业共生是一种非常常见的组织形式，是通过缔结长期关系的方式形成的较为稳定的一种网络组织形式。它指的是利用一家或者几家大型核心企业的信誉和规模优势来吸引中小型的企业加盟，通过这种方式建立核心-卫星型交互关系。比如，曾经摩托罗拉公司落户到天津开发区后，先后吸引了将近20家相关的上下游中小型企业进入开发区，并在原材料供应和副产品利用这些地方与这些中小型企业建立了合作关系。依托型工业共生的主要缺点就是核心企业能在很大程度上影响共生组织的发展状况，一旦某些核心企业出现严重的问题，将会引发整个系统的瘫痪。从这个角度上看，依托型工业共生与生物界中的单向专性互惠共生非常相似（王秀丽，2007）。

1. 依托型工业共生与关键种理论

在依托型工业共生中，一家或几家大型的核心企业往往被上下游中小型企业包围着。大型核心企业能够提供给供应链上的中小型企业原材料和产品市场，同时，中小企业也可以吸收再利用核心企业生产过程中产出的大量副产品。因此，可以利用核心企业的潜在优势来吸引其他中小型企业加入以对系统结果进行重新规划，同时可利用核心企业有用的输入输出量来划分副产品供应商或者客户的搜索范围，这就是目前在国外的生态工业园的规划中最为普遍的"核心企业策略"（Lowe，1997）。

关键种理论针对"核心企业策略"这个概念给出了形象的解释。关键种指的是那些稀少的、特珍贵的、庞大的、对其他物种有非常大的影响的物种，这些物种在维护生态系统中生物多样性和自然生态系统持续稳定方面起到了关键作用。一旦它们中的某些物种数量开始减少甚至灭绝，可能会导致整个自然生态系统发生翻天覆地的变化（Charles，2003）。关键种具有两个主要的基本特征：①作为关键种的物种的存在对于维持自然生态系统群落的结构稳定和保持生态系统的多样性具有决定性作用；②关键种相比于群落中其他的物种是比较重要的，即关键种的概念是通过与其他物种对比而得来的。在依托型工业共生模式中运用关键种理论，其目的是强调在规划阶段最重要的就是要正确地选定和识别"关键种企业"，把其作为工业共生体核心企业。这些"关键种企业"的特征是在企业群落的废物流、多余能量、环保信息的流动中规模最大、种类最多、对其他企业造成的新陈代谢活动影响最大。在我国，各类开发区和高新园区遍布全国各地，尤其是在我国中西部地区的乡镇企业分布不均匀，存在着大量高污染、高耗能的大型联合企业，如煤炭、钢铁、石化、火电厂等，因此正确选定和识别"关键种企业"构建依托型工业共生体，是我国生态工业可持续健康发展的有效途径。

2. Jyvaskyla 市能源供应系统——典型的依托型工业共生

　　以 Rauhalhti 电厂为核心构成芬兰 Jyvaskyla 市能源供应系统，以 Saynastalo 胶板厂、Kangas 造纸厂、居民供暖公司、Greenlandia 园艺公司等多家企业组成工业共生体，其热电联产（combined heat & power，CHP）和以工业废弃物为燃料是这个工业共生体的主要特征。

　　Rauhalhti 电厂既可以产生电力和热能提供给居民，也可以为把多余蒸汽提供给 Kangas 造纸厂使用。同时，Rauhalhti 电厂是以工业废弃物为燃料的，以 Saynastalo 郊区的胶板厂、锯末厂在内的多家企业的废木料、废木屑为燃料。它使外部进口燃料的消耗量下降 40%，能源效率达到 80%~95%，CO_2 的排放量降低 30%，SO_2 的排放量降低 50%，主要通过 CHP 和废弃物利用的方法实现。由此可见，在 Jyvaskyla 市能源供应系统中，Rauhalhti 电厂发挥了关键种企业的角色。Jyvaskyla 市能源供应系统如图 3-6 所示。

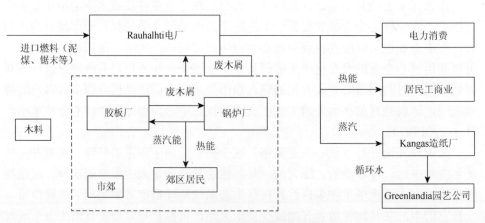

图 3-6　Jyvaskyla 市能源供应系统

（二）依赖型

依赖型工业共生指的是通过资源的相互利用来达到企业之间共生合作的目的。依赖型工业共生与互利型工业共生的不同之处是，资产专用性高而且投资大，并且企业间物资流、能源流的流量占据企业的物资流、能源流的输入、输出总量中相当大的比例。这一组织结构在有限的地域空间范围和候选企业数量内容易导致企业间的过度依赖，从而影响整个网络组织的稳定性。

1. 依赖型工业共生与资产专用性

资产专用性指的是对特定的交易而做出的持久性投资，这部分资产一旦形成就难以转移到其他用途上去。在工业共生研究中资产专用性是一个绝对不能忽视的因素，因为它可以作为一个重要的特性来区别市场与网络组织，而且与工业共生的稳定性有着很大的影响。资产专用性会使投资所带来的固定成本、可变成本中包含相当一部分"不可收回的成本"和"沉淀成本"，容易产生"锁定效应"，从一种用途转移到另一种用途方式越难代表资产专用性越高。因此，任何一方违约都会给合作方造成巨大的损失。在工业共生方面资产专用性的负面影响主要体现在两个方面：一是进入壁垒。当一方企业考虑利用其他企业提供的二次原料作为原材料时会遇到是否进行工艺改进的问题，那么对于接收企业而言，会遇到来自技术上和经济上的巨大压力，这是专用资产投资带来的高风险所带来的压力。二是退出壁垒。使用新原料可能会降低产品的质量，进而迫使产品的市场份额降低，但是如果再转回使用原来原料，它的成本花费还是一样的，这要求管理者对新材料进行反复测试，减少负面影响或者拒绝原料替代。专用性资产的投资尤其体现在依赖型工业共生中的企业，它占据了很大的比例，而且大多数共生合作体现为"一对一"，候选企业的数量和类型、资源流的种类都比较单一，所以，进入壁垒和退出壁垒都是高资产专用性所产生的较高负面影响，系统结构的稳定性和工业共生进化的进程被直接威胁。

2. 卡伦堡生态工业园——典型的依赖型工业共生

位于丹麦哥本哈根东部 120 千米的卡伦堡生态工业园（Nicholas，1994）是国际上第一个建成的生态工业系统，它是几个主要工业企业为寻求解决工业垃圾、有效利用淡水、降低生产成本在 20 世纪 70 年代建立的一个工业小区。区内有一个丹麦最大的炼油厂、一个 150 万千瓦的燃煤发电厂和附属电厂的一个鱼塘、一个硫酸厂、一个水泥厂、一个石膏板厂、一个胰岛素厂和几个制酶企业、几百个大大小小的农场和一个卡伦堡城市供暖服务系统。它们组成一个封闭的生态工业系统，经济效益十分显著，每年节约石油 1.9 万吨、煤 3 万吨、水 60 万立方米（水源消耗减少了 25%），减少 CO_2 排放 13 万吨、减少 SO_2 排放 3700 吨，利用煤灰 135 吨、硫 2800 吨、泥浆状氮肥 80 万吨。起初该工业园是围绕丹麦最大的燃煤火力发电厂阿斯内斯（Asnaes）发电厂发展起来的，随着规模的扩大，斯塔托伊尔炼油厂、诺和诺德制药公司、济普洛克石膏厂等大型企业相继进入该工业园区，逐渐成为园区内工业共生网络的核心企业并带动了相关中小企业的发展，并通过在蒸汽、燃气、扬尘和水等方面的交换形成了目前的错综复杂的多中心依托型工业共生网络（王兆华和武春友，2002）。

卡伦堡生态工业园是目前世界上生态工业系统运行最为典型的代表。美国对卡伦堡工业园进行评估后认为生态工业系统的建立是可行的，并仿效其实施本国的生态工业计划。卡伦堡生态工业园通过贸易方式利用对方生产过程中产生的副产品或废物，作为本企业生产过程中的原材料，在保护环境的同时还产生了很好的经济效益。生态工业园还是个新名词，但这种变废为宝、充分利用资源的可持续发展的新型生产模式正得到逐步推广。

卡伦堡生态工业园主要有六个核心部门，分别是 Gyproc 石膏厂、Statoil 炼油厂、诺沃诺迪斯克生物制药厂、Asnaes 电厂、土壤修复公司和卡伦堡市政，工业共生主要表现在企业之间的物资流、水、能源上的合作上面。其中，在蒸汽、冷却水方面上，Asnaes 电厂和 Statoil 炼油厂双方的交换比例占的成分居多，显著地体现了依赖型工业共生的特征。每年 Statoil 炼油厂都为 Asnaes 电厂提供冷却水，这样可使 Asnaes 电厂节约大量新鲜水用量，约占 75%，为其提供的中水可使 Asnaes 电厂节约 50% 的耗用量。同时，Asnaes 电厂为 Statoil 炼油厂提供占总需求量 40% 左右的蒸汽。由于从 Asnaes 电厂运来的石膏与天然石膏的温度不同，而 Gyproc 石膏厂为了减少成本，利用 Asnaes 电厂的副产品作为原料，迫使自身的生产工艺得到改进。这样的专用性资产投资不但能促使双方形成相当紧密的联系，而且一家企业的生产经营状况直接影响另一方企业效益。例如，1995 年 Gyproc 石膏厂在常规分析过程中发现有能够使人产生变态反应的金属钒在其生产的石膏产品中，这种金属有着重大的危害。经过反复的调查发现，钒污染是由 Asnaes 电厂使用的一种燃料引起的，这种燃料叫作奥利木松（Orimulsion）。这是因为电厂和石膏厂之间存在紧密型依赖关系，否则这种现象可能不会轻易产生。

（三）单方获利型

单方获利型工业共生指的是在内部资源有限的情况下，企业将外部优势资源放到减少经济活动对环境负面影响的业务活动中来达到改善环境质量和使自身持续发展的作用，实质上是把环境资源进行了外包。目前比较常见的实践活动中有三种外包形式：物流集中、能源管理外包和集群外包。

为了解决不容小觑的环境问题，现代工业企业必须注重环境管理，要投入大量的时间和资源到其中，来实现从之前的单纯"末端治理"到"污染防治"的质转变。然而，Napier 和 Nilsson（2006）探究的结果显示，企业关注的焦点正逐步向核心业务领域转移，这将使某些价值链（如污染控制价值链）上的次要活动无法得到充足的资源配置。环境资源外包能够有效地解决这类问题，即利用外部专业化资源开展企业内部的环境污染和治理工作。这些问题，欧洲和北美国家的实践相比中国较早，如 2000 年瑞典造纸业与能源服务企业达成了 14 项外包协议、美国化工过程工业将污水和工业气体处理作为外包对象。目前，环境资源外包的实践活动虽然有所进展，但在理论研究方面仍比较贫乏，处于起步阶段。Mollersten 和 Sandberg（2004）用实证的方法解析了瑞典能源设备外包产生的背景和面临的障碍；Lambert 和 Boons（2002）阐述了资源外包的优点与其和产业集群之间的关系。而他们只是在对环境的污染与防治或者生态工业园发展的研究过程中，对环境资源外包进行了稍微的研究，并未针对环境资源外包专门做系统的分析和研究（郭莉等，2004）。

三、模式三：虚拟型

随着电子信息技术、通信技术、计算机技术尤其是网络技术的迅速发展，人类经济系统随之取得了相对的进步。企业要解决的环境问题已经由传统的相对稳定单一的状态向活跃复杂不可预测的状态发展。企业搬迁的成本高昂并且一些其他对公司选址问题的决策产生影响的关键因素，导致企业只是因为要参与到工业共生的网络中去而进行搬迁行为的成本巨大，因而过去企业仅在工业园区内建厂、生产、销售和管理的这一系列环节将受到严重冲击。基于上述认识，虚拟型共生网络逐渐在全球出现。

虚拟型共生网络是使用现代计算机与信息技术的一种新型的组织形式，其通过把信息流与价值链相连接，建立了开放式的动态联盟，从而打破了传统上地理界限固定性和实物交流的具体性。虚拟工程网络以实现市场价值为目标，为了适应市场需求的多样化和柔性化的需求实现组建和运营。因此，整个区域的产业发展都呈现出灵活的梯次结构，从而具有很强的适应性；同时，参加合作的各个生产企业把各自企业的最具有优势的能力整合在一起从而改善了资源有限情况下的生产活动。

当前世界工业园区采用虚拟型工程网络较为成功的生态工业园区之一就是美国的布朗斯维尔工业园区。该生态工业园区坐落于美国与墨西哥交界处。

该虚拟型生态工业园运用现代化的计算机与信息技术手段，把各个生产企业通过废弃物品之间的相互交换而紧密联系起来，即使这些企业的地理位置相差很远，甚至跨越边境，也可以形成大区域范围的生态工业共生网络。这种模式具有较强的复制性，当工业园区内现存网络中有空缺时新企业可以很容易补充进来进行废弃物交换。此外，取得初步成功的虚拟共生网络的工业园区还有美国的北卡罗来纳州三角研究园。这个项目包括 Raleigh、Durham 和 Chapel Hill 等地区在内的北卡罗来纳州 6 个郡的区域。目前，该虚拟网络已有 382 家生产企业，有 249 种不同的废弃物进行交换。可以看出，即使在地理范围如此广阔的情况下，只要建立起合适的虚拟型共生网络仍然能实现不同产品的交换。由此可见，虚拟型共生网络不需严格规定其内部企业成员都位于同一区域，因为它是通过共生网络内的信息系统并通过计算机建立一个成员企业之间的物质和能源交换网络，之后实施于现实，使生态工业园区内的生产企业与工业园外的企业进行联系。

虚拟型工业园区能够节省一般园区建园时所支付的昂贵购地费用，并且能够避免复杂的工业园区结构建造和艰难的园区选址工作，具有极大的灵活性。同时由于有些企业间距离较长可能要支付高昂的运输费用，所以，虽然从理论层面上分析，建立工业共生网络不应有企业成员数量及废物流的限制，但在实际运作中，扩展共生网络规模会受到组织结构、信息技术、经济状况和社会文化等方面的限制。例如，小的区域范围比较容易建立网络信息关系，这是因为在小区域内各成员间彼此较熟悉，各企业成员的领导和员工之间容易交流，然而要想在大区域范围内建立共生网络信息关系，运输和交易成本就会增加，因此大部分工业再循环的网络都在工业园区内建立。

第三节　生态工业系统稳定性分析

一、生态工业系统稳定性概述

（一）生态工业系统稳定性定义

生态工业系统作为一种特殊的生态系统，与自然生态系统存在相似之处。例如，两者都存在着物质的交换和能量的流动；两者的形成、发展都经过一系列动态变化过程。在相关生态学资料当中，不少学者认为系统的稳定性与多样性密切相关。系统的多样化程度越高，相应的稳定性也越好；系统的多样化程度越低，稳定性也越差。生态系统的多样性决定了其稳定性。生态工业系统多样性包括：产品类型、产品结构的多样性；生态工业园区类型的多样性；园区内组成成员的多样性；园区企业输入输出渠道的多样性；园区内管理政策的多样性；等等。用系统的多样性解释稳定性，在生态系统领域尚可说得过去，但是放到生态工业系统当中便面临着现实的挑战。在已建成的生态工业系统或者生态工业园区中，不乏产品种类较少、企业数目不多的例子。这类系统虽然多样性较差，但却进行着有序的物质能量交互，并保持着良好的稳定性，有的甚至成为生态工业系统的典范。例如，卡伦堡生态工业园的主要企业只有 5 家，并且产品较为单一，但多年来系统运行平稳。

这说明，生态工业系统作为特定系统，与生态系统在系统特性上存在区别。对自然生态系统稳定性的研究成果，不能套用到生态工业系统稳定性的研究之中。对于生态系统稳定性研究，主要关注其静态稳定性，强调系统在受外界干扰条件下通过自身调整回归原有状态能力。而生态工业系统则是通过人工干预，经过一系列的动态过程持续不断地反映系统稳定性。因此，"静态"与"动态"的区别是生态系统与生态工业系统的首要区别。系统结构稳定是生态系统稳定性研究的主要研究对象，而生态工业系统的结构，如企业数量、层次布局等，主要受人的因素控制，因此生态工业系统稳定性不是主要研究系统结构，还包括系统功能，后者的研究不能照搬前者，但是生态系统稳定性含义对于生态工业系统稳定性有重要参考价值。

生态系统稳定性与生态群落构成和功能关联度高，外界干扰也对其有重要影响。目前，生态学家主要从以下方面定义生态系统稳定性：一是系统的抗干扰能力；二是系统的恢复性和持续性；三是系统的变异性。在此基础上，学者们根据对生态工业系统的理解，从不同角度给出了生态工业系统稳定性的概念。

可从"抵抗力"和"恢复力"两方面来界定生态工业系统的稳定性：①生态工业系统的抵抗能力，即系统的抗干扰能力；②工业共生系统的修复能力，主要是指系统在遭受外部干扰出现不同程度的损坏后，针对这种损坏，系统自行恢复的能力。从经验来看，系统修复能力的高低取决于系统自身的协调性，生态工业系统中企业间相互的替代能力越高，系统的修复能力越强。

武春友等（2005）认为，生态工业系统稳定性是指：处于平衡状态中的生态工业系统在干扰出现的情况下，保持自身当前状态的能力。这个定义更偏重于对"抵抗力"的研究，虽然他从现阶段需要和研究的先后顺序上对此定义做了阐述，但所定义的稳定性也仅是一种静态的稳定性。

邓华（2006）指出，生态工业系统原有状态是一个系统内部资源流动有序、数量适当的平衡状态，生态工业系统稳定性是处于平衡状态中的生态工业系统在干扰出现的情况下，保持自身原有平衡状态的能力。在此定义中，他突出强调了稳定性的"能力"。

董莉（2006）认为，生态工业系统稳定性是生态工业系统组成结构的优化程度和功能的多样化程度及二者在时间、空间变化的稳定程度，从而表征系统动态平衡状况的综合特性。主要表现为系统本体优势程度、系统内部的动态流动（包括物流、能流、资金流及信息流等）、系统对外界影响因素的自我调节程度等方面，其量化程度可以用生态工业系统稳定度来表征。

（二）生态工业系统稳定性的特征

从系统论角度出发，生态工业系统的稳定性是一种开放的、动态的、相对的、整体的稳定。

1. 开放的稳定性

生态工业系统的稳定是一个典型的耗散结构、一个开放的系统，它不断与外界环境通过资源交换、获取负熵来抵消正熵的不断增加，维持工业系统的稳定与有序。

2. 动态的、相对的稳定性

生态工业系统稳定性调节功能是指生态工业系统通过管理系统针对不断变化的内、外环境因素，为维持生态工业系统的正常功能所做出的一系列系统结构和功能的改变，其目的在于通过反馈调节机制和系统自组织，使各种变化限定在允许的范围内，以保持生态工业系统的正常功能，保持生态工业系统动态的、相对稳定的状态。

3. 整体的稳定性

生态工业系统的稳定性，不是指系统中个别部分、个别要素、个别层次的稳定性，而是指生态工业系统整体的稳定性。

从生态工业系统实践形式——生态工业园（或称工业共生网络）入手，其稳定性表现在如下几个方面。

（1）产业匹配。物资从多个公司流入和流出，这些业务不属于同一个行业，存在多种产品、原材料和副产品，在园区内总能找到一家企业成为其上下游的合作伙伴，这在客观上促进了工业共生网络的形成。

（2）规模匹配。企业供需规模匹配并不一定指企业的规模大小一样，而是指企业在材料的需求和供应上相匹配，能够相互满足对方的物料需求。很多案例表明，供需规模的匹配有利于工业共生关系的建立和稳固发展。当供方与买方规模差别较大时，会增加规模大的一方另外再安排剩余物料的复杂程度。

（3）多样性。网络组织结构的多样性可以提高整个网络抵抗风险的能力，产业的多样性是工业共生网络稳定的关键因素。

二、生态工业系统稳定性条件及影响因素

（一）生态工业系统稳定性条件

Logistic 模型常用来分析种群增长规律，模型的主要内容是：若一种种群增长速度加快，当达到一定阈值时，其速度会减小，直到最后减小为零。曼斯菲尔德开创性地将"传染原理"和 Logistic 模型结合对经济问题进行阐述，得出定量结果。

郭莉和苏敬勤（2005）的生态系统种群关系研究，将工业系统分为四种模式，并对四种模式进行了稳定性分析，其运用 Logistic 增长模型来描述企业 A 独立状态下生态效益的增长规律，公式为

$$\frac{\mathrm{d}x_1(t)}{\mathrm{d}t} = r_1 x_1(1 - x_1/N_1) \tag{3-5}$$

企业 B 独立状态下生态效益的增长规律为

$$\frac{\mathrm{d}x_2(t)}{\mathrm{d}t} = r_2 x_2(1 - x_2/N_2) \tag{3-6}$$

其中，$x_1(t)$ 和 $x_2(t)$ 分别为 t 时刻企业 A、B 的生态效益；N_1 和 N_2 分别为企业 A、B 独立状态下生态效益的最大值；r_1 和 r_2 分别为企业 A、B 所在行业的生态效益的平均增长率。根据共生关系对双方生态效益影响分析，可以用 $\delta_1 \frac{x_2}{N_2}$ 和 $\delta_2 \frac{x_1}{N_1}$ 对因子 $\left(1 - \frac{x_1}{N_1}\right)$ 和 $\left(1 - \frac{x_2}{N_2}\right)$ 进行适当调整，通过求解 δ_1 和 δ_2 获得工业共生稳定性的条件。蔡小军等（2006）以共生产业链形成原理着手，指出共生产业链的形成在于寻求一种制度安排，以最大化利用整条共生产业链的所有资源，在尽量保护环境的同时，降低成本、差异化或者形成两者结合的竞争优势。他运用 Sharpley 值法，提出了一种基于合作博弈的利益分配模型：

Sharpley值：$\phi(v) = [\phi_1(v), \phi_2(v), \cdots, \phi_n(v)]$

$$\phi_i(v) = \sum_{\lambda = s_i} p_i w(|s|)[v(s) - v(s/i)], i = 1, 2, \cdots, n$$

$$w(|s|) = \frac{(n-1|s|)!(|s|-1)!}{n!} \qquad (3\text{-}7)$$

其中，s 为 n 人集合中的一种合作；$v(s)$ 为合作 s 所产生的效益；$v(s/i)$ 为不包含 i 的合作 s 所产生的效益；s_i 为 I 中包含 i 的所有子集；$|s|$ 为子集 s 中的元素目（即参加组合的个体数目）；p_i 为风险因子（即该组合成功的概率）；$w(|s|)$ 为加权因子；$\phi_i(v)$ 为共生产业链中第 i 个个体应该得到的收益，这样就从理论上解决了共生产业链的利益分配问题。得出定理一，共生产业链稳定的必要条件是：①进入共生产业链后，任何一个组织共生产业链所创造的总体收益，应该大于该组织与原始共生产业链各自所创造的收益之和；②共生产业链中每个成员获得的预期合理收益应该为该成员参与所有合作方之间各种不同共生关系组合时所创造的收益贡献值与成功概率的积。同时可以得出定理二：共生产业链稳定的充分条件是，共生产业链的合作各方均应该获得其所有共生链组合中的最大收益。

（二）影响因素分析

和生态系统稳定性类似，生态工业系统的组织模式也存在许多影响因素。通过对文献的梳理，如同生态系统稳定性容易受到系统关联度、关键物种、物种多样性等自身结构型因素的影响一样，生态工业系统这种仿生态的产业经济组织模式也存在这样的影响因素。通过对国内外资料检索和研究，得出可能影响生态工业系统稳定性的结构型影响因素，其包括生态工业系统地理位置、成员距离、生态链长度、关键种企业能力、成员之间相互依赖程度和系统关联度、成员的行业多样性等。

邓南圣和吴峰（2002）在全国范围内开展 47 个生态工业系统大样本实证测量研究，通过相关分析、因子分析和回归分析等统计学手段，甄别、获取了在我国具体国情生态工业系统发展现状下，影响生态工业系统稳定性的四个主要因素，分别是成员组织距离、关键种企业、成员空间距离和成员多样性。

同时由于生态工业系统在减轻资源、环境负担获得经济发展收益的同时也带来了一些新的风险问题，这些风险问题及其可能带来的负面问题会对生态工业系统的稳定性形成威胁，它们可能导致系统运行的瘫痪，给企业带来无法弥补的损失。所以，必须对生态工业系统进行风险识别与管理。

生态工业系统中存在很多风险，具体包括两大类：第一类是源于系统的组织外部的风险，如市场、政治、金融风险等；第二类是源自系统组织内部的风险，如能力、协作、投资风险等。

生态工业系统风险，常表现出不稳定的现象，如生态工业系统组织成员之间共生关系减弱，特别是当系统中重要企业（或负载最大企业）发生故障时，共生网络的稳定性问题会受到很大的威胁，严重的可能会导致整个共生链条上的企业生产运营陷于瘫痪。这使工业共生网络中节点企业和工业园整体显示出某种程度的脆弱性。工业共生网络脆弱性以工业园复杂网络为载体，系统内部节点间交互关系具有复杂性。借鉴前人对系统脆弱性的研究成果，本书给出的工业共生网络脆弱性的定义如下：在生态工业园运行过程中，整个工业共生网络受到各种外界干扰所表现出来的损失程度。因此，如何采用有效指标来测度生态工业园的脆弱性显得尤为重要。

生态工业系统运作过程中存在的风险如下。

1. 结构风险

依靠"副产品"联系为纽带而形成的生态工业共生系统中的企业之间在技术和工艺上的互相牵制导致了生态工业系统在运行过程中存在着结构风险。主要表现在以下几个方面。

（1）生态工业系统会受到刚性的制约。系统内的企业数量有限，为降低剩余物质的传输成本，一个生态工业系统内部物质和能量交换通常通过特定传输渠道运输得以实现，而这种特定基础设施的性质非常有限；对于更为普遍的副产品交换，其运输将受到一定的限制，并可能在运输过程中造成二次污染或成本的增加。

（2）生态工业系统中企业彼此的依赖性很强。在生态工业系统中，当关键企业改变生产方式，或者只是一个普通伙伴终止它的业务，那么，就可能造成某种副产品数量不足，而整个交换系统会受到严重干扰。对于能源供应不足，尤其是当共生体呈直线型的链状结构，没有其他的上游企业时，中止能源的传输会极大地影响下游企业的生产甚至是生存。当原料供应不足时，原则上完全可能中断从一个供应商那里的进货，改成从另一个供货商那里进货，而不论这个供货商在什么地方。事实上，这种理想市场的形成具有许多偶然因素，原料的稳定供应是所有企业要面临的普遍问题。

（3）生态工业系统中的企业对工业原料的质量要求普遍较高。工业生产工艺通常都设计使用符合严格标准的原料，下游企业很难承受上游企业向它们提供的原材料在性质上或构成方面的变化，这就使企业同时使用多种副产品的回旋余地变小，经常会遇到技术上和经济上难以克服的困难。

（4）生态工业系统中的企业有时要承担高额的成本。为了维持工业共生体的完整性和安全性，即使在经济上存在不合理现象，有时也要承受高额的成本，从而影响网络的长期稳定性。例如，为了保证卡伦堡共生体的安全性，卡伦堡政府和居民必须支付较高的成本选择由热电厂烟气网络所提供的废热，尽管废热成本比管道天然气供热的成本要昂贵得多。

2. 关系风险

具有共生关系的企业在经济利益上竞争与协同共存的关系决定了共生体在运作过程中具有不稳定性，存在关系风险。这种风险的产生既可能是由合作成员理性的不合作，也可能是由非理性的不合作造成的。网络的组织结构和组织关系在本质上是不稳定的，这些不稳定很可能导致网络的破裂。主要表现在以下几个方面。

（1）竞争地位的失衡可能会破坏共生体中交换双方的平等交流与协作。工业共生网络得以维持的一个重要因素就是参与各方竞争地位的平衡，然而随着共生双方技术、资源、能力的交换与更新，有可能导致一方的竞争地位上升，而另一方的竞争优势衰退，竞争地位的平衡格局逐渐被打破，使工业共生网络面临分裂的危险。

（2）受益的不完全对称阻碍共生体中企业间的平等合作。合作的必要条件是公平的分配机制，体现为副产品交换价格的公平、协约中地位的公平及合作成员之间的相互尊重等。依据公平的动机理论，遭受不公平待遇的人将设法恢复公平。同样，一个遭受到了不公平盈利模式的企业有可能会对它的合作伙伴所表现出的不协调行为表示憎恨，甚至终止与它的合作关系。

（3）不对称信息交流导致企业伙伴间的信任与亲密程度降低。合作伙伴双方在参与合作的过程中，担心因为合作而将企业机密暴露给对方，导致自身在未来市场竞争中失去优势，所以为了保守各自的商业机密，避免不应交换的技术发生泄露，防止不法竞争者以合作伙伴的名义窃取技术和商业情报，会采取一些保护和防范措施。而与此同时，他们又希望对方能毫无保留地进行合作，以使自己在工业共生网络中获得最大的效益。这种不对称信息交流使工业共生网络的绩效受到极大的抑制。

（三）影响因素对生态工业系统稳定性的作用机理

1. 关键种企业

通过大量自然现象，研究人员发现在一些群落里，实际上只有少数几个物种的变化决定着整个群落的结构稳定性及物种间平衡性。因此，研究人员分析：在生态系统中的物种或群落相互间作用强度不同，其中的关键物种决定生态系统的多样性和稳定性。

这种理论假设激发了人们对物种相对重要性的思考和关注。1966 年，Paine 首次明确提出"关键种"概念，并指出关键种通常是指这样一些物种——它们的丢失会导致生态系统内其他种群或自身的功能过程发生与平均（状态值）相比大的变化。尽管关键种理论作为一个新生理论存在诸多分歧与争议，包括一些反对、质疑，甚至连关键种的定义都不能完全统一，但通过对大量已有文献的研究，本书认为可以得出以下关键种和生态系统的稳定性之间的结论。

（1）关键种不一定是大型的、显眼的物种，也可能不是旗舰种或优种，然而在保持生态系统结构方面至关重要。

（2）关键种理论的生态学意义在于它从系统调控的高度，揭示了系统稳定性和物种多样性的一种维持机制，这是关键种理论最核心的思想。

（3）关键种是因为其在维持系统稳定性方面的功能与结构权重超过了规模权重，在保持系统稳定性方面发挥着功能性、结构性的重要作用，所以关键。

近年来对于"关键种"在生态工业系统稳定性中发挥作用机理的研究开展起来。王灵梅和张金屯（2004）认为生态工业系统要重视关键企业的选择，以此为依据展开企业群落。其中的关键企业是物质和能量流动最大的企业，可以引领其他企业发展。

Badlwin 等（2004）认为，产业系统中的关键企业不一定是规模最大的企业，但是它必须具有决定全局的功能，是整个企业群落中不可替代的成员。

刘宁等（2005）应用关键种理论对安徽宿迁生态工业园进行研究，指出其园内的关键种企业可以从煤炭、石油、钢铁、农产品等深加工工业中选择。

在国内外生态工业系统实践中，关键种企业的良性发展已经成为保持系统稳定性的重要因素。比较著名的关键种企业有广西贵港生态工业糖厂、日本太平洋水泥生态工业园水泥厂等。这些关键种企业向下游企业提供的原材料多、能耗高、横向链长且往往纵向连接着第二、三产业，是系统链核，具有不可替代的作用，也反映了所在生态工业园的基本特征，这些生态工业园也被简称为制糖生态工业园、水泥生态工业园等。

就我国目前的经济体制而言，相当部分的大型企业除了要创造利润外，还担负着社会职能，这样它们除了要具备强大的经济实力外，还对系统内的其他企业的文化和经营模式产生影响，在企业群落中其综合实力在系统稳定性中发挥重要作用。

统计调查研究和案例研究的结论都发现，在我国生态工业系统稳定运营中，关键种企业在系统结构、功能上都发挥了无可替代的显著作用。

2. 成员多样性

1970 年，Elotn 提出生态系统越简单越不稳定，而多样性是系统稳定性的核心，许多学者的理论探索也都支持多样性是维持系统稳定性的主要因素这一结论。

国外学者提出物种多样性可以弥补外界系统的干扰，以此来提高生态系统稳定性，但是也有其他学者逐渐质疑，认为多样性导致稳定性假说没有考虑各种专业化的食物网，包括最高营养层有多个物种共存的情形。关于该假说学者们争论不休，有学者认为多样性可以导致稳定性，使群落包含物种或功能群的能力，但形成这种关系的驱动力不是多样性本身。也有学者指出，由于稳定性概念是如此宽泛和模糊，以至于不可能得出一个强有力的理论概括。受生态学启示，本书在生态系统稳定性研究中引入了"成员多样"这一要素，并对"成员多样"与"生态工业系统稳定性"两者关系进行实证分析，研究结果表明："成员多样"与"生态工业系统稳定性"之间有显著的相关关系。由此看出，虽然在生态系统中多样性和系统稳定性的关系无法形成定论，但是在本书中已研究表明"成员多样性"和我国"生态工业系统"间存在显著正相关关系。

经分析多样性对生态系统产生显著影响主要有以下两点原因。

（1）生态工业系统仿生态的结构特点带来成员多样性的需求。环境压力下，生态工业系统模仿自然生态系统展开。这对系统有较高要求，其分工必须明确、节点充足、配合默契。生态工业系统实际上是一个生物群落，是由各级材料加工厂、各种供应商、废物加工厂等组合成的一个企业群。在其中存在着原材料、企业和环境间上下游关系与相互依存、相互作用关系，根据它们在园区的作用可以分为生产型企业、消费型企业和分解型企业。另外，在该群落里还存在信息、政策、资金和人才价值的流动，从而形成了类似自然生态系统的产业链。这种组织群落模式结构要比非生态化企业群落复杂。

（2）生态工业系统自身的产业经济组织属性带来成员多样性的需求。由于经济利益驱使，生态工业系统运营要比自然生态系统更富柔性。由于人的参与，在自然生态系统中出现的多样性过剩现象，在工业系统完全可以通过人的干预和调整解决。市场会自动配置相应企业在合适的"生态位"上，"成员多样"就成了市场选择的结果。

3. 政府支持

越来越多的学者在生态工业系统稳定性研究中提到了财政支持因素的重要性。然而也有学者在研究中得出相反结论，即荷兰的生态工业园区（Eco-industry Parks，EIPs）比美国运营更稳定的原因是政府干预少。正是因为存在这样的悖论，政府对我国工业生态系统稳定性研究有很重要的意义。

理论上讲，企业与社区和政府之间、生态工业系统内企业之间，在副产品交换和管理方面都存在密切合作。成员间合作动力来自新原料的开发、成本的降低及产业发展，其中生态基础设施起着支撑作用，而通信、财政、教育等机构是支持通信、财政等发展的动力。除此之外，我国的发展现实也决定了政府必须给予足够的支持，才能保障经济和环境的双赢，从而保证系统稳定性。

从现有调查研究的数据统计结果看，我国生态工业系统的稳定性与政府支持存在显著的相关关系；从案例研究的结论看，政府支持在生态工业系统稳定过程中起到至关重要的作用。

1）市场失灵与政府失灵

在现有的生态工业系统中，市场并非是一成不变的，也并不是无懈可击的。在生态系统中面临着环境-经济的双重目标约束，市场的影响是巨大的。然而市场的资源配置方面却是低效的，反之，市场调节将出现失灵现象，这是市场运行的普遍规律。由于搭便车现象、公地悲剧等存在，市场就会出现失灵，环境的复杂性问题也会凸显，在此情形下，必须由政府出面干预，通过税收、行政干预等手段防止市场走向不可控的局面。同时，政府这只看不见的手必须干预较之前更好的效果，否则政府将陷入进退两难的境地。

政府在对公共利益的分配进行干预过程中，应该客观独立地去干预。但是现实中，各区域政府可能根据自身偏好去行使权力，造成权力滥用和公共利益分配不均，进而使政府公信力丧失。

通过上述可知，政府与市场之间的关系永远处在一个寻找最优点的状态，因此市场失灵与政府失灵经常交替出现。

2）政府干预对加强中国生态工业系统稳定性的意义

传统工业发展时期，只是以单纯的经济增长为目标，这样导致以消耗大量资源和环境代价换取经济利益。而就私人资本来讲，若没有外部的干涉，其还会按照以往的追求利益最大化的方式发展下去，而不会对原有的技术范式做出改变。从这个角度分析，技术范式的改变也是干预的结果，是制度变革后企业的应对。当前，中国已意识到环境保护的重要性，而且国际社会对于中国的碳排放问题施加很大压力，因此，政府必须改变原有的追求经济增长的目标，而将环境问题纳入其中。

目前我国已从制度层面做了一些变革，但是在推进生态工业系统发展方面尚未形成一定规模，尤其是企事业单位片面追求自身利益，导致环境问题日趋严重，为此必须出台一系列法律来进行约束。

当下，生产技术的高速发展和大规模扩张，使很多原材料粗加工方式创造的经济价值逐渐下降。相比之下，对于废旧产品的循环利用技术却发展缓慢，在大多数情形下，把废旧产品回收利用再制造后的产品比生产新产品的成本还要高。因此，目前对于再制造的发展比较困难。私人企业去研发再制造的动力也将不足，这种情形下必须通过社会制度变革实现再制造技术的创新发展，将资源和生产要素导向与生态环境相关的环节。在以往的研究中，政府对于生态工业系统的干预，体现了对生态工业系统的制度安排，正是这种安排，降低了私人成本和社会成本的差异，形成了生态工业系统发展的动力。

总的来说，若市场具有自我调节能力，如社会秩序良好、经济秩序正常运行，那么企业和企业之间自行沟通就能够十分顺畅，不需要政府过多的干预。

例如，荷兰鹿特丹大学的研究团队，将鹿特丹港的石化工业及相关产业打造成一条共生产业链，陆续有许多企业成员加入链条中。在该链条中，企业间有充足的经济诱因，而政府的干预反而会降低整个产业链的效率。但是，同时也要看到政府规制和治理是中国工业生态系统高效的必要条件。市场机制与国家干预要在动态的市场供给和需求中寻找到最佳平衡点。

4. 技术充足

对于一个成熟的生态工业系统而言，其主要的技术危机在于对原有技术的依赖形成了规模递增效应，还有原来形成的上下游供应链已经十分固化，不会轻易改变工艺和技术参数，由此可见，在生态工业系统管理中，技术充足至关重要。

（1）随着战略性新兴产业的出现和高端制造业的发展，全球的商品市场竞争日趋激烈，这迫使企业必须迎合智能化和多元化的市场需求，才能适应全球化的形式及生产出满足消费者的产品。因此，生态工业系统发展离不开目前的大环境，必须加快创新原有技术，满足生态工业系统的经济属性。

（2）企业之间的属性也在发挥着重要作用，一般以原材料作为上游产业链，而目前对于废旧产品的回收再利用将是未来发展的主要趋势，这使生态工业系统的链条发生了一些变化，链条上的成员企业必须适应这种变化的需求，对于原材料的输入，逐渐改为废旧产品作为输入端，从而达到生态工业系统新的稳定状态。

因此，为加强我国生态工业系统稳定提出以下一些问题，这些问题的解决与否是我国工业系统稳定性的关键。这些问题包括：①生态工业系统中的成员企业必须具备一定的技术储备；②核心企业尤其是关键种企业的技术升级速度要快；③生态工业系统成员间要保持资源和信息共享，以提高共同应对风险能力。

对于"技术充足""信息平台""关键种企业"的集成研究，本书认为生态工业系统在知识管理方面也起到一定作用。

1）知识管理与生态工业系统的技术充足

知识是信息和数据的集合，信息是一系列数据的集合；数据能反映一定的经验现象，它通常不能被直接使用。当诸多信息连接起来后，它被称为"知识"。对知识的管理显得至关重要，知识管理是在恰当的时间将信息分享给合适的人。

根据知识管理的特点，在知识管理体系中可以充分集合企业间和企业外部的优势技术，并将技术转化为面对风险的防范手段，当上游企业产品和技术改变时，下游企业就能够依据已有的技术储备做出回应。

2）并行工程与生态工业系统的技术充足

传统的产品设计过程是串行工程手段，每个部门在设计阶段很少考虑其他部门的因素，只是执行好自己任务，这样的后果是存在问题的，需要做出大面积的调整，造成了人力、物力和财力的浪费。并行工程是以时间优化为原则的方法，就是在团队研发过程中，促进多学科、多部门的协同管理，共享信息和合作，最终实现产品开发的结果优化。研究发现并行工程有如下特点：①过程的并行性，由不同部门组织项目组同时开展工作；②信息的可认知性和共享性，各小组成员必须有效沟通，考虑工艺和制造中的各个环节，及时捕捉到项目需要的信息，实现并行设计过程；③决策的全局性，在合作过程中，小组成员必须以整体利益为重，不能单独考虑某个环节的最优。一方面，避免开发过程中时间和资源的浪费，还有响应滞后而造成的机会损失，可以极大提高生态工业系统中成员技术研发速率。另一方面，可以减少上下游企业技术对接变化风险，注重上下游技术的连接，提高技术协调发展速度。

3）知识管理与并行工程的结合

将知识管理的内涵与作用同并行工程的特点相对照，可以发现二者在产品开发过程中的结合具有充分可能性。

（1）知识管理为生态工业系统并行工程提供了"并行"的可能。并行工程要求成员间在开发工作中，将自身环节的延迟时间降低，以不耽误下一环节进展为前提，达到各成员间信息共享机制高效运行。

（2）知识管理增强了信息的可认知性，并为生态工业系统并行工程提供了知识共享的手段。知识管理是对数据和信息的组织，通过知识管理可以将许多信息集合成可认知的对象，生态工业系统的开发要了解所从事领域的技能和经验。另外，知识管理必须将生态系统各相关成员进行有效组织和知识集成，这种集成包括数据、方法和过程的整合。此时，不同部门可以共享电子信息系统，进行分享和沟通，这是并行工程有效实施所必需的。

4）知识管理为生态工业系统并行工程提供了全局优化的基础

知识管理可以知道相似产品的研发过程，结合研发产品的特征，提出优化目标和约束条件。这些目标和条件必须要有新知识和知识体系的形成。同时必须看到，并行工程和知识管理的有效结合并不会一蹴而就。生态系统中，任何企业的研发都要有相应的开发环境，创新意味着打破原有的束缚，进行整合和新建。在此过程中，有许多问题值得讨论和完善。信息化程度高的企业积累了大量的数据，为日后的并行工程和信息管理结合打下基础，而不具备这些条件的企业，在数据获取方面就存在一定障碍，需要做大量的积累工作。生态工业系统作为一个新生事物正在成长，如果能够从系统建立之初就重视知识管理系统的标准化、统一化，那么在未来的并行工程设计应用中会带来巨大的便利。

三、生态工业系统稳定性测度

（一）数据的选取和处理

目前，研究人员主要通过城市和国家的统计年鉴、工业园区的统计资料、相关区域环境质量报告书和城市政府部门的调研来获取变量层指标的数据。通常，由于评价指标体系本身在构建原则上对指标的精简性和数据的可得性十分重视，所以，大多数指标都能够找到相应的数据。当遇到个别变量在某一统计时间内数据缺失的时候，可以通过回归分析方法、均值法或者成果参照法来估计指标值。如果某一指标数据缺失年限较大的话，就要考虑是否剔出该指标。

采用评价等级方法可以解决某些不易定量的指标的量化问题，评价等级是隶属度的一种方法确定，其方法是：设 r 为评价指标 u 相对于指标评价集 $A=$（好、较好、一般、较差、差）的隶属度向量，$r=(r_1, r_2, \cdots, r_l)$；这里的隶属度向量将采用专家调查，并通过集值统计方法来确定，在实际应用中可采用模糊数学中各种确定隶属函数的方法。设 $B=(B_1, B_2, \cdots, B_n)$，$B$ 表示第 j 级评价相对应的尺度，通过尺度集可将模糊变量的隶属度向量综合为一个标量。实际上，$V=rB_i$ 即未定性评价指标在给定尺度 B 下的量化值，本指标体系在综合评价时，采用的标准尺度为 $B=[0.9, 0.7, 0.5, 0.3, 0.1]$。

获取完数据后，首先要对数据进行无量纲化处理。无量纲方法其中就有直线型、折线型和曲线型。无量纲化所选用的转化公式要符合下面两个要求：①尽量能够客观地反映指标实际值与事物综合发展水平之间的对应关系；②要符合统计分析的基本要求。

在生态工业系统稳定度评价指标体系的评定方法中进行无量纲化步骤时，采用 Z-score 方法将所有变量数据通过标准化转化为均值为 0、方差为 1 的无量纲数值。Z-score 方法能够避免变量均值不同导致的数据扭曲。其计算公式为

$$Z_i = \frac{x_i - \overline{x}}{s}$$

其中，x_i 为样本数据的观测值；Z_i 为 x_i 的标准分数；$\overline{x} = \frac{1}{n}\sum_{i=1}^{n} x_i$ 为样本数据的平均值；$s = \sqrt{\frac{1}{n}\sum_{i=1}^{n}(x_i - \overline{x})^2}$ 为样本数据的偏差。

对于一些取值越高，对生态工业系统评价指标体系的贡献越低的指标，需要将计算式中的分子分母倒置，即 $Z_i = \frac{s}{x_i - \overline{x}}$，以符合指标值越大稳定性越高的原则。

（二）因子分析

在对生态工业系统评价指标体系的数据分析过程中，常会碰到较多的观测变量，并且这些变量之间存在着较强的相关性，这会使对生态工业系统稳定性的分析、描述及使用某些统计方法时出现问题。如果只是简单进行以下两个操作的话其结果会是：①如果只是简单使用加和的方法来计算生态工业系统评价指标体系变量的得分，就会重复计算某些信息而导致计算值失真；②如果直接用选定的几个不相关的变量进行分析，就会使其他变量的信息又丢失了。实际上，变量之间所反映的信息高度重合使变量之间高度相关，因此在这里可以通过多元统计分析技术中的因子分析方法来对数据进行处理，其中用几个假想因子来反映数据的基本结构和信息。

（三）权重的选取

生态工业系统稳定性评价指标体系中优势度指标部分是生态工业系统本身状态的表征，是内因；循环度指标是生态工业系统动态平衡状态的综合特性，是由内因来决定的系统本身的动态平衡趋势；调控度表征系统在自然与人为的外界干扰下的抗性和维持平衡状态的能力，是外因，是系统对外因作用的响应和自我维持能力。

生态工业系统评价指标体系没有采用对指标赋予权重的方法，生态工业系统评价指标体系总指数是对生态工业系统稳定性指标的三个准则层指标权重加和得到的。

应该说生态工业系统评价指标体系不设置权重有其不合理性。这样做的原因是，生态工业系统评价指标体系的三个子系统权重系数的确定既有理论问题，又有方法问题。根据其来源一般把综合评价中的权重系数分为主观性权重和信息量权重系数两大类。目前采用主观性研究的较多，通常用两种方法：一种是对所有指标在指标体系中的相对重要性依次判断赋值；另一种是采取两两比较判断赋值。目前，对权重系数的研究还不是很深入，大多只是直接给出某种计算方法，而对其合理性、适用性、不确定性等几乎没有探讨。

一般来说，生态工业系统评价指标体系中优势度、循环度和调节度三者的相对重要程度是客观存在的。可以通过专家打分法和层次分析法来确定各指标的权重。但是选择权重的前提是，这些系统在生态工业系统发展过程中的作用能够被清晰了解，能够明显支持不相同的权重。考虑到目前的判断不足以给不同的指标赋予科学的权重，很难说清楚生态工业系统评价指标体系的三个准则层（子系统）哪个对生态工业系统贡献最大，究竟大多少。因此，在不同因素对稳定性的贡献没有达成一致意见、很难采用专家赋值法的情况下，本书对权重的选择暂不考虑，即采用等值权重。

（四）生态工业系统评价指标体系的计算步骤

综上所述，生态工业系统评价指标体系的具体计算包括以下五个步骤。

（1）根据指标体系，收集和整理各指标的基本数据。

（2）对各指标数据进行标准化处理，本书采用 Z-score 法对数据进行标准化。

（3）采用 SPSS 软件，运用主成分分析法，分别对生态工业系统评价指标体系系统中的各变量进行因子分析，取累计贡献率达到 80%～90%以上的公因子。

（4）计算系统值，计算公式如下：

$$U_i = \sum_{j=1}^{n} V_{ij} \cdot W_{ij}, \quad i = 1, 2, 3$$

其中，U_i 为综合评判值；V_{ij} 为 i 系统提取的第 j 个因子与指标的相关系数；n 为 i 系统提取因子的总个数；W_{ij} 为 j 系统第 j 个因子的贡献率。

（5）计算出生态工业系统稳定度综合评判值。

参 考 文 献

蔡小军，李双杰，刘启浩. 2006. 生态工业园共生产业链的形成机理及其稳定性研究. 软科学，20（3）：12-14.

邓华. 2006. 我国产业生态系统稳定性影响因素研究. 大连理工大学博士学位论文.

邓南圣，吴峰. 2002. 工业生态学——理论与应用. 北京：化学工业出版社.

董莉. 2006. 生态工业园区产业链设计及其系统稳定性研究——以烟台、乌鲁木齐为例. 北京化工大学博士学位论文.

郭莉. 2003. 工业共生进化及其驱动研究. 大连理工大学博士学位论文.

郭莉，苏敬勤. 2005. 基于 Logistic 增长模型的工业共生稳定分析. 预测，（1）：25-29.

郭莉，苏敬勤，卢小丽. 2004. 环境资源外包：国外的实践与我国的启示. 科研管理，5（26）：102-107.

蒋岩松. 2003. 自组织系统在企业管理中的应用研究. 技术经济，（1）：41，42.

刘宁，高良敏，陆根法，等. 2005. 关键种理论在宿迁市生态工业园建设中的运用举例. 生态经济，（3）：98-100.

王灵梅，张金屯. 2004. 生态学理论在发展生态工业园中的应用研究——以朔州生态工业园为实例. 生态学杂志，（7）：57-60.

王秀丽. 2007. 生态产业链运作机制研究. 天津大学博士学位论文.

王兆华. 2001. 生态工业园工业共生网络研究. 大连理工大学博士学位论文.

王兆华，武春友. 2002. 基于工业生态学的工业共生模式比较研究. 科学学与科学技术管理，（2）：29-34.

吴伟，王浣尘，陈明义. 2002. 略论生态工业系统的运行和控制. 工业工程与管理，（4）：1-4.

武春友，邓华，段宁. 2005. 产业生态系统稳定性研究述评. 中国人口·资源与环境，15（5）：20-25.

喻红阳. 2005. 网络组织集成及其机制研究. 武汉理工大学博士学位论文.

Baldwin E A, Marchand M N, Litvaitis J A. 2004. Terrestrial habitat use by nesting painted turtles in landscapes with different levels of fragmentation. Northeastern Naturalist，11（1）：41-48.

Charles J K. 2003. Ecology. Beijing：Science Press：73-99.

Lambert A J D，Boons F A. 2002. Eco-industrial parks：stimulating sustainable development in mixed industrial parks. Technovation，22（8）：471-484.

Lowe E A. 1997. Creating by-product resource exchanges：strategies of eco-industrial parks. Journal of Cleaner Production，5（1/2）：57-65.

Mollersten K，Sandberg P. 2004. Collaborative energy partnerships in relation to development of core business focus and competence：a study of Swedish pulp and paper companies and energy service companies. Business Strategy & the Environment，13（2）：78-95.

Napier N K，Nilsson M. 2006. The development of creative capabilities in and out of creative organizations：three case studies. Creativity & Innovation Management，15（3）：268-278.

Nichola G. 1994. Industrial Symbiosis in Kalundborg: Development and Implications，Program on Technology，Business，and Environment Working Paper. Cambridge：MIT：102-104.

第四章　生态工业系统模型及实例

第一节　生态工业系统模型

一、构建模型的目的

模型是指运用文字、图表及数学公式对经济社会中的现象进行模拟。用建模的方法对生态工业系统进行研究和管理，可以简化表示生态工业系统的特定情况和特定状态。系统的分析模型由三个环节构造而成，分别为认识、评价和应用。主要分为三个步骤：首先，从理论上认识生态工业系统，把握住该系统的主要特征，并用数学公式表示出对该系统的认识；其次，分别从理论上和实践上检验这种用模型表示的认识的真实性；最后，将具体的模型应用于实践中，服务于经济社会。模型是对研究对象发展现状的描述和发展趋势的预测，是一种对现实世界中某特定现象的抽象表述（顾培亮，2000）。构建模型的前提是具有一个现实中存在的、合乎逻辑的、能够连接成顺序的假设，在此假设条件下，可以通过建模的方式构造出生态工业系统的轮廓，针对该系统的主要问题对系统的发展作方向上指引以便做出更深入的研究。建模是研究生态工业系统的重要工具，运用数学模型描述生态工业系统中的某些现象和某些问题，可以通过对模型的优化来更好地解决系统内的问题。

二、构建模型的方法选择

生态系统建模的方法有很多，相比较数学建模和基于 Simulink 工具箱的建模仿真，系统动力学法具有以下特点。

（1）系统动力学是一门研究信息系统反馈的科学，可用于处理社会、经济、生物和生态等多种问题，研究复杂系统中高度非线性、多变量、高阶次、多重反馈和复杂时变等问题。它可以从微观和宏观角度对多层次、非线性的复杂系统进行综合研究（金钰，2006）。

（2）系统动力学认为，复杂系统内部的动态构造和反馈机制是系统的行为模式与特性的根源，其主要用于研究开放系统，它强调系统的联系、运动与发展。

（3）系统动力学是一种选用"白化"技术使得不良结构"良化"的学科，主要运用定性与定量相结合、系统思考、系统分析及综合推理等方式来对所研究问题进行剖析和优化。其模型模拟是一种结构-功能模拟。

（4）系统动力学模型模拟可以更深刻地剖析系统，以获取更加丰富全面的信息，进而找到解决问题的最佳途径。在社会、经济、生态系统等领域可以通过历史数据对系统的情况做定性与定量解析，在此基础之上对系统现有状况做出分析与规划，并进一步对未来做出相应预测，来实现所研究系统在决策过程中的科学化与管理的现代化。也正因如此，系统动力学模型被称为实际系统的实验室。

（5）在系统动力学的建模过程中，建模人员和决策者的思想更方便地结合，能够使在建模过程中搜集到的各种数据、资料及专家群众的知识经验得到融合并加以运用。需要注意的是，建模过程中也需要参照其他系统学科，综合吸取其他学科的精髓理论与经验（金钰，2006）。

（6）建模中数据不足是常常遇到的问题，或者说某些数据难以量化，这就给研究造成了很大的难题，系统动力学适用于数据不足的问题，它能够根据各要素间的相互联系和因果关系，通过对有限数据的分析，对所缺失数据进行推算预测。

（7）在某些复杂社会经济问题中，研究问题的描述方程通常是高阶的非线性动态的，这样便增加了求解的难度，针对这种对求解精度要求不高的情形，可以运用系统动力学的方法建模，其可以运用仿真技术获得主要信息。

综上所述，利用系统动力学方法建立生态工业系统模型是合宜的。

三、生态工业系统模型构建

系统动力学是通过定量与定性相结合来建模的，在此基础上进行对系统的综合分析和推理。它是定性分析与定量分析的统一，以定性分析为先导，定量分析为支持，两者相辅相成，盘旋上升逐步深化解决问题的方法。建模之前要根据系统动力学的原理和方法对实际系统进行剖析，进而建立起兼顾概念与定量分析的系统动力学模型，这样决策者就可以借助计算机对复杂系统进行模拟，对复杂系统的问题进行定性与定量研究，进而做出决策（寇明婷等，2007）。

在创建模型和应用模型的整个过程中，必须要对实际情况做出深入的考察研究，最大范围地收集与利用所研究系统的历史资料和统计数据。具体建模步骤如下。

（1）对生态工业系统中的每个因素和量进行剖析，找出系统中的主因素或基本量。

（2）根据主因素的性质和特点确定数学模型的种类及是否随机、是否线性等，从而确定模型中合适的数学表达式，如代数方程、微分方程、差分方程等。

（3）通过对模型中数据的计算考察，确定模型和解的形式。

（4）利用最小二乘法、图解法等方法，从实际数据中估计模型的参数。

（5）用实测数据来检验初步确立的模型，如果通过该模型得到的预测值与实测值统一度较高，即误差较小而且符合随机化，便接受该初步模型，否则需要另外分析原因，对模型进行重新修正。

（6）如果初步模型可被接受，则通过新的实验数据或实际应用对模型作进一步检验，使之更合理和精确。

在建模的过程中应该注意遵守以下原则。

（1）目的性原则。模型可以使研究目的更加明确，服务于研究目的，一个实际能够用数学模型进行研究的生态工业系统问题，首先要有建模目的，目的明确才有可能抓住重要因素或基本量，相同的问题，研究方向不同，则研究目的不同，从而可以建立起不同的数学模型，从不同的侧面寻找研究对象的数量规律性。

（2）主因素原则。微生态学问题大多是多因素、多变量的，各个因素与变量之间往往是互相影响、互相制约的。因此，首先要明确建模目的，要分析建立模型的意义所在，分析影响因素时，主要看各因素作用的大小、相关的密切程度，找出其中起决定作用的主因素。

（3）简化原则。在建立模型时要能够抓住主因素，因此必须敢于简化、善于简化，要提取并研究，抓住了主因素并且作进一步的简化之后才能更好地进行数学分析和实验验证，使模型更切合实际应用。

（4）工作原则。模型必须起作用，这是建立数学模型的一条基本规则。所谓模型必须工作，就是说在建模时不能只是简单地列出方程式而不对数据进行分析求结果，而必须将模型求出的结果与实测的实验结果相比较，只有当两者的统一度达标时，才能接受此模型，还应该通过实际应用进一步优化模型，如果预测值与实测值的统一程度不够，就应分析原因，修正甚至另建模型。

第二节　生态工业系统模型实例分析

本节主要是对天津经济技术开发区进行系统动力学分析，即对天津市的循环经济发展模式进行建模、检验、分析等。

一、构模思路

系统动力学模型有两个相互关联的构建模型思路：内因外因思路和具体深入化思路。

（1）内因外因思路：唯物辩证法认为外因是变化的条件，内因是变化的根据，外因通过内因而起作用。在系统中，内因是产生系统行为的条件，外因是施加到系统上，通过系统的内在要素而起作用。在遇到实际问题时，首先要确定系统的边界，再弄清系统的内部结构和环境之间的关系，其次建立结构型模型。如何把握构造系统动力学模型的本质方面是内因和外因思路所揭示的核心，也就是要抓好系统内部结构的表达。

（2）具体深入化思路：辩证唯物主义的认识论认为，认识过程分为两个阶段，在低级阶段，认识表现为感性，在高级阶段，认识表现为理性，理性认识依赖于感性认识，感性认识有待于发展到理性认识，但是两个阶段都属于统一的认识过程。感性与理性二者的性质不同，但又不是互相分离的，它们在实践的基础上相互统一。构造模型的过程是对系统中具体问题的认识过程。

通过调查研究、资料收集等感性认识之后才有理性认识，任何系统的建模都是从感性认识到理性认识的过程。将感性知识去粗取精、去伪存真得到理性认识才能描述事物内因与外因的结构。把内因与外因的表述进一步系统动力学化是深入化思路所揭示的核心，也是系统的动态追踪和预测过程。

二、变量的设定和说明

对于系统的结构来讲，系统的结构要素分为变量要素和关联要素两类，其中，变量要素包括状态变量、决策变量、辅助变量及常量等，关联要素包括物质链和信息链。在变量要素几大类中，状态变量用于描述系统的积累效应；系统中某一特定时刻的状态变量值是指该系统中的物质流或信息流从初始时刻到确定时刻累积的结果。因此，时间上的累加性是状态变量的基本特征。根据状态变量的累加性，可以将未来时刻某一特定的状态变量（Level.l，Ll）表示为

$$Ll = Lk + C \tag{4-1}$$

其中，L 为状态变量；k,l 分别为变量的现在和将来；C 为变量值。

描述系统中状态变量积累效应变化快慢的量，称为决策变量（Rate，R），它具有瞬时性，不同时刻的决策变量值是不同的，它取决于信息反馈决策的结果，信息反馈决策可以通过若干个方程的形式表达出来，如果时间间隔DT已知，那么状态变量可以用决策变量作如下表示：

$$Lk = Lj + \mathrm{dt} \times R.j \tag{4-2}$$

信息反馈决策的表达需要引进变量来辅佐，则这种变量统称为辅助变量（auxiliary，A）。辅助变量在信息由信息源传向决策行为的过程中有重要作用，信息反馈决策演化成反馈结构的过程中需要对辅助变量进行设计，这也是将系统模型化的重要步骤。系统中不随时间变化而变化的量，称为常量（constant）。在一般的系统结构中，状态变量、决策变量、辅助变量和常量共同存在且相互作用，将这四种要素之间的相互反馈关系表达出来，便构成了系统的流图。

针对天津市经济技术开发区的具体情况，根据整个系统内部的各个子系统及各要素之间的因果关系，将该生态工业系统中的相关变量作如下设定和说明。

状态变量：全区人口指标、全区 GDP、全区绿地面积。

人口总数：常住人口数和暂住人口数之和，单位为人。

期末人口数：期初人口数、自然增长人口数与本期内迁入净人口数的总和，其中，自然增长人口数为本期内出生人数与本期内死亡人数之差。

人口迁入率和人口迁出率：由系统内的经济和环境状况而导致的人口迁入和迁出的绝对变化量。

出生率：系统全区一定时期内（通常为一年）出生人数与同一时期内平均人口数之比，通常用千分数表示，它反映了人口的出生水平，出生率与当前的人口政策及人民生活水平有关。

死亡率：系统全区一定时期内的死亡人数与该时期内平均总人口数的比率，通常用千分数表示，自然情况下的人口死亡率与当前的科技水平、环境污染等状况有关。

人口自然增长率：系统全区一定时期内（通常为一年）人口的自然增长数与同时期内平均人口总数之比，其中人口的自然增长数为出生人数与死亡人数之差，自然增长率是反映人口自然增长速度和水平的综合性指标，也是进行计划生育工作的重要参考，通常用千分率表示，其大小与所研究时期内生产力的发展水平有关。

从业人员：是指系统内从事一定劳动并获得相应的劳动报酬或收入的各类人员，从业人员的数量与该地区的发展水平有关，受相关企业的就业岗位及经济系统的环境影响。

全区 GDP：第二产业和第三产业的增加值之和。GDP 是系统内所有企业在特定时期内的生产活动成果，是反映经济发展状况的综合性指标，单位为亿元。其中，第二产业的增加值取决于工业总产值，由于科学技术水平从一定程度上决定了投入产出比，所以科技进步因子对第二产业增加值有重要的促进作用；第三产业的增加值主要是指在经济开发区内，人们在日常生活生产的过程中产生相应需求的服务业等产业的增加值。

合同引进外资：合同外资指外方投资者根据投资合同的规定而缴纳的注册资本，它的引进能够促进系统内产业发展，开发区的招商引资政策和开发区良好的发展环境是吸引外资的强有力优势。

财政收入：指开发区政府在一定时期内（一般为一个财政年）内的货币收入，经济的发展使财政收入日益增多，这样政府才能更好地投资各种基础设施建设，以实现经济发展的良性循环。其中，基础设施的累积是园区建设的一个重要方面，基础设施的投入直接关系到区内人民生活的便利度，基础设施的累积需要财政的投入和人们日常的自觉维护。

从业人员人均收入：直观地表现了开发区人民的经济生活水平，同时也促进着人们的物质需求，在一定程度上改变了人们的消费观念。

资源供给量：系统内实际存在的各种资源的可得数量。在有限的自然资源面前，需要扩大基础设施投入和科技进步因子的作用来促进资源的合理利用。

能耗：主要用来反映能源消耗水平和节能降耗程度，是循环经济建设的重要指标之一。相关能耗在系统中主要作为辅助变量改变状态变量的变化趋势。本书主要运用万元 GDP 的综合能耗、单位工业增加值水耗等指标参与讨论。

污染：主要指园区内的废渣、废气、废水等相关污染，考虑到实际中数据收集的局限性，本书主要选取相关的空气污染指数作为研究中的参考。

污染处理率：污染处理是实施循环经济必不可少的环节，污染的处理可减少对生态环境的压力，美化园区环境，同时实现园区系统中物质的循环利用，实际状况中，主要借助于环保部门通过相关指标对园区的环保情况作出评估。

三、系统模拟流程图

通过一定次序排列和组合变量要素和关联要素，便可构成反馈回路。任何一个要素，都不能单独存在，要素只有在反馈回路中起到作用，才能实现其存在的意义；虽然因果关系作为认识的一个过程是不可或缺的，但其只是较为粗糙地对系统反馈结构进行描述，它并没有对各变量的性质进行区分，也没有表现出对物质流和信息流的差别，因此，将系统的模拟流图在动态数据的基础上进行优化，可使之更直观准确地表达系统内部结构，同时也使之更为逻辑化。

本节的动态模拟的流图，如天津经济技术开发区系统模拟流程图（图 4-1）中引用了 Vensim 软件。Vensim 是由美国 Ventana Systems Inc.所开发的一款动态系统模型的图形接口软件，它呈现出的图形更加观念化，在模拟、分析功能上也有改善。Vensim 的建模更为简易并具有弹性，包括因果循环结构、流程图和存货流程等相应的模型。在建模过程中，用各式箭头记号对变量记号进行连接，然后将其之间的关系以适当方式输入模型中，则各变量之间的因果关系便直接记录完成，而各变量和参数之间的数量关系则以方程式的形式存于模型中。

在建模过程中，本节可通过程序中的特殊功能来了解各变量的输入与输出间的关系，并且可以了解变量间的因果关系，以便于建立者对模型内容进行修改，也有助于使用者了解模型。

从模拟流程图中，能够直观地看到用绿地面积、人口总数和 GDP 三个要素指标分别作为环境子系统、社会子系统、经济子系统的三个数字指标的内在因果结构。在特定的时期里，人口总数这一状态变量及出生率、死亡率、人口迁入率、人口迁出率、从业人员等相关变量都受经济、污染和政策影响因子等参数的牵制；科技进步因子和政策影响因子与社会子系统中的变量有密切关系，因此，它们对 GDP 的增长及第二、三产业的增加值有重要影响作用。此外，环境因子也对

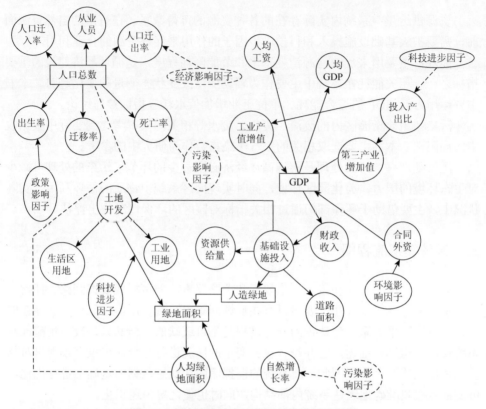

图 4-1　天津经济技术开发区系统模拟流程图

其发展起作用；相应地，绿地面积这个状态变量受到社会子模块中科技发展、生活习性等因素及经济子模块中的财政收入所决定的一些相关参数因子的影响。

四、模型的构建

根据天津市经济技术开发区经济系统特征及各子系统间的因果关系，构建开发区经济系统的因果关系回路图和流图，根据现有文献中开发区的社会、经济、环境和资源情况，本书根据系统动力学原理模拟了自 1994 年以来开发区经济系统的发展状况。

系统模型中的各参数采用以下方法确定：①采用算术平均值确定人口出生率、死亡率、自然增长率等参数；②人口迁入、迁出率及相关影响因子通过发展趋势推算法来确定；③工业增长率、GDP 增长率、基础设施投资增长率等参数通过表函数法来确定。本节对系统内 1994～2005 年的数据进行建模及检验，并在此基础上对系统的未来发展进行预测和模拟。

考虑最简单的情形，先假设人口（population，POP）、GDP、绿地面积（green

space，GS）三者相互独立且不受其他外界条件制约，则它们各自的年变化量可用微分方程组表示如下：

$$\frac{\mathrm{dPOP}}{\mathrm{d}t} = \alpha \mathrm{POP} \tag{4-3}$$

$$\frac{\mathrm{dGDP}}{\mathrm{d}t} = \beta \mathrm{GDP} \tag{4-4}$$

$$\frac{\mathrm{dGS}}{\mathrm{d}t} = \gamma \mathrm{GS} \tag{4-5}$$

其中，α, β, γ 分别代表了人口、GDP 和绿地面积的年（相对）增长率。

依据前文中因果关系流图，上述方程组所表示的系统中状态变量的增长状况在实际生活中几乎是不存在的，因为人口、GDP、绿地面积的变化均受到诸多外界环境因素的影响。状态方程作为系统动力学模型的核心，表示系统内部的行为变化，其他方程均由状态方程导出。由此可知，上述三种要素的状态方程的一般表达式为

$$\frac{\mathrm{d}X}{\mathrm{d}t} = f(R_i, A_i, X_i, P_i) = R \tag{4-6}$$

其差分形式为

$$X(t + \Delta t) = X(t) + f(R_i, A_i, X_i, P_i) \times \Delta t \tag{4-7}$$

其中，X 代表状态变量；A 代表辅助变量；R 代表速率变量；P 代表参数；t 代表时间；Δt 代表时间的步长。

直接看来，状态变量人口与人口的出生率（birth rate，BR）、死亡率（death rate，DR）、迁入率（in rate，IR）、迁出率（out rate，OR）相关，公式为

$$\frac{\mathrm{dPOP}}{\mathrm{d}t} = (\mathrm{BR} - \mathrm{DR} + \mathrm{IR} - \mathrm{OR}) \times \mathrm{POP} \tag{4-8}$$

但是实际生活中，各因素又受到其他因素的制约，出生率受政策因子制约，死亡率与污染因子及科学技术因子有很大关系，迁入率、迁出率又主要取决于该地区的资源因子，同时，这些因子之间相互作用会影响 GDP 和绿地面积这两个状态因子。

同样地，状态变量 GDP 取决于第二、三产业的增加值，但是深入分析，其增长与科技进步因子和相关的人力、物力等资源的支撑是密不可分的。同样，绿地面积也有相同的发展规律。总之，三个状态变量之间相互作用、相辅相成。

据此，天津经济技术开发区生态工业系统的相关模型及调研统计数据分析如下。

1. 社会系统的人口子模块

$$\mathrm{POP} = \mathrm{RP} + \mathrm{FP} \tag{4-9}$$

$$L \quad POP.k = POP.j + dt \times POPzh.jk \qquad (4\text{-}10)$$

$$R \quad POPzh.kl = POP.k \times (zzhl.k + zzrl.k) \qquad (4\text{-}11)$$

其中，RP 为常住人口；FP 为流动人口；L 为状态变量；R 为决策变量；dt 为计算时间步长；j,k,l 分别为变量的过去、现在和将来，jk,kl 为变量在相应的时间间隔内的值；POP 为总人口；POPzh 为人口增长量；zzhl 为人口自然增长率；zzrl 为人口流动率。

总人口的增减由多方面因素所确定，包括人口出生率、死亡率、人口自然增长率和人口流动率等。而自然增长率和人口流动率与人口系统自身的发展规律、计划生育政策、经济发展状况及人文环境均有较大关系（于福慧和李健，2008）。

天津经济技术开发区的社会子系统内 1994～2005 年的相关数据调研如表 4-1 所示。

表 4-1　社会子系统人口相关数据统计

年份	常住人口/万人	流动人口/万人	从业人员/万人	从业人员人均收入/元
1994	0.80	8.12	8.42	724
1995	0.95	10.93	11.29	923
1996	1.54	13.44	14.02	720
1997	2.50	14.84	15.79	780
1998	4.30	15.53	17.16	812
1999	4.40	16.38	18.05	852
2000	3.36	17.83	19.11	1103
2001	3.82	18.05	19.50	1205
2002	5.39	18.54	20.59	1403
2003	8.32	20.04	23.20	1585
2004	10.37	21.87	25.81	1812
2005	10.50	24.84	28.83	2052

2. 经济系统的经济子模块

经济子系统的相关数学模型如下：

$$R \quad GDPzh.kl = GDP.k \times gzh.k \qquad (4\text{-}12)$$

$$A \quad GIAP.k = TRMP.j \times fz1.k \qquad (4\text{-}13)$$

$$A \quad GTAP.k = TRSP.j \times fz2.k \qquad (4\text{-}14)$$

$$A \quad TRMP.k = (a \times TBE.j + b \times CIM.j) \times fe1.k \qquad (4\text{-}15)$$

$$A \quad TRSP.k = (c \times TBE.j + d \times CIM.j) \times fe2.k \qquad (4\text{-}16)$$

其中，GIAP 为工业增加值；GTAP 为第三产业增加值；A 和 R 为辅助变量；zh 为 GDP 增长量；gzh 为 GDP 的增长率；TRMP 为工业生产的资源总量；TRSP 为第三产业的资源总量；TBE 为基础设施的投资累计；CIM 为合同外资引进的累计；fz1,fz2 分别为科技进步因子对工业和第三产业的影响率；fe1,fe2 分别为环境的资源影响因子对工业和第三产业的影响率；j,k,l 分别为变量的过去、现在和将来，kl 为变量在相应的时间间隔内的值；a,b,c,d 为常数。

对于天津市经济技术开发区的系统来说，GDP 主要是由第三产业的增加值和工业增加值组成，GDP 的年增长率（本书的时间计量单位是年）自然同工业和第三产业的年增长率相关，而这两个直接辅助变量又与政府决策（包括对外资引进、对基础设施的投入状况及现有环境等相关因子）有关。

天津经济技术开发区 1994～2005 年的相关经济统计数据见表 4-2 和表 4-3。

表 4-2 经济子系统相关经济指标统计 单位：万元

年份	GDP	工业总产值	工业增加值	第三产业增加值
1994	48.80	162.25	38.90	9.70
1995	80.11	266.46	67.49	12.62
1996	131.01	370.11	110.66	20.35
1997	170.11	470.24	139.29	30.82
1998	180.11	540.22	139.96	40.15
1999	208.45	608.55	161.72	46.73
2000	256.44	731.82	202.84	53.60
2001	312.03	865.11	245.37	66.67
2002	380.09	1031.24	299.89	80.20
2003	445.23	1251.40	354.90	90.33
2004	530.22	1822.14	440.37	89.85
2005	642.29	2305.19	541.27	101.02

表 4-3 经济子系统相关经济指标统计 单位：亿美元

年份	基础设施投资累计	财政收入	出口完成	累计合同外资
1994	20.44	8.05	5.40	40.57
1995	31.94	16.56	9.01	58.69
1996	43.88	24.10	14.50	60.25
1997	60.43	26.27	20.04	73.33
1998	75.74	28.90	20.18	85.62
1999	86.12	32.66	25.54	98.42
2000	94.23	49.53	32.67	124.82
2001	108.64	67.55	40.35	146.82
2002	139.11	80.32	57.06	170.93
2003	178.64	93.06	68.86	183.67
2004	202.34	114.44	111.75	202.89
2005	233.00	141.33	139.71	228.84

3. 环境系统的生态子模块

由于数据收集的限制，虽然环境系统中涉及环境的指标有很多，本书采用了绿地面积作为反映本系统发展状况的一个变量，考虑到天津经济技术开发区的现实情况，土地主要分两大块——工业区用地和生活区用地，从生态环境的角度讲，土地的沙漠化、土壤的盐碱化、风沙侵扰等都对居民生活和工业生产有严重影响，对绿地面积的考量能够很大程度上体现出生态环境退化程度及后续发展趋势。

环境子系统内的土地面积使用情况及相关的环境指标如表 4-4 和表 4-5 所示。

表 4-4　环境子系统土地面积的相关数据统计

年份	累计开发土地面积/平方千米	工业区/平方千米	生活区/平方千米	绿地面积/公顷
1994	17	12	4.5	27.80
1995	19	15	4.5	61.30
1996	20	16	4.5	120.00
1997	22	17	5.0	190.00
1998	24	19	5.0	218.00
1999	24	19	5.0	285.00
2000	24	19	5.0	353.70
2001	27	21	6.0	407.00
2002	31	23	7.5	439.74
2003	37	28	9.0	586.10
2004	39	29	9.8	785.06
2005	40	30	10.0	814.66

表 4-5　相关的环境指标数据统计

年份	空气污染指数/（微克/米^3）	噪声/分贝	单位工业增加值综合能耗/（吨标准煤/万元）	工业固体物综合利用率/%
1994	119	61.2	3.01	50
1995	97	57.1	2.89	55
1996	99	59.5	2.63	56
1997	91	57.2	2.21	61
1998	96	55.8	1.92	63
1999	94	59.3	1.35	66
2000	92	55.6	0.89	69
2001	82	53.2	0.65	70
2002	80	53.4	0.53	72
2003	76	52.9	0.30	80
2004	75	52.9	0.26	90
2005	75	53.0	0.25	94

根据整个系统的因果关系构建的相关模型如下：

$$L \quad GS.k = GS.j + dt \times GSzh.jk \tag{4-17}$$

$$R \quad GSzh.kl = GS.k \times gzh.k \tag{4-18}$$

$$A \quad TSL.k = TID.k + TLD.k \tag{4-19}$$

$$A \quad szh.k = rszh.k + pszh.k \tag{4-20}$$

$$A \quad rszh.k = rszh.j \times fzs.k + fzs.k \times fapi.k \tag{4-21}$$

其中，dt 为计算时间步长；GSzh 为绿地面积的增长量；szh 为绿地面积的增长率；gzh 为 GDP 的增长率；TSL 为开发土地的总面积；TID 为工业区的土地面积；TLD 为生活区的土地面积；rszh 为绿地面积的自然增长率；pszh 为人造绿地面积的增长率；fzs 为噪声影响因子；fapi 为空气污染的影响因子；j, k, l 分别表示变量的过去、现在和将来，jk，kl 为变量在相应的时间间隔内的值。

通过上述方程可以算出，绿地面积的总增长率是由自然绿地增长率和人工绿地增长率共同构成的，其中，自然绿地增长率与开发区系统中的气候、工业污染及人们的生活行为习惯有关，而人工绿地的增加率则主要取决于政府对该项目的资金投入。

为了更好地完善模型，对模型进行分析之后，将收集到的调研数据输入模型，利用计算机软件对数据进行处理分析，得到以下研究结论：园区系统内的土地开发面积逐年平稳增长，其中，工业用地的增长速度要快于生活用地的增长速度，这种情况也符合外资引进的经济发展需求。在计算的过程中，开发区的土地面积是利用平均值来计算的。另外，人口要素、GDP 增长趋势、合同引进外资累计、基础设施投入累计、财政收入变化、绿地面积的增长等要素的变化趋势呈现出线性或非线性的状态。将以上系统要素进行综合分析，可以得出各相关变量之间存在一定的数量关系。

人均工资与人口之间存在着一定的线性关系：

$$POP = q_1 EW + q_2 \tag{4-22}$$

其中，EW 为人均工资；q_1，q_2 为参数。

GDP 与人口数之间存在着这样的关系：

$$GDP = r_1 POP^{r_2} \tag{4-23}$$

其中，r_1，r_2 为相关参数。

同时，目前的政策下，基础设施的投资累计与 GDP 的值存在一定的线性关系：

$$TBE = a_1 GDP + a_2 \tag{4-24}$$

其中，TBE 为基础设施投资累计；a_1，a_2 为相关参数。

财政收入与 GDP 之间也是如此：

$$IF = b_1 GDP + b_2 \tag{4-25}$$

其中，IF 为财政收入；b_1，b_2 为相关参数。

累计合同外资与 GDP 之间存在一个多项式的关系：

$$\text{CIM} = c_1\text{GDP}^4 + c_2\text{GDP}^3 + c_3\text{GDP}^2 + c_4\text{GDP} + c_5 \tag{4-26}$$

其中，CIM 为累计合同外资；c_1, c_2, c_3, c_4, c_5 为相关参数。

出口完成与 GDP 间存在如下一个乘幂关系：

$$\text{EP} = d_1\text{GDP}^{d_2} \tag{4-27}$$

其中，EP 为出口完成额；d_1, d_2 为相关参数。

综上所述，在理想条件下，绿地面积与 GDP 和基础设施投资累计存在一定的线性关系，但是在系统内的实际条件下，没有足够的财政投入，绿地面积的发展受到多方面因素的制约，但是也具有一定的自然增长率，这是由于相关的策略参数对其发展起到了调节作用。

此外，人口的增长情况与绿地面积之间存在一个多项式的关系，但是在实际系统中绿地面积的大小与园区内人民的的生活习惯因子也有一定关系，但是该因子较难量化和精确化，加之空气污染和噪声污染对绿地的面积均有影响，因此绿地面积的自然增长率受多方面因素的影响。

五、模型的检验

模型的检验过程是指对所构建的模型中通过分析得到的数据信息和行为进行检验，观察其能否反映出实际系统的情况和变化规律，从而确定所建模型能否对实际系统进行有效研究，以解决系统中亟待解决的问题。模型的检验一般分为以下几种测试：模型结构测试、模型行为测试及策略内涵测试等。本节对前文所建模型的测试具体如下。

1. 结构证实测试

结构证实测试，是将所建模型的结构与实际系统中它替代的部分进行直接比较。该测试的要求是所建模型的结构与实际系统相应部分的结构知识不能出现矛盾。本节中的模型反馈流图是根据园区系统内的因果关系进行设计的，相关的正反馈关系也反映了园区系统的内部结构，与实际系统结构十分符合。

2. 极端条件测试

极端条件测试是对模型结构中各状态变量的极端情况进行综合测试。在测试过程中，需要通过辅以辅助变量对每个状态方程进行检验，沿信息反馈的通道搜索与之相关的其他状态变量，然后将各状态变量进行自由组合，讨论新的状态变量组在虚拟条件下的极值（无穷大、零），观察所测试的状态方程是否能够合理存在。

本节所建模型的极端条件测试中，GDP 的增长会吸引大量的流动人口，使园区系统的人口高速增长，在这种情况下，如果不考虑对环境的破坏和资源的耗费，那么园区内的环境就会遭到加剧的污染，这样会使自然绿地面积的增长率急剧变小，加之在环境遭到急剧迫害的情况下很难迅速建造大面积人工绿地，所以自然绿地面积变小的速度将大于人工绿地增长的速度，不仅如此，人口的增长率也会因为环境污染而受挫。反之，如果假设系统模型中人口数为零，由前文中人口与其他状态变量的关系可知，GDP 和科技因子的影响均为零，从而导致第二产业和第三产业的增加值趋于零，同时，人工绿地的面积增加值也因为人口因素的缺少而搁浅，绿地面积只能按照自然绿地的面积增长率发展。这种状况下，系统的存在便不复意义。

3. 参考行为测试

参考行为测试是指将模型的历史行为与历史数据和信息进行比较，检验二者是否相符。该过程的测试对象是系统模型行为，通过对模型行为的分析来检验模型结构是否合适。

本节选取部分状态变量及相关的辅助变量对模型行为进行测试，通过测试结果可以看到，相关状态变量的历史值与通过模型得到的仿真值之间存在相对误差，并且误差在合理的范围内。

4. 策略敏感性测试

策略敏感性测试的目的是检测所建模型的行为对模型中所描述的相应策略变化的符合程度。模型在实际系统的应用中会有不同的反应，对于模型中出现的策略的改变，实际系统会对其做出反应，正确的模型会表现出积极的响应（李健和周慧，2007）。

经过测试，本节中所建模型的政策参数在三个状态变量的状态方程中均有涉及，状态变量人口直接受到户口政策和计划生育政策的影响，其自然增长率和流动率都受到相应影响；在经济系统中，GDP 这一状态变量受政府招商引资策略的影响；而绿地面积这一状态变量中，人工绿地面积增长率和自然绿地面积增长率均受政府环保策略的影响。

通过以上验证，可以证实本模型结构存在的合理性，模型稳定性较好，模型结构基本可以反映实际园区系统内部的各种因果关系，对天津市经济开发区系统的仿真模拟和决策过程中的策略分析具有一定的指导意义。

参 考 文 献

顾培亮. 2000. 系统分析与协调. 天津：天津大学出版社.

金钰. 2006. 泰达开发区循环经济系统动力学分析. 天津理工大学硕士学位论文.

寇明婷，李录堂，曹瑾，等. 2007. 区域经济规划和发展的系统观. 西北农林科技大学学报（社会科学版），1（7）：57-60.

李春发，王彩风. 2007. 生态产业链模式下企业的生态——经济系统的动力学模拟. 哈尔滨工业大学学报（社会科学版），9（6）：89-92.

李健，周慧. 2007. 循环型农业生态系统运行模式的研究. 软科学，20（14）：119-122.

于福慧，李健. 2008. 物质场分析在管理活动中的应用初探. 工业工程，11（4）：57-59，65.

第五章　生态工业系统评价

第一节　生态工业系统评价指标设计原则

正确处理好经济、生态、社会三大效益的关系，使三者协调统一，并进一步达到区域生态和工业企业的耦合状态，从而建立出一种和谐的、持久的相互依存、共同发展的关系，进而把实现可持续发展作为生态工业系统的主要实施目标。然而，还需要运用系统理论来对生态工业系统做出科学合理的评价，以此来确保更好地实现生态工业系统并达到良好的效果。所以，对生态工业系统进行评价是极其重要和关键的，生态工业系统评价不仅是鼓励先进、鞭策落后的一项重要依据，而且还是对工业与企业在生态工程方面的实现程度和实现效果的综合性评价，其为生态工业系统确立服务目标，并为生态工业系统的发展指明方向。

生态工业指标体系的建立与评估是发展生态工业的主要问题。要想很好地衡量生态工业发展的程度，必须将定性手段与定量手段相结合，并且还需要借助一系列的指标评价。要想利用较为先进的研究手段和方法（如地理信息系统）来对生态工业的发展进行一系列的监测和预测研究，只能通过一系列指标体系才能实现，这样做进而会对生态工业发展的决策环节起到一定的辅助作用。而且，生态工业发展从理论研究阶段迈入可操作性研究阶段的一大前提就是要建立一套完整的生态工业发展指标体系。

生态工业系统评价是指运用生态工业学、应用统计学等知识，对生态工业系统环境保护、资源利用、经济和系统结构方面的特征进行分析，建立一整套生态工业系统的综合评价指标，对系统的发展程度和主要特征进行评价，指出系统进一步的改进和发展方向。

一、评价指标体系的定位

虽然在近几年间，生态工业在理念方面得到了充分完善与发展，但是目前在生态工业评价指标方面的研究相对匮乏。为了实现发展生态工业的目的，即保护环境，实现人类的可持续发展，本节从目前对可持续发展指标及环境指标方面的研究状况来着手，从而定位出生态工业的评价指标。

20 世纪 70 年代，关于环境指标的研究开始兴起，这个时期的环境指标研究大多数都是针对单一介质的，侧重于微观的研究，如大气环境质量综合指标和水环境指标综合指数等。随着环境科学的发展，某一地区乃至某一过程的综合环境评价中逐步引入了环境指标。对象的环境表现是这类指标的考察重点，然而却忽视了对经济、社会、资源、环境、生态等因素之间协调发展的综合全面的考虑。直到 20 世纪 90 年代以后，为了获得以统一价值量为单位的综合性指标，大多数的研究工作都采用了环境影响评估方法，将环境指标赋予社会经济学含义成为国际性组织（如联合国粮食及农业组织和世界银行）大力倡导的一种行为，因此，环境指标从只考虑一方面环境影响的单一环境指标研究开始向多元化发展。在最近几年，环境指标由于生态工业和循环经济理念的茁壮成长而成为一项评价工业系统环境影响的重要依据。这样，对生态工业评价指标的研究就可以借鉴这些环境指标的研究了。

作为一个复杂巨系统，可持续发展指标已成为当今可持续发展的一个研究热点。要想尽可能涵盖可持续发展的各个方面就必须要使用一套完整的指标体系，而单一指标却不具有这样的优点，如可持续发展福利指数、真实发展指标等。总而言之，可持续发展指标体系由于其体系庞大、涵盖内容广泛等优点而更好地运用于宏观分析和决策。由于该类体系的复杂性，这种指标体系在总体上处于探索之中，仍有很大缺陷。

可以发现，环境指标的研究比较注重方法的研究，是以评价对象的特征为基础来构建出匹配的数学模型进行求解，并将对象的特性和不同对象间的优劣很好地反映出来，指标反映了研究对象的微观特性。而可持续发展指标的研究是通过综合方法，以从基层获得的综合指标为基础来评价系统发展状况，这样更有利于准确地搜寻出系统的薄弱点并对其加以改进，由此可以看出，可持续发展指标的研究更为注重对各类指标及综合方法的研究，反映的是研究对象的宏观特性。生态工业系统评价指标体系之所以可以兼顾研究对象的宏微观特性，并且可以有效地避免环境指标和可持续发展指标研究中没能很好地兼顾的劣势及尽可能全面地反映出生态工业系统的特征，是由于其具有基于生态工业系统自身的规模和能够对研究指标设定出适合的影响因素的优势。反映生态工业的特性和发展程度由微观指标来完成，而反映生态工业系统经济、生态、环境等方面的特性由宏观指标来完成。

对生态工业系统进行科学合理的评价与在实践过程中贯彻生态理念息息相关，这是工业生态学学科发展及其应用于实践的必然要求。所以，对某一工业系统而言，必须首先对其进行科学合理的评价，才能判断其是否属于工业生态系统的范畴，或者是否具备循环经济的相关特征。但是，现阶段对其进行评价的体系和方法尚不成熟，主要包括科学性原则、3R 原则、系统性原则、可操作性原则及动态性原则。在此基础上，可把循环经济相应的指标体系分为包括生态环境指标、管理指标、经济指标和生态网络指标在内的四类具体的指标。虽然指标体系的相关构建原则及指标取值在指导具体操作过程方面比较重要，但是在对关键网络指标的分析方面缺点明显，在产品种类、柔性特征及重复利用方面可操作性较少，原则性要求较多。

孙英杰和邹传波（2002）论述了生态工业系统的特征，对生态工业系统和一般工业系统的评价判断因子进行区分。由于这种方法可以很好地把握生态工业系统的本质特征，所以其非常有利于构建指标体系。但是这种方法只阐述了一些指标分类原则，在产业经济和生态两个方面进行简略评价，对于指标体系研究方面过于简单。

基于生态工业系统的特点，以工业生态学原理为理论基础，从结构、经济和环境三方面构建了相关评价体系以此反映系统的发展程度。据此，提出了生态生产力指数、资源消耗指数、环境影响指数、系统耦合度等一系列的评价指标，也得出了一些综合的评价指标，如结构耦合度、环境协调度和经济发展度等，而差异性概念的提出，则能有效反映系统的发展均衡程度。

王耕和吴伟（2008）虽然提出了指标体系设计的相关原则和方法，并以此为基础构建了指标体系模型，介绍了评价方法，对生态工业系统评价做了比较深入的了解。但是，总体而言，还存在以下几方面的问题。

（1）未能突出评价重点，没有很好地反映其本质特征。比如，一些评价指标对于生态工业系统评价的意义不大，并且可能对总体指标的评价产生干扰，而且对物质重复利用程度（原子利用率）、系统稳定程度、系统柔性等标志系统生态化水平的指标没有体现，如系统发展水平准则的产品合格率、恩格尔系数及人口出生率指标等。

（2）可操作性较低。有些指标取值比较困难，如社会负担系数、科技进步的贡献率及法规的制定等，另外，有些指标不能作为一般的生态工业园区的评价指标，因为它们的可比性不强，或某些指标（如资源回采率）有特定的适用范围。

二、评价指标体系的设计原则

对于生态工业系统而言，其发展的基础问题是构建起结构体系状况的评价指标体系并进行评估。这是选取生态工业系统结构体系状况评价指标的宗旨。必须在定量研究与定性研究有机结合的基础上，辅之以相应的指标评价，才能对生态工业发展程度进行科学有效的评价。地理信息系统等先进的研究手段和方法只能通过一系列指标才能够对生态工业的发展进行监控和预测研究，起到辅助决策的作用。与此同时，构建一套生态工业系统科学合理的评价指标体系，是其发展由理论阶段进入可操作性研究阶段的前提条件。

先确定宏观系统的目标和原则再层次分解和具体化是研究规律，这是由工业系统的层次特点决定的。对宏观系统目标原则的进一步贯彻和执行是中、微观系统的目标。生态工业系统规划中包括生态产业园规划及资源利用规划，其中前者又包含生态企业规划。所以，就生态工业系统而言，其规划的迅速发展有助于宏观国民经济系统的原则及目标的进一步贯彻和执行。建立评价指标体系的原则如下。

1. 系统化原则

生态工业系统是一个影响因素众多的非线性系统，这对系统的评价造成了极大的困难，必须以删繁就简为原则，系统、全面、充分、准确、科学地反映出系统发展水平、发展潜力和发展的协调性。尽管最初的生态工业系统是市场竞争自发产生的，但由于生态工业系统的建设是采用了系统工程方法来设计的一项巨大而又复杂的系统工程，所以必须贯彻系统化原则才能对其进行理性评价。系统化原则要求在构建评价体系时，要想评判系统的本质，必须从宏观的物资输入和输出的角度入手，该系统区别于其他经济系统的一大本质特点就是子系统对输入与输出物资具有影响。

2. 3R 原则

生态工业系统作为循环经济的重要构成部分需要严格贯彻循环经济的 3R 原则，即减量化、再循环、再利用，而且必须依次执行。3R 原则能够作为评价生态工业系统的核心原则是从评价体系设计的角度而言的。然而贯彻 3R 原则一定会涉及过程和起点评价思路与结果评价思路这两种不同的思路。3R 原则务必要处理好内部协调问题是因为结果评价中一般都会包含起点与过程选择的问题，物质与能源消耗量过低往往由再循环与再利用导致的。

3. 经济性原则

在评价比较复杂的系统时，理论上可以测量所有可以测量的指标。然而，对于指标的选择成为关键环节，要求被选择的指标尽量要少而且要尽可能全面而又准确地反映出生态工业系统的本质特征。这是因为指标不同，则其重要性相对也是不同的，它们的主要差异主要体现在对系统的本质特征的反映上。而且有时候某个指标往往是另外一些指标的起因或结果，因此，成本和收益问题在评价系统的设计、信息利用和实施全过程都是必须要考虑到的，即必须严格有效地贯彻经济性原则。为了维系政府政策的稳定性、权威性与导向性，要选取那些最能反映生态工业系统特征的关键性指标并且要保证这些关键性指标的稳定性。

4. 阶段性原则

生态工业系统的建设需要不断进行改进，这要归因于我国升级产业结构、优化工业布局、转变经济增长模式、发展新型工业化是一个动态的持续发展过程。设计出的指标体系要能够反映建设的现状，引导发展的趋势，这就要把系统的综合平衡、动态变化、系统建设的不断完善等因素考虑在内。为了推动我国生态工业系统的建设，在建立评价体系时，需要发挥生态工业系统建设的导向作用。

5. 可操作原则

可操作原则要求从生态工业建设的价值角度和相关理论等方面考虑，将可以定量的指标尽可能定量化，并将其分为合理的纬度，在此需要特别考虑的是指标与国家和地方的相关环境标准是否可以有效衔接的问题。要设计出具有合理的层次结构的指标，而且这些指标要尽可能简洁、可观可测并且具有较强的可比性，数据来源要准确合理。

三、评价指标体系的构建

（一）评价指标体系结构及内容

根据循环经济规划的目标和原则，在结合上述现状调查分析生态工业系统结构体系规划的目标之后，对其评价指标体系进行设计，并且确定影响其结构体系规划指标的关键因素。

基于上述研究，可以将此指标体系分为四个层次，即指标层、截面层、功能层及目标层。指标层主要采用具备可获得性、可比性、可测性的指标及指标群，对截面层的强度表现、数量表现及速率表现进行度量，它们是指标体系最基本的要素。功能层将其总体能力细分为持续度集合、公平度集合及发展度集合三方面。而截面层则选取其五个子系统，分别从资源状况、社会状况、技术状况、经济状况和政策状况五个方面来表现系统发展状况。目标层则是对其可持续发展总体能力的综合反映，并合理反映其未来的发展趋势及总体状况。

指标体系的层次结构模型如图 5-1 所示。

一般情况下，功能层和目标层指标由频度统计法确定，截面层指标是结合理论分析法及频度统计法最终确定的。对于指标层指标的确定，则有很多关联指标。

在第一轮评价指标的基础上，考虑社会经济发展状况、自然环境特点、指标数据的可获得性等因素，再分别征询专家学者的相关意见，首先要明确各级指标及其测量方法和内涵，同时要介绍相关指标体系的框架，然后请专家对所有指标重要程度及指标体系的框架进行描述。让他们对各级指标均按照"赞成、基本合理、需修改、不恰当"四项填写相应的专家咨询表，再分别对其进行统计分析。

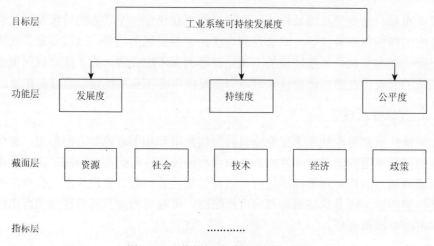

图 5-1　评价指标体系层次结构模型

截面层主要包含资源状况指标、社会状况指标、技术状况指标、经济状况指标和政策状况指标。其中，资源状况指标主要包括人均耕地面积、人均水资源量、人均林地面积、人均矿产资源、单位耗能、单位用水量、森林覆盖率、人均能耗、人均生活用水量、人均生活用电量、受灾面积占总面积的比重、人均绿地面积、环境保护投资指数、烟尘控制区覆盖率、自然保护区覆盖率、建成区绿化覆盖率、各类环境功能区达标率、万元工业产值废水排放系数、万元工业产值废气排放系数、万元工业产值固体废物排放系数、废气排放密度、废水排放密度、固体废物排放密度、三废综合利用率、土地利用率、资源开发利用率、能源利用率、环保投资比例、生态建设投资比重等。

社会状况指标主要包括城镇化水平、各类案件发案率、万人公务人员数、工业人均拥有道路面积、万人拥有病床数、万人卫生技术人员数、每百人拥有电话机数、万人拥有标准公交运营车辆数、人均保险额、社会保险综合参保率、城镇失业率、人民群众上访数、财政支出比例、货客运周转量、邮电业务总量、人均财政收入、人均财政支出、工业化率与农业化率之比、科教投入及占财政支出的比例、文教投入及占财政支出的比例、高等教育入学率、受高等教育人口数、平均受教育年数、万人中小学教师数、万人拥有科技人员数、科技贡献率、人均公共藏书量、文盲率、人均识字数、人口、人口自然增长率、人口密度、城镇居民人均居住面积、农村人均居住面积、人均社会消费品零售额、城镇居民恩格尔系数、城镇居民人均可支配收入、农民人均纯收入、农民恩格尔系数、年末人均储蓄存款余额、万人拥有商业网点数、自来水普及率、城乡居民人均收入比、计划生育率、平均预期寿命、老龄化指数、流动人口的比重等。

技术状况指标主要包括物质利用强度年降低率、生产循环率、消费循环率、物质再生率等。

经济状况指标主要包括 GDP、人均生产总值、经济持续增长率、年增长率、工业总产值、农业总产值、从业系数、各分区人均变动系数、第三产业产值比重、第三产业从业人员比重、人均粮食产量、人均年末工业固定资产原值、人均年末工业固定资产净值、全社会固定资产投资总额、人均年收入增加率、工业劳动生产率、工业资金利税率、经济外向度、社会消费品零售总额、地方财政收入、实际利用外资金额、经济密度、城乡居民储蓄存款余额、产业结构指数、产值利税率、资金利税率、经济效益系数、土地产出率、高技术产业产值、工业总产值年增长率、能耗降低率等。

政策状况指标主要包括对外贸易、外资流入、国内政策、其他省市的影响、法规的制定及执行情况、管理与协调能力、资源开发规划的合理性、规划与战略目标体系、公众对区域目标认同程度、对区域发展诸方面变化的监控能力、生态工业链的稳定性等。

就某项具体指标而言，若赞成人数达半数以上，则为保留指标；反之，淘汰。同样，对于一些要补充的指标，可以再次征求有关专家的意见，若赞成增补人数达半数以上，则保留指标；反之，淘汰。

在选定功能集之后，可以采用截面指标及基本指标对其进行描述，以便能够尽可能准确、全面地表现系统发展的相关情况，进而确立用于系统评价的一般指标体系。

（二）指标体系的构建

层次性是系统的重要特征之一。生态工业系统是由相当数量同一层次、不同作用和特点的功能集和不同层次、作用程度不同的功能集所共同组成的复杂系统。基于生态工业系统评价的目标，设置描述系统不同发展特征、具有层次结构的功能集指标。不仅系统具有层次性特点，功能集结构也具有层次性，功能子集可以认为是从属于某一个层次的子系统，低层次的功能集从属于高层次的功能集，指标体系是由一组相互关联、具有层次结构的功能集组成，某一功能集指标又由一组基本指标或综合指标组成。因此，功能集指标的选择，决定了生态工业系统评价指标体系的结构框架，是指标体系成功与否的关键。要选择出生态工业系统评价的全面又简练的功能集指标，不仅要对生态工业系统本身的结构、功能、特点有透彻的了解，而且要对生态工业系统发展的目标有清晰的理解。前者是确定评价指标的基础，后者是选择评价功能集的基础。

通常生态工业系统的评价指标体系包括目标层、准则层及指标层。目标层以综合效益作为综合指标，用来体现出系统的可持续发展程度，目标层有四个指标，即经济指标、生态工业指标、生态环境指标和管理指标（表 5-1）。

表 5-1   生态工业系统评价指标体系

目标层	目标层	准则层	指标层
生态工业系统评价指标体系	经济指标	经济绩效指标	GDP 年平均增长率 人均 GDP 经济产投比 万元 GDP 综合能耗 万元 GDP 综合新鲜水耗 土地产出率
生态工业系统评价指标体系	经济指标	技术指标	高新技术产业占工业比重 科技投入占 GDP 比重 主要资源可用年限
生态工业系统评价指标体系	生态工业指标	生态工业链	工业生态链条数
生态工业系统评价指标体系	生态工业指标	重复利用	水资源重复利用率 原材料重复利用率 能源重复利用率
生态工业系统评价指标体系	生态工业指标	柔性结构	产品种类的可替代性 原材料的可替代性
生态工业系统评价指标体系	生态环境指标	环境质量	水环境质量 大气环境质量 噪声环境质量
生态工业系统评价指标体系	生态环境指标	污染物控制水平	危险废物安全处置率 万元工业产值废水排放量 万元工业产值固体废弃物排放量 万元工业产值 SO_2 排放量
生态工业系统评价指标体系	管理指标	政策法规制度	政策法规完善度
生态工业系统评价指标体系	管理指标	生态意识度	公众参与程度 生态工业理论培训率

（1）经济指标，其中经济发展水平通过经济绩效水平来反映，经济未来发展的增长潜力通过技术指标来反映。GDP 年平均增长率、人均 GDP、经济产投比、万元 GDP 综合能耗、万元 GDP 综合新鲜水耗等指标可以表示经济发展水平。高新技术产业占工业比重、科技投入占 GDP 比重、主要资源可用年限等指标可以描述经济发展潜力。

（2）生态工业指标，内容包括生态工业链、重复利用、柔性结构等方面。生态工业链即指工业生态链条数，通常来说，生态工业链所涉及环节的长度、复杂性和系统稳定性成正比。重复利用主要是原材料、能源和水资源的再次利用。重复利用率越高，说明系统循环功能发育得越好。柔性结构反映了生态工业链系统的抗风险能力，工业链的产品种类的可替代性、原材料的可替代性，同系统抗击市场风险的能力息息相关。

（3）生态环境指标，涵盖环境质量、污染物控制水平等。环境质量主要指水、大气和噪声环境质量。污染物控制水平包括万元工业产值废水、固体废弃物、SO_2排放量和危险废物安全处置率。

（4）管理指标，包括政策法规制度、生态意识度等。

表 5-1 给出的是一般的系统指标体系应包含的内容，不同的系统或企业可根据这一般指标体系，考虑自身系统的所处的自然环境特点、行业特点和社会经济发展状况，国家的三废排放标准及指标数据的可得性等因素，对上述一般指标体系中的指标进行适当的增减或替代，从而有针对性地确定适合自身系统的具体指标体系。

第二节　生态工业系统评价指标的筛选

一、指标筛选的思路

在开展系统评价的工作过程中，评价结果的正确性同评价指标体系的科学合理性密切相关。近年来，在选择评价指标的时候主要存在两个方面的问题：第一，评价指标的选择具有很大的主观性，这是因为大多数评价者仅仅依据自身经验选择相关指标却没有采用科学有效的指标筛选方法；第二，指标的种类和数目过多，这种问题源于人们一味地为了追求指标体系的完备性而不断地增加新指标。所以，指标间的重叠问题普遍存在于评价指标体系中，从而导致了评价结果的准确性与科学性的降低。评价指标的选择要遵循如下原则。

（1）基本的指标选择域为循环经济、生态经济及可持续发展的指标体系的指标。

（2）所选取的指标要具有足够的开放性，能够实现同生态工业系统研究的最新成果的融合，并且可以引入合适的非指标体系评价指标。

（3）指标需要能够在系统的规划和分析中得到应用并且它的恰当性和适用性可以在实证中得到充分地验证，即要求选取的指标具有较强的通用性。

（4）指标概念要合理、含义要明确、内涵要清楚、表达要简洁。

（5）指标要能够集中反映某个方面的信息，这就要求其要具有一定的代表性。

（6）要保证数据的准确性，而且实现对这些数据建档，或者能够获得合理的定期更新的数据。

（7）在指标体系中要能够明确指标的归属，并要求指标要服从指标体系框架要求。

上述评价指标的原则可以概括为四点：针对性、完备性、独立性、主成分性。

在筛选指标时，主要注意两个问题：一方面，要全面综合地考虑到这四个原则，不能仅仅依靠一个原则就完成指标的筛选；另一方面，又要很好地区分好这四个原则，每个原则都具有其特殊性，因此不能单一地确定对各项原则的研究方法，也不能使用同一衡量精度。生态工业系统评价指标体系的筛选步骤具体如图 5-2 所示。

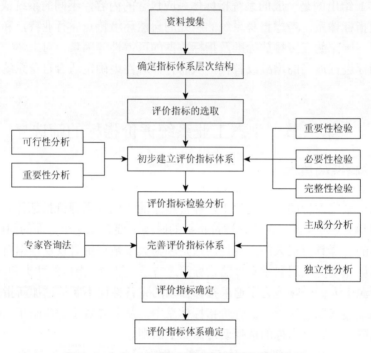

图 5-2　生态工业系统评价指标体系的筛选步骤

二、指标筛选的方法

（一）评价指标的来源——现状调查和分析

1. 统计资料的搜集

统计资料的搜集包括生态工业系统所在区域的经济、生态、区域资源状况，以及周边相关大系统的环境、经济、社会状况。

2. 系统目标与地位的确定

对相关资料进行论证、分析，确定子系统对于母系统的作用及在其内部的地位，包括大系统中的社会政治特点、资源环境特点、经济战略地位、系统总体的发展目标等。

3. 区域资源利用规划

考察分析系统所在区域的资源特征、分布、储量、种类、社会经济的发展现状等，以论证资源使用的满意方法：遵循可持续发展原则，在生态环境的承载力范围内，评价资源开发利用的现状，就不可持续的资源而言，针对其实施完毕和正在进行的开发利用所造成的资源危机及生态破坏，制定相应的生态恢复和保护的政策、措施等。

4. 产业结构分析

基于资源可持续利用的原则及目标，综合考虑所在区域的消费结构、产业结构及社会经济发展状况等，分析制定该区域合理的消费结构目标及产业结构目标等。

（二）评价指标的筛选

生态工业系统结构体系状况评价指标在筛选、设置时，可以根据生态工业系统的设计原则和基本内涵采用频度统计法、专家咨询法及理论分析法等。频度统计法主要是针对现阶段生态工业系统方面的论文及对其研究的报告进行频度分析，优先选取使用频度高的评价指标；理论分析法分析综合生态工业系统的内涵、特征，进而选取重要的发展特征评价指标；与前两者不同，专家咨询法主要是指首先确定初步的评价指标，再综合考虑专家的相关意见，进而相应调整原有指标。

由于系统的大多数统计数据往往没有固定的分布特点，而且数据的误差比较大，相对来说很容易受到外界的影响，所以，在构建指标体系结束后，必须要进行主成分分析和独立性分析，从而不能完全按照数理统计的方法来对系统统计数据来进行主成分性分析和独立性分析，而应该适当地将人的主观判断融入进去，综合性地使用主客观方法。

1. 指标的主成分分析

一般情况下，人们会选取很多指标来满足指标体系的针对性和完备性原则，然而在对系统进行评价的过程中，又希望以最少的指标来尽可能全面地反映系统发展的状况。所以，多数情况下会选择主成分指标，即选取一些和大多数指标具有相关关系的指标来作为评价系统的指标。

在数理统计分析中，通常用主成分分析来选择主要指标，在得到具体的指标体系数据后，首先，计算各功能集内部的各指标间的相关系数，得到相关系数矩阵；其次，再选出相关置信度有一半以上大于 0.95 的指标，筛选掉的是独立指标，它们将与独立性分析得到的指标共同构成描述功能集的评价指标；再次，分别计算这些指标的平均相关系数并求出平均相关系数的平均值（即总体平均相关系数）；最后，选出相关系数有一半以上大于该值的指标，即为主成分指标。

2. 指标的独立性分析

指标的独立性即指标间可以自由地变化而又互不影响的性质，其同指标重叠性的概念相对应。指标间重叠程度的大小直接决定了指标独立性的高低。而指标间的重叠性就是说指标间存在着使它们之间不能独立自由变动的一种确定的关系，它表现为以下两种情况。

（1）内涵式重叠。指标间的内涵式重叠，也称指标间完全重叠，是指当两个或两个以上指标对系统的某个确定的性质进行不同的描述时，它们之间却存在着稳定的常数关系，这就表明了指标的根本含义是相同的，即指标重叠的最高极限。

（2）信息重叠。指标间可以存在确定的数量关系、类似于物理学领域的相变关系或者运动的同向对应关系等，这是指标重叠的低层次表现，是通过指标数据信息表现出来的。重叠的指标必相关，重叠程度越大，相关程度越高，这是指标重叠的共同性。所以，判别指标重叠的必要条件就是指标间的高度相关性，筛选重叠指标的理论也是以指标间的高度相关性为基础的。

如前所述，评价指标间的高相关性是指标重叠的前提条件。以此为基础，本节可以用以下公式来测算指标间的独立程度：

$$\alpha_{ij} = 1 - \beta_{ij} \tag{5-1}$$

其中，α_{ij} 表示指标 i 与指标 j 之间的独立度，$\alpha_{ij} \in [0,1]$；β_{ij} 表示指标 i 与指标 j 的相关系数，$\beta_{ij} \in [0,1]$。

由式（5-1）可以看出，指标间主要存在三种关系：① $\beta_{ij}=1$，则 $\alpha_{ij}=0$，表明指标 i 与指标 j 完全重叠，两者之间的独立性最低；② $\beta_{ij}=0$，则 $\alpha_{ij}=1$，表明指标 i 与指标 j 间不存在重叠，独立性最高；③ $\beta_{ij}\uparrow$，则 $\alpha_{ij}\downarrow$，表明指标间重叠程度越大，两者之间独立性越小。

指标间的独立性越大，越有利于建立良好的评价指标体系。在此，定义相关系数在 0.9 以上的指标为重复指标并加以合并，合并的方法如下：①辨识真假相关。对于同类型指标（指同为效益型或同为成本型），相关系数为正，是真相关，相关系数为负，是假相关；对于不同类型指标，相关系数为正，是假相关，相关系数为负，是真相关。②对于相关系数为正的指标进行合并。优先保留高层次、综合性指标；对于层次相同的指标比较其平均相关系数，平均相关系数相对较低的优先保留。经上述分析后选出的指标，在保存丰富的信息的同时也具有较小的重叠性。由于各功能集内部指标间的独立并不能确保其他功能集的指标的独立，基于保证指标独立性的条件，为得到满足要求的指标体系，需要选出所需指标的相关系数、建立相关系数矩阵，继续进行独立性分析。

三、评价指标的标准性

关于指标的标准问题，需要建立起一套衡量生态工业建设进程或工业发展水平的定量参照系，并通过与参照系比较来找出自身的差距，然后明确其建设的目标。参考《辞海》中的定义，选取相对运动的某一物体或一组物体作标准来观察某一物体的运动状态就是参照系。运用不同的参照系，人们观察事物运动状态的结果就会不同，参照系确立的科学性将直接影响人们对事物运动状态的认识和评价。所以，进行综合评价前制定一个科学合理的评价标准是非常必要的。在制定评价标准时，通常需要参照下面几项要求。

（1）优先采用已有国家标准或国际标准的指标，或者国际上通用的衡量指标。

（2）参考或类比国内外具有相对良好特色的工业或区域的生态现状值，并结合有关政府文件作为标准值；如《国家环境保护模范工业验收标准》《江苏省现代化指标体系等类推确定标准值》等。

（3）充分考虑当前的社会环境与经济协调发展等相关理论，并尽可能定量化。

（4）尽可能保持同当前国内相关政策研究目标值的一致性，甚至要优于其目标值，如《中国 21 世纪议程》。

（5）对那些现有统计数据不足但又十分重要的指标，可考虑采用德尔菲法通过专家咨询确定。于是本节对指标体系中的相关指标选取了相应的评价标准，如表 5-2 所示。

表 5-2　指标评价标准

评价指标	评价标准	依据
人均绿地面积	15 平方米	国家标准
人均水资源量	10 000 立方米	国家标准
人均能源拥有量	500 千瓦时	国家标准
单位 GDP 能耗	0.11 千瓦时/元	国家标准
单位 GDP 用水量	3 米³/万元	国家标准
环境空气质量	GB3095—96 标准	国家标准
水质状况	GB3838—88 标准	国家标准
环境噪声	GB3096—93 标准	国家标准
绿化覆盖率	40%	国家标准
环境功能区达标率	95%	国家标准
三废综合利用率	90%	国家标准

评价指标	评价标准	依据
土地利用率	80%	国家标准
水资源利用率	85%	国家标准
能源利用率	85%	国家标准
环保投资比例	10%	欧洲平均
生态建设投资比重（占 GDP 比重）	8%	欧洲平均
人口密度	3500 人/千米²	欧洲平均
平均预期寿命	78 岁	日本平均
恩格尔系数	0.4	通用标准
基尼系数	0.25	通用标准
社会负担系数	10%	发达国家现状
就业率	90%	发达国家现状
科教投入占 GDP 比例	6%	发达国家现状
科技贡献率	75%	发达国家现状
科技成果转化率	80%	发达国家现状
技术创新能力	优秀	发达国家现状
科技人员比例	20%	发达国家现状
义务教育普及率	99%	发达国家现状
人均 GDP	15 万元	发达国家现状
综合经济效益指数	250%	国家标准
资金利税率	2	国家标准
工业总产值年增长率	10%	国家标准
能耗降低率	6%	国家标准
劳动生产率	150 000 元/人	国家标准
人均收入增长率	8%	国家标准
物质使用密度年降低率	3%	国际标准
生产循环率	50%	专家咨询
消费循环率	50%	专家咨询
物质再生率	50%	专家咨询
法规的制定及执行情况	优秀	专家咨询
资源开发规划的合理性	优秀	专家咨询
公众对区域目标认同程度	优秀	专家咨询
对区域发展诸方面变化的监控能力	优秀	专家咨询
生态工业链的稳定性	稳定	专家咨询

第三节　常用的评价方法

一、层次分析法

为对不同指标进行统一评价，必须进行指标转换，使指标性质一致，并对指标进行无量纲化处理，如将指标全部都转化成正向指标。在本书中，首先采用倒数法将逆向指标转换成正向指标；其次，采用线性阈值法来对指标进行无量纲化处理，使所有指标都变成了相对数指标。

上述指标权重采用层次分析法（analytic hierarchy process，AHP）确定。AHP是一种实用的多属性决策分析方法，它提供了对非定量指标作定量分析的简便方法。AHP 是在递阶层次结构下，首先根据指标的属性和要达到的最终目标，将复杂问题分解成清晰的总体系统评价指标递阶层次结构，其次引入测度理论，通过两两比较的方式，对两两指标之间的相对重要程度进行比较，根据其结果逐层建立判断矩阵，最后求解各判断矩阵的权重，从而确定各备选方案的综合权重并排序。

在运用 AHP 确定指标权重时，可按以下四个步骤进行：①分析问题的影响因素，建立系统递阶层次结构模型；②确立衡量不同评价指标两两比较的标准，并构造出各层次中两两比较的判断矩阵；③计算判断矩阵权重并就层次单排序进行一致性检验；④计算各层元素对系统目标的综合权重并进行一致性校验确定最终排序。

通过 AHP 计算得到的权重可采用以下方法进行归一化：

$$\phi_{ij} = \begin{cases} \dfrac{y_{ij}(x) - b_{ij}^-}{b_{ij}^+ - b_{ij}^-}, V_{ij} \text{为正目标} \\[3mm] \dfrac{b_{ij}^+ - y_{ij}(x)}{b_{ij}^+ - b_{ij}^-}, V_{ij} \text{为负目标} \\[3mm] i=1,2,\cdots,m; j=1,2,\cdots,n_i \end{cases}$$

通常令 $b_{ij}^+ = \max\limits_{x \in D}\{y_{ij}(x)\}, b_{ij}^- = \min\limits_{x \in D}\{y_{ij}(x)\}, i=1,2,\cdots,m_j; j=1,2,\cdots,n_i$，则

$$W_i = w_i / \sum w_i, i=1,2,\cdots,n \tag{5-2}$$

评价指标最终的综合权重计算公式为

$$I = \sum W_i I_i, i=1,2,\cdots,n \tag{5-3}$$

其中，i 为合成的综合指标；w_i 为第 i 种废弃物的权重；W_i 为底层指标 I_i 的权重；I_i 为 i 所包含的基本指标。按照上述方法分别综合评价经济、环境与资源、结构三方面指标，便可得到生态工业系统经济发展程度的数值。

二、模糊综合评价法

对于有些系统而言，其概念模糊，所以很难用确切的表达对其进行评价，此时就可采用模糊综合评价法（fuzzy comprehensive evaluation，FCE）。该方法是在模糊数学理论上建立的，是对模糊现象进行描述和研究的一种定性的评价方法。它以模糊数学为基础，将一些边界模糊、难于定量的指标因素进行定量化处理，并采用多个指标因素对所评价目标隶属等级状况进行综合性评价。该法以人们学到的知识和在实践中积累的丰富经验为基础建立判断依据。因此，它是一种最大限度地减少人为片面性的影响的多因素、多步骤、多层次的评价方法，能够提高对存在模糊性、不确定性特征的事物及现象评价的准确性和合理性。

模糊综合评价法的具体步骤如下。

（1）确定安全评价因素集 $V = |V_1, V_2, \cdots, V_n|$ 和评语集。

（2）确定评价因素的权重向量。即根据各子集对整个系统安全性的影响大小，确定各子集的权重，得权重向量 $A = |a_1, a_2, \cdots, a_n|$ （专家群体约定或通过功能系数法求得）。

（3）进行单因素模糊评价，确立模糊子模糊评价集 $V_i = |v_1, v_2, \cdots, v_k|$ 。

（4）确定子评价因素的权重向量。根据 $v_1, v_2, \cdots, v_k$ 等因素对子集（子系统）的影响大小，确定 $v_1, v_2, \cdots, v_k$ 等因素的权重，得权重向量 $U_i = |u_{i1}, u_{i2}, \cdots, u_{ik}|$ 。

（5）"归一化"，即将总体视作"1"，部分占总体的份额一般用大于等于 0 小于 1 的小数表示，表 5-2 归一化后的数据构成 V_2 的模糊评价矩阵。

例如，采用隶属度的概念，假定有五个等级的评语分别是{劣、可、中、良、优}或{50、60、70、80、90}等。隶属度函数的构建既可以采用连续的形式，也可以用离散的形式进行表示。再如，N 个专家对某东西进行评价，认为优、良、劣的人数分别 N_1、N_2、N_5；显然，当 $N_1 + N_2 + \cdots + N_5 = N$ 时，属于第 j 档评语的隶属度就可以用 N_j / N 来表示。因此，归纳起来，对于 m 个目标及五级评语，可以得到其方案 x 的模糊评判矩阵 $R = (r_{ij}), i = 1, 2, \cdots, m, j = 1, 2, \cdots, 5$ 。其中 $r_{ij} = u_{ij}(x)$ 表示：该方案 x 在第 i 目标处于第 j 档评语的隶属度。当综合模糊评价的对象是多目标时，必须首先对它们分别加权，不妨设定：W_i 为第 i 个目标的权系数，则

$$\sum_{i=1}^{m} W_i = 1, W_i \geqslant 0 \qquad (5\text{-}4)$$

进而得到权系数向量为

$$A = (W_1, W_2, \cdots, W_m) \qquad (5\text{-}5)$$

最后综合模糊评判矩阵为 B，计算公式为

$$B = A \times R = (W_1, W_2, \cdots, W_m) \times \begin{bmatrix} r_{11} & r_{12} & \cdots & r_{15} \\ r_{21} & r_{22} & \cdots & r_{25} \\ \vdots & \vdots & & \vdots \\ r_{m1} & r_{m2} & \cdots & r_{m5} \end{bmatrix} = (b_1, b_2, \cdots, b_5) \quad (5\text{-}6)$$

B 表示方案 x 在各档评语的相关隶属情况。例如，按照{优、良、中、可、劣}这个标准来评价方案 x 的 $B = (0.4, 0.6, 0, 0, 0)$，说明该方案属于优良方案，而且是略偏良的。

当有多个方案 $x_1, x_2, \cdots, x_n$ 时，则可分别计算 $B(x_i)$。

三、模糊积分评价法

模糊积分（fuzzy iniegral）是以模糊测度为基础的一种综合评估方法，模糊积分的方式很多，常用的有 Sugeno 模糊积分和 Choquet 模糊积分等。具体定义如下：

设 (X, F, g) 是模糊测度空间，$f: X \to [0,1]$ 是 X 上的可测函数，$A \subset F$。则 f 在 A 上关于模糊测度 g 的 Sugeno 模糊积分为

$$\int_A f \mathrm{d}g = \sup_{a \in [0,1]} (a \wedge g(A \cap F_n)) \quad (5\text{-}7)$$

其中，$F_n = \{x : F(x) \geqslant n\}$，$0 \leqslant n \leqslant 1$，表示某集合的模糊测度。

Sugeno 模糊积分并不是 Lebesgue 积分的推广，因为当测度满足可加时 Sugeno 模糊积分并不能还原为 Lebesgue 积分，这种特性很大程度上限制了 Sugeno 积分在实际中的应用。为避免这个缺陷，Murofushi 和 Sugeno 提出了所谓的 Choquet 模糊积分。Choquet 模糊积分是 Lebesgue 积分的严格推广，当测度可加时，Choquet 模糊积分能够还原成 Lebesgue 积分。

模糊积分测度方法的基本模型如下。

假设 f 为 X 的可测函数，$f(x_i): X[0,1], i = 1, \cdots, n$，又 $f(x_1) \geqslant f(x_2) \geqslant \cdots \geqslant f(x_n)$，则 Choquest 模糊积分为

$$\begin{aligned} \int f \mathrm{d}g &= \sum_{i=1}^{n} (f(x_i) - f(x_{i-1})) g(x_i) \\ &= f(x_n) g(x_n) + (f(x_{n-1}) - f(x_n)) g(x_{n-1}) + \cdots + (f(x_1) - f(x_2)) g(x_1) \\ &= f(x_n)(g(x_n) - g(x_{n-1})) + f(x_{n-1})(g(x_{n-1}) - g(x_{n-2})) + \cdots + f(x_1) g(x_1) \end{aligned}$$

$$(5\text{-}8)$$

其中，$f(x_i)$ 表示待测度方案在第 i 属性的绩效值；$g(x_i)$ 表示同时考虑属性 x_1，x_2，$\cdots$，x_i 时的重要度，即

$$g(x_1) = g(\{x_1\}), g(x_2) = g(\{x_1, x_2\}), \cdots, g(x_n) = g(\{x_1, x_2, \cdots, x_n\}) \quad (5\text{-}9)$$

模糊积分在考虑测度指标各自重要程度的基础上，用模糊测度加以描述对测

度指标间相互作用的程度，与单纯的线性加权和的测度指标合成方法相比，无疑更加深了测度指标状态特征对测度系统状态影响程度的认识。模糊积分测度模型不要求测度因素间的相关性和权重具有可加性，已被广泛地应用于不确定环境下的测定与评价工作中。这种测度指标合成技术方法不仅揭示了指标各自在测度系统中的重要程度，而且融入了测度指标间相互作用对测度系统的重要程度这一客观存在的影响。

四、混合指标层次模糊综合评价法

图 5-3 给出了三层次（多层次也可依次类推）混合指标评价体系的一般结构。由图 5-3 可知，这是一个由多个评价指标按准则的不同进行分组，每组作为一个层次排列起来的三层次评价指标体系。

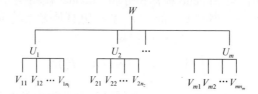

图 5-3　混合指标体系一般结构

其中，最高层 W 是目标层。U_i 是一级评价指标，其构成集合记为 $U=(U_1,U_2,\cdots,U_m)$；最低层 $V_i(i=1,2,\cdots,m)$ 是二级评价指标，V_{ij} 所组成的集合记为 $V_i=\{V_{i1},V_{i2},\cdots,V_{in}\}$。设表现值越小越劣的指标为负指标，反之为正指标，$V_i$ 由定性和定量两种指标构成，它们都能在一个确定的表现值上取得最优。记正指标的表现值："理想值" $B^+=\{b_1^+,b_2^+,\cdots\}$；"不理想值" $B^-=\{b_1^-,b_2^-,\cdots\}$（负指标相反）。其中 B^+，B^- 可以通过历史数据和人的主观判断确定。

1. 定性指标

本书中，记模糊语言值集 L=（EG, VG, G, F, P, VP, EP）（其中，EG=Extremely Good，VG=Very Good，G=Good，F=Fair，P=Poor，VP=Very Poor，EP=Extremely Poor），用梯形模糊数 $\tilde{A}=(\alpha,\beta,\gamma,\delta)$ 表示定性指标中系统 x 的模糊语言值。

定义 5.1 记模糊数 $\tilde{A}$ 的隶属函数 $f_{\tilde{A}}:R\to[0,1]$ 为

$$f_{\tilde{A}}(x)\begin{cases}f_{\tilde{A}}^L(x)=(x-\alpha)/(\beta-\alpha),\alpha\leqslant x\leqslant\beta\\f_{\tilde{A}}^R(x)=(\delta-x)/(\delta-\gamma),\gamma\leqslant x\leqslant\delta\\0,\qquad\qquad\qquad 其他\end{cases} \qquad (5\text{-}10)$$

则称 $\tilde{A}$ 为梯形模糊数，记做 $\tilde{A} = (\alpha, \beta, \gamma, \delta)$。

记 EG=（0.8，0.9，1，1）；VG=（0.65，0.75，0.85，0.95）；G=（0.5，0.6，0.7，0.8）；F=（0.35，0.45，0.55，0.65）；P=（0.2，0.3，0.4，0.5）VP=（0.05，0.15，0.25，0.35）；EP=（0.0，0.0，0.1，0.2）。

本章用模糊数的总期望值来得到定性指标的表现度评价。

定义 5.2　令 $\tilde{A}$ 是有左隶属函数 $f_{\tilde{A}}^L(x)$ 和右隶属函数 $f_{\tilde{A}}^R(x)$ 的一个模糊数，带有重视指标 $\tilde{\alpha} \in [0,1]$ 的 i 的总期望值定义为

$$E_{\tilde{\alpha}}(\tilde{A}) = \tilde{\alpha} E_R(\tilde{A}) + (1 - \tilde{\alpha}) E_L(\tilde{A}) \tag{5-11}$$

这里 $E_R(\tilde{A})$ 和 $E_L(\tilde{A})$ 为 $\tilde{A}$ 的右和左期望值，定义如下：

$$E_R(\tilde{A}) = \int_{\alpha}^{\beta} x f_{\tilde{A}}^R(x)\mathrm{d}x, \quad E_L(\tilde{A}) = \int_{\gamma}^{\delta} x f_{\tilde{A}}^L(x)\mathrm{d}x \tag{5-12}$$

模糊语言值的梯形隶属函数如图 5-4 所示。

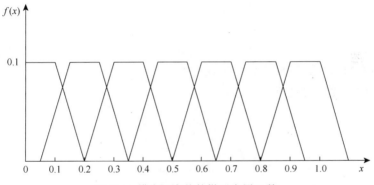

图 5-4　模糊语言值的梯形隶属函数

系数 $\tilde{\alpha} \in [0,1]$ 反映了管理者的乐观程度。$\tilde{\alpha}$ 越大，乐观程度越高（通常令 $\tilde{\alpha} = 0.5$）。对一个梯形模糊数 $\tilde{A} = (\alpha, \beta, \gamma, \delta)$，容易确定：

$$E_L(\tilde{A}) = \frac{1}{2}(\alpha + \beta), \quad E_R(\tilde{A}) = \frac{1}{2}(\gamma + \delta) \tag{5-13}$$

对定性指标 V_{ij}，本节运用 $\tilde{\alpha}$ -乐观值去定义其表现度函数 $\varphi_{ij} : D \to [0,1]$

$$\varphi_{ij} = E_{\tilde{\alpha}}(y_{ij}(x)), \quad \forall x \in D \tag{5-14}$$

其中，$y_{ij}(x)$ 是 x 在定性指标 V_{ij} 取得的模糊语言值（用相应的[0,1]上的模糊数刻画）。

2. 定量指标

用 $y_{ij}(x)(\forall x \in D)$ 表示每一个定量指标 V_{ij} 系统 x 的实际值。

对 V_{ij}，定义表现度映射 $\phi_{ij} : D \to [0,1]$

$$\phi_{ij} = \begin{cases} \dfrac{y_{ij}(x) - b_{ij}^-}{b_{ij}^+ - b_{ij}^-}, V_{ij}\text{为正目标} \\[3mm] \dfrac{b_{ij}^+ - y_{ij}(x)}{b_{ij}^+ - b_{ij}^-}, V_{ij}\text{为负目标} \\[3mm] i = 1,2,\cdots,m; j = 1,2,\cdots,n_i \end{cases}$$

通常令

$$b_{ij}^+ = \max_{x \in D}\{y_{ij}(x)\}, b_{ij}^- = \min_{x \in D}\{y_{ij}(x)\}, i = 1,2,\cdots,m, j = 1,2,\cdots,n_i \quad (5\text{-}15)$$

3. 层次转换规则

1）指标重要程度模糊子集

定义指标重要程度模糊子集：

$$\varpi_i = \left(\varpi_{i1}, \varpi_{i2}, \cdots, \varpi_{in_i}\right), \quad \varpi_{ij} \geqslant 0, \quad \sum_{j=1}^{n_i}\varpi_{ij} = 1 \quad (5\text{-}16)$$

目前求 ϖ_i 的方法主要是由 AHP 的判断矩阵求出。但判断矩阵的一致性指标难以达到，且矩阵与人类决策思维的一致性存在差异，故为了解决判断的一致性问题，引入模糊一致判断 R 去求解 ϖ_i。求解步骤如下：

（1）建立优选关系矩阵

$$f_{pq} = \begin{cases} 0.5, & S_{tp} = S_{tq} \\ 1.0, & S_{tp} > S_{tq} \\ 0.0, & S_{tp} < S_{tq} \\ p,q = 1,2,\cdots,n_i \end{cases} \quad (5\text{-}17)$$

其中，S_{tp} 和 S_{tq} 分别表示指标 V_{tp} 和 V_{tq} 的相对重要程度，由管理者事先给出。

（2）按下列方法建立模糊一致判断矩阵 $R = (r_{pq})_{n_i \times n_i}$

$$r_p = \sum_{k=1}^{n_i} f_{pk}, p = 1,2,\cdots,n_i (F\text{按行求和}) \quad (5\text{-}18)$$

$$r_{pq} = \frac{r_p - r_q}{2n_i} + 0.5 \quad (5\text{-}19)$$

由步骤（1）和（2）构造的矩阵 R 是模糊一致的。

（3）计算 R 的最大特征值，对应特征向量归一化后就是 ω_i。

2）综合评价映射

定义中间层 U_i 的评价映射 $u_i(x): D \to [0,1] (i = 1,2,\cdots,m)$，用 AHP 等决策方法定义加权平均模型为

$$u_i(x) = \sum_{j=1}^{n_i} w_{ij}\phi_{ij}(x) \tag{5-20}$$

本书采用模糊模式识别方法导出一种求和方法来代替一般的加权求和方法。根据模糊识别中的观点，系统空间 D 可分为几个类，这些类形成了 D 的一个模糊划分，它们彼此之间有模糊的界限，如"好""一般""坏"等。D 中的每个元素均用一个确定的隶属度与这些类最佳匹配。对 $\forall x \in D$，它针对 $V_i = \{V_{i1}, V_{i2}, \cdots, V_{in_i}\}$ 的表现度用一个 n_i 维向量表示：$r_i(x) = (\phi_{i1}(x), \phi_{i2}(x), \cdots, \phi_{in_i}(x))$。

把 D 参照 V_i 的表现度分为 C 个类，称为 $P_K = (P_{K1}, P_{K2}, \cdots, P_{Kn_i})(K=1,2,\cdots,C)$。设 $x \in D$，用隶属度 $u_i = (u_{i1}(x), u_{i2}(x), \cdots, u_{iC}(x))$ 与 C 个类分别匹配。这里 $u_{iK}(x) \in [0,1]$ 是 x 在第 K 类中的隶属度，满足

$$\sum_{K=1}^{C} u_{iK}(x) = 1, \quad \forall x \in D \tag{5-21}$$

根据表现度评价，本节引入一个表现函数：

$$J(\{u_{iK}(x)\}) = \sum_{x \in D} \sum_{K=1}^{C} \left(u_{iK}(x)\|w \cdot (r_i(x) - P_K)\|\right)^2 \tag{5-22}$$

其中，$\|\cdot\|$ 代表 R^{n_i} 空间中的内积诱导范数；$\|w \cdot (r_i(x) - P_K)\|$ 代表 x 到第 K 个类的距离。$J(\{u_{iK}(x)\})$ 是 x 到分类模型的加权距离的总平方和。显然，$J(\{u_{iK}(x)\})$ 越小，匹配效果越好。

定理 5.1　构建分类模型 $P_K = (P_{K1}, P_{K2}, \cdots, P_{Kn_i}), K=1,2,\cdots,C$，$i=1,2,\cdots,m$，给定向量 $\varpi_i = (\varpi_{i1}, \varpi_{i2}, \cdots, \varpi_{in_i}), \varpi_{ij} \geq 0$，$\sum_{j=1}^{n_i} \varpi_{ij} = 1$ 若对所有 $(K=1,2,\cdots,C)$ 都满足 $\|w \cdot (r_i(x) - P_K)\| > 0$，则 $u_i = (u_{i1}(x), u_{i2}(x), \cdots, u_{iC}(x))$ 给出了 $J(\{u_{iK}(x)\})$ 的最小值的充要条件

$$u_{iK}(x) = \frac{1}{\sum_{r=1}^{C}\left(\frac{\|w_i \cdot (r_i(x) - P_K)\|^2}{\|w_i \cdot (r_i(x) - P_t)\|^2}\right)}, K=1,2,\cdots,C \tag{5-23}$$

本节考虑 $C=2$，即 D 被分为"理想"和"不理想"两大类，根据 $B_i^+ = \{b_{i1}^+, b_{i2}^+, \cdots, b_{in_i}^+\}$ 和 $B_i^- = \{b_{i1}^-, b_{i2}^-, \cdots, b_{in_i}^-\}$，相应的类分为 $P_1 = (1,1,\cdots,1)$，$P_2 = (0,0,\cdots,0)$。若对 $J(\{u_{iK}(x)\})$ 取最小时，x 到"理想类" P_1 的最优匹配隶属度 $u_i(x), i=1,2,\cdots,m$。

$$u_i(x) = \frac{1}{\sum_{r=1}^{2}\left(\frac{\|w_i \cdot (r_i(x) - P_K)\|^2}{\|w_i \cdot (r_i(x) - P_t)\|^2}\right)} = \frac{1}{1 + \dfrac{\sum_{j=1}^{n_i}\left[w_{ij}(1-\phi_{ij}(x))\right]^2}{\sum_{j=1}^{n_i}\left[w_{ij}\phi_{ij}(x)\right]^2}} \tag{5-24}$$

（用 Euclidean 距离代替$\|\cdot\|$）

其中，$u_i : D \to [0,1]$ 就是综合评价映射。由 $u_i(x)$ 的定义可知，$u_i(x)$ 的值越大，x 越接近 U_i 的"理想"值。由 u_i 可得到 U_i 的评价值，再把 $u_i(x)$ 当作 U_i 的表现度 $\phi_i(x)$，重复上述方法，最终得到每个系统的综合评价 $w(x)$。

4. 综合评价方法

对每个系统 $x \in D$ 得到在指标评价体系中的综合评价 $w(x)$，由于 $w(x^*) = \max\limits_{x \in D} w(x)$ 便可得到 D 中的模糊最优方案 x^*。或者可用此方法根据 x 取值各异，确定一系列的评价等级，如"特别好""好""一般"等，与 $w(x)$ 进行对比来判定该系统的发展程度，并可以进一步找出在哪些指标上系统还需要改进。

参 考 文 献

孙英杰，邹传波. 2002. 生态工业的研究进展及其评价的探讨. 青岛建筑工程学院学报，2（4）：43-46.

王耕，吴伟. 2008. 区域生态安全预警指数——以辽河流域为例.生态学报，4（8）：3535-3542.

元炯亮.2003. 生态工业园区评价指标体系研究.环境保护，3（15）：253-9705.

Bendall J K, Cave A C, Heymes C, et al. 2002. Pivotal role of a gp91-containing NADPH oxidase in angiotensin II-induced cardiac hypertrophy in mice. Circulation，8（15）：32-39.

Costanza R, Norton B G, Haskell B D. 1992.Ecosystem Health: New Goals for Environmental Management. Washington DC：Island Press：18-24.

第六章　生态工业系统健康分析与评价

第一节　生态工业系统健康相关理论分析与概念界定

一、生态工业系统健康的理论基础

（一）生态工业系统理论

生态工业系统师法自然生态系统，Cesarman 等（1995）认为，自然生态系统中处理生物体间的关系做法与现实中企业很具有相似性，但这并不意味着生态工业系统就一定要像自然生态系统一样运作。生态工业系统是由相互作用的技术世界和非技术世界构成的，存在物质与能量传递。第一个被广泛接受的关于生态工业系统的定义是研究社会活动中自然资源"源—流—汇"的全代谢过程；Kumar 等（2004）认为生态工业系统学是对各种产业活动及其产品与环境之间相互关系的跨学科研究；Bilezikian 等（2009）通过改变原有产业组织形式、调整产业政策，将废物利用、土地利用、自然循环和功能协调合为一体的生态工业系统，从而形成新的产业伙伴关系。

生态工业系统学涉及的研究领域主要有以下几个方面：生态工业系统与自然生态系统关系的理论研究；原料与能量流动（工业代谢）；技术变革和环境；LCA；生产者责任延伸（extended producer responsibility，EPR）；生态工业园区等。

1. 生态工业系统与自然生态系统关系的理论研究

生态工业系统学把以第二产业为主的产业体系看成生态系统的一个特殊子系统，工业革命以来发展起来的工业系统在很大程度上属于一级生态系统的范畴，生态工业系统从理论和方法上研究如何促使其向高级生态系统发展，从而与整个自然生态系统保持和谐发展。

2. 原料与能量流动

主要是指生态工业系统、区域和全球原料与能源流向的量化。Ronquist 等（2012）对经济运行中原料与能量流动对环境的影响进行了可拓性研究，提出了工业代谢的概念并进行系统研究，奠定了原料与能源流分析的基本理论。原料与能量流动研究采用三种基本分析方法：质量平衡方法；投入-产出分析方法；LCA。

近年来，一些学者提出了更具体的新方法，Joosten 等于 1999 年提出 STREAM（statistical research for analyzing material streams），并采用这种方法对荷兰的塑料流动进行分析。

3. 技术变革和环境

苏伦·艾尔克曼从系统论角度出发，指出人工生态系统与自然生态系统存在互补关系，生态技术可以在生态工业战略范围内进行干预。技术的发展、传播和演进是以技术群出现，按一定技术轨迹进行的，Arnulf Grubler 提出了技术创新传播的两种战略：一种是循序渐进的"增量"改进战略，如污染治理技术，倾向于加强现有技术；另一种是旨在发展与现存技术体系割裂的创新战略，诸如燃料电池或氢能量载体，这种创新需要较长的时间。产业生态学技术研究涉及的技术领域较广，概括起来集中于两个方面：一是工业系统进化科学理论、方法与技术；二是创新技术在工业部门应用方法。

4. LCA

国际环境毒理学与化学学会将 LCA 分为四个有机组成：目的与范围的确定、清单分析、影响评价和改善评价。美国环保局在生命周期清单分析方面做了较为系统的研究，使 LCA 进入了实质推广阶段。生命周期设计（life cycle design）又称生态设计（eco-design），是从产品性能、环境保护、经济可行性的角度，多级使用资源与能源，以降低产品生产和消费过程对环境的影响，使其与地球的承载能力相一致，以确保满足产品的绿色属性要求。在设计过程中，依据特定的评价函数进行设计案例的选择，而评价函数必须包含产品的基本属性、环境属性、劳动保护、资源有效利用、可制造性、企业策略和生命周期成本。

5. EPR

生产者应承担的责任，从产品的生产过程延伸到产品的整个生命周期，特别是废弃物的回收和处置。作为一种产业生态学方法，EPR 通过促使企业对其产品的整个生命周期，特别是产品回收、循环利用和废物处理等环节承担责任，从而降低产品环境影响。有学者设计了生产者必须承担的五个责任：环境损害责任、经济责任、物质责任、所有权责任、信息披露责任。EPR 强制立法起源于德国，1991 年颁布了《德国包装材料条例》，要求包装行业的包装材料生产者负责处理包装废弃物。这种政策的成本虽高，但却被认为是行之有效的。

6. 生态工业园区

生态工业园区（EIP）是生态工业学的核心研究内容之一，美国最先提出EIP 的概念：EIP 是建立在一块固定地域上的由制造企业和服务企业形成的社区，整个企业社区将能获得比单个企业通过个体行为的最优化所能获得的社会、经济和环境效益之和更大的效益。许多国家和地区，如美国、加拿大、西欧、日本等正在迅速发展 EIP。印度尼西亚、菲律宾、泰国、印度等国家也正在开展 EIP 的项目。随着 EIP 建设热潮的兴起，EIP 的规划设计与运行成为研究的主要方向。

总体看来，生态工业系统主要的表现形式是 EIP、具体某一类领域特性分析。清华大学的袁增伟等（2004）认为，影响传统产业生态化水平的主要因素有产业布局协调度、产品结构协调度、产业 R&D 投入和产业政策绿色化水平等；合肥工业大学黄志斌和王晓华（2000）认为，工业生态化是把产业活动对自然资源的消耗和对环境的影响置于生态系统物质能量的总交换过程中；张欲非（2007）通过分析产业实体、支撑矩阵、关系矩阵、角色组织组成，构建产业生态化机制，并建立区域产业生态化系统综合评价指标体系，对区域产业生态化水平进行评价；武春友等（2005）以 EIP 为例，构建生态工业系统稳定性影响因素三维理论模型，研究现阶段我国生态工业系统稳定性的关键影响和制约因素。

（二）区域循环经济理论

传统的粗放型经济是单向流动的线性经济，其特征是高投入、高污染、高排放，是以牺牲环境为代价的经济增长方式，通过把资源持续不断地变成废弃物来实现经济的增长。与此不同，循环经济的基本特征是低投入、低消耗、低排放，把经济活动组成一个反馈式流程（图 6-1），所有物质和能源要在这个不断进行的经济循环中得到合理和持久的利用，最终把对自然的影响降低到最小化，是闭环流动型经济（closing-loop materials economy）或循环经济。

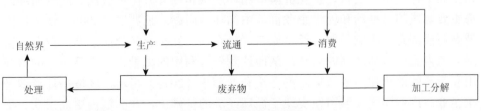

图 6-1　循环经济流程图

　　学术界对循环经济的内涵有着不同的理解，狭义的循环经济理论试图从经济系统的资源效率角度出发，以企业生产中减量化、再利用和再循环为原则，通过具体措施实现材料和能量的循环；广义的循环经济理论在很大程度上将减物质化和非物质化方式作为一种发展方向，通过代际公平（intergenerational justice）真正实现可持续发展，人们有义务保证其留给后代地球资源和文化资源质量不比其接受这些资源数量有所下降，故可持续发展被理解为保证代际正义而保存并留给下一代的现有体系内的一些特征。

　　大多数国家所制定的经济政策，都将经济增长作为发展目标之一，然而经济的快速发展却导致了资源消耗和废弃物排放量的大幅度增加，如图 6-2（a）所示。因此，自 20 世纪 90 年代以来，发达国家已先后把减物质化作为提高其国际竞争力的目标，提出在促进经济增长的同时要成倍降低资源消耗和污染物排放。减物质化[图 6-2（b）]力图减少因人类活动而产生的物质流，这种概念将环境保护政策的重点从关注国民经济产出转移到了国民经济投入。长期以来，人们在促进经济增长和资源消耗与废弃物排放脱钩中，分别运用了减物质化和非物质化[图 6-2（c）]，其中后者的效果更加显著。发展循环经济，促进区域产业生态化发展，将有利于经济增长和资源消耗与废弃物排放的脱钩。

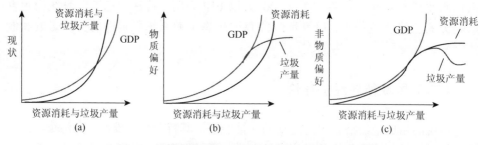

图 6-2　避免或减少资源消耗和废弃物排放的途径

　　区域循环经济，要求县级以上地方政府或者一定区域的管理机构在企业个体发展循环经济的基础上，在地区的范围内统筹规划，解决单一的企业所解决不了的资源综合利用、原材料节约、污染防治等难题；主要集中在三个层次，如企业个体小循环层次、企业群落中循环层次和社会大循环层次。区域循环经济主要解决的是推动和促进企业群落中循环的问题。丘兆逸（2006）认为，区域循环经济是指区域层面上通过原料、废弃物的互相交换建立生态产业链，实现区域内企业群体之间的循环，从而达到资源利用的减量化、产品生产的再使用和废弃物的再使用的效果。冯之浚和刘燕华（2015）指出，区域循环经济是指企业、产业园区和城市在实现了循环经济的基础上，在区域内更高层次、更大范围实施的循环经济，是社会循环经济的基础。

二、相关概念的提出和界定

（一）基本概念的界定

（1）减物质化。20 世纪 90 年代，Friedrich Schmidt-Bleek 率先提出"减物质化"概念，认为经济达到可持续发展水平时，物资流量应该减少了一半。使用环境保护再生原料和先进设计工艺，提倡环境保护优先设计、回收优先设计，强调生产者责任，形成闭合循环回路以便重复使用元器件，从而降低生产过程中的资源消耗，避免或减少废弃物排放。在大型工业项目中，采用低能耗与低物耗的高科技产品，减少对钢铁、化工产品和化石燃料的依赖，这种"替代效应"决定了其能源、资源消耗的"减物质化"特征。

（2）生态效率。生态效率指"生态资源满足人类需要的效率，它可以看成是一种产出/投入的比值，可以说是一个广义的性能比，其中产出是一个企业、行业或整个经济体提供的产品与服务的价值，投入指由企业、行业或经济体造成的环境压力"。世界可持续发展商业理事会将生态效率定义为："提供有价格竞争优势的、满足人类需求并保证生活质量的产品或服务，同时逐步降低对生态的影响和资源消耗强度，使之与地球的承载能力相一致。"

（3）胁迫效应。胁迫（stress）由逆境生理学而来，是研究生物所处的不利环境的总称；广义的胁迫可概括为引起生态系统发生变化、产生反应或功能失调的作用因子，并非所有的胁迫都影响生态系统的生存力（viability）和可持续性（sustainability），胁迫通常指给生态系统造成负面效应（退化或转化）的"逆向胁迫"（dysstress）。影响生态系统健康的胁迫可分为单因子胁迫和多因子胁迫，干扰的作用过程一般是多因子胁迫共同作用的过程，当生态系统受多个因子胁迫时会产生累积效应，从而增加生态系统的变异程度。本节所分析的胁迫因子是给生态系统健康造成逆向胁迫的因子。

（4）产业生态化。本节把产业生态化定义为：视生态工业系统为"生物圈有机组成"的一个部分，按资源能源及废弃物的循环、产业共生原理对产业系统内部进行合理优化，建立高效、低耗、经济增长与生态环境相协调的生态工业系统的过程。

（5）区域生态工业系统。区域生态工业系统即模仿自然生态系统中植物、动物与微生物的循环过程，由一定区域内的产业实体组织形成的团体或网络，它们之间以企业间共享、废物集中处理和废弃物、多余能源交换等方式，来实现产业共生关系。其实质则是把社会经济发展对自然资源的需求及对生态环境的破坏降低到最低程度，而其主要目的是生态工业系统内的循环再利用，从而实现企业、环境、社会多方利益最大化。

（二）生态工业系统健康的提出和界定

广泛意义上的健康生态系统不受"生态系统胁迫综合征"的影响，能够自我维持、提供一系列的服务，它的状态稳定，遇到干扰时有自我修复能力可以最少的外界支持来维持其自身管理。众多学者认为其具有以下特征：①活力，即生态系统的能量输入和营养物质循环；②生态系统结构的复杂性，具有较强的共生关系；③在没有或几乎没有投入的情况下，具有自我维持能力；④不影响相邻系统，即不对别的系统造成压力，不以别的系统为代价来维持自身系统的发展；⑤不受风险因素的影响；⑥具有恢复力，能从自然的或人为的正常干扰中恢复过来；⑦维持人类和其他有机群落的健康；⑧可用于收获可更新资源、旅游、保护水源等各种用途和管理；⑨服务功能，是指生态系统所形成的人类赖以生存的自然环境条件与效用，即能够对人类社会提供服务功能，如涵养水源、水体净化、提供娱乐、减少土壤侵蚀等。

区域生态工业系统按照循环经济规律组织起来，具有完整的生命周期、高效的代谢过程及和谐的生态功能的网络型、进化型、复合型产业体系。它具有明显的空间、时间及资源结构，并不局限于某一行业或园区。以天津滨海新区为例，要打造现代产业体系，发展"中服务、南重化、北旅游、东港口、西高新"的产业格局，需要不同产业和园区的功能互补和链条化发展。生态工业系统明显由人类活动为主宰，其本身以占有和侵蚀自然资源为前提，产业的存在本身就是对生态系统的胁迫，如产业生产的废弃物排放进入相邻系统，形成的农田流失、水源污染等造成了胁迫因素的扩散，增加人类健康风险，降低地下水水质。其在服务功能、自我维持等多方面与自然生态系统截然相反，研究生态工业系统健康应从自然生态系统等不同的思路出发。

区域产业发展对自然生态系统的占用和耗费，加快了自然环境的生态服务能力衰退，而自然生态系统的衰退必将限制和影响区域产业发展，这个因果关系值得对生态工业系统健康进行评价研究。生态工业系统健康不仅要从生态学角度具有维持功能高效、结构合理、对外界胁迫的恢复力，更要强调该系统对人类、自然等其他生态系统的服务功能和使其他系统不受损害。以私家车为例，从热力学角度看是相当便捷高效，但从环境效益的角度考虑则是不环保的，所以需要从健康的角度对各行业不同价值标准进行综合衡量，没有废弃物的压力才能使产业体系和谐可持续发展。作为以人类活动作为主要因素的生态工业系统来讲，已不可能恢复到使自然生态环境受到强烈干扰前的状态。结合以上自然生态系统健康的特征，从可操作性的角度分析，区域生态工业系统可从以下四个方面来考察其健康程度。

（1）产业活力。健康的生态工业系统最大的特征是充满活力，它反映一个地区的效益和竞争力。产业活力体现在获得最佳经济效益及提高投入产出比两个方面。

（2）结构优化。调整和建立合理的产业结构目的是促进经济和社会发展、人们物质和文化生活的改善，即提高生产效率及生态效率，大力发展高科技产业及环保产业，减少外部能源资源投入，从而降低生态压力。

（3）生态恢复力。努力推进环保产业化和市场化进程，从而大大改善区域环境质量，沿海地区应注重海洋生态环境保护，严禁产业活动对自然生态系统造成的破坏。

（4）服务功能。改善区域人居、自然环境质量，完善生态工业系统对其他生态系统的服务功能。众所周知，区域内人群的健康状态本身就可以作为产业是否生态的直接反映，对人类影响越小，产业系统就越健康。

第二节　区域生态工业系统健康的评价方法

一、区域产业发展指标体系参考

1. 天津市生态市建设指标体系

天津市环保局根据生态市建设的目标和任务，参照《天津市国民经济和社会发展的第十一个五年计划》及相关部门、行业专项规划，经过筛选、汇总，在生态市建设启动和重点突破阶段，共规划了生态产业、环境保护、资源保护利用、生态人居、生态文化、综合保证等六类 177 项生态市建设重点工程；结合各相关部门制定了"天津生态市建设指标体系"（表 6-1），具体分为经济发展、环境保护、社会进步三大类 24 项指标。

表 6-1　天津生态市建设指标体系及 2010 年阶段目标

类别	序号	指标名称	单位	国家指标值	2010年目标值	数据来源	责任部门	相关部门
经济发展	1	农民年人均纯收入	元	≥8 000	≥11 800	城市调查队	市农业委员会	
	2	第三产业占 GDP 比例	%	≥40	≥42	市统计局	市发展和改革委员会	
	3	城市单位 GDP 能耗	吨标准煤/万元	≤0.9	≤0.89		市经济和信息化委员会	
	4	单位工业增加值新鲜水耗 农业灌溉水利用系数	米³/万元	≤20 ≥0.55	≤20 ≥0.7	市水利局	市水利局 市农业委员会	市城乡建设委员会、市农业委员会 市水利局
	5	强制清洁生产企业通过验收比例	%	100	≥20	市经济和信息化委员会	市经济和信息化委员会	

续表

类别	序号	指标名称		单位	国家指标值	2010年目标值	数据来源	责任部门	相关部门
环境保护	6	森林覆盖率		%	—	—	市林业局	市林业局	
			山区		≥70	≥70			
			平原地区		≥15	≥15			
			滨海地区		≥6	≥6			
	7	湿地占国土面积比例		%	≥15	≥15	市林业局	市林业局	市环保局、市规划局
	8	受保护地区占国土面积比例		%	≥17	≥10	市统计局、市环保局	市环保局	市城乡建设委员会、市国土资源和房屋管理局、市农业委员会
	9	城市空气质量		好于或等于2级标准的天数/年	达到功能区标准	全年好于等于2级天数＞310天	市环保局	市环保局	市城乡建设委员会、市政市容管理委员会、市公安局
	10	水环境质量		—	达到功能区标准	达到功能区标准	市环保局	市城乡建设委员会、市环保局	市水利局、市农业委员会、市海洋局
	11	主要河流年水消耗量	市域主要河流	%	＜40	—	市水利局	市水利局	
			跨省河流		不超国家分配	不超国家分配			
	12	地下水超采率		%	0	＜20	市水利局	市水利局	
	13	主要污染物排放强度：SO₂、COD		千克/万元（GDP）	＜5.0 ＜4.0 不超过国家总量控制指标	＜5.0 ＜4.2	市环保局	市环保局	市发展和改革委员会
	14	集中式饮用水源水质达标率			100	100	市环保局	市水利局、市环保局	市农业委员会
	15	城市污水集中处理率		%	≥85	≥85	市城乡建设委员会	市城乡建设委员会	市农业委员会
		工业用水重复率			≥80	≥90	市经济和信息化委员会	市经济和信息化委员会	
	16	噪声环境质量		—	达到功能区标准	一、二类功能区达标	市环保局	市环保局	市公安局
	17	城镇生活垃圾无害化处理率		%	≥90	≥90	市政市容管理委员会	市政市容管理委员会	市农业委员会
		工业固体废物处置利用率		%	≥90	＞98	市环保局	市环保局	市经济和信息化委员会
	18	城镇人均公共绿地面积		平方米	≥11	≥10	市园林局	市园林局	市城乡建设委员会、市农业委员会、市规划局
	19	环境保护投资占GDP的比重		%	≥3.5	≥2.0	市环保局	市环保局	市财政局、市发展和改革委员会等相关单位

续表

类别	序号	指标名称	单位	国家指标值	2010年目标值	数据来源	责任部门	相关部门
社会进步	20	城市化水平	%	≥55	≥80	市统计局	市发展和改革委员会	市农委
	21	采暖地区集中供热普及率	%	≥65	>85	市城乡建设委员会	市城乡建设委员会	
	22	信息化综合指数	%	≥80	达到全国领先水平	市政府信息化办公室	市政府信息化办公室	
	23	公共交通分担率	%	≥30	≥25	市城乡建设委员会	市城乡建设委员会	
	24	公众对环境满意率	%	>90	>90	城市调查队	市环保局、城市调查队	市政市容管理委员会、市园林管理委员会

2. 循环经济评价指标体系

循环经济评价指标既是国家建立循环经济统计制度的基础，又是政府、园区、企业制订循环经济发展规划和加强管理的依据；主要从宏观层面（表6-2）和工业园区（表6-3）分别建立循环经济评价指标体系，宏观层面指标体系用于对全社会和各地发展循环经济状况进行总体的定量判断，为制订循环经济发展规划提供依据。工业园区评价指标主要用于定量评价和描述园区内循环经济发展状况，为工业园区发展循环经济提供指导。

表6-2　循环经济评价指标体系（宏观）

分类	指标项
一、资源产出指标	主要矿产资源产出率 能源产出率
二、资源消耗指标	单位GDP能耗 单位工业增加值能耗 重点行业主要产品单位综合能耗 单位GDP取水量 单位工业增加值用水量 重点行业单位产品水耗 农业灌溉水有效利用系数
三、资源综合利用指标	工业固体废物综合利用率 工业用水重复利用率 城市污水再生利用率 城市生活垃圾无害化处理率 废钢铁回收利用率 废有色金属回收利用率 废纸回收利用率 废塑料回收利用率 废橡胶回收利用率
四、废物排放指标	工业固体废物处置量 工业废水排放量 SO_2排放量 COD排放量

表 6-3　循环经济评价指标体系（工业园区）

分类	指标项
一、资源产出指标	主要矿产资源产出率 能源产出率 土地产出率 水资源产出率
二、资源消耗指标	单位生产总值能耗 单位生产总值取水量 重点产品单位能耗 重点产品单位水耗
三、资源综合利用指标	工业固体废物综合利用率 工业用水重复利用率
四、废物排放指标	工业固体废物处置量 工业废水排放量 SO_2 排放量 COD 排放量

3. 中新天津生态城指标体系

中新天津生态城指标体系共选择 26 个指标（表 6-4 和表 6-5），制定指标过程中参考了中国、新加坡两国的国家水平，并在切实可行的情况下，取其高者，同时参考国际标准和天津当地的条件。26 个指标当中，一共有 22 个控制性指标，4 个引导性指标。由于生态城的起步区和整个生态城项目预计在 2020 年竣工，在有必要的时候，指标体系以这两个年份为时限。

表 6-4　中新天津生态城控制性指标（22 项）

指标层	二级指标	指标值
自然环境良好	区内环境空气质量	好于等于二级标准的天数≥310 天，其中空气中的 SO_2 和 NO_x 含量不超过中国一级标准的天数≥155 天
	区内地表水环境质量	在 2020 年之前达到中国现行标准 IV 类水体水质要求
	水喉水达标率	100%
	功能区噪声达标率	100%
	单位 GDP 碳排放量	≤150 吨-C/百万美元
	自然湿地净损失	0
人工环境协调	绿色建筑比例	100%
	本地植物指数	≥70%
	人均公共绿地	≥12 平方米
生活模式健康	日人均生活耗水量	≤120 000 升
	日人均垃圾产生量	≤0.8 千克

续表

指标层	二级指标	指标值
生活模式健康	绿色出行比率	2013 年前≥30% 2020 年前≥90%
	垃圾回收利用率	60%
	步行 500 米范围内有免费文体设施的居住区比例	100%
	危险废物与生活垃圾无害化处理率	100%
	无障碍设施率	100%
	市政管网普及率	100%
	津贴公共住房比率	≥20%
经济蓬勃高效	可再生能源使用率	≥15%
	非传统水源利用率	50%
	每万名劳动力中研究与发展科学家和工程师全时当量	≥50 人
	就业住房平衡指数	≥50%

表 6-5 中新天津生态城引导性指标（4 项）

指标	解释
自然生态协调	通过绿色消费和低碳运行，保持生态安全健康
区域政策协调	创新政策先行，以推动区域合作，保证周边区域环境改善
社会文化协调	突出河口文化特征，保护历史与文化遗产，突出特色
区域经济协调	循环经济互补，带动周边地区合理有序发展

二、区域生态工业系统健康指标体系

区域生态工业系统的建设和可持续发展一样是一个不断推进的过程，指标体系也应随着概念、科学知识和技术的发展而不断修正。现有的各种指标及评价方法的研究存在较多的分歧和问题，许多模型设计没有基于一整套完整的理论构建指标体系，可操作性差；指标设计过于庞杂且不均衡，很多指标难以量化。本节在借鉴现有研究成果的基础上，结合定性和定量分析方法，以生态工业系统健康的四种特征——产业活力、结构优化、生态恢复、服务功能为依据，构建生态工业系统健康评价指标体系。

（一）指标体系建立原则

（1）科学性原则。科学性原则主要体现在理论和实践相结合，以及所采用的科学方法等方面。指标体系涉及经济、环境和社会三个方面并将它们从健康系统特征的角度联系起来。

（2）针对性原则。指标体系建立在各相关生态市、园区考核标准上，在案例分析中，针对目前滨海新区建设的发展现状和趋势，选取与其实际情况相关的指标，从而考虑区域的具体问题和特点，科学合理地评价各项建设事业的发展成就。

（3）可比性原则。标准值的选取为参考各方标准值或参考值，并结合区域现状采取国际通用的名称、概念和计算方法。在具体实施时形成了量化的目标，使操作具有可比性。

（4）可操作性原则。指标数据尽量利用现有统计资料，使得数据易于量化，可通过统计年鉴、资料整理、抽样调查和直接从有关部门获得，选择有代表性的主要指标，以科学分析为前提力求表达清晰。

（5）前瞻性原则。利用指标体系进行综合评价，不仅要反映区域目前的状况，也要能够表述过去和现状生态各要素之间的关系，力求使每个设置指标都能够反映区域生态工业系统的本质特征、时代特点和未来取向。

（二）评价指标体系的建立

从前文生态系统健康评价指标体系的现状综述可以看出，目前国内外文献中对该类评价并没有达成共识，而针对区域生态工业系统健康的评价指标体系方面的研究则更为少见。结合区域生态工业系统健康的特征，将生态学、物理化学、社会经济及人类健康四个范畴融入其中，初步构建出区域生态工业系统健康指标体系。

该健康指标体系以保障区域生态工业系统健康为目的，共包含三个层次：第一层为准则层，包括产业活力、结构优化、生态恢复力和服务功能四个方面，其决定着区域生态工业系统健康状况的好坏；第二层为要素层，为准则层的进一步分解，体现的是各个范畴在指标体系中的分类，共有 8 个要素；第三层为指标层，将要素再进一步分解为直接可获得的定量指标，如表 6-6 所示。

表 6-6　区域生态工业系统健康指标体系

指标类型		具体指标	指标解释
产业活力	经济效益	区域生产总值、区域财政收入、人均纯收入、实际利用外资、固定资产投资、社会消费品零售总额、港口吞吐量	经济产出水平的高低直接影响到城市的活力，较高的经济水平是健康城市的首要表现
	生态效率	单位 GDP 能耗、单位 GDP 水耗	即以较低的投入获得较高的产出
结构优化	产业结构	第三产业比重、金融业占第三产业比重、废旧加工产业产值	合理的产业结构能够保证经济系统高效运转，也决定区域产业发展方向
	科技发展	R&D 经费占 GDP 比重、高新技术产业产值比重	科技发展程度将影响产业的可持续性

续表

指标类型		具体指标	指标解释
生态恢复力	污染控制	工业污水集中处理率，SO₂、COD 等主要污染物排放下降量，生活污水集中处理率	从处理废水、废气、废渣及控制噪声的能力反映对废物的人工管理能力
	循环利用	环保投入占 GDP 比重、工业固废综合利用率	反映系统物质循环状况
服务功能	生活环境	城市燃气普及率、城区环境噪声平均值、城市空气质量优良率、文化程度	产业活动对人类社会的影响，反映生态工业系统给其他系统提供服务功能的优劣
	自然环境	建成区绿化覆盖率、森林覆盖率、地下水超采率、近岸海域环境功能区水质达标率	区域自然生态状况

三、区域生态工业系统健康评价标准

在当今人类足迹几乎遍及生物圈各个角落的前提下，已无法用未受人类干扰来衡量生态系统的健康。同时生态系统本身并不存在健康与否的问题，健康的标准只是一个人为标准，人类之所以关注生态系统健康是因为生态系统只有处于良好运转状态才能实现人类需求，为人类提供各种服务功能。关于生态工业系统健康的标准，区域产业其自身就是受人类活动影响的人工生态系统，所以不能完全依据自然生态系统性质来推定标准。

人类健康的评价等级分为：健康、亚健康和疾病三种状态，一些学者将城市生态系统健康、生态工业系统健康评价等级分为五个等级：很健康、健康、亚健康、不健康、病态。本节参照这些分类，在区域生态工业系统健康划分时，将亚健康和不健康状态都归为"临界状态"，即生态工业系统的局部结构存在问题，但可以经过改进提高健康程度；而病态则是该生态工业系统已不能保证区域内其他生态系统的和谐发展，存在病态。具体划分为很健康、健康、临界状态、病态四个等级，每个等级的生态学具体含义如表 6-7 所示。

表 6-7　区域生态工业系统健康评价标准

要素	很健康	健康	临界状态	病态
产业活力	产业活力很强，经济水平很高，生态效率很高	产业活力强，经济水平较高，生态效率也较高	产业活力较弱，经济水平较低，生态效率也较低	产业活力很弱，经济水平低下，生态效率很低
结构优化	生态工业系统的经济结构很合理，科技发展水平很高	生态工业系统的经济结构合理，科技发展水平较高	生态工业系统的经济结构不协调，科技发展水平较低	生态工业系统的经济结构很不协调，科技发展水平很低
生态恢复力	生态工业系统的恢复力很强，对其他生态系统不具有胁迫性	生态工业系统的恢复力较强，对其他生态系统具有较低的胁迫性	生态工业系统的恢复力较差，对其他生态系统具有一定的胁迫性	生态工业系统的恢复力很差，对其他生态系统具有严重的胁迫性
服务功能	生态工业系统为区域内提供的服务功能很好，包括生活环境和自然环境	生态工业系统为区域内提供的服务功能较好	生态工业系统为区域内提供的服务功能一般偏差	生态工业系统为区域内提供的服务功能很差

四、区域生态工业系统健康评价模型

目前生态工业系统相关评价方法主要有主成分分析、AHP、能值分析、模糊评价、神经网络等，需要根据实际情况确定采用的评价方法。由于生态工业系统的复杂性、影响因素的不确定性，区域生态工业系统健康可作为一个模糊问题来处理。以物元分析理论为基础，建立区域生态工业系统健康的评价模型，同时用熵权法确定评价指标权重。

1. 复合模糊物元

假定事物名称为 M，关于特征 C 的量值为 v，把有序三元组（M, C, V）作为描述待评价事物的基本元（简称物元），可表示为 $R=(M, C, V)$。若事物 M 由 n 个特征（$c_1, c_2, \cdots, c_n$）和相应的量值（$v_1, v_2, \cdots, v_n$）来描述，则称 R 为 n 维物元，记为 $R=(M, c, v)$。如果 n 个事物的 m 维物元组合在一起，使构成 n 个事物 m 维复合物元 R_{mn}。若将 R_{mn} 的量值改写为模糊物元量值，称为 n 个事物 m 维复合模糊物元，记作

$$\tilde{R}_{mn} = \begin{bmatrix} & M_1 & M_2 & \cdots & M_n \\ C_1 & v_{11} & v_{12} & \cdots & v_{1n} \\ C_2 & v_{21} & v_{22} & \cdots & v_{2n} \\ \vdots & \vdots & \vdots & & \vdots \\ C_m & v_{m1} & v_{m2} & \cdots & v_{mn} \end{bmatrix} \tag{6-1}$$

其中，R_{mn} 为 n 个事物 m 维复合模糊物元；C_i 为第 i 项特征，$i=1, 2, \cdots, m$；M_j 为第 j 个事物，$j=1, 2, \cdots, n$；v_{ij} 为第 j 个事物第 i 项特征对应的模糊量值。

2. 从优隶属度

模糊物元各单项指标相应的模糊值从属于标准方案各对应评价指标相应的模糊量值隶属程度，称为从优隶属度。从优隶属度即

$$\text{越大越优型：} V_{ij}=x_{ij}/\max x_{ij} \tag{6-2}$$

$$\text{越小越优型：} V_{ij}=\min x_{ij}/x_{ij} \tag{6-3}$$

其中，V_{ij} 为从优隶属度；$\max x_{ij}$ 和 $\min x_{ij}$ 分别为各方案中每一评价指标中的最大值和最小值。

3. 权重系数及综合评价

生态工业系统健康的各个评价指标的重要程度不用，常用权重系数来衡量。在信息论中，熵是对不确定的度量。信息量越大，不确定性越小，熵也越小；反之亦

然。区域生态工业系统健康受地区经济发展、产业结构、社会环境等多因素制约，各影响因子都有不同的变化原因，并相互制约和支持，共同决定了区域生态工业系统健康的变化状态。本节用熵值法确定指标权重，尽量消除权重计算的人为影响，使结果更切实际。方法及求解步骤如下。

（1）构建 n 个事物的 m 个评价指标判断矩阵：$R=(x_{ij})(i=1, 2, \cdots, m$；$j=1, 2, \cdots, n)$。

（2）将判断矩阵归一化处理，得到归一化判断矩阵 B，即

$$效益型：b_{ij}=(x_{ij}-\min x_{ij})/(\max x_{ij}-\min x_{ij}) \qquad (6\text{-}4)$$

$$成本型：b_{ij}=(\max x_{ij}-x_{ij})/(\max x_{ij}-\min x_{ij}) \qquad (6\text{-}5)$$

其中，$\max x_{ij}$ 和 $\min x_{ij}$ 分别为同指标下不同事物中最满意者或最不满意者。

（3）定义熵：n 个事物的 m 个评价指标，可以确定评价指标的熵为

$$H_j = -\frac{1}{\ln n}\sum_{j=1}^{n} f_{ij} \ln f_{ij} \qquad (6\text{-}6)$$

其中，$f_{ij} = \dfrac{1+b_{ij}}{\displaystyle\sum_{j=1}^{n}(1+b_{ij})}$，$i=1, 2, \cdots, m$，$j=1, 2, \cdots, n$。

（4）定义熵权 ω：由第 j 个评价指标的熵可得到其熵权权重 ω_i，即

$$w_i = \frac{1-H_j}{n-\displaystyle\sum_{j=1}^{n}H_j} \qquad (6\text{-}7)$$

其中，$0 \leqslant w_i \leqslant 1, \displaystyle\sum_{j=1}^{n}\omega_i =1$。

（5）综合评价：根据熵权权重和相对健康从优隶属度矩阵，建立综合评价矩阵

$$Z = \omega \cdot R$$

其中，ω 为熵权权重；R 为相对健康隶属度矩阵。

第三节　天津滨海新区生态工业系统健康的生态胁迫性分析

产业是经济发展的主要动力，也是自然环境的主要承载压力，发展区域经济应把资源承载力与持续发展能力作为基础，形成对生态胁迫较低的健康生态工业系统。滨海新区作为国家级生态示范基地，从建区以来注重生态方式的转变，减少产业活动造成的污染扩大化，但其产业结构与环境的适应性、生物多样性及产业生态化建设等重要方面，仍存有不足之处。在进行区域生态工业系统健康的评价研究之前，必须首先分析区域产业的生态胁迫，从区域生态足迹、产业活动的

区域生态胁迫及产业可持续发展等角度进行阐述，以区域生态承载力现状为基本出发点，以提高生态效率为前提，减少产业活动的生态胁迫性，降低生态工业系统的不健康症状。

一、滨海新区的区域生态足迹分析

William（2001）首先提出生态足迹的概念，其他相关的定义还有，"国家范围内确定人口的消费负荷"，"生产性土地面积度量一个确定人口、经济规模的资源消费和废物吸收水平的账户工具"。生态足迹的概念提出之后，Rees 和 Wackernagel 提出具体的计算方法，并估算了 52 个国家和地区的生态足迹。此后生态足迹研究受到学术界的广泛关注，很多国外学者对其理论、方法做了大量研究。生态足迹反映的是城市人群对自然生态系统的占用状况，可作为衡量区域产业对自然生态系统的胁迫和压力大小的依据，为区域生态工业系统健康评价提供有价值的信息。我们可以通过对滨海新区 2009 年的生态足迹的计算和滨海新区占用自然生态系统现状趋势的描述，分析生态工业活动对自然生态系统造成的影响程度，以从侧面反映生态工业系统的受胁迫程度，为生态工业系统健康评价提供科学依据。

（一）生态足迹需求的计算方法

1. 生态足迹的计算

生态足迹的计算基于以下事实：①人类可以确定自身消费的绝大多数资源及其产生的废弃物数量。②这些资源和废弃物能转换成相应的生物生产面积。任何已知人口（某个个人、一个城市或一个国家）的生态足迹是生产这些人口所消费的所有资源和吸纳这些人口所产生的所有废弃物所需要的生物生产总面积。其计算公式为

$$EF=N\cdot ef=N\cdot r_j\cdot \sum(a_i)=N\cdot r_j\cdot \sum(c_i/p_i) \tag{6-8}$$

其中，EF 为总的生态足迹；N 为人口数；ef 为人均生态足迹；c_i 为 i 种商品的人均消费量；p_i 为 i 种消费商品的平均生产能力；a_i 为人均 i 种交易商品折算的生物生产面积（i 为消费商品和投入的类型）；r_j 为均衡因子，均衡因子（权重）可以转化成统一的、可比较的生物生产面积（j 为生物生产性土地类型）。

2. 生态承载力的计算

人均生态承载力：$ec=a\times r\times y$　　　　　　　（6-9）

区域生态承载力：$EC=N\times(ec)$　　　　　　　（6-10）

其中，EC 为区域人口生态承载力（公顷/人）；N 为人口数；ec 为人均生态承载力（公顷/人）；a 为人均生物生产面积；r 为均衡因子；y 为当量因子。出于谨慎性考虑，计算生态承载力扣除 12%生物多样性保护面积。

3. 生态赤字与生态盈余

区域的生态足迹如果超过了区域所能提供的生态承载力，就出现生态赤字；如果小于区域的生态承载力，则表现为生态盈余，这反映了区域人口对自然资源的利用状况及对环境的压力。在生态足迹计算中，生物生产性土地主要考虑如下六种类型：①化石燃料土地，是指人类应该留出用于吸收 CO_2 的土地；②耕地，从生态角度看最有生产能力的生物生产性土地类型，它所能聚集的生物量是最多的；③草地，适于发展畜牧业的土地，城市各种类型土地中草地比例最小，而且大多数草地并不提供畜牧业产品，而是供人们观赏和休闲娱乐的，因而城市草地的平均生产力更小；④林地，指可产出木材产品的人造林或天然林；⑤建筑用地，包括各类人居设施及道路所占用的土地；⑥水域，海洋覆盖了地球上 366 亿公顷的面积，相当于人均 6 公顷。

（二）滨海新区生态足迹计算

1. 计算均衡因子及产量因子

Wackernagel 等（1999）以估计的土地最大潜在农作物产量相关数据计算土地的均衡因子，本节采用这些世界公认数据作为滨海新区的均衡因子；产量因子是一个国家或地区某类土地的平均生产力与世界同类的比例，由于统计数据有限，本节结合参考文献的数据对其进行调整作为滨海新区的产量因子，土地类型说明如表 6-8 所示。

表 6-8 滨海新区生态足迹测算中的土地类型说明

土地类型	主要用途	均衡因子	产量因子
耕地	提供绝大多数农产品	2.8	1.66
林地	提供林产品和木料	1.1	0.91
草地	提供畜产品	0.5	0.19
建筑用地	居民用地及道路用地	2.8	1.66
化石燃料土地	吸收 CO_2	1.1	0.00
水域	提供水产品	0.2	1.00

资料来源：Wackernagel 等（1999）、刘勇和陶建华（2007）、谢红霞等（2005）

2. 生物资源消费生态足迹

生物资源消费生态足迹主要是根据《天津滨海新区统计年鉴 2010》中各类农产品的生产量计算。主要包括粮食、棉花、油料、蔬菜、猪肉、牛羊肉等 11 种，见表 6-9。

表 6-9　2009 年滨海新区生物资源消费生态足迹

消费项目	全球平均产量/（千克/公顷）	消费量/万千克	人均毛生态足迹/公顷	生产性土地类型	均衡因子	人均生态足迹
粮食	2 744	6 360	0.019 55	耕地	2.8	0.054 74
棉花	1 000	320	0.002 70	耕地	2.8	0.007 56
油料	1 856	10	0.000 05	耕地	2.8	0.000 14
蔬菜	18 000	8 480	0.003 97	耕地	2.8	0.011 116
猪肉	74	1 596.8	0.181 99	耕地	2.8	0.509 572
牛羊肉	33	128.6	0.032 87	草地	0.5	0.016 435
肉禽类	764	455.4	0.005 03	草地	0.5	0.002 515
禽蛋	400	354.3	0.007 47	草地	0.5	0.003 735
奶类	502	970.2	0.016 30	草地	0.5	0.008 15
水产品	29	4 902.9	1.425 87	水域	0.2	0.285 174
水果	3 500	7 150	0.017 23	林地	1.1	0.018 953

注：总生态足迹=消费量/全球平均产量；2009 年滨海新区人口 118.57 万人

资料来源：《天津滨海新区统计年鉴 2010》

3. 能源消费生态足迹

能源消费生态足迹主要考虑工业行业所消耗的能源产品，包括原油、天然气、汽油、煤油、柴油等 7 种，将能源消费转化为化石燃料用地面积，以单位化石能源土地面积的平均发热量为标准，将滨海新区能源消费所耗电热量折算成一定的化石燃料用地面积，见表 6-10。

表 6-10　滨海新区 2009 年能源消费生态足迹

能源种类	全球平均生态足迹（10^9 焦耳/公顷）	折算系数/（10^9 焦耳/吨）	消费量/万吨	人均毛生态足迹/公顷	生产性土地类型	均衡因子	人均生态足迹
原油	93	41.868	818.95	2.688 60	化石燃料用地	1.1	2.957 4
天然气	93	18.003①	14.3②	0.020 19	化石燃料用地	1.1	0.022 2
汽油	71	43.124	−127.86	−0.654 97	化石燃料用地	1.1	−0.720 5
煤油	71	43.124	32.74	0.167 71	化石燃料用地	1.1	0.184 5
柴油	71	42.705	−335.49	−1.701 87	化石燃料用地	1.1	−1.872 1
焦炭	55	28.47	122.76	0.535 93	化石燃料用地	1.1	0.589 5
电力	1 000	36③	967 400④	0.029 37	建筑用地	2.8	0.032 3

注：化石燃料用地指应留出用于吸收 CO_2 的土地，汽油、柴油的消费量为负值，因为它们由原油转化而来，其消费量已包含在原油量中；表 6-10 中未含热力资源，因为其由火力发电转化而来，已包含在焦炭量内；①单位为 10^9 焦耳/亿米³；②单位为亿立方米；③单位为 10^9 焦耳/万千瓦时；④单位为万千瓦时

资料来源：《天津滨海新区统计年鉴 2010》

4. 滨海新区生态足迹及生态承载力

根据滨海新区地域特点，其土地类型可以分为耕地、建筑用地、水域三种主要类型，由《天津滨海新区统计年鉴 2010》得 2009 年滨海新区生态足迹计算结果，如表 6-11 所示；区域生态承载力结果如表 6-12 所示。

表 6-11　滨海新区 2009 年生态足迹

土地类型	人均毛生态足迹/公顷	均衡因子	人均生态足迹/公顷
耕地	0.208 26	2.8	0.583 128
林地	0.017 23	1.1	0.018 953
草地	0.061 67	0.5	0.030 835
化石能源用地	1.055 59	1.1	1.161 150
建筑用地	0.029 37	2.8	0.032 310
水域	1.425 87	0.2	0.285 174
汇总	2.797 99	8.5	2.111 55

表 6-12　滨海新区 2009 年生态承载力账户

项目	总面积/公顷	人均面积/公顷	均衡因子	产量因子	均衡面积/（公顷/人）
可耕地	20 251	0.017 08	2.8	1.66	0.079 39
水域	24 827	0.020 94	0.2	1.00	0.004 19
建筑用地	90 895	0.076 66	2.8	1.66	0.356 31
人均生态承载力					0.439 89
减去生物多样性保护面积（12%）					0.052 79
可利用的人均生态承载力					0.387 10

可以看到，2009 年滨海新区的生态足迹约为 2.11 公顷/人，人均生态承载力约为 0.39。大多城市都占有比其自身行政面积（可代表生态承载力的大小）大得多的生态足迹。随着国际贸易和国内贸易的进行，就发达国家而言，它们需要从发展中国家输入生态足迹；城市需要从农村、郊区输入生态足迹。纵观世界各国的生态足迹水平（表 6-13），2009 年滨海新区的人均生态足迹比世界平均生态足迹水平（2.8 公顷）略低，也低于 2005 年的中国平均水平（2.6 公顷），但与其生态承载力相比生态赤字较大，为–1.7244。即如果滨海新区保持现有增长速度，在很大程度上则需要依赖外部输入，通过国际贸易和国内贸易从其他地区输入生态足迹，这势必造成生态足迹的转移，本地区的经济发展是建立在其他地区能源、资源的耗费之上。

表 6-13　滨海新区与部分国家和地区的生态足迹比较　单位：公顷/人

生态足迹范围	地区	生态足迹	生态承载力	生态赤字
<1	印度	0.8	0.5	-0.3
1~2	西安（2002年）	1.340 2	0.297 2	-1.043 0
	成都（2008年）	1.545 1	0.362 1	-1.183
	舟山（2006年）	1.925 5	0.131 6	-1.793 9
2~3	滨海新区（2009年）	2.111 5	0.387 1	-1.724 4
	河北省（2008年）	2.395 7	0.533 6	-1.862 1
	湖北省（2008年）	2.567	0.593 8	-1.973 2
	中国平均（2005年）	2.600 6	0.980 7	-1.619 9
	世界平均	2.8	2.1	-0.7
4~6	日本	4.3	0.9	-3.4
	英国	4.6	1.8	-2.8
>6	俄罗斯	6.0	3.7	-2.3
	新加坡	6.9	0.1	-6.8
	美国	10.3	6.7	-3.6

资料来源：Wackernagel 等（1999）、谢红霞等（2005）

二、产业活动的区域生态胁迫

由于人类活动的介入，产业结构与自然环境形成了一个新的物质流、信息流相互交换的整体，如果脱离自然生态系统的固有发展模式，以利益为驱动进行产业调整，只会引起环境恶化和能源枯竭，破坏自然生态系统并最终危及人类自身安全。第二产业（主要是指工业）是资源消耗大户及自然生态受损的主要胁迫因素，一个区域的工业总产值越大，其地区的生态环境就会承受较大的生态压力。除第二产业外，第一产业（主要指农业）和第三产业（主要指服务业）的生态环境状况也是日益严峻。对于第一产业而言，其污染有大量使用农药、化肥引起的水体、土壤污染，除此之外，工业污染和城市生活垃圾及上游过境污染也都造成了严重的环境压力；对于第三产业而言，其引发的环境问题主要源于低端服务业泛滥及人们的过度消费行为等。总之，区域在发展经济的同时，应考虑生态工业系统的健康状况，其对自然生态的胁迫程度不容忽视。

1. 产业对水及土地资源的胁迫效应

滨海新区自然资源丰富，但多数为不可再生资源，资源的开发及第二产业的较大比重势必影响滨海新区的自然生态环境。由于地处河流入海口，地势较低，内河水体流速减慢，大量工业生活污染物滞留并影响地下水水质，随着滨海新区开放开发工作的不断推进，水资源短缺将成为制约发展的主要因素。滨海新区盐碱荒地面积较大，可用于经济建设的土地存量较少。另外，滨海新区湿地类型多样，作为滨海新区生态环境与景观生态的基质，湿地占滨海新区陆域面积的 52.63%，对整个滨海新区的区域生态、景观生态及经济发展具有重要影响。然而在城市化进程中，城市建设用地从 2000 年的 27 881 公顷增加到 2012 年的 63 164 公顷，土地主要来源于盐田、滩涂等，而新崛起的临港工业区土地则来源于围海造田的陆地，占用了大量湿地，截至 2009 年 5 月滨海新区的自然海岸线 90%以上已被占用。和自然因素相比，人类活动干扰为主要驱动因素，水产养殖业、城市建设、临港工业去等因素的驱使，使得滨海新区目前几乎没有自然湿地生态系统。

2. 产业对海洋生态环境的胁迫效应

根据国家海洋局发布的《2009 年中国海洋环境质量公报》，渤海海岸带的湿地功能、入海物质通量、沉积物、水质和生物群落等生态环境要素均呈现出退化趋势。港口的经营活动和港口建设发展会对环境资源产生影响，如对水域、岸线、土地资源的开发利用会影响海岸的自然过程，为了港口发展而进行的围垦可能改变鸟类、鱼类和海洋生物的栖息地，还有港口及场站的装卸过程产生的粉尘污染，港口石油、化学品泄漏所产生的环境风险等。目前，滨海新区的海洋环境质量状况依然严峻，85%左右的入海排污口有不同程度的超标排放现象，重点排污口邻近海域环境污染较重。与 2007 年相比，2008 年渤海湾生态环境质量状况略有下降。

3. 产业对生物多样性的胁迫效应

"十一五"期间，为实现滨海新区海洋经济保持 20%高增长，规划占用临海滩涂、湿地、草地，围海造陆，发展海洋渔业、滨海化工、临港产业等，这使天然湿地面积大幅减小，导致许多重要经济鱼、虾、蟹和贝类等海洋生物的产卵、育苗场所消失，海洋渔业资源遭受严重损害，长途迁徙的鸟类饵料数量减少，削弱了鸟类栖息地的功能，生物多样性迅速减少，陆源污染和围填海工程等是影响渤海湾生态系统健康的主要因素。《天津市海洋环境质量公报》显示，渤海湾生态监控区水质环境处于健康状态，生物处于不健康状态，渔业资源没有明显恢复，水体富营养化现象较普遍，浮游生物、大型底栖生物、潮间带生物、鱼卵仔鱼等种类和密度降低，多样性指数减少等生态问题仍未得到有效遏制。

4. 产业对生活环境的胁迫效应

近年来滨海新区保持良好的环境质量状态，《天津市海洋环境质量公报》显示，滨海新区环境空气质量达到或优于二级良好水平天数为 330 天，占全年总监测天数的 90.4%，明显高于国家二级空气质量标准的 246 天，主要污染物烟尘排放量为 2.4 万吨、

SO_2 排放量为 10 万吨；饮用水源地达标率为 100%；区域环境噪声多年平均声级为 51.5 分贝，声环境质量等级处于"较好"水平。但由于滨海新区为全市经济增长的主力军，产业发展速度过快同样会给环境带来压力，从而影响人们的生活环境，并且滨海新区地处华北常驻型低压环流带，气象条件不利于大气污染物扩散。

产业迅速发展过程中所引起的生态环境变化，同样也将对人类的健康造成严重危害。污染源主要有两大类：化学性污染源和生物性污染源。特别是生物性污染源，与该地区的城市化直接相关，如城市水污染会造成急性腹泻、恶性肿瘤等疾病，大气污染物直接进入人体呼吸道会造成上呼吸道感染、哮喘、肺炎等呼吸系统疾病，城市内一些大气污染严重的地带，呼吸道疾病发病率上升近 50%，肺癌死亡率上升近 20%。

三、生态工业园的生态效率测算

生态效率（eco-efficiency）是产业生态学中的一个重要研究领域，指"生态资源满足人类需要的效率，它可以看成是一种产出/投入的比值，其中产出是一个企业、行业或整个经济体提供的产品与服务的价值，投入指由企业、行业或经济体造成的环境压力"。其概念的直观表达式可表示为

生态效率＝产品或服务的价值/环境影响＝价值的增加/环境影响的增加

$$(6-11)$$

目前较多的生态效率测算从生态工业园着手，典型的生态工业园区生态效率测算可以从一个侧面反映区域生态化目标的实现程度和健康发展水平。基于生态效率的生态工业园评价不仅是经济效益的评价，更重要的是可以衡量"三赢"目标实现程度，实现经济、社会与环境的协调共进。

（一）滨海新区生态工业园概况

滨海新区的产业生态化发展以园区为依托，以建立区域产业循环链条为主要方式。目前主要的生态产业园区包括：天津经济技术开发区国家生态工业示范园区；大港区集约型、节约型、环保型石化生态工业园区；天津新技术产业园区国家级生态型高科技园区；天津港保税区国家级节能、清洁、高效的国际生态物流产业园区；汉沽电、热、水、盐、建材联产循环经济型产业园区；海河下游冶金循环经济型产业园区；天津子牙国家级再生资源综合利用示范工业园区。

天津经济技术开发区目前在电子通信、机械制造、医药化工和食品饮料方面搭建起四条循环经济产业链条，形成了企业类型多样、产品链接关系紧密、资源闭合流动、资源能源高效利用的产业共生网络，全区成为污染基本零排放的生态工业园区。2009 年，万元 GDP 综合能耗 161.97 千克标准煤，比 2008 年下降 4.8%，

万元工业增加值水耗 4.19 立方米，比 2008 年下降了 18.8%，形成了闻名全国的循环经济"泰达模式"，如图 6-3 所示。天津经济技术开发区还积极开展国际交流合作，引进先进环保和低碳的理念、技术、管理等。2009 年 5 月，天津经济技术开发区联合市相关部门及国际机构，共同申请了主题为"滨海新区产业共生网络建设及环境管理体系推广"的欧盟"转型亚洲"资金项目。

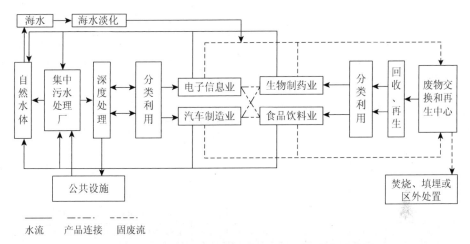

图 6-3　天津经济技术开发区生态工业园区生态链总图

（二）天津经济技术开发区生态效率测算

本节依据统计分析和专家咨询结果，结合我国生态工业园的发展现状，选取滨海新区的典型生态工业园——泰达工业园为评价对象，根据其经济和环境指标变化情况（表 6-14），用表 6-14 测算其生态效率（表 6-15）。其中，经济指标选取园区生产总值和工业增加值，环境指标选取工业废水、工业固体废物、COD、SO_2排放量，其中以园区生产总值为依据的生态效率以"①"表示，以工业增加值考虑的生态效率以"②"表示。

表 6-14　天津经济技术开发区 2003～2009 年经济和环境指标变化情况

年份	经济指标		环境指标			
	园区生产总值 /万元	工业增加值 /万元	工业废水排放 量/万吨	工业固体废物排 放量/万吨	SO_2排放 量/吨	COD 排放 量/吨
2003	4 452 278	3 511 682	2 423.06	34.41	2 692.29	1 790.96
2004	5 372 001	4 359 123	1 865.70	25.72	3 007.79	2 005.2
2005	6 422 936	5 386 378	1 761.35	26.93	3 878.19	1 615.91
2006	7 805 585	6 546 179	1 957.31	24.02	4 778.71	3 338.55

续表

年份	经济指标		环境指标			
	园区生产总值/万元	工业增加值/万元	工业废水排放量/万吨	工业固体废物排放量/万吨	SO$_2$排放量/吨	COD排放量/吨
2007	9 386 599	7 648 458	1 382.53	32.02	5 463.63	2 452.33
2008	11 383 400	8 608 700	1 535.25	33.28	4 100.38	3 541.80
2009	12 739 800	8 849 100	1 511.51	34.21	3 813.71	3 117.56

资料来源：《2004 年天津经济技术开发区环境报告书》《天津经济技术开发区年鉴 2007》《天津开发区重点工业污染物排放及处理利用情况统计信息表（2007～2008 年度）》《天津滨海新区统计年鉴 2009》《天津滨海新区统计年鉴 2010》

表 6-15　天津经济技术开发区 2003～2009 年生态效率指标

年份	工业废水		工业固体废物		SO$_2$排放		COD排放	
	Eco-W①	Eco-W②	Eco-R①	Eco-R②	Eco-S①	Eco-S②	Eco-C①	Eco-C②
2003	1.0000	1.0000	1.0000	1.0000	1.0000	1.0000	1.0000	1.0000
2004	1.5670	1.6122	1.6142	1.6607	1.0800	1.1111	1.0777	1.1087
2005	1.2665	1.3089	1.1419	1.1801	0.9273	0.9583	1.4837	1.5333
2006	1.0936	1.0936	1.3625	1.3626	0.9863	0.9863	0.5882	0.5882
2007	1.7025	1.6541	0.9021	0.8765	1.0518	1.0219	1.6371	1.5906
2008	1.0921	1.0136	1.1668	1.0829	1.6159	1.4998	0.8397	0.7793
2009	1.1367	1.0441	1.0887	1.0000	1.2033	1.1052	1.2715	1.1678
平均增长率/%	26.55	28.77	18.23	19.38	12.35	11.38	12.83	12.80

注：以园区生产总值为依据的生态效率以①表示，以工业增加值考虑的生态效率以②表示
资料来源：天津市统计局数据

　　采用 SPSS 统计软件得出天津经济技术开发区四种排放物的散点图，如图 6-4 所示，两类生态效率之间有线性相关趋势，其中 COD 排放量的两类生态效率相关性最为明显，因此可以进一步做相关性分析。

　　对四种排放物的两类生态效率分别进行相关性检验，计算结果两类生态效率的相关系数均在 0.98～0.99，p 值均小于 0.001，即两类生态效率存在正相关，可以认为从国民经济角度与从工业经济发展角度考察的生态效率具有高度的相关性，影响两类生态效率差异的主要因素是生态产业链的变化，可以看出天津经济技术开发区的绩效是在平稳和有序中逐步提高的。对每种排放物的生态效率进行分析如下。

　　（1）基于工业废水的生态效率。生态效率表现出上升趋势，排放量从 2003 年的 2423.06 万吨到 2009 年的 1511.51 万吨，其 Eco-W①平均增长率为 26.55%，Eco-W②平均增长率为 28.77%，从园区工业发展角度所考察的生态效率增长率大于从国民经济角度的考察，即反映出相同经济增长速度下工业废水排放量下降。

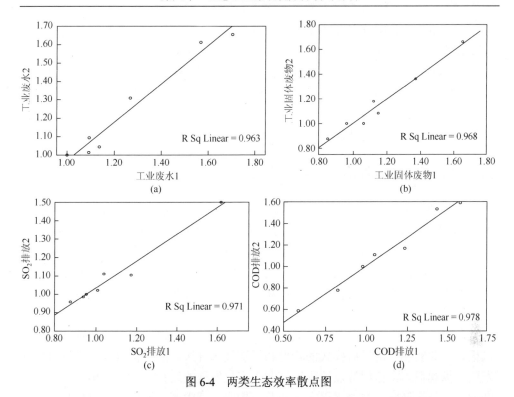

图 6-4　两类生态效率散点图

（2）基于工业固体废物的生态效率。近年的生态效率上升幅度较小，生态效率 Eco-R[①] 和 Eco-R[②] 分别增长了 18.23% 和 19.38%。但是从排放量来看，从 2003 年的 34.41 万吨到 2009 年的 34.21 万吨，呈现出先减后增的趋势，两头基本持平的局面，其生态效率下降幅度与 Eco-W 相比较低。

（3）基于重点污染物的生态效率。SO_2 排放量从 2003 年的 2692.29 吨增长到 2009 年的 3813.71 吨，其 Eco-S[①] 平均增长率为 12.35%，Eco-S[②] 平均增长率为 11.38%，从园区工业发展角度所考察的生态效率增长率小于从国民经济角度的考察，除了 2008 年的生态效率较高外，余下各年中，社会服务量的增长倍数均约等于同期内生态负荷的增大倍数，即反映出 SO_2 排放量的生态效率水平较低。COD 生态效率波动性较大，其 Eco-C[①] 和 Eco-C[②] 分别为 12.83% 和 12.80%，其效率基本相同，表示其上升趋势需要进一步强化。此外，生态效率的变化存在一定的波动性，工业固体废物较之则较低。因此，重点污染物的生态效率变化的波动性比工业废水、工业固体废物要高。

通过对天津经济技术开发区生态效率指标的测算并比较分析，得出如下结论。

（1）各生态效率的变化存在着差异。天津经济技术开发区生态效率的总体水平较高，但有些年份的指标项有波动，各生态效率的变化也存在着差异。由于污染物的外部效应不同，大气污染物的外部性最强，其次是废水污染，工业固体废物的外部性则较低。

（2）2012～2014 年的生态效率提升速度减缓。其原因：一是园区开始几年环保政策的实施在改善生态效率方面的积极作用效果明显，园区整体的生态效率快速提升，相应的污染物排放生态效率提高；二是天津经济技术开发区多年的工业废水达标率均为 100%、工业固体废物处理率在 90%以上，工业污染处理水平已达到一定高度后，生态效率维持在 1 即为合理水平，目前的主要工作是减少生态效率变化的波动性，使其常年保持好的状态。

四、生态工业系统健康发展的必要性

根据以上滨海新区生态足迹的计算结果及产业活动的生态胁迫分析，从表 6-13 可以看出，目前滨海新区的人均生态足迹比世界平均生态足迹水平（2.8 公顷/人）略低，但与其生态承载力相比生态赤字较大，同时产业活动对区域环境、能源的胁迫效应已经日趋严重，同时典型 EIP 的生态效率也存在波动性的变化。因此，其生态工业系统健康发展必须不断深化资源节约和环境友好的循环经济发展模式，降低生态足迹，减轻产业活动对环境的影响。

此外，考察生态工业系统的健康状况从某种层面上讲，是以解决环境问题为跳板，以此实现经济发展模式的转型和经济技术升级，从而使得社会经济可持续发展。纵观日本、德国等发达国家产业生态化发展的途径，可以看出一个区域的产业系统是否健康，主要表现在产业总体构成、朝阳产业比例、绿色产品市场等方面。产业的生态化应该实现高科技支持下的服务业应形成规模并高于制造业的增长速度；在第二产业中，大力发展高新技术产业，以高科技或环保科技为背景的产业应受到政府部门的支持和鼓励；此外，在商品流通中，政府应鼓励绿色产品的消费，使具有绿色特征的商品成为消费主流。

第四节　滨海新区生态工业系统健康评价

一、区域生态工业系统概况

（一）自然资源环境状况

天津滨海新区地处于华北平原北部，天津市的东部临海地区、环渤海海岸湿地带上，海河流域下游。新区年平均降水量为 604.3 毫米，主要集中在夏季，约占全年降水量的 76%；年蒸发量为 1750～1840 毫米，是年降水量的 3 倍；拥有丰富的土地、海洋、矿产、石油、天然气等自然资源；水面、湿地 700 多平方千米，已探明渤海海域石油资源总量 100 多亿吨，天然气储量 1937 亿立方米；盐田共计 300 多平方千米，适于制盐提取钾、硝等化工原料。

近年来一直保持优于国家空气质量二级标准 0.06 毫克/米 ^{3}，2009 年环境空气质量达到或优于二级良好水平天数为 330 天，占全年总监测天数的 90.4%；SO_2 年均值为 0.045 毫克/米 ^{3}，除了 2006 年有所回升外，其余年份一直优于国家空气质量二级标准。饮用水源地达标率为 100%；区域环境噪声平均声级为 51.1 分贝（A），比 2008 年下降 0.1 分贝（A），道路交通噪声平均声级为 66.4 分贝（A），比 2007 年升高 0.1 分贝，环境质量等级分别处于"较好"和"好"水平。

但如上文对滨海新区生态胁迫的分析，滨海新区丰富的自然资源大多数属于不可再生资源，并且存在生态赤字，随着开发力度加大，各种资源大量消耗的问题将不容忽视。经济的快速发展将给生态环境带来更多不可逆转的负面影响。目前滨海新区境内水体水质较差，主要河流除潮白新河为Ⅳ类水质，蓟运河为Ⅴ类，其他 8 条河流均为劣Ⅴ类水质；水资源供需平衡矛盾加剧，60%的淡水要靠外部供给，水资源是天津滨海新区发展的制约瓶颈；同时水资源短缺导致过量开采地下水，区域内已经形成明显的地下漏斗区，造成严重的地面沉降。

（二）区域经济发展现状

继深圳带动珠江三角洲、浦东带动长江三角洲，中国近年来又大力打造滨海新区建设，以带动环渤海地区乃至更大范围的经济发展。滨海新区紧紧依托北京、天津两大直辖市，拥有中国最大的人工港、最具潜力的消费市场和最完善的城市配套设施。天津市委、市政府为落实中央的战略部署，结合天津港口、区位、自然资源及工业基础等诸多方面的优势，以及天津在环渤海经济发展中的作用，于 1994 年 3 月决定开发建设天津滨海新区。

2006 年 4 月 26 日，天津滨海新区获国务院批准，成为全国第二个综合配套改革的试点。党中央给天津滨海新区的功能定位是：依托京津冀、服务环渤海、辐射"三北"、面向东北亚，努力建设成为中国北方对外开放的门户、高水平的现代制造业和研发转化基地、北方国际航运中心和国际物流中心，逐步成为经济繁荣、社会和谐、环境优美的生态型新城区。2010 年，天津滨海新区被科学技术部确定为首批国家创新型试点城区，2015 年，滨海新区建成高水平的研发转化基地、国家重要的现代产业技术创新中心。

近年来，滨海新区加快建设高水平重大项目，不断引进技术水平高、带动作用大、投资效益好的大项目好项目，构建起投产达标一批、开工建设一批、储备申报一批的项目体系。2009 年新区完成生产总值 3810.67 亿元，按可比价格计算，比 2008 年增长 23.5%，其中第一产业增加值 7.43 亿元，增长 5.5%；第二产业增加值 2569.87 亿元，增长 24.7%，其中工业增加值 2385.54 亿元，增长 25.0%；第三产业增加值 1233.37 亿元，增长 20.8%。

　　重大项目建设进展顺利，天津滨海新区5000万元以上产业项目有375个，投资规模5182亿元。其中，工业项目189个，投资规模3619亿元；服务业项目149个，投资规模1409亿元。总体来看，滨海新区工业保持稳定增长，制造业向"高端化、高质化、高新化"发展，先进制造业架构初步形成，区域生产总值逐年创造新高，成为天津市的经济发展引擎（表6-16）。

表6-16　滨海新区生产总值（1997～2009年）

年份	生产总值/亿元	第一产业/亿元	第二产业/亿元	第三产业/亿元	三次产业比例	新区占全市比重/%
1997	382.04	4.90	262.72	114.42	1.3∶68.8∶29.9	30.2
1998	416.58	5.36	264.41	146.81	1.3∶63.5∶35.2	30.3
1999	467.89	4.83	299.80	163.26	1.0∶64.1∶34.9	31.2
2000	571.74	5.20	383.45	183.09	0.9∶67.1∶32.0	33.6
2001	685.32	5.67	454.22	225.43	0.8∶66.3∶32.9	35.7
2002	862.45	6.09	576.06	280.30	0.7∶66.8∶32.5	40.1
2003	1046.30	7.30	697.66	341.34	0.7∶66.7∶32.6	40.6
3004	1323.26	7.91	878.85	436.50	0.6∶66.4∶33.0	42.5
2005	1633.93	7.15	1092.55	534.22	0.4∶66.9∶32.7	41.8
2006	1983.63	7.25	1354.40	621.98	0.4∶68.3∶31.4	44.4
2007	2414.26	6.78	1669.86	737.63	0.3∶69.2∶30.6	46.0
2008	3349.99	7.02	2304.37	1038.60	0.2∶68.8∶31.0	49.9
2009	3810.67	7.43	2569.87	1233.37	0.2∶67.4∶32.4	50.7

资料来源：《天津滨海新区统计年鉴2010》

　　产业结构是联系经济活动与生态环境的一条纽带，为解决产业发展与保护环境资源的冲突问题，首先应根据不同区域的产业结构特征，找出产业对生态环境影响程度的差异，分析不同产业发展对自然环境、资源能源等生态要素的相对影响强度，确定该区域的自然生态环境的主要产业影响因素，建立合理的生态工业系统健康评价体系。

　　从图6-5中可以看出，第二产业始终是滨海新区的支柱产业，也是促进经济迅速发展的主要驱动力。此外，服务业也向着多领域、深层次发展，规模不断扩大。金融创新效果凸现，为滨海新区开发建设提供了有力的资金保证，推动着滨海新区服务业向高端化发展。2009年，滨海新区中小股权基金累计达221户，注册（认缴）资本570亿元；各类融资租赁公司近20家，注册总资本超过100亿元，业务总量达1000亿元人民币。在第二产业、第三产业保持增长势头的同时，农业始终是滨海新区经济的薄弱环节，并一直处于不断下滑的趋势，2009年其生产总值仅占总区的0.2%。同时工业发展对水土资源的侵占，不仅将使农业很难得到发展，并将会对农业的健康发展造成更严重的胁迫，如耕地质量变差、水域污染日趋严重等。

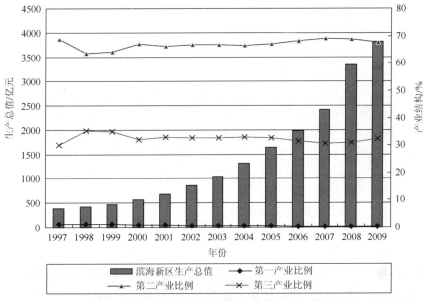

图 6-5　滨海新区产业发展变化趋势图（1997～2009 年）

（三）滨海新区循环经济所获成就

天津市滨海新区静脉产业的发展取得了一定的成效，到 2010 年年底，滨海新区核心区率先建成生态城区，即塘沽、汉沽、大港三区建成生态区，并发挥示范带动作用。滨海新区依托"天津滨海新区公共基础设施和生态环境建设基金"设立"滨海新区节能降耗、循环经济发展金"，专项用于节能降耗、保护环境和发展循环经济，并鼓励环保服务企业及相关能源专业服务公司的发展，促进市场化运作节能新机制的形成。2009 年，天津保税区出台循环经济和节能减排专项资金管理办法。2009 年天津经济技术开发区共接收节能扶持项目申报 108 个，其中 69 个企业的 95 个项目通过资格认定，59 个项目完成节能验收。完成验收的节能项目共申请并获批财政扶持资金 1800 多万元，是 2008 年的 5 倍以上。

1. 节能减排

滨海新区加大科技节水攻关和成果转化力度，注重技术引进，应用高新技术改造传统工艺和设备；强化工业节水管理，促进工业增长与水资源合理利用的协调发展；对地下水开采单位和计划管理单位实行管理平台监控；在电力、冶金、化工等高耗水行业，制定严于国家的取水定额标准，积极推广成套节水、蒸汽冷凝水回收再利用、水网络集成等先进技术。"十一五"以来，滨海新区工业产值废水排放量呈现逐年递减的趋势，到 2008 年工业废水达标率接近 100%。为加快滨海新区建设，改善区域水生态环境，吸引投资，保障滨海新区经济建设，滨海新区开发建设有限公司拟建设滨海新区污水处理厂工程，预计项目总投资为 3689.5 万元。天津碱厂、渤化集团等大型企业陆续实施了烟气脱硫改造工程，并采取多种措施，以确保滨海新区大气环境全面达标。2007 年天津经济技术开发区就启动了全国首个区域规划性碳交易项目，区内企业通过节能减排工作所消减的 CO_2 减排量，被核算整合，统一向联合国申报交易，最终用废气换回美元。目前，天津经济技术开发区企业实施的蒸汽凝结水回收、非电空调、离网型太阳能发电、太阳能照明等节能项目都可参与申报。据测算，天津经济开发区目前每年可供整合的 CO_2 减排量超过 50 万吨，按照当前 10 美元/吨的价格计算，年温室气体减排收入达 500 万美元。

2. 资源综合利用

"十一五"以来，滨海新区围绕资源综合利用做了盐碱地土壤改良，钢渣、碱渣、粉煤灰综合利用，废橡塑利用，废弃物回收拆解加工利用等大量工作，使工业固体废弃物综合利用率实现了较大幅度的提高。工业固体废物的综合利用是资源综合利用的重要方面，有效回收利用工业固体废物不仅能够防治环境污染，还能够节约资源、改变经济增长结构、减少企业运行成本。2008 年，工业废渣产生量为 514 万吨，比 2007 年减少 1.92%，综合利用率 98.79%。滨海新区为进一步促进节能减排工作，创建国家生态工业示范园区，于 2009 年 4 月 12 日出台了《滨海高新区企业实施节能减排鼓励办法（试行）》，设立 1000 万元"节能减排专项资金"鼓励区内企业积极实施节能减排。

二、生态工业系统健康评价体系

（一）评价指标体系

天津滨海新区位于环渤海地区的中心，新区地理位置优越，自然资源丰富，具有集国际化港口、高度开放的功能区和大片可供开发土地于一体的综合优势。在指标选取中充分考虑了滨海新区的区域特点，如在控制污染物排放方面，天津市近年来整体有较大进步，"主要污染物的排放强度"大大低于国家控制数、"工业固体废物综合利用率"也优于国家控制标准，选取这些指标项作为滨海新区的特色指标，是反映产业生态发展的不可或缺的方面。此外"港口集装箱吞吐量""近岸海域环境功能区水质达标率"等均是滨海新区的特色指标。同时本节参照国家"循环经济评价指标体系""生态工业园区指标体系""天津市生态市建设指标体系"，选择产业活力（经济效益、国际化水平、生态效益）、结构优化（产业结构、科技发展）、生态恢复力（污染控制、循环利用）和服务功能（生活环境、自然环境）4 个子系统

30 项原始指标，形成滨海新区生态工业系统健康评价指标体系（表 6-17）。本节根据主成分分析法，结合天津滨海新区的区域特征、产业发展现状及数据的可得性，筛选出具有滨海新区特色的指标，确定最终的评价指标体系。

表 6-17　滨海新区生态工业系统健康评价指标体系

目标	要素	分类	原始指标	指标	单位	解释
区域产业生态系统健康评价	产业活力	经济效益	新区生产总值	√	亿元	经济产出水平的高低直接影响到城市的活力，较高的经济水平是健康城市的首要表现
			固定资产投资	√	亿元	
			区财政收入	√	亿元	
			社会消费品零售总额	√	亿元	
			城镇居民人均可支配收入		亿元	
		国际化水平	实际利用外资	√	亿美元	
			外贸出口额	√	亿美元	
			港口集装箱吞吐量	√	万标箱	
		生态效益	单位 GDP 能耗下降量	√	%/万元	即以较低的投入获得较高的产出
			单位 GDP 水耗	√	米³/万元	
	结构优化	产业结构	第三产业比重	√	%	合理的产业结构能够保证经济系统高效运转，也决定区域产业发展方向
			金融业占第三产业产值比重	√	%	
			主要废旧资源材料回收加工业总产值	√	亿元	
		科技发展	R&D 经费占 GDP 比重	√	%	该程度将影响产业的可持续性
			高新技术产业工业总产值比重	√	%	
	生态恢复力	污染控制	主要污染物排放下降量		%	反映对废物的人工管理能力
			工业污水集中处理率		%	
			PM10 年均值			
			SO₂ 排放量	√	毫克	
			NO₂ 排放量	√		
		循环利用	环保投入占 GDP 比重	√	%	反映系统物质循环状况
			工业固体废物综合利用率	√	%	
			工业用水重复率	√	%	
	服务功能	生活环境	建成区绿化覆盖率	√	%	产业活动对人类社会的影响，反映产业生态系统给其他系统提供服务功能的优劣
			城市人均公共绿地面积		米²/人	
			城市燃气普及率		%	
			城区环境噪声平均值	√	分贝	
			城市空气质量优良率		%	
		自然环境	近岸海域环境功能区水质达标率	√	%	区域特色自然生态系统
			湿地面积比例	√	%	

注：①实际利用外资按现汇计算；②单位 GDP 水耗中采水包括自备水与自来水；③高新技术产业主要指电子信息、光机电一体化、生物医药、新材料、新能源环保及航空航天

（二）评价单元选取

1. 指标数据收集和整理

滨海新区致力于改变产业增长方式，高效合理利用区域战略资源，自 2006 年纳入国家发展战略以来，在综合配套改革试验方面取得初步进展。白丽萍和赵树明（2011）认为 2005～2010 年是天津滨海新区准备跨越经济发展曲线顶点的关键时期，本节选取 2006～2010 年为基础数据年，同时结合滨海新区的规划目标和产业发展趋势对 2011 年和 2015 年数值对进行良性预测，以形成较为完善的区域生态工业系统健康评价指标体系。根据数据的可得性，本节按照健康评价指标体系搜集了天津滨海新区 2006～2010 年的数据。数据来源有：《天津市统计年鉴》《天津滨海新区统计年鉴》《天津市环境状况质量公报》《天津市水资源公报》《天津市海洋环境质量公报》。

2. 数值预测

由于此评价研究是以定量分析为基础，所有指标和变量都需要一个时间系列的数据作为支持，指标层的数据主要来源于《天津滨海新区统计年鉴》《天津市环境状况质量公报》《天津市海洋环境质量公报》等，搜集过程中发现一些明显有错误。由于工作中的时间、成本、物力、人力的条件限制，通常只能通过一些简单统计处理方法来解决。在本节研究中，则采用了以下三种方法进行估计：①参照成果法，指从某一参照区开展的研究中取得信息，转换得到本地区研究中所需要满足的数据，转换过程中需要一定的条件，如本地区在地域、经济结构和人口等方面与参照区具有相似性；②回归分析法，利用时间数列中的数据依存关系，将现有数据做回归分析，然后根据回归方程计算出缺失数据的估计值，但使用回归分析方法必须有一定的前提条件，即在客观上社会现象之间存在数量的依存关系；③两端平均法，计算时间数列中的首数项和末数项两部分的平均数，在直角坐标系上就可以估计出一条趋势直线，从而得出数据的估计值。

2011 年和 2015 年数据可根据现有数据情况分为三大类：①数据年份较多，可利用软件预测分析得出；②2011～2013 年指标值一直保持较高水平，可维持现值；③数据年份较少，但其近年的发展是渐变的过程，无突发情况，可结合发展趋势和滨海新区发展规划目标预测。

3. 主成分分析

对 30 个初级指标进行主成分分析，去掉带有重复信息的指标，从而确定最终的滨海新区生态工业系统健康评价指标体系。应用 SPSS 统计软件的 factor analysis 功能对数据进行分析，经方差最大化旋转后选择 4 个主成分，累积贡献率≥96.08%。在旋转后的主成分因子负荷矩阵中，选取所有负荷系数≥0.80且特征根大于1的指标，各指标之间存在着较强的相关性，所以有必要运用主成分分析法筛选出能代表大部分信息的指标。从 SPSS 软件导出数据（表 6-18）可以看出，前4个主成分的特征值均大于1，且累积贡献率达到96.01%，大于85%，所以前4个主成分几乎包含了原始数据的全部信息，可以较好地解释原有指标的所有信息，分析结果是理想的。

表 6-18　原始指标的特征值、贡献率、累积贡献率

构成	初值			载荷			循环		
	总值	变化率/%	比例/%	总值	变化率/%	比例/%	总值	变化率/%	比例/%
1	19.915	66.382	66.382	19.915	66.382	66.382	17.627	58.758	58.758
2	5.311	17.705	84.086	5.311	17.705	84.086	6.081	20.268	79.026
3	2.548	8.494	92.580	2.548	8.494	92.580	3.222	10.741	89.767
4	1.052	3.506	96.087	1.052	3.506	96.087	1.896	6.320	96.087
5	0.768	2.560	98.647						
6	0.406	1.353	100.000						
7	1.28×10^{-15}	4.26×10^{-15}	100.000						
8	4.98×10^{-16}	1.66×10^{-15}	100.000						
9	4.04×10^{-16}	1.35×10^{-15}	100.000						
10	3.71×10^{-16}	1.24×10^{-15}	100.000						
11	2.16×10^{-16}	7.22×10^{-16}	100.000						
12	1.73×10^{-16}	5.77×10^{-16}	100.000						
13	1.12×10^{-16}	3.75×10^{-16}	100.000						
14	6.95×10^{-17}	2.32×10^{-16}	100.000						
15	5.72×10^{-17}	1.91×10^{-16}	100.000						
16	2.24×10^{-17}	7.47×10^{-17}	100.000						
17	-1.9×10^{-17}	-6.19×10^{-17}	100.000						
18	-2.4×10^{-17}	-7.92×10^{-17}	100.000						
19	-7.5×10^{-17}	-2.51×10^{-16}	100.000						
20	-1.0×10^{-16}	-3.33×10^{-16}	100.000						
21	-1.2×10^{-16}	-3.86×10^{-16}	100.000						
22	-1.6×10^{-16}	-5.49×10^{-16}	100.000						
23	-2.4×10^{-16}	-8.12×10^{-16}	100.000						
24	-2.7×10^{-16}	-9.06×10^{-16}	100.000						
25	-3.3×10^{-16}	-1.10×10^{-15}	100.000						
26	-4.2×10^{-16}	-1.38×10^{-15}	100.000						
27	-4.3×10^{-16}	-1.43×10^{-15}	100.000						
28	-5.1×10^{-16}	-1.69×10^{-15}	100.000						
29	-2.6×10^{-15}	-8.60×10^{-15}	100.000						
30	-5.5×10^{-15}	-1.83×10^{-14}	100.000						

注：载荷计算方法是数据分析法

　　由于用一个主成分解释的方差不够大，综合程度不够，而用多个主成分综合又不合适，筛选后的主成分实际意义不好解释，所以，对初始因子进行方差最大化正交旋转，使各因子仍保持互不相关，且因子载荷最大程度向两极分化，从而使各原始指标与因子的关系有较好的解释。由于筛选后的主成分实际意义不好解释，所以，对公共因子进行方差最大化正交旋转。旋转后的因子载荷矩阵见表 6-19，可以看出对应于各个主成分的指标载荷值，其中载荷较大的有指标 1、2、3、4、5、6、7、8、9、11、12、13、14、15、19、20、21、22、23、24、28、29、30。

表 6-19　旋转后的排序因子载荷阵

因子	构成			
	1	2	3	4
c3	0.987	0.100	−0.044	0.089
c6	0.986	0.103	−0.047	0.089
c13	0.983	0.057	0.057	−0.027
c8	0.981	0.110	−0.109	0.111
c2	0.978	0.135	−0.062	0.131
c1	0.976	0.107	−0.129	0.130
c4	0.972	0.094	0.129	0.145
c7	0.965	0.194	−0.074	0.160
c21	0.940	0.221	−0.195	0.142
c30	−0.925	−0.015	0.368	−0.036
c14	0.920	0.360	0.061	0.066
c15	−0.900	−0.294	0.046	−0.163
c23	0.880	0.352	0.241	0.109
c20	0.880	0.119	0.359	0.262
c12	0.859	0.286	0.314	0.279
c29	−0.851	−0.432	−0.182	−0.227
c11	0.850	0.055	−0.495	−0.044
c5	0.826	−0.021	−0.496	0.219
c10	−0.648	−0.608	−0.406	−0.157
c19	−0.224	−0.953	−0.079	−0.047
c9	−0.061	0.905	−0.090	0.214
c28	−0.264	0.827	−0.223	−0.272
c18	−0.501	−0.723	−0.168	0.016
c26	0.554	0.714	0.365	0.186
c27	−0.493	−0.711	−0.338	−0.273
c17	0.039	0.704	−0.065	0.638
c16	0.549	0.651	0.339	0.309
c24	−0.035	0.147	0.943	0.114
c25	−0.604	−0.037	0.787	0.047
c22	0.376	0.183	0.199	0.838

　　由于主成分分析在实际应用中，几乎每个步骤都有值得探讨和改进之处，其中主要的有：信息的大小通常用离差平方和或方差来衡量，将指标正态标准化会存在信息丢失问题，抹杀了各变量变异程度的差异信息，从而使得特征提取性下降；用不同的统计软件将得到不同特征向量及相应主成分，因此应首先考虑各主成分的含义是否合理。在此案例应用中，不在前 4 个主成分备选范围内的指标为 10、16、17、18、25、26、27，然而纵观这些指标，多是为滨海新区在产业生态建设中成果优秀的指标，各年数据基本上都保持稳定的较高水平。例如，众所周知，滨海新区的节水与海水淡化利用一直走在全国的前列，2009 年万元 GDP 水耗仅为 6.73 吨，是全国平均水平的 3.2%，其作为衡量地区经济发展与水资源有效利用、水资源节约关系的重要指标，无疑是滨海新区的特色，但由于其多年的数值呈现出较低的差异性，其方差较小。

　　所以对指标的选取中，不能完全按照主成分的分析来筛选，还应结合对各指标定性分析，从而确定出较为合理、符合区域发展特色的指标体系。最终选择了 30 个指标作为滨海新区生态工业系统健康指标体系，在表 6-17 中，用"√"标出。

（三）指标权重计算

　　（1）构造复合模糊物元。用 2006～2011 年和 2015 年的指标值及其 24 个特征构造复合模糊物元，如表 6-20 所示。

　　（2）形成指数矩阵。利用从优隶属度公式式（6-2）和式（6-3）进行数据处理，计算各指标指数，形成指数矩阵，如表 6-21 所示。

　　（3）确定指标权重。①原始数据标准化，形成标准化的数据矩阵（y）；②标准化后的数据确定各指标的权重（w），如表 6-22 所示。

（四）评价标准确定

　　一个人的健康状况可以通过身体各项指标来综合判断，类比区域生态工业系统的健康，建立一套能够衡量生态工业系统健康状况的定量标准，评价区域产业的健康状况。

　　针对生态工业系统健康的研究更是鲜有所见，尚未形成统一的健康标准，同时地域差异、环境目标、生态类型等影响因素的存在，也使得健康标准不能一概而论。基于以上考虑，本节对健康标准的确定，充分考虑以下依据：①国家有关部门发布的环境质量标准；②区域发展水平、滨海新区"十二五"规划建设目标

表 6-20　滨海新区生态工业系统健康评价指标数据

要素	指标名称	单位	2006 年	2007 年	2008 年	2009 年	2010 年	2011 年	2015 年
产业活力	新区生产总值	亿元	1 983.63	2 414.26	3 349.99	3 810.67	5 030.1	6 036.12	10 000
	固定资产投资	亿元	864	1 153	1 651	2 503	3 352.7	4 023.24	6 575.179
	区财政收入	亿元	379.73	481.07	596.85	735.01	1 006	1227.32	1 500
	社会消费品零售总额	亿元	213.83	255.8	330.75	451.24	743.58	775.522	1 277.498
	实际利用外资	亿美元	33.44	39.24	50.77	57.54	70.4	83.072	120.483 6
	外贸出口额	亿美元	226.2	245.27	261.47	197.14	232.6	235	300
	港口集装箱吞吐量	万标箱	595	710	850	870	1 008.6	1 102.88	1 497.76
	单位 GDP 能耗下降量	%/万元	3.9	4.3	4.9	4.6	4.4	4.1	4.4
	单位 GDP 水耗	米³/万元	13.9	12.100 6	8.093 756	6.73	6.75	6.73	6.7
结构优化	第三产业比重	%	31.36	30.55	31	32.37	31.59	32	40
	金融业占第三产业产值比重	%	2.21	4.04	6.44	6.49	6.500 0	6.8	8
	主要废旧资源材料回收利用值	万元	4.5	4.47	5.04	107.23	27.442 6	30	50
	R&D 经费占 GDP 比重	%	1.05	1.87	2.1	2.33	2.5	2.7	3.5
	高新技术产业工业总产值比重	%	61.6	47	44.67	48	42	37.75	25
生态恢复力	SO_2 排放量	毫克/米³	0.061 0027 8	0.057	0.045	0.045	0.055	0.05	0.05
	NO_2 排放量	毫克/米³	0.04	0.043	0.044	0.044	0.049	0.049 7	0.05
	环保投入占 GDP 比重	%	1.2	1.29	1.8	1.84	1.95	2.3	3.5
	工业固体废物综合利用率	%	96.3	96.8	98.79	97.4	98.2	98.5	98
	工业用水重复率	%	83	88	89	90	92	93	95
服务功能	建成区绿化覆盖率	%	34.5	35	36	37.1	38	40	33
	城区环境噪声平均值	%	54.9	54.7	51.2	51.1	51.4	51.5	51.5
	城市空气质量优良率	分贝	83.6	86	88.8	89	81.4	85.5	85
	近岸海域环境功能区水质达标率	%	60	59.4	58.3	58.3	58	57.5	57
	湿地面积比例	%	32.1	31.9	31.86	31	30	29.8	22

表 6-21　滨海新区生态工业系统健康评价指标从优隶属度

要素	指标名称	2006 年	2007 年	2008 年	2009 年	2010 年	2011 年	2015 年
产业活力	新区生产总值	0.198 363 00	0.241 426 00	0.334 999 00	0.381 067 00	0.503 010 00	0.603 612 00	1.000 000 00
	固定资产投资	0.131 403 27	0.175 356 44	0.251 095 82	0.380 674 04	0.509 902 50	0.611 882 96	1.000 000 00
	区财政收入	0.253 153 33	0.320 713 33	0.397 900 00	0.492 673 33	0.670 666 70	0.818 213 33	1.000 000 00
	社会消费品零售总额	0.167 381 87	0.200 235 15	0.258 904 51	0.353 221 69	0.582 059 60	0.607 063 18	1.000 000 00
	实际利用外资	0.277 548 10	0.325 687 43	0.421 385 08	0.478 405 28	0.584 311 80	0.689 487 92	1.000 000 00
	外贸出口额	0.754 000 00	0.817 566 67	0.871 566 67	0.657 133 33	0.775 333 30	0.783 333 33	1.000 000 00
	港口集装箱吞吐量	0.397 259 91	0.474 041 23	0.567 514 15	0.580 867 43	0.673 405 60	0.736 352 95	1.000 000 00
	单位 GDP 能耗下降量	0.795 918 37	0.877 551 02	1.000 000 00	0.938 775 51	0.897 959 20	0.836 734 69	0.897 959 18
	单位 GDP 水耗	0.482 014 39	0.553 691 45	0.827 798 66	0.995 542 35	0.992 592 60	0.995 542 35	1.000 000 00
结构优化	第三产业比重	0.784 000 00	0.763 750 00	0.775 000 00	0.809 250 00	0.789 750 00	0.800 000 00	1.000 000 00
	金融业占第三产业产值比重	0.276 250 00	0.505 000 00	0.805 000 00	0.811 250 00	0.812 500 00	0.850 000 00	1.000 000 00
	主要废Ⅲ资源材料回收加工业产值	0.041 965 87	0.041 686 10	0.047 001 77	1.000 000 00	0.255 922 80	0.279 772 45	0.466 287 42
	R&D 经费占 GDP 比重	0.300 000 00	0.534 285 71	0.600 000 00	0.665 714 29	0.714 285 70	0.771 428 57	1.000 000 00
	高新技术产业工业总产值比重	1.000 000 00	0.762 987 01	0.725 162 34	0.779 220 78	0.681 818 20	0.612 824 68	0.405 844 16
生态恢复力	SO₂ 排放量	0.737 368 42	0.789 473 68	1.000 000 00	1.000 000 00	0.818 181 80	0.900 000 00	0.900 000 00
	NO₂ 排放量	1.000 000 00	0.930 232 56	0.909 090 91	0.909 090 91	0.816 326 50	0.804 828 97	0.800 000 00
	环保投入占 GDP 比重	0.342 857 14	0.368 571 43	0.514 285 71	0.525 714 29	0.557 142 90	0.657 142 86	1.000 000 00
	工业固体废物综合利用率	0.974 795 02	0.979 856 26	1.000 000 00	0.985 929 75	0.994 027 70	0.997 064 48	0.992 003 24
	工业用水重复率	0.873 684 21	0.926 315 79	0.936 842 11	0.947 368 42	0.968 421 10	0.978 947 37	1.000 000 00
服务功能	建成区绿化覆盖率	0.862 500 00	0.875 000 00	0.900 000 00	0.927 500 00	0.950 000 00	1.000 000 00	0.825 000 00
	城区环境噪声平均值	0.930 783 24	0.934 186 47	0.998 046 88	1.000 000 00	0.994 163 40	0.992 233 01	0.992 233 01
	城市空气质量优良率	0.939 325 84	0.966 292 13	0.997 752 81	1.000 000 00	0.914 606 70	0.960 674 16	0.955 056 18
	近岸海域环境功能区水质达标率	1.000 000 00	0.990 000 00	0.971 666 67	0.971 666 67	0.966 666 70	0.958 333 33	0.950 000 00
	湿地面积比例	1.000 000 00	0.993 769 47	0.992 523 36	0.965 732 09	0.934 579 40	0.928 348 91	0.685 358 26

表 6-22　滨海新区生态工业系统健康评价指标归一化数据、熵值

要素	指标名称	ω	2006 年	2007 年	2008 年	2009 年	2010 年	2011 年	2015 年
产业活力	新区生产总值	0.040 16	0.000 0	0.053 7	0.170 4	0.227 9	0.380 0	0.505 5	1.000 0
	固定资产投资	0.041 32	0.000 0	0.050 6	0.137 8	0.287 0	0.435 8	0.553 2	1.000 0
	区财政收入	0.043 06	0.000 0	0.090 5	0.193 8	0.520 7	0.559 0	0.756 6	1.000 0
	社会消费品零售总额	0.043 92	0.000 0	0.039 9	0.109 9	0.223 2	0.498 0	0.528 1	1.000 0
	实际利用外资	0.039 27	0.000 0	0.066 6	0.199 1	0.278 0	0.424 6	0.570 2	1.000 0
	外贸出口额	0.029 73	0.282 5	0.467 9	0.625 4	0.000 0	0.344 7	0.368 1	1.000 0
	港口集装箱吞吐量	0.034 81	0.000 0	0.127 4	0.282 5	0.334 6	0.458 2	0.562 6	1.000 0
	单位 GDP 能耗下降量	0.031 81	0.000 0	0.400 0	1.000 0	0.700 0	0.500 0	0.200 0	0.500 0
	单位 GDP 水耗	0.042 14	0.000 0	0.249 9	0.806 4	0.995 8	0.993 1	0.995 8	1.000 0
结构优化	第三产业比重	0.045 36	0.085 7	0.000 0	0.047 6	0.192 6	0.110 1	0.153 4	1.000 0
	金融业占第三产业产值比重	0.030 86	0.000 0	0.316 1	0.730 6	0.739 2	0.740 9	0.792 7	1.000 0
	主要废旧资源材料回收加工业产值	0.145 69	0.000 7	0.000 0	0.012 5	2.257 0	0.504 6	0.560 7	1.000 0
	R&D 经费占 GDP 比重	0.027 77	0.000 0	0.334 7	0.428 6	0.522 4	0.591 8	0.673 5	1.000 0
	高新技术产业工业总产值比重	0.026 77	1.000 0	0.601 1	0.537 4	0.628 4	0.464 5	0.348 4	0.000 0
生态恢复力	SO_2 排放量	0.038 96	0.000 0	0.251 3	1.000 0	1.000 0	0.376 1	0.688 0	0.688 0
	NO_2 排放量	0.048 33	1.000 0	0.700 0	0.600 0	0.600 0	0.100 0	0.030 0	0.000 0
	环保投入占 GDP 比重	0.038 04	0.000 0	0.039 1	0.260 9	0.278 3	0.326 1	0.478 3	1.000 0
	工业固体废物综合利用率	0.037 32	0.000 0	0.200 8	1.000 0	0.441 8	0.763 1	0.883 5	0.682 7
	工业用水重复率	0.029 09	0.000 0	0.416 7	0.500 0	0.583 3	0.750 0	0.833 3	1.000 0
服务功能	建成区绿化覆盖率	0.034 09	0.214 3	0.285 7	0.428 6	0.585 7	0.714 3	1.000 0	0.000 0
	城区环境噪声平均值	0.050 61	0.000 0	0.052 6	0.973 7	1.000 0	0.921 1	0.894 7	0.894 7
	城市空气质量优良率	0.034 91	0.289 5	0.605 3	0.973 7	1.000 0	0.000 0	0.539 5	0.473 7
	近岸海域环境功能区水质达标率	0.036 56	1.000 0	0.800 0	0.433 3	0.433 3	0.333 3	0.166 7	0.000 0
	湿地面积比例	0.029 41	1.000 0	0.980 2	0.976 2	0.891 1	0.792 1	0.772 3	0.000 0

和生态环境容量预测；③参考浦东新区、深圳特区等有可比性的区域现状值及目标值；④学术界的相关研究成果。以各类标准的建议值作为健康值，以全国最低值为病态限定值，在健康值基础上向上浮动 20%作为很健康的标准值，在后者基础上向上浮动 20%作为临界状态标准值，前后两次确定值相互调整得到最终四级健康标准值（表 6-23）。

表 6-23 滨海新区生态工业系统健康评价标准

要素	类别	指标名称	单位	很健康	健康	临界状态	病态
产业活力	经济效益	新区生产总值	亿元	≥5200	4500~5200	3800~4500	≤3800
		固定资产投资	亿元	≥4500	3500~4500	2500~3500	≤2500
		区财政收入	亿元	≥900	700~900	500~700	≤500
		社会消费品零售总额	亿元	≥650	550~650	450~550	≤450
		实际利用外资	亿美元	≥95	75~95	55~75	≤55
		外贸出口额	亿美元	≥800	500~800	200~500	≤200
		港口集装箱吞吐量	万标箱	≥1200	850~1000	600~850	≤600
	生态效益	单位 GDP 能耗下降量	%/万元	≥4	3~4	2~3	≤2
		单位 GDP 水耗	米^3/万元	≤10	10~20	20~30	≥30
结构优化	产业结构	第三产业比重	%	≥55	40~55	25~40	≤25
		金融业占第三产业产值比重	%	≥35	25~35	15~25	≤15
		主要废旧资源材料回收加工业总产值	亿元	≥140	120~140	100~120	≤100
	科技发展	R&D 经费占 GDP 比重	%	≥5	3~5	1~3	≤1
		高新技术产业工业总产值比重	%	≥50	40~50	30~40	≤30
生态恢复力	污染控制	SO$_2$ 排放量	毫克/米^3	≤0.04	0.04~0.06	0.06~0.08	≥0.08
		NO$_2$ 排放量	毫克/米^3	≤0.05	0.05~0.08	0.08~0.11	≥0.11
	循环利用	环保投入占 GDP 比重	%	≥3.5	2.5~3.5	1.5~2.5	≤1.5
		工业固体废物综合利用率	%	100	90~100	80~90	≤80
		工业用水重复率	%	100	90~100	80~90	≤80
服务功能	生活环境	建成区绿化覆盖率	%	≥50	40~50	30~40	≤30
		城区环境噪声平均值	分贝	≤55	45~55	55~65	≥65
		城市空气质量优良率	%	≥90	85~90	80~85	≤80
	自然环境	近岸海域环境功能区水质达标率	%	≥90	75~90	60~75	≤60
		湿地面积比例	%	≥30	25~30	20~25	≤20

三、生态工业系统健康指数计算

1. 隶属度

以 2006 年为例，将原始数据与健康评价标准进行比较，在其对应的评价等级内为 1，其余为 0。例如，2006 年指标"新区生产总值"的原始数值为 1983.63 亿元，对照应属于病态等级，因此，在病态等级内标注 1，在很健康到临界状态等级均标注为 0，即得 2006 年该指标的隶属度，所有指标依此标注可得 2006 年的各指标隶属度矩阵 R'_{2006}。

2. 健康评价及综合指数

组合权重矩阵乘以隶属度矩阵可得健康评价结果：

$$U_{2006}=W \times R'_{2006}=(0.1130 \ 0.1846 \ 0.3072 \ 0.3952)$$

利用式（6-2）和式（6-3）和综合评价式 $Z=\omega \cdot R$，将表 6-23 中的从优隶属度乘以各指标权重，得健康指数 $Z_{2006}=0.5369$，同理可得其他年份的健康评价结果及健康指数。经整理得 2006～2011 年及 2015 年滨海新区生态工业系统健康评价结果与健康指数如下，其中健康评价顺序依次是（很健康，健康，临界状态，病态）：

$$U_{2006}=W \times R'_{2006}=（0.1130 \ 0.1846 \ 0.3072 \ 0.3952）; \ Z_{2006}=W \times R=0.5369$$

$$U_{2007}=W \times R'_{2007}=（0.1640 \ 0.2135 \ 0.2254 \ 0.3971）; \ Z_{2007}=W \times R=0.5655$$

$$U_{2008}=W \times R'_{2008}=（0.2187 \ 0.1588 \ 0.3131 \ 0.3094）; \ Z_{2008}=W \times R=0.6319$$

$$U_{2009}=W \times R'_{2009}=（0.1640 \ 0.2977 \ 0.4177 \ 0.1206）; \ Z_{2009}=W \times R=0.7932$$

$$U_{2010}=W \times R'_{2009}=（0.2482 \ 0.3492 \ 0.3224 \ 0.0802）; \ Z_{2010}=W \times R=0.7071$$

$$U_{2011}=W \times R'_{2011}=（0.3600 \ 0.3349 \ 0.2264 \ 0.0802）; \ Z_{2011}=W \times R=0.7419$$

$$U_{2015}=W \times R'_{2015}=（0.4443 \ 0.3375 \ 0.1091 \ 0.1091）; \ Z_{2015}=W \times R=0.8702$$

按照最大隶属度原则，由图 6-6 所示，滨海新区 2006 年、2007 年生态工业系统属于"病态"状态，从 2008 年情况有稍许好转，2008 年、2009 年为临界状态，2010 年属于健康状态，2011 年、2015 年属于很健康状态。具体来看，由于是使用最大隶属度来划分其健康状态，虽同属于一个状态的年份其健康程度也存在着差异，2007 年的状态分布中，在健康和很健康状态都有所改善。如果"十二五"规划的目标值能够顺利实现，则 2015 年将达到很健康的状态。

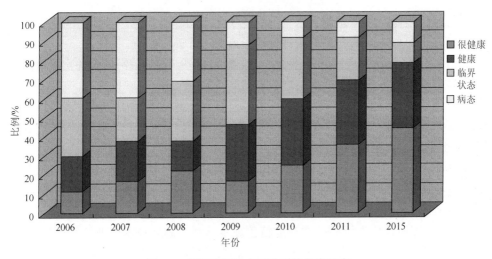

图 6-6　滨海新区生态工业系统健康状态

四、生态工业系统健康评价结果分析

根据计算结果，可看出滨海新区 2006～2011 年及 2015 年的生态工业系统健康状况整体处于平缓上升趋势，其中 2009 年健康水平出现了明显提升（图 6-7），滨海新区生态工业系统向着不断优化的方向健康发展。2009 年的健康指数有明显高峰，与当年的"主要废旧资源材料回收加工业总产值""高新技术产业工业总产值比重""城市空气质量优良率"等指标数值有明显优秀表现相关，在产业转型的过程中，前两个反映产业结构优化的指标中 2009 年的指数加分较多。

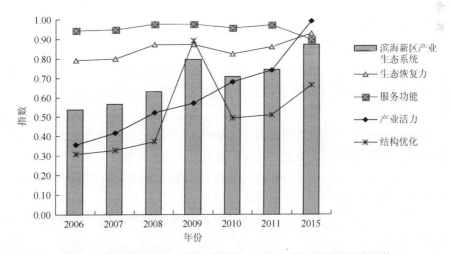

图 6-7　滨海新区 2006～2011 年及 2015 年生态工业系统健康评价

与区域整体产业生态健康水平呈现逐年上升的趋势相比，各要素的趋势相似性却存在不同形态，结合趋势图对各要素内部进行评价如下。

（1）"产业活力"表现出经济保持逐年增长态势。这与滨海新区的实际情况相符，滨海新区纳入国家发展战略，定位就是"21 世纪的新增长点"，滨海新区正在并将继续推进京津冀及环渤海地区的经济振兴，并成为拉动全国经济的"第三增长极"，多年来一直保持 20%以上的增长速度，2010 年滨海新区生产总值达5030.11 亿元，占全市的 54.5%。

影响产业活力子系统健康的限制因素主要是实际利用外资与港口集装箱吞吐量指标值较低，即滨海新区作为北方对外开放的门户，其大规模聚集、扩散能力尚有待提高。

（2）"结构优化"子系统中产业特色逐步显现。高新技术产业持续保持 45%的工业总产值，表明区域产业结构呈现出越来越好的态势；"主要废弃资源材料回收加工业工业总产值""高新技术产业工业总产值比重"等指标数值的明显波动，使 2009 年的结构优化要素出现了剧烈的拐点。

这反映出滨海新区在实现产业转型中，面临比例关系不协调、发展不平衡的问题。产业内部发展不协调，第三产业中，金融和房地产产业占比均低于 10%，发展相对滞后。总体来看，滨海新区第二产业仍占主导地位，第三产业比重相对偏低，现代服务业发展迟缓，限制因素主要是第三产业和地方研发经费占 GDP的比例仍偏低。区域主导产业处于产业链低端，尚未发挥集群效应，高科技产业产值还有待提高。

（3）"生态恢复力"整体处于平缓波动趋势。其中 2008 年效果最为明显，出现顶峰后走势趋缓，这反映区域产业生态恢复力水平在加大治理力度后将保持在较高水平，如何保持目前环保力度和治理水平是应该注意的问题。

（4）"服务功能"生态工业系统制约区域内其他生态系统的健康水平。环境噪声、空气质量及近岸海域水质等均主要受区域产业所影响，从图 6-8 中来看，近年来滨海新区产业快速崛起的同时，注重了对其他生态系统保护。但有些指标也出现了不健康的发展势头，如近岸海域水质逐年下降，这与滨海新区的港口经济蓬勃相悖。

2006～2010 年，环渤海经济圈的 GDP 由 5.5 万亿元飙升至 8.7 万亿元，增幅为 58%；海水污染面积从 1.189 万平方千米（约占 15%），上涨到 1.699 万平方千米（约占 22%）。《全国环境公报》显示，2010 年渤海近岸海域水质差，为中度污染，近岸海域水质略有下降。近年来，由于严重缺水，城市化扩大，使上海市湿地生态环境逐步退化，水域面积、湿地面积迅速减少，湿地生产力和生态功能萎缩。

从以上评价结果来看，滨海新区产业系统总量的发展近年取得了很多成绩，滨海新区在资源节约和循环利用方面做了很多工作，取得了显著的成绩。根据滨海新区的"十二五"规划目标，2015年滨海新区在保持经济高速增长的同时环境质量进一步改善，同时大力推进循环经济和生态产业园区的示范和建设，初步构建生态人居环境，宜居生态型新城区框架基本形成，并率先达到国家生态城市建设指标体系标准。而如何让产业结构优化、生态恢复力及服务功能状况与产业活力的提升保持同步，是目前应该考虑的问题。在保持快速发展 GDP、实际利用外资等相关经济总量指标的同时，滨海新区政府应将工作的重点更多地转移到如何促进产业结构优化及生态环保上来，从而使生态工业系统与社会、自然等其他生态系统和谐发展。

参 考 文 献

白丽萍，赵树明. 2011. 保护与空间构建. 城市，1（1）：23-64.

冯之浚，刘燕华. 2015. 创新是发展的根本动力. 评价与管理，2（4）：38-41.

黄志斌，王晓华. 2000. 产业生态化的经济学分析与对策探讨. 华东经济管理，2（3）：89-112.

刘勇，陶建华. 2007. 生态足迹分析. 安徽农业科学，（7）：89-102.

丘兆逸. 2006. 资源型集群的创新网络分析. 改革与战略，3（5）：12-19.

武春友，邓华，段宁. 2005. 产业生态系统稳定性研究述评. 中国人口·资源与环境，5（10）：32-39.

谢红霞，任志远，莫宏伟. 2005. 计算分析——以西安市为例. 干旱区地理，1（2）：8-17.

袁增伟，毕军，张炳，等. 2004. 传统产业生态化模式研究及应用. 中国人口·资源与环境，14（2）：108-111.

张欲非. 2007. 区域产业生态化系统构建研究. 管理工程学报，5（9）：21-32.

Bilezikian J P，Khan J T，Potts J T. 2009. Guidelines for the management of asymptomatic primary hyperparathyroidism: summary statement from the third internatio. Journal of Clinical Endocrinology & Metabolism，94（2）：335-339.

Cesarman E，Chang Y，Moore P S，et al. 1995. Kaposi's sarcoma-associated herpesvirus-like DNA sequences in AIDS-related body-cavity-based lymphomas. New England Journal of Medicine，332（18）：1186-1191.

Gray D，Dierich A，Kaufman J. 1991. Mice lacking MHC class II molecules. Nature Genetics，66（5）：1051-1066.

Kumar S，Tamura K，Nei M. 2004. MEGA3: integrated software for molccular evolutionary genetics analysis and sequence alignment. Briefings in Bioinformatics，5（2）：150-163.

Purcell S，Neale B，Todd-Brown K，et al. 2007. PLINK: a tool set for whole-genome association and population-based linkage analyses. American Journal of Human Genetics，81（3）：559-575.

Ronquist F，Teslenko M，Mark P V D，et al. 2012. MrBayes 3.2: efficient Bayesian phylogenetic inference and model choice across a large model space. Systematic Biology，61（3）：539-542.

Wackernagel M，Onisto L，Bello P. 1999. National natural capital accounting with the ecological footprint concept. Ecological Economics，29（3）：375-390.

William G A. 2001. Bowling alone: the collapse and revival of American community. Journal of the American College of Radiology，1（12）：788-790.

第七章 生态工业园典型案例

本书第一章指出，生态工业系统理论的主要实践表现形式有：工业共生体系、生态工业园和静脉产业园等。本章主要介绍几个典型的生态工业园。

第一节 卡伦堡生态工业园

一、卡伦堡生态工业园概述

丹麦卡伦堡生态工业园作为世界范围内建设生态工业园区的先行者，到如今已是全球生态工业系统运行的典范。它建立于 20 世纪 70 年代，已经过了 40 多年的稳定发展。

2012 年卡伦堡全市人口仅 19 000 人，这里的主要企业使用彼此之间的"废弃物"来作为各自生产制造所需的原辅材料，该地区产业共生关系演进过程，是自发、缓慢演变而成的，其也成为世界上生态工业园区建设的最早案例。其中"废弃物"指的是可燃气、蒸汽、冷却水、粉煤灰、硫代物、可燃废物等各种副产品。

卡伦堡生态工业园的产业共生网络是由斯塔朵尔（Statoil）炼油厂、阿斯耐斯瓦尔盖（Asnaesvaerket）发电厂、吉普洛克（Gyproc）石膏材料公司、挪伏·挪尔迪斯克（Novo Nordisk）公司四个企业和卡伦堡市政府共同组成。下面对它们的情况进行介绍：斯塔朵尔炼油厂作为丹麦最大的炼油厂，拥有职工近 300 余人，消耗原油 500 多万吨，年产量超过 300 万吨；阿斯耐斯瓦尔盖发电厂是丹麦最大的火力发电厂，起初采用燃油发电，第一次石油危机之后改为煤炭，发电能力为 150 万千瓦，职工人数 600 名；吉普洛克石膏材料公司是瑞典的一家公司，拥有员工 175 人，石膏建筑板材的年产量为 1400 万平方米；挪伏·挪尔迪斯克公司不仅是丹麦最大的生物工程企业，也是世界上最大的胰岛素和工业酶生产企业之一，位于卡伦堡的公司是该企业最大的分厂，员工人数 1200 人；卡伦堡市政府则通过发电厂产生的蒸汽来实现供暖。这四个企业和卡伦堡市政府相互之间的距离仅为数百米，而且是通过相应的管道体系互相连接。此外，卡伦堡产业共生网络中还包括农场、硫酸厂等企业。

在卡伦堡产业共生网络体系中，资源能源及副产品在各个企业之间得到了多级重复利用。它们之间通过水、能源和废弃物的方式来进行物质交易，一个企业生产所剩的废弃物会变成另一个企业生产所需的原料：发电厂建立了容积为 25 万立方米的回用水池，回用产生的废水，也能聚集地表径流，缩减了近 60%的用水量。从 1987 年以来，炼油厂产生的工业废水通过净化处理被用作发电厂所需的冷却水。而发电厂的蒸汽则可供给制药厂和炼油厂，同时也出售给市政府、石膏厂及为养殖场提供热水。发电厂发电产生的飞灰则被水泥厂用作水泥生产的原料。

20 世纪 90 年代，发电厂通过在发电机组上安装脱硫装置，使燃烧所产生的气体中的硫和石灰生成石膏。如此，发电厂则可产出近十万吨石膏送至相邻的石膏材料厂，因而，石膏厂也无需从西班牙矿区进口天然石膏，这样一来发电厂不仅可以得到额外的效益，石膏厂也可大量减少生产成本。

炼油厂生产过程中所剩的燃气，可以用来代替部分煤和石油用作发电厂的燃料，如此发电厂平均每年可节省近 3 万吨煤和近 2 万吨石油。炼油厂产生的燃气不仅可以供给发电厂，还可以用于石膏厂生产石膏板的干燥剂。

制药厂通过植物发酵来生产酶，在此过程中会生成饱含氮、磷、钾、钙的化学物质，可为农场种植农作物提供肥料。根据已知的情况，卡伦堡生态工业园共 16 个废料交换工程，投资总额达到 6000 万美元，而其每年所带来的效益则超过 1000 万美元，创造了可观的经济和环境效益。

二、卡伦堡模式和驱动力

卡伦堡模式即建设生态工业园，可称之为企业之间的循环经济运行模式，其要义是把不同的企业联结起来，形成共享资源和互换副产品的产业共生组合，使得一家企业的废气、废热、废水、废渣等成为另一家企业的原料和能源。卡伦堡生态工业园的主体企业是发电厂、炼油厂、制药厂和石膏厂，以这四个工厂为核心，通过贸易方式利用对方生产过程中产生的废弃物或副产品，作为自身生产中所需要的原料，不仅减少了废物产生量和处理费用，还产生了很好的经济效益，使经济发展和环境保护处于良性循环之中。

火力发电厂是卡伦堡生态工业园循环产业链的中心环节。发电厂将其在生产过程中的蒸汽供给炼油厂和制药厂，以保证两者生产活动中需要的热能；然后又利用地下管道的方式为全市居民供暖。通过这种方式，全市近 3500 个燃烧油渣炉得以封闭，大量地削减了烟尘、废气排放量；另外，炼油厂的燃气可供应发电厂和石膏厂；同时，水资源在各个工厂间也同样得到有效循环利用，整个工业园每年可缩减近 1/4 的用水量。卡伦堡生态工业园根据循环经济理念经过多年发展，有效地减少了资源浪费，控制了环境污染，同时也提高了经济效益。卡伦堡生态工业园的产业共生网络体系如图 7-1 所示。

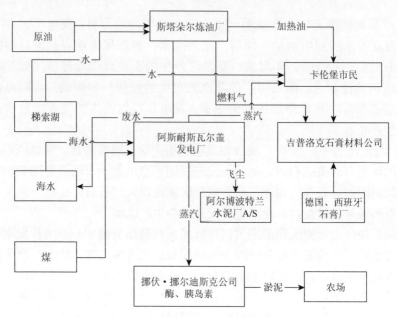

图 7-1　卡伦堡生态工业园共生网络图

卡伦堡生态工业园有效发展的驱动力主要是源于三个方面。第一个方面的驱动力就是制度创新。政府在政策制定上实行强制性的高收费排污标准和给予低污染排放企业优惠的利益激励机制，这使得人们意识到污染物的排放不仅成为一种成本要素而且使各企业加强了控制、减少污染排放的力度。同时，卡伦堡园区的管理人员通过对园区内企业进行组织协调和监察管理工作，以及为新兴的废物处理及循环利用项目提供技术、资金保障，有效地规避了在经济利益驱动下，企业可能会瞒报危险废弃物排放、逃避废弃物排放税等风险的发生，政府部门也会组织相应机构保证工业园区的循环经济生产有效发展。这正是卡伦堡循环经济模式形成的基本驱动力。

第二个方面的驱动力则是工厂企业自身利益及长远发展。例如，从水资源循环的角度来看，由于卡伦堡的水资源贫乏，且地下水价格并不便宜，如果别的工厂可以积极地和发电厂制定协议，充分使用发电所产出的余热资源和冷却水资源，这样不仅可以减少水的供给短缺问题，还可以避免缴纳污水排放税，不会使得整个系统的发展因为水的供应而受到限制。同时，一个不可忽视的关键在于，对于工业园区内其他企业来说，净化处理废水再利用的成本和排放污水所需缴纳的税相比能够节省近一半的成本，而相较于直接采用新的地下水，则能够节省近 3/4 的成本。正是如此，水资源成为卡伦堡生态工业园最早实现循环利用的生产要素。不只是水资源能够循环再利用，发电厂产生的粉煤灰也可当成水泥生产的原材料。水泥厂也可接收发电厂产生的粉煤灰作为水泥生产的原料，通过这种方式，不仅发电厂能够避免污染物排放税的缴纳，水泥厂也能够大大削减原料成本费用，两个工厂企业都能够得到实际的经济利益。这一点正是卡伦堡生态工业园存在并发展的核心。

第三个方面的驱动力则是源于企业自身的社会责任和生态环境道德。举例来说，工业园内的制药厂将生产活动中出现的废弃物回收并制作有机化肥，然后无偿地送给工业园附近的农场使用，制药厂则可从农场回收农作物作为制药的原料。这样的话，制药厂与农场就会变成一个简单的循环经济的联合体，从而达到无污染物排放的目的。这就是制药厂本着对经济社会负责的态度和追求生态环境道德的结果。

因此，卡伦堡生态工业园是在具体的政策机制下、在一定的资源环境背景下及在特有的经济技术条件下，出现的以闭环物质流为特点的循环经济发展模式，其不仅为世界范围内循环经济发展建设展示了优秀的范例，也为我国国内循环经济的发展，特别是开展建设循环经济工业园，带来了有益的经验和帮助。

三、卡伦堡生态工业园成功的启示

根据卡伦堡生态工业园的成功案例，我国应当着重建设具有自身特色的循环经济工业园。以下从五个方面对其进行阐述。

第一，必须明确我国循环经济工业园区的发展定位，即将循环经济工业园定位为实现资源节约、环境保护、产业发展共赢的载体。具体体现如下。

（1）可将其考虑成为社会废弃物、生活包装物、生产污染物的回收利用中心，这将有利于缓解相关城市周边的环境压力。

（2）将各企业之间的生产所需资源和生产所剩废弃物作为节点，扩充为循环经济产业链网络，扩张发展范围。

（3）可用来当成相关环境保护技术，如清洁生产、绿色能源、资源高效利用和原材料技术的人才聚集地和技术中心实验基地。

（4）使其能源有着较高的生产效率和高质量的环境水平。

（5）打造能够面向全社会的循环经济产业基地，从资源利用、能源消耗的单位"企业高效化"向整体"园区高效化"或"区域高效化"转变，以此来保证循环经济的可持续发展水平。

第二，还应确定工业园区的结构特征。园区内各企业之间互相通过彼此的"废弃物"作为生产的原料和资源，构成循环产业链。园区中企业单位的构建是由产生废弃物的企业、科研组织或大学院校及政府机关集体出资，可以根据市场自由独立运营，可以专业处理某一领域废弃物回收再利用，或是提升资源利用效率，同时允许根据情况采取中外合资，相关科研组织、大学院校、中介组织、绿色产业企业和人才集聚，为园区发展提供各方面的保障。

　　第三，政府部门应采取环保措施。依据科学发展观作为指导思想，以市场为导向，以企业为主体，综合考虑资源合理利用、环境有效保护及产业快速发展，并且以经济发展为重点，用法律体系作支撑，以所制定法律、政策的有效性、综合性和可行性来为生态工业园区建设发展提供保护。可以从以下几个方面考虑：首先是法律法规保障，立法是有效和重要的保障措施，可以推进回收、减污等措施。其次是发展规划保障，在金属冶炼、煤炭开采、化学化工等高碳行业，在一些重点领域内，如资源能源集约利用、废旧物品集中回收、绿色再制造等，设立示范园区。再次是税收制度保障，税收制度是一项基础性和核心性的制度，它包括鼓励性税收制度及限制性税收制度。鼓励性税收涵盖鼓励回收再利用、使用绿色能源生产等；限制性税收则包含强制征收产品污染税、废弃包装物税等，而且可按照污染物危害性的大小及处理过程的难易等来制定税率。然后是发展措施保障，如给予专业领域市场准入制度、产品生产回收责任制、价格优惠补贴政策等。最后是基础设施保障，政府相关部门带动基础设施建设，将物流建设作为衔接点，将资源能源作为重点，以经济发展为杠杆，使园区能够共享各项基础设施建设的成果。

　　第四，注重发展科学技术水平。卡伦堡生态工业园取得巨大成就的关键条件就是科技发展水平，科技进步会给工业园区建设带来更大空间。所以，我国应将生态工业园区的建设发展重点放在科技创新体制，完善生态工业工程的科技支撑体系，如废弃物回收利用技术、绿色环保技术、清洁能源技术等。同时，为了取得良好效果，应积极加强同国外的合作，通过重点项目的招商引资并以此为中介，吸收国外先进科技成果，引进我国生态工业园，并通过自主研发形成我国园区内企业的关键节点技术和产品，实现产业间循环。充分利用科技力量，扩展集群优势，加大对循环经济关键技术的扶持力度。积极搭建生态工业工程信息服务平台，使园区内企业能够得到更多的技术咨询和服务。

　　第五，应加大力度培养园区及企业发展循环经济的意识和生态道德。对于责任意识和生态道德的培养，必须要结合企业自身利益的发展。因此，需要让企业意识到发展循环经济能够减少生产成本，并且有助于它们对于保护生态环境方面的形象提升。不仅仅是企业，民众也应该要具有循环经济意识，这样才能更好地发挥循环经济的优势。为了提升我国民众的生态意识和环保责任，相关部门可以通过社会舆论宣传和制定政策法规等手段来进行监督管理，促使我国生态工业园区建设顺利进行。

第二节　北九州生态工业园

一、北九州市概述

　　北九州是位于日本福冈县的一座城市，因地处九州岛最北端而得名，人口数量 97 万人，面积 488.78 平方千米，是日本主要的工业和港口城市，以钢铁、化学为主，还有机械化工、食品加工、陶瓷等产业。

标志着北九州市的工业化开端的是 1901 年国营八幡炼钢厂正式投入生产，同时它也是拥有第一座现代化高炉的国有企业。第一次世界大战期间，北九州已开始形成以钢铁、煤炭、化学、矿山机械等为主的北九州工业区轮廓，并逐步成为日本四大工业地带之一，是日本工业经济的快速发展的重要力量；然而，20 世纪 60 年代，工业高速发展带来的环境污染问题，也给北九州带来了不可预计的损失，如 1968 年的米糠油事件（亦称多氯联苯污染事件）及"七色烟城"事件。

"公害事件"使北九州市公众意识到了环境保护的重要性。随后，北九州市各阶层的人民群众包括政府都将保护环境作为重中之重。国家颁布了一系列防治污染的法规协议，采取了如设置环境检测中心、建立废物废水处理厂等一系列措施；企业工厂也开始采用环保设备、开发绿色清洁生产技术。通过多年来的努力建设，北九州终于将"死海"建设成为渔业养殖基地，将"七色烟城"建设成为"星空城市"。1990 年，联合国环境规划署颁发了"全球 500 佳"环境奖的城市，北九州成为日本第一个获此殊荣的城市。北九州响滩临海工业园的分布图如 7-2 所示。

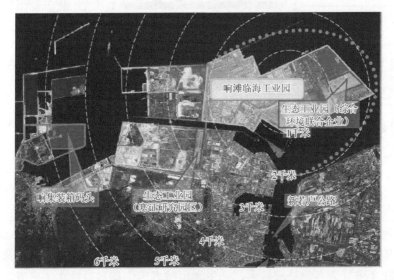

图 7-2　北九州响滩临海工业园分布图

资料来源：北九州市环境局环境经济部环境产业政策室（2006 年）

二、北九州生态工业园的运作模式

日本作为世界上生态工业园建设较为成功的国家之一，至今为止已经成功建设了近 30 个生态工业园。作为日本成功范例的北九州生态工业园如今已经建设成为较为规范的发展循环经济的生态工业园区。

1. 北九州生态工业园概述

作为循环型工业园的代表，北九州生态工业园于 2001 年开始投入使用。为了保证工业园内企业发展环保产业，日本中央政府会统一购置工业用地租给相关企业并补偿 30%～50%的投资费用，而地方政府也会出资 10%的比例。"北九州环境产业推进会议"制定了生态工业园的建设方针，并且政府结合了环境保护和产业发展，实行了具有地方特色的环保政策。随后，日本政府又公布了北九州生态工业园建设的第二期计划，根据新的工作安排，继续大力推进并完善北九州工业园的建设。北九州生态工业园综合环境联合体内部循环流程如图 7-3 所示。

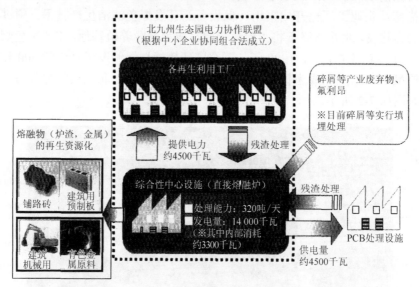

图 7-3 北九州生态工业园综合环境联合体内部循环流程图

资料来源：林晓红（2008）

北九州生态工业园主要设立了两大区域。

一是验证研究区域。在该区域内，政府部门、企业机构和大学院校通过密切合作，联合进行废弃物处理技术、再生利用技术等尖端科技的实证研发，从而打造成为相关环境保护技术的研究开发基地。当前该区域的研发企业单位主要有：福冈大学资源循环与环境控制系统研究所、北九州食品再循环协同工会的豆腐渣及食品残渣再循环工厂、北九州医疗烧酒酒糟高度再循环实验研究设施等。

二是综合环境联合企业·响滩循环利用区。北九州市在响滩地区建立了综合环保联合企业群区。各个企业通过彼此协作，开展环保产业企业化项目，从而使该区成为资源循环基地。区域内聚集了报废汽车、报废办公设备、废塑料瓶等大批废旧产品再循环处理厂，包括 PCB 处理设施、综合性中心设施、再生使用新技术设施，家电、办公设备、汽车、荧光灯管、医疗器具、塑料饮料瓶、建造混合物等。然后通过综合性核心设施，将园区内企业残留的废渣、碎屑等进行综合熔融处理，并将熔融物质再资源化（如制成混凝土再生砖等），同时利用焚烧产生的热能发电供给园区内企业。

与此同时，园区内也十分注重绿化美化，基本实现了污染零排放，因此被日本政府评定为"资源循环样板市"。

2. 北九州生态工业园的特色

（1）健全的法律法规体系。日本采取了将产业发展结合环保政策并举的措施，基于《促进循环社会形成基本法》和《促进可循环资源利用法》，制定了一系列相关的法律法规，包括《废弃物处理法》《建筑工程资材再资源化法》《特定家庭用机械再商品化法》《食品循环资源再生利用促进法》《容器包装循环法》《绿色采购法》《家电再循环法》《促进容器与包装分类回收法》《化学物质排除管理促进法》，已经基本形成了一个促进发展循环经济的较为健全的法律法规体系。

（2）培育人才力量。注重培养人才技术力量优势，能够在北九州一百年"制造业的城市"建设中完全地发挥其作用。

（3）基础设施。在设立了有效稳定的废弃物处理机制后，利用北九州得天独厚的优势，积极开展基础设施建设，回收处理各区域的废弃物。

（4）机构合作。政府有关部门和北九州工业园区内企业、大学、科研机构之间形成了良好完善的合作机制。

（5）市民的拥护支持。北九州生态工业园制定了信息公开、共享制度，并采用风险管理评价的办法，以求降低或者规避风险的发生，最终赢得了市民的理解、支持和拥护。

3. 北九州生态工业园区的经济效果

迄今为止，生态工业园事业效果：投资额约 656 亿日元（市政府 59 亿日元、国家政府等 257 亿日元、民间 340 亿日元）；职工人数约 1100 人（含临时工）；来仿参观人数累计约 42 万人次。生态工业园进展情况：研究设施 17 家；处理生产厂家 25 家；PCB 处理设施 1 家。

4. 北九州生态工业园区的后续发展

北九州生态工业园的后续发展目标是遵循循环经济发展理论，使"静脉产业"和"动脉产业"达到动态均衡，最终实现生态工业园区的可持续发展。"静脉产业"的目标是通过建立社会保障体系（法律、制度、财政等）、提供技术支撑来鼓励公众参与、获取公众支持，进而实现环保的产业化。"动脉产业"的目的则是利用绿色生产、面向环境的设计、生命全周期评价等技术方法及环境经营等，使产业环境化。图 7-4 是北九州生态工业园内企业间的链图。

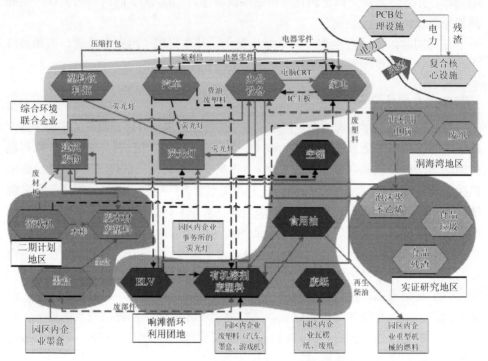

图 7-4　北九州生态工业园的内部网络

资料来源：王强（2012）

三、北九州生态工业园的启示

1. 壮大环保产业，促进经济发展

北九州的发展历程已经告诉我们，区域的经济发展与环境保护可以同时进行、同时兼顾。北九州"静脉产业"中的"生态城"工程主要是资源再生，不仅有利于资源节约，也提供了数以千计的就业岗位，在环保的同时也为当地的经济增长做出突出贡献。

我国的环保产业目前还处在起步阶段，总体规模尚小，产业分布、产业结构不均衡；人均产值偏低，其总产值占全国国民生产总值（GNP）的比例较小；行业就业人员占全国就业人数比例不到 1%；技术水平不高，市场管理混乱；等等。因此，为了兼顾经济发展与环保，应该改良现状，以促进环保产业的迅猛发展。

各个利益相关体也应该各尽其能，政府要制定相关激励政策、提供制度保障、加大财政投入等；企业作为环保科研的主体，应该积极致力于技术研发，引进新设备。

2. "北九州模式"对我国环境保护的借鉴意义

日本历史上曾经经历了几次重要的公害污染事件，给人民的健康及国家的经济带来了巨大的灾难。例如，1955年，日本熊本县的水俣病事件、日本富山"骨痛病"事件、日本四日市哮喘病事件等。一系列环境污染事件迫使人类开始思考工业发展所付出的环境代价。事后再采取弥补措施，不仅耗费巨额的费用，而且对污染造成的某些伤害难以挽回，如人体中毒后迅速死亡。鉴于此，事前预警显得尤其重要，于是就从"末端治理"发展为"清洁生产"，大大降低了污染程度和治理污染的成本。

目前我国的生态状况处于一个高风险阶段，与20世纪六七十年代的日本极其相似。这与党中央国务院所倡导的"环境友好型，资源节约型"社会及"和谐社会"还有很大差距，正确处理环境问题已经成为人类刻不容缓的使命。

"北九州模式"指的是北九州市高效的处理环境问题的方式，其基本的环境保护处理方式包括：政府、企业、机构治理；互相协作；财政金融扶持；国际间合作交流；环保意识教育。北九州市政府在经济发展和环境保护方面具有主导作用，其作用举足轻重。政府制定政策适时调整了相关法律法规，整体规划了如何在工业发展与环境保护之间的平衡，提倡对公众信息公开化。

日本政府的政策措施在可从以下方面进行总结。

（1）加强政府职责贯彻力度。明确工作范围，认清工作重点，按部就班，逐步突破。

（2）突出市场机制在环保问题中的作用。环保问题不仅是政府的职责，也是公众、企业、社会共同的责任。单纯依靠政府制定强制性的法规政策来约束企业行为是远远不够的，关键是要对企业进行宣传教育，带动企业自发地养成绿色清洁生产意识，以此确立促进环保产业发展的内在动力和环境保护机制。

（3）倡导绿色消费理念，引导公众绿色消费。鼓励倡导绿色环保的生产方式，加强环保消费概念宣传，调整公众消费方式，进而限制企业的生产方式，间接地强制企业采取清洁的生产方式，提高解决环境问题的水准。与此同时，伴随着消费者环保意识的增强，人们会提高自我约束能力，多消费环保产品，并且对生活垃圾分类，减小垃圾量，降低处理成本。

3. 人才培养是发展循环经济的关键

北九州工业园区坐落的位置离原有企业聚集体和学术研究区域较近，以企业和高校为依托，还有政府各种优惠政策的扶持；大批量引进人才的同时也联合多所高校共建实验基地；为了全面推动园区发展，北九州市于1994年成立了"学术研究城"，鼓励研发，为园区的持续发展提供长久的技术支撑，并进行产业创新，实现产业结构高度化。以上措施都为人才培养提供了便利条件，从而确保科技带动园区的发展。

4. 加强宣传教育，鼓励公众参与

北九州生态工业园区定期对外开放，以供学生参观学习，已成为对学生进行宣传教育的环保型教育基地；同时，教育部门把有关介绍北九州生态工业园区的文章编入中小学教材，不仅提高了园区影响力，更是帮助公民从小树立环保光荣的观念；公众自觉投入到各种环保宣传活动中来，并自发形成各类环保的非营利性组织。每当政府要做出决策时，都会提前召开市民座谈会，争取市民意见，这是构建"循环型社会"坚实的社会基础。

第三节　鲁北生态工业园区

一、鲁北生态工业园区概述

山东鲁北企业集团总公司（简称鲁北集团公司）地处渤海湾，北临黄骅港，南依碣石山，作为我国第一个生态工业建设示范园区、国家首批循环经济试点单位、国家首批环境友好企业及国家海洋科技产业基地，其创建的中国鲁北生态工业模式成为世界上首屈一指的循环经济最佳发展模式，被列入我国国民经济"十一五"发展规划。经过近40年的发展，鲁北集团公司已经从当初的小微型硫酸厂成功发展成为我国化肥五强、化工五百强的国有特大型企业。鲁北集团公司拥有52个分公司，作为生态化工企业，其产业横跨海水养殖、化工、轻工、建材、有色金属等五大行业十二个领域，是当前国际上最大的磷铵硫酸水泥联合生产企业，全国最大的磷复肥生产基地。鲁北生态工业园区的工业共生网络结构如图7-5所示。

自鲁北集团公司成立以来，十分注重技术研发、集成创新及科技体系建设，使科技创新成果迅速转化为现实生产力，如"六五"期间，研究攻关了盐石膏、磷石膏、天然石膏制硫酸联产水泥三项科技成果，"九五"计划中的磷铵硫酸水泥联产（PSC）、海水一水多用盐碱电联产等。

对于磷石膏废弃残渣难以再循环利用问题，鲁北集团公司始终以循环经济理论和系统工程思想为基础，坚持面向环境、面向生产全生命周期的可持续发展，以科技进步为核心，优化资源配置，力图克服该项技术难关。经过数十年的不懈努力，通过资源共享终于解决了这一长期制约磷复合肥工业发展的世界性难题，

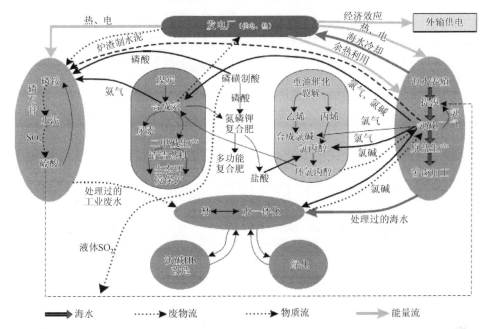

图 7-5　鲁北生态工业园区的工业共生网络结构

资料来源：王强（2012）

实现了在盐碱荒滩上创建工业生态系统的目标。在世界范围内工业园区中，北九州生态工业园区成为仅有的几个具有长久运行经验的成功案例，缓和了经济发展与环境保护之间的矛盾。对该案例的研究和经验总结对探索生态工业园区建设模式及工业生态学理论的发展具有很强的现实意义。

1. 磷铵硫酸水泥联产

鲁北集团公司实现了磷铵、硫酸、水泥三种生产技术的有机结合，形成产业化，将磷铵生产过程中的磷石膏废渣用作生产硫酸原料并联产水泥，而硫酸又可回用于制造磷铵，在这个过程中，所有资源都得到循环有效地利用，不会有废弃物产生，实现了完整的循环产业链。这个循环产业链的原材料仅仅是磷矿石，产业链从源到汇的纵向闭合则是依靠硫酸和磷石膏，这样一来有效避免了硫酸和水泥生产中对原矿的开采过程，也同时避免了磷铵、硫酸生产时矿物废渣的浪费，因此，对比相同规模生产单一品种的企业，鲁北集团公司生产成本能降低近 50%，不仅合理解决了磷石膏废渣限制磷复肥工业发展的困境，而且拓展了生产硫酸、水泥的新路径，其产业链如图 7-6 所示。

2. 海水—水多用

在政府主张大力开发黄河三角洲和建设山东的时代背景下，鲁北集团公司突

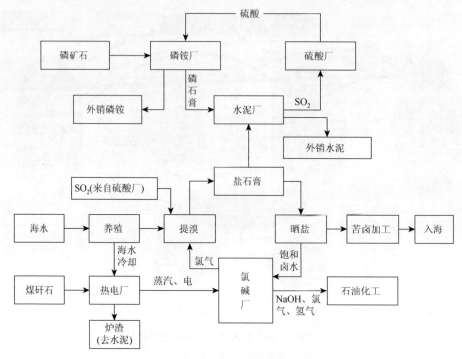

图 7-6　鲁北园区产业链构成（一）

破单一制盐的传统模式，以发展海洋化工为目标，创建了海水一水多用产业链，实现了海水养殖、制盐、化工一体化、深层次滚动开发。一水多用产业链由百万吨规模盐场、5 万亩水产养殖场和万吨溴素厂组成，如图 7-7 所示，已基本实现了初级卤水养殖、中级卤水提溴、高级卤水提取钾镁、饱和卤水晒盐、盐田废渣盐

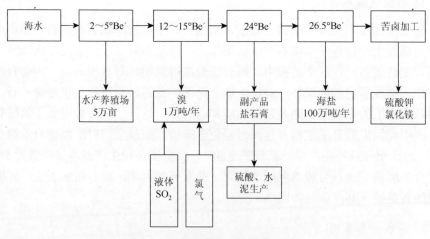

图 7-7　鲁北园区产业链构成（二）

石膏制硫酸联产水泥的良性循环。首先，在水产养殖场形成从育苗到繁殖的一条龙科学养殖；其次，中级卤水通过海水提溴装置处理，产出附加值较高的 NaBr、NH4Br、KBr、HBr 和溴阻燃剂等化工产品，同时在特定条件下，生成的盐石膏又可用于硫酸水泥联产产业链的原材料；最后，饱和卤水部分用来制盐，部分直接用作六万吨离子膜烧碱和氯产品深加工的原材料，苦卤中的元素也可用作钾、镁盐的生产。

3. 盐、碱、电产业链

鲁北集团公司的盐、碱、电产业链有效衔接了前两个产业链的横向耦合，连通了各个产业之间的物质流通和能量流通。该产业链将煤矸石与劣质煤当作原材料，通过海水直流式冷却技术和循环流化床锅炉进行发电。此过程中产生的蒸汽部分用于企业生产的工艺用汽和居民生活的采暖用汽；产生的电力则被送至 PSC 和海水一水多用产业链上的各个企业；升温浓缩处理之后的海水被用来制盐和提溴，而饱和的卤水则直接采用管道方式送至氯碱装置来制作烧碱；最后产生的炉渣将被用来作水泥混合材料。以化学紧密共生关系为主的鲁北工业生态系统，通过上述三条产业链的有机协同和耦合，演化出18 种产业之间的共生关系，这些关系间环环相扣，互成因果。其具体产业链如图 7-8 所示。

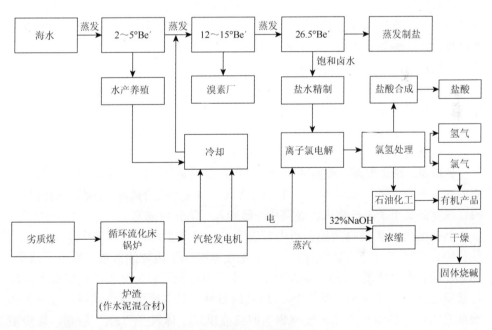

图 7-8　鲁北园区产业链构成（三）

二、鲁北生态工业园区的运作模式

1. 物质循环与转换

对比国内其他类似的产业园区，鲁北生态工业园区的产业链对于化学元素的利用在传统工艺的基础上有所改进，其利用率已在该领域内达到先进水平。传统的磷矿石制磷铵工艺最终以磷石膏（主要成分 $CaSO_4$）的形式排放到环境中，其中钙元素和硫元素都没有利用，而是被浪费掉了。在 PSC 产业链中，磷石膏中的 S 元素和 Ca 元素在制造水泥过程中通过煅烧工艺得到有效利用，完成低化学势物质转换，形成物质闭环流动。其中，磷矿石中98%的 P 元素被转化为生产的磷铵和水泥中的磷，98%的 Ca 元素转化为水泥中的钙，90%的 S 元素转化为硫酸和液体 SO_2 中的硫。

SO_2：在 PSC 产业链中，在煅烧磷石膏时，将出现的 SO_2 窑气（浓度在11%～14%）进行两次吸收处理，基本实现了循环利用，其中只有万分之五的液体 SO_2 被用来提溴，剩下的部分则全用于硫酸的制取。

硫酸：鲁北生态工业园区的产业链中，用磷石膏来生产硫酸的年产量可达40万吨，可以保障磷矿石生产磷铵过程中所需的硫酸供给，有效地做到了产业链中硫酸的自产自销，避免了浪费现象。

磷石膏：在该园区的 PSC 产业链中，每年生产40万吨硫酸就需要消耗石膏89.7万吨，在磷铵制取的工艺过程中每年会产生72.7万吨磷石膏，该工艺的磷石膏可以用作硫酸制取的原料，另外的需求缺口需要从海水一水多用产业链补给。

氯气：该园区内氯气的使用率达到45%，做到了一部分的有效循环利用，而剩余的部分氯气则是作为园区企业的产品在市场上销售。所以，积极开展新的合作项目，提升中下游产业链的功能和附加值，是园区新的发展思路。

氢气：每年园区内氯碱工艺中都产出0.15万吨氢气，将其用来制取盐酸和合成氨，全部实现了循环，利用率高达100%。

合成氨：鲁北生态工业园区的合成氨年产量能达到12万吨，其中磷铵的生产需要5万吨合成氨，而 NPK 复合肥的生产需要8.6万吨合成氨。因此，园区生产的合成氨满足不了生产需求，必须从外部购入一部分合成氨。

从园区内的典型物质流分析中可以看出，鲁北生态工业园区实现了物质循环利用，各种产业工艺交错共生，最大限度地减少了废物的排放，减少了浪费。例如，磷石膏、硫酸、SO_2、氢气等在产业链中达到了百分之百的消费效率，磷元素资源的消费效率也可达98%，以及磷石膏、盐石膏的循环利用，改变了传统意义上的"资源—产品—废弃物"的线性模式，体现了"3R"原则，逐步消除了污染。

2. 能量循环与梯级利用

鲁北生态工业园区坚持按质用能和梯级回收利用原则，将劣质煤炭为主要能源，转换成电力和蒸汽，基本达到电热联产、能量循环、梯级利用和供需平衡，整个园区保持了较好的资源能源消耗效率。其中，生产的电力可以用来供给园区的生产用电和日常生活用电需求；而产生的蒸汽部分用于企业生产的发电，剩余的部分主要用于企业生产工艺用汽和生活用汽。

发电厂汽轮发电机的冷却用海水，经过热量交换，温度升高后，被再一次用于一水多用产业链的生产过程中，不仅提升了提溴与制盐的产出效率，也提高了发电厂的余热再利用率，有效地避免多余的热能浪费。

在 PSC 产业链水泥生产过程中的生料预分解阶段中，预分解窑中的高温度的窑气和生料做了多级换热，此过程中冷、热气流的换热温度比较平均，对高温的热能实现了循环利用，整个产业链的热能使用效率达到较高水平。

3. 产业系统分析

根据产业生态学的划分，将鲁北生态工业园区中的物质组成者按它们在整个系统中处于的位置和起到的作用，分成基位种、中位种和顶位种三大类。基位种起着生产者的作用，鲁北产业生态系统中的基位种主要包括海水、煤、硫黄、硫化钾和磷矿石；中位种则同时具有生产者和消费者的作用，包括氢气、氯气、硫酸、磷酸、液体 SO_2、合成氨、石膏等七种；顶位种则是起着消费者的作用，包含水泥、盐酸、磷铵、氢氧化钠、溴和 NPK 复合肥。正是三个位种之间的协同作用，构成了鲁北生态工业园区的产业系统结构，并维系着产业生态系统有条不紊地运行。

4. 鲁北生态工业园区的后续扩展

1）路径选择

依照循环经济的理论和产业园区自身多年的实践发展经验，可以从以下方面进行改进。

（1）鲁北生态工业园的一水多用产业链相较于其他产业链来说发展较慢，所以必须要注重大力发展海水综合利用业，注重提升如提溴、制盐等精细化工项目质量，合理开发与中间产品相关联的产业项目，加强产业链之间的协调耦合。

（2）鉴于合成氨本身在系统内输入输出没有实现平衡，应该进一步扩大合成氨生产规模，提高合成氨产量，并开发出新的配套工艺，合理地利用该工艺过程中的副产品 CO 和 CO_2，进行清洁燃料二甲醚的一步合成，同时也可对氢气加以利用。

（3）发展以重油催化热裂解为关键性技术的聚氯乙烯和环氧丙烷生产工艺及氯碱化工，通过综合化使用氯气，达到各项化工产业之间的有机联合，以保证一水多用产业链的稳定性。

（4）依据地区的自然条件，提升绿色植被的覆盖率，实现空气的自然净化，种植的树木可以作为造纸的原料，逐步实施林纸一体化工程。

2）对产业链升级

在巩固现有生产规模的前提下，对园区内磷铵硫酸水泥联产、海水一水多用、盐碱电联产等循环产业链进行有关技术层面的完善，提高废弃物的循环利用率；扩充盐碱电产业链规模，在保障园区内生产的用电需求的基础上，争取能给周围的居民区提供足够的生活用电；扩大海水一水多用产业链的生产规模，加大综合利用海水资源的能力，加快关键化工技术开发，丰富产品种类，尽快达到产业规模效益。

3）打造新的产业链

煤炭产业链：充分利用黄骅港作为煤炭码头的优势，提升合成氨的年产能力，其中部分合成氨可当作尿素生产的原料；同时，实施煤炭相关技术研究，利用其副产品制造绿色清洁燃料，而产生的炉渣可回收利用于热电联产；收集此过程中产生的 CO_2，保证煤炭化工产业链的深层次发展。

石化产业链：通过催化裂解技术制造乙烯及丙烯，产生的丙烯可用于合成氯丙醇和环氧丙烷的原料；将合成过程所残余的皂化废水回收并当作氯碱厂的原材料；排放的废水也可回收利用于其他生产工艺。最后，乙烯、丙烯、氢气、氯气等产品又可用于石油化工产业其他产品的生产。

造纸产业链：开发利用快速生杨技术，着力建造百万亩造纸林及 50 万吨的纸浆生产线；原有产业链生产的氯气等化工产品可用于造纸的漂白；原产业链利用所剩的海水和产生的废水经净化处理后可成为造纸林的灌溉用水；同时，大力种植绿色造纸林又能够改善鲁北生态工业园的环境。

通过开发关键技术、整合现有产业链、打造新的产业链，可以优化调整产业结构，强化产业之间的关联性，提高各条产业链的稳定性和效益性，形成以 PSC 产业链、海水一水多用、盐碱电联产、煤炭产业链、石化产业链、造纸产业链为主的循环产业链。这样一来，鲁北生态工业园区的生态系统物种将更为丰富也更加协调、立体化，系统也将更加稳定运行。

三、鲁北生态工业园区的启示

鲁北生态工业园区经过多年的成功实践，已成为世界知名的生态工业园建设典范，已构建了 PSC 联产、海水一水多用纵向主链和盐碱电联产横向主链，构成了共享共生、环境友好、结构和谐的产业生态系统，形成了著名的鲁北生态工业模式，带动全社会循环经济健康有序发展。

通过鲁北生态工业园的成功发展可以得出如下的启示。

1. 创新发展理念

发展现代化新型工业，必须保证经济效益、生态效益、环境效益三丰收，改变传统工业的线性发展模式，实现物质闭环利用。通过生态工业园区建设，更新人们的发展观念，使可持续发展的理念深入人心。

2. 技术保障

生态工业园区内追求环境效益的发展模式，必然对一些工艺的生产技术要求更高，技术趋向于无害化、高效化、生态化发展。在行业竞争中，应该以技术进步为关键，不断创新完善。

3. 科学规划，发挥自身优势

把建设生态工业园区当成长期的发展战略，发挥当地的资源优势和产业优势，搞好区域发展规划，带动区域内总量经济的增长，建立可持续发展的产业格局。

4. 发挥政府的引导作用

生态工业园区建设是个动态的过程，政府应该当成一项长期任务来抓，在战略策划、政策支持、法规规范等方面要充分考虑到这项工程的复杂性，不断地健全生态工业产业技术创新、应用。

第四节　天津子牙工业园

一、天津子牙工业园概述

天津子牙循环经济产业区位于天津市西南部静海县，距天津市区 19 千米，距天津滨海新区核心区 65 千米，距北京 120 千米，距石家庄 240 千米，距天津机场 43 千米，距天津港 75 千米，地处京津冀腹地，辐射西北，连接东北，覆盖范围广，地理位置优越。

规划区内地势平坦，河流、沟渠纵横，用地主要为村庄、果园、苗圃、耕地等。成片林地主要沿静文公路、新津涞公路分布，树种以杨树为主，果木以枣树、梨树、苹果树为主，路边茂密的林带形成了极具地域特色的自然景观。

河道水网也是本区域最具地域特色的自然景观要素之一。规划范围内河道纵横，水网密，子牙河、黑龙港河是重要的生态景观资源，南北向还有子牙耳河、王口排干渠和梁头排干渠三条主要河道与干渠。规划范围内包含王口镇、子牙镇、梁头镇的 7 个村庄，人口约 7100 人。

子牙循环经济产业区总体布局为"一心、两带、三轴、三区"，即高标准的科研服务中心（一心）；林下经济发展带、子牙河生态保护带（两带）；黑龙港河景观发展轴、高常快速路综合发展轴、迎宾大道产业发展轴（三轴）；产业功能区、科研服务功能区、居住功能区（三区）。

产业功能区作为发展的重点，以现状 50 平方千米的子牙环保产业园为基础，沿规划新津涞公路与迎宾大道形成若干包含各种产业类型的产业发展单元，沿南北方向轴向展开，保证不同发展时期产业链条的完整性，能够根据循环经济发展速度，逐步增加产业单元数量，有序扩大产业区规模，实现规划产业布局的弹性与可操作性。

对国内外相关案例进行对比研究，并参照国家相关标准及环境影响评价，在产业功能区与科研居住功能区之间布置宽 2 千米以上的林下经济带，种植经济林，控制进入食物链的农作物的种植，形成独特的林带景观区域，该区域同时具有防护、景观、生态、经济等多方面的功能，成为子牙循环经济产业区的发展特色。

二、天津子牙工业园的运作模式

天津子牙工业园的运作模式可以用"循环、生态、智慧、便捷、宜居"来概括。其中的"循环"的特征表现在园区是以资源充分循环为目标，通过开发建设综合服务区、拆解加工区、精深加工区、污染处理区、仓储物流区、科技研发区、生活服务区、居住小区等八大产业功能区，实现了产业链条转化过程中再生资源的"零损耗"及在整个产业循环过程中再生资源在区内的"自消化"。

"子牙模式"与传统的循环经济模式不同之处在于园区内以静脉产业为主体，各个企业都在独立地从事同类的经营活动。与之差别明显的是经典的循环经济模式，即在园区内有一个主导企业，如卡伦堡生态工业园区，各个相关企业形成一个有代谢和共生关系的产业体系。而子牙环保产业园中的各个企业虽然独立存在，但是却可以让废旧物资在产业区内得到充分循环，实现资源利用最大化，最终以高附加值产品方式通过区内交易中心走向市场。这是"子牙模式"的特点之一。

以报废汽车拆解为例：首先是汽车空调中的氟利昂、蓄电池、废机油等对环境危害大的废弃物要进行收集，由专门的企业进行处理；其次是以车体为主的金属材料，分门别类在生产线上筛选、粉碎、压块，主要生产出一些钢铁材料；最后是汽车的电路板等拆解之后，可以送去工厂经过处理成为新的橡塑原材料。企业之间独立又相互配合，保证了运转的高效率。

"子牙模式"的另外一个特征是生态建设占据了较大的空间。其中园区内统一建设集污水处理、中水回用、雨水收集、废弃物处理等为一体的综合节能环保系统，同时大力发展清洁能源，通过诸多措施实现了能源的梯级利用。

另外园区内还建设了兼具景观、环保、经济等功能的林下经济区。发展林下经济区主要考虑到了林下经济带的美观和景观效应，另外也可以隔绝噪声、吸收粉尘。由于林下经济区将工业区和科研居住区隔开，所以园区内的科研居住区条件非常好。

同时，林下经济区还解决了因园区占地导致的农村农业人口安置问题。由于子牙循环经济产业园区占地面积大，在园区建设的过程中，需要将 24 个村庄约 3.4 万人，统一迁至居住功能区中约 1 平方千米的迁还安置区中。要解决这些人的住房和就业，显然已经超出了传统意义上园区的功能，所以在设计之初，就规划了林下经济区用地。

通过建设林下经济区，园区发展了林下种植、林下养殖、文化教育等产业。比如，园区先后投资 2 亿元建设了林下经济和高档设施农业基地，一期标准食用菌大棚就建设了 700 亩。通过在大棚里种植香菇、平菇、双孢菇等，平均每亩林地增收 8000 元以上，这就形成了农林牧行业资源共享。优势互补、循环相生、协调发展的林下产业链条，也解决了农户的就业问题。另外，园区还在公建和住宅上配置了地源热泵和太阳能供热系统，形成了统一建设、生活配套完善、自然环境优美的新型社区。在中国静脉产业园的发展中，这种在园区中建设有科研居住区的模式还是首创。

"子牙模式"的另外一个特点是科技项目多、配套服务完善。园区内建设有院士专家服务中心、天津市专家服务基地、天津海外高层次人才创新创业基地、天津静海博士后创新实践基地、中国再生资源产业技术创新战略联盟科技创新产业化基地等，以及再生资源研究所、青少年循环经济教育培训基地等。而园区目前承接了多项与发展循环经济、生态环境建设、资源综合利用相关的课题，而这些课题既有国家的项目，也有天津市科技创新专项，为园区内科技型、环保型企业的发展提供了充足的空间。

三、天津子牙工业园的启示

第一，大力建设循环经济产业区。从环境角度来看，循环经济产业区是最具环境保护意义和生态绿色概念的产业园区。产业区内建设能源、资源的循环利用网络，以及不同生产环节间的闭合循环生态链条，是实现国家节能减排政策的重要措施。因此，大力发展生态化的循环经济产业区建设，是循环经济规划的重点。

第二，在跨行政区层面上开展循环经济规划。区域规划是我国规划体系中一个亟待加强的薄弱环节，区域调控是宏观调控的重要内容，区域规划是区域调控的重要依据。区域循环经济规划旨在根据不同区域生产要素条件和该区域的地位和作用，对区域未来循环经济的发展提出或设定目标、方向、总体思路、重点任务和保障措施等，以达到指导区域循环经济发展、建设资源节约型和环境友好型社会的目的。

第三，因地制宜开展循环经济规划。发展循环经济要因地制宜，结合不同地区或不同发展阶段及不同行业特点，进行多样化的实践探索。发展阶段、技术经济条件、资源环境基础和外部发展环境都将决定区域循环经济的发展模式。以循环经济发展的区域差异化为例，我国东部发达地区的区域经济系统更为开放和活跃，循环经济实施机制的设计要充分注意资源、产业和技术转移的多重性，在区际资源产业转移过程中注意发挥均衡机制，服务于节约高效型经济体系的形成与壮大；我国中西部地区则以提高资源生产效率与效益为核心，从生产供给方面推动清洁生产，突出转变传统经济增长方式与发展模式的作用，促进可持续消费，从需求侧面引导循环经济发展。

第四，建立绿色经济核算体系与激励政策。绿色经济核算体系强调经济发展过程中，既要明确现在的正价值，更重要的是明确潜在的负价值，与之相适应建立国家激励政策，使企业和个人对生态环境保护的外部效益内在化，鼓励企业抛弃传统的经济发展模式，走经济增长、社会发展和环境保护相协调的可持续发展道路。

参 考 文 献

林晓红. 2008. 中日静脉产业类生态工业园建设比较研究. 青岛理工大学硕士学位论文.
王强. 2012. 生态工业共生网络利益相关者竞合机制研究. 天津理工大学硕士学位论文.

中 篇

生态宜居城市篇

第八章　生态宜居城市建设的相关理论

第一节　相关理论阐述

一、可持续发展城市理论

可持续发展城市理论是一种全新的发展战略和发展观，其各种思想和理论在不断探索和丰富之中。城市可持续发展指的是人、自然、经济与社会共同的可持续发展，是在满足当代人的物质、环境、生态需求的同时不损坏子孙后代的生存环境。现代城市发展理论注重人与环境的关系，认为城市应该与自然环境相结合，与生态相结合。城市是一个人口、经济、社会、科技、环境、资源相互联系、相互制约的有机整体，它是以人的全面发展为目标来推动城市可持续发展的。因此，注重工业化、城市化与生态化相结合的循环经济理论是城市可持续发展的基础理论，而以人为本的可持续发展理论是城市可持续发展的核心理论。

（一）可持续发展理论

自 1992 年可持续发展的理念在联合国环境与发展大会上被提出之后，世界各国都在积极贯彻，可持续发展成为经济发展的必然趋势。可持续发展的基础理论与核心理论见表 8-1 与表 8-2。城市可持续发展的基本理论包括城市多目标协同论、城市 PRED 系统理论、城市发展控制论和城市生态学理论。

表 8-1　可持续发展的基础理论

基础理论	主要内容
经济学理论	增长的极限理论：运用系统动力学的方法，将支配世界系统的物质、经济、社会三种关系进行综合，人口不断增长、消费日益提高，而资源则不断减少、污染日益严重，制约了生产的增长 知识经济理论：该理论认为经济发展的主要驱动力是知识和信息技术，知识经济将是未来人类的可持续发展的基础
生态学理论	根据生态系统的可持续性要求，人类的经济社会发展要遵循生态学三个定律：高效原理、和谐原理、自我调节原理
人口承载力理论	地球系统的资源与环境，由于自身自组织与自我恢复能力存在一个阈值，在特定技术水平和发展阶段下对于人口的承载能力是有限的。人口数量及特定数量人口的社会经济活动对于地球系统的影响必须控制在这个限度之内
人地系统理论	人类社会是地球系统的主要子系统。人类社会的一切活动，包括经济活动，都受到地球系统的影响；而人类的社会活动和经济活动，又直接或间接影响地球系统的状态

表 8-2　可持续发展的核心理论

核心理论	主要内容
资源永续利用理论	人类社会能否可持续发展决定于人类社会赖以生存发展的自然资源是否可以被永远地使用下去。该流派致力于探讨使自然资源得到永续利用的理论和方法
外部性理论	环境日益恶化和人类社会出现不可持续发展现象和趋势的根源，是人类把自然视为免费享用的"公共物品"，不承认自然资源具有经济学意义上的价值，并在经济生活中把自然的投入排除在经济核算体系之外。该流派致力于从经济学的角度探讨把自然资源纳入经济核算体系的理论与方法
财富代际公平分配理论	人类社会出现不可持续发展现象和趋势的根源是当代人过多地占有和使用了本应留于后代人的财富，特别是自然财富。该流派致力于探讨财富（包括自然财富）在代与代之间能够得到公平分配的理论和方法
三种生产理论	人类社会可持续发展的物质基础在于人类社会和自然环境组成的世界系统中物质的流动是否通畅并构成良性循环。他们把人与自然组成的世界系统的物质运动分为三大"生产"活动，即人的生产、物资生产和环境生产，致力于探讨三大生产活动之间和谐运行的理论与方法

城市多目标协同论认为城市可持续发展是一个多目标、多层次体系，是追求经济发展、社会进步、资源环境的持续支持及培植持续发展能力相协调发展的多目标模式；多目标之间是相互影响、相互制约的，要注重多目标之间的交互作用；该理论是以生态可持续目标为基础、经济可持续目标为主导、社会可持续目标为根本目的的城市可持续发展理论。

城市 PRED 系统理论认为，城市是由人口（population）、资源（resources）、环境（environment）、发展（development）构成的一个自然、社会和经济复杂巨系统，人口处于系统的中心地位；系统与环境相互作用是维持城市 PRED 系统耗散结构的外在条件；协同作用是城市 PRED 系统形成有序结构的内在动力，左右着系统相变的特征和规律，从而实现系统的自组织。

城市发展控制论认为，城市发展过程是一个动态的可控制的过程，其中人是控制这个过程的主体；信息在城市发展过程中是最活跃、最基本的要素，城市持续发展的调控必须借助于信息，借助不同形式、不同载体的城市发展信息去指挥各种城市发展活动的过程；信息反馈是实现城市发展控制的基本方法，控制的目标是使城市发展向有序、稳定、平衡的可持续方向发展。

城市生态学理论认为，城市是一个开放的、以人为中心的、典型的社会、经济、自然复合生态系统；城市要可持续发展，必须遵循生态原理和规律，通过连续的物流、能流、信息流来维持城市的新陈代谢。

可持续发展理论在低碳生态城市的建设中强调健康舒适的居民生活、经济与自然的协调发展、公共服务设施的完善、自然生态环境的优美。可持续发展可以动态地调控整个社会、经济、自然这样的复合系统，在不损害资源环境系统再生能力的条件下，促进经济发展，保证资源持续使用和生活质量提高。发展低碳生态城市是实施可持续发展战略的客观要求，可持续发展更是城市在面临资源环境严重危机下的一种必然的发展趋势。

（二）循环经济理论

循环经济是以资源节约和循环利用为特征的经济形态，是对物质闭环流动型经济的简称，是由"资源—产品—再生资源"所构成的、物质反复循环流动的经济发展模式。其基本特征是低开采、高利用、低排放。其基本行为准则是"3R"原则，即"减量化"（reduce），减少进入生产和消费过程的物质量，从源头节约资源，减少污染物排放；"再利用"（reuse），提高产品和服务的利用效率，产品、包装容器及初始形式多次使用，减少一次性用品的污染；"再循环"（recycle），要求物品完成使用功能后能够重新变成再生资源。其运行通过"3R"原则实现全社会的物质闭环流动。循环经济与传统经济不同（具体不同见表 8-3），传统经济是由"资源—产品—污染排放"所构成的物质单向流动的线性经济，其特征是高开采、低利用、高排放，对资源的利用常常是粗放的和一次性的，经济增长主要依靠高强度地开采和消费资源及高强度地破坏生态环境。在这种经济模式下，对经济运行中所产生的废物采取"边污染边治理"或"末端治理"的方式。循环经济则在资源投入、企业生产、产品消费及其废弃的全过程中，把传统的依赖资源消耗的线性增长的经济，转变为依靠生态型资源循环来发展的经济，使物质和能量在整个经济活动中得到合理和持久利用，使整个经济系统及生产和消费过程基本上不产生或者只产生很少的废物，从而最大限度地提高资源和环境的配置效率，一定程度上解决环境与经济发展之间的冲突，实现社会经济的可持续发展。它把清洁生产、资源综合利用、生态设计和可持续消费等融为一体，强调废物减量化、资源化和无害化，因此本质上是一种不同于传统经济的生态经济，是对传统物质资料经济发展模式的革命，是一种新型的、先进的、人与环境和谐发展的经济形态，是实现经济、社会和环境可持续发展、协调发展和"共赢"发展的经济运行理想模式。

表 8-3　传统经济与循环经济的区别

	传统经济	循环经济
发展模式	"资源—产品—污染排放"的单向线性开放式过程	要求把经济活动组织成一个"资源—产品—再生资源"的反馈式过程
系统观	在生产和消费时，将人置身于由自然资源和科学技术构成的大系统之外	要求人在考虑生产和消费时将人置于大系统之内，将自己作为这个大系统的一部分，来研究符合客观规律的经济原则
经济观	只有资本和劳动等的循环，恰恰没有自然资源的循环，往往造成生态恶化、恶性循环	要求运用生态学规律来指导经济活动，不仅考虑工程承载能力，还要考虑生态承载能力

续表

	传统经济	循环经济
价值观	在考虑自然时，将其作为"原料场"和"废弃物堆积排放场"，视其为可供利用的资源	视自然为人类赖以生存的基础，是需要维持良性循环的生态系统
生产观	最大限度地开发利用自然资源，最大限度地创造社会财富，最大限度地获取利润	充分考虑自然生态系统的承载能力，尽可能地节约自然资源，提高自然资源的利用效率，循环使用资源，从而创造尽可能多的社会财富，达到"最佳生产，最适消费，最少废弃"的效果
消费观	提倡"拼命生产，拼命消费"	提倡适度消费、绿色消费，在消费时就考虑到废弃物的再利用、再循环

根据循环经济理论，低碳生态城市与循环经济耦合的内在机制是一种生态经济，是一种人类社会模仿自然生态，自觉自我组织、自我调整以与外界生物圈相协调的一种经济发展方式。一方面，低碳生态城市建设必须实现资源的合理化利用，只有通过发展循环经济，才能以最小的资源消耗、最小的环境代价实现经济的可持续增长，从根本上解决城市建设与环境保护之间的矛盾，实现加快经济发展的目标，而且可以最大限度地保护和利用好自然资源和环境，是提高经济效益与环境效益的最佳模式。另一方面，低碳生态城市建设要求必须发展循环经济。发展循环经济可以有效提高城市自然资源的利用效率，实现人类社会与自然环境之间物质和能量转换的优化，在维护生态平衡的基础上实现自然合理开发，有效地将人类的生产和消费限制在生态系统所能承载的范围之内，真正使得人与自然、社会达到一种和谐的状态。

二、低碳生态城市理论

生态城市的概念是随着人类文明的不断发展，对人与自然关系认识的不断升华而提出来的，是人类在不同历史阶段对人与自然关系规律的认识。生态城市追求自然、经济、社会三个子系统的高度和谐和可持续性的发展。"低碳生态城市"是以低能耗、低污染、低排放为标志的节能环保型城市，是一种强调生态环境综合平衡的新型城市发展模式，是将低碳目标与生态理念相融合的复合人居系统。下面分别从经济和规划两个角度阐述低碳生态城市理论。

（一）城市生态经济理论

城市生态环境恶化与城市经济发展的矛盾，是影响城市发展的主要矛盾之一。城市生态经济学属于生态经济学的学科分支，是为解决人类城市生态和经济间与日俱增的复杂矛盾，实现城市生态与经济协调发展而出现的新兴交叉学科。20世纪60年代以来，世界经济的复苏和城市化进程的加快，带来了城市能源和环境危机。一方面，环境的污染与生态系统的破坏已经威胁到城市居民的健康和人类赖以生存的环境；另一方面，资源的稀缺和过度开发成为制约城市可持续发展的主要因素。城市生态经济学从经济学角度，在人口、经济、能源、资源和生态环境相结合的基础上研究城市生态经济系统，探索城市经济与城市生态之间的关系，揭示了城市经济需要同城市生态协同发展的规律，从而提高了城市的生态经济效益和社会效益。城市生态经济理论以城市生态与城市经济之间的矛盾统一关系为重点，通过调整经济与生态的关系及城市人群和环境的关系，实现城市生态化带来的经济效益。城市生态经济理论是低碳生态城市的主要理论之一，低碳生态城市的提出是对这个理论的探索和相关理论具体实施后发展而来的。

（二）城市生态规划理论

城市生态规划则是运用系统分析手段、生态经济学知识和各种社会、自然信息、经验，规划、调节和改造城市各种复杂的系统关系，在城市现有的各种有利和不利条件下寻找扩大效益、减少风险的可行性对策所进行的规划。城市生态规划是与可持续发展概念相适应的一种规划方法，它将生态学的原理和城市总体规划、环境规划相结合，同时又将经济学、社会学等多学科知识及多种技术手段应用其中，对城市生态系统的生态开发和生态建设提出合理的对策，辨识、模拟、设计和调控城市中的各种生态关系及其结构功能，合理配置空间资源、社会文化资源，最终达到正确处理人与自然、人与环境关系的目的。它遵循社会生态原则、经济生态原则、自然生态原则及复合生态原则。它致力于规划出高质量的环保系统、高效能的运转系统、高水平的管理系统、完善的绿地生态系统，实现高度的社会文明及促进人类形成生态环境意识。在生态规划中，体现着一种平衡或协调型的规划思想，综合时间、空间、人三大要素，协调经济发展、社会进步和环境保护之间的关系，促进人类生存空间向更有序、稳定的方向发展，实现人和自然的和谐共生。城市生态规划理论认为，在中国城市化进程中城市规划是必不可少的，将城市发展的模式与城市规划相结合，在低碳城市建设过程中直接进行了城市发展模式的转变，既关注了城市生态自然，又关注了城市人文生态。因此，城市生态规划理论应成为低碳生态城市建设的理论依据。

三、相关政策保障

（一）我国生态宜居城市的建设经验

1. 坚持可持续发展理念

当人类面对日益严峻的环境和资源问题时，世界各国已承诺共同走可持续发展的道路，未来城市如何发展已引起各国政府的高度重视，人们越来越认识到工业文明对世界发展带来的一系列问题，越来越渴望拥有高效合理的人居环境。城市可持续发展是城市发展的高层次目标，也是城市发展的过程。只有通过分阶段的发展、积累和传承，才能实现人的整体性素质的提高；只有从"为人的发展"——从培养人的各种基本素质做起，才能由观念到行为，由量变到质变，一步步地去实现"人的全面发展"。在发展过程中建立起以人的全面发展为主导的社会、文化、科教、生态、资源、环境和谐统一的城市可持续发展机制。生态宜居城市就是未来人类可持续聚居模式之一，因此生态城市的建设必须以可持续发展的思想为指导，因地制宜，建设最理想的人居环境。

2. 因地制宜

生态城市是一种全新的城市发展模式，符合可持续发展的理念，追求解决城市存在的各种问题。建设生态宜居城市不是一个改良的过程，而是一场生态革命。它不仅包括物质环境"生态化"，还包含社会文明"生态化"，同时兼顾不同区域间、代际间的发展平衡需求。我国城市情况千差万别，有新兴城市，有上千年的古老城市，有几百万甚至上千万人口的特大型城市，有十几万人口的中小城市，有经济较发达的城市，有经济相对比较落后的城市，而且各地的气候自然条件差别很大，资源禀赋及文化传统也各不相同。生态城市建设一定要适应本地的特点，因地制宜开展，切忌一刀切。因此，生态宜居城市的建设必然是一个长期的循序渐进的过程，需要根据各城市的具体发展状况制定相应的建设目标和指导原则。

3. 运用强大的科技手段

生态城市建设要求城市发展必须与城市生态环境平衡相协调，要求自然、社会、经济复合生态系统的和谐，因此必须以强大的科技为后盾。国外的生态城市在开发过程中，将城市纳入生态系统中的主要组成部分加以考虑，高度重视城市的自然资源。可再生的绿色能源、生态化的建造技术同样在生态城市建设中得到了倡导，通过大量采用最新技术措施来达到生态城市的理想目标，如进行封闭式垃圾分类处理、安装热能转换设施、推广建筑节能技术材料、使用可循环材料等举措都大大改善了城市生态系统状况。在生态城市建设中，世界许多城市都重视生态适宜技术的研究和推广。例如，美国、德国、澳大利亚都重视生态适宜技术的研究，重视发展生态农业、生态工业的优良队伍，落实专业人才的培养，澳大利亚的怀阿拉建立了能源替代研究中心，美国的克利夫兰建立了专门的生态可持续研究机构。因此，这些国家的生态城市建设都非常先进。

4. 拓宽公众参与渠道

生态宜居城市的建设是一项巨大的系统工程，离不开公众的参与。一个城市成为生态宜居城市的前提是对其市民进行环境教育。国外成功的生态城市在建设过程中都尽可能地鼓励公众广泛参与，无论从规划方案的制订、实际的建设推进过程，还是后续的监督监控，都有具体的措施保证公众的广泛参与。城市的建设者或管理者都主动地与市民一起进行规划，有意与一些行动团队特别是与环境有关的团队合作，使他们在一些具体项目中既能合作又能保持相对独立。鼓励社区居民参与生态开放，保持促进文化多样性，将生态意识贯穿到生态社区发展、建设、维护的各个方面，加强对生态开放过程中各方面运作的教育和培训，这一系列措施拓宽了公众参与生态宜居城市建设的渠道，提高了公众的生态意识，促进了生态宜居城市的建设和发展。这种做法在很多城市收到了良好的效果。可以说，广泛的公众参与是国外生态城市建设得以成功的一个重要保证。

（二）我国发展生态宜居城市建设的机遇和挑战

1. 我国生态宜居城市建设的机遇

首先，建设生态宜居城市符合我国可持续发展的要求。节能减排随着"科学发展观"和"建设生态文明"等国家的战略调整正在日益深入人心。可持续发展的国家战略和措施使得各地开展生态宜居城市建设具备了良好的政策空间。

其次，在我国，企业的参与主要受生态经济中所蕴藏的经济效益所驱使。企业是经济社会发展的重要推动力，也是生态经济发展的主要参与者和受益者。因为生态经济发展使得新型生态技术、生态商品和服务市场逐渐形成，这些都会给企业带来可观的收益。因此，企业将会积极地参与到生态宜居城市的建设之中，将对生态宜居城市的建设起到一定的推动作用。

最后，我国城市的多样性和复杂性使得发展生态宜居城市成为提升地方政府治理能力的一个绝好机会，同时发展生态宜居城市也是完善中央政府政策调控方式和寻求中央与地方共同治理的一个机遇。

2. 我国生态宜居城市建设面临的挑战

我国是一个发展中国家，正处在工业化、城镇化过程中，在此时发展生态经济无疑是一个巨大的挑战。如何在确保人民生活水平不断提升的条件下，又不重蹈西方发达国家以牺牲环境为代价谋发展的覆辙，是我国面对的巨大难题。

近年来，我国能源消费持续呈现快速增长的态势，能源消费将在短期内延续加速增长。"富煤、少气、缺油"的资源条件，使得我国能源结构必须以煤为主，低碳能源资源的选择有限，产业结构调整进展缓慢，短期难以实现提高能源效率的目标。我国三大产业之间的比重不均衡、产业结构不合理。调整经济结构，提升工业生产技术和能源利用水平，是一个必须攻克的重大课题。

第二节　生态宜居城市建设的本质和目标

一、生态宜居城市建设的本质

　　生态宜居城市建设的宗旨是通过生态规划、生态设计和生态管理，将单一的生物环节、物理环节、经济环节和社会环节组成一个强有力的生态系统，从技术革新、体质革新和行为诱导入手，调节系统的结构和功能，促进城市区域内社会、经济、自然的协调发展，物质能量、信息的高效利用，技术和自然的充分融合，人的创造力和生产力得到最大限度的保护，经济、生态和文化得以持续、健康发展，实现资源的综合利用、环境的综合整治及人的综合发展。生态宜居城市的建设本质上是对城市各生态要素的综合整治目标、内容、方法、成果、实施对策等全过程的规划和建设，同时也是实现城市生态系统动态平衡、调控人与环境关系的一种有效手段。生态城市建设就是促使城市生态系统的结构趋于合理、功能高度协调，城市的可持续发展与其所在区域的可持续发展互相适应、互为支撑；变高投入、高消耗、高环境影响、低效益的"三高一低"的增长方式为低投入、低消耗、低环境影响、高效益的"三低一高"的新的增长方式；完善城市基础设施，推广生态建筑，以集约化方式调整城市地域空间结构和营建开放空间系统，为城市的可持续发展提供效率保证；以自然恢复方式为主实现城市人工环境与自然环境的高度融合，在"生态平衡"的基础上推动城市进入可持续的发展状态；培育城市团体和居民的生态伦理观、生态价值观和生态道德观，提倡文明的生产、经营、生活方式和可持续的消费方式；保持城市特色，发扬城市传统，为城市居民创造先进、多彩、健康的文化环境和平等宽松、公正的社会环境；建立完善的包括规划、设计、营建、监控、调节等环节在内的城市生态系统动态管理与决策体系，提高城市的自律、自控、自组织能力。

二、生态宜居城市建设的目标

　　生态宜居城市的发展应改变传统的发展模式、消费模式和生活方式，建立以低能耗、低污染、低排放和高效能、高效率、高效益为基础，以节能减排为发展方式，以"低碳、生态、绿色"为中国城市转型发展的战略方向及目标。

（一）低碳城市

为应对全球气候变化和实现可持续发展，人们提出了低碳城市的发展理念。低碳城市，是以低碳经济为发展模式及方向，以市民的低碳生活理念和行为为特征、以建设低碳社会的城市管理为目标和蓝图，节约和集约利用能源，减少碳排放的一种城市发展模式。低碳城市并不是说抑制合理的能源消费、控制经济的快速增长，而是建设与"两型社会"相适应的一种新型的城市发展模式。

低碳城市是以低碳为核心进行城市建设，以降低碳排放为目标，将城市建成一个资源节约型、环境友好型社会，是低碳经济理念和低碳社会理念在城市发展中的具体落实。低碳城市以"降低碳排放，减缓气候变化"为宗旨，倡导健康、节约、环保的生活和生产方式，实现经济发展以低碳为方向、市民生活以低碳为理念、政府管理以低碳为蓝图的发展模式。因此，在降低碳排放和减少碳排放的现实需求下，积极推动城市向低碳转型发展，这对于减缓气候变化、提高城市竞争力有积极的推动作用。建设低碳城市的最终目的就是要建立资源节约型、环境友好型社会，建设一个良性的、可持续的生态系统。

（二）生态城市

生态城市的思想是伴随着城市问题的产生和发展而出现的，其理念源远流长。国内著名生态学者马世骏和王如松（1984）提出了"社会-经济-自然复合生态系统"的理论，明确指出城市是建立在该系统之上的。王如松（1994）提出了建设"天城合一"的中国生态城市思想。胡俊等（2007）认为，生态城市强调通过扩大自然生态容量、调整经济结构、控制社会生态模型和提高系统自身组织性等一系列规划手法，来促进城市经济、社会、环境协调发展。宋永昌等（1999）强调了生态城市的标准应该是结构合理、功能高效和关系协调。董宪军（2000）提出，对于生态城市的理解无外乎环境说、理想说和系统说三种说法。陈天鹏（2008）认为生态城市是按照生态学原理建立起来的社会、自然、经济协调发展，物质、能量、信息高效利用，生态良性循环的人类聚居地，包括经济生态、社会生态和自然生态三个方面。因此，运用具有生态特征的技术手段以实现复合生态系统良性运转及人与自然、人与社会可持续和谐发展的宜居城市即为生态城市。生态城市是城市生态化发展的结果，它以自然系统和谐、人与自然和谐为基础，是一种社会和谐、经济高效、生态良性循环的人工复合生态系统，自然、城市、人融为了一个有机整体。

建设生态城市实质上就是要构建好城市生态系统，低碳生态城市追求人与自然的和谐共生，最大限度地寻求经济、社会、生态效益的统一，致力于人、地关系的可持续发展。建设生态城市的最终目的就是建设一种社会和谐、经济高效、生态良性循环的人类居住区形式，使得自然、城市、人融为有机整体，形成互惠共生结构。

（三）绿色城市

自 20 世纪 80 年代中期以来，伴随着国际上对绿色城市研究的关注，我国的绿色城市研究也得到了迅猛发展，主要经历了三个阶段：第一阶段为绿色城市初步探索阶段，主要以绿色城市即绿树成荫、花团锦簇、环境舒适宜人的地方为主导思想，这种理解局限于绿色的外在景观，而忽略了其哲理上的丰富内涵；在第二阶段，可持续发展的理念开始注入绿色城市的研究中，这一阶段主张绿色城市是一种城市发展观念，绿色城市既包括生态伦理观又包括生态美学观，它是一个生态系统，同时又是一个有可持续发展的人工环境和自然环境相结合的理想的绿色生态环境的城市；在第三阶段，绿色城市倡导人、自然、社会和谐发展，主张建设绿色城市，就要发展绿色经济、倡导绿色文明建设、营造绿色城市环境、推广绿色生活方式，强调了人与自然、经济增长与环境保护、物质生产与文化富足等的平衡发展。总之，基于对生态文明的觉醒和对传统工业化和工业城市的反思，绿色城市逐渐被人类提出。

绿色城市的"绿色"突破了狭义的绿化园林的概念，包含自然、社会、经济复合协调共生、持续发展的含义。绿色城市的"城市"是以一定区域为条件的社会、经济、自然综合体，在地域空间结构上，绿色城市是一定地域空间内的城乡融合、互为一体的"区域市"或开放系统。因此，绿色城市追求的是在生态和谐的前提下获得人类的可持续发展，追求的是人与自然、人与社会的协调发展，建设的是一个整体和谐的城市系统。

建设绿色城市就是要重塑社会关系，倡导社会和谐。生态宜居城市强调通过引导居民日常生活方式来逐步调整城市的生产结构和消费结构，倡导健康、平衡、安全、自然的生活理念，通过重塑公共空间、交流空间等倡导社会共融和谐，加强人与人之间的交流。建设绿色城市最终就是为了实现城市的可持续发展。

第三节　生态宜居城市建设的原则、主要内容和重点

一、生态宜居城市建设的原则

（一）控制城市用地规模

城市生态的最基本内容就是土地生态，土地生态具有自然生态与经济生态两重属性。合理使用和节约土地对于城市生态建设具有重大意义。科学制定城市土

地利用发展战略对生态宜居城市的建设具有重要意义，合理规划工业用地、居住用地、农业用地和其他用地，为城市发展提供良好的土地支撑。

（二）布局合理城镇体系

在进行以中心城市为基础的城镇布局时，必须按区域协调发展的要求，确定区域内各城镇的规模、等级、地位、作用和职能分工，实现以中心城市繁荣发展，辐射带动区域内各城镇和广大农村的发展的格局，促进区域发展生态平衡。城镇体系规划实质上是适应当前经济社会发展阶段特点、针对城镇化面临问题的最有成效的区域规划的组织方式。合理的城镇化体系有利于转移农村的富余劳动力，实现剩余劳动力的空间转移，提高农产品的生产效率，增加农民收入。合理的城镇布局还有利于减少农民的迁移成本，减少农民向非农产业转移的成本和农民自身的创业成本。因此，合理的城镇布局体系对生态宜居城市的建设有积极的推动作用。

（三）实施生态经济发展战略

生态宜居城市的主导产业应当是代表现代文明潮流和先进生产力发展方向的生态产业。所以需要调整产业结构，发展生态产业，形成自然生态、经济生态、社会生态的和谐统一。发展生态经济，有利于加快形成低能耗、低排放、低污染、高效能、高效率、高效益的产业结构和产业体系，促进自然资源持续利用、生态环境持续改善和生活质量持续提高。发展生态经济，有利于改变高投入、高消耗、高污染、低效益、资源掠夺性开发的经济增长模式，转向依靠创新驱动、人才开发，以深化改革、扩大开放、结构优化带动生态经济发展。只有大力发展生态经济，才能从根本上解决城市发展过程中遇到的经济增长与资源短缺之间的尖锐矛盾。

（四）建设自然生态城市

生态宜居城市意味着该城市必定是"绿色城市""山水城市"。自然生态是城市生态的最基本层次，自然山水与绿色是城市生态环境中最有生机的要素。同时，"以人为本"的思想对于生态宜居城市的建设至关重要，因此要将发展生态住宅小区放在生态宜居城市的基本建设中。它利用生态学原理良好地协调小区内部与外部环境的关系，为创造一个安全、清洁、美丽、舒适的居住环境起到了一定的作用。建设自然生态城市有利于实现城市经济跳跃式发展，有利于保护自然资源，实现可持续发展，有利于提升产业结构，增强城市综合实力，有利于建设生态文明，实现社会的全面进步，有效解决城市经济发展与城市生态环境之间的矛盾，且有利于高起点涉入世界绿色科技先进领域，提高城市在国内外的市场竞争力和形象。此外，自然生态城市还能引领人们生活方式、生存方式的潮流，引导人们按规律去生产、生活、生存，提高人民生活质量。

（五）建立以法规为核心的生态城市管理系统

由于生态宜居城市的建设工作的复杂性，必须要突出法规在生态城市建设管理中的重要作用，在建立生态城市管理系统中要注重立法、守法和司法三个方面的管理。利用法规加强城市生态保护，可以维护城市生态系统的生态特性和基本功能，最大限度地发挥生态城市在城市生态环境、美化城市、科学研究、科普教育和休闲游乐等方面所具有的生态、环境和社会效益，并可有效地遏制城市建设中对生态资源的不合理利用现象，以保证生态资源的可持续利用，实现人与自然的和谐发展。

二、生态宜居城市建设的内容

生态宜居城市建设的内容可以分为三个层次：第一层次为自然地理层，是人类活动的自发层次；第二层次为社会功能层，重在调整城市的组织结构和功能，调节并改善子系统间的冲突关系，增强城市这个有机体的共生能力；第三层次为文化意识层，旨在增强人的生态意识。从理论上分析，生态宜居城市建设的内容体现在以下方面。

（一）城市生命保障系统

城市生命保障系统对城市的各行各业产生的废水、废气、废渣及其他各类废弃物均按照各种污染特性及时处理，城市污水管网铺设到位，及时将污水达标处理，同时加强噪声的管理，各项环境质量指标均应达到国家先进城市指标，城市生态环境洁净、舒适。在大气污染治理方面，要加强对大气环境质量的监测，根据监测结果，结合城市大气质量现状与发展趋势进行功能区划，制订污染治理方案，以利用气象条件和大气环境容量达到自净的效果。在水体污染方面，对废水的排放要积极治理，以降低废水的危害，或者通过重复水及循环使用水系统，使废水循环利用，在这些过程中，要加强监测管理，制定法律与控制标准，坚持谁污染谁治理的原则。在噪声污染治理方面，一方面要依靠立法管理和政府的行政措施，加强对环境噪声源的控制，严格控制工厂噪声污染及建筑工地施工时间。另一方面，要依靠噪声控制技术控制噪声的传播。

（二）城市高效运转系统

城市高效运转系统应以现代化的城市基础设施为支撑骨架，为物流、能源流、信息流、价值流和人流的运动创造必要的条件，从而在加速各流的有序运动过程中，减少经济损耗和对城市生态环境的污染。高效益的流转系统，包括构筑于三维空间能连接内外并形成网络的交通运输系统；建立在通信数字化、综合化、智能化和网络化基础上的信息传输系统；配套齐全、保障有力的物资和能源，主副食品、原材料、水、电、煤及其他燃料等的供给系统；网络完善、布局合理、服务良好的商业、金融服务系统；完善的专业服务系统和设施先进的污水废弃排放处理系统和城郊生态支持系统。对于城市的交通问题，要标本兼治，从政策、技术、措施和资金支持等层面尽快对城市空间结构与用地规划布局加以合理调整，使交通与用地功能相协调，发展多种交通方式相互配合的大运量城市公共综合交通系统。

（三）高水平的管理系统

建设生态宜居城市，需要积极调整城市建设管理制度，以生态宜居城市建设理念为指导，细化各个领域的制度。要细化城市生产、生活和生态空间的布局规划，合理布局城市功能区空间布局，严格规划各大功能区的面积，确保不因城市经济的发展而压缩城市生态空间和生活空间。同时细化城市生态管理制度，对城市企业污水排放、废气排污及垃圾处理等制定严格的标准，对公共场所的生态环境绿化等细化责任，严格管理，确保城市拥有优美的环境。做好城市雨洪管理系统、雨水池规划与建设。在人口控制、资源利用、社会服务、医疗保险、劳动就业、治安防火、城市建设、环境整治等方面高水平管理，保证在环境承载力范围之内合理开发利用各项资源，促进人与自然、人与环境的和谐。

（四）绿色环境教育系统

绿色环境教育是用生态文明理念对人们进行有目的、有计划的说服教育，以督促群众能够自觉地遵守生态宜居城市建设的相关政策，自觉参与生态宜居城市建设的实践活动。生态宜居城市的建设涉及社会大众的广泛参与，通过思想教育引导社会大众正确参与生态宜居城市建设具有重要意义。教育不同于行政手段、法律手段和经济手段，它不具有强制性，思想教育是通过循循善诱来引导社会大众在潜移默化中改变自身行为，自觉参与到生态宜居城市建设中。城市生活的最终主体是人，强调人人参与，普及对各层次、各行业市民的环境教育是创建生态宜居城市的重要保障，也是生态宜居城市建设的一个重要方面。

三、生态宜居城市建设的重点

（一）构建平衡与安全的生态空间格局

生态安全是指为居民提供安全的基本生活条件，即向所有居民提供洁净的空气，安全可靠的水、食物和住房，以及市政服务设施和减灾防灾措施的保障。生态宜居城市建设中的生态安全包括水安全（炊饮用水、生产用水和生态系统服务用水的质量和数量）；食物安全（动植物食品的充足性、易获取性及其洁净度）；居住安全（控制空气、水、土壤的面源、点源和内源污染）；减灾（地质、水文、流行病及人为灾难）；生命安全（生理、心理健康、交通事故、社会治安）。构建平衡与安全的生态空间格局，必须做到以下几点：①保护生物多样性和生态原生性，不破坏山水自然格局，保护生态系统和栖息地的完整性，重点保护自然保护区、重要湿地、饮用水源保护区等主要生态空间资源，基于生态环境关键性要素与基本单元进行区域生态功能区划与功能构建，确保可持续发展的生态环境"底线"，保障最小生态绿地要求。②确定可承载、可持续的开发建设强度、密度及建设方式，设定生态经济指标、生态环境指标和生态社会指标等构成的社会经济发展与环境保护目标及指标体系。③实行开发管制，根据对生态环境保护严格程度的不同，划为严格保护区、控制性保护利用区、引导开发建设区，作为区域生态保护管制和产业发展布局的基础。

（二）构建全面与系统的生态卫生体系

构建全面与系统的生态卫生体系，主要应做到以下几点：①鼓励采用生态导向和环境友好的生态工程方法，处理回收生活废物、污水和垃圾，减少空气和噪声污染，以便为城镇居民提供一个整洁健康的环境。②以高效率低成本的生态技术手段，对粪便、污水和垃圾进行处理和再生利用，使生态卫生由技术和社会行为控制，由自然生命保障系统来维系。③将管理手段和工程措施相结合，源头控制与末端处理相结合，控制与削减工业、交通、生活等各类大气污染与噪声污染。④合理选址与布局环境工程设施，确保环境工程设施与居住区及敏感设施的卫生隔离距离，确保环境工程设施及其卫生防护用地需求，并分别对城市黄线及绿线进行严格保护与管制。

（三）构筑美丽与宜人的生态景观体系

景观生态学的研究重点就是将生态学特征与空间形态特征联系起来。生态景观是通过对人工环境、开放空间（如公园、广场）、街道、桥梁等连接点和自然要素（水路和城市轮廓线）的整合，在节约能源、资源，减少交通事故和空气污染的前提下，为所有居民提供便利的城市交通、舒适的城市功能和优美的城市环境。强调通过景观生态规划与建设，优化景观格局及过程来减轻热岛效应、水资源耗竭及水环境恶化、温室效应等环境影响。构筑美丽与宜人的生态景观体系，重点如下：①要优化调整城市用地结构，扩大绿地比例，科学规划绿化用地，合理划定绿地范围，并重视立体绿化，鼓励引导居民绿化阳台、屋顶，逐步恢复或增强城市生态功能和植物的生态多样性及景观多样性，不断提高城市自我净化能力。②优化区域生态服务功能，切实预防和治理城乡环境污染，加强区域生态系统恢复和环境培育，以城市内湖、山体等重要生态要素为重点，开展城市生态环境综合整治，控制湖泊富营养化和有机污染、控制山体乱采乱挖乱建乱伐，构建具有生机和活力的生态功能体系。③要结合区域风景绿道体系建设，沿主要道路和河湖沿岸建设重要的生态廊道与靓丽的风景线，建成生态道路、生态水岸，加强道路沿线和河湖沿线生态保护，以及沿线镇村环境整治与污染控制。

（四）推进低碳与生态的生产生活方式

推进低碳与生态的生产生活方式，主要做到以下几点：①促进产业的生态转型，强化资源的再利用、产品的生命周期设计、可更新能源的开发、交通运输的生态高效，在保护资源环境的同时满足居民的生活需求。强调工业过程通过生产、消费、运输、还原、调控之间的系统耦合，从传统利益导向的产品生产转向功能导向的过程闭合式的生产。②环境污染来源于人类活动对生态系统耗竭与未被充分利用的资源在环境中滞留，而带来的环境危害。为解决此类问题，生态城市建设应重视由污染治理向源头控制转变，通过大力发展生态产业，形成全过程的清洁生产。③帮助人们认识其在与自然关系中所处的位置和应负的环境责任，引导人们的消费行为，改变传统的消费方式，增强自我调节的能力，以维持城市生态系统的高质量运行。以整体、和谐、循环和自生的生态学原理为基础，培养具有较高生态意识和继承历史文化的群体生态文明人与具有生态智慧的管理者。④以实现人与人和谐共存、人与经济活动和谐共存、人与环境和谐共存为目标，综合运用生态经济、生态社会、生态环境、生态文化的新理念，从政策法规研究、组织系统构建、融资平台建设、科技支撑保障、公众参与机制形成、监管体系构建六大方面进行探索与研究，为城市生态保护与建设及后续发展提供政策保障、制度支撑、发展引导。

参 考 文 献

陈天鹏. 2008. 生态城市建设与评价研究. 哈尔滨工业大学博士学位论文.

董宪军. 2000. 生态城市研究. 中国社会科学院博士学位论文.

关海玲. 2012. 低碳生态城市发展的理论与实证研究. 北京：经济科学出版社：82-109.

胡俊, 陆飞, 陈洪标, 等. 2007. 科学发展观和生态优先思想在城市规划中的实践——上海市崇明三岛总体规划简析. 城市规划学刊, （1）：9-10.

黄肇义, 杨东援. 2001. 国内外生态城市理论研究综述. 城市规划, 25（1）：59-66.

李端, 常国桓. 2009. 可持续发展理论下的生态城市生态城市建设//中国环境科学学会. 中国环境科学学会学术年会论文集 2009 年（第三卷）. 北京：北京航空航天大学出版社：179-181.

李海峰, 李江华. 2003. 日本在循环社会和生态城市建设上的实践. 自然资源学报, （2）：252-256.

李建龙. 2006. 现代城市生态与环境学. 北京：高等教育出版社：37-68.

李允祥. 2003. 建设生态型城市的几个重点问题. 发展论坛, （6）：40, 41.

马世骏. 1991. 中国生态学发展战略研究. 北京：中国经济出版社：35-40.

马世骏, 王如松. 1984. 社会-经济-自然复合生态系统. 生态学报, （1）：1-9.

沈清基. 1998. 城市生态与城市环境. 上海：同济大学出版社：135-200.

宋永昌. 2000. 城市生态建设. 城市生态学, （10）：276.

宋永昌, 由文辉, 王祥荣, 等. 1999. 生态城市的指标体系与评价方法. 城市环境与城市生态, （5）：16-19.

汤敏, 张鹏伟, 边春霖, 等. 2015. 生态城市主义. 武汉：华中科技大学出版社：25-66.

陶良虎, 张继久, 孙抱朴, 等. 2014. 美丽城市——生态城市建设的理论实践与案例. 北京：人民出版社：44-88.

王如松. 1994. 加强人类生态学学科建设. 学会, （11）：19.

王如松. 2003. 城市生态转型与生态城市建设. 中国环境报, （5）：30.

王祥荣. 2001. 论生态城市建设的理论、途径和措施——以上海为例. 复旦学报（自然科学版）, 40（4）：349-354.

薛梅, 董锁成, 李宇. 2009. 国内外生态城市建设模式比较研究. 城市问题, （4）：71-75.

张雪花, 张宏伟, 郭怀成, 等. 2014. 生态城市——建设规划与评估方法. 天津：天津大学出版社：10-30.

张余. 2008. 国内外生态城市建设模式比较研究. 城市问题, （4）：71-75.

第九章　生态宜居城市设计规划与建设

第一节　生态宜居城市建设面临的问题

一、大气污染与气候变化

（一）我国气候变化和大气污染形势严峻

我国大气环境形势相当严峻。近年来，我国出现了大范围的持续多天的雾霾天气，其中华北平原、黄淮、江汉、江南、华南地区北部等地区都连续出现了能见度严重不足 100 米的恶劣雾霾天气，其中有部分地区出现能见度不足 1000 米甚至100 米的现象。据统计，全国共有 17 个省（直辖市）的许多城市空气质量均为中度污染或严重污染。在全国大部分地区大气环境在传统煤烟型污染尚未得到有效控制的情况下，以细颗粒物（PM2.5）、臭氧为代表的区域复合型污染情况日益突出。因此，大气污染已经严重制约经济社会的持续健康发展，威胁城市居民身体健康状况。

（二）气候变化与大气污染在成因上关系密切

人类活动通过化石燃料燃烧、生物质燃烧和改变土地利用与覆盖，不仅向空气中排放了大量的 CO_2 等温室气体，影响其循环，还排放了大量的大气污染物。据统计，我国 SO_2、氮氧化物和烟尘等大气污染物排放 70%以上来自燃煤和汽车尾气。以北京为例，大气 PM2.5 组成中，超过 60%的各种颗粒物排放和转化及超过 50%的黑炭来自化石燃料的燃烧。2014 年我国能源消费总量为 362亿吨标准煤，其中煤炭消费量占世界煤炭消费总量的比例超过 50%。2005～2014 年我国新增煤炭消费量占世界增量的 68%。化石能源消费的上升不但增加 CO_2 排放，而且使燃烧过程中产生的可溶性硝酸盐、硫酸盐和烟尘微粒（PM10，PM2.5）等大气污染物的浓度在很多时候超过大气安全容量，控制变得更加困难。

从气象条件上分析，我国东部地区处在全球最大陆地板块副热带干旱和半干旱区的下游地区，又是全球中低纬度陆地低层平均大气稳定度最强的地区，具有形成雾霾天气的自然条件。特别是近几十年来气候变化使我国平均风速下降、小雨日数减少，不利于污染物的扩散。持续了几十年的"南涝北旱"，使北方能源生产和消费大省大气污染比南方更加严重。

国际科学界最新的观点认为，20 世纪中叶以来大部分的全球平均温度的升高极有可能（大于 95%的可能性）是由人类大规模使用化石能源引起的人为温室气体浓度增加和土地利用的变化造成的。气候变化是百年尺度、全球和大陆尺度，而大气污染物是天气尺度、局地尺度，二者在时间和空间尺度上存在显著的差异，大气污染的治理是有可能先于控制温室气体排放取得成效的。由于 CO_2 等温室气体和大气污染物是化石燃料在燃烧过程中同时排放的，所以，现阶段气候变化与大气污染在形成原因上同根、同源、同步，减少温室气体排放对大气污染控制具有显著的正协同效应。

二、水资源污染与滥用

（一）我国水资源现状

我国水资源问题十分突出，尤其是水资源短缺、旱涝灾害及与水相关的生态环境已经成为我国社会经济发展重要的制约因素，受到国家和社会的高度关注。根据社会经济可持续发展的要求提出水资源现状和对策分析，对于构建 21 世纪水资源发展战略体系具有重要意义。一个突出的问题是这个增长对资源消耗的影响有多严重，中国的增长会因为这种资源消耗而有何种程度衰退。实际上，这个问题已经引起了众多学者的关注。例如，曾以一篇"谁来养活中国"震动全世界的美国世界观察研究所所长莱斯特·布朗，2008 年又提出，"中国水资源的匮乏将动摇世界粮食安全""水资源短缺将影响中国经济"。我国水资源总量约为 2.8124 万亿立方米，占世界径流资源总量的 6%；我国又是用水量最多的国家，2009 年全国淡水取水量为 5255 亿立方米，占世界年取水量 12%，比美国 2005 年淡水取水量 4700 亿立方米还高。由于人口众多，目前我国人均水资源占有量为 2500立方米，约为世界人均占有量的 1/4，排名百位之后，被列为世界几个人均水资源贫乏的国家之一。

（二）水资源污染严重

水资源污染日益加剧，成为影响水资源安全最严重的问题。比起水量减少，我国由于污染引致的水质恶化对水资源安全的影响更为严重，也更加令人忧虑。2013 年在全国评价的河流长度中，达到和优于III类水质的河流长度仅占总评价河流长度的 59.4%，主要江河水系、90%以上的城市地表水体、97%的城市地下含水层均受到污染。我国饮用水安全和人群健康问题十分突出，农村饮水不安全人口达 3.23 亿人。近 20 年来，水污染从局部河段到区域和流域、从单一污染到复合型污染、从地表水到地下水，以很快的速度扩展，危及水资源的可持续利用，成为当前我国水危机中最严重、最紧迫的问题。

三、固体废弃物的填埋

固体废弃物是指人类在生产、消费、生活和其他活动中产生的固态、半固态废弃物质，主要包括固体颗粒、垃圾、炉渣、污泥、废弃的制品、破损器皿、残次品、动物尸体、变质食品、人畜粪便等。有些国家把废酸、废碱、废油、废有机溶剂等高浓度的液体也归为固体废弃物。按其来源不同，一般分为生活垃圾、一般工业固体废弃物等。

（一）生活垃圾

生活垃圾填埋场选址要求需符合《生活垃圾填埋污染监控》（GB16889—1997），包括以下要求：①生活垃圾填埋场选址应符合当地城乡建设总体规划要求，应与当地的大气污染防治、水资源保护、自然保护相一致。②生活垃圾填埋场应设在当地夏季主导风向的下风向，在畜居栖点 500 米以外。③生活垃圾填埋场不得建在下列地区：国务院和国务院有关主管部门及省、自治区、直辖市人民政府划定的自然保护区、风景名胜区、生活饮用水源地和其他需要特别保护的区域内；居民密集居住区；直接与航道相通的地区；活动的坍塌地带、断裂带、地下蕴矿带、石灰坑及溶岩洞区。

（二）一般工业固体废弃物

一般工业固体废弃物填埋场选址要求需符合《一般工业固体废弃物贮存、处置场污染控制标准》（GB18599—2001），包括以下要求：①所选场址应符合当地城乡建设总体规划要求；②应选在工业区和居民集中区主导风向下风向，厂界距居民集中区 500 米以外；③应选在满足承载力要求的地基上，以避免地基下沉的影响，特别是不均匀或局部下沉的影响；④应避开断层、断层破裂带、溶洞区，以及天然滑坡或泥石流影响区；⑤禁止选在江河、湖泊、水库最高水位线以下的滩地和洪泛区；⑥禁止选在自然保护区、风景名胜区和其他需要特别保护的区域。

四、建筑材料的污染

不合格或劣质建筑材料和装修材料再加上落后的施工工艺都是建筑污染的源头，如人造板、墙布、墙纸、油漆和涂料、地砖、石材、塑胶管材、家具、化纤地毯等。这些室内装饰材料会散发甲醛、苯类、氡、氨等有毒物质，这是造成室内空气污染的主要原因。居室中的这些有毒物质，将会引发包括呼吸道、消化道、血液、神经内科、视力等方面的 30 多种疾病，而且这些有毒气体的释放期比较长，室内甲醛的释放期为 3～15 年，居室装修后在短时间内仅靠采取通风措施难以根本消除甲醛等有害物质的污染。

甲醛是制造合成树脂、油漆、塑料及人造板材所用黏合剂的原料。甲醛是毒性较高的原浆毒物，能与蛋白质结合，人吸入高浓度甲醛后，会出现呼吸道的严重刺激和水肿、眼刺痛、头痛、哮喘等。经常吸入少量甲醛，能引起慢性中毒，污染严重时，可引起恶心、呕吐、胃肠功能紊乱，还可引发再生障碍性贫血。在我国新装修的房屋中，室内污染的主要污染物是甲醛。我国室内空气质量的卫生标准规定，甲醛的最高容许浓度为每立方米 0.08 毫克。而抽样检测结果表明，在有些新装修的住宅空气中，甲醛超出标准 40 倍，装修 5 天后室内的甲醛浓度是标准值的 30 倍，即使 6 个月以后也超标 3 倍以上。实验证明，在每 100 克人造板中的甲醛释放量在 60～100 毫克时，就会给人体造成明显的伤害。居室装修中甲醛主要来源于各种人造板材，如刨花板、纤维板、胶合板等。

苯类主要来源于建筑装饰中大量使用的化工原料，如油漆（涂料）。在涂料的成膜和固化过程中，其中所含有的苯类等可挥发成分会从涂料中释放，造成污染。苯是世界卫生组织公布的有毒物质，可致癌、致突变，更是近年来造成儿童白血病患者增多的一大诱因。

TVOC 这是挥发性有机化合物的总称，种类达百余种，其组成极其复杂，其中除醛和苯类外，常见的还有三氯乙烯、三氯甲烷、萘、二异氰酸酯类等。主要来源于各种涂料、黏合剂及各种化工材料如内墙涂料和木器漆（纯酸漆、聚酯漆、硝基漆）及稀释剂、固化剂和黏结剂等。TVOC 对人体安全健康有巨大影响：当居室中的 TVOC 达到一定浓度时，短时间内人们会感到头痛、恶心、呕吐、乏力等，若不及时离开现场，严重时会抽搐、昏迷、记忆力减退，伤害人的肝脏、肾脏、大脑和神经系统，是造成儿童神经系统、血液系统、后天心脏疾患的重要原因。

五、交通网络有待完善

随着城市经济的发展，城市道路交通网络发挥着越来越重要的作用，城市人口出行时间及出行活动的增加，产生了更多的人、车交通量，而城市有限的空间又不可能无限地满足交通需求，由此导致了大多数城市的交通环境污染越来越严重，所有这一切都促使人们不停地关注交通网络问题，不停地提出规划与设计方案，以缓解交通拥堵及其带来的一系列问题。一般来说，在城市道路交通网络中存在的主要问题如下。

（一）道路问题

交通量过大，造成道路负荷过重，车速随之下降，由道路上车速与密度之间的关系可知，随着道路上车流密度的增加，车速呈下降趋势，直至为零，从而造成交通阻塞。产生交通阻塞的根本原因在于道路上实际的交通流量大于道路能够提供的通行能力。

（二）交通问题

现代化的交通运输是城市生产和生活的重要支柱，但随之而发生的交通事故给人民的财产带来了巨大的损失。随着人们生活水平的不断提高，家庭汽车拥有量持续增多，人们日益增长的汽车需求与道路资源及停车资源的有限性形成不可调和的矛盾，因此，交通拥堵问题变得越来越严重。交通与人们生活息息相关，交通是经济发展的先行官，一个地区的经济要想取得长期发展，需要具备完善的交通运输体系。

（三）污染问题

城市中大量机动车辆会带来非常严重的空气污染和噪声污染，其中汽车废气中包含有一氧化碳、碳氢化合物、氮氧化合物、硫的氧化合物、铅的氧化合物及烟尘等。不同车辆和不同的燃油类型所排放的废气成分和数量有所不同，但无论什么车辆、无论何种燃油类型，当交通拥挤时，车辆运行速度放慢，排放出的废气总量就更大。同样，道路上的交通量越大，距离道路越近，感受到的噪声级就越高。

第二节　生态宜居城市系统构成及运行分析

一、生态宜居城市的特点

在 2010 年城市发展与规划国际大会上，中国工程院院士邹德慈对城市的生态城市概念进行了解读。生态城市的概念存在了几十年，20 世纪工业文明以后，从生态学的角度研究城市进而提出了生态城市的概念。邹院士指出，首先生态城市的核心应当是城市生态系统。城市生态系统由三个主要的子系统组成，包括自然系统、经济系统、社会系统。生态城市是三大系统协调而且良性运行的城市。生态城市应该是生态系统健康、良性运行的城市。

　　"宜居生态城市"也是一种"软实力"。一座城市给人以幸福感、归宿感，自然就能增加它的竞争力，这比任何广告宣传都有效。很多人愿意到深圳来生活、创业，各种人才，都能在这片天地中发挥长处，为这个城市增色，为它提供继续发展的动力。而且，市民的满意度提升了，为城市感到骄傲，心怀感恩，自然会反哺社会，通过志愿活动等方式造福社会，令城市受益无穷，进入良性循环。建设"宜居生态城市"，内核是以人为本。着眼于市民的福祉，时刻紧扣民生，同时又对城市长远发展胸有成竹，兼有长期目标和短期目标。一座给市民百年幸福许诺的城市，自然充满竞争力。

二、生态宜居城市系统构成

（一）经济系统

1. 物质关系

　　（1）自然物流。主要有生态系统内的生物小循环和地球化学循环。前者是指在一定区域内，生物与环境之间进行的物质周期性循环，主要通过生物对营养物质的吸收、存留和归还来实现。一般来说，这种循环的范围小、流速快、周期短。后者范围大、周期长、影响面广。

　　（2）经济物流。其包括：直接生产过程中的物流；流通过程中的物流；消费过程中的物流。

　　（3）自然物流与经济物流的相互转化。最初主要是在农业和采掘业的生产过程中，自然物流与劳动的结合使其开始转化为经济物流；在生产和消费过程中及生产和消费过程的终了，全部经济物流又先后不断地转化为自然物流。两种物流相互贯通，成为同一线性转化过程的不同环节，且这些环节在空间上并存，在时间上继起，以维持和促进人类社会经济秩序的完善和发展。

2. 能量关系

　　（1）自然能流。其包括太阳能（及与太阳能流有关的生物能、矿物能、水能、风能等）、地热能、潮汐能等。食物链、食物网是生命系统能量的主要通道；大气循环、水循环、地质活动等则是非生命系统自然能流的主要表现形式。

　　（2）经济能流。生态食物链、生产链、流通链等是经济能流的主要通道。

　　（3）自然能流和经济能流的相互转化。农林牧渔业是自然生态过程和社会经济过程的接口，是自然能流向经济能流转化的生物渠道。采掘业开采化石能源如煤炭、石油、天然气等，电力行业利用太阳能、风能、水能等发电，是自然能流向经济能流转化的工业渠道。

（二）社会系统

低碳生态制度是围绕自然、经济、社会可持续发展所做出的各种制度安排，它强调较强的生态意识、良好的生活环境、可持续的经济发展模式和完善的生态制度，是人类对环境污染、物种毁灭、生态失衡、资源浪费等状况的反映，是原有各种制度安排实质性的进展。因此，其功能特征主要表现在：降低生态交易成本；有效的生态制度能降低生态营销的不确定性，抑制人的投机行为从而降低生态交易成本。

经济学家舒尔茨认为，制度的功能是为经济提供服务。生态制度所执行的功能的经济价值实际上就是生态经济价值，主要由生态产品的供求关系所决定。所以，应该用生态产品提供分析来探索生态服务的经济价值，以保证经济社会的可持续发展。

（三）能源系统

现代工业生产是一个将原料、能源转化为产品和废物的代谢过程。在原料转化为产品的过程中，必然伴随着一些能量的注入，因而能源的生态化利用是生态产业的重要环节。能源的生态化利用主要是矿物燃料的高效合理利用，提高能源利用效率和节约能源，改变能源消费结构，开发利用新能源。

我国目前以矿物燃料为主的能源结构在短时期内不会改变，提高能源利用效率将获得解决能源危机和优化环境的双重效益。这需要不断改善能源供应系统，提高能源利用率和节约能源，同时大力发展矿物能源的高效利用技术。

现代联产技术是同时生产任何两种或两种以上二次能源的联产技术，包括同时生产热水、蒸汽、冷气、电能等，对节约能源、保证和改善生态环境有着重要的意义，是节能的重要途径。现代联产技术将发电机、配电站、热交换器紧密结合在一起，以充分利用回收的热水，不仅可以提高能源的利用效率，还能节约大量燃料。

水与煤混合技术，是将煤水混合而成一种液体燃料水煤浆，其中含有 70%～75%的煤粉、25%～30%的水和 0.2%～5%的添加剂，易储存和运输。由于水中含有氢，能起到一定的助燃作用，大大节省了煤炭，提高了热值，同时也减少了煤灰尘的排放。

（四）环境系统

按照生态环境治理的系统论观点，加快资源型城市生态环境的修复与保护，不能简单的头痛医头，脚疼医脚。要把目前生态环境现状和城市经济社会发展、改革、城市经济转型的各项重点工作放到同一背景下综合考量。应当看到，城市生态环境的综合治理，与城市发展理念、城市发展定位、接替产业选择等许多深层次的变化与调整紧密相关。当前和今后一个时期，要把城市生态环境的整治与城市生态系统构建紧密结合，推动经济发展由资源开发向综合利用转变，由规模型向质量效益型转变，由被动整治向环境友好、生态友好转变，实现煤炭资源型城市的环境友好替代产业的培育和经济的跨越式发展。

1. 推动产业结构优化升级

长期以来，结构性污染一直是城市生态恶化、污染严重的重要方面。加快推动生态城市建设，必须从根本上扭转产业结构重化和结构性污染问题，加快产业结构调整力度，把产业结构调整作为生态城市建设的重要环节。要按照"传统产业新型化、支柱产业多元化、新兴产业特色化"的要求，以转变发展方式为主，优化产业布局，培植和壮大接续替代产业，加快发展特色服务业，加快推进城市转型，努力实现经济跨越发展。

2. 推动城市功能转型

矿区城市，城市功能比较单一，基础设施建设滞后，生态环境破坏较为严重。我们应改善城市形象，加快城市功能转型，推动传统工矿城市向文化旅游城市转变、单一的矿区城市向功能相对完善的"门户城市"转变。

三、生态宜居城市系统的功能与运行

（一）生态宜居城市系统的功能

一方面，城市自然生态环境以其固有的成分及其物质流和能量流运动着，并控制着人类的社会经济活动；另一方面，人又是城市生态环境的主宰者，人类的社会经济活动又不断地改变着能量的流动与物质的循环过程，人是城市环境资源和物质的主要消费者，又是环境的污染创造者，对城市生态环境的发展和变化起着支配作用。这两个方面又互相作用、互相制约，组成一个复杂的以人类社会经济活动为中心的城市生态环境系统，这个系统结构复杂、功能多变、层次有序、等级分明，而且具有多向反馈的功能。城市自然生态环境的空间分布，遵循区域自然环境的水平和垂直分布规律；其时间变化，遵循区域自然环境变化的节律性。城市自然生态环境结构具有有限的调节能力，在一定限度内可自行调节，在新的条件下达到平衡。城市社会经济环境结构，具有人工调节功能，靠人的智能和创造力进行调节和控制。在城市人口剧增、社会经济迅速发展、科学技术日新月异的今天，对城市生态环境结构变动的影响，无论在深度、广度还是速度、强度上都是空前的。每一个城市都有其自身的形成发展过程和演变规律，并通过系统本身的自我调节功能（自然生态系统）或人为调控过程（社会经济系统）来维持整个系统的相对稳定状态。

系统的功能总是与其结构相适应，城市自然生态环境具有资源再生功能和还原净化功能。它不但提供自然物质资源，而且能接纳、吸收、转化人类活动排放到城市环境中的有毒有害物质，在一定限度内达到自然净化的效果。自然环境中以特定方式循环流动着的物质和能量，如碳、氢、氧、氮、磷、硫、太阳辐射能等的循环流动，维持着自然生态系统的永续运动。城市自然生态环境的水、矿物、生物等其他物质通过生产进入经济系统，参与高一级的物质循环工程。

（二）生态宜居城市系统的运行

生态宜居城市系统的运行是生态城市适应外部环境变化及内部自我调整的过程，反映在经济、社会、资源与环境各个组成部分及与外界系统相互作用的过程中。生态宜居城市系统的运行是按照3S原则（综合原则、协调原则、共生原则），强调各个生态流（物质流、能量流、信息流和人口流）发展的质量及相互之间的协调与平衡，强调整体功能的完善，以达到整体质量水平的目的，生态宜居城市的运行实质是低碳生态城市新陈代谢的过程，即实现生态宜居城市的生产、流通、服务和集聚等基本功能。

第三节　生态宜居城市建设的实践

一、能源与大气排放——上海

上海市环境保护厅为加强上海市大气污染防治，推进锅炉的清洁能源替代，改善本市大气环境质量，促进技术进步，根据《中华人民共和国环境保护法》第十六条、《中华人民共和国大气污染防治法》第七条和《上海市环境保护条例》第十三条等有关规定，市环保局组织有关单位对原地方标准《锅炉大气污染物排放标准》（DB31/387—2007）进行了研究修订，形成了上海市《锅炉大气污染物排放标准》（DB31/387—2014）（简称新标准）。

新标准在原标准的基础上，取消了对燃煤锅炉、燃油锅炉及燃气锅炉的进一步分类，统一设定燃煤、燃油及燃气锅炉的排放限值，大幅加严对落后炉型和燃用重污染燃料的污染控制要求；单独设定了燃用生物质锅炉排放要求；增加了对燃煤锅炉污染治理设施要求、加强锅炉房辅助设施无组织排放控制等管理性规定；在国家特别排放限值的基础上进一步加严了燃煤、燃重油锅炉大气污染物的排放限值，新增了燃煤锅炉汞及其化合物的排放限值。新标准拟规定燃煤锅炉的烟尘、SO_2、氮氧化物、汞及其化合物的排放限值分别为 20 毫克/米^3、100 毫克/米^3、150 毫克/米^3、0.03 毫克/米^3，相关限值比国家特别排放限值要求进一步严格了 25%以上。

新标准还对上海市锅炉的达标情况进行了评估。全市燃煤、燃重油锅炉 2000 余台，主要分布于郊区。新标准实施后，燃煤、燃重油锅炉的三项主要污染物（烟尘、SO_2、氮氧化物）的单项达标率将大幅下降，在现有设施水平下，燃煤、燃重油锅炉很难全面稳定达标，必须实施清洁能源替代。对于燃轻油锅炉，在暂不具备天然气条件的情况下，需要通过提升燃料用油品质、改造低氮燃烧器和改善燃烧工况以实现达标。同时，在实施清洁能源替代过程中，也需要积极引导相关企业选用具有低氮燃烧技术的锅炉，并重视在用锅炉的运营管理，以确保氮氧化物等指标达标。通过实施该标准，有力推进上海市清洁能源替代工作，并改善城市环境空气质量。

二、城市化与水管理——浙江

在影响城市化进程的诸多因素中，由于城市化水平（以非农业人口计）、产业结构、服务设施、居民生活水平等四项指标具有代表性并具有易量化为数据变量的特点，用 $x_1 \sim x_4$ 表示城市化水平、产业结构、服务设施、居民生活水平，设定 $X = x_1 \cdot x_2 \cdot x_3 \cdot x_4$，因此选择上述四项指标反映城市化过程，通过函数关系构成代表城市化程度的综合性能指标（表 9-1）。

表 9-1　城市化进程参数

年份	x_1	x_2	x_3	x_4	X	$\log x$
1990	3.76	2.21	92.59	190.74	7.14	1.46
2000	5.35	2.9	92.90	168.40	11.42	1.99
2005	12.08	3.17	92.65	150.08	16.83	2.60
2006	10.75	3.14	93.74	143.45	19.38	2.63
2007	13.17	2.98	93.83	134.07	19.07	2.72
2008	29.20	3.46	93.68	126.26	27.10	3.31
2009	22.28	4.42	95.15	118.18	30.54	3.38
2010	18.17	6.24	95.59	98.78	31.13	3.53
2011	25.99	9.07	97.69	94.07	34.75	3.93
2012	21.63	5.73	98.13	129.43	27.84	3.61

资料来源：浙江省水利局

上述假定参数满足预期分析要求，并达到了寻求城市化与水资源关系的目的，两拟定参数关系密切且对城市化进程和水资源综合利用情况具有典型代表性，把二者内在的复杂关系用简单的数学关系表示可为决策部门提供参考依据。城市规模与人均用水水平的关系比较复杂，并不呈现明显的线性相关关系。一般地，若区域水资源条件比较均一，则城市规模越大，市政和商业机构用水量越大，从而导致人均城市生活用水量较高。另外，城市规模越大，管道煤气或天然气普及率越高，则家庭热水器普及率也越高，家庭生活用水量也相对较高。但是，这种抽象的相关关系往往叠加在城市性质、供水设施完备程度、居民消费水平、所在地区的水资源条件、气候条件等因素之中，致使统计数据体现不出上述关系。

生活用水和生态环境用水增加是城市化发展进程中的显著特点。随着国民经济的发展，居民生活水平不断提高，对生活用水的要求越来越高，人均生活用水量将有所提高，加上人口的不断增长，到 21 世纪中叶生活用水总量将增长 193%。随着国际化及旅游、商业、服务业等现代化类型城市的发展及人们生活水平、教育水平的提高，城市生态环境的要求逐渐提高，城市生态环境用水将会普遍增加，供水水源的水质和自来水处理要求也会提高。

三、改善固体废弃物管理——昆山垃圾焚烧发电厂

昆山市垃圾焚烧发电工程总规模日处理垃圾 2000 吨（含扩建工程）：一期规模为 1000 吨/天，采用 1000 吨/天焚烧线、一台 12 兆瓦汽轮发电机组与一台 6 兆瓦汽轮发电机组。扩建工程规模为 1000 吨/天，采用 1050 吨/天焚烧线、一台 12 兆瓦汽轮发电机组与一台 6 兆瓦汽轮发电机组。

蒸汽出口参数为 4.1 兆帕、415℃，锅炉给水温度为 130℃，烟气出口温度为 200℃。烟气净化采用"半干法＋活性炭喷射+布袋除尘器"工艺。烟气排放满足《生活垃圾焚烧污染控制标准》（GB18485－2001）的基础上，提高部分指标的排放标准，其中二噁英类（TEQ）≤0.1 纳克毒性当量每千克。

烟气净化工艺流程为"半干法+布袋除尘"工艺，即"烟气反应吸收塔+活性炭喷射+布袋除尘器"。垃圾焚烧炉余热锅炉烟气（温度 200℃左右）被引入烟气反应吸收塔后，由旋转喷雾器将石灰浆喷入烟气内，石灰浆与酸性气体发生反应，水分则被完全蒸发。烟气中的二噁英和汞等重金属则被喷入烟道中的活性炭吸附。然后烟气进入袋式除尘器，反应生成物（氯化钙、亚硫酸钙、硫酸钙等）、活性炭吸附物和烟尘在通过滤袋时被分离出来。净化后的烟气（温度 150℃左右）由引风机通过烟囱排向大气。

四、形成城市绿色交通网络系统——曹妃甸生态城

曹妃甸生态城从 2007 年的 12 月开始进行概念性的编制，一直到 2009 年才完

成起步区的规划和控规并开展各专项规划,在这个过程当中,应该说集成了该领域中最为先进的规划理念,主要源于英国的奥雅拿、美国的易道、荷兰的 DHV 及国内的中国城市规划设计研究院、清华城市规划设计研究院等。

在曹妃甸生态城规划,目前使用的规划主要是由清华城市规划设计研究院和瑞典的 SVECO 设计公司来共同完成的,这个规划的完成是在中瑞两国政府积极推进下完成的,它借鉴了瑞典从 20 世纪 80 年代以来在生态城市建设方面的大量经验。

在这个新城的规划当中,小汽车将大幅度下降,只占到整个出行量的 10%左右,而主要将采用公共交通,步行和自行车将作为城市日常交通出行的主要方式。

曹妃甸生态城交通网络有以下特点:第一,在这个规划当中将总体规划当中提出来的将快慢交通分离、结构合理的路网结构进一步地深化。第二,建立一个层次结构分明的公共交通系统,而且公共交通优先的这样一个整个城市的交通系统。第三,打造一个以人为本的慢行交通系统,打造可行走的城市。第四,建立基于需求引导的生态停车系统规划。第五,建立绿色生态导向的交通组织管理规划。它的规划目标就是在整个城市交通出行当中,公交车就占了 50%,小汽车只占 10%,自行车和步行各占 20%(曹妃甸环境检测局)。

参 考 文 献

陈玲玲,冯年华,潘鸿雷,等. 2015. 新型城镇化发展背景下南京生态城市建设进展及对策. 生态经济,(5):175-178, 190.

范洋,高田义,乔晗. 2015. 基于博弈模型的港口群内竞争合作研究——以黄海地区为例. 系统工程理论与实践, (4):955-964.

冯碧梅. 2011. 湖北省低碳经济评价指标体系构建研究. 中国人口·资源与环境,(3):54-58.

阚景阳. 2014. 国内外临空经济现状与启示及对河北省略政策建议——基于京津冀协同发展视角. 中共石家庄市委党校学报,(9):19-22.

李文增,鹿英姿,王刚. 2010. 加快京津冀区域经济金融一体化发展的协调机制研究. 理论与现代化,(5):77-81.

倪明,莫露骅. 2013. 两种回收模式下废旧电子产品再制造闭环供应链模型比较研究. 中国软科学,(8):170-175.

王岐洁,韩伯棠,曹爱红. 2015. 区域绿色技术溢出与技术创新门槛效应研究——以京津冀及长三角地区为例. 科学学与科学技术管理,(5):24-31.

徐达松. 2015. 促进京津冀产业协同发展的财税政策研究. 财政研究,(2):12-15.

臧维,秦凯,于畅. 2015. 基于资源视角的京津冀高新技术产业协同创新研究. 华东经济管理,(2):47-54.

张倩,邓祥征,周青,等. 2015. 城市生态管理概念——模式与资源利用效率. 中国人口·资源与环境,(6):142-151.

张瑞萍. 2015. 先政府后市场——京津冀一体化进程中政府与市场作用的顺序. 河北法学,(4):12-19.

周岩,胡劲松,孙浩,等. 2012. 具有模糊需求的双渠道闭环供应链网络均衡. 中国管理科学,(S2):481-490.

第十章　生态宜居城市建设的评价

经济的迅速发展加快了城市化的进程，和谐社会的构建离不开生态文明的建设。城市生态环境与自然环境的和谐共处是生态宜居城市建设的关键，在自然环境的基础上，生态宜居城市的建设根据人的发展需求对生存环境加以改造，使自然环境与社会环境结合，这顺应了社会发展的规律，也是自然发展的必然要求。为了促进生态宜居城市的可持续发展，研究生态宜居城市建设的评价指标与评价模型是十分必要的，是对生态宜居城市进行评价的关键。

本章主要在第九章对生态宜居城市的系统结构及其特点进行分析的基础上，构建生态宜居城市建设的评价指标和评价模型，并采集全国东部、中部和西部各省 2014 年的数据进行统计分析，对相关地区的生态宜居城市建设工作进行评价，为进一步开展生态宜居城市建设奠定基础。

第一节　生态宜居城市评价系统的指标体系构建

一、生态宜居城市评价系统指标体系的构建原则

每一座城市都是一个复杂的系统，生态宜居城市的评价体系中涵盖了大量的动态变量和不可控量，系统庞大复杂并且不容易控制。不同的研究者对生态宜居城市的研究有不同的侧重点，因此会有不同的评价指标体系，想要准确、全面地对生态宜居城市的发展水平进行评价，必须构建合理、准确的评价指标体系，精准设置指标的数量，每个指标都应具有代表性和典型性，避免指标过多时为数据采集带来的困难，同时避免指标过少使测评结果不精准的弊端，在设置生态宜居城市体系评价指标的过程中应遵循以下原则。

（一）指标的实用性

指标的设置选取是为了分析城市生态宜居建设，而评价城市生态宜居现状则是为了找到城市在发展中的问题，并针对问题做出相应的改善，以促进城市向更好的方向发展，因此指标的设置必须具有实用性，数据的采集必须真实可靠，只有这样才能客观准确地对生态宜居城市做出评价，抓住不同地区间发展的共性，分析比较其不同之处，并根据各地区自己的发展优势与劣势，有的放矢地发展城市生态宜居建设。

（二）指标的科学性与可操作性

所选取的指标必须科学、准确，既能够反映出生态宜居城市建设的实质与内涵，又能够客观地反映出生态宜居城市在资源、经济和人居环境等方面发展的真实水平，这样测评结构才能客观科学地反映生态宜居城市发展中的优势与困难，同时，整个指标体系应该具有综合性，并设有重点指标，每一个指标都是具体可量化的，指标的可测性决定着其运用的灵活程度，因此，设置评价指标时应综合参考国内外生态宜居城市指标体系的建设，数据的采集应根据权威统计部门的资料，指标的运用应尽量做到简便，进而提高指标体系的可操作性。

（三）指标的层次性和完备性

评价体系中的各个指标是相互独立的，但并不是孤立的，各指标之间要做到相互影响和相互制约，每个指标都以系统目标为核心，并反映生态宜居城市的不同方面，评价系统通过所有的指标实现对城市生态宜居现状的测评，因此，所选取的指标整体反映了评价体系的完备性。同时，系统内部的不同指标应该根据其属性及重要程度分成不同的层级，每个层级上设置出由同一属性指标组成的子系统，每一个系统都服务于上一层指标系统，实现了整个指标体系的层级性，而各子系统又构成了影响城市生态宜居建设的主要因素，实现了评价体系的完备性。

（四）指标体系的定性分析与定量分析

对某一城市的生态宜居状态作评价，需要将该城市生态宜居城市建设的发展水平与国内外不同层次城市的生态宜居现状做出横向比较，因此应该对评价指标进行定量与定性分析，以提高评价的准确性；不同地区之间的横行比较可以激励生态宜居城市建设与国际接轨，向国际水平看齐，而对于同一地区不同年份间的纵向比较则可以比较客观地看到该地区的生态宜居状况发展变化，在测评时，对于可以量化的指标进行定量分析，对于比较难量化的指标，则进行定性分析。定量与定性分析相结合，使各指标反映出其动态发展水平，在对每个测评数据进行分析时必须客观准确，联系实际情况，以提高指标的运用价值。

二、生态宜居城市指标体系的选取

著名的经济学家皮尔斯 1989 年提出了绿色经济的概念，旨在促进人类社会与自然生态环境之间的协调发展。城市的生态宜居建设是一项复杂的工程，它不仅是对低碳生活的需求，同时也要注重生活品质的提高，从而实现"经济—环境—社会"的协调发展。生态宜居城市的评价还要根据相关的标准和方法对城市的经济环境、资源环境和人文环境所处的状态做出客观的整体描述，所以应该选取能够涵盖所有参考因素的指标，不仅要反映生态环境对城市的服务功能与贡献，同时反映出人与社会为宜居环境付出的贡献。很多学者对生态城市进行了评价，比较典型的生态城市评价体系主要有以下几类：中新天津生态城以"经济蓬勃发展""社会和谐进步""生态环境健康"为准则层提出了 22 项评价指标；陶良虎等（2014）以"自然本底条件""经济发展阶段""资源节约利用水平""环境友好程度""居民生活质量""文化特色保护""城市人文素质"为功能层列出 27 项指标对城市进行"美丽城市"评价；王协斌（2010）在介绍环境友好型城市指标体系时，从环境质量、污染控制、人文环境、经济环境和环境建设五个方面提出了 24 个指标，对城市的环境友好状况进行评价。

　　本节在对众多学者对低碳城市建设进行分析的基础上，更加注意生态城市系统中人的发展，结合国内外生态宜居城市评价体系的指标，参阅国家环保局提出的生态城市建设试行指标体系，设计出一套科学有效、有特色的生态宜居城市指标体系，该指标体系符合层次分析法与主成分分析法的结构，分为目标层、准则层和指标层三个层次，其指标体系的结构图如图 10-1 所示，目标层是城市生态宜居情况的整体评价，是城市在发展中与环境和谐发展的综合表现，体现了城市生态宜居系统在结构和功能上的复杂程度，准则层是对目标层有显著影响的各子系统，主要包括经济发展子系统、资源利用子系统、环境保护子系统和人文宜居子系统；指标层是能够反映准则层评价要求的子系统，并根据准则层的要求设置出城市评价体系的具体指标，对城市的生态宜居现状做出分析。

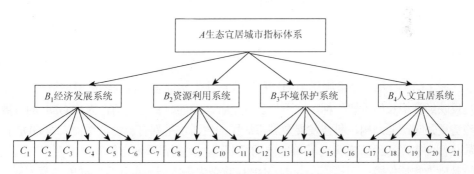

图 10-1　生态宜居城市指标体系结构图

　　生态宜居城市系统是一个庞大的综合体系，包含的相关因子极其众多，并且正在随着人类社会的发展与日俱增，根据生态宜居城市系统指标体系的构建原则，必须选取若干代表因子对其进行评价，本节选取 21 个相关因子对城市的生态宜居情况进行评价，如图 10-1 中的 $C_1 \sim C_{21}$，每个指标层的具体指标如表 10-1 所示。

表 10-1　生态宜居城市评价指标体系

目标层	准则层	指标层	指标类型
生态宜居城市建设综合指标	经济发展	人均 GDP/元	定量
		第三产业占 GDP 比重/%	定量
		R&D 占 GDP 经费比重/%	定量
		文化支出占生活支出比重/%	定量
		城市化率/%	定量
		城镇居民人均可支配收入/元	定量
	资源利用	能源循环利用率/%	定量
		工业能源消耗总量/万吨标准煤	定量
		单位 GDP 的能源消耗量/吨	定量
		能源管理人才数量/人	定量
		非化石能源占一次能源比例/%	定量
	环境保护	环境污染治理投资占 GDP 比重/%	定量
		城市人均公共绿地面积/平方米	定量
		工业废水达标率/%	定量
		单位 GDP 的废气排放强度/(米³/元)	定量
		城市生活垃圾无害化处理率/%	定量
	人文宜居	城市居民人均居住面积/平方米	定量
		城市居民幸福指数	定性
		城市居民平均受教育年限/年	定量
		大学生占城市人口比例/%	定量
		每万人拥有的公交车数量/辆	定量

　　表 10-1 中，第一个准则层中的指标用于反映生态宜居城市的经济发展情况。GDP 是反映经济增长的重要指标，它不仅反映了各产业的财富创造力，人均 GDP 的发展趋势更是与产业结构、科技发展及城市居民的生活水平都有密切关系，人均 GDP 指数从侧面表现了经济实力对城市发展的重要性，生态宜居城市的发展需要坚实的经济基础做物质保障；而第三产业占 GDP 比重是生态宜居城市建设必要的考察因素，发达国家的第三产业占 GDP 比重一般在 50% 以上，甚至高达 70%，而我国现在依旧是以第一产业和第二产业为主要发展产业，因此，该指标是进行产业结构调整的重要表征，能够侧面反映城市的宜居程度；R&D 经费指在科技领域中进行的科研投入、对知识的运用及对知识的创新，主要分为基础研究、应用研究和实验研究三类，R&D

活动的规模和强度能够体现国家的科技实力，也是我国由制造大国向制造强国转变的主要措施；文化支出是人们精神生活的重要反馈，文化支出占生活支出的比重反映了人们对精神生活的重视程度，是生态宜居城市建设的重要方面；城市化率是评价生态城市的基础重要指标，用该地区中城市人口数占总人口数的比值表示，是城市化发展程度的数量表征；城镇居民人均可支配收入指家庭总收入去除家庭成员所交的个人所得税、社会保障支出等义务性支出之后的收入，它是家庭成员最终得到的可用于最终消费的支出和储蓄的总和，表现了家庭的自由支配程度。

第二个准则层是生态宜居城市在资源利用方面的现状。工业中能源循环利用率指的是以工业生产中排出的废水、废气、废渣为生产原料进行再次生产的商品的价值，不包括厂商自留的产品的价值；工业能源消耗总量是指工业企业在进行制造生产的过程中所消耗的能源总数量，在很多资源匮乏，甚至是濒临枯竭的现实面前，能源的消耗是资源利用的重要方面；单位 GDP 的能源消耗量是指一次能源的供应量与 GDP 的比值，它是反映能源消费水平和节能降耗状况的主要指标，某地区在发展中对能源的利用程度，反映经济结构和能源利用效率的变化；能源管理人才数量在很大程度上决定着城市的能源利用结构与能源利用效率；能源管理提倡用清洁能源代替传统的化石能源，因此非化石能源占一次能源的比例是促进能源结构转变的重要表征。

第三个准则层是生态宜居城市在环境保护工作中的成效。具体的指标分别从环境质量状况和污染治理情况方面展开。环境污染治理投资是各种资源环境保护活动所花费的金额总数，其占 GDP 的比重体现了生态宜居城市的环保节能力度，在国民经济体系中占有重要地位，反映了环保部门与各经济部门的配合程度；城市人均公共绿地面积为生态宜居城市中绿地面积与人口数的比值，反映了城市生态环境的优劣；国家环保局颁布的指标中，工业废水达标率要大于 95%，工业废水排放达标率指城市工业废水排放达标量占工业废水排放总量的比重，因此对于工业企业的工业废水排放达标率的测量是十分重要的；单位 GDP 的废气排放强度有 11.55 米^3/元；城市生活垃圾的处理关乎许多环境问题与再生资源的利用问题，城市生活垃圾的分类处理还需要很大的改善，生活垃圾的无害化处理率是反映城市生态文明最直接的因素。

第四个准则层是生态宜居城市的人文宜居现状。随着社会的不断进步，人文宜居子系统在生态宜居城市系统中的地位逐渐上升，其中城市居民人均居住面积指城市中平均每人拥有的住房面积；城市居民幸福指数也伴随着物质生活的丰盈而受到重视，该指标是典型的定性指标，幸福指数与诸多因素有关，人的年龄、工作、居住环境、价值观都影响着自身幸福指数的大小，其中受教育程度对其有较大影响；城市居民平均受教育年限和大学生占城市人口比例均反映了城市居民的文化背景；公共交通工具的覆盖程度同样影响着城市生态宜居状态。

第二节　样本数据与模型构建

一、数据来源与预处理

（一）数据来源

本节中定量化指标的标准值通过以下途径获得：《中国城市统计年鉴》《中国区域统计年鉴》《中国统计年鉴》，对于某区域缺少数值的年份，通过其他年份数据推算而来，对于缺少指标数据的地区，则通过查阅其他文献获得。本节中的定性指标的确定是通过参阅国外生态宜居城市的现状指标数据或在国际范例的基础上进行分析。

本节选取全国 31 个省（自治区、直辖市）进行生态宜居城市评价。包括东部地区的北京、天津、河北、上海、江苏、浙江、福建、山东、广东、海南和辽宁，中部地区的山西、吉林、黑龙江、安徽、江西、河南、湖北和湖南，西部地区的四川、重庆、贵州、云南、西藏、陕西、甘肃、青海、宁夏、新疆、广西和内蒙古。

（二）数据的预处理

对于采集到的原始数据，由于其来源与量纲均不相同，在比较之前需要进行标准化处理，以消除量纲不同对数据的影响，标准化公式为

$$x_{ij} = \frac{X_{ij} - \bar{X}_i}{\delta_i} \tag{10-1}$$

其中，x_{ij} 为所求的标准化数据；X_{ij} 为采集获得的初始数据；$\bar{X}_i$ 为第 i 个指标的平均值；δ_i 为第 i 个指标的标准差（$i = 1, 2, 3, \cdots, 21$）。

二、模型构建

本节采用因子分析法对 34 个省（自治区、直辖市）进行生态宜居城市评价，该统计方法主要运用降维的思想，将原本错综复杂的关系转化为少量的具有代表性的综合因子，从而降低分析的难度（王国平等，2014）。根据不同变量间的相关性进行变量分组，同一组别中的变量具有较高的相关性，该统计方法的本质是剖析每一个主要因子背后代表的经济关系，从而用少量的主要因子来分析解释复杂的经济问题（金在温和查尔斯，2013）。

本节中模型构建的主要步骤如下。

1. 对于已经进行预处理的标准化数据

设测量的样本数为 n，指标变量表示为 $\bar{X}=(X_1,X_2,\cdots,X_m)$，则全体样本数据的标准矩阵可表示为

$$X=\begin{bmatrix} X_{11} & X_{12} & \cdots & X_{1n} \\ X_{21} & X_{22} & \cdots & X_{2n} \\ \vdots & \vdots & & \vdots \\ X_{m1} & X_{m2} & \cdots & X_{mn} \end{bmatrix}$$

2. 运用巴特利特球形检验判断因子分析的可行性

首先计算出标准化矩阵的相关系数矩阵 R，进行 KMO 衡量和巴特利特球形检验，如果矩阵的 KMO 值小于 0.50，且满足巴特利特球形检验的值小于 0.001，则可以对样本数据进行因子分析。

3. 确定主因子矩阵

求出相关系数矩阵 R 的 m 个特征值，$\lambda_1 > \lambda_2 > \cdots > \lambda_m$，并求出对应的标准化特征向量 $I_{ij}(j=1,2,\cdots,m)$，则主因子矩阵 $F=I\times X$。

4. 选取主成分因子

设第 i 个因子的贡献率为 $g_i=\lambda_i\Big/\sum\limits_{i=1}^{m}\lambda_i$，用该公式确定出的因子的贡献率越大，则说明该因子对相应指标的描述能力越强，而 $\sum\limits_{i=1}^{k}g_i$ 表示前 k 个成分因子的累计贡献率，它表示前 k 个主成分因子所包含的原始信息的总量，主成分因子的个数取决于该值的大小，当前 k 个主成分因子所含有信息量达到全部信息量的 80%时，则可以用这 k 个因子作为主成分因子，主成分因子的选取也可以采用特征值法选取，即选取特征值大于 1 的因子做主成分因子。

5. 建立主成分因子的收益模型

为避免因子负荷的大小相近导致对因子的解释有困难，应旋转坐标轴使因子负荷 0 或 1 向两极分化，完成因子载荷矩阵的变换。主成分因子的收益模型为 $f_i=x\beta_j=xR^{-1}\alpha_j(j=1,2,\cdots,k)$，其中，$f_i$ 为主成分因子的收益函数，α_j 为负载矩阵的第 j 列，$\beta_j=R^{-1}\alpha_j$ 表示因子值的系数，x 为标准化数据，R 为 x 的相关系数矩阵。

6. 系统综合收益模型

对同一子系统中各因子的得分进行加权求和，用得到的收益对该子系统的状态进行综合评价，综合评价模型为 $F=\sum_{j=1}^{k}\omega_i\times f_i$，其中，$\omega_i=g_i\Big/\sum_{i=1}^{k}g_i$ 表示第 i 个主成分因子的权数，$F\geqslant 0$，F 的收益值与该地区的生态宜居程度成正比，若收益值 $F=0$，则说明该地区的城市生态宜居发展能力等于各地区间的平均水平。

第三节　实 例 分 析

一、2014 年生态宜居城市发展的横向比较

根据本章前两节介绍的生态宜居城市评价指标体系，本节利用其对全国 31 个省（自治区、直辖市）的城市生态宜居现状进行分析，首先对指标体系中的 21 各相关指标做降维处理，进而用 SPSS17.0 软件对数据进行处理。

1. 初始数值的标准化

数据的标准化值为 $\mathrm{STD}_i=\dfrac{x_i-\overline{X}}{S}$，其中，为采集获得的初始数据 $\overline{X}=\sum_{i=1}^{n}x_i\Big/n$，

$S=\sqrt{\sum_{i=1}^{n}(x_i-\overline{X})^2\Big/n}$。

2. 计算变量矩阵的相关矩阵，确定分析方法

用 SPSS 软件对完成标准化的数据进行 KMO 样本测量和巴特利特球形检验，通过获得的检验结果来判断各变量之间的相关性，如表 10-2 所示，样本数据的 KMO 值为 0.396，巴特利特球形检验值小于 0.001，因此确定分析方法为因子分析。

表 10-2　KMO 样本测量和巴特利特检验

检验样本充分性的 KMO 测量		0.396
巴特利特球形检验	卡方检验	398.774
	自由度检验	120
	显著性检验	0.000

3. 主成分因子的确定

提取相关因子并对其进行因子旋转，从表 10-3 中可以看出，四个因子的方差积累贡献率达到 81.051%，大于 80%，则可以认为该信息已经达到全部信息的绝

大部分，因此可以选取四个因子来反映所有初始数据所代表的信息。

表 10-3 总方差分析表

主成分	旋转后的公因子方差		
	特征值	方差百分比/%	累计方差百分比/%
1	4.608	30.067	30.067
2	3.210	23.634	53.701
3	2.423	16.663	70.364
4	1.867	10.687	81.051

本节采用极大方差法进行因子旋转，表 10-4 为旋转后的因子载荷矩阵，可以看出，任何一个引子都并非对所有的指标都有最大载荷，因此，可根据载荷大小的分布将指标分为四大类。

表 10-4 旋转后的因子载荷矩阵

指标	主要因子			
	F_1	F_2	F_3	F_4
X_1	0.851	0.305	0.314	0.215
X_2	0.796	0.163	0.431	0.063
X_3	0.731	−0.268	0.258	−0.182
X_4	0.807	−0.154	−0.037	0.091
X_5	0.826	0.304	0.243	0.342
X_6	0.813	0.246	−0.194	0.269
X_7	0.265	0.679	0.255	0.254
X_8	−0.245	0.803	0.193	0.069
X_9	0.263	0.754	0.263	0.152
X_{10}	−0.196	0.816	0.413	0.092
X_{11}	−0.263	0.786	0.632	0.361
X_{12}	0.015	0.168	0.724	0.214
X_{13}	−0.254	0.593	0.818	0.211
X_{14}	0.158	0.249	0.794	−0.052
X_{15}	0.551	0.483	0.851	0.341
X_{16}	−0.268	−0.215	0.803	0.562
X_{17}	0.124	0.162	0.023	0.809
X_{18}	0.149	−0.267	0.069	0.768
X_{19}	−0.312	0.493	−0.235	0.815
X_{20}	0.265	0.382	0.154	0.785
X_{21}	−0.249	−0.291	0.272	0.766

　　由表 10-4 可知，第一个主因子 F_1 主要在人均 GDP、第三产业占 GDP 比重、R&D 占 GDP 经费比重、文化支出占生活支出比重、城市化率和城镇居民人均可支配收入 6 个因子上有较大的荷载，因此将这 6 个因子归为第一个因子组，该因子组主要表述城市生态宜居系统的经济发展水平，为城市的生态宜居发展提供经济支撑。

　　第二个主因子主要在能源循环利用率、工业能源消耗总量、单位 GDP 的能源消耗量、能源管理人才数量和非化石能源占一次能源比例 5 个因子上具有比较明显的荷载，将这 5 个因子归为一组，该因子组主要表现生态宜居城市在资源利用方面的利用情况，为生态宜居城市建设提供有效的指导。

　　第三个主因子主要在环境污染治理投资占 GDP 比重、城市人均公共绿地面积、工业废水达标率、单位 GDP 的废气排放强度和城市生活垃圾无害化处理率 5 个指标上有较大荷载，这 5 个因子共同表现生态宜居城市在环境保护工作中所做的努力及所获得的成效。

　　第四个主因子主要在城市居民人均居住面积、城市居民幸福指数、城市居民平均受教育年限、大学生占城市人口比例和每万人拥有的公交车数量 5 个指标上有较大荷载，这 5 个因子表现了生态宜居城市的人文宜居因素。

　　4. 计算因子得分矩阵

　　利用线性回归法计算 $X_1 \sim X_{21}$ 等 21 个指标因子得分系数，再将上一步中选取的四个主因子引入到因子得分方程中，取每个因子的方差贡献率占累计方差贡献率的比例为系数进行加权汇总，最终得到各省（自治区、直辖市）的生态宜居城市发展水平综合指数，见表 10-5。

表 10-5　2014 年各省（自治区、直辖市）生态宜居现状排名

省份	F_1	F_2	F_3	F_4	F_5	排名
北京	7.624 07	1.249 60	1.067 20	2.934 65	1.926 30	1
天津	5.040 14	0.923 36	0.697 20	0.956 54	0.524 43	6
河北	1.684 92	1.697 42	−0.124 62	0.542 10	0.126 78	13
上海	5.461 02	0.672 00	0.726 65	2.303 56	1.245 30	2
江苏	1.984 73	1.724 68	0.984 72	1.560 28	0.826 43	4
浙江	2.741 62	0.962 87	0.872 21	1.470 32	0.396 74	7
山东	1.672 48	1.962 87	0.892 45	0.827 64	0.677 84	5
广东	3.714 26	1.876 43	0.134 407	1.334 01	1.052 41	3
辽宁	3.264 38	0.996 87	0.356 73	0.926 77	0.314 68	9
吉林	2.628 66	0.543 68	−0.124 45	0.726 45	0.025 41	15

省份	F_1	F_2	F_3	F_4	F_5	排名
黑龙江	2.731 17	0.876 61	−0.256 81	0.520 01	−0.102 93	17
海南	3.011 47	0.426 77	1.362 75	1.007 56	0.322 12	8
福建	1.923 35	1.003 67	0.856 63	0.362 41	0.276 34	10
安徽	1.263 97	0.126 28	−0.245 03	0.214 49	−0.253 84	21
河南	0.891 47	0.767 86	−0.750 07	0.124 67	−0.302 79	22
山西	1.231 94	0.260 07	−1.072 44	0.204 03	−0.219 88	20
江西	0.962 87	0.094 26	−0.584 61	0.392 17	0.221 53	11
湖南	0.982 63	0.543 07	0.520 97	0.765 42	0.078 96	14
湖北	1.624 19	0.672 64	0.052 24	0.563 19	−0.135 64	18
广西	0.286 74	0.486 99	0.567 77	−0.267 41	−0.056 81	16
重庆	1.113 69	0.264 31	1.261 10	0.339 27	0.163 72	12
四川	0.986 72	1.672 23	0.421 45	−0.496 21	−0.203 02	19
内蒙古	1.002 94	1.006 97	0.724 33	0.274 93	−0.362 43	24
宁夏	0.728 96	−0.622 14	2.002 81	−0.294 83	−0.327 43	23
陕西	0.778 26	0.364 72	0.564 32	−0.304 05	−0.483 27	26
甘肃	0.896 27	0.289 67	−0.125 66	−0.293 67	−0.528 74	28
青海	0.976 84	−0.344 76	−0.254 47	−0.368 81	−0.492 86	27
新疆	1.006 43	−0.365 54	0.124 96	−0.567 04	−0.784 87	30
云南	0.389 64	0.465 85	0.508 01	−0.363 32	−0.382 96	25
贵州	0.679 61	−0.266 89	0.203 04	−0.302 60	−0.928 31	31
西藏	0.966 74	−0.869 41	−0.506 00	−0.729 67	−0.628 96	29

5. 结果分析

通过表 10-5 中四个主因子及综合因子的排序可知，不同的省（自治区、直辖市）在生态宜居城市发展的不同方面都有不同差异，根据因子收益原理，本节根据各省（自治区、直辖市）各因子的综合得分排名将各省（自治区、直辖市）分为四大类：得分大于等于 0.4 的省（自治区、直辖市）其生态宜居发展水平为高级，得分在 0~0.4 的省（自治区、直辖市）其生态宜居发展为中级水平；得分在 −0.4~0 的省（自治区、直辖市）处于生态宜居城市发展的初级水平；得分小于 −0.4 的省（自治区、直辖市）的生态宜居发展水平为起步水平。

（1）根据各省（自治区、直辖市）的综合得分情况，北京、上海、广东、江苏、山东、天津等地的生态宜居综合发展指数大于 0.4，属于生态宜居城市发展的高级水平，这些地区的城市发展兼顾生态和人居的和谐，具备生态宜居城市建设的典型；综合发展指数处于 0～0.4 的是浙江、海南、辽宁、福建、江西、重庆、河北、湖南、吉林等，这些地区的生态宜居现状等级为中级，已经采取相应措施来促进人与自然的和谐发展，但仍有很大的发展空间；广西、黑龙江、湖北、四川、山西、安徽、河南、宁夏、内蒙古、云南等地区的综合发展指数在–0.4～0，生态宜居现状较差，有很多相关问题亟待解决；另外，陕西、青海、甘肃、西藏、新疆、贵州等地的综合指标较低，城市的生态宜居发展相对滞后。

（2）从各个主因子的角度来看，第一个主因子展现的是城市的经济发展水平，其特征值为 4.608，方差贡献率为 30.067%，在四个主因子的方差贡献率比重中占最大，将各省（自治区、直辖市）的经济发展水平单独列出如图 10-2 所示，由图 10-2 可知，北京、上海、广东、天津等东部沿海地区具有较明显的经济发展优势；而广西、云南、河南等内陆省份具有较低的经济发展水平，对城市的生态宜居发展会有比较大的制约。

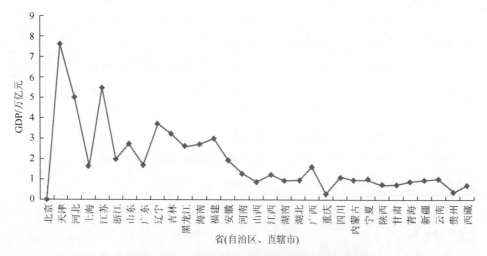

图 10-2　各省（自治区、直辖市）经济发展排名

第二个主因子的特征值为 3.210，它在生态宜居城市评价指标的公共因子中排名第二，方差贡献率为 23.634%，该因子体现了生态宜居城市在资源利用方面的表现，包括能源循环利用率、工业能源消耗总量、单位 GDP 的能源消耗量、能源管理人才数量和非化石能源占一次能源比例 5 个具体指标，从图 10-3 中可以看到，天津、江苏、浙江、山东、四川等省份的因子得分较高，说明这些城市较其他城

市更为注重资源的可持续利用,首先这些省份在自然资源禀赋上具有较大的优势,加之这些省份采取各种措施合理利用自然资源,对能源产业结构进行不断优化,提高了资源的循环利用率。

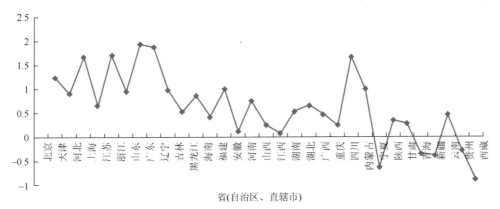

图 10-3　各省(自治区、直辖市)资源利用排名

第三个主因子的特征值为 2.423,方差贡献率为 16.663%,它在生态宜居城市评价指标体系的公共因子中排名第三,该因子主要展现了生态宜居城市的环境保护与环境治理水平,主要包括环境污染治理投资占 GDP 比重、城市人均公共绿地面积、工业废水达标率、单位 GDP 的废气排放强度和城市生活垃圾无害化处理率 5 个指标。从图 10-4 中可以看出,北京、江苏、河南、重庆、宁夏等省份在环境保护方面具有较大的投入与较理想的成效。以上三个主因子为城市居民的人居环境做下了必不可少的铺垫。

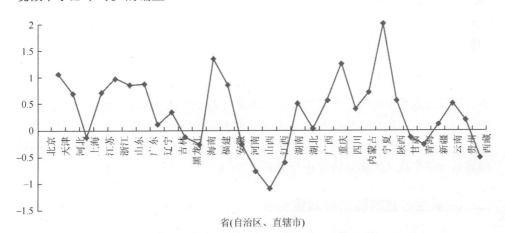

图 10-4　各省(自治区、直辖市)环境保护排名

第四个主因子为城市人文宜居因素的表现,其特征值为 1.867,方差贡献率为

10.687%，该主因子主要包括城市居民人均居住面积、城市居民幸福指数、城市居民平均受教育年限、大学生占城市人口比例和每万人拥有的公交车数量 5 个指标，与居民的生活质量息息相关。由图 10-5 可知，北京、上海、江苏、浙江、广东等地具有较高的人文宜居得分，说明这些省份的城市居住环境与自然生态环境较为融洽，城市环境有利于市民的身心健康，市民拥有较高的舒适度和幸福感。该主因子的优化依托于其他因子的健康发展，是城市生态宜居建设追求的结果。

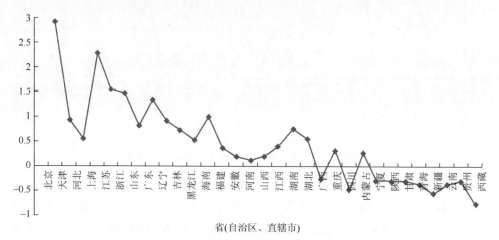

图 10-5　各省（自治区、直辖市）人文宜居排名

　　由以上结果分析，生态宜居城市水平较高的省份多分布在东部沿海较为发达的地区，这是由于城市的生态宜居建设是建立在一定的经济基础之上的，经济的快速发展也使这些城市意识到生态平衡的重要性，并且这些省份具有发展生态宜居建设的能力和条件，经济与科技的投入很大程度上影响着城市的生态宜居建设，这些外部基础使东部地区具有发展生态宜居城市的优势，相比较东部地区，中西部地区在经济发展上的差异对城市的生态宜居建设具有阻碍作用，对生态宜居城市建设的关注度与投入会受到制约，区域经济发展水平的差异导致了各省份的生态宜居发展水平不均匀。同时需要注意的是，每个城市在发展中都存在不同方面的问题，如东部省份虽然在整体水平上显现出较高的发展状态，但是也会出现资源或者人文方面的不同问题，因此分析时不能以偏概全，也不能一概而论，而是应该结合每个地区的实际情况进行分析。

二、发展生态宜居城市的对策分析

（一）加强政策激励，促进国际交流

　　我国的生态宜居城市建设离不开政府的支持，政府需要制定相关政策，在人

才和技术上给予支持，鼓励各产业部门发展城市的生态宜居建设。

1. 健全相关政策，完善体制创新

资源节约型社会和环境友好型社会是工业化与现代化发展中的重要内容，政府对相关法律制度的完善是发展生态宜居城市的重要保证。可我国在循环经济方面的法律条例还不尽完善，法律效力较弱，因此政府应该尽快出台与生态宜居城市建设有关的法律条例，以解决城市在节能减排环节中的无序状态，从企业的节能减排工作做起，对实施节能减排的企业给予一定的资金和技术上的支持，引导市场趋向规范化，积极发挥人民群众的监督作用，完善政府的制约和监督手段。

而创新机制方面还需要不断改革，努力发挥城市规划机构的作用，加强对土地的有效合理利用，鼓励支持清洁生产企业的发展，同时加强城市环境评价的管理力度，并发展低污染、高节能的交通网络运营模式。对于实施"资源—产品—污染物排放"的单向流动的传统企业，政府需要对其进行经济惩罚，对于无偿使用资源的企业实施排污收费制度、资源税征收等；对于保护环境的企业实施生态环境补偿机制，从目前的矿业税中留出一部分给政府用于改善生态环境，并建立生态恢复区和生态控制区等生态保护格局。

2. 多元化筹集资金，加大宣传教育

要加强生态宜居城市建设，必须使各类投资主体充分发挥自己的优势，以各种形式参与到生态宜居城市的建设中，政府应该充分发挥国家的资源优势，用政策来鼓励各类投资主体用独资、合资、股份制、股份合作制等不同形式为城市的生态宜居建设做出贡献，另外，生态宜居建设需要坚实的资金支持系统，为此，政府等相关部门要加大投入，逐步提高财政预算，尤其是生态宜居现状相对薄弱的城市更要积极争取建设资金；而政府应该针对这些薄弱地区建立生态宜居建设运营专项基金，以鼓励中西部地区发展生态宜居城市。

生态宜居城市的建设还需要对居民的生态宜居意识进行强化。发达国家中，居民普遍追求绿色消费、绿色出行等绿色生活模式，中国在发展生态宜居城市建设时在吸收国外经验的同时也应该引进国外的先进理念，从政府机构到工业企业，再到广大市民都应该不断学习加强对环境和资源的节约意识与责任意识，扩大群众的参与渠道，强化群众的监督作用，使群众发挥其主动性，切实参与到城市的生态宜居建设中来，在全社会建立起绿色消费和循环利用的理想生活模式。另外，通过教育渠道来深化国际间的交流，要十分注重人才的培养，搭建交换生的学习交流平台，培育出一批生态宜居建设方面的专业人才。

（二）转变经济模式，发展科技创新

1. 大力发展绿色新型产业

积极转变经济发展模式，大力发展节能产业、环保产业和可再生资源产业等绿色新型产业，这不仅是建设生态宜居城市的有力举措，更是构建和谐社会的必要发展趋势。节能产业和环保产业覆盖到工业、交通、建设等各个领域，发展快速，但水平依旧较低。为鼓励企业进行节能技术改造：一方面政府应加大各种金融机构对节能环保项目的信贷支持，建立银行的绿色评级制度；另一方面还要扩展节能环保领域，推进节能环保产业的国际化进程与国际化合作，加强节能设备制造的合作，大力扩展环保设备的出口服务，对战略资源进行整合，加强企业的核心竞争力，进而促进产业升级。

在各种资源日益稀缺的现状中，可再生资源的高效利用是长期战略，发展可再生资源产业不仅有利于城市的生态宜居建设，更是可持续发展战略的最直接体现。在实践中应结合现实国情，充分利用"城市矿产"等可再生资源，将可再生资源转化为生产和生活用能，大力发展风电和太阳能，实现太阳能和建筑一体化，风电和太阳能互补，完善太阳能光伏发电照明系统，真正实现经济发展兼顾资源节约、经济效益兼顾生态效益、生产力发展兼顾自然和谐。另外，有关部门应该制定可再生资源利用的规范化标准，为可再生资源产业提供技术支持，以推动该产业的发展。

2. 落实科技创新应用

科技创新技术需要落实到城市建设中才能展现其优势。首先要推广绿色建筑技术，使居民的居住空间不仅舒适，更健康。目前我国的建筑运行耗能比发达国家高出几倍之多，我国的建筑业还有巨大的节能潜力，并且我国依旧有大规模的城镇处于建设之中，这就要求推进绿色建筑，政府构建全面的法律法规和绿色建筑评估体系，建筑单位应该完善绿色建筑的关键技术，严把建筑的节能关，实现建筑行业的技术升级，为城市的生态宜居建设夯实技术基础，实现建筑业的绿色健康发展。

生产企业应该实施清洁生产，降低企业的生产能耗。传统工业企业的经济增长很大程度上是依靠消耗大量物资能源实现的，虽然我国的清洁生产机制已经在工业界有了广泛的利用并取得一定的成效，但是总体上看，工业企业的能源物资利用效率仍然较低。清洁生产技术涉及多个方面的生产环节与工艺设备，其主要内容包括对节能技术、节能工艺和节能设备的采用，对高能耗行业的技术改造，对资源能源的循环化利用等方面。清洁生产的实施需要强化企业管理，加强对企业清洁生产的审核力度和企业内部减排系统的完善，并加强对先进的环保节能技术的应用，强化清洁生产的落实。

（三）优化城市结构，提高资源利用率

1. 合理规划城市布局，推进生态宜居城市建设

产业结构的调整依赖于合理的城市规划，政府在进行生态宜居城市规划时，必须协调各部门，使其围绕城市的生态宜居建设，结合经济发展的整体战略和现实状态，合理布局，统筹安排，将生态宜居城市的规划与城市的现代化发展结合起来，在城市建设中将项目具体化到绿色建筑、绿色交通及新型能源的利用等实体应用中，使城市结构得到优化，能源利用率得到提高。

高效的交通运作系统需要多方面的配合和引导，公共交通能够提高整体交通效率，应该提高公共交通的城市覆盖率，专用车道和车站等交通基础设施需要得到完善，以提高交通的服务质量，另外绿色能源在公共设施的应用将大大提高城市交通的运营效率，绿色交通还应该鼓励居民以自行车或步行等方式出行，减缓交通压力，营造良好的出行环境。

绿色建筑和节能建筑是城市发展的必然趋势，是工程技术和建筑科学结合的产物，其主要内容包括设计理念的更新、对新型建材的研制、对施工工艺的精益化和对节能建筑设备的研制（关海玲，2012）。

2. 提高环境资源利用率，促进资源循环利用

水资源是重要的生存环境资源，生态宜居城市的一个重要标志就是节水型社会，对水资源合理开发的重要性应该受到所有居民的重视，居民应该从日常生活做起，养成节约用水的好习惯；从农业的角度讲，积极采用滴灌喷灌等节水灌溉方式来取代传统漫灌的费水的灌溉形式，大力发展高效节水灌溉模式；从工业的角度讲，高耗水行业需要积极进行产业结构调整，大力发展节水技术，推广节水工艺流程和节水设备，同时要求生产企业利用中水，以提高水资源的利用率；而服务业则要大力使用节水材料和节水用具，并有义务向公众宣传节约用水的重要性。

固废行业是包含着大量可再生资源的复杂系统，目前固废行业的发展很不容乐观，没有建立成本评价体系，企业的经济效益没有办法得到保障，因此固废行业必须借鉴国外的先进经验，制定收费方式和垃圾分类标准，提高收费效率，对垃圾处理做出长期的规划。更为重要的是，建立再生能源回收体系，才能从根本上解决固废行业的无序混乱状态，提升城市的功能与人居的舒适性，最终实现城市的生态宜居发展。

参 考 文 献

关海玲. 2012. 低碳生态城市发展的理论与实证研究. 北京：经济科学出版社.

金在温，查尔斯. 2013. 因子分析——统计方法与应用问题. 北京：人民出版社.

陶良虎，张继久，孙抱朴. 2014. 美丽城市. 北京：人民出版社.

王国平，郭伟宸，汪若君. 2014. IBM SPSS Modeler 数据与文本挖掘实战. 北京：清华大学出版社.

王协斌. 2010. 环境友好型城市评价指标体系研究. 林业调查规划，2（35）：139-142.

中国城市科学研究会. 2010. 中国低碳生态城市发展报告. 北京：中国建筑工业出版社.

第十一章　生态宜居城市建设的典型案例

第一节　国内外生态宜居城市建设比较

一、国内外生态宜居城市建设的政策法规比较

近代以来，随着经济的不断进步发展，人们对经济发展的质量、生活的质量有了新的要求，20 世纪 70 年代后，建设"生态宜居城市"正逐步发展成为一种全球性共识。相对而言，国外由于现代化建设起步较早、底子好，关于生态宜居建设有着一定深度的把握，这些生态城市，在土地利用模式、交通运输方式、社区管理模式、城市空间绿化等方面做出了新的典范。

由于生态问题具有一定程度上难以用经济手段量化管理的特殊性，城市建设部门有必要根据当地的机构及发展水平、人文历史概况制定出相应的政策法规，指导城市的建设发展。

各地区通常制定绿色建筑标准，设计无障碍建筑减少建设过程中能耗，提高适用性。另外，在建设规划用地方面，控制能耗较大的工业、企业。推动低碳发展计划和项目，重点建设拓展城市居住、休闲功能的产业和项目。日本和韩国由于历史文化的影响，在推动、落实低碳发展计划行动中，更加侧重于政府层的行动。

温哥华区制订的 Cities PLUS 远期规划对城市宜居性的定义是：宜居性是指一个城市系统能够为其所有市民带来生理、心理和社会等方面的福利和个人发展机会。适宜的城市空间能够为市民提供丰富的精神文化财富。宜居性的重要原则是公平、尊严、可达性、欢畅、参与和权利保障。可以看出，其表述的宜居性侧重于城市发展精神文化领域。

国内而言，2005 年 1 月，国务院在批复《北京城市总体规划》时，首次在中央人民政府文件中提到"宜居城市"这个新的城市科学概念。2007 年住房和城乡建设部科技司验收通过《宜居城市科学评价标准》，在《宜居城市科学评价标准》一书中，宜居指数包括社会文明度、经济富裕度、环境优美度、资源承载度、生活便宜度和公共安全度几个方面。其中，环境优美度和生活便宜度各占据 30%的比重，其余各占据 10%的比重。可见中国的宜居城市建设标准着重点在基础设施和基础服务领域。

二、国内外生态宜居城市建设的能源比较

推动城市建设、利用绿色能源的比率和水平是改善城市环境状况、提高城市

生活宜居水平、推动城市建设发展可持续的重要内容。

欧盟于2005年制定碳排放交易体系，强制规定碳排放量，逐步鼓励低碳能源开发技术的进步、推广应用，并于2010年成立欧盟能源总局（Directorate-Center for Energy），提出未来10年欧盟的绿色能源战略，进一步落实推动能源转型政策，计划到2020年能源效率要比1990年提高20%。美国在2003年通过《能源税收法案》，强调节能减耗，鼓励新技术的开发，促进绿色清洁能源的开采和利用，并宣布在2025年新能源发电量将占能源总量的1/4左右。而日本早在1997年就提出《关于促进新能源利用的特别措施法》，对新能源进行定义和分类，并在2004年提出新能源产业化远景构想，大力扶持太阳能等新技术产业，进一步研制推广新能源汽车和环保汽车，试图减轻对石油的依赖。

就国内状况而言，一方面，中国人均石油、天然气、煤炭能源占有量均小于世界平均水平，这严重制约着现代化工业的发展；另一方面，目前国内对新能源开发相对滞后，煤炭占能源消耗总量的70%以上，煤炭的生产和消耗同时也给生态环境、城市生活带来了较大的发展压力。实现能源战略的转型升级需要政府、企业、消费者三方面共同携手，政府需要制订能源行业规划、产业政策、标准，监督能源行业发展，积极引导公众参与，形成良好的发展氛围。

三、国内外生态宜居城市建设的绿色物流比较

《中华人民共和国国家标准物流术语》认为绿色物流（environmental logistics）是指在物流过程中抑制物流对环境造成危害的同时，实现对物流环境的净化，使物流资源得到最充分利用的新型物流方式。绿色物流包括物流作业环节和物流管理全过程的绿色化。从物流作业环节来看，包括绿色运输、绿色包装、绿色流通加工等。从物流管理全过程来看，主要是从环境保护和节约资源的目标出发，改进物流体系，既要考虑正向物流环节的绿色化，又要考虑供应链上的逆向物流体系的绿色化。绿色物流以经济利益、社会利益和环境利益的统一为准则，最终目标是可持续发展。

1989年，日本提出了10年内3项绿色物流推进目标，包括降低氮化合物和颗粒物排出量、汽油中硫成分含量。1993年，要求企业必须及时淘汰废旧车辆，加速更新使用环保节能车型。

伦敦贝丁顿社区曾实施"绿色交通计划"以降低微观层面，即社区方面的低碳要求。主要包括以下三个方面：①减少居民出行需要。社区内的办公区为部分居民提供在社区内工作的机会，使这些居民可以从家中徒步前往工作场所，减少社区内的交通量。②推行公共交通。建有良好的公共交通网络，如宽敞的自行车库和自行车道。包括两个通往伦敦的火车站台和社区内部的两条公交线路。遵循

"步行者优先"的政策，社区为电动车辆设置免费的充电站。装配了总面积为 777 平方米的太阳能光电板，峰值电量高达 10^9 千瓦时。③提倡合用或租赁汽车。社区鼓励居民合乘私家车上班，当地政府划出专门的特快车道（car pool），专供载有两人以上的小汽车行驶。社区设有汽车租赁俱乐部，降低社区内的私家车拥有量，让居民习惯于在短途出行时使用电动车。

中国物流业正处于高速成长期，与国际水平相比，无论规模还是质量都存在很大的发展空间。一方面在思想意识领域，绿色物流并没有被相关行业领域所接受；另一方面在技术层面上，清洁能源利用水平、物流软件开发技术、交通优化布局等存在相当大的进展空间。

中国绿色物流发展目标分为长期战略目标、中期规划目标及近期目标三个层次。①长期战略目标，即建立与可持续发展和绿色发展相适应的完善的管理制度和物流运行体系，赶上世界先进国家的发展水平。②中期规划目标，即基本步入绿色物流发展轨道，按照可持续发展和绿色发展要求，优化物流运行系统的制度和机制，全面掌握绿色物流的运行技术和方法。③近期目标，即加大绿色物流研究力度，初步构建推动绿色物流发展的体制和机制，形成推动绿色物流发展的强大动力，在某些重点领域有所突破。

第二节　国际范例

一、浪漫之都——巴黎

巴黎（Paris），法国的首都，是欧洲第二大城市，世界著名的历史文化名城。公元 358 年，罗马人在这里建造了宫殿，这一年被视为巴黎建城的元年。巴黎是著名的世界艺术名城、印象派发源地、欧洲油画中心、欧洲文化中心、欧洲启蒙思想运动中心。巴黎又被称为时尚之都、浪漫之都，同纽约、伦敦和东京一起被公认为世界四大都市。巴黎有一批举世闻名的博物馆，著名的如卢浮宫（Louvre）。巴黎地处法国北部地区巴黎盆地中央，塞纳河西岸，地势低平，距英吉利海峡约 375 千米，受北大西洋暖流影响明显，气候属于典型的温带海洋性气候，全年气候温和湿润。巴黎市划分为 20 个区，面积为 105 平方千米，人口 220 万人左右（统计数据截至 2014 年），是法国历代王朝的京都，法国总统府——爱丽舍宫、国民议会和参议院等也都设在这里。巴黎名胜古迹遍布全城，如埃菲尔铁塔、凯旋门、协和广场、巴黎圣母院、乔治·蓬皮杜国家艺术文化中心等，都是国内外游客流连忘返的地方。历史上曾经活跃过巴尔扎克、肖邦、王尔德、毕加索、本雅明、纪德、萨特、波夫娃、加缪、罗兰·巴特等一大批文化界大师，他们为巴黎社会文化注入了鲜艳亮丽的色彩，使之成为世界文化中一颗璀璨的明星。

交通方面，巴黎是世界上重要的轨道交通、高速公路、航空客运枢纽中心。巴黎作为法国最大的工商业城市，地区 GDP 为法国 GDP 总量的 1/3，巴黎（都市）区电影生产量占法国电影生产总量的 3/4。两年一度的巴黎时装周，引领着世界服装时尚界的潮流。

社会安全及医疗保障方面，巴黎地区的保安由法国内政部分管，尽管偶尔存在一些不小规模的示威活动，但暴力冲突事件在市中心极少发生。巴黎地区的医疗保障和紧急医护由巴黎公立医院集团提供，该机构拥有超过 9 万多在职人员（包含医生、护士、管理人员等），共包括 44 家医院，也是欧洲最大的医疗机构，除了基本的医疗，这些医院和机构也承担研究、教学等任务。每年大约接待患者 580 万人。其中最著名的医院当属主宫医院（Hôtel Dieu），始建于公元651 年，是这座城市最古老的医院。

巴黎于 1900 年和 1924 年举办了两届（即第二届和第八届）夏季奥运会。也是 1938 年世界杯举办地，1998 年，为再次迎接世界杯的到来，特意修建了可容纳 8 万人的体育馆——法兰西体育馆（Stade de France），同时还是 2007 年世界橄榄球杯举办地。

巴黎是欧洲历史上第一个对城市的宝贵自然财产——树木进行有效保护的城市。"树木报告"记载了巴黎为保护树木所做出的决定和行动。例如，巴黎通过地方法规，鼓励保护公共绿地和私人绿地；与土地开发商签订协议，保护建筑工地的树木；为了便于管理，巴黎已经为城市的每一棵树木建立了档案和辨认卡片。

对外积极展开国际交流，同柏林、圣保罗、日内瓦、伦敦、纽约、墨西哥城、首尔等城市先后建立了城市间的战略合作关系。

二、文化古城——墨尔本

墨尔本（Melbourne）是澳大利亚维多利亚州的首府、澳大利亚联邦第二大城市、澳大利亚文化和工业中心，是南半球最负盛名的文化名城，坐落于澳大利亚东南角，气候四季分明。墨尔本曾是澳大利亚联邦的首都，城市绿化率高达 40%。墨尔本拥有全澳大利亚唯一的被列入联合国"世界文化遗产"的古建筑，有辉煌的人文历史。英国《经济学家》信息部公布的 2015 年全球宜居城市排行榜中，澳大利亚墨尔本连续 5 年位居榜首。1851 年，在墨尔本发现了金矿，由于淘金热潮，墨尔本的人口迅速增长，并逐渐成为一个富有的大城市。清朝末年的外交官李圭在《东行日记》中就提到了在中国以外的两个海外华人聚居城市，也就是"两个金山"（美国三藩市和澳大利亚墨尔本），并称要"以新旧别之"，因此墨尔本又被华人称为新金山。1901～1927 年，墨尔本曾经是澳大利亚的首都，1927 年，澳大利亚迁都堪培拉。

　　文化教育方面，澳大利亚前 20 所顶尖高校中，6 所位于墨尔本，其中最著名的当属墨尔本大学，该校 2015QS 世界大学排名全球第 33 位，是澳大利亚唯一一所所有学科都在全球排名前 30 的大学。全市共有 30 家大型公立医院和 13 家医疗保健机构，另外有一些著名的药物学、神经系统等科研机构坐落于大学附近，如圣文森特医学研究所（St. Vincent's Institute of Medical Research）、澳大利亚干细胞中心（Australian Stem Cell Centre）等。

　　城市基础建设方面，1999 年该市的公共交通被私有化，公共交通的发展登上新的台阶，2003 年该市政府明确发展目标，计划到 2020 年公共交通将承担总客运及货运量的 20%。事实上，从 2006 年以来，该市的公共交通客运量已经增长了20%。墨尔本早在 19 世纪 80 年代就开始发展早期的城市有轨电车，并且其规模是世界上最大的。迄今已经被视为该市的一个象征，也吸引着众多游客的到访。海运是墨尔本交通的重要组成部分，墨尔本港（The Port of Melbourne）是澳大利亚最繁忙、规模最大的港口。共建有四个飞机场，其中墨尔本飞机场承担的客货运总量居全国第二，并于 2010 年建立了城市自行车共享、循环使用系统。2012年，被世界顶尖的管理咨询机构美世咨询（Mercer Consulting），评为全球杰出基础设施建设城市（并列第 17 名）。

　　墨尔本面积达到 3400 平方英里（8806 平方千米），是南半球较大的都会区之一。墨尔本城市环境非常优雅，曾荣获联合国人居奖，并连续 15 年被联合国人居署评为"全球最适合人类居住的城市"。墨尔本有"澳大利亚文化之都"的美誉，也是国际闻名的时尚之都，其服饰、艺术、音乐、电视制作、电影、舞蹈等潮流文化均享誉全球。墨尔本是南半球第一个主办过夏季奥运会的城市，一年一度的澳大利亚网球公开赛、F1 赛车澳大利亚分站、墨尔本杯赛马等国际著名赛事都在墨尔本举行。2008 年 11 月该市宣布参加竞选 2024 年或 2028 年夏季奥运会的举办权。

　　"澳大利亚花园之城"是当地人送给墨尔本的美誉，甚至其所在的维多利亚州（Victoria）也被称为"花园之州"。这里有着众多的公园和花园，分散在市区和近郊，并且多数花园内种植着稀有罕见的植物品种。墨尔本也是澳大利亚众多大都市中居民预期年龄最长寿的城市之一，其中，男性为 80 岁、女性 84 岁。

　　墨尔本市政府积极开展国际城市间的友好交往，先后与大阪、天津、波士顿、米兰等 7 个城市建立紧密的战略互惠合作关系。

三、包容之都——纽约

　　纽约（New York）是美国人口最多的城市，也是世界最大城市之一，是全世界最大的金融中心，控制着全球约 40%的财政资金，同时也是世界政治、经济中心，是联合国总部所在地。纽约位于美国东海岸的东北部，占地面积约 789 平方千米，也是个多族裔聚居的多元化城市，拥有来自 97 个国家和地区的移民，在此使用的语言达到 800 种。截至 2012 年，纽约大约有 800 万人。其中包括西裔在内的白人约占 67.9%、非裔 15.9%、亚裔 5.5%。其中曼哈顿（纽约县）的人口密度为 66 940 人/英里 ^{2}（25 846 人/千米 ^{2}），为全美人口最稠密的县，密度比美国任何一个城市都要大。纽约近 37% 的人口出生于海外。截至 2011 年，10 个最主要的海外出生人口来源地为：多米尼加共和国、中国、墨西哥、圭亚那、牙买加、厄瓜多尔、海地、印度、俄罗斯及特立尼达和多巴哥，而孟加拉裔移民则增长最快，2013 年达到 7.4 万人。2012 年，纽约达到近 8 336 697 人，为历史新高，且多于第二大城市（洛杉矶）和第三大城市（芝加哥）人口的总和。纽约地区仍然是合法移民的最主要入境城市，在数目上远超两大次主要入境城市——洛杉矶和迈阿密的总和。它由五个区组成：布朗克斯区（The Bronx）、布鲁克林区（Brooklyn）、曼哈顿（Manhattan）、皇后区（昆斯区）（Queens）、斯塔滕岛（Staten Island）。全市总面积达 1214.4 平方千米。其城市 GDP 2013 年超越东京，位居世界第一。世界上著名的电子科技产业区硅谷及世界上影响力最大的金融地区华尔街都位于纽约地区。

文化教育方面，该市的公共教育系统是全美最大的教育机构系统，为 100 多万学生提供教育服务（包含小学和中学教育），2014 年，共约 60 万学生进入纽约接受高等教育，其中近一半进入纽约州立大学。同时，该地也有一些其他著名的高校，如巴纳德学院（Barnard College）、哥伦比亚大学（Columbia University）、库伯联盟学院（Cooper Union）等。社会安全和医疗方面，纽约市警察局（The New York Police Department）已经成为美国警察数量最多的治安机构，共有 3 万多名在职警察为居民提供安保服务。公开数据显示，2012 年，该市整体犯罪率为美国大城市中最低。纽约有着美国最大的火警机构，是世界第二大防火处理机构，仅次于东京。纽约的公共卫生机构由纽约市医疗集团（The New York City Health and Hospitals Corporation）负责管理运营，可同时为 140 万患者提供医疗服务，包含 47 万无医疗保障人员。

纽约市是众多世界级画廊和演艺比赛场地的所在地，是西半球的文化及娱乐中心之一。由于纽约 24 小时运营地铁和从不间断的人群，纽约又被称为"不夜城"。纽约是世界上无与伦比的娱乐城市。芭蕾、古典音乐、歌剧、大型音乐会、爵士音乐、摇摆舞、戏剧、电影、卡巴莱歌剧表演、迪斯科、钢琴演奏表演应有尽有，生动活泼，扣人心弦。

纽约城市交通极其便捷，24 小时不间断供应城市交通，占据美国大型客运量近 1/3，另外，其当地居民轨道交通客运量承担了美国总客运量的 2/3 左右。纽约的地铁线路是世界上最大的城市快速交通系统，也是西半球最忙碌的城市交通系统。得益于高效的城市交通体系，纽约是全美国唯一一个半数以上家庭没有私家车的城市（约占城市家庭总数的52%）。22%的曼哈顿区居民拥有私家车。纽约的城市巴士体系规模也是北美最大的。更进一步的，纽约的航空交通也是全美最繁忙的，纽约是世界上最重要的国际海关。

第三节　中国典型

一、美丽天津

天津，简称津，是中国直辖市、中国国家中心城市、中国北方经济中心、环渤海地区经济中心、中国北方国际航运中心、中国北方国际物流中心、全国先进制造研发基地、国际航运融资中心、中国中医药研发中心、亚太区域海洋仪器检测评价中心。天津也是六座超大城市之一。天津市位于 N 38°34′～N 40°15′，E 116°43′～E 118°4′，处于国际时区的东八区。地处华北平原的东北部，海河流域下游，东临渤海，北依燕山，西靠首都北京，是海河五大支流南运河、子牙河、大清河、永定河、北运河的汇合处和入海口，素有"九河下梢""河海要冲"之称。

天津交通建设状况良好。天津市由铁路、公路、水路、航空和管道五种运输方式和先进的电信通信网及便利的邮政网构成了四通八达的交通运输网络。天津不仅处于京沪铁路、津山铁路两大传统铁路干线的交汇处，还是京沪高速铁路、京津城际铁路、津秦客运专线、津保客运专线等高速铁路的交汇处，是北京通往东北和上海方向的重要铁路枢纽。全市公路通车里程为 4243 千米，高速公路143.85 千米，二级以上高等级公路 1273.8 千米。航运便捷，天津港是世界等级最高、中国最大的人工深水港、吞吐量世界第四的综合性港口，位于滨海新区。服务和辐射京津冀及中西部地区的 14 个省（自治区、直辖市），总面积近 500 万平方千米，占全国面积的 52%。

天津医疗卫生体系健全。天津是中国医疗水平最发达的城市之一，设有天津医科大学、天津中医药大学等著名医学学府。共有 34 家三级甲等医院，专业分工较为全面，较为著名的三甲医院有：天津医科大学总医院、天津市第一中心医院、天津市肿瘤医院、泰达国际心血管病医院、天津环湖医院、天津市人民医院、天津市儿童医院和天津中医药大学第一附属医院等。截至 2013 年年末全市有各类卫生机构 4696 个，其中，医院、卫生院 482 个，社区卫生服务中心 108 个，卫生防疫防治机构 24 个，妇幼保健机构 23 个，村卫生室 2248 个。卫生机构床位 5.77 万张，其中，医院、卫生院 5.31 万张，社区卫生服务中心 3141 张。卫生技术人员8.10 万人，其中，执业医师及执业助理医师 3.21 万人，注册护士 2.97 万人。

文化方面，天津是著名的历史文化名城。现有全国重点文物保护单位 15 处，包括独乐寺、大沽口炮台、望海楼教堂、义和团吕祖堂坛口遗址等。被列为世界文化遗产的黄崖关古长城，有各种造型的烽火台 20 多座，盘旋于群山峻岭之中，四周风景优美如画。全市现有市级重点文物保护单位 113 处，区县级重点文物保护单位 100 多处。著名的有天后宫、玉皇阁、文庙、天主教堂、清真大寺、大悲禅院、广东会馆，以及周恩来青年时代在津革命活动旧址等。城市建筑独具特色，既有雕梁画栋、典雅朴实的古建筑，又有众多新颖别致的西洋建筑。有英国的中古式、德国的哥特式、法国的罗曼式、俄国的古典式、希腊的雅典式、日本的帝冠式等，这些外国建筑通常被称为"小洋楼"。由于风格兼容中西，也被称为万国建筑博览会。

全市共建成全国环境优美乡镇和市级环境优美乡镇 15 个，建成市级文明生态村 915 个，原大港区通过国家环保部生态技术评估，西青区通过国家环保部国家生态区考核验收。全市高速公路总里程达到 980 千米，区县公路总里程达到 13 700 千米，城市道路拓宽改造 508 条，建成了中心城区快速路，轨道交通通车里程 71.6 千米，轨道在建里程 146 千米。建成区绿化覆盖面积超过 2.2 亿平方米，绿化覆盖率达到 32.1%，水上公园、南翠屏公园等市区综合性公园提升改造成效显著，相继免费开放，市、区各类公园成为市民群众休闲、娱乐、游憩的场所。

为了建设好美丽天津，天津市计划进一步优化城市空间发展战略，构建科学合理的产业发展、城镇化体系和生态安全格局，促进生产空间集约高效、生活空间宜居适度、生态空间山清水秀。进一步集约节约利用资源，大力推进节能、节水、节材、节地技术，从源头上减少资源消耗过度和污染排放，从根本上缓解经济增长与资源环境之间的矛盾。主要规划包括以下几点。

（1）高效利用自然资源。保障水资源与节水。构筑多水源优化配置体系，实现引滦、引江双水源保障；继续推进海水、再生水等非常规水资源利用，非常规水资源利用率达到 20%；全面推进节水型社会建设，水资源利用效率明显提高，单位工业增加值取水量耗降到 11 立方米左右，整体节水在处于全国较为领先。

（2）持续增强生态环境服务功能。加强重点生态功能区建设。以湿地、林地及各类受保护地区为重点，开展生态修复，遏制生态退化趋势。到 2015 年，全市湿地覆盖率大于 15%，受保护地区占国土面积比例高于 12%。

（3）建立资源节约、环境友好的生态产业体系。加强清洁生产，推进重点行业生态化转型。围绕临港石化、重型装备制造业、冶金、电子信息等主导产业等构建循环经济产业集群，实现产业的层次提升与闭合循环。到 2015 年，应当实施强制性清洁生产企业通过验收的比例达到 100%，重点行业资源环境效率达到国内领先水平。

（4）创建生态适宜城市。制定绿色低碳的交通发展政策，推进公共交通的建设，鼓励居民绿色出行；依托天津市双核发展廊道和滨海地区，建设绿色社区示范区，创建全市生态宜居社区的典范；以绿色建筑示范，打造全寿命周期内节能、环保宜居的绿色建筑，带动全市绿色建筑发展。到 2015 年，全市公共交通分担率达到 30%以上，市级绿色社区比例高于 10%。

（5）提高全社会生态文明素质。加强历史文化遗产保护，推进文化创新，促进传统文化与现代文化的交互融合；普及生态文化教育，开展生态文化实践，鼓励绿色采购和绿色办公，构建资源节约、环境友好的生产方式和消费模式。到 2015 年，中小学环境教育普及率达到 100%，市级绿色学校在中小学中所占比例高于 25%。

通过进一步加大环境保护和污染防治力度，加快解决水、土壤、大气污染等突出问题，保护好林地、水源、湿地、湖泊、河流、渤海等重要生态资源，加强对 PM2.5 的治理，深入实施绿化、美化、净化工程。进一步加强生态文明制度建设，完善经济社会发展考核评价体系，建立健全体现生态文明要求的目标体系、考核办法、奖惩机制和各项制度，划定并严守生态红线。进一步搞好生态文明宣传教育，大力倡导节约、绿色的消费方式和生活习惯，积极开展环保公益活动，营造爱护生态环境的良好风气，形成人人参与、全民行动的社会氛围。

二、空濛杭州

杭州市，简称杭，浙江省省会，位于中国东南沿海、浙江省北部、钱塘江下游、京杭大运河南端，是浙江省的政治、经济、文化和金融中心，中国重要的电子商务中心之一。杭州市面积为 16 596 平方千米，辖 9 个区，2013 年年末人口为 884 万人。2014 年全市经济在新常态的大背景下进一步发展，人均 GDP 达到 16 891 美元，被《福布斯》杂志评为"大陆最佳商业城市"，并连续十一年获得"中国最佳幸福感城市"荣誉，并享有"中国最佳创新城市""中国十大活力城市""最佳中国形象城市"等荣誉称号。同时，杭州市也是公安部授权的口岸签证城市，国家旅游局确定的中国最佳旅游目的地城市，自古有"人间天堂"的美誉，也是世界休闲博览会、中国国际动漫节和中国国际微电影展的终身举办城市。

杭州早在四五千年前的新石器时代，就有先民在这里繁衍生息。杭州是中国七大古都之一，首批国家历史文化名城和全国重点风景旅游城市，距今 5000 年的余杭良渚文化被誉为"文明的曙光"，自秦设县以来，已有 2200 多年的建城史，五代吴越国和南宋在此定都，元朝时曾被意大利旅行家马可·波罗赞为"世界上最美丽华贵之城"。

杭州市气候宜人。杭州市地跨南、北两个热量带，亚热带季风性气候，具有明显的地域特色，同时受山体、水体影响，具有明显的小气候优势。杭州市受东亚季风的影响，形成了光、热、水同季且配合良好的气候特征，气候温和湿润、四季分明、光照充足、雨量充沛，年平均气温为 16.2℃，夏季平均气温为 28.6℃，冬季平均气温为 3.8℃，无霜期 230～260 天，年平均降雨量为 1435 毫米，平均相对湿度在 74%～85%。

2014 年，全市投入环境维护、治理资金达 16.88 亿元，建成 34 个环境空气自动检测站、41 个水污染检测站、559 个污染源自动监测中心，城市污水处理率达 93.9%，全年空气优良率达 62%以上，主要水系检测断面水质三类以上比率达 80.9%以上。

杭州市卫生及教育方面建设取得良好效果。截至 2014 年年末，杭州市各类医疗机构达 4198 个，全市专业医疗技术人员达到 8.5 万人以上，拥有病床 5.58 万张，全年累积医诊接待达到 1.12 亿人次。教育方面，全市共有普通高等院校 38 所，在校学生 47 万余人，高等教育毛入学率达到 59.78%。安全方面，截至 2014 年，安全事故、死亡人数、直接经济损失实现连续 11 年下降。

杭州市城市基础建设不断完善，全市建成区绿地覆盖率达到 40%左右，城市基础设施不断完善，人均道路面积为 14.21 平方米，人均公园绿地面积达到 15.16 平方米。市区自来水日供水能力达到 350 万立方米，城市地区居民人均住宅面积达到 35.1 平方米，农村地区人均现居住面积为 67.9 平方米。

杭州拥有两个国家级风景名胜区——西湖风景名胜区、"两江两湖"（富春江、新安江、千岛湖、湘湖）风景名胜区；两个国家级自然保护区——天目山、清凉峰自然保护区；七个国家森林公园——千岛湖、大奇山、午潮山、富春江、青山湖、半山和桐庐瑶琳森林公园；一个国家级旅游度假区——之江国家旅游度假区；全国首个国家级湿地——西溪国家湿地公园。杭州还有全国重点文物保护单位 25 个、国家级博物馆 9 个。全市拥有年接待 1 万人次以上的各类旅游景区、景点 120 余处。著名的旅游胜地有瑶琳仙境、桐君山、雷峰塔、岳庙、三潭印月、苏堤、六和塔、宋城、南宋御街、灵隐寺、跨湖桥遗址等。2011 年 6 月 24 日，杭州西湖正式列入《世界遗产名录》。2015 年 9 月 16 日，国家和地区奥林匹克委员会协会主席、亚洲奥林匹克理事会主席艾哈迈德亲王宣布杭州获得 2022 年亚洲运动会主办权。

为深入贯彻落实《中共浙江省委关于推进生态文明建设的决定》和《中共浙江省委办公厅、浙江省人民政府办公厅关于印发 "811" 生态文明建设推进行动方案）的通知》（浙委办〔2011〕42 号）精神，杭州市制订出绿色城镇行动推进工作方案，预计到 2022 年，加强城乡规划统筹，推进新型城镇化和城乡规划一体化，全面落实和完善城乡规划制度；率先基本实现镇级污水处理设施全覆盖，城镇污水收集处理率和处理达标率达到全国领先水平；率先实现供水、供气和生活垃圾收集处置城乡一体化，城乡基本公共服务均等化加快推进；率先推行城镇生活垃圾分类处理，初步建立完善的生活垃圾分类收运处置设施设备体系和标准制度体系；率先建立市县镇三级园林城镇体系，园林绿色水平进一步提高；率先基本形成绿色建筑发展体系，实现从节能建筑到绿色建筑的跨越式发展。

三、花园张家港

张家港，原名沙洲。1986 年 9 月，撤销沙洲县，以境内天然良港张家港命名设立张家港市。张家港位于中国东部，长江下游南岸，是苏州所辖的县级市。东与常熟相连，南与苏州、无锡相邻，西与江阴接壤，北滨长江。张家港是沿海和长江两大经济开发带交汇处的新兴港口工业城市。张家港是中国综合实力最强的县级市之一，连续多年被评为全国百强县之首，在经济、文化、金融、商贸、会展、服务业和社会建设等领域成就显著，一直处于中国县级市的前列。

张家港保税港区是全国唯一的内河型保税港区。张家港市累计吸引外资企业1087 家，到账外资 63.2 亿美元，落户世界 500 强企业 25 家。张家港电子口岸在全国县域口岸首家建成运行，成功创建全球首个"国际卫生港口"。此外，张家港创办了中国县级市首个国家级境外经贸合作区——埃塞俄比亚东方工业园，境外投资连续多年位居江苏省县市第一。

张家港社会发展取得显著成就。2010～2012 年，实施新兴产业三年振兴计划，设立 15 亿元新兴产业发展引导资金，重点发展新能源、新材料、新装备、新医药等新兴产业。2011 年新兴产业投入 230 亿元，占工业投资比重 65%以上，实现产值 1522 亿元，占规模以上工业产值比重 33.5%。实施科技创新三年行动计划，设立人才开发资金，落实高层次人才生活待遇、领军人才项目投融资扶持等政策举措，加快建设一批创新载体、创新平台。引进创新创业领军型人才（团队）120 个，22 人被列入"省高层次创新创业人才引进计划"，16 人被列入"姑苏创新创业领军人才计划"，1 人进入国家"千人计划"。全社会研发投入占 GDP 比重达 2.35%，实现全国科技进步先进市"六连冠"。1996 年成为全国首家环保模范城市；2006年建成全国首批国家生态市；2008 年编制完成全国首个《生态文明建设规划大纲》；2012 年获浙江省唯一的生态文明建设特别贡献奖。近年来每年的环保投入占 GDP 比重超过 3%，完成了两轮环保"三三三"工程，城乡供排水一体化、市域水循环体系、城乡绿化、清洁能源公交、公共自行车服务系统（3900 辆）等各项建设取得新成效，"美丽张家港"不断展现新姿态。

医疗方面，全市各类医疗卫生机构超过 420 个，常住人口每千人拥有床位 4.4张，每千人执业医生数 2.07 人。全市居民平均期望寿命达到 80.98 岁，基本达到发达国家地区相应水平。

文化方面，张家港市虽然现代化建设历史并不久，但文化发展历史悠久，且取得了长足的进展，2011 年 11 月，张家港市被文化部认定为中国民间文化艺术

（戏曲、山歌、书画）之乡，成功创建首批江苏省公共文化服务体系示范区、江苏省版权示范城市和国家影视网络动漫实验园；荣获全国文物系统先进集体、国家文物局田野考古奖、全民阅读先进单位、全省广播电视新闻报道先进单位等多项荣誉，首获中国曲艺最高奖——牡丹奖等荣誉奖项。

环保方面，张家港市 2008 年编制完成全国首个《生态文明建设规划大纲》，2012 年获全省唯一的生态文明建设特别贡献奖，近几年的环保投入占 GDP 比重超过 3%。

张家港市先后荣获国家卫生城市、全国环保模范城市、全国文化先进县（市）、全国双拥模范城、全国文明城市、国家生态市等称号，张家港市各镇全部建成国家卫生镇。2005 年获得"国际花园城市"称号。张家港由于在城乡综合发展方面的开拓创新，获得 2008 年联合国人居奖。2008 年 5 月，张家港市被环保部确定为全国首批"生态文明建设试点地区"。2012 年 6 月，张家港市获省"生态文明建设特别贡献奖"，并于 9 月成功举办全国"生态文明建设高层研讨会"。2013 年，张家港被列入《福布斯》中国最富县级市榜单。

张家港市在促进美丽宜居城镇建设做出了如下重要努力。

一是坚持规划引领，超前谋划布局。从 2011 年起，各区镇实施了以镇区街景改造、老住宅区综合整治、市域主干道的路灯安装为主要内容的镇区改造三年行动计划，为美丽城镇建设奠定了良好的基础。

二是坚持绿色转型，科学谋划发展。以美丽城镇建设为契机，将发展规划与产业转型升级相结合，大力实施科技创新项目，大力推广现代农业，大力发展以物流、商贸为特色的现代服务业，在做好非物质文化遗产的发掘传承工作的同时，致力于"绿色、低碳、可持续"的产业发展理念。

三是坚持因地制宜，准确谋划定位。立足"美丽幸福、江南典范"的目标定位，着力打造成"东有千年古街，西有万亩桃园，新城区有湖光山色"的现代化江南宜居小城镇。

四是坚持以人为本，长效谋划未来。美丽城镇建设是全面提升城镇环境质量和面貌、加快形成城乡一体发展新格局的有效手段，市住房和城乡建设局在推进示范镇美丽城镇建设的同时，始终坚持各项举措要立足以人为本的理念，着力提升人居环境品质，着力完善基础配套设施，让发展成果更多惠及百姓。

四、生态池州

池州，别名贵池、秋浦，安徽省辖市，是长江南岸重要的滨江港口城市、省级历史文化名城、皖江城市带承接产业转移示范区城市、全国双拥模范城市，也是安徽省"两山一湖"（黄山、九华山、太平湖）旅游区的重要组成部分，皖南国际文化旅游示范区核心区域。

池州市是中国第一个国家生态经济示范区，北临长江，南接黄山，西望庐山，东与芜湖相接。截至 2014 年 3 月，辖贵池区、东至县、石台县和青阳县，池州市总面积 8272 平方千米，人口 162 万人。

全市公路总里程超过 6800 多千米，高速公路通车里程超过 210 千米，共完成国省干线（含重要县道）新改建里程 424.24 千米，国省道达二级以上标准的有 605 千米，占总里程的 89%，国省干线服务水平显著提升。通过大力实施通乡油路工程，全市农村公路基本实现县道黑色化。教育方面，全市现有中等及以下各级各类学校 636 所，在校学生 26.1 万人，教职工 1.48 万人。有全日制高校 1 所，在校生 1.2 万人；有高等职业技术学院 1 所，在校生 7000 人；有广播电视大学 1 所、电大工作站 3 个，在校生 4500 人。教育体育事业发展成就斐然。体育事业方面，"十一五"全市新增体育场地 80 个，体育场地总数达到 900 个。市主城区体育健身路径社区覆盖率达到了 100%。农村体育健身工程得到大力推进，已在 163 个行政村建成农民体育健身场所，城乡居民体育设施建设同时进行，协调发展。城市建设方面，主城区新增道路 364 千米，现道路总面积达 654 万平方米；城市规模进一步扩大，主城区框架面积由 26 平方千米扩展到 120 平方千米；全市城镇化率达 44.2%；城市用水普及率达 96.6%，燃气普及率达 94.18%；建成区绿化覆盖率达 44.57%，人均公园绿地达 15.95 平方米；开发商品房 1000 万平方米，实施各类房屋拆迁及城中村改造 300 万平方米。先后荣获了"全国双拥模范城"两连冠，"中国优秀旅游城市""国家园林城市""安徽省首届文明城市"称号，并获得"安徽人居环境奖"。

池州自然气候优越，气候温暖，四季分明，雨量充足，光照充足无霜期长，属暖湿性亚热带季风气候。年平均气温 16.5℃，年均降水量 1400～2200 毫米，年均日照率 45%，年均无霜期 220 天，最长 286 天。

池州市域地形为东南高、西北低，自南向北呈阶梯分布，江河湖水面 348.4 平方千米，占总面积的 4%。长江流经池州 145 千米，岸线长 162 千米，上起江西省彭泽县接壤的东至县牛矶，下讫铜陵市交界的青通河口。境内有三大水系十条河流，长江水系有尧渡河、黄湓河、秋浦河、白洋河、大通河、九华河；青弋江水系有清溪河、陵阳河、喇叭河；鄱阳湖水系有龙泉河。流域面积在 500 平方千米以上的有七条河流，河长 618 千米，其中秋浦河为境内流域中最长的一条河，流域面积 3019 平方千米，河长 149 千米。池州市地表水资源丰富，池州市水资源总量为 103.05 亿立方米，占安徽省水资源总量的 11%，人均水资源量 7506.60 立方米，分别是安徽省和全国平均水平的 4 倍和 2 倍。截至 2014 年 4 月，池州共有 A 级景区 28 家，其中 5A 级 1 家、4A 级 9 家、3A 级 7 家、2A 级 11 家，境内以九华山为中心，分布着大小旅游区 300 多个，其中有 4 处国家级旅游品牌，国家重点风景名胜区、国家 5A 级旅游区、国际性佛教道场、中国四大佛教名山之一——九华山、国家级野生动植物保护区——牯牛降、国家级湿地珍禽自然保护区——升金湖、九华山国家森林公园——九子岩，还有首批 4 个国家级工农业旅游示范点及平天湖国家级水上运动训练基地和杏花村等人文景观，是理想的休闲胜地。

　　为进一步促进生态宜居池州市的建设，池州市政府决定按照"一主两翼"城市空间布局，推进主城区与江南产业集中区、池州产业示范园区联动发展。充实提升组团功能，规划建设城市综合体，拓展城市空间。做足水系文章、生态文章和历史文章，提升城市人文素质，彰显"城在山水中，山水在城中"的特色风貌，争创国家历史文化名城和国家森林城市，努力建成"名山秀水、名城宜居、民富市强、民和政通"的江南绿城。加强与铜陵市合作，推进铜池一体化，共同构建皖中南现代化滨江组团式城市发展格局，着力提高城镇规划建设管理水平。按照以人为本、节地节能、生态环保、安全实用、突出特色的原则，科学实施城镇规划，合理确定功能布局、产业定位，统筹安排基础设施和公共服务设施。建立多元化的城市投融资体系，高标准推进城镇基础设施、公共服务设施和公共安全设施建设，提高城市综合承载力。加强历史文化和自然资源保护，利用好历史文化名城、名镇、名村，延续历史文脉，提升城市品位。创新城市管理体制机制，加快"数字城市"建设，推进城市管理现代化，提高城市管理水平。2014 年，市园林局完成了清溪河沿河栈桥、栏杆等设施和清溪映月牌坊维修等重点工程，九华山大道绿化提升、石城大道绿化提升、秋浦东路绿化提升等 10 项重点工程正在建设中，完成投资 436 万元；完成了主城区部分路段树木清理或移植、清溪河公园地被植物改造等 30 多项园林绿化零星工程，投资 160 万元；新增园林绿地 30 万平方米，改造提升园林绿地 30 万平方米。城市生态工程取得良好成就。

参 考 文 献

范恒山，陶良虎，张继久，等. 2014. 美丽城市——生态城市建设的理论实践与案例. 北京：人民出版社：192-202.

关海玲. 2012. 低碳生态城市发展的理论与实践研究. 北京：经济科学出版社：68-72.

汤敏，张朋伟，边春霖，等. 2015. 生态城市主义. 武汉：华中科技大学出版社：166-168.

下　篇

产业低碳发展篇

第十二章 产业低碳发展的相关理论

第一节 环境管制相关研究

一、相关概念界定及内涵

环境管制也称为环境规制，英文表达为 environmental regulation，其含义为国家政府部门通过颁发实施各种法律、法规，对某些具体产业的产品定价、投资决策、危害社会环境与安全、产业进入与退出等行为进行的管理与监督，其本质就是在开放的市场经济条件下，政府干预经济的一种手段。史普博（1999）认为，政府管制是行政监管机构制定一类规则或特殊行为来干预市场或间接改变企业或消费者的决策。植草益（1992）认为政府的管制行为即指社会性的公共机构依照一定的法律法规进而对企业的活动进行限制的政府行为。根据政府管制的特点可以将其分为社会性管制和经济性管制。潘家华（1997）认为环境管制是指政府以非市场途径对环境资源利用进行干预的活动。但是他忽略了政府不仅可以运用如标准、禁令等非市场的政策手段，还可以通过如排污权交易、水权交易、碳排放权交易等市场手段对环境进行管制。王齐（2005）指出，环境管制是指政府不仅可以对环境资源进行直接干预，还可以用行政法规和市场手段进行间接干预。周军梅（2010）认为环境管制是指政府通过出台一系列的法律、法规、管理措施等行政手段或是市场手段以限制社会主体或经济主体进行某种特定活动。

本节认为环境管制是指"以保护环境、提高资源利用效率为根本目的，政府通过市场或者非市场手段对企业或消费者的社会行为和经济行为进行直接或间接干预的一般规则或特殊行为的总称"。由于经济主体在生产活动或消费的过程中以满足自身利益最大化为目的，环境正在遭受着严重破坏，如果再不加以治理，人类将会受到大自然的惩罚。所以实施环境管制已成为全世界公认的手段。

二、国内外对环境管制的相关研究

政府管制可以分为间接管制和直接管制。间接管制主要包括以反垄断法、民法、商法为手段对垄断等不公平竞争行为进行管制。直接管制包括社会型管制和经济型管制，经济型管制主要是对与公益事业相关的企业的进入、推出、价格及投资行为进行管制。社会型管制包含的内容更加丰富和具体。例如，鲍莫尔（2003）

对"环境联邦主义"进行了分析和讨论，考察了联邦政府在环境管制决策中的作用和地位及政府直接管制的内涵、作用等问题。Finkelshtain 和 Kislev（1997）在分析环境政策时考虑了政治因素的影响，并结合 Crossman 和 Helpman 提出的游说模型对直接管制的效率进行了比较研究。伯特尼（2004）对政府管制对市场调节的作用与影响进行了研究和分析。他指出由于市场的不完善性，有时候需要必要的政府管制进行干预，但是有时候政府管制并没有起到应有的效果，未能实现其本身的政策设计目标，所以伯特尼认为应该将市场的不完善性与政府干预本身相结合，由此来制定优化的管制政策。由此可见，环境管制是社会型管制的重要内容之一。

在面向市场的条件下，环境管制是政府部门运用行政管制对环境进行有效管理和控制的重要手段，环境管制的方式主要分为数量管制、价格管制和混合管制。思德纳（2002）研究了环境政策制定者的两种主要的政策：价格型政策和数量型政策，具体如图 12-1 所示，价格型政策即向污染制造者征收排污税 T 来约束排污企业使其污染物排放量到最优排污量 E；数量型政策工具使得污染排放量 E_0 缩减到该企业的最优污染排放量 E。

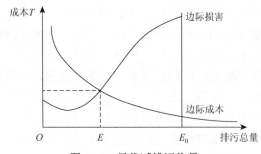

图 12-1　最优减排污染量

（一）数量管制

政府运用环境管制所希望达到的最直接的目标就是实现"零污染"，但是在现实当中是无法实现的。自然界本身对于所排放的污染物是有一定吸附能力的，所以政府需要在考虑环境吸附能力的基础上对环境收益和环境成本进行衡量以确定最优的污染排放量。但是其中存在的信息不对称性和其他外在因素的不确定性会对政府的政策选择产生负面影响。

从目前国内外的数量管制实践来看，确定企业的最优排污量原则有三个：第一个原则为比例均等原则。由政府现制定总的排污削减比例，由于各企业的削减比例造成了削减数量、削减成本不一样，所以要求各排污企业承担不一样的财务负担。第二个原则为成本负担能力原则。根据各污染企业的财务状况和盈利能力来确定排污数量，但是存在业绩好、盈利能力强的企业需承担更重的污染任务，这样就打击了业绩好的企业的积极性，迁就了技术落后、业绩差的企业，不利于各企业的公平竞争，存在较大的不合理性。第三个原则是最低成本原则。根据每个企业的边际污染削减成本，以此来分配污染削减数量来确保排污量最大而花费的社会成本最小的目标。数量管制的目标是如何确定全社会的最优污染排放量及各污染体的最优污染排放量。但是数量管制实现目标的前提是在完全信息的条件下，即政府需要完全了解环境及污染体的边际成本和边际效益，另外环境价值的如何定义及如何货币化也是目前尚未标准化的问题之一。政府要实现数量管制就必须了解各排污企业的边际成本曲线和边际收益曲线，由此政府需要付出很大的信息成本去获取信息，但是在现实当中政府与减排企业的完全信息是很难实现的。

（二）价格管制

价格管制的主要内容是运用排污税及排污补贴等手段来约束企业的排污行为。庇古最早提出了外部性内部化的概念，排污税主要解决的是污染的负外部性。征收排污税是指政府对排污主体对环境所造成的负外部性而征收的税收，以此来弥补私人成本与社会成本之间的不一致性。补贴则主要解决的是环境的正外部性，它与征收排污税的方式相反，政府根据环境产品的正外部性给主体给予补贴，由此来弥补私人收益与社会收益之间的差异性，通过环境补贴来激励环境正外部性的供给，受补贴收益与环境产品的正边际外部收益是一致的。

价格管制的目标是"外部成本内部化"，实现削减污染物所需的最小社会成本最小化。但其实现的前提条件是政府需要收集到污染主体的成本-收益函数等方面的信息，即政府能够确定最优的税率，但是在现实中政府是无法实现完全信息的，即使政府在拥有污染物削减的成本-收益函数等信息的情况下，可通过直接管制污染主体的污染等级来约束和激励污染主体，也无需通过价格管制的方式来进行管制。

不少国外学者对于数量管制和价格管制进行了分析和比较。Baumol 和 Oates（1988）认为在完全竞争市场中，政府部门可以根据污染造成的边际损失对污染者征收污染税，但是对于利益受损者并不进行相应的补偿。因为征收污染税可以约束排污主体减少污染物排放，直至减少污染的边际成本与所征收的污染税率相等，污染所造成的边际损害程度与削减污染的边际收益相等。其中并未给予受害方补偿是为了激励其改进生产技术以减少对于环境的损害，否则受害方可能会为了获得赔偿而任由环境受到损害而置之不管。Weitzman（1974）则设计了一个环境管制模型，其假设在单一周期的管制环境中，管制者在不了解排污企业削减污染物的边际成本函数和削减污染物的边际收益函数的情况下，对于数量管制政策和价格管制政策进行选择，而其最终的选择结果会受到削减污染物的边际成本曲线和边际收益曲线的斜率影响。当边际成本的曲线相对于边际收益曲线较为平缓情况下，会选择数量管制政策，反之则会选择价格管制政策。

（三）混合管制

由于在现实当中，政府要想获取排污企业边际成本和边际收益的完全信息是难以实现的，所以采用单一的价格管制或者数量管制难以实现减少排污的目标，所以在不完全信息条件下就要求政府采取数量管制和价格管制的组合形式。Weitzman（1979）在其1974年设计的模型基础上，探讨了价格管制和数量管制的组合问题，认为基于价格和数量的混合管制目标下的管制政策是社会最优的。Roberts和Spence（1976）设计了一种排污许可与排污税或者排污补贴相结合的混合管制政策。当污染企业的排污量超过所持有的排污许可额度时，管制者将会按规定征收排污税，当污染企业的排污量没有超过所持有的排污许可额度时，则该企业将会用没有使用的排污许可额度从政府领取相应的补贴，由此进一步激励排污企业改进生产技术，减少污染物的排放。Kwerel（1977）发现在不同的环境政策工具下企业的减排行为是不一样的。因此，使用单一的数量或者价格管制政策不能完全有效地诱导排污企业向监管机构申报真实的污染削减成本。针对该问题可以设计一种数量和价格混合的管制政策来使排污企业申报真实的污染削减成本为纳什均衡解。Dasgupta和Hammond（1980）认为，Kwerel设计的混合管制政策的前提条件是排污许可市场完全竞争和企业污染物在社会收益函数中是完全可以替代的，但是这在现实当中是难以实现的。所以他们针对该问题设计了排污企业的排污税函数。在该函数中，排污企业的排污税率不仅由其自身的申报成本决定，还由其他排污企业的申报成本共同决定。这样就促使排污企业申报真实的污染削减成本才能在实施策略中占优，从而实现排污企业申报真实的成本信息。

国内对于环境管制政策方面的研究包括以下内容。王明远（1999）将环境管制政策工具分为三大类，即直接调控型、间接调控型和自主调控型。崔志明等（2002）则进行了更细化的分类：实施排污标准的技术约束型；污染者和受损者的联合型；经济惩罚和激励型。万劲波（2002）对我国的环境管制政策按不同的对象进行了划分：按流域可以分为环境管理政策和控制区域环境管理政策；按照防治对象可以分为防治环境污染和破坏政策；按照保护对象分为生活、生产和生态环境管理政策等。

对上述的不同环境管制政策进行分析后可知，单一的价格管制和数量管制政策难以实现合理管制与激励相结合的目标，发展混合的环境管制政策已成为目前国内外学术界讨论的重点和焦点问题。

三、环境管制中的成本分类及其演进

对于环境管制来讲，制定和实施一项环境政策工具的成本主要包括两部分：一部分是企业实际用来削减、治理污染的投资，即排污治理成本；另一部分是政府制定环境政策工具的交易成本，包括制定、执行、监督等保证该政策工具实施的成本。排污治理成本包括排污者与监管者用于污染治理的投入。环境政策工具的交易成本包括制定总量控制目标、排放标准、排放绩效、排放权的分配与相关机制建立等所需要的监督成本、行政审批成本、强制执行成本、信息成本等。传统的环境经济学所关注的环境管制效率，重点研究的是整个环境经系统的污染治理成本最小化。但在现实当中，无论是排污者还是监管者甚至是社会大众大都关注着排污治理成本，而忽略了政府所制定和实施环境政策工具所带来的交易成本和机会成本，所以在实际的环境治理中，尤其在我国出现"企业守法成本高、监管部门实施成本高、企业违规成本低"的现象，不仅会对整个环境系统的治理产生负影响，而且会影响我国环境政策的完善与推广，不能实现环境管制的经济性，会造成社会经济成本的增加，由此会降低整个社会的福利投入资源。所以政府在考察和评估环境管制效率及选择与实施环境政策工具时不能仅仅考虑减排的规模与数量，更要考虑环境政策所产生的交易成本效率及整个社会经济的成本效率问题。

目前，现在新制度经济学中有三个关于人的行为的基本假设：第一是人是有限理性；第二是不完全信息条件；第三是人有机会主义的倾向。在环境管制过程中，由于市场中会产生由垄断、外部性、公共物品和不完全信息导致的市场失灵，发生价格扭曲，所以政府会进行环境管制，将污染造成的外部性内部化，并使人的行为规范化，减少由于人的机会主义的利益导向而造成对他人和社会的损害，从而提高整个社会的福利。而人的有限理性、不完全信息和机会主义倾向都会使所实施的政策工具产生交易成本。

从图 12-2 中可以看出，污染治理的市场均衡在没有交易成本的情况下，最优治理水平是污染治理的边际效益曲线（需求曲线 D）与污染治理的边际成本曲线（供给曲线 S）交点对应的治理水平 g。当存在交易成本时，污染治理的供给曲线向上方移动，导致此时的均衡治理水平 g_2 低于无交易成本时的最优治理水平。交易成本的存在还使得污染治理的边际效益下降。因此，在供给曲线不变的情况下，新的均衡治理水平 g_1 小于无交易成本时的最优治理水平。而交易成本对污染治理的边际成本和边际效益的双重影响会导致均衡治理水平 g_3 偏离最优治理成本的程度进一步加大。由于交易成本的存在，环境政策选择的成本最小化原则不再只是遵循污染治理成本最小化，而是希望实现污染治理成本与实施环境政策工具的交易成本之和最小化。

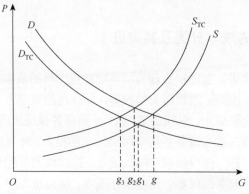

图 12-2　交易成本对最优污染治理水平的影响

按照坏境政策工具的制定者在实际管制过程中的不同角色和利益关系，通常可以将交易成本划分为行政审批成本、监督成本、信息成本、谈判成本、强制执行成本及寻租和护租成本。

（一）行政审批成本

行政审批成本是政府批准排放者的生产和经营及发放排污许可、排污权分配或者谈判达成时产生的成本。由于监管部门的层级较多，手续较为烦琐，有时候审批过程过长会直接影响项目建设的时间，延长项目完成的周期，造成不必要的额外交易成本。

（二）监督成本

在现实的环境管制中，监管者、排污者及社会大众对于排污者的污染治理成本、管制成本和实施成本等是不完全信息的，因此可能会出现道德风险和逆向选择。对于排污者的规避法律倾向监管者需要进行及时的监督，所以需要投入一定的资源，会造成审核、抽查、检测等费用，还包括技术、设备和运行的费用，或者委托第三方对污染情况进行检测的费用，所有这些产生的费用形成了监管者的监督成本。

（三）信息成本

信息成本是与环境管制有关的污染单元、环境本体和本体受影响后相关信息的管理成本、传递成本、应用成本及对污染治理的技术、交易市场中的参与者、价格信息等的搜寻成本。

（四）谈判成本

谈判成本包括两部分：一是发生在法律框架内，即监管者和污染者为了达成合法、交易双方可以接受的契约而进行谈判所产生的成本；二是发生在法律框架外，即部分环保团体、企业或者一些行业利用其影响力与政府监管部门谈判，迫使政府做出立法或执法上的让步所产生的成本。

（五）强制执行成本

强制执行成本一般包括司法成本和环境补偿成本。司法成本主要包括与诉讼相关的成本，如律师、取证等成本，另外还包括诉讼时间的机会成本。环境补偿成本是政府强制排污者对其染污行为而支付的各种环境补偿费用。

（六）寻租和护租成本

寻租和护租成本考虑了排污者有贿赂监管者以获得宽松的监管环境的动机，而监管者自身也有权利寻租使个体或者整个利益机构实现利益的最大化动机。寻租成本是一种资源的浪费，因为它不产生任何社会财富，反而会影响整个社会的总体经济效率。由于寻租成本的存在，则会产生监督、杜绝寻租现象的护租行为，由此会产生护租成本，如加大对于反贪、纪检等的资源投入。

四、我国环境管制的法律体系

我国从 1978 年以后开始步入了法制化轨道，环境保护法律法规也开始进入初步建设阶段。1979 年全国人大常委会通过了《环境保护法（试行）》。1989 年颁布了正式的《环境保护法》，《环境保护法》也成为我国进行环境治理的基本法（表 12-1）。

表 12-1 我国主要的环境管制法律法规

法律类别		相关法律法规
国家的基本法		1982 年颁布实施的《宪法》
有关环境的在法律法规中规定的责任条款		《民法通则》中关于环境污染民事责任的相关规定
		《刑法》中关于环境污染的刑事责任的相关规定
环境保护基本法		《环境保护法》
环境管制单行法律法规	水污染	1984 年颁布实施的《水污染防治法》及其具体实施细则（1996 年 5 月 5 日修订）
	海洋污染	1982 年试行、1989 年 12 月 26 日颁布实施的《海洋环境保护法》
	流域水污染	1995 年颁布的《淮河流域水污染防治法》
	大气污染	1995 年颁布实施的《大气污染防治法》及其具体实施细则（2000 年 4 月 29 日修订，2000 年 9 月 1 日实施）
	固体废物污染	1995 年颁布的《固体废物污染环境防治法》
	噪声污染	1996 年颁布、1997 年 3 月 1 日实施的《噪声污染防治法》
	清洁生产	2002 年颁布、2009 年实施的《清洁生产促进法》
	环境影响评价	2002 年颁布、2003 年 9 月 1 日实施的《环境影响评价法》
	循环经济	2008 年颁布、2009 年 1 月 1 日实施的《循环经济促进法》
	放射型污染	2003 年颁布、2003 年 10 月 1 日实施的《放射性污染防治法》

法律类别	相关法律法规
程序性法律法规	1989 年颁布、1990 年 10 月 1 日实施的《行政诉讼法》
	1996 年 10 月 1 日实施的《行政处罚法》
	1999 年 10 月 1 日实施的《行政复议法》
	2003 年颁布、2004 年 7 月 1 日实施的《行政许可法》
	2005 年颁布、2006 年 1 月 1 日实施的《公务员法》
	2007 年颁布、2008 年 5 月 1 日实施的《政府信息公开条例》

改革开放 30 多年来，我国在经济发展上取得了巨大的成就，但是粗放型的经济发展模式使得我国经济的快速发展是以环境的破坏和资源的消耗为代价的。对此，我国也出台和制定了不少法律法规，不断完善《环境保护法》，此外，我国还颁布了数十项监测规范、标准、方法及污染防治技术政策等，编制了有关环境影响评价的技术准则来指导环境的影响评价工作。另外，我国还积极参与国外先进的环境保护、治理理念、技术等项目的交流与合作。我国加入了多项环境保护领域的国际公约，如《防止海洋石油污染国际公约》《防止倾倒废物及其他物质污染海洋的公约》《联合国海洋法公约》《保护臭氧层维也纳公约》《联合国气候变化框架公约》等。

五、市场型环境政策工具

市场型环境政策工具从不同的角度来分析会有着不同的定义与内涵。Stavins（1989）从政策工具特性的角度进行了解释，认为该政策工具可以形成一个统一的排放价格来促进企业边际减排成本的均等化。吴晓青（2003）从政策工具的作用机理角度对其进行了定义和解释，认为市场型环境政策工具是通过市场信号来指导人们进行决策。伯特尼和迪蒂文斯（2003）从功能角度对市场型环境政策工具进行了定义，认为市场型环境政策工具是指通过市场化的方式来改变市场运作模式或者影响个人和集体行为的政策工具。这种观点主要是从市场型环境政策工具的功能角度对其概念进行界定的。EEA Report（2006）从市场型环境政策工具的经济效应角度指出市场型环境政策工具是可以促进环境、经济和社会的可持续发展，并可以计算出生产与消费对环境影响的政策工具。另外，秦颖和徐光（2007）认为市场型环境政策工具的实施是政府利用经济杠杆干预或影响市场主体对环境进行治理和管制。丁文广（2008）认为，市场型环境政策工具实质是将环境物品私有化以引导生产者改善生产策略，进而实现环境的改善。Jones 等（2009）认为市场型环境政策工具的内在驱动是经济引导的一种政策工具。

结合上述分析，本节认为市场型环境政策工具是通过市场机制来间接影响经济主体的行为方式，使经济、环境与社会和谐发展的一类政策手段。本节主要研究的市场型碳减排政策工具主要包括碳排放权交易和碳税。

　　由于命令-控制型政策工具会导致社会总治理成本较高，难以实现资源的有效配置，所以，世界各国也在积极地寻找新的政策工具形态，力图实现社会总治理成本的最小化和资源配置的最优化。市场型环境政策工具，也称为市场激励型环境政策工具，指主要通过市场的方式来促进环境、经济和社会最优目标实现的政策工具，一般主要包括基于庇古理论的税费形态和基于科斯产权理论的排污权交易形态等。

　　在环境政策工具设计和实施较为完善和成熟的西方发达国家和亚洲较为发达的国家中，市场型环境政策工具较命令-控制型环境政策工具受到更多的青睐。市场型环境政策工具可以细分为五大类：价格机制、创建市场、环境补贴和投融资政策、押金-返还制度和环境损害责任制度，具体见表 12-2。

表 12-2　市场型环境政策工具的细分与实施形态

政策细分		主要实施形态
价格机制	收费机制	排污费、使用费、准入费、管理费、环境补偿费等
	税收方式	污染税、产品税、进出口税、差别税、租金税、资源税等
	绿色定价	能够体现资源的环境和生态价值的定价机制
创建市场	产权明晰	各种生产要素的所有权、使用权和开发权等
	污染排放权交易	可交易的污染排放权、配额开发，如水交易权、碳排放交易权等
环境补贴和投融资政策		财政转移支付、软贷款、优惠利率、环境基金、环保投资的财政补贴等
押金-返还制度		押金返还、绩效债券等
环境损害责任制度		相关法律责任、罚款、环境责任保险、守法奖金等

（一）税费形式

　　税费形式是庇古理论在环境政策中的运用。以税费形式为主的环境政策工具是指国家对于污染环境、破坏生态和使用或消费资源等影响环境行为采取的，以提高经济效率、改进环境状况的一系列税费形式的政策工具的总称。通常，包括的税费种类有环境污染税、资源使用税、生态补偿税、环境产品税等。税费形式的环境政策工具在发达国家的环境治理当中应用较为普遍，因为该政策工具可以有效提高排污企业的经济效率和环境管制效率。碳税，是通过对消耗化石燃料的产品或服务，按其碳含量的比例进行征税的一种环境税。目前，在美国科罗拉多州的 Boulder 市已开始征收碳税。加拿大的魁北克省也开始征收碳税，不同的是针对煤炭、石油、天然气等能源公司征税。碳税在北欧等地已被广泛接受，并以不同的形式征收。

与命令-控制型环境政策工具相比，税费形式的政策工具有以下三点优点：第一，可以有效促进企业进行技术创新、管理创新和机制创新，企业为了合理减税，会进行技术和工艺的改善和创新。第二，可以制定科学合理的税率，即税费为社会成本和私人成本之差，此时企业的私人成本与社会成本重合，均衡点为社会最优生产量和社会最优污染量。第三，可以有效降低监管者的交易成本。但是，征收税费这种方式的环境政策工具也存在明显的缺陷。最优税率的设计和制定需要大量相关的信息，如污染企业的边际成本和边际收益及造成的边际外部成本等。而在现实当中这些信息监管者则很难获得，或者获得信息的成本太高。因此，在实践当中很难设计出最优的税率，只能进行不断的尝试和修正。此外，部分监管结构可能产生的"寻租"行为也会导致环境管制效率的低下，造成资源的浪费。

（二）排放权交易形式

排放权交易是基于科斯产权理论在环境政策工具中的具体运用与实施的一种政策形态。排放权交易理论是由美国经济学家戴尔斯于 1968 年最早提出的，排放权交易主要是指在污染物总量控制下，以市场作为导向标，基于市场机制建立污染物的排放权申请、排放权许可的交易市场，以实现环境保护、污染物控制的目标。排放权交易的作用机理主要是政府根据一定时期内经济社会对于环境污染的容量而制定排放污染物的总量，由此来给排放企业发放排污权许可证，如果企业申报的污染量超过许可证的上限时，企业就必须去排污权交易市场购买一定额的排污权许可证，否则会受到政府相应的经济惩罚和制裁；如果企业排放的污染量小于所购买的许可证上限，则该企业可以将剩余的许可证量在排污权交易市场出售以获取利润或者进行储存以备后用。排污权交易机制是政府运用法律手段将经济权利与市场交易机制相结合以控制环境污染的一种有效的政策手段。

该理论已经在欧美发达国家相关领域得以实际应用，并取得了一定的效果。而碳排放权交易形式的碳减排政策工具最早是由英国提出的，将各国的碳排放量量化成合法的碳排放权指标，基于此建立一个碳排放权交易体系，针对排放企业的排放量来分配碳配额，使该配额可以在碳交易市场上合法交易，以实现排放企业自主减排的目的。

目前，欧盟于 2005 年建立了欧盟碳排放交易体系（EU ETS），这是世界上规模最大的温室气体排放交易机制。自 EU ETS 建立以来，碳交易量及其成交金额都在稳步上升，占据着世界碳交易总量的近 3/4。2005～2011 年 EU ETS 的碳交易量情况如图 12-3 所示。

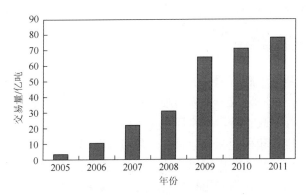

图 12-3　2005～2011 年 EU ETS 碳交易量

资料来源：世界银行报告统计数据

　　此外，其他大洲也纷纷建立了碳排放权交易体系以减少温室气体排放。比如，美国建立了四个区域的温室气体减排机制，包括区域温室气体减排行动计划、西部温室气体倡议、气候储备方案和中西部地区温室气体减排协议；大洋洲碳排放交易市场主要包括世界上最早的针对电力企业的基于总量控制的澳大利亚新南威尔士州温室气体减排计划和新西兰温室气体减排体系；近几年来，亚洲也开始重视碳排放交易体系、机制的建立与设计。具体情况见表 12-3。

表 12-3　亚洲主要国家碳排放交易体系建立情况

碳交易市场	启动时间	参与意愿	运作机制	参与行业
日本东京都温室气体交易体系	2010 年	强制	总量配额交易	工商业领域的约 1400 个排放源
日本自愿性排放交易体系	2005～2007 年	自愿	总量配额交易	自愿参与企业
韩国排放交易体系	2015 年	强制	总量配额交易	大型电力生产、制造和运输及国内航空业
印度节能证书交易体系	2012 年	强制	节能证书交易	水泥、钢铁、造纸、铁路、纺织等

　　整体上来讲，排污权交易制度有以下几方面优点：第一，排污权交易制度的建立迫使企业将环境视作一种生产要素纳入到生产决策中，将环境保护与治理同企业自身收益与发展紧密联系起来，这会对企业的技术与管理创新起到很大的推动和激励作用。第二，实施排污权交易制度是以总污染量控制为基础的，所以可以保证区域内排污总量在环境承载力接受的范围之内。第三，排污权交易制度相较于命令-控制型的环境政策工具具有较高的灵活性，其具体的作用机理已进行重点研究。排污权交易制度也有较为明显的缺点：其一，环境污染物的总量难以界定；其二，需要以完善的市场经济和技术作

为基础，市场需要较高；其三，产权不清使得交易主体不明，会导致该政策工具实施的交易成本过高。

（三）环境补贴形式

环境补贴也是基于庇古理论的一种环境政策工具，是指为了实现环境保护和节约资源的目的，政府采取一系列的政策对企业的减排行为进行干预，对企业在环境治理方面进行财政支持，即将环境成本内部化的政策手段。环境补贴的形式主要包括拨款、贷款和税金减免。目前，环境补贴形式已被许多国家所应用并推广。例如，法国给工业企业提供以贷款形式为主的财政支持以控制水污染；意大利为固体废弃物的回收和再利用提供财政补贴，鼓励那些以治理环境污染为目的而优化生产程序和生产工艺的企业；德国为改进生产工艺、引进新型设备以减少环境污染而导致资金周转不灵的中小企业设置了环境补贴系统，促进和鼓励中小企业转变发展模式，鼓励其进行管理创新、技术创新等。

第二节　实施环境管制的理论根源分析

一、外部性的相关理论与演进

（一）外部性概念的界定与内涵

外部性（externalities），在有的文献中也称为外部效应（external effects），是经济学中的一个重要概念，在资源环境管理研究领域中也经常使用。从经济学的角度目前对外部性主要有以下两种定义：第一种是当一行为主体的活动不影响价格却对另一行为主体所处的环境有影响时则会存在外部性或者外部效应；第二种是当某行为主体的行为活动所引起私人成本或收益与社会成本或收益不相等时会存在外部性或者外部效应。

如果将环境及其环境资源假设为一种资产的话，由于环境资源的外部性，市场难以使环境资源的利用能够准确地反映到价格体系中，所以难以实现资源的帕累托最优。环境资源的过度消耗和破坏的原因之一就是外部性，即生产单位对环境资源造成了过度利用或者破坏，但他们对此不付费或支付微小的费用，而所造成剩余损失却由社会来负担，造成整个社会经济的无端损失，此种行为过程可以由图 12-4 进行经济学解释。

如图 12-4 所示，纵轴 P 表示产品的价格，横轴 Q 表示生产产品的数量。ac 代表需求曲线，此处 MC 表示私人边际成本，SMC 表示社会边际成本。在包括环境资源成本的社会成本框架中，均衡点 d 所产生的均衡价格为 p_1，需求量为 q_1。aOd

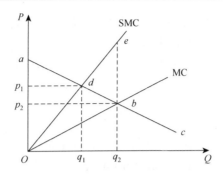

图 12-4 环境问题的外部性效应分析

的面积表示社会总福利，adp_1 和 Odp_1 的面积分别表示消费者剩余和生产者剩余。在私人边际成本框架中，均衡点 b 所产生的均衡价格为 p_2，需求量为 q_2。abp_2 和 Obp_2 的面积分别表示消费者剩余和生产者剩余。Oeb 的面积表示忽略了环境成本而造成社会福利的损失量，则社会总福利可以表示为 aOb 减去 Oeb 的面积，但是可以看到 deb 为包括环境资源成本的社会成本框架中总社会福利所损失的数量。如果将环境成本的内部化，则可以弥补社会福利的损失。

（二）外部性的分类

对外部性的分类，往往是根据不同的标准、从不同的视角出发进行的。常用的外部性分类概念包括：正外部性与负外部性、生产外部性与消费外部性、技术外部性与货币外部性、简单外部性与复杂外部性、公共外部性与私人外部性、期内外部性与跨期外部性、网络外部性与非网络外部性等，如图 12-5 所示。

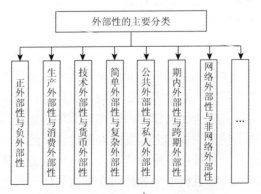

图 12-5 外部性的主要分类情况

1. 正外部性与负外部性

依据外部性的功能效果可以将外部性分为正外部性和负外部性。正外部性也称正外部经济效应，源于马歇尔提出的"外部经济"概念，主要指一些行为主体的活动行为使另一些行为主体受益而无法向后者收费；负外部性也称负外部经济效应，源于庇古的"外部不经济"概念，主要指一些行为主体的活动行为使另一些行为主体受损而无法向后者弥补。

2. 生产外部性与消费外部性

生产外部性（externality from producer）是指由生产活动引起的外部性，同理消费外部性（externality from consumer）是由消费活动引起的外部性。这两种外部性对于活动行为的承受者来说，即有可能产生正的效应也可能产生负的效应。20世纪60年代以前，由于企业对环境的污染造成的社会问题较为严重，生产外部性更为社会所关注。随着经济的发展，人们的生活水平日益提高，企业的发展计划重点开始由生产领域转到消费领域，如人们在交通、运输、生活中对环境造成污染和破坏等现象。由此消费的外部性问题逐渐成为社会关注的焦点。

3. 技术外部性与货币外部性

货币外部性（pecuniary externality）、技术外部性（technological externality）是按照外部性的来源所划分的，其划分是1931年瓦伊纳（J.Viner）最早提出的。货币外部性产生是由于一个企业的利润或收益不仅取决于自身的发展，还受到其他企业生产经营活动的影响。技术外部性的产生是由于生产企业之间相互依赖、相互影响。货币外部性与技术外部性的主要差别在于货币外部性是生产企业通过市场机制的相互依赖而产生的，主要通过价格体系产生作用，只涉及货币利益形式的转移，并不影响竞争均衡的帕累托最优。而技术外部性是通过生产企业非市场机制的相互依赖所产生的。

4. 简单外部性与复杂外部性

按照外部性的实施主体和承受主体间的交互性可以分为简单外部性和复杂外部性。如果外部性的影响方向是单方向的影响，即只有一个主体对另一主体有影响，但是另一主体对该主体无反向作用，即称为简单外部性，与之相反，如果两主体间存在着相互的影响关系则称之为复杂外部性。在经济学研究中，给出的案例大都属于简单外部性，如排污企业污染环境，使环境造成破坏等，但在现实当中也存在着大量的复杂外部性例子，如排污企业之间的恶性竞争给环境造成坏的影响现象。

5. 公共外部性与私人外部性

从公共产品的性质角度出发，外部性可分为公共外部性和私人外部性。公共外部性的承受主体的影响具有非竞争性和非排他性。非竞争性即公共外部性对其他市场主体的影响是普遍的，不会只影响一个市场主体而减少对其他市场主体的影响。非排他性指由于公共外部性与公共产品相类似，也就是说人们很难脱离这种外部性的影响。而私人外部性则与公用外部性相反，其具有竞争性和排他性。将外部性分成公共外部性和私人外部性的意义在于由于受到公共外部性的特性影响，将市场主体和承受主体间的交易外部性内部化是十分困难的，因为其承受主体数目较多，又受制于较高的信息成本和交易成本，而私人的外部性则较外部性的影响内部化是较为容易实现的。

6. 期内外部性和跨期外部性

按照发生的期间划分，外部性可以分为期内外部性和跨期外部性。期内外部性即在本期内的市场主体对同期的市场主体产生的外部性影响，与之相反的是跨期外部性，即在本期内发生的市场主体所产生的外部性影响会对后期的市场主体产生不同的影响。

7. 网络外部性和非网络外部性

按照外部性的影响程度与参与市场活动主体数量的相关性，外部性可以分为网络外部性和非网络外部性。如果影响程度与参与经济活动主体数量成正比，则该外部性为网络外部性。在现实生活中，新一代信息技术对于经济生活的影响与日俱增，已经成为人民生活和社会发展的重要手段，如物联网、云计算、大数据等信息技术，其都具有一定程度的网络外部性。反之则属于非网络外部性。

另外还包括帕累托相关的外部性和帕累托不相关的外部性、可预期外部性和不可预期外部性、竞争环境下的外部性和垄断条件下的外部性、稳定的外部性和不稳定的外部性、制度外部性与科技外部性等。

二、产权问题对外部性的影响

当环境资源的产权出现不明晰问题时，则会出现环境资源的使用权混乱或者阻止其他市场主体使用的阻止成本很高等问题。产权不明晰使得所有市场主体会最大化地从该环境资源获取利益，其结果就是造成环境资源的过度使用和浪费。哈丁认为产权问题会导致人们对环境的忽视及滥用，只顾及个体的利益最大化而不付出成本，由此导致更大的社会福利的损失，即"公有的悲剧"。当公众开始对"庇古税"解决外部性问题上的缺陷性进行批判时，明晰产权方式解决外部性问题逐渐得到社会的关注。1924 年奈特指出，"外部不经济"的原因主要是环境资源缺乏产权界定。1943 年费尔纳也同样提出相似的结论，认为"外部不经济"与产权有关。此时，新制度学派的代表人物科斯指出在交易成本较低的情况下，产权明晰可以使各经济主体主动追求最大利益，并通过谈判的方式使经济活动中的外部性问题得以解决，具体如图 12-6 所示，并且认为，当交易成本很高时庇古的理论方法也是有效的。

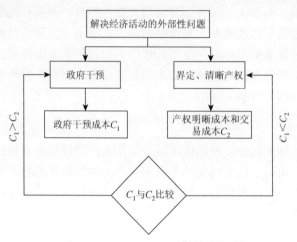

图 12-6　科斯论述产权外部效应关系的逻辑性

　　德姆塞茨比较了共有产权和私有产权的效率，他认为在共有产权制度下，单个行为主体无法根据自身的利益最大化来使资源实现最优配置，这是因为共有产权是无法克服外部性的，由此单个行为主体在经济活动中缺乏自主积极性，使得效率降低。而在产权私有化制度下，产权得到了明确的划分，具有产权的单个行为主体的努力与收益实现了统一，使得其他产权主体内部化其经济活动的外部效应，所以可以提高效率。诺思则认为产权界定不明晰是产生外部性的主要原因。他认为，高效率的产权制度要能够保证每个在社会中的行为主体获得其生产性活动的成果，从而使他们具有继续生产的积极性，最大限度地消除"搭便车"的现象，即消除正外部性。

三、市场失灵与政策失灵

　　市场失灵与政策失灵是造成环境污染问题的制度性和结构性的原因。市场失灵第一次见于麻省理工学院 Bator 教授发表的《市场失灵》中，指出市场失灵主要包括外部性、公共物品和不完全竞争等。由此，市场失灵指市场无法引导经济实现社会的最优化，具体就是无法把外部效果反映在成本和价格中，使那些间接参与市场有关活动的参与主体不得不接受这些外部性失灵的结果。从经济学角度来讲，在完全竞争市场中，经济可以由"看不见的手"进行资源优化配置，实现帕累托最优。但是在现实社会中，完全竞争市场是不存在的，而在垄断市场、不完全信息及较为复杂的公共物品领域仅仅依靠价格机制来进行资源的优化配置是不现实的，从市场失灵的角度，对于具有公共物品属性的社会资源来讲市场是缺乏效率的。所以在市场经济中，碳排放等环境问题是难以通过市场自行配置来解决的，所以必须通过政府进行干预来引导市场进行资源的优化配置。所以要解决在环境中的外部性问题，所设计的环境政策工具需要解决市场失灵的情况。但是政府进行政策干预也不是万能的，也同样存在着政策失灵的情况。

政策失灵是指政府通过出台相关政策及法律法规对市场经济活动进行干预和管制的效率较低，不能有效改善经济问题。政府的政策失灵主要表现有两种：一种是政府的无效干预，主要指政府对经济的宏观调控的力度和方式并不能满足市场的实际需要，造成管制低效甚至是无效，其既不能实现资源的最优化配置，也不能弥补、纠正市场失灵现象。另一种是政府的干预过度，即政府的干预力度已超出市场的实际需求，或者出台的相关的法律法规过多过细，对政策工具的选择和制定有偏差等，其结果也不能弥补、纠正市场失灵现象，反而会抑制市场机制的正常运转。

在市场和政策都失灵的条件下该如何解决环境问题？环境政策工具的设计和选择就成为破解市场失灵和政策失灵的重要手段。在环境问题中，如果政府对环境政策工具的设计和选择上出现偏差会造成环境进一步恶化。下面给出一个政府监管某钢铁企业的图例。如图 12-7 所示，R 为该钢铁企业的收益，Q 为生产钢铁的产量，假设该钢铁企业的收益与钢铁产量是一种倒 U 形的形状，Q^* 为该企业的最优产出，OQ_0 表示对环境的压力较小。在政府未实施补贴政策时，该企业产出不足，无法实现社会福利的最优化；当政府实施了补贴政策，OQ_1 表示该企业的生产量，超过了 Q^* 意味着产能过剩，不利于实现社会的福利最优化，生产过量会导致碳排放量的增加，对环境造成更大的破坏。

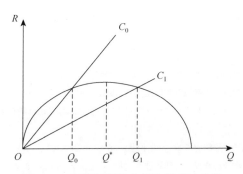

图 12-7　环境问题的政策失灵理论分析

四、污染控制理论

污染控制是将社会环境和自然环境协同考虑的一种管制制度。污染控制是指统筹采用经济、技术、法律多种管理方法来减少环境污染的一种管制模式。随着污染控制理论的不断发展和演进，污染控制方式的种类也愈发繁多，目前主要可以分为强制控制手段和经济激励手段。

强制控制手段指政府出台相关法律法规、政策、条例等政策工具并依法强制执行，其优点在于政府对市场活动主体进行直接管制，对象较为明确，结果比较确定。而缺点在于政府对该经济活动主体进行管制时需掌握大量的相关信息，并针对该信息制定符合实际情况的政策工具，这会造成政府大量的信息获取成本和交易成本，使管制效率下降，造成社会经济成本的浪费，而且强制控制手段对企业自行治理环境、改进生产手段和工艺起不到激励作用。

经济激励手段指由各种市场因素，如价格、税费、补贴等形式的市场型政策工具去引导和调动经济活动主体的积极性来使其主动地保护环境、改进落后的生产手段和工艺从而实现环境保护、减少污染成本的目标。经济激励手段也有缺点，就是实施市场激励手段需要政府能够根据市场制定科学合理的政策工具，不仅对于政府的管理水平有较高的要求，而且还需要市场经济发展到较高的程度。

参 考 文 献

鲍莫尔. 2003. 环境经济理论与政策设计. 北京：经济科学出版社.

伯特尼 P R. 2004. 环境保护的公共政策. 穆贤清，方志伟译. 上海：上海三联书店.

伯特尼 P R，迪蒂文斯 K N. 2003. 环境保护的公共政策. 上海：上海三联书店.

崔志明，万劲波，蒲根祥，等. 2002. 技术预见与国家关键技术选择应遵循的基本原则. 科学学与科学技术管理，
　　（12）：9-12.

丁文广. 2008. 环境政策与分析. 北京：北京大学出版社.

潘家华. 1997. 可持续发展问题经济学研究的理论创新. 国外社会科学，（3）：35-39.

秦颖，徐光. 2007. 环境政策工具的变迁及其发展趋势探讨. 改革与战略，23（12）：53-58.

史普博. 1999. 管制与市场. 余晖，何帆，钱加俊，等译. 上海：上海三联书店，上海人民出版社.

思德纳 T. 2002. 环境与自然资源管理的政策工具. 上海：上海三联书店.

万劲波. 2002. 技术预见：科学技术战略规划和科技政策的制定. 中国软科学，（5）：62-67.

王明远. 1999. 从"污染物'末端'处理"到"清洁生产"——发达国家依法保护环境资源的理论与实践. 外国法
　　译评，（3）：80-87.

王齐. 2005. 环境管制对传统产业组织的影响. 东岳论丛，26（1）：202-203.

吴晓青. 2003. 环境政策工具组合的原理、方法和技术. 重庆环境科学，（12）：81-85.

植草益. 1992. 微观规制经济学. 北京：中国发展出版社.

周军梅. 2010. 环境规制对国际竞争力影响的实证分析——以广东省为例. 中国新技术新产品，9（9）：165.

Baumol W J，Oates W E. 1988. The Theory of Environmental Policy. Cambridge：Cambridge University Press.

Dasgupta P，Hammond P. 1980. The implementation of social choice rules: some general results on incentive compatibility.
　　Review of Economic Studies，46（2）：185-217.

EEA Report. 2006. Using the market for cost-effective environmental policy: market-based instruments in Europe, European Environment Agency.

Finkelshtain I, Kislev Y. 1997. Prices versus quantities: the political perspective. Journal of Political Economy, (105): 83-100.

Jones N, Sophoulis C M, Iosifides T, et al. 2009. The influence of social capital on environmental policy instruments. Environmental Politics, 18 (4): 602-614.

Kwerel E. 1977. To tell the truth: imperfect information and optimal pollution control. Review of Economic Studies, 44 (3): 595-602.

Roberts M J, Spence M. 1976. Effluent charges and licenses under uncertainty. Journal of Public Economics, (5): 193-208.

Stavins R. 1989. Clean Profits: Using Economic Incentives to Protect the Environment. Policy Review, 48 (12): 58-63.

Weitzman M L. 1974. Price and quantities. The Review of Economic Studies, 41 (4): 477-491.

Weitzman M L. 1979. Optimal search for the best alternative. Econometrica, Econometric Society, 47 (3): 641-654.

第十三章　产业环境绩效测度与评价

第一节　区域和行业层面产业环境绩效现状

本节在全要素生产率的分析框架下，将产业增加值和 CO_2 排放作为环境影响替代变量引入研究，从行业和区域层面测算了我国产业环境绩效的 Malmquist-Luenberger 指数，并对 Malmquist-Luenberger 指数进行分解，从整体上考察了我国产业环境绩效的情况及总体发展趋势，并分析了"十五""十一五"期间产业各行业和各区域的节能减排政策对产业环境绩效的影响。

一、研究方法

（一）生产技术集

沿用 Färe 等（2007）对环境技术（environment technology）的定义及假设，假设每个决策单元（本节中是指产业中的各行业）可以由 N 种投入 $x = (x_1, x_2, \cdots, x_N) \in R_+^N$ 得到 M 种期望产出（也称"好"的产出，如产业产值、GDP 等）$y = (y_1, y_2, \cdots, y_M) \in R_+^M$ 及 I 种非期望产出（也称"坏"的产出，如温室气体及各种污染物）$u = (u_1, u_2, \cdots, u_I) \in R_+^I$。用生产可能性集合 $P(x)$ 模拟环境技术：

$$P(x) = \{(y, u) : x 能生产(y, u)\}, x \in R_+^N \tag{13-1}$$

假设 $P(x)$ 是一个闭集、凸集、有界集并且满足以下条件。

（1）强可处置性或自由处置性（strong or freely disposability）。投入和期望产出是可自由处置的，也就是

$$如果 x' \geqslant x，则 P(x) \subseteq P(x') \tag{13-2}$$

投入要素的量增加时，产出也增加，而不会减少。

$$如果 (y, u) \in P(x)，且 y' \leqslant y，则 (y', u) \in P(x) \tag{13-3}$$

"好"产出的自由处置表明在相同的投入和污染水平约束下，"好"的产出是可变的。

（2）零结合性（null-jointness），即"好"产出的生产必然伴随"坏"的产出，用公式表示为

$$如果 (y, u) \in P(x) 且 u = 0，那么 y = 0 \tag{13-4}$$

（3）联合弱处置性（jointly weak disposability），即在一定技术条件下"好""坏"产出的同比例增减性，即

$$\text{如果}\,(y,u)\in P(x)\,\text{且}\,0\leqslant\theta\leqslant1,\text{那么}\,(\theta y,\theta u)\in P(x)\qquad(13\text{-}5)$$

该假设表明，减少污染排放是要付出代价的，需要投入资源设备治理环境污染，从而"好"的产出因为投入减少而减产。

依据 Färe 等（1992）的研究，假设在时期 $t=1,2,3,\cdots,T$，第 j 个生产决策单元的投入、期望产出和非期望产出值分别为 (x_t^j,y_t^j,b_t^j)，满足上述性质的时期 t 的生产技术性集合可用数据包络分析（data envelopment analysis，DEA）模型表述，即：

$$P^t(x^t)=\left\{(y^t,b^t):\sum_{k=1}^K\lambda_k x_k^t\leqslant x^t,\sum_{k=1}^K\lambda_k y_k^t\geqslant y^t,\sum_{k=1}^K\lambda_k b_k^t=b^t,\lambda_k\geqslant0,k=1,2,\cdots,K\right\}\quad(13\text{-}6)$$

其中，λ_k 为权重向量，表示在构建生产前沿面时每一个生产决策单元分配的权重。期望产出的不等式约束和非期望产出的等式约束分别表示期望产出的强可处置性和非期望产出的弱可处置性。投入的不等式约束表示投入的强可处置性，也就是

$$\text{若}\,x\geqslant x',\text{那么}\,P(x)\supseteq P(x')\qquad(13\text{-}7)$$

说明投入要素的量增加时，产出也增加，而不会减少。

非负的强度变量 $\lambda_k\geqslant0$，表示该生产技术的生产过程是规模报酬不变的，也就是若投入增加，产出也随之增加，用数学公式表述为

$$P(\lambda x)=\lambda P(x),\quad\lambda>0\qquad(13\text{-}8)$$

（二）方向距离函数

为了在 DEA 模型中更合理地处理非期望产出，Shephard（1970）提出可同时径向缩减的 Shephard 距离函数，即：

$$D_0(x,y,b)=\inf\{\theta:((y,b)/\theta)\in P(x)\}\qquad(13\text{-}9)$$

Malmquist 生产率指数的测算就是基于 Shepard 距离函数得出的。Shephard 距离函数将非期望产出纳入研究，并实现了非期望产出的径向缩减，但是其减少必须同时要求期望产出也同比例减少，符合期望产出越少、非期望产出就越少的生产实际，但是达不到我们所期望的非期望产出减少的同时期望产出增加的目标。由 Chambers（1996）提出的方向距离函数达成了拟合生产过程中合理处理非期望产出的目标，相比 Shephard 函数的优点在于，方向距离函数在处理期望产出和非期望产出的方向时是不对称的，可以在确定的方向路径上实现生产决策单元的投入和产出的比例缩减，为全要素生产率的研究提供了新的研究思路和框架。需要说明的是，方向路径的选择可以依据研究者的偏好和研究的需要而定。

考虑非期望产出的方向距离函数一般定义为

$$\vec{D}_0(x,y,b;g)=\sup\{\beta:(y,b)+\beta g\in P(x)\}\qquad(13\text{-}10)$$

其中，g 为方向向量，遵循 Chung 等（1997）的研究，考虑非期望产出的方向向

量确定为 $g = (y, -b)$，测度的是生产决策单元在期望产出增加的同时，非期望产出减少。

当方向向量选择为 $g = (y, b)$ 时，方向距离函数就变成 Shephard 距离函数，因此，可以看出 Shephard 距离函数是方向距离函数的一个特殊情况。

（三）Malmquist-Luenberger 指数

Malmquist 指数最早是由 Färe 等（1992）在 Shepard 距离函数的基础上提出来的，而后，Chung 等（1997）将方向距离函数应用到 Malmquist 生产率指数，在考虑非期望产出的情况下，定义了 Malmquist-Luenberger 指数。Malmquist-Luenberger 指数相对于传统的 Malmquist 指数的优点主要在于以下几个方面。

（1）Luenberger 指数继承了 Malmquist 指数，不需要预先假设生产函数并能对技术效率进一步分解。

（2）Luenberger 指数基于方向距离函数，可同时在投入和产出方向上实现投入的缩减和产出的扩张，而 Malmquist 指数是基于 Shepard 距离函数的，只能在投入或者产出一个方向上实现径向的缩减。

由 Chung 等（1997）可知，t 到 $t+1$ 期间的 Malmquist-Luenberger 指数定义为

$$\text{ML}_t^{t+1} = \left[\frac{1 + \vec{D}_0^{t+1}(x^t, y^t, b^t; y^t, -b^t)_{\text{CRS}}}{1 + \vec{D}_0^{t+1}(x^{t+1}, y^{t+1}, b^{t+1}; y^{t+1}, -b^{t+1})_{\text{CRS}}} \times \frac{1 + \vec{D}_0^t(x^t, y^t, b^t; y^t, -b^t)_{\text{CRS}}}{1 + \vec{D}_0^t(x^{t+1}, y^{t+1}, b^{t+1}; y^{t+1}, -b^{t+1})_{\text{CRS}}} \right]^{\frac{1}{2}}$$

(13-11)

其中，$1 + \vec{D}_0^t(x^t, y^t, b^t; y^t, -b^t)$ 表示用第 t 期的技术表示的当期的技术水平，$\vec{D}_0^{t+1}(x^{t+1}, y^{t+1}, b^{t+1}; y^{t+1}, -b^{t+1})$ 表示用第 $t+1$ 期的技术表示的当期的技术水平，$\vec{D}_0^{t+1}(x^t, y^t, b^t; y^t, -b^t)$ 表示用第 $t+1$ 期的技术表示的第 t 期的技术水平，$\vec{D}_0^t(x^{t+1}, y^{t+1}, b^{t+1}; y^{t+1}, -b^{t+1})$ 表示用第 t 期的技术表示的第 $t+1$ 期的技术水平；CRS 表示规模报酬不变的假设；ML_t^{t+1} 表示整体的生产效率水平，若 $\text{ML}_t^{t+1} > 1$ 表示生产决策单元在 t 到 $t+1$ 期间，生产率水平有所提升，反之表示下降。

诸多研究表明，生产率的提升与技术进步和技术效率改善有关，而目前技术进步尚没有明确的概念界定，根据王群伟（2010）的归纳与总结，技术进步的概念可以分为广义上的概念和狭义上的概念，狭义上的技术进步主要关注于企业内部生产技术的改进，是指由于生产工艺改进、投入资源合理配置、生产过程优化等方面带来的变革，也称"硬技术"，具体包括改造更新生产设备、改进原先落后的生产工艺、采用新材料、使用新能源、研发新产品、提高工人的专业技能等方面；而广义上的技术进步则包括企业文化、管理创新、制度创新、组织结构创新、人员素质提升、管理者才能等"软技术"。依据李廉水和周勇（2006）的研究，全要素生产率指数可用于表示技术进步，因此，本节将用产业环境绩效变动指数代

表产业技术进步率。

Malmquist-Luenberger 指数还可以进一步分解为技术效率指数（MLEFECH）和技术进步指数（MLTECH），即

$$\text{MLEFECH}_t^{t+1} = \frac{1+\vec{D}_0^t(x^t,y^t,b^t;y^t,-b^t)_{\text{CRS}}}{1+\vec{D}_0^{t+1}(x^{t+1},y^{t+1},b^{t+1};y^{t+1},-b^{t+1})_{\text{CRS}}} \qquad (13\text{-}12)$$

$$\text{MLTECH}_t^{t+1} = \left[\frac{1+\vec{D}_0^{t+1}(x^t,y^t,b^t;y^t,-b^t)_{\text{CRS}}}{1+\vec{D}_0^t(x^t,y^t,b^t;y^t,-b^t)_{\text{CRS}}} \times \frac{1+\vec{D}_0^{t+1}(x^{t+1},y^{t+1},b^{t+1};y^{t+1},-b^{t+1})_{\text{CRS}}}{1+\vec{D}_0^t(x^{t+1},y^{t+1},b^{t+1};y^{t+1},-b^{t+1})_{\text{CRS}}}\right]^{\frac{1}{2}}$$

$$(13\text{-}13)$$

$$\text{ML}_t^{t+1} = \text{MLEFFCH}_t^{t+1} + \text{MLTECH}_t^{t+1} \qquad (13\text{-}14)$$

从上述公式上看，技术效率指数 MLEFFCH_t^{t+1} 是在规模报酬不变的假设下用第 t 期的技术水平表示的当期的技术水平和用第 $t+1$ 期的技术水平表示的当期的技术水平比率，表示生产决策单元在第 t 期的生产技术水平与第 $t+1$ 期的技术水平的差距，假设不存在技术退步，第 $t+1$ 期的技术水平高于第 t 期的技术水平。那么，技术效率指数 MLEFFCH_t^{t+1} 测度的就是 t 到 $t+1$ 期间生产决策单元实际的生产技术水平与生产技术边界最大可能逼近的程度，测度的是生产决策单元的对技术的追赶效应。若 $\text{MLEFFCH}_t^{t+1}>1$，表示生产决策单元距离第 $t+1$ 期的前沿越近，反映了技术效率改善，反之则反映了技术效率的恶化。技术效率指数可以理解为企业的"硬技术"，反映了企业自身吸收或者追赶先进生产工艺水平等的能力。

技术进步指数 MLTECH_t^{t+1} 测度的是 t 到 $t+1$ 期间生产技术边界的移动情况，测度的是生产决策单元所在的行业整体技术水平的改善。若 $\text{MLTECH}_t^{t+1}>1$，表示生产决策单元第 $t+1$ 期的生产技术边界相对于第 t 期的往前移动了，反映了技术进步，反之，则表示生产决策单元第 $t+1$ 期的生产技术边界相对于第 t 期的往后移动了，反映了技术退步。

为了研究规模报酬对生产率的影响，技术效率指数 MLEFFCH_t^{t+1} 还进一步分解为纯技术效率指数（MLPECH_t^{t+1}）和规模效率指数（MLSECH_t^{t+1}）。通过求解规模报酬不变条件下的 Malmquist-Luenberger 指数及其分解实现。

$$\text{MLEFFCH}_t^{t+1} = \text{MLPECH}_t^{t+1} \times \text{MLSECH}_t^{t+1} \qquad (13\text{-}15)$$

$$\text{MLPECH}_t^{t+1} = \frac{1+\vec{D}_0^{t+1}(x^{t+1},y^{t+1},b^{t+1};y^{t+1},-b^{t+1})_{\text{VRS}}}{1+\vec{D}_0^t(x^t,y^t,b^t;y^t,-b^t)_{\text{VRS}}} \qquad (13\text{-}16)$$

$$\text{MLSECH}_t^{t+1} = \left[\frac{1+\vec{D}_0^{t+1}(x^{t+1},y^{t+1},b^{t+1};y^{t+1},-b^{t+1})_{\text{CRS}}}{1+\vec{D}_0^t(x^{t+1},y^{t+1},b^{t+1};y^{t+1},-b^{t+1})_{\text{CRS}}}\right.$$

$$(13\text{-}17)$$

$$\left.\times \frac{1+\vec{D}_0^t(x^t,y^t,b^t;y^t,-b^t)_{\text{VRS}}}{1+\vec{D}_0^{t+1}(x^t,y^{t+1},b^{t+1};y^{t+1},-b^{t+1})_{\text{VRS}}}\right]^{\frac{1}{2}}$$

其中，VRS 表示规模报酬可变，CRS 表示规模报酬不变，纯技术效率指数 MLPECH_t^{t+1} 主要体现在日常生产经营和政策的管理水平带来的生产决策单元技术追赶效应，规模效率指数 MLSECH_t^{t+1} 则主要体现了生产决策单元对于生产规模扩大的组织和管理能力，$\text{MLPECH}_t^{t+1} > 1$，表示纯技术效率是生产率提升的源泉，$\text{MLSECH}_t^{t+1} > 1$，表示规模效率是生产率提升的源泉。

某个生产决策单元 k 的 Malmquist-Luenberger 生产率指数的测算，需要计算以不同时期的技术为参照的四个距离函数，这些距离函数的测算需要转化成线性规划来求解。

$$\vec{D}_0^t(x^{t,k}, y^{t,k}, b^{t,k}; y^{t,k}, -b^{t,k}) = \max \beta$$

$$\text{s.t.} \sum_{k=1}^K \lambda_k^t y_{m,k}^t \geq (1+\beta) y_{m,k}^t, \quad m = 1, 2, \cdots, M$$

$$\sum_{k=1}^K \lambda_k^t b_{i,k}^t = (1-\beta) b_{i,k}^t, \quad i = 1, 2, \cdots, I \qquad (13\text{-}18)$$

$$\sum_{k=1}^K \lambda_k^t x_{m,k}^t \leq y_{m,k}^t, \quad n = 1, 2, \cdots, N$$

$$\lambda_k^t \geq 0, \quad k = 1, \cdots, K$$

$$\vec{D}_0^{t+1}(x^{t+1,k}, y^{t+1,k}, b^{t,k}; y^{t+1,k}, -b^{t+1,k}) = \max \beta$$

$$\text{s.t.} \sum_{k=1}^K \lambda_k^{t+1} y_{m,k}^{t+1} \geq (1+\beta) y_{m,k}^{t+1}, \quad m = 1, 2, \cdots, M$$

$$\sum_{k=1}^K \lambda_k^{t+1} b_{i,k}^{t+1} = (1-\beta) b_{i,k}^{t+1}, \quad i = 1, 2, \cdots, I \qquad (13\text{-}19)$$

$$\sum_{k=1}^K \lambda_k^{t+1} x_{m,k}^{t+1} \leq y_{m,k}^{t+1}, \quad n = 1, 2, \cdots, N$$

$$\lambda_k^{t+1} \geq 0, \quad k = 1, \cdots, K$$

$$\vec{D}_0^t(x^{t+1,k}, y^{t+1,k}, b^{t,k}; y^{t+1,k}, -b^{t+1,k}) = \max \beta$$

$$\text{s.t.} \sum_{k=1}^K \lambda_k^t y_{m,k}^t \geq (1+\beta) y_{m,k}^{t+1}, \quad m = 1, 2, \cdots, M$$

$$\sum_{k=1}^K \lambda_k^t b_{i,k}^t = (1-\beta) b_{i,k}^{t+1}, \quad i = 1, 2, \cdots, I \qquad (13\text{-}20)$$

$$\sum_{k=1}^K \lambda_k^t x_{m,k}^t \leq y_{m,k}^{t+1}, \quad n = 1, 2, \cdots, N$$

$$\lambda_k^t \geq 0, \quad k = 1, \cdots, K$$

$$\vec{D}_0^{t+1}(x^{t,k}, y^{t,k}, b^{t,k}; y^{t,k}, -b^{t,k}) = \max \beta$$

$$\text{s.t.} \sum_{k=1}^K \lambda_k^{t+1} y_{m,k}^{t+1} \geq (1+\beta) y_{m,k}^t, \quad m = 1, 2, \cdots, M$$

$$\sum_{k=1}^{K} \lambda_k^{t+1} b_{i,k}^{t+1} = (1-\beta) b_{i,k}^t, \qquad i = 1, 2, \cdots, I \qquad (13\text{-}21)$$

$$\sum_{k=1}^{K} \lambda_k^{t+1} x_{m,k}^{t+1} \leqslant y_{m,k}^t, \qquad n = 1, 2, \cdots, N$$

$$\lambda_k^{t+1} \geqslant 0, \qquad k = 1, \cdots, K$$

上述线性规划问题的求解结果，代入式（13-11）和式（13-12），技术效率指数 MLEFFCH 和技术进步指数 MLTECH$_t^{t+1}$ 的值也能直接求解出来。

而纯技术效率指数 MLPECH$_t^{t+1}$ 和规模效率指数 MLSECH$_t^{t+1}$ 的求解则需要构建在规模报酬可变条件下以距离函数为目标函数的四个线性规划来求解。需要在式（13-17）～式（13-20）四个线性规划的基础上加入约束条件：

$$\sum_{k=1}^{K} \lambda_k = 1 \qquad (13\text{-}22)$$

也就是

$$\vec{D}_0^t(x^{t,k}, y^{t,k}, b^{t,k}; y^{t,k}, -b^{t,k}) = \max \beta$$

$$\text{s.t.} \sum_{k=1}^{K} \lambda_k^t y_{m,k}^t \geqslant (1+\beta) y_{m,k}^t, \quad m = 1, 2, \cdots, M$$

$$\sum_{k=1}^{K} \lambda_k^t b_{i,k}^t = (1-\beta) b_{i,k}^t, \qquad i = 1, 2, \cdots, I$$

$$\sum_{k=1}^{K} \lambda_k^t x_{m,k}^t \leqslant y_{m,k}^t, \qquad n = 1, 2, \cdots, N \qquad (13\text{-}23)$$

$$\sum_{k=1}^{K} \lambda_k = 1$$

$$\lambda_k^{t+1} \geqslant 0, \qquad k = 1, \cdots, K$$

$$\vec{D}_0^{t+1}(x^{t+1,k}, y^{t+1,k}, b^{t,k}; y^{t+1,k}, -b^{t+1,k}) = \max \beta$$

$$\text{s.t.} \sum_{k=1}^{K} \lambda_k^{t+1} y_{m,k}^{t+1} \geqslant (1+\beta) y_{m,k}^{t+1}, \quad m = 1, 2, \cdots, M$$

$$\sum_{k=1}^{K} \lambda_k^{t+1} b_{i,k}^{t+1} = (1-\beta) b_{i,k}^{t+1}, \qquad i = 1, 2, \cdots, I$$

$$\sum_{k=1}^{K} \lambda_k^{t+1} x_{m,k}^{t+1} \leqslant y_{m,k}^{t+1}, \qquad n = 1, 2, \cdots, N \qquad (13\text{-}24)$$

$$\sum_{k=1}^{K} \lambda_k = 1$$

$$\lambda_k^{t+1} \geqslant 0, \qquad k = 1, \cdots, K$$

$$\vec{D}_0^t(x^{t+1,k}, y^{t+1,k}, b^{t,k}; y^{t+1,k}, -b^{t+1,k}) = \max \beta$$

$$\text{s.t.} \sum_{k=1}^{K} \lambda_k^t y_{m,k}^t \geqslant (1+\beta) y_{m,k}^{t+1}, \quad m=1,2,\cdots,M$$

$$\sum_{k=1}^{K} \lambda_k^t b_{i,k}^t = (1-\beta) b_{i,k}^{t+1}, \quad i=1,2,\cdots,I$$

$$\sum_{k=1}^{K} \lambda_k^t x_{m,k}^t \leqslant y_{m,k}^{t+1}, \quad n=1,2,\cdots,N \qquad (13\text{-}25)$$

$$\sum_{k=1}^{K} \lambda_k = 1, \quad k=1,\cdots,K$$

$$\lambda_k^{t+1} \geqslant 0, \quad k=1,\cdots,K$$

$$\vec{D}_0^{t+1}(x^{t,k}, y^{t,k}, b^{t,k}; y^{t,k}, -b^{t,k}) = \max \beta$$

$$\text{s.t.} \sum_{k=1}^{K} \lambda_k^{t+1} y_{m,k}^{t+1} \geqslant (1+\beta) y_{m,k}^t, \quad m=1,2,\cdots,M$$

$$\sum_{k=1}^{K} \lambda_k^{t+1} b_{i,k}^{t+1} = (1-\beta) b_{i,k}^t, \quad i=1,2,\cdots,I$$

$$\sum_{k=1}^{K} \lambda_k^{t+1} x_{m,k}^{t+1} \leqslant y_{m,k}^t, \quad n=1,2,\cdots,N \qquad (13\text{-}26)$$

$$\sum_{k=1}^{K} \lambda_k = 1, \quad k=1,\cdots,K$$

$$\lambda_k^{t+1} \geqslant 0, \quad k=1,\cdots,K$$

上述八个线性规划中式（13-18）、式（13-19）、式（13-23）、式（13-24）四个是"同期"线性规划，式（13-20）、式（13-21）、式（13-25）、式（13-26）四个线性规划的投入产出集和参考的技术集不是同一时期的，为"混合期"（mixed-period）线性规划。混合期规划的缺点在于若生产决策单元的个数太少，可能会因为数据稀疏无法构造光滑的生产前沿面，出现线性规划无解的情况。因此，Malmquist-Luenberger 生产率指数测算的前提是需要有足够多的生产决策单元来求解相应的线性规划。本节行业层面和产业层面的决策单元分别为 38 个和 31 个，为避免混合期线性规划无解的情况，引入 DEA 窗口模型，已有研究表明，窗口模型处理混合期数学规划无解的问题是有效的。

（四）DEA 窗口模型

DEA 窗口模型是由国外学者提出来的，不同于传统的 DEA 模型，其最大优势在于可以处理截面数据和时间序列数据，以便研究效率的动态变化，基本思想是将放在不同的时间窗口内同一个决策单元视为不同的决策单元进行效率比较，这样就能把生产决策单元的数量通过窗口重叠扩大到足够多个，从而避免因生产决策单元少产生鲁棒性等相关问题，同时，对"混合期"距离函数线性规划可能无解的情况提供了很好的解决方案。

本节的研究以 1 年为 1 个时间段，假设研究的时间序列为 1990～2011 年 22 年，研究对象为 31 个省份，选定窗口宽度为 3，那么以时间序列第 1 年及其后两年构建第一个窗口序列"窗口 1"，然后去掉"窗口 1"最先的 1 并加入此后 1 年，构建宽度仍为 3 的"窗口 2"，以此类推，可以构建 19 个窗口，31 个省份被放置于被视为不同窗口的新的决策单元中，构建窗口 1 中"（2001）"代表所有 31 个省份 2001 年的情况，因此，窗口 1 中每个省份在 2001 年、2002 年和 2003 年的数值将作为不同的生产决策单元考虑，也就是每个窗口中的观测值扩展为 21×3=63 个。窗口产生原理的示意图如图 13-1 所示。需要说明的是，各生产决策单元应具有相同的潜在的技术水平，且不存在技术变化，由此在每个窗口序列中的生产决策单元可与不同期的自己比较，其他生产单元也可以与窗口中任何期的其他生产单元比较，另外，窗口宽度的选择依据考察期的长短而自主决定。目前已有诸多的研究采用 DEA 窗口模型求解生产率。

序列	2001	2002	2003	2004	2005	2006	2007	2008
窗口 1	（2001）	（2002）	（2003）					
窗口 2		（2002）	（2003）	（2004）				
窗口 3			（2003）	（2004）	（2005）			
窗口 4				（2004）	（2005）	（2006）		
窗口 5					（2005）	（2006）	（2007）	
窗口 6						（2006）	（2007）	（2008）
……								

图 13-1　窗口产生原理

二、研究数据来源及说明

（一）生产决策单元

本节将从行业和区域两个层面对产业环境指数进行测算，生产决策单元分别为各产业行业和各省份。

现行产业统计中行业分类一般按照 GB/T4754—2002 标准，将产业分为采矿业、制造业，以及电力、煤气及水的生产和供应业三个大类，其下设 39 个中类，也称产业两位数行业，本节产业行业层面生产决策单元的选取就是在产业两位数行业的基础上进行的。为了便于研究，将不便于数值统计的其他采矿业、工艺品及其他制造业及 2003 年后才公布的废弃资源和废旧材料回收产业三个行业合并，总称为"其他产业"，木材及竹材采运业在 2003 年之后归为农、林、牧、渔业，但是在此之前一直属于产业，由于本节的研究时间区间为 1990~2011 年，所以，本节仍将木材及竹材采运业算成产业行业，其 2003~2011 的数据统计来自各统计年鉴中农业章节中的相关数据。本节实证研究中产业行业包括 38 个基本决策单元，各行业名称、本节简称及产业两位数行业代码见表 13-1。

表 13-1　产业行业简称及两位数代码

类别	序号	行业	本节简称	代码
采矿业	1	煤炭开采和洗选业	煤炭开采	06
	2	石油和天然气开采业	石油开采	07
	3	黑色金属矿采选业	黑金采选	08
	4	有色金属矿采选业	有金采选	09
	5	非金属矿采选业	非金矿采	10
	6	木材及竹材采运业	木材采运	12
制造业	7	农副食品加工业	农副加工	13
	8	食品制造业	食品制造	14
	9	饮料制造业	饮料制造	15
	10	烟草制品业	烟草加工	16
	11	纺织业	纺织业	17
	12	纺织服装，鞋、帽制造业	纺织服装	18
	13	皮革、毛皮、羽毛（绒）及其制品业	皮革毛羽	19
	14	木材加工及木、竹、藤、棕、草制品业	木材加工	20
	15	家具制造业	家具制造	21
	16	造纸及纸制品业	造纸制品	22
	17	印刷业和记录媒介的复制	印刷媒介	23
	18	文教体育用品制造业	文教体育	24
	19	石油加工、炼焦及核燃料加工业	石油加工	25
	20	化学原料及化学制品制造业	化学产业	26
	21	医药制造业	医药产业	27
	22	化学纤维制造业	化学纤维	28
	23	橡胶制品业	橡胶制品	29
	24	塑料制品业	塑料制品	30
	25	非金属矿物制品业	非金制造	31

续表

类别	序号	行业	本节简称	代码
制造业	26	黑色金属冶炼及压延加工业	黑金加工	32
	27	有色金属冶炼及压延加工业	有金加工	33
	28	金属制品业	金属制品	34
	29	通用设备制造业	通用设备	35
	30	专用设备制造业	专用设备	36
	31	交通运输设备制造业	交通设备	37
	32	电气机械及器材制造业	电气机械	39
	33	通信设备、计算机及其他电子设备制造业	通信设备	40
	34	仪器仪表及文化、办公用机械制造业	仪器仪表	41
电力、煤气及水的生产和供应业	35	电力、热力的生产和供应业	电力热力	44
	36	燃气生产和供应业	燃气煤气	45
	37	水的生产和供应业	水的生产	46
	38	其他产业（包括其他采矿业、工艺品及其制造业、废弃资源和废旧材料回收加工业）	其他产业	11，42，43

从区域层面，则按照行政区划，把我国 31 个省[①]（自治区、直辖市）作为生产决策单元，分别为北京、上海、天津、重庆、安徽、福建、甘肃、广东、广西、贵州、海南、河北、河南、黑龙江、湖北、湖南、吉林、江苏、浙江、江西、辽宁、内蒙古、宁夏、青海、山东、山西、陕西、四川、西藏、新疆、云南。

（二）指标选取与数据来源

本节研究分别从行业层面和区域层面展开，因此，指标选取和数据来源分别从这两个维度来说明。

本节研究所采用的行业层面的投入产出变量的界定如下。

（1）期望产出。本节采用产业行业增加值作为期望产出，并利用产业分行业产出的价格平减指数以 1990 年不变价格进行了缩减，消除了各年份价格变动的影响。

（2）非期望产出。由于第二产业是重要的碳排放源，所以本节将 CO_2 排放量作为非期望产出引入研究。由于 CO_2 主要来自化石燃料的燃烧，所以本节所测算

---

① 不含港、澳、台。

的产业各行业碳排放量由各种主要能源（原煤、原油、天然气）消费导致的 CO_2 排放量加总得到。计算公式如下：

$$C_i = \sum_{i=1}^{3} C_i = \sum_{i=1}^{3} E_i \times NVC_i \times CEF_i \times COF_i \times \frac{44}{12} \tag{13-27}$$

其中，C 表示 CO_2 排放量；$i = 1,2,3$，分别表示原煤、原油、天然气三种一次能源；E 表示能源消耗量；NVC 表示净发热值；CEF 表示碳排放系数；COF 表示碳氧化因子（原煤为 1，原油、天然气为 0.99）；$\frac{44}{12}$ 表示 CO_2 的气化系数，其中不考虑环境因素的 M 指数的测算。

（3）资本存量。现有文献资本存量大都是根据固定资产的价值通过永续盘存法（PIM）的方法估算，本节也采用这样的方法估算我国产业分行业的物质资本存量。其基本计算公式为

$$资本存量_t = 可比价全部口径投资额_t + (1 - 折旧率_t) \times 资本存量_{t-1} \tag{13-28}$$

（4）从业人员。《中国产业经济统计年鉴》中统计的是各行业 1990～2011 年规模以上产业企业从业人员数，将其统计口径扩展到全部产业和群民所有制产业的口径。根据《中国统计年鉴》中统计的各产业行业 1990 年规模以上产业企业从业人员数占产业总从业人员数的比重，确定各行业从业人员统计口径扩展的比重，将查到的各行业 1990～2011 年规模以上产业企业从业人员数除以对应行业的扩展比重得到 1990～2011 年全口径统计下的产业分行业职工人数。

（5）能源消耗。产业生产中排放的 CO_2 等环境污染物主要是由能源消耗引致，因此除资本和劳动之外，本节把能源也作为一种投入要素。各产业行业能源消费量的数据来自《中国统计年鉴》和《中国能源统计年鉴》中所统计的产业分行业能源消费总量数据，单位为万吨标准煤，其中 2008 年的数据两本统计年鉴都没有提供，本节通过插值法测度了 2008 年各产业行业的能源消费量。

在区域层面，本节所选取的投入指标为产业资本存量、产业能源消费量和产业从业年均人数，期望产出指标为产业总产值，非期望产出指标为产业 CO_2 排放量。相关数据来源于《中国产业经济统计年鉴》、《中国能源统计年鉴》、《中国统计年鉴》、《新中国 60 年统计资料汇编（1949—2008）》、《中国经济普查年鉴》及国泰安 CSMAR（China Stock Market Accounting Research）数据库。为了统一投入和产出指标的统计口径，参照前述处理方法，将产业投入数据由规模以上产业企业统计口径扩展至整个产业行业的数据。相关指标及处理及数据说明如下。

（1）劳动投入。1999～2011 年从业人员数据来源于《中国产业经济统计年鉴》各地规模以上产业企业的从业人员数，依据《中国经济普查年鉴 2008》中提供的

各省份规模以上产业企业从业人数和全口径产业从业人数的比率，如经测算北京为 0.82、上海为 0.77、江西为 0.63 等，由此将规模以上产业企业从业人员数调整到全部产业企业从业人员数。

（2）资本存量。先前研究中关于资本存量的数据大都是采用 PIM 进行估算的，本节也沿用这样的方法，以 1952 年各省份固定资本形成除以 10%作为初始资本存量，其后各年投资指标使用经固定资本形成指数平减到 1990 年不变价的固定资本形成总额，折旧率采用 9.6%，按照 PIM 的公式估计出 1990～2011 年各省份的资本存量，相关的数据来源于《新中国 60 年统计资料汇编（1949—2008）》及 CSMAR 数据库。

（3）能源消费量。产业能源消费量主要是产业能源终端消费量，不包含能源加工转换损失量，采用原煤、洗精煤、其他洗煤、焦炭、原油、天然气、热力、电力等《中国能源年鉴》中所统计的 15 种主要能源，相关数据来源于地区能源平衡表，并按标准煤折算系数统一折算为万吨标准煤，如 1 吨原煤=0.7143 吨标准煤、1 吨原油=1.4238 吨标准煤、1000 立方米天然气=1.33 吨标准煤。由于 1990～1998 年上海、山东、湖南、四川等省（直辖市）的基础数据缺失较大，所以这期间的数据来自《中国统计年鉴》《中国能源年鉴》及各省统计年鉴中统计的总的能源消费量，然后以 1999～2011 年各省份产业能源消费量占总能源消费量的比重进行缩减，如北京的产业能耗比重为 0.36、黑龙江为 0.54、福建为 0.78、甘肃为 0.68。

（4）产业总产值。通过规模以上企业产业总产值占全部产业总产值的比率，将各省份规模以上企业产业总产值（当年价）扩展成各省份全部产业总产值，并以区域产业品出厂价格指数构造产业产出价格指数，平减产业总产值，从而获得各省份 1990 年可比价格的产业总产值。

（5）CO_2 排放量。由于第二产业是重要的碳排放源，所以本节将 CO_2 排放量作为非期望产出引入研究。化石能源是产业生产中 CO_2 排放主要碳源，碳排放量可由各种主要能源消费导致的 CO_2 排放量加总得到。本节采用联合国政府间气候变化专门委员会（Intergovernmental Panel on Climate Change，IPCC）提出的 CO_2 估算方法，估算 1990～2011 年我国各省份产业 CO_2 的排放量，计算公式同产业层面 CO_2 排放量的计算公式式（13-27）。

三、分行业产业环境绩效的变化趋势

本节基于环境生产技术、方向距离函数，构建了考虑非期望产出产业环境绩效测度模型，借助非参数 Malmquist-Luenberger 指数及 DEA 窗口方法，从行业角度和区域角度测算了我国产业环境效率的变动指数，并将其分解为技术进步指数、

技术效率指数、纯技术效率指数和规模效率指数，从理论和方法上构建了探究中国产业环境效率动态演变的新的分析框架。

利用式（13-11）～式（13-16），本节采用 Matlab6.0 及 Frontiers 软件测算了1990～2011 年我国产业 38 个两位数行业的全要素产业环境绩效变动指数（MLIECI），并将其分解为技术效率指数（MLEFFCH）、技术进步指数（MLTECH）、纯技术效率指数（MLPECH）和规模效率指数（MLSECH）。

我国产业 38 个两位数行业 1990～2011 年的 M-L 指数，技术效率指数、技术进步指数、纯技术效率指数和规模效率指数的逐年均值见表 13-2 和图 13-2。

表 13-2　1990～2011 年我国产业 M-L 指数及其分解

年份	M-L 指数	技术效率指数	技术进步指数	纯技术效率指数	规模效率指数
1990～1991	1.090	1.048	1.039	1.055	0.995
1991～1992	1.078	1.029	1.043	1.019	1.010
1992～1993	1.528	1.238	1.257	1.321	0.970
1993～1994	0.946	0.876	1.098	0.909	0.989
1994～1995	0.916	0.920	0.998	0.850	1.114
1995～1996	1.223	1.243	0.992	1.292	1.013
1996～1997	1.080	0.981	1.146	1.120	0.891
1997～1998	1.116	0.930	1.258	1.043	0.899
1998～1999	1.059	1.001	1.065	1.039	0.991
1999～2000	1.118	0.994	1.137	0.929	1.074
2000～2001	1.065	1.029	1.037	0.993	1.043
2001～2002	1.102	0.985	1.121	0.932	1.059
2002～2003	1.056	0.929	1.138	0.902	1.035
2003～2004	1.125	0.997	1.130	0.964	1.038
2004～2005	1.015	0.972	1.046	0.920	1.063
2005～2006	1.039	0.962	1.078	0.950	1.018
2006～2007	1.041	0.992	1.049	1.011	0.985
2007～2008	0.980	0.937	1.044	0.939	1.003
2008～2009	0.959	0.951	1.008	0.847	1.146
2009～2010	0.996	1.007	0.990	1.010	0.998
2010～2011	0.988	1.032	1.047	0.904	1.049
均值	1.072	1.048	1.039	1.055	0.995

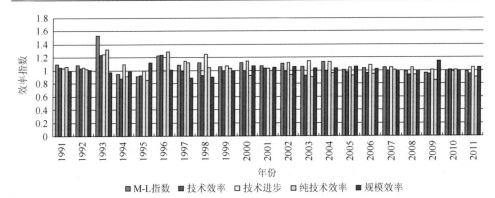

图 13-2　1990～2011 年我国产业 M-L 指数图

1991 表示从 1990 年年末到 1991 年年末，即 1991 年

从表 13-2 和图 13-2 中可以看出，1990～2011 年我国产业行业的环境绩效 M-L 指数大于 1 的年份有 15 个，体现了我国产业环境效率水平呈现逐渐改善的趋势；而小于 1 的年份有 6 个，分别为 1994 年、1995 年、2008 年、2009 年、2010 年和 2011 年，出现了技术退化，并且时间比较集中，一个位于 1993～1996 年，一个位于 2007～2011 年，从因素分解上看，这两个时间段内 M-L 指数下降是由于技术效率的恶化，结合王群伟（2010）对效率的阐释，虽然这两段时间我国技术前沿面向外移动了，存在着技术进步，但是由于国家对产业节能减排的政策限制，产业行业发展考虑了环境绩效，因此，产业技术效率指数有所下降。而进一步看，这两个时间段内的技术效率水平下降的原因更多的在于纯技术效率，也就是管理者日常经营的政策和管理水平导致了我国产业环境效率水平的恶化。企业内部对先进生产工艺赶超水平的下降及管理者日常经营政策的变化，究其原因，可能与这两个时间段内的我国产业节能减排的政策有关。

从技术效率指数看，我国产业行业在 1994 年、1995 年、1997 年、1998 年、2000 年及 2002～2009 年的技术效率出现恶化的情况，这与王群伟（2010）对于 CO_2 的排放技术效率指数的变动基本一致。从技术进步指数的值看，2002～2009 年，产业技术进步指数均大于 1，说明了我国产业环境技术是进步的，这个时间段是处于我国"十五"（2001～2005 年）和"十一五"（2006～2010 年）时期。2003 年后，我国的房地产业和汽车产业迅速发展，基础设施建设投资增加，机电化工产品出口份额有所增加，由此带动了采掘业、钢铁、水泥、建材业、金属加工制造业、非金属矿物制造业、化工设备制造业等重产业的发展，重产业发展过快，到"十五"末期，重产业对产业总产值的贡献度高达 69%，整个社会出现了过度产业化的发展，呈现产业发展高耗能、高污染、高排放的特征。产业碳排放量增速加快，据本节的 28 个产业行业的碳排放量数据计算结果，2005 年产业碳排放量增速为 9.76%，碳排放强度和能源消耗强度也出现增长的势态，因此产业技术效率水平恶化了，对节能减排最优生产前沿的追赶能力减弱了。

从 2002~2009 年这段时间内的技术效率指数的分解的结果看出，纯技术效率指数的值大都小于 1，而规模效率指数的值则大都大于 1，这说明了产业环境技术效率恶化的主要原因在于纯技术效率，而不是规模效率。这也解释了，虽然这段时间内我国产业得到了快速发展，产生了一定的规模效益，规模效益对产业环境绩效的影响作用是负向的，也就是产业扩张的规模越大，则给环境带来的破坏越大。而产业的迅猛扩张使得产业企业的管理者在利益的驱动下更加关注企业的产出，而不是产业发展给环境带来的影响，政府管理者的政绩观使得他们更加注重产业发展带动的区域整体经济的快速发展，而没有关注产业发展的质量和可持续性。由此可以看出，这段时间内产业环境绩效下降的主要原因在于纯技术效率的恶化。

"十五"末期，我国在生态建设和环境保护领域并没有完成"十五"规划的预期目标，许多面上的目标没有达成，并且依据当时的生态环境的变化态势和经济增长形势，国务院发展研究中心预测"十一五"期间在产业化和城镇化加速发展的时期，总体环境质量有进一步恶化的可能，重产业加速发展使污染物排放量有可能进一步加大，生态环境的质量改善存在较大的难度，因此，在"十一五"期间，我国政府提出了将经济发展与环境保护之间的关系逆转的发展思路：从"环境换取增长"转变为"环境优化增长"，也就是把环境保护作为一种手段，使之改善和促进经济增长，从而达到环境保护与经济发展的双重目标，并提出了"十一五"产业发展的基本目标，即保证经济增长方式按有关"十一五"规划得到转变、污染治理投资增长到占 GDP 的比重在 2%以上、产业废水废气达标排放率稳定在 90%以上，并出台了一系列的措施以应对过度产业化对能源的过度消耗和生态环境的冲击。在"十一五"期间节能目标责任制的约束和政府大力投资环境治理的背景下，根据环保部环境规划院的研究，"十一五"期间我国生态建设和环境保护完成情况较好，三个基本约束性指标在 2009 年提前完成，并同时实现了经济的增长；环境治理投资逐年增加，2008 年占当年 GDP 的 1.49%；污水处理厂建设运营贡献的减排量占全国 COD 减排量的 50%，燃煤电厂脱硫贡献的减排量占全国 SO_2 削减量的 60%以上；环境监管力度较以往有所加大，"十一五"期间的若干制度建设有了突破。例如，通过总量核查、目标责任状、流域规划评估等措施，严格落实了地方政府环境保护责任，一些地方推行的河长制、断面目标考核补偿等切实调动了地方政府抓好环境保护工作的积极性。又如，污染源普查和强化对污染源的监控等措施使得减排有了依据、有了基层控制力量等。

从行业层面上看,各产业行业的产业环境技术效率 M-L 指数存在一定的差异,产业分行业的累计环境绩效指数的计算结果见表 13-3。测度结果表明,黑金采选业、石油加工业、化学纤维业等重型化工行业的 M-L 指数小于 1,排名靠后,逐年的环境生产率呈下降趋势,说明这些产业行业是整个产业环境绩效提升的阻碍,是产业节能减排目标实现重点关注的行业,提高这些重化工行业的污染治理技术水平、投入污染治理资金、淘汰落后产能、提升行业自身技术效率水平,采用制度创新、新技术研发、人员素质提升等可以推动技术前沿向更好的方向改进,实现技术进步。

表 13-3　1990～2011 年各产业行业累计 M-L 环境绩效指数及排名

产业行业	累计 M-L 指数	排名	产业行业	累计 M-L 指数	排名
煤炭开采	1.064	19	化学产业	1.140	7
石油开采	1.030	29	医药产业	1.051	22
黑金采选	0.962	37	化学纤维	0.971	36
有金采选	1.007	33	橡胶制品	1.008	32
非金矿采	1.029	30	塑料制品	1.042	25
木材采运	1.058	20	非金制造	1.075	17
农副加工	1.269	2	黑金加工	1.155	5
食品制造	1.065	18	有金加工	1.050	23
饮料制造	1.103	11	金属制品	1.079	16
烟草加工	1.096	15	通用设备	1.110	10
纺织业	1.101	12	专用设备	1.100	14
纺织服装	1.040	27	交通设备	1.193	3
皮革毛羽	1.042	26	电气机械	1.135	8
木材加工	1.038	28	通信设备	1.313	1
家具制造	1.043	24	仪器仪表	1.100	13
造纸制品	1.016	31	电力热力	1.161	4
印刷媒介	1.052	21	燃气煤气	0.991	34
文教体育	1.149	6	水的生产	0.984	35
石油加工	0.956	38	其他产业	1.132	9

"十一五"开局之年,在中央高度重视、全国人大提出约束目标、国务院三令

五中下，我国各省的产业能耗强度没有明显改观，政策的执行存在一定的难度，主要在于企业和公众的支持不积极。一方面，政府强制高耗能、高污染产业企业淘汰落后产能给予的经济补贴和政策倾斜，不能弥补企业失去原有产能的经济收益，企业守法成本高；另一方面，诸多地区为实现节能减排目标，采取了拉闸限电、停工停产等措施，在一定程度上影响了居民的日常生活和工作收入。产业企业和民众的消极态度，使得我国政府制定的促进产业增长方式转变的相关政策在实施上存在障碍。

在政策的执行存在阻力的同时，我国"十一五"期间实现了能源强度下降19.06%，CO_2 排放强度下降 20.8%，其中产业节能贡献度为 58.3%，产业减排贡献度为 69.8%。在产业化和城镇化快速发展的进程中，预估"十二五"期间 GDP 增长率为 7%的情况下，我国政府提出"十二五"期间"能耗强度下降 16%，CO_2 排放强度下降 17%"的节能减排目标。"十一五"期间节能减排目标的实现及"十二五"期间节能减排目标的提出，说明了我国存在较大的节能减排的空间，尤其是产业行业存在巨大的节能和减排的潜力。

黑金采选业、石油加工业、化学纤维业等重型化工行业产成品为生产的原材料，一般处于生产产业链的起端，这些行业在近十年来的快速发展主要是地产、汽车、基础设施建设、日常生活用品等市场需求迅猛增加引致的，而随着生活条件改善，地产、汽车、日常生活用品的市场逐渐饱和，在经济发展上升期的时候，容易出现对未来需求预期过高而出现投资过度的问题，重化工产业高速发展阶段后，产业链条加长，中间需求环节（钢铁、机械等）、基础需求环节（能源等）对最终需求环节（汽车、住宅等）容易产生过高估计，从而在一定程度上加剧预期过高、投资过度的问题。而中间和基础需求环节是重化工产业中污染相对较重的环节，因此，采取措施重点整治黑金采选业、石油加工业、化学纤维业等重化工行业是势在必行的。

表 13-3 研究结果同时表明，通信设备制造业、交通设备制造业、专用设备制造业、电器机械制造业、通用设备制造业等的 M-L 指数相对较高，排名靠前，说明了我国制造业通过先进制造技术引进，获得了较好的节能减排的成效。同时，通信设备、交通设备、专用设备、电器机械等制造业的技术水平和规模是衡量一个国家产业化程度和国民经济综合实力的重要标志，因此，先进设备制造业是我国产业实现可持续发展的重要行业，需要重点关注、着力建设、大力发展，在产业园规划和设计的时候优先考虑。

四、分区域产业环境绩效的变化趋势

我国 31 个省份 1990～2011 年的 M-L 指数、技术效率指数、技术进步指数、纯技术效率指数和规模效率指数的逐年均值见表 13-4 和图 13-3。

表 13-4　区域层面 1990～2011 年我国产业 M-L 指数及其分解

年份	M-L 指数	技术效率指数	技术进步指数	纯技术效率指数	规模效率指数
1990～1991	1.391	1.256	1.108	1.277	0.984
1991～1992	1.059	1.036	1.023	1.044	0.993
1992～1993	0.868	0.868	0.999	0.866	1.008
1993～1994	0.950	1.029	0.927	1.074	0.959
1994～1995	1.076	1.380	0.793	1.354	1.020
1995～1996	0.932	1.092	0.868	1.111	0.984
1996～1997	0.984	1.015	0.969	1.030	0.985
1997～1998	0.967	1.015	0.954	1.019	0.997
1998～1999	0.908	0.938	0.970	0.939	0.998
1999～2000	1.018	1.038	0.979	1.037	1.001
2000～2001	1.041	1.021	1.011	1.028	0.996
2001～2002	0.915	0.922	0.992	0.907	1.019
2002～2003	0.954	0.983	0.970	0.960	1.025
2003～2004	0.968	1.036	0.938	1.035	1.001
2004～2005	0.973	0.980	0.992	0.968	1.016
2005～2006	0.944	0.968	0.976	0.944	1.026
2006～2007	0.952	0.978	0.974	0.964	1.015
2007～2008	1.004	1.037	0.968	1.009	1.031
2008～2009	0.910	0.949	0.960	0.952	0.998
2009～2010	1.064	1.078	0.988	1.090	0.990
2010～2011	0.986	1.082	0.973	1.032	1.035
均值	0.994	1.031	0.968	1.030	1.002

　　从表 13-4 中可以看出，我国各省份的 1990～2011 年 M-L 指数和技术进步指数的平均值小于 1，这说明我国各省份产业环境效率退步，并没有很好的改善，关键的原因就是技术进步比较弱，表现于现实就是各省份对产业环境治理的平均水平不高。通过上一部分对我国产业政策的分析，2002～2009年的产业环境绩效指数下降的原因主要是减排政策、制度的力度和碳排放捕捉的技术不够导致，这与我国"十五"和"十一五"期间各省领导关注于 GDP

"政绩观"是紧密联系的，通过区域产业的发展可以带动区域整体经济水平的提升。

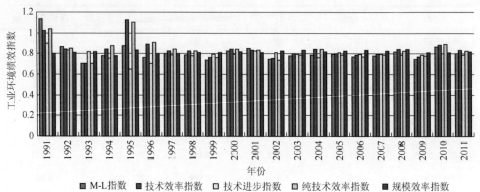

图 13-3　1990~2011 年 31 个省份 M-L 指数均值时序变动图

1991 表示从 1990 年年末到 1991 年年末，即 1991 年

　　1990~2011 年行业层面和省域层面出现这种较大差异的原因在于各省份产业发展存在不一致性。若按照东中西部划分，重新对我国产业的效率指数进行测算。依据统计年鉴对我国省域的划分，将我国分为东部地区、中部地区、西部地区、东北地区，需要说明的是由于河北省累计 M-L 指数较高，为 1.088，将其归为东部地区。东部包括北京、天津、河北、山东、上海、江苏、浙江、福建、广东、海南 10 个省份；中部包括山西、安徽、江西、河南、湖北、湖南 6 个省份；西部地区包括广西、贵州、四川、重庆、云南、内蒙古、陕西、甘肃、青海、宁夏、新疆、西藏 12 个省份；东北包括辽宁、吉林、黑龙江 3 个省份。

　　图 13-4 比较了全国整体和四大区域产业 M-L 指数，结果显示，东北三省的 M-L 指数值大于 2，相对比较高，但整体上没有明显的变动趋势，这说明了东北省份在近年来的产业环境技术是平稳进步的，而中部省份、东部省份、全国整体的 M-L 指数值相差不大，且没有明显的变动趋势，这说明东、中、西部各省的产业环境技术水平相对低于东北三省，这与之前的研究结果存在不同。出现图 13-4 中四条曲线的差距和变动趋势的原因，经分析，可能在于区域产业行业偏重化和产业设备、生产工艺相对落后。我国东北是历史上的老产业基地，具有比较丰富的产业行业和雄厚的产业发展实力，由于产业发展比较早，产业行业为石油加工、交通运输设备制造、金属冶炼及压延加工业、石油和天然气开采等重化工行业，电子通信设备、仪器仪表、新材料及应用等高新技术产业相对占比比较小，而"十五""十一五""十二五"期间的节能减排政策重点关注的行业是高耗能、高排放、高污染、低效率的重化工企业，通过创新科技、改善产业、引进新设备、淘汰落后工艺和产能，使得东北地区的重化工行业有了整体的大改革，由此，东北地区的产业节能减排力度和实现成

果走在全国前列,环境技术水平相对较高。从图 13-5～图 13-8 的曲线走势可以看出,全国及四大区域的技术效率、纯技术效率、规模效率、技术进步水平没有很大的差异,也没有很明确的变化趋势。这说明东北三省节能减排的关键是淘汰落后产能带来的生产率的提升,而技术改造和技术进步对生产率的贡献不是很大。

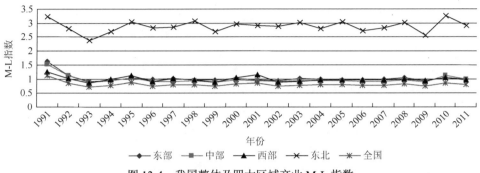

图 13-4　我国整体及四大区域产业 M-L 指数

1991 表示从 1990 年年末到 1991 年年末,即 1991 年

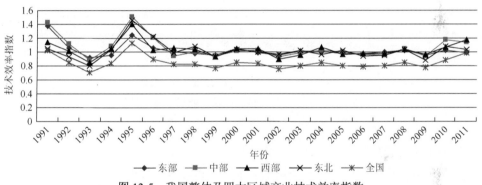

图 13-5　我国整体及四大区域产业技术效率指数

1991 表示从 1990 年年末到 1991 年年末,即 1991 年

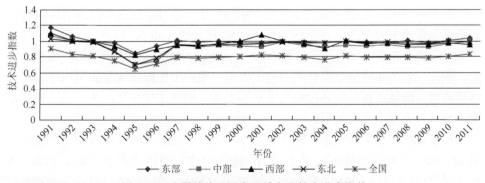

图 13-6　我国整体及四大区域产业技术进步指数

1991 表示从 1990 年年末到 1991 年年末,即 1991 年

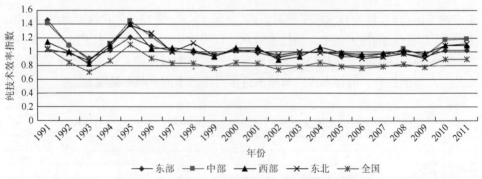

图 13-7　我国整体及四大区域产业纯技术效率指数

1991 表示从 1990 年年末到 1991 年年末，即 1991 年

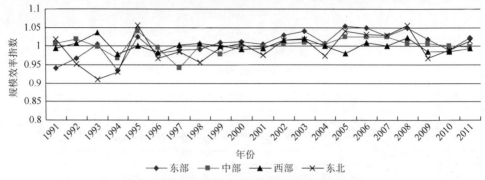

图 13-8　我国整体及四大区域产业规模效率指数

1991 表示从 1990 年年末到 1991 年年末，即 1991 年

为了探究研究结果的合理性和科学性，本节统计了省级产业行业节能减排的专项资金数，这些专项资金主要用于节能技术改造及节能服务机构建设，不包括淘汰落后产能、建筑节能和交通节能的资金。相关数据来源于各省份的财政厅、发展和改革委员会、统计局及中国能源信息网等统计网站。

图 13-9 表明，东北三省"十一五"期间用于节能技术改造和节能服务机构的资金累积量为 3.62 亿元，占全国总量 144.64 亿元的 2.50%，黑龙江、吉林、辽宁三省专项资金在国内各省排名比较靠后，分别为第 29 位、第 30 位和第 19 位。因此，东北三省的环境绩效提升的关键因素是在政府节能减排政策的强压下，淘汰落后产能，削减高能耗、高污染的中小型企业，而技术进步和技术改进的作用相对于其他各省并不是很明显。

同时，本节比较了考虑非期望产出的环境 M-L 指数和不考虑非期望产出的市场 M 指数（也称市场效率）。表 13-5 中列出了本节计算的产业累计 M-L 指数、累计 M 指数及王群伟（2010）测度的全国累计 M 指数，图 13-10 则是这三个指标直观的比较图。

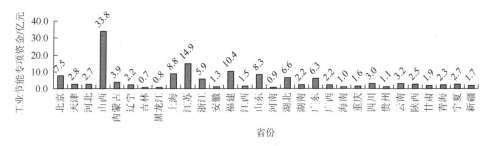

图 13-9　"十一五"期间各省产业专项节能资金累计图

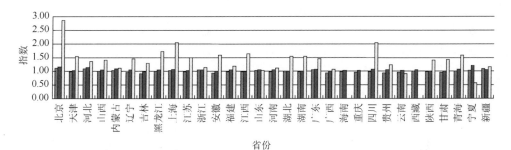

■累计M-L指数　■累计 M 指数(本节)　□累计 M 指数(王群伟)

图 13-10　1990～2011 年各产业行业累计环境绩效指数

表 13-5　1990～2011 年各产业行业累计环境绩效指数及排名

省份	累计 M-L 指数	排名	累计 M 指数（本节）	排名	与 M-L 指数差距/%	累计 M 指数（王群伟）	排名	与 M-L 指数差距/%
北京	1.1042	1	1.154	2	4.53	2.854	1	158.48
天津	0.9859	16	1.025	21	3.92	1.544	10	56.60
河北	1.0884	3	1.140	3	4.78	1.373	17	26.15
山西	1.0072	11	1.046	15	3.80	1.412	15	40.19
内蒙古	1.0247	8	1.099	4	7.20	1.12	23	9.30
辽宁	0.9560	25	1.052	10	10.07	1.448	13	51.46
吉林	0.9145	31	0.969	31	5.94	1.303	18	42.48
黑龙江	1.0097	10	1.048	14	3.82	1.737	4	72.03
上海	1.0260	2	1.078	5	5.10	2.043	3	99.13
江苏	0.9882	15	1.026	20	3.78	1.49	11	50.77
浙江	1.0358	5	1.049	12	1.31	1.147	22	10.74
安徽	0.9300	28	0.996	26	7.13	1.582	7	70.11
福建	0.9832	17	1.042	18	6.00	1.176	20	19.61
江西	0.9826	18	0.974	30	−0.89	1.632	5	66.10
山东	1.0298	6	1.042	17	1.22	1.012	26	−1.73

续表

省份	累计 M-L 指数	排名	累计 M 指数（本节）	排名	与 M-L 指数差距/%	累计 M 指数（王群伟）	排名	与 M-L 指数差距/%
河南	0.9786	19	1.049	13	7.18	1.108	24	13.22
湖北	1.0013	12	0.999	25	−0.22	1.556	8	55.40
湖南	0.9755	20	0.992	29	1.72	1.545	9	58.37
广东	1.0445	4	1.072	6	2.63	1.455	12	39.30
广西	0.9271	30	0.995	27	7.34	1.068	25	15.20
海南	0.9734	21	1.031	19	5.97	—	—	—
重庆	0.9458	27	1.024	22	8.23	—	—	—
四川	0.9725	22	1.057	8	8.64	2.046	2	110.38
贵州	0.9294	29	1.044	16	12.34	1.235	19	32.88
云南	0.9553	26	1.015	23	6.30	0.905	27	−5.27
西藏	0.9995	7	1.054	9	5.47	—	—	—
陕西	0.9711	23	1.000	24	2.95	1.403	16	44.47
甘肃	0.9602	24	0.993	28	3.45	1.442	14	50.17
青海	0.9888	14	1.064	7	7.56	1.596	6	61.41
宁夏	1.0214	9	1.201	1	17.58	0.567	28	−44.49
新疆	1.0996	13	1.051	11	−4.38	1.158	21	5.31

注：各省份整体 Malmquist CO_2 排放效率排名来自王群伟（2010）的研究

从图 13-10 中可以看出，不考虑环境因素的产业环境绩效高估了实际的生产效率，因此，考虑非期望产出的绩效测度更能反映实际。同时全国层面的生产率（王群伟测度的 M 指数）高于产业行业的生产率（本节测度的 M 指数），这说明了产业行业的能源产出水平还相对较低，达不到全国的平均水平，产业行业还具有很大的节能减排的空间。各省应该从产业行业环境绩效提升入手，以提升全省的环境绩效水平。

五、本节小结

本节采用 M-L 指数及窗口分析法，研究了我国产业环境绩效整体上的行业差异和区域差别，本节主要得出以下研究结论和政策启示。

（1）产业分行业 M-L 指数在 2002～2009 年大都小于 1，说明我国产业环境技术效率在这段时间出现下降的趋势，从指数分解上看出，其根源在于纯技术效率下降导致的技术效率的恶化。从我国产业发展的实际来看，2002～2009 年我国产业环境绩效下降的原因是"十五"和"十一五"期间我国建筑业、汽车行业等的迅猛发展引致的产业过度重型化发展，注重了产业发展增速对经济的带动，而轻视了产业发展对环境的破坏。

（2）产业分行业累积 M-L 指数变动趋势表明，黑金采选业、石油加工业、化学纤维业等重型化工行业的环境绩效下降，而通信设备、交通设备、专用设备、电器机械等制造业的环境绩效是增长的，因此我国在产业选择上，应转变以高耗能、高污染的重化工行业对经济的带动到着重发展高端设备制造业来带动整个经济的发展，这样就能实现在碳减排的目标约束下经济的高速增长。

（3）我国各省份的 1990～2011 年 M-L 指数和技术进步指数的平均值小于 1，这说明我国各省份产业环境效率退步，并没有很好地改善，关键的原因就是技术进步比较弱，表现于现实就是各省份对产业环境治理的平均水平不高。

（4）东部、中部、东北、西部四大区域及全国的 1990～2011 年的产业环境 M-L 指数的测算结果表明，东部、中部、东北、西部四大区域及全国整体产业环境 M-L 指数、技术效率指数、技术进步指数、纯技术效率指数及产业规模效应指数随时间变化的趋势不是很明显，呈现微波动的形状，这说明我国产业环境绩效在各个区域及全国整体在近 20 年里没有出现明显的技术效率的改善，也没有出现明显的技术效率的恶化。而东北区域的产业环境累计 M-L 指数相对其他三个区域及全国整体稍高一些，这说明东北地区的产业环境绩效水平相对高于其他地区，其主要原因不在于技术改造，而在于国家"关停落后产能"的环境规制政策的落实。

通过本节从区域层面和产业层面的分析，环境规制和技术水平差异是产业环境绩效变动的两个重要的影响因素，因此，本章第二节和第三节分别从环境规制和区域技术差距的视角，研究行业层面和区域技术差距层面的产业环境绩效，以探究各产业行业环境规制成本的差异和区域环境绩效差异的原因，以为我国产业环境税制改革和区域节能减排目标的实现提供参考。

第二节　环境规制视角下的产业行业环境绩效

传统产业是造成高能耗、高污染和高排放的重要源头。产业化和城镇化的发展以煤炭为主要能源消费结构短时间内难以改变，产业发展导致的环境问题将日益严峻。目前我国已成为世界第二大能源消耗国和第一大 CO_2 排放国，面临日趋严峻的节能减排压力。因此，处理好产业行业能源利用、环境污染、经济增长之间的关系，对优化产业结构、提升产业环境绩效具有重要的现实意义。

"十一五"期间，我国密集出台了一系列推动产业低碳经济发展的政策，初步建立了低碳经济发展的政策体系和以"目标责任制"为代表的节能管理制度，政策手段多样化和大规模的政府投入成为产业节能减排政策的基本特征，这些政策的颁布与执行，逐步扭转了"十五"期间及"十一五"初期产业重化工发展的倾向。然而，环境规制将会使产业行业付出多少污染治理成本？各产业行业的污染治理成本是否有差异？环境规制对企业行为的影响是怎么样的？这些问题是产业行业环境规制行为分析亟待解决的问题，也是本节的研究目的。

产业是我国能源消耗和碳排放的大户，因此我国从 20 世纪 80 年代以来就施行节能减排的环境规制，其后 1987 年世界环境与发展委员会的《我们共同的未来》中可持续发展概念的提出，我国政府环保的意识进一步加强，并强化了"节约与开发并举"的能源方针；90 年代中后期，我国开始了针对国有企业"抓大放小"改革，在这个方针的指导下，下令关停了高能源消耗和排放密集型的中小型企业，此举使得我国产业的能源消耗量和 CO_2 排放量的绝对量出现了较大幅度的下降；常用于描述产业能源消耗和污染排放的指标——产业能源消耗强度和产业碳排放强度在 1995 年之后也出现了一定的下降的趋势，见图 13-11。但是，长期以来注重 GDP 的评价考核体系导致我国产业经济增长一直是粗放的，2000 年以后，我国产业 CO_2 排放量和能源消耗量增长加快，产业增长在很大程度上依然是以牺牲环境和经济质量为代价的。

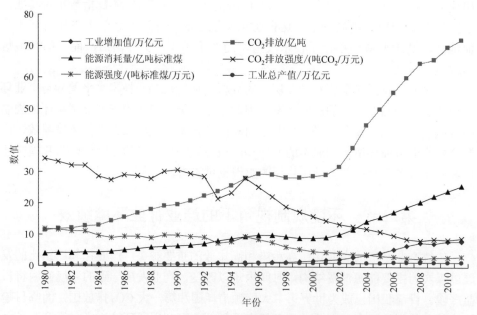

图 13-11　中国产业能耗、碳排放及其强度变化趋势图（1980～2011 年）
为了与后文的研究数据保持一致，产业增加值、产业总产值的数据以 1990 年不变价格计算

在资源环境形势日趋严峻、国际压力不断增大的背景下，我国政府意识到产业低碳转型的重要性、艰巨性和紧迫性，并实施转型战略，以扭转产业高能源消

耗和高 CO_2 排放所带来的压力。2009 年我国政府在哥本哈根会议上承诺到 2020 年单位 GDP 的碳排放量比 2005 年下降 40%～45%，其后 2011 年的德班气候峰会上提出中国在 2020 年将参与具有法律约束力的框架协议；2011 年"十二五"规划中明确提出以科学发展观为主题，以节能减排，建设资源节约型、环境友好型社会为特征的低碳转型为明确路径和重要抓手；2012 年 11 月，中共十八大将低碳战略提升到与政治、经济、文化、社会同等重要的高度，要打造"五位一体"的美丽中国，为了确保低碳目标的实现，我国还先后制订了新兴战略产业发展规划及各行业的节能降耗减排方案等全国性的规划。

　　近年来，环境测度和约束性指标越来越广泛地出现在研究文献和政府、企业的发展规划中，其中一个常用的指标是污染强度。污染强度是单位产出造成的污染，用于表示环境绩效的改善程度，其优点是测算简单、直观、易于操作，缺陷在于没考虑环境破坏成本及环境质量改善的收益而影响总环境绩效的真实评价。基于生产理论提出的"环境效率指数"（environmental efficiency index，EEI）有效克服了传统指数的缺陷，不仅能考虑生产过程中污染处理效率，同时系统全面地反映了环境绩效。

　　基于不同的生产函数导向考虑非期望产出的环境绩效的测度大致分为两类：投入导向和产出导向。所谓投入导向就是把污染物作为生产函数的投入，但这与实际生产过程不符，所以，目前大都是把投入导向测算的环境绩效作为对比结果。产出导向是把污染物视作非期望的产出，在环境绩效测算上，传统 DEA 方法产出最大化的假设对非期望产出的处置并不适用，为解决这个弊端，基于弱可自由处置提出环境 DEA 技术，得到广大研究者肯定，并被广泛引用和拓展。这些研究采用不同类型的距离函数测算环境效率，主要有径向距离函数、双曲线距离函数、环境距离函数、方向距离函数等，不同类型距离函数在处理期望产出和非期望产出上是不同的，径向距离函数测算了扩大期望产出和污染排放的能力，环境距离函数测算了在既定投入和期望产出下降低污染的能力，双曲线和方向距离函数扩大了期望产出同时减少污染排放的能力。依据可持续发展的要求，双曲线和方向距离函数在测算环境绩效上更科学、合理。此外，方向距离函数的期望产出和非期望产出的零结合性（null-jointness）和非期望产出的弱处理性（weak disposability）的假设更贴合生产实际，即任何非期望产出的减少同时伴随期望产出的削减，非期望产出的减少是需要付出代价的。

　　本节选用方向距离函数来测算中国产业行业的环境效率。本节创新之处在于重新构建了环境规制和无环境规制下的效率测度模型，提出了环境无效率值、环境规制成本、环境绩效指数三个环境绩效测度指标，测算了 1990～2011 年我国 38 个产业行业的环境绩效，并从时间维度和行业维度两个视角开展了我国产业行业环境绩效的时序特征分析和行业差异分析。

一、研究方法

　　沿用 Färe 等（2007）对环境技术（environment technology）的定义及假设，假设每个决策单元（本节中是指产业中的各行业）可以由 N 种投入 $x = (x_1, x_2, \cdots, x_N) \in R_+^N$ 得到 M 种期望产出（也称"好"的产出，如产业产值、GDP 等）$y = (y_1, y_2, \cdots, y_M) \in R_+^M$ 及 I 种非期望产出（也称"坏"的产出，如温室气体及各种污染物）$u = (u_1, u_2, \cdots, u_I) \in R_+^I$。用生产可能性集合 $P(x)$ 模拟环境技术：

$$P(x) = \{(y, u) : x 能生产(y, u)\}, x \in R_+^N \qquad (13\text{-}29)$$

　　如第十二章所述，$P(x)$ 是一个闭集、凸集、有界集，满足锥性，同时满足投入和期望产出的强可处置性（strong or free disposability），以及期望产出和非期望产出之间的零结合性（null-jointness）、联合弱处置性（jointly weak disposability）的假设条件。

　　期望产出的自由处置表明在相同的投入和污染水平约束下，期望产出是可变的，可大可小，其值的差异，反映了环境规制下技术效率水平的差别；期望产出和非期望产出的同时增减的假设则表明减少污染排放是要付出代价的，需要投入资源设备治理环境污染，从而"好"的产出因为投入减少而减产，这其中体现了降低污染排放的治理成本，从而将"环境规制"引入研究。

　　目前研究大都将 DEA 方法引入环境生产技术构建符合研究需要并切合生产实际的模型，称为环境 DEA 技术。

（一）生产前沿面的构建

　　如前所述，生产前沿面是在一定生产技术下，所有最优的投入产出的集合，是所有生产可能集的包络线。

　　当前，效率测度生产前沿面构建主要有当期前沿、连续前沿和跨时期前沿三种方法，不同之处在于构建前沿面所采用的数据不同，分别是当期截面数据、当期和前期数据综合、所有时期的数据。本节采用窗口分析法构建生产前沿面，属于连续前沿方法，这种方法的基本思想是重复利用现年数据，通过增加下一年的观测值来逐渐扩充决策单元，生产前沿逐年向外扩张。这种方法的主要优势在于假设不存在技术退步，符合现实生产实际，并能增加自由度，能更好地区分不同行业效率值的差异。

（二）环境 DDF

　　在构建生产可能集和生产前沿面的基础上，引入方向距离函数（direction

distance function，DDF）来测算每个决策单元距离生产可能边界的距离。在环境约束下，本节考虑的目标是投入一定期望产出的最大和非期望产出的最小，也就是以同时扩张期望产出、削减非期望产出的方式来最大限度地接近生产前沿面，由于二者的"零结合性"，本节设定在方向向量 $g=(g_y,-g_u)$ 下的环境 DDF 为

$$\vec{D}_0(x,y,b;g_y,-g_u)=\sup\{\beta:(y+\beta g_y,u-\beta g_u)\in P(x)\} \qquad (13\text{-}30)$$

式（13-30）中的 DDF 可以沿着制定的方向来同时实现非期望产出的最大削减和期望产出的最大扩张。需要说明的是，方向向量的选择依据研究需要和研究者的偏好而定，具有一定的主观性。

（三）产业分行业环境绩效测度模型

基于非参数前沿方法和环境 DDF，构建环境规制下和无环境规制下的环境绩效测度模型。通过两种情境下的环境绩效的测度，得到环境无效率值、环境规制成本及环境绩效指数。

1. 环境规制下的产业环境绩效测度模型

非期望产出的削减需要占用一定的投入资源，环境规制情景下，非期望产出是弱可自由处置的，且满足与期望产出之间的零结合性，因此，非期望产出的减少会导致固定投入下期望产出的缩减，也就是非期望产出的减少是有代价的，需要付出一定的经济成本。环境规制情境下的设定的 DDF 为

$$\vec{D}_0^W(x,y,u;y,-u)=\sup\{\beta:[(1+\beta)y,(1-\beta)u]\in P^W(x)\} \qquad (13\text{-}31)$$

其中，上标 W 表示非期望产出是弱可自由处置的。

根据 Picazo-Tadeo 等（2005）的研究，评价决策单元环境绩效的 DDF 最优值 β^* 可以通过改进的 DEA 模型求得，即模型 I 。

模型 I ：

$$\vec{D}_0^W(x,y,u)=\max_{\beta\geq 0}\beta$$

$$\text{s.t.}\sum_{i=1}^{N}\lambda_i y_i\geq(1+\beta)y_k,\quad k=1,2,\cdots,N \quad \text{(i)}$$

$$\sum_{i=1}^{N}\lambda_i u_i=(1-\beta)u_k,\quad k=1,2,\cdots,N \qquad \text{(ii)}$$

$$\sum_{i=1}^{N}\lambda_i x_i\leq x_k,\quad k=1,2,\cdots,N \qquad \text{(iii)}$$

$$\sum_{i=1}^{N}\lambda_i=1 \qquad \text{(iv)}$$

$$\lambda_i\geq 0,\quad i=1,2,\cdots,N$$

（13-32）

式（13-32）中不等式约束集（ⅰ）、（ⅲ）分别表示期望产出、非期望产出、投入是强可自由处置的，等式约束集（ⅱ）表示非期望产出是弱可处置的，约束（ⅳ）表示产出集是凸集，并且满足规模报酬可变。λ是活动向量（activity vector），在于使各决策单元的有效点连接起来形成有效的生产前沿面，最优值β^*表示环境规制情境下生产决策单元的环境无效率值。当$\beta^*=0$时，决策单元位于生产前沿面上，达到最优环境绩效，没有更好的改进空间；$\beta^*>0$，决策单元位于生产前沿面内，其中，β^*值越小表示决策单元距离生产前沿面越近，环境效率越高；反之，β^*越大，环境效率越低。

2. 无环境规制下的产业环境绩效测度模型

在无环境规制情境下，非期望产出同期望产出一样，是强可自由处置的，非期望产出的处理不需要消耗任何经济和资源投入，这时，决策的目标只关注期望产出的最大化。无环境规制情境下的设定的 DDF 为

$$\vec{D}_0^S(x,y,u;y,-u)=\sup\{\gamma:[(1+\gamma)y,(1-\gamma)u]\in P^S(x)\} \tag{13-33}$$

其中，上标 S 表示非期望产出是强可自由处置的。

决策单元的环境绩效的最优值γ^*可以通过下述线性规划得到，即模型Ⅱ。

模型Ⅱ：

$$\vec{D}_0^S(x,y,u)=\max_{\gamma\geq 0}\gamma$$

$$\text{s.t.}\sum_{i=1}^N\lambda_i y_i\geq(1+\gamma)y_k,\quad k=1,2,\cdots,N \quad\text{(i)}$$

$$\sum_{i=1}^N\lambda_i u_i\leq(1-\gamma)u_k,\quad k=1,2,\cdots,N \quad\text{(ii)}$$

$$\sum_{i=1}^N\lambda_i x_i\leq x_k,\quad k=1,2,\cdots,N \quad\text{(iii)}$$

$$\sum_{i=1}^N\lambda_i=1 \quad\text{(iv)}$$

$$\lambda_i\geq 0,\quad i=1,2,\cdots,N$$

(13-34)

从形式上看，无环境规制和环境规制下的两个模型的区别仅在于约束条件集中对非期望产出约束的符号不同，但蕴含的实际意义却完全不同。模型Ⅱ中不等约束表示强可处置性，说明在无环境规制条件下决策单元对非期望产出的处理不需要任何经济成本，是一种免费活动（free activity）。

（四）环境绩效指数与规制成本

作为期望产出的"副产品"，产业生产过程中产生的温室气体和其他环境污染

物等"坏"产出导致环境质量恶化。所以在环境规制条件下，经济主体必须要投入一定的生产资源用于控制污染以将其危害程度降到最低，然而这些资源都可以用于生产经济产出，所以环境规制直接导致生产单元经济产出的减少，减少的量即为环境规制的成本或者代价，其值可以通过模型（Ⅰ）和模型（Ⅱ）求解得到。

由式（13-32）知，无环境规制情景下给定决策单元相对于生产前沿面期望产出的潜在的最优值为 $\mathrm{EF}^S(Y_2) = [1 + \vec{D}_0^S(x, y, u; y, -u)]Y_0$，技术效率为 $1/(1+\gamma)$；同样，由式（13-33）环境规制情景下给定单元期望产出的潜在最优值为 $\mathrm{EF}^W(Y_1) = [1 + \vec{D}_0^W(x, y, u; y, -u)]Y_0$，技术效率为 $1/(1+\beta)$，显然，$\mathrm{EF}^S(Y_2) \geqslant \mathrm{EF}^W(Y_1)$，且 $1/(1+\gamma) \leqslant 1/(1+\beta)$。

环境绩效损失，即环境规制成本为

$$C_{\mathrm{ER}} = \mathrm{EF}^S(Y_2) - \mathrm{EF}^W(Y_1) \tag{13-35}$$

其中，Y_0 的值可通过线性规划（13-36）得到。

$$\begin{aligned}
& Y_0 = \sum_{k=1}^{K} \lambda_k y_k \\
& \sum_{k=1}^{K} \lambda_k x_{kn} \leqslant x_{0n}, \quad n = 1, 2, \cdots, N \\
& \sum_{k=1}^{K} \lambda_k u_{kn} \geqslant u_0 \\
& \lambda_k \geqslant 0, \quad k = 1, 2, \cdots, K
\end{aligned} \tag{13-36}$$

本节定义环境效率指标为非期望产出强自由处置和弱可自由处置分别计算的技术效率的比率，即

$$\eta = \frac{1/(1+\gamma)}{1/(1+\beta)} = \frac{1+\beta}{1+\gamma} \tag{13-37}$$

同时也是环境规制和无环境规制两种情景下期望产出潜在最优值的比值，表示期望产出在环境规制下的损失率。显然，$0 < \eta \leqslant 1$。

因为非期望产出的弱处置将导致期望产出的削减，本节定义环境绩效指数为生产过程中由排放强处置（没有成本）到排放弱处置（有代价的）转换所造成的潜在的期望产出的减少率，即

$$\mathrm{EPI} = 1 - \eta \tag{13-38}$$

这个指数强调生产者需要转移一部分生产资源到减少污染的活动中去。排放污染物的弱处置往往源自环境管制，所以期望产出的损失也被认为是环境规制的机会成本（opportunity costs, OCs）或者是污染减少成本（pollution abatement costs, PACs）。

EPI 表示期望产出潜在最优值的损失率，也就是环境规制机会成本占潜在产出最优值的比重。环境绩效指数是一个比率，剔除了规制成本中产业行业产值乘

数关系的放大效应，行业之间的比较更能反映真实情况。比如，环境规制和无环境规制下环境无效率值的差值小，可能因为行业较大的产业增加值而具有较高的环境规制成本；同样差值大的行业可能因为行业产业增加值小而具有较小的环境规制成本。因此，用环境绩效指数比较行业之间的环境绩效差异更具有价值。

二、实证研究数据来源和说明

本节选取 1990～2011 年我国产业两位数行业为基本研究单元，为了便于统计，其他采矿业、废弃资源和废旧材料回收加工业（2003 年后才公布）与工艺品及其他制造业三个行业合并成"其他产业"，由此，本节有 38 个基本决策单元，分别是：煤炭采选业（06），石油和天然气开采业（07），黑色金属矿采选业（08），有色金属矿采选业（09），非金属矿采选业（10），木材及竹材采运业（12），农副食品加工业（13），食品制造业（14），饮料制造业（15），烟草加工业（16），纺织业（17），服装业（18），皮羽制品业（19），木材加工业（20），家具制造业（21），造纸及纸制品业（22），印刷业（23），文教体育用品制造业（24），石油加工及炼焦业（25），化学原料及化学制品制造业（26），医药制造业（27），化学纤维制造业（28），橡胶制品业（29），塑料制品业（30），非金属矿物制品业（31），黑色金属冶炼及压延加工业（32），有色金属冶炼及压延加工业（33），金属制品业（34），通用设备制造业（35），专用设备制造业（36），交通运输设备制造业（37），电器机械及器材制造业（39），计算机、电子与通信设备制造业（40），仪器仪表制造业（41），电力生产和供应业（44），燃气生产和供应业（45），水的生产和供应业（46），其他产业（11，42，43）。

本节采用的投入产出变量的界定如下。

（1）期望产出。本节采用产业行业增加值作为期望产出，并利用产业分行业产出的价格平减指数以 1990 年不变价格进行了缩减，消除了各年份价格变动的影响。

（2）非期望产出。由于第二产业是重要的碳排放源，所以本节将 CO_2 排放量作为非期望产出引入研究。由于 CO_2 主要来自化石燃料的燃烧，所以本节所测算的产业各行业碳排放量由各种主要能源（原煤、原油、天然气）消费导致的 CO_2 排放量加总得到。计算公式如下：

$$C_i = \sum_{i=1}^{3} C_i = \sum_{i=1}^{3} E_i \times NVC_i \times CEF_i \times COF_i \times \frac{44}{12} \tag{13-39}$$

其中，C 表示 CO_2 排放量；$i=1,2,3$，分别表示原煤、原油、天然气三种一次能源；E 表示能源消耗量；NVC 表示净发热值；CEF 表示碳排放系数；COF 表示碳氧化因子（原煤为 1，原油、天然气为 0.99）；$\frac{44}{12}$ 表示 CO_2 的气化系数。

产业生产中排放的 CO_2 等环境污染物主要是由能源消耗引致，因此除资本和劳动之外，本节把能源也作为一种投入要素。

（3）资本存量。现有文献资本存量大都是根据固定资产的价值通过 PIM 的方法估算，本节也采用这样的方法估算我国产业分行业的物质资本存量。

（4）从业人员。采用《中国产业经济统计年鉴》中统计的 1990～2011 年产业分行业职工人数。

（5）能源消耗。本节采用《中国统计年鉴》和《中国能源统计年鉴》所提供的 1990～2011 年产业分行业能源消费总量，单位为吨标准煤。

《中国统计年鉴》中将重产业界定为国民经济各部门提供物质技术基础的主要生产资料的产业，但没有说明哪些产业行业隶属于重产业。鉴于本节的研究需求，将重产业界定为资本、能源、排放密集型的产业行业；轻产业则是特征相反的行业。本节采用产业行业碳排放量、能源消耗量和资本劳动比为每个产业行业赋权，使用加权平均法把 38 个产业两位数行业划分为重产业组和轻产业组；采用资本劳动比作为影响因子赋权，划分为资本密集型产业和劳动密集型产业。本节主要变量的统计性描述见表 13-6。

表 13-6　本节主要变量的描述性统计分析（1990～2011 年）

	变量	均值	标准差	最大值	最小值
	轻产业部门：				
	产业增加值/亿元	670.99	577.09	2 002.63	103.58
	资本存量/亿元	460.58	233.58	993.68	198.11
	从业人员/万人	185.17	35.46	274.84	145.26
	能源消费总量/万吨标准煤	557.52	164.93	915.63	358.58
	碳排放量/万吨	474.33	103.13	652.47	314.74
分类 1	重产业部门：				
	产业增加值/亿元	778.96	545.23	2 082.53	233.95
	资本存量/亿元	1 938.08	816.38	3 434.00	884.00
	从业人员/万人	354.83	35.45	419.00	294.63
	能源消费总量/万吨标准煤	5 626.20	2 107.54	9 985.53	3 012.37
	碳排放量/万吨	18 709.06	7 412.49	33 654.00	9 824.74
	劳动密集型产业：				
分类 2	产业增加值/亿元	870.79	736.55	2 602.89	156.32
	资本存量/亿元	772.69	325.06	1 519.16	398.47
	从业人员/万人	308.00	42.75	417.68	249.53

续表

	变量	均值	标准差	最大值	最小值
	能源消费总量/万吨标准煤	1 146.46	290.87	1 773.37	824.05
	碳排放量/万吨	1 908.41	396.35	2 761.63	1 262.16
分类 2	资本密集型产业:				
	产业增加值/亿元	579.17	385.67	1 482.26	181.21
	资本存量/亿元	1 625.97	726.76	2 908.53	683.63
	从业人员/万人	232.00	23.44	276.16	196.42
	能源消费总量/万吨标准煤	5 037.25	1 987.63	9 127.79	2 546.89
	碳排放量/万吨	17 274.98	7 122.20	31 331.11	8 580.11

注：产业增加值和资本存量的数据以 1990 年不变价格计算

由 Pearson 相关分析检验，各产业行业的产业增加值、碳排放量两个产出变量与各投入变量存在显著的正相关关系，见表 13-7，满足了 DEA 效率模型所要求的"等张性"（istonic），也就是投入增加的时候，产出也会增加而不会减少，因此，构建的模型是有效的、可用的，测算的结果是可信的。

表 13-7 投入产出变量的 Pearson 相关分析

项目	资本存量	从业人员	能源消费总量	产业增加值	碳排放量
资本存量	1.0000				
从业人员	0.8927	1.0000			
能源消费总量	0.7936	0.6749	1.0000		
产业增加值	0.0766	0.9015	0.6981	1.0000	
碳排放量	0.6899	0.7022	0.9276	0.8169	1.0000

三、产业行业环境绩效测度与分析

本节采用非参数前沿分析方法、DDF 及窗口分析法，以 1990~2011 年我国产业行业的面板数据为数据源，以资本存量、从业人员、能源消费总量为投入变量，产业增加值为期望产出、CO_2 排放量为非期望产出，测算了环境规制和无环境规制两种情境下我国产业各行业的环境绩效值，并从时间和产业两个维度进行了分析。

（一）环境绩效测度结果及分析

在方向向量 $g = (g_y, -g_u)$ 下，由模型 I 和模型 II 分别得到环境规制和无环境规制下产业分行业的 DDF 的最优值 β^* 和 γ^*，见表 13-8。

表 13-8　各产业行业环境无效率值测算结果（1990～2011 年）

产业行业	无环境规制情景 γ^*							环境规制情景 β^*						
	1990年	1995年	2000年	2005年	2010年	2011年	均值	1990年	1995年	2000年	2005年	2010年	2011年	均值
煤炭开采	0.0267	0.0330	0.1785	0.7378	0.7438	0.3556	0.3486	0.0267	0.0330	0.1785	0.7378	0.7438	0.3556	0.3486
石油开采	0.0086	0.0342	0.0579	0.2223	0.2528	0.1366	0.1224	0.0086	0.0342	0.0579	0.2223	0.2528	0.1366	0.1224
黑金采选	0.0289	0.0210	0.0195	0.0757	0.0882	0.0229	0.0526	0.0072	0.0000	0.0000	0.0131	0.0054	0.0801	0.0048
有金采选	0.0272	0.0389	0.0394	0.0842	0.1084	0.1228	0.0702	0.0218	0.0166	0.0072	0.0044	0.0029	0.0901	0.0119
非金矿采	0.0221	0.0243	0.0328	0.0608	0.0730	0.0803	0.0478	0.0214	0.0243	0.0328	0.0608	0.0730	0.0615	0.0456
木材采运	0.0249	0.0393	0.0295	0.0000	0.0000	0.0191		0.0195	0.0227	0.0163	0.0000	0.0000	0.0000	0.0128
农副加工	0.0186	0.0286	0.1184	0.4253	0.4865	0.1880	0.2037	0.0186	0.0286	0.1184	0.2129	0.3077	0.1656	0.1283
食品制造	0.0240	0.0350	0.0629	0.2406	0.2543	0.1176	0.1250	0.0240	0.0350	0.0629	0.1506	0.1590	0.0002	0.0831
饮料制造	0.0204	0.0274	0.0898	0.0000	0.2217	0.1011	0.0975	0.0204	0.0274	0.0898	0.1176	0.1398	0.0942	0.0751
烟草加工	0.0000	0.0000	0.0000	0.6782	0.0000	0.0000	0.0323	0.0000	0.0000	0.0000	0.0000	0.0000	0.0000	0.0000
纺织业	0.0000	0.0003	0.125	0.0778	0.6614	0.1947	0.2785	0.0000	0.0000	0.1250	0.3976	0.3890	0.1317	0.1799
纺织服装	0.0000	0.0000	0.0000	0.0398	0.0643	0.0251	0.0369	0.0000	0.0000	0.0000	0.0320	0.0339	0.0271	0.0117
皮革毛羽	0.0046	0.0046	0.0059	0.0837	0.0344	0.0568	0.0305	0.0046	0.0046	0.0051	0.0127	0.0120	0.0642	0.0075
木材加工	0.0156	0.0164	0.0173	0.0000	0.0989	0.0283	0.0533	0.0156	0.0164	0.0173	0.0630	0.0622	0.0094	0.0331
家具制造	0.0000	0.0000	0.0000	0.3234	0.0000	0.0000	0.0177	0.0000	0.0000	0.0000	0.0000	0.0000	0.0000	0.0000
造纸制品	0.0196	0.0324	0.0945	0.0761	0.3412	0.1767	0.1493	0.0196	0.0324	0.0945	0.3234	0.3412	0.2125	0.1611
印刷媒介	0.0151	0.0179	0.0248	0.0000	0.0772	0.1002	0.0449	0.0025	0.0067	0.0050	0.0038	0.0040	0.0045	0.0043
文教体育	0.0000	0.0000	0.0000	0.0000	0.0000	0.0000	0.0001	0.0000	0.0000	0.0000	0.0000	0.0000	0.0000	0.0000
石油加工	0.0000	0.0000	0.0000	0.4843	0.0000	0.0000	0.0231	0.0000	0.0000	0.0000	0.0000	0.0000	0.0000	0.0000
化学产业	0.0000	0.0000	0.0908	0.1382	0.5346	0.1862	0.1963	0.0000	0.0000	0.0908	0.4843	0.5346	0.2716	0.2128
医药产业	0.0203	0.0255	0.0342	0.1094	0.1653	0.0586	0.0733	0.0203	0.0255	0.0342	0.0948	0.1135	0.0860	0.0552
化学纤维	0.0220	0.0345	0.0427	0.0815	0.1263	0.0232	0.0670	0.0220	0.0345	0.0427	0.1094	0.1263	0.0401	0.0683
橡胶制品	0.0162	0.0157	0.0283	0.1799	0.0883	0.0179	0.0572	0.0162	0.0157	0.0283	0.0655	0.0668	0.0776	0.0368
塑料制品	0.0118	0.0127	0.0133	0.5481	0.1599	0.1482	0.1034	0.0118	0.0127	0.0131	0.0385	0.0415	0.0292	0.0206
非金制造	0.0000	0.0000	0.0742	0.2988	0.5350	0.1672	0.2436	0.0000	0.0000	0.0742	0.5481	0.5350	0.3628	0.2555
黑金加工	0.0057	0.0099	0.1244	0.2319	0.3505	0.1157	0.1488	0.0057	0.0099	0.1244	0.2988	0.3505	0.1072	0.1519
有金加工	0.0218	0.0363	0.1006	0.2177	0.2634	0.1590	0.1305	0.0212	0.0363	0.1006	0.2319	0.2634	0.1310	0.1311
金属制品	0.0107	0.0088	0.0218	0.5031	0.2212	0.1426	0.1319	0.0107	0.0088	0.0218	0.0475	0.0478	0.0295	0.0246
通用设备	0.0106	0.0037	0.1471	0.4113	0.5441	0.1874	0.2586	0.0066	0.0030	0.0538	0.0592	0.0492	0.0474	0.0388
专用设备	0.0150	0.0251	0.1377	0.4692	0.4134	0.1915	0.2034	0.0141	0.0247	0.0539	0.0868	0.0749	0.0778	0.0546
交通设备	0.0141	0.0024	0.1332	0.1354	0.4888	0.3576	0.1907	0.0141	0.0021	0.1130	0.1377	0.1415	0.0078	0.0795
电气机械	0.0072	0.0000	0.0162	0.0000	0.1450	0.2175	0.0653	0.0072	0.0000	0.0157	0.0171	0.0257	0.0704	0.0111

续表

产业行业	无环境规制情景 γ*							环境规制情景 β*						
	1990年	1995年	2000年	2005年	2010年	2011年	均值	1990年	1995年	2000年	2005年	2010年	2011年	均值
通信设备	0.0142	0.0000	0.0000	0.0019	0.0000	0.0000	0.0023	0.0140	0.0000	0.0000	0.0000	0.0000	0.0000	0.0018
仪器仪表	0.0141	0.0105	0.0067	0.0000	0.0000	0.0047	0.0094	0.0035	0.0028	0.0008	0.0000	0.0000	0.0000	0.0021
电力热力	0.0000	0.0000	0.0000	0.0000	0.0000	0.0000	0.0000	0.0000	0.0000	0.0000	0.0000	0.0000	0.0000	0.0000
燃气煤气	0.0000	0.0000	0.0000	0.0000	0.1728	0.0000	0.0082	0.0000	0.0000	0.0000	0.0000	0.0000	0.0000	0.0000
水的生产	0.0169	0.0441	0.0781	0.1161	0.1928	0.0987	0.1030	0.0000	0.0000	0.0000	0.0000	0.0000	0.0000	0.0000
其他产业	0.0166	0.0099	0.0256		0.1094	0.0492	0.0548	0.0166	0.0099	0.0256	0.0919	0.0704	0.0581	0.0400
全行业	0.0125	0.0156	0.0519	0.1901	0.2064	0.1382	0.1001	0.0104	0.0123	0.0422	0.1227	0.1307	0.0134	0.0635

由 DDF 的定义可知，环境绩效表示行业生产效率距生产前沿面的距离。值越小，环境绩效越好；值为 0，表示位于生产前沿面上，该产业行业达到了在投入一定条件下最优的产出，即期望产出最大、非期望产出最小，没有更优的改进空间。

通过分析得出以下结论：①"环境规制"情景下，非期望产出是弱可自由处置的，产业全行业的环境绩效均值为 0.0635，平均效率达到 93.65%，这说明产业全行业在 CO_2 碳排放减少 6.35%的同时，仍然能使产出增加 6.35%，尚存在环境绩效改进的空间。②"无环境规制"情景下，非期望产出是强可处置的，污染物的处理不需要任何成本。产业全行业的环境绩效均值为 0.1001，平均效率达到 89.99%，小于"环境规制"情景下的 93.65%，这说明了环境规制能够在降低碳排放量的同时，增加产业产值。③从产业细分行业来看，两种情景下存在比较明显的差异，烟草加工业、家具制造业、文教体育用品制造业、石油加工及炼焦业、电力热力生产和供应业、燃气生产和供应业等产业行业具有较优的环境绩效，污染物排放与处理处于较好的水平，从行业部门分类来看，这些行业大多归属资本密集型产业，而在轻重行业部门的归属上并不明显。资本密集型产业相对于劳动密集型产业而言，新兴产业较多，这说明我国产业逐渐由粗放型向集约型转变。重产业在经济发展中具有重要的贡献，这些行业良好的环境绩效说明我国的环境规制对于重产业绿色化转型发展意义重大。

（二）环境绩效指数与环境规制成本

1. 产业维度分析

环境规制情景下，环境污染处置需要占用生产资源而导致了资源投入一定条件下的期望产出相对减少，因此环境规制限制了产业经济的发展，具体限制程度可由环境绩效指数和环境规制成本测算得出，其中，环境绩效指数反映了环境规制导致的产出损失率，环境规制成本反映了行业减少的产值。

由式（13-35）、式（13-37）、式（13-38）及线性规划（13-36），可以得到产业分行业环境绩效指数及环境规制成本，见表 13-9 及表 13-10。

表 13-9　中国各产业行业环境规制导致的年均效率损失及环境规制成本（1990～2011 年）

产业行业	EPI	环境规制成本	产业行业	EPI	环境规制成本
煤炭开采	0	0	医药产业	0.0169	28.851
石油开采	0	0	化学纤维	0.0012	0.751
黑金采选	0.0454	7.828	橡胶制品	0.0193	10.411
有金采选	0.0545	15.008	塑料制品	0.0750	95.680
非金矿采	0.0021	0.686	非金制造	0.0095	26.475
木材采运	0.0062	0.512	黑金加工	0.0028	6.515
农副加工	0.0626	108.320	有金加工	0.0005	0.646
食品制造	0.0372	29.296	金属制品	0.0947	150.342
饮料制造	0.0204	22.787	通用设备	0.1747	514.559
烟草加工	0.0313	46.037	专用设备	0.1237	210.053
纺织业	0.0771	229.471	交通设备	0.0934	380.657
纺织服装	0.0242	24.801	电气机械	0.0508	184.556
皮革毛羽	0.0223	12.042	通信设备	0.0005	4.470
木材加工	0.0192	12.592	仪器仪表	0.0083	6.922
家具制造	0.0174	5.346	电力热力	0	0
造纸制品	0.0102	9.480	燃气煤气	0.0082	0.387
印刷媒介	0.0388	18.465	水的生产	0.0934	4.779
文教体育	0.0001	0.033	其他产业	0.0140	13.222
石油加工	0.0225	6.043	全行业	0.0332	1791.32
化学产业	0.0138	43.750			

注：环境规制成本的单位为亿元人民币

表 13-10　依据环境绩效指数的产业行业分类

类别	产业行业
EPI＝0 （3 个）	煤炭采选业、石油和天然气开采业、电力热力生产和供应业
0＜EPI＜0.01 （10 个）	非金属矿采选业，木材及竹材运输业，文教体育用品制造业，化学纤维制造业，非金属矿物制品业，黑色金属冶炼及压延加工业，有色金属冶炼及压延加工业，计算机、电子与通信设备制造业，仪器仪表制造业，燃气生产和供应业

类别	产业行业
0.01 < EPI < 0.05 （15 个）	黑色金属矿采选业、食品制造业、饮料制造业、烟草加工业、服装业、皮羽制品业、木材加工产业、家具制造业、造纸及纸制品业、印刷媒介业、石油加工及炼焦业、化学原料及化学制品制造业、医药制造业、橡胶制品业、其他产业
0.05 < EPI < 0.1 （8 个）	有色金属矿采选业、农副食品加工业、纺织业、塑料制品业、金属制品业、交通运输设备制造业、电器机械及器材制造业、水的生产和供应业
EPI > 0.1 （2 个）	通用设备制造业、专用设备制造业

从表 13-9 中看出，各产业行业中，采矿业及电力、煤气、水的生产和供应业具有较低的环境规制成本；制造业的环境规制成本较高。在制造业中，通用设备制造业、交通运输设备制造业、纺织业、专用设备制造业、电器机械及器材制造业、金属制品业、农副食品加工业等具有较高的环境规制成本，均超过了 100，而电力热力生产和供应业、煤炭采选业、石油和天然气加工业、有色金属冶炼及压延加工业等重化工行业的环境规制成本较低，造成这样结果的原因在于，环境规制成本较高的制造业一般是传统制造业与高新技术结合的先进高新技术制造业，这些产业随着计算机技术和数控技术的发展，相对传统制造业拥有了比较先进的技术和生产工艺，能源利用率高、节能技术强、能源消耗少、温室气体排放量小，因此进一步节能减排难度较大，成本较高，而污染密集型行业由于能效低、环境污染大，亟待通过技术改进和工艺革新节能降耗，降低生产资料成本，因此污染密集行业存在较大的节能减排空间，较低的减排成本。

从环境绩效指数来看，73.7% 的产业行业的环境绩效值小于 0.05，见表 13-10。这说明了我国环境规制的机会成本占总产出的比重相对比较低，制定命令控制型的环境规制政策（如绩效政策、标准及法规、发展规划等）可以在较少减产的情况下获得较大的环境收益。通用设备制造业、专用设备制造业、交通运输设备制造业、电器机械及器材制造业等重工制造业的环境绩效指数较高，环境规制损失比较大，但是这些行业同时也是产业行业中的能耗和碳排放大户，是产业结构转型和节能减排重点关注的行业，因此，对这些行业需要综合考虑生产工艺和技术提升和环境规制的市场激励性政策（如排污收费政策、排污交易权、排污许可、环境补贴等）相结合的措施。

环境规制在成为政府环境治理的手段时，必然会引发以盈利为目的的企业进行守法机会成本和违法损失成本的比较。最先，国外学者对这个问题进行了研究，研究结果表明，严格的环境规制不仅不会降低企业的收益，还能在提升环境绩效的同时，实现企业盈利的双赢。波特的这个研究被称为"环境波特假说"（Poter environment hypothesis，PEH）。波特认为，假说成立的原因在于污染实际上是对资源利用的不完整和经济上的浪费，减少污染可以促使企业重新考虑资源的利用方式和有效配置，适当的环境规制可以促进企业创新，企业创新带来的收益可以弥补遵循环境规制的成本，许多时候前者甚至会超越后者，从而由环境规制引致的企业创新能对企业绩效产生正向的影响。

　　本节对1990～2011年产业分行业环境规制成本的测算结果表明，环境规制对产业各行业环境绩效的提升有正向的推动作用。合理的环境规制能够鼓励企业进行技术创新，就像PEH中所提到的通过产品创新补偿和生产过程技术创新补偿提升全要素生产率。

2. 时间维度分析

　　将38个产业行业的环境无效率值、环境绩效指数及环境规制成本采用加权平均法，得出1990～2011年整个产业行业的各个指标的值，结果见图13-12和图13-13。

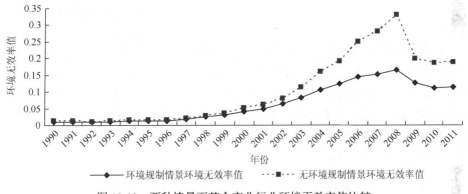

图 13-12　两种情景下整个产业行业环境无效率值比较

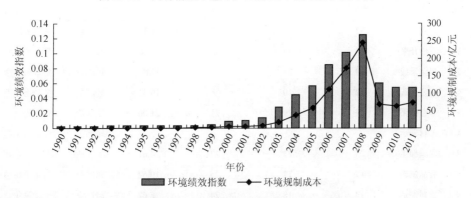

图 13-13　整个产业行业环境绩效指数与环境规制成本

通过分析得到以下结论：①整个产业行业的环境无效率值、环境绩效指数和环境规制成本都呈先增后减的倒"U"形曲线，在2008年达到曲线的拐点。②整个产业的发展可划分为三个阶段：1990～2000年缓慢增长阶段，2001～2007年增长迅速阶段，2008～2011年的下降阶段，说明政府政策与决策对产业发展有举足轻重的作用。③2007年以后，整个产业的环境规制成本和环境绩效指数逐年下降，说明"十一五"产业规划和减排目标对产业发展产生了重要影响，产业行业由治理污染导致的期望产出的减少量逐渐缩小，实现了环境质量改善与产业生产率提升的双赢，数据分析支撑了PEH。④产业行业的环境规制成本的存在反映了产业发展与经济增长之间的依存关系，环境规制成本和环境绩效指数可为我国环境、资源、产业增长协调发展提供决策依据。

（三）行业差异分析

由于技术引进、资本投入、政策支撑、历史沿革各异，我国产业行业发展参差不齐，由此，环境效率指数也可能存在比较明显的行业差异。本节按照轻产业、重产业，资本密集型行业、劳动密集型行业分析产业环境效率指数的行业差异。

目前关于轻产业和重产业及资本密集型行业和劳动密集型行业并没有很明确的行业分类隶属，在各统计年鉴中也仅是描述了轻重产业的特征，即重产业通常是资本、资源和排放密集型的，轻产业的特征则相反。本节将产业各行业1990～2011年的能耗均值、资本劳动比均值、碳排放量均值作为指标，采用因子打分定权法确定重产业和轻产业的行业隶属，见表13-11。而资本密集型和劳动密集型的产业划分则根据资本劳动比的单一指标打分来确定。

表 13-11　中国产业两位数行业的行业隶属划分

序号	产业行业	能耗均值评分	资本劳动比评分	碳排放量评分	加权平均值	行业隶属1	行业隶属2
1	煤炭开采	32	8	33	24.33	重产业	劳动密集型
2	石油开采	30	37	32	33.00	重产业	资本密集型
3	黑金采选	20	23	8	17.00	轻产业	资本密集型
4	有金采选	12	10	9	10.33	轻产业	劳动密集型
5	非金矿采	13	29	21	21.00	重产业	资本密集型
6	木材采运	1	2	7	3.33	轻产业	劳动密集型
7	农副加工	25	22	27	24.67	重产业	资本密集型
8	食品制造	17	17	25	19.67	重产业	劳动密集型
9	饮料制造	14	18	24	18.67	轻产业	劳动密集型
10	烟草加工	4	32	10	15.33	轻产业	资本密集型

续表

序号	产业行业	能耗均值评分	资本劳动比评分	碳排放量评分	加权平均值	行业隶属1	行业隶属2
11	纺织业	31	11	28	23.33	重产业	劳动密集型
12	纺织服装	9	1	13	7.67	轻产业	劳动密集型
13	皮革毛羽	7	3	6	5.33	轻产业	劳动密集型
14	木材加工	11	24	17	17.33	轻产业	资本密集型
15	家具制造	2	12	3	5.67	轻产业	劳动密集型
16	造纸制品	29	34	31	31.33	重产业	资本密集型
17	印刷媒介	6	19	5	10.00	轻产业	劳动密集型
18	文教体育	3	4	1	2.67	轻产业	劳动密集型
19	石油加工	34	36	37	35.67	重产业	资本密集型
20	化学产业	37	28	35	33.33	重产业	资本密集型
21	医药产业	15	13	22	16.67	轻产业	劳动密集型
22	化学纤维	21	35	29	28.33	重产业	资本密集型
23	橡胶制品	16	21	18	18.33	轻产业	资本密集型
24	塑料制品	22	25	14	20.33	重产业	资本密集型
25	非金制造	36	27	34	32.33	重产业	资本密集型
26	黑金加工	38	33	36	35.67	重产业	资本密集型
27	有金加工	33	26	30	29.67	重产业	资本密集型
28	金属制品	28	20	15	21.00	重产业	资本密集型
29	通用设备	27	14	16	19.00	重产业	劳动密集型
30	专用设备	19	7	20	15.33	轻产业	劳动密集型
31	交通设备	26	15	23	21.33	重产业	劳动密集型
32	电气机械	23	9	12	14.67	轻产业	劳动密集型
33	通信设备	24	16	11	17.00	轻产业	劳动密集型
34	仪器仪表	5	5	2	4.00	轻产业	劳动密集型
35	电力热力	35	38	38	37.00	重产业	资本密集型
36	燃气煤气	8	31	26	21.67	重产业	资本密集型
37	水的生产	10	30	4	14.67	轻产业	资本密集型
38	其他产业	18	6	19	14.33	轻产业	劳动密集型

　　本节研究的特色之处在于对环境无效率值、环境规制成本、环境绩效指数三个指标进行测度，并分析不同行业的差别及不同行业组群的差异，由此尝试探索我国产业结构调整和转变的方向，为相关部门的政策决策者提供参考。

　　由于不同行业所隶属的总体分布不确定，本节采用非参数检验方法对行业部门进行分析，其中，轻、重部门和资、劳产业的两两比较采用 Mann-Whitney U 检验，整个产业行业分析的是两种行业分类方法是否有显著差异，采用两两配对样本的 McNemar 变化显著性检验，结果如表 13-12 所示。

表 13-12　产业环境效率指数差异性检验结果

模型	产业行业分类	产业环境绩效指数均值	类别比较	p 值
模型 I	轻产业部门	0.019	轻-重	0.0013***
	重产业部门	0.108		
	资本密集型产业	0.054	资-劳	0.0629*
	劳动密集型产业	0.074		
	整个产业行业	0.064	（轻-重）-（资-劳）	0.573
模型 II	轻产业部门	0.054	轻-重	0.0019***
	重产业部门	0.146		
	资本密集型产业	0.081	资-劳	0.0609*
	劳动密集型产业	0.119		
	整个产业行业	0.100	（轻-重）-（资-劳）	0.506

*和***分别代表 10%和 1%的显著水平

由表 13-12 可知，轻产业部门和重产业部门的产业环境绩效存在显著的差异，改善轻重产业结构对碳减排有重要的作用，这与陈诗一（2011）的研究结论一致。与此同时，资本密集型和劳动密集型产业的产业环境绩效也存在差异，但相对不明显，劳动密集型产业的产业环境绩效大于资本密集型的产业环境绩效，这说明我国正处于产业化进程中，部分重产业部门的产业技术不够成熟，是劳动密集型的，资本深化尚不深入。由产业行业资本劳动比反映的产业行业要素禀赋的变化，在 1990～2011 年，呈现上升的趋势，客观说明了我国产业结构由劳动密集型向资本密集型转变的产业化进程是在逐渐加速的。

从整个产业行业看，按照轻产业和重产业划分与按照资本劳动比划分，差异不是很明显。这与涂正革和刘磊珂（2011）的研究结论相一致，资本密集型产业倾向于重产业行业，说明资本密集是我国重产业的一个重要特征，资本深化在重产业逐渐深入，反映了我国的产业化进程。但是涂正革和刘磊珂（2011）的研究结果同时还表明资本密集化转型、资本有机构成的提升是不利于产业环境绩效的提升的，并具有较大的负向影响，因此，我国产业资本的投资要在保持基础产业发展的同时，注重高新技术产业等轻污染产业行业资金注入，在技术水平提升的同时，实现产业经济增长、生产技术水平提升、能源效率改善、污染排放减少的目标，使产业又好又快地发展。

从环境规制成本角度来看，重产业部门与轻产业部门环境规制成本相对相差不大。资本密集型产业和劳动密集型产业环境规制成本相差比较大，结果见表 13-13。

表 13-13　中国分类别产业行业环境规制导致的年均效率损失及环境规制成本（1990～2011 年）

行业类别	效率损失	规制成本	行业类别	效率损失	规制成本
轻产业部门	0.0349	43.527	资本密集型产业	0.025	24.632
重产业部门	0.0381	50.893	劳动密集型产业	0.048	76.722

注：环境规制成本的单位为亿元人民币

资本密集型产业和劳动密集型产业环境效率损失和环境规制成本相差比较大，主要原因是我国劳动密集型产业技术效率还比较低，距离生产前沿面比较远，环境效率损失比较大；同时部分劳动密集型产业也是重产业部门产业，环境规制下潜在的期望产出值比较大，环境规制成本比较高。

纵观全球，欧美等产业化成熟的国家，产业化的标准路径应该是从轻产业相对重要向重产业相对重要转移，由劳动密集型产业向资本密集型产业转移，在产业化早期，轻产业比较重要，以劳动密集型为特征；产业化中后期，重产业比较重要，其特征是资本密集型。我国目前正处于产业化中期阶段，相对于西方国家的产业化进程还是落后的，资本劳动比比较低，资本深化的程度落后，资本、能源、污染密集的重化产业仍将作为我国产业化进程和经济发展的推动力，并在短期内不会改变。

四、研究结论与政策启示

本节采用 DDF 和非参数前沿方法构建了我国产业行业环境绩效的测度模型，采用窗口分析法，对 1990～2011 年 38 个产业两位数行业的面板数据进行了实证研究。研究结果如下。

（1）我国大多数产业细分行业还具有较大的环境绩效改善空间，CO_2 减排与期望产出的增长尚具有一定的潜力可挖。

（2）大部分产业细分行业存在环境规制成本，并具有明显的差异，其中隶属于重产业部门同时又是劳动密集型的产业行业，环境规制成本较高。这也反映了高耗能、传统产业亟待改进生产工艺、引进先进生产技术、促进生产过程绿色化进程。

（3）整体产业行业的环境无效率值、环境绩效指数和环境规制成本都呈先增后减的倒"U"形曲线，在 2008 年达到曲线的拐点。政府的环境规制政策对产业行业环境友好发展有重要的影响。

（4）环境规制可以达到环境质量改善和产业生产率提升的双赢，本节研究结果支持 PEH。

（5）重产业部门和轻产业部门环境绩效和环境规制成本存在明显的差异，重产业部门的环境绩效相对较高，改进的空间相对较大，同时，环境规制成本也较高。重产业部门的资本投入持续深化及生产技术的提升对整个产业碳减排具有重要的作用。

（6）资本密集型和劳动密集型产业的环境绩效和环境规制成本存在明显的差异，这一方面说明劳动密集型产业在我国还占有相当大的比重，另一方面说明处于产业化发展中期的我国产业资本劳动比例比较低。

其中蕴涵的政策启示主要有以下内容。

（1）环境规制是我国产业低碳化发展的一个重要手段，命令型和市场激励型的环境法规应依据产业行业环境绩效的不同而有所差异。

（2）我国应该在国家能源安全保障的前提下，最大限度地降低产业对环境的影响，力求转变传统的粗放型产业发展模式，促进资本持续深入，推进科技创新，依靠资本和科技驱动产业持续增长，最终实现中国社会、经济、能源、环境的可持续发展。

五、本节小结

本节采用 DDF 和环境规制行为分析，测度了 38 个产业两位数行业的减排成本，比较了环境规制成本在轻产业和重产业之间的差异及在资本密集型和劳动密集型产业之间的差异，并构建了环境无效率值、环境绩效指数和环境规制成本三个用于产业环境绩效的测度指标，其比传统的单要素指标更具科学性，比行业间的环境减排成本的比较更具合理性，能更加合理地评价各产业行业的减排的效果。

研究结果表明我国大多数产业细分行业还具有较大的环境绩效改善空间，CO_2 减排与期望产出的增长尚具有一定的潜力可挖。大部分产业细分行业存在环境规制成本，并具有明显的差异，其中隶属于重产业部门同时又是劳动密集型的产业行业，环境规制成本较高。这也反映了高耗能、传统产业亟待改进生产工艺、引进先进生产技术、促进生产过程绿色化进程。重产业部门和轻产业部门环境绩效和环境规制成本存在明显的差异，重产业部门的环境绩效相对较高，改进的空间相对较大，同时，环境规制成本也较高。重产业部门的资本投入持续深化及生产技术的提升对整个产业碳减排具有重要的作用。资本密集型和劳动密集型产业的环境绩效和环境规制成本存在明显的差异，这一方面说明劳动密集型产业在我国还占有相当大的比重，另一方面说明处于产业化发展中期的我国产业资本劳动比例比较低。同时，整个产业行业的环境无效率值、环境绩效指数和环境规制成本都呈先增后减的倒"U"形曲线，在 2008 年达到曲线的拐点。政府的环境规制政策对产业行业发展有重要的影响。环境规制可以实现环境质量改善和产业生产率提升的双赢，本节研究结果支持 PEH。

第三节 技术差异视角下的区域产业环境绩效

国内外众多学者基于不同的视角和方法对产业效率展开了有益的探讨，并取得了丰硕的研究成果。在研究方法上，全要素能源效率（total element energy efficiency，TEEE）克服了传统"单位 GDP 能耗"、污染强度等单要素能效指标不能准确、全面反映产业生产过程中能源利用的潜在技术效率的缺陷而被广大研究者和政策制定者青睐，并取得了一定的研究成果。对我国产业效率的研究视角大致分为两类：省际产业环境效率的比较分析和分行业产业环境效率的比较分析。上述研究成果对我国产业效率的改善提供了重要的理论基础和政策依据，具有十分重要的意义。然而，已有的研究尚需要从以下三个方面拓展以更趋于现实：①产业可持续发展需要综合考量经济、能源、环境（3E），而目前大部分文献在研究产业效率的过程中只将其中一个或者两个作为目标，如经济增长唯一目标（传统 DEA 模型）、节能唯一目标（Shephard 函数）、减排唯一目标（国际环境绩效测度与排名所采用的模型）、节能增产双目标（汪克亮等改进的模型）。基于中国国情，中国产业全要素效率指标应不同于发达国家，还需要考虑经济发展，经济发展、环境保护及能效提升对我国现阶段的产业化转型发展都非常重要。节能减排需以不损害经济增长为前提；节能增产需同时考虑环境保护；减排增产不以能源高投入为代价。因此，只有将 3E 目标联合起来，才能保证产业经济增长下节能降耗最大化，从而实现产业可持续发展。本节将基于 3E 目标的产业效率定义为"产业环境绩效"（industrial environment performance，IEP）。②传统的径向及产出角度的 DEA 模型较好地解决了非期望产出的效率评价问题，但是没有充分考虑投入和产出的松弛，度量的效率是有偏差的，本节采用非径向非角度的 SBM（slack based model）模型，将松弛变量放到目标函数中，并克服了传统 DEA 模型中径向和角度的主观选择而带来的效率计算偏差。③一般而言，技术效率一个潜在的假设是所有的生产决策单元具有相类似的技术水平，否则可能会出现缺乏统一的比较标准而无法准确定位技术无效率的真正原因。地理位置、国家产业支撑政策的区域差异、研发投入的相对强度、资源禀赋、人力资本等差异因素，使得区域间的技术集和生产前沿并不一致。例如，我国东部沿海地区的产业资源配置效率和生产技术水平明显高于西部偏远地区的配置效率和技术效率，因此，基于共同技术参考的产业效率比较，有失合理性，结论存在偏差。目前已有少量研究考虑了区域差异，技术前沿群组的划分仅主观依据地理位置分为东部、中部和西部，采用的方法均是径向角度的 DEA 效率模型，并且不同研究视角和研究方法得出的研究结论相差甚远。

本节尝试从以下两个方面对现有的研究进行拓展：①将节能、减排与经济增长的目标共同引入到产业环境绩效测度中，采用非期望产出的 SBM 模型，在 3E 约束下研究我国产业效率问题。②以 Battese 和 Rao（2002）创立并发展的共同前沿（meta-frontier）理论为基础，充分考虑区域间产业技术水平的差异，采用因子分析定权法确定我国各省份所隶属的产业技术前沿群组，并测度了 1980～2011 年我国产业行业的效率。本节研究结果可作为我国乃至各省市相关部门制定行之有效的产业行业节能减排发展政策的决策依据。

一、研究方法

假设有 N 个对等的生产决策单元（本节中指我国的各省、自治区、直辖市），每个使用 M 种投入（如资本、劳动力、能源等） $x = (x_1, x_2, \cdots, x_M) \in R_+^M$ ，得到 S 种期望产出（也称"好"的产出、经济产出等，如产业总产值等） $y = (y_1, y_2, \cdots, y_S) \in R_+^S$ 及 F 种非期望产出（也称"坏"的产出，如温室气体、废水、废渣等各类环境污染物） $b = (b_1, b_2, \cdots, b_F) \in R_+^F$ 。那么， x_{ij}, y_{xj}, b_{fj} 分别表示第 $\text{DMU}_j (j \in R_+^N)$ 的第 $i(i \in R_+^M)$ 种投入、第 $r(r \in R_+^S)$ 种期望产出和第 $r(f \in R_+^F)$ 种非期望产出的值。

（一）非参数生产前沿构建

生产前沿面是由投入最小、产出最大为目标的 Pareto 最优解构成的面。非参数前沿效率评价是通过生产决策单元到生产前沿面的投影偏离距离来比较和分析的，其中前沿面一般通过线性规划和凸分析来确定。

生产前沿面的构建技术基准主要有当期技术基准、窗式技术基准和全局技术基准。不同之处在于构建前沿面所采用的数据不同，分别是当期截面数据、当期和前期数据综合、所有时期的数据。本节采用窗口技术基准构建生产前沿面，属于连续前沿方法，这种方法的基本思想是重复利用现年数据，通过增加下一年的观测值来逐渐扩充决策单元，生产前沿逐年向外扩张。这种方法的主要优势在于假设不存在技术退步，符合现实生产实际，同时避免了线性规划无解，并能增加自由度，构造的前沿面更光滑，能够更好地区分不同地区效率值的差异。

动态时间窗口分析中窗口宽度的设定由研究者根据研究需要或者研究偏好主观设定。Charnes（1994）的研究表明，窗口宽度为 3 或者 4 个时间段时最能保证研究信息量的平衡和效率得分的稳定性，基于此，本节将窗口宽度设为3，且以 1 年的时间移动。

（二）组内前沿和共同前沿

假设所有的 DMU 可被划分为 $k(k=1,2,3,\cdots,K)$ 个区域，每个区域的生产技术集为 $T^k=\{(x^k,y^k,b^k):x^k$ 能生产 y^k 和 $b^k\}$，生产可能集为 $P^k=\{(y^k,b^k):(x^k,y^k,b^k)\in T^k\}$，集合的上界即为"区域前沿"，如图 13-14 中的 $K1,K2,K3$ 所示，表示区域间技术差距在短时间内无法趋同（追赶上）假定下，每个区域内 DMU 可以达到的最优的生产技术边界。包含 K 个区域的共同技术集为 $T^m=\{T^1\bigcup T^2\bigcup\cdots\bigcup T^K\}$，生产可能集为 $P^m=\{(y,b):(x,y,b)\in T^m\}$，$P^m(x)$ 的上界即为"共同前沿"，如图 13-14 中的 M 所示。

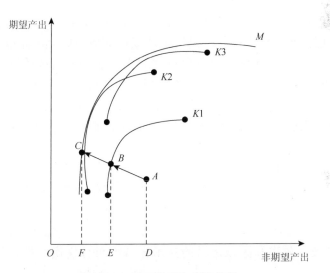

图 13-14　共同前沿与群组前沿

生产决策单元的非参数区域前沿的技术效率 $GEE(x^k,y^k,b^k)$ 表示生产单元实际投入产出水平与区域最优投入产出水平的差距，而 $MEE(x,y,b)$ 则表示生产单元的实际技术水平与共同技术前沿的差距。两者之间的关系如下：①由于共同前沿能够包络所有的区域前沿，所以 $GEE(x^k,y^k,b^k)\geqslant MEE(x,y,b)$。如图 13-14 所示，生产决策单元 A 的区域前沿为 $K1$，共同前沿为 M，$GEE_A^k(x_A^k,y_A^k,b_A^k)=\dfrac{\overline{OE}}{\overline{OD}}$，

$$\text{MEE}_A^m(x_A, y_A, b_A) = \frac{\overline{OF}}{\overline{OD}}, \text{ 明显 GEE}_A^k \geqslant \text{MEE}_A^m; \text{②两者的比值} 0 \leqslant \frac{\text{TE}^m(x, y, b)}{\text{TE}^k(x^k, y^k, b^k)} =$$

$$\frac{\overline{OF/OD}}{\overline{OE/OD}} = \frac{\overline{OF}}{\overline{OE}} \leqslant 1, \text{反映了区域与整体的技术差距,是共同前沿分析框架下最常}$$

用的指标,被定义为"技术缺口比"(MTR),MTR 的值越接近于 1,表示区域潜在技术与共同前沿潜在的技术水平差距越小,区域潜在的技术水平越高。

(三)全要素框架下基于共同前沿的产业环境绩效测度模型

全要素生产率的研究框架因为能够综合考虑多投入、多产出,更符合生产实际而被广大研究者所青睐。面对日益严重的环境问题,废气、废水、固废等非期望产出作为环境影响替代变量被引入研究。Färe 和 Grosskopf(1989)基于非期望产出的弱可处置性最早提出了环境效率评价模型,但涉及的非线性规划求解烦琐而没有被广泛应用;Hailu 和 Veeman(2001)将非期望产出作为投入考虑,但这与生产实际相悖;Chung 等(1997)提出了方向距离函数,同时考虑了期望产出的增加和非期望产出的减少,较好地解决了非期望产出的效率评价问题,但是无法剔除投入产出松弛造成的非效率成分,容易造成效率水平的高估,同时也不能解决因径向和角度的主观选择而造成的测算偏差。Tone(2004)提出的非径向非角度的 SBM 模型,能够最大限度地使每个 DMU 靠近生产前沿,从而克服传统 DEA 模型中因径向和角度主观选择而带来的研究偏差,同时模型将投入和产出的松弛放入到目标函数中,使得效率评价和比较更趋于现实。

本节将改进 Tone(2001)提出的 SBM 模型,将非期望产出的松弛引入到目标函数,同时采用共同前沿分析方法,考虑了潜在的技术差异,从而实现将 3E 目标和决策单元潜在的技术差异纳入研究框架。在规模报酬可变的假设条件下,基于 SBM 模型的 DDF,综合考虑"节能-增产-减排"的 DMU_0 的共同前沿技术效率和区域前沿的技术无效率可分别用线性规划 I 和线性规划 II 表示。

线性规划 I:

$$\beta^m = \min \frac{1 - \dfrac{1}{M} \sum_{i=1}^{M} \dfrac{s_i^-}{x_{i0}}}{1 + \dfrac{1}{S+F} \left(\sum_{r=1}^{S} \dfrac{s_r^y}{y_{r0}} + \sum_{f=1}^{F} \dfrac{s_f^b}{b_{f0}} \right)}$$

$$\text{s.t. } x_{i0}^k = \sum_{k=1}^{K} \sum_{n=1}^{N_k} \lambda_n^k x_{in}^k + s_i^x$$

$$y_{r0}^k = \sum_{k=1}^{K}\sum_{n=1}^{N_k} \lambda_n^k y_{rn}^k - s_r^y$$

$$b_{f0}^k = \sum_{k=1}^{K}\sum_{n=1}^{N_k} \lambda_n^k b_{fn}^k + s_f^b$$

$$\sum_{k=1}^{K}\sum_{n=1}^{N_k} \lambda_n^k = 1 \qquad (13\text{-}40)$$

$$\lambda_n^k \geqslant 0$$

$$i=1,\cdots,M; r=1,\cdots,S; f=1,\cdots,F; k=1,\cdots,K; n=1,\cdots,N_k$$

线性规划 II：

$$\beta^m = \min \frac{1-\dfrac{1}{M}\displaystyle\sum_{i=1}^{M}\dfrac{s_i^-}{x_{i0}}}{1+\dfrac{1}{S+F}\left(\displaystyle\sum_{r=1}^{S}\dfrac{s_r^y}{y_{r0}}+\displaystyle\sum_{f=1}^{F}\dfrac{s_f^b}{b_{f0}}\right)}$$

$$\text{s.t. } x_{i0}^k = \sum_{k=1}^{K}\sum_{n=1}^{N_k} \mu_n^k x_{in}^k + s_i^x$$

$$y_{r0}^k = \sum_{k=1}^{K}\sum_{n=1}^{N_k} \mu_n^k y_{rn}^k - s_r^y$$

$$b_{f0}^k = \sum_{k=1}^{K}\sum_{n=1}^{N_k} \mu_n^k b_{fn}^k + s_f^b \qquad (13\text{-}41)$$

$$\sum_{k=1}^{K}\sum_{n=1}^{N_k} \mu_n^k = 1$$

$$\mu_n^k \geqslant 0$$

$$i=1,\cdots,M; r=1,\cdots,S; f=1,\cdots,F; k=1,\cdots,K; n=1,\cdots,N_k$$

其中，λ_n^k 和 μ_n^k 分别表示与生产过程相关的共同技术集和区域技术集的强度变量。(x^k, y^k, u^k) 表示 k 区域的投入和产出向量，(s_i^x, s_r^y, s_f^b) 表示投入、期望产出和非期望产出的松弛向量。松弛变量可以考察生产决策单元实际值与最优值之间的偏离，松弛变量越大，表示投入和非期望产出的冗余量越多、期望产出不足量越大，因此，s_i^x, s_r^y, s_f^b 为正值分别表示实际投入大于边界投入的量，实际期望产出小于边界产出的量，实际非期望产出大于边界产出的量，而当 s_i^x, s_r^y, s_f^b 均为 0 时，$\beta=1$，表示该生产单元位于生产区域（共同）前沿面上，实际投入产出效率达到最优值，是技术有效的，没有进一步改进的空间。

目标函数表示投入松弛向量和产出松弛向量标准化后的加权平均值的比值的最小化，也就是实际投入与产出相对于生产前沿可改进量的平均值的比重的最小值，定义为投入产出无效率。

（四）共同前沿技术效率及共同前沿无效率的分解

基于共同前沿和区域前沿的 DMU_0 的环境效率可分别定义为

$$MEE = 1 - \beta^m \qquad (13\text{-}42)$$

$$GEE = 1 - \beta^k \qquad (13\text{-}43)$$

环境效率取值在 0 和 1 之间。由于共同前沿包络 K 个区域前沿，共同前沿的环境效率小于区域前沿的效率，也就是 $MEE \leqslant GEE$。如前所述，共同前沿的环境效率与区域前沿的环境效率的比值为技术缺口比（meta-technology ratio，MTR），反映了共同前沿与区域前沿的技术差距，即：

$$0 < MTR = \frac{MEE}{GEE} \leqslant 1 \qquad (13\text{-}44)$$

MTR 的值越接近 1，差异越小，表示区域前沿距离共同前沿的距离越近，区域越有效率；MTR 的值越小，差异越大，表示区域前沿距离共同前沿的距离越远；共同前沿下的环境效率值小于区域前沿的值。

采用 SBM 模型的 DDF 的优势还在于可以考察生产无效率的来源。由区域前沿和共同前沿计算的 MTR 仅表明了区域中的 DMU 在这两个前沿上的技术差异，而共同前沿无效率的缘由并没有界定出来。涂正革和刘磊珂（2011）的研究将环境效率分解为投入无效率和产出无效率，说明了投入和产出因子对环境绩效的无效率的贡献度，而并没有将技术无效率真正地分解出来。本节将从技术水平和管理二维探究环境绩效无效率的来源。

根据 Chiu 等（2012）的研究，本节将共同前沿下 DMU 的无效率可进一步分解为区域前沿下技术差距无效率（technology gap inefficiency，TGI）和管理无效率（managerial inefficiency，GMI）。

TGI 表示由于区域和共同前沿存在的技术差距而导致的区域内 DMU 的技术无效率，是技术无效率的外生因素，由公式表示为

$$TGI = GEE \times (1 - MTR) \qquad (13\text{-}45)$$

而 GMI 表示由于区域内 DMU 对"节能-减排-增产"的管理和控制决策失误造成的管理无效率，是内源性因素造成的无效率，用公式表示为

$$GMI = 1 - GEE = \beta_0^k \qquad (13\text{-}46)$$

所以，共同前沿下环境无效率值为

$$MEEI = TGI + GMI \qquad (13\text{-}47)$$

通过对产业环境绩效的无效率分解可以进一步考察影响我国各省产业环境绩效的因素，从而为各省制定针对性的产业又好又快发展的思路和政策路径提供依据。

　　本节模型构建的创新之处在于：①综合考虑 3E 目标，将其定义为"产业环境绩效"；②采用非径向非角度的 SBM 模型，提高效率比较和测度的准确性；③采用考虑技术差距的共同前沿分析，能够比较区域间的潜在的技术水平差异及变动情况。

二、投入产出指标的选取及研究数据来源

　　本节采用 1990～2011 年我国 31 个省（自治区、直辖市）的产业行业的面板数据。投入指标为产业资本存量、产业能源消费量和产业从业年均人数，期望产出指标有产业总产值，非期望产出指标为产业 CO_2 排放量。相关数据来源于《中国产业经济统计年鉴》《中国能源统计年鉴》《中国统计年鉴》《新中国 60 年统计资料汇编（1949—2008）》《中国经济普查年鉴》及国泰安 CSMAR 数据库。为了统一投入和产出指标的统计口径，参照陈诗一（2010）的数据处理方法，将产业投入数据由规模以上产业企业统计口径扩展至整个产业行业的数据。相关指标及处理及数据说明如下。

　　（1）劳动投入。1999～2011 年从业人员数据来源于《中国产业经济统计年鉴》各地规模以上产业企业的从业人员数，依据《中国经济普查年鉴 2008》中统计的各省份规模以上产业企业从业人数和全口径产业从业人数的比率（如经测算北京为 0.82、上海为 0.77、江西为 0.63 等），由此将规模以上产业企业从业人员数调整到全部产业企业从业人员数。

　　（2）资本存量。先前研究中关于资本存量的数据大都是采用 PIM 进行估算的，本节也沿用这样的方法，以 1952 年各省固定资本形成除以 10%作为初始资本存量，其后各年投资指标使用经固定资本形成指数平减到 1990 年不变价的固定资本形成总额，折旧率采用 9.6%，按照 PIM 的公式估计出 1990～2011 年各省的资本存量，相关的数据来源于《新中国 60 年统计资料汇编（1949—2008）》及国泰安 CSMAR 数据库。

　　（3）能源消费量。产业能源消费量主要是产业能源终端消费量，不包含能源加工转换损失量，采用原煤、洗精煤、其他洗煤、焦炭、原油、天然气、热力、电力等《中国能源年鉴》中所统计的 15 种主要能源，相关数据来源于地区能源平衡表，并按标准煤折算系数统一折算为万吨标准煤。1 吨原煤=0.7143 吨标准煤，1 吨原油=1.4238 吨标准煤，1000 立方米天然气=1.33 吨标准煤。由于 1990～1998 年上海、山东、湖南、四川等省（直辖市）的基础数据缺失较大，这期间的数据来自《中国统计年鉴》《中国能源年鉴》及各省统计年鉴中统计的总的能源消费量，然后以 1999～2011 年各省产业能源消费量占总能源消费量的比重进行缩减，如北京的产业能耗比重为 0.36、黑龙江为 0.54、福建

为 0.78、甘肃为 0.68。

（4）产业总产值。按照周五七和聂鸣（2013）的数据处理方法，通过规模以上企业产业总产值占全部产业总产值的比率，将各省份规模以上企业产业总产值（当年价）扩展成各省份全部产业总产值，并以区域产业品出厂价格指数构造产业产出价格指数，平减产业总产值，从而获得各省份 1990 年可比价格的产业总产值。

（5）CO_2 排放量。由于第二产业是重要的碳排放源，所以本节将 CO_2 排放量作为非期望产出引入研究。化石能源是产业生产中 CO_2 排放主要碳源，碳排放量可由各种主要能源（原煤、原油、天然气）消费导致的 CO_2 排放量加总得到。本节依旧采用 IPCC 提出的 CO_2 估算方法，估算 1990～2011 年我国各省产业 CO_2 的排放量，计算方法见本章第一节。

上述各指标的统计性描述及投入、产出变量的 Person 相关性检验见表 13-14。由表 13-14 中看出，投入变量和产出变量为显著正相关关系，也就是当投入增加时，产出也增加，符合 DEA 分析"等张性"的要求，投入和产出指标可用来做效率分析，测度结果具有可信度。

表 13-14　省际产业行业投入产出数据统计性描述及相关分析（1990～2011 年）

指标		单位	统计描述				相关分析				
			最小值	最大值	均值	标准差	资本存量	能源消费	从业人员	产业产值	碳排放量
投入	资本存量	亿元	3.09	15 649.44	1 633.15	2 320.91	1.00				
	能源消费	万吨	18.54	25 905.22	4 591.32	4 187.23	0.85*	1.00			
	从业人员	万人	2.82	1 977.42	284.55	277.41	0.22*	0.30*	1.00		
产出	产业产值	亿元	1.18	1 373.3	358.2	304.25	0.84*	0.89*	0.29*	1.00	
	碳排放量	万吨	31.21	57 651.01	10 522.81	9 263.81	0.81*	0.95*	0.30*	0.79*	1.00

注：资本存量和产业增加值以 1990 年不变价格折算

*表示 5%的显著水平

三、省域技术梯队划分

省际共同前沿的实证研究中对省域的群组划分一般按照地理位置和经济发展水平分为东、中、西部三大区域，或者东、中、西、东北四大区域，或者是珠三角、长三角和首都经济圈三大经济带，第一种划分法仅是按照地理位置进行的划分，没有考虑经济发展潜力、区域创新环境和国家政策的影响；第二种划分方法则在地理位置的基础上，考虑了"东部率先发展""中部崛起""西部大开发""东北老产业基地振兴"等国家战略政策，但是没有考虑经济发展潜力和区域创新环境；第三种划分方法考虑了经济发展水平，但是三大经济带只是涵盖了国内发达省份，没有包含中部和西部省份，同时区域创新环境和科技发展环境也没有体现。而在采用前沿分析方法测度环境绩效时，对省域隶属群组的划分主要依据科技创新能力和科技发展水平的差异，因此本节将通过不同省份产业可持续发展潜力的比较和分析，对我国内陆的31个省（自治区、直辖市）的群组隶属重新进行划分。

本节借助31个省（自治区、直辖市）的地理位置、产业经济发展、自然禀赋、产业创新环境四个项目展开分析，构建测度省域产业低碳发展科技潜力的评价指标体系，并采用15个类别指标对我国31个省（自治区、直辖市）的产业低碳科技发展潜力进行比较和分析，并通过2006~2011年的各指标的均值对各省份进行排序，然后赋权评分，综合各省的地理位置对各省群组隶属重新划分。受统计资料的限制，各指标测算结果为2006~2011年各省份测算结果的均值，基础数据来源于《新中国60年统计资料汇编（1949—2008）》、《中国统计年鉴》（2009~2012年）及国泰安CSMAR数据库。

产业经济发展设定了产业发展水平、城市化、经济开放度、固定资产投资和基础设施建设五个指标。

1. 产业发展水平

产业总产值是衡量一个地区产业发展水平的重要指标之一，人均产业总产值则可以综合考量区域产业经济运行的状况。本节测算了2006~2011年31个内陆省份的人均产业增加值的均值，并对这些值由高到低进行排序后赋值。排序在31位的人均产业增加值均值最小的西藏赋值为1，排序在30位的贵州省赋值为2，以此类推，排序在第3位的上海赋值为29，排序在第2位北京赋值为30，排序在第1位的天津市赋值为31，全国平均水平不参与排序和赋值。图13-15中人均产业总产值按照当年价格计算，单位为万元。

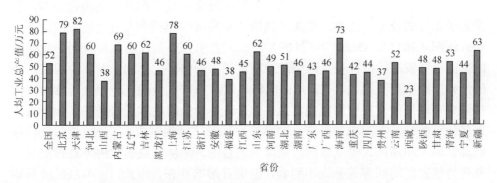

图13-15 全国各省份人均产业增加值（不含港、澳、台）

2. 城市化

城市化和产业化是相互促进的，产业化发展带动了整个经济的增长，提升了人民的物质生活水平和基础设施建设，从而推动了城市化的发展。城市化的发展将逐渐扩大产业生产的规模，突破地域限制，东部沿海城市打工的人群迫于大城市压力返回老家就业，大学毕业生迫于大城市的就业压力也返回到二三线城市发展，产业转移、国家户籍制度改革和社保制度的改革，促进了城市化的发展，进而推进了产业化发展的进程。产业经济发展水平与城市化密切相关，因此本节选取城市化为产业经济可持续发展的一个指标。城市化水平采用 1990～2011 年各省非农业人口所占的比重均值来测度。

依据城市化水平的高低，对内陆 31 个省（自治区、直辖市）进行赋值（图 13-16）。

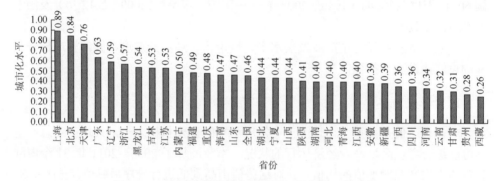

图 13-16　全国各省份城市化水平（不含港、澳、台）

3. 经济开放度

改革开放以来我国产业经济发展迅速，增速逐年上升，这与改革开放以来我国鼓励外商在华投资有一定的关系。外商投资不仅为产业发展融得资本，也带来了先进的技术和工艺，带动了我国产业发展的规模和发展速度。但是李锴和齐绍洲（2013）、Dean 等（2009）的研究表明，外商投资虽然有利于发展中国家的产业发展，但存在"污染避难所假说"的陷阱，不利于发展中国家产业的低碳发展和可持续发展。发达国家将本国污染密集型的产业行业转移到环境规制成本较低的发展中国家或者地区，并通过较低的成本进口这些产业产成品来替代这些产品在国内生产带来的污染和高额环境规制成本，进而将污染转移到其他国家和地区，实现本国污染降低的目的。经济开放引致的外商投资对产业可持续发展的利弊关系尚不明确，但定有影响存在，因此，本节将经济开放度作为产业可持续发展水平的一项指标。关于经济开放度对产业环境的影响，将在本章第四节分析。此处，采用产业行业外商投资占产业增加值的比重表示经济开放度。

图 13-17 表示各省份 2006～2011 年产业行业外商投资占产业增加值的比重的均值，单位为百分比，从图 13-17 中可以看出，福建、海南、广东、天津、上海、北京、辽宁、山东等沿海省（直辖市）的产业行业外商投资占产业增加值的比重比较高，经济开放度水平比较高，这与这些沿海城市优越的地理位置有重要的关系。

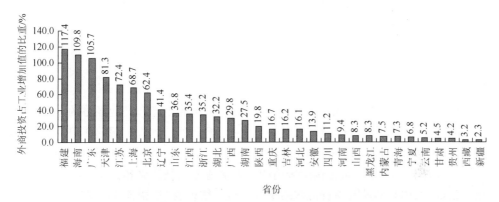

图 13-17　全国各省份外商投资占产业增加值比重（不含港、澳、台）

4. 固定资产投资

固定资产是产业生产活动的重要组成部分，并能够直接体现区域产业生产的科技水平。我国一直具有较高的储蓄率和投资水平，其中很大一部分用于再生产的积累。图 13-18 和图 13-19 分别表示 2006～2011 年各省份固定资产的原值和各省份产业固定资产原值占产业增加值的比重。

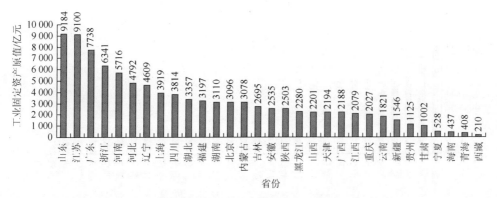

图 13-18　全国各省份产业固定资产原值（不含港、澳、台）

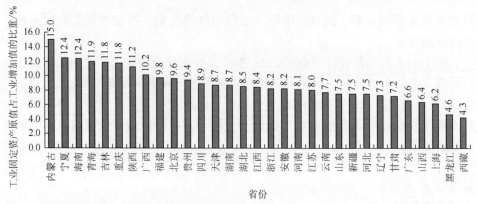

图 13-19　全国各省份产业固定资产原值占产业增加值比重（不含港、澳、台）

5. 基础设施建设

基础设施建设是非排他性公用产品，对产业企业生产和产业经济的发展有很强的正外部性。基础设施建设一般包括交通运输、管网运输、邮政通信及水利设施等。随着现代物流业的发达和网状物流线路的建设，产业产品的运输变得快速、高效、低成本，产业产品运输所采用的主要交通方式是铁路和公路。图 13-20 统计了 2006～2011 年我国各省份铁路平均里程，结果表明，内蒙古、黑龙江、辽宁等老产业城市的铁路里程比较长，而由于区域面积的缘故，天津等产业城市的公路和铁路的里程较短。因此，本节将采用单位面积铁路线路长度表示各省份的基础设施建设情况（图 13-21 和图 13-22）。

6. 生产效率

产业行业经济运行效率综合反映了各省产业发展的质量，以及区域经济发展和可持续发展的水平。产业经济运行效率涉及面比较多，主要有生产效率、资源利用水平、企业管理水平、资源利用水平等。

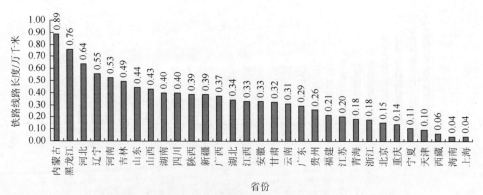

图 13-20　全国各省份铁路里程（不含港、澳、台）

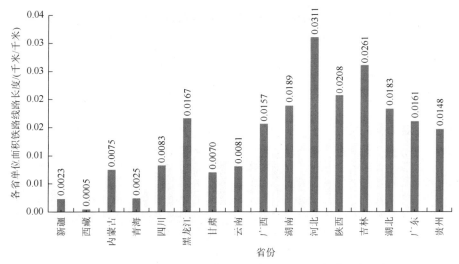

图 13-21　各省份单位面积铁路线路长度（一）（不含港、澳、台）

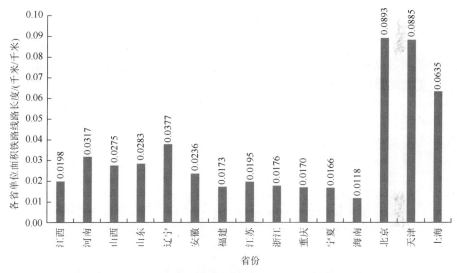

图 13-22　各省份单位面积铁路线路长度（二）（不含港、澳、台）

采用各省份 2006～2011 年国有及规模以上的产业企业的全员劳动生产率表示产业的生产效率，从图 13-23 中可以看出，东部沿海省份的产业企业的全员劳动生产率略高一些，但是其他省份的产业生产效率没有明显的中部、东北、西部区域的地域归属差异。

7. 管理水平

管理水平是区域软实力的重要体现，是决定省份差异的重要影响因素，也是提高区域经济运行效率的重要保证。产业企业的管理水平可以通过企业的盈利能力来展现，因此，区域产业的管理水平的差异可以通过对比各个区域的产业企业的盈利水平了解，本节采用国有及国有控股产业企业营业利润率来衡量区域产业经济运行的效率水平。

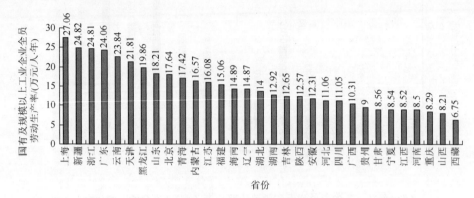

图 13-23　全国各省份国有及规模以上产业企业全员劳动生产率（不含港、澳、台）

从图 13-24 看出陕西、青海、云南、西藏等非沿海省份的产业企业营业利润率较高，管理水平较好。同时，这几个省份在本章第一节的产业环境绩效 M-L 指数的测度同时也处于较好的水平，因此，产业企业的管理水平对产业环境绩效的提升有正向的影响。

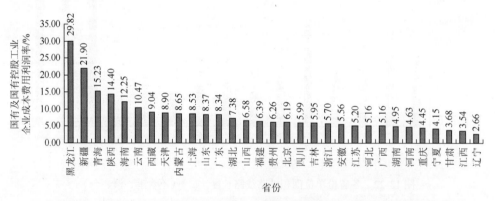

图 13-24　全国各省份国有及国有控股产业企业营业利润率（不含港、澳、台）

8. 资产利用

资产利用是反映经济运行质量的重要指标。资产运营效率是企业拥有或者控制的能以货币计量的经济资源的营运能力和效果，本节选取全国各省份规模以上产业企业的总资产贡献率反映各地区产业的资产利用水平。

从图 13-25 中看出，我国各省份的产业企业资产利用效率不高，但是东中部省份的资产利用效率高于西部省份资产利用效率。

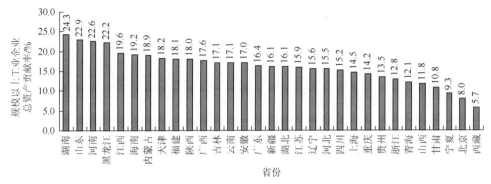

图 13-25　全国各省份规模以上产业企业总资产贡献率（不含港、澳、台）

9. 资源利用

能源利用效率水平是区域经济增长、环境保护的重要指标，本节采用单位产业增加值能源消耗量反映区域能源消耗水平和节能降耗的状况，其是区域产业运营效率的重要指标。

从图 13-26 中可以看出，东部沿海省份的单位产业增加值能耗量相对较低，这与这些地区先进的生产工艺是密切相关的。

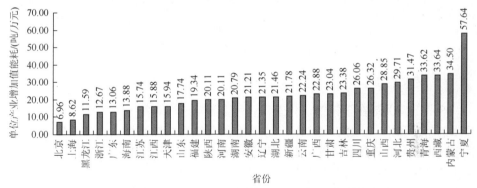

图 13-26　全国各省份单位产业增加值能源消耗量（不含港、澳、台）

10. 资本深化

资本深化是产业化进程的客观反映，在"十五"期间重化工行业资本深化持续加强，同时产业行业的资本收益率大于社会收益率，导致出现了过度产业化，产业发展呈现明显的粗放型的特征，资源能源消耗增加，环境污染物排放量增多，产业对环境的负外部效应逐渐明显显现和扩大，因此资本深化对产业环境绩效的提升有一定的影响，但是过度的资本深化会对环境产生越来越大的压力，因而可能阻碍产业环境绩效的提升。资本深化一般用资本-劳动比来衡量，本节借鉴袁鹏和程施（2011）的研究，用产业部门固定资产净值余额与产业就业人数的比重表示资本深化的程度。

从图 13-27 中看出，各省产业资本深化的值没有明显的地域聚集现象，沿海省份资本深化程度上没有明显的优势，而宁夏、云南、贵州等中西部省份具有相对高的资本深化水平。

产业节能减排一方面可以提高运营效率，另一方面可以改进生产工艺，提升技术水平。良好的政策绩效常取决于政策的执行，而政策的创新和政策执行机制的创新有赖于制度环境的创新。区域创新环境是产业低碳技术发展的重要保证，是区域产业可持续发展的重要支撑，本节将区域创新环境分解为技术基础、人力资本、科技经费、新产品开发四项指标，由于统计资料的限制，本部分的数据采用 2009~2011 年各指标的均值。

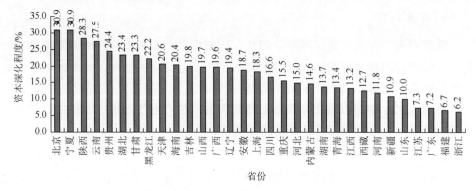

图 13-27　全国各省份产业资本深化程度（不含港、澳、台）

11. 技术基础

产业低碳关键在于钢铁、化工、有色金属、水泥等重产业行业重点节能减排技术的研发和推广应用。比如，钢铁行业的全氧高炉炼铁技术、干熄焦技术、煤调湿技术、高效连铸技术等，化工行业的氨合成回路分子筛节能技术、联碱不冷碳化技术等，水泥行业的纯低温余热发电、水泥窑协同处置污泥等新技术和改造技术。区域产业的技术基础主要集中体现了该区域内现有的产业技术水平和技术的利用程度，本节以产业企业的专利申请数表征各省份产业企业科技活动的情况。区域专利技术多，那么低碳技术的研发的能力就越强。

从图 13-28 中看出，沿海省份的专利数远大于内陆省份，尤其是珠三角、长三角和首都经济圈的技术实力雄厚，这与当地的经济支撑密不可分。

12. 人力资本

人力资本是推动区域创新的重要力量，也是区域创新能力的重要体现。产业企业科技活动人员的数量在很大程度上可以衡量一个区域内部科研能力的高低，因此，这个指标可以表示一个区域内的创新综合实力（图 13-29）。

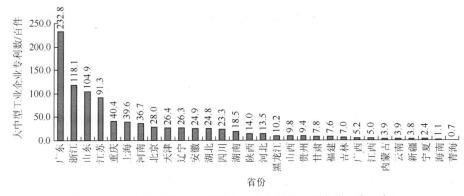

图 13-28　全国各省份大中型产业企业专利数（不含港、澳、台）

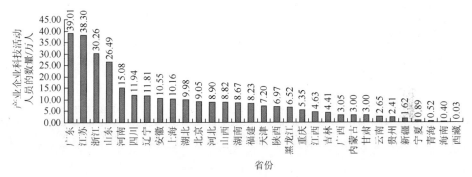

图 13-29　全国各省份产业企业科技活动人员数量

13. 科技经费

科研经费投资是提升技术创新能力的重要途径，对于转变产业经济发展方式和提升产业企业的竞争力有重要的作用。《国家中长期科学和技术发展规划纲要（2006—2020）》对我国产业科研经费的投资起到重要的推动作用，2001~2012 年，我国产业行业的科技经费持续增加，科技经费占产业总产值的比重也逐年稳步提升（图 13-30）。

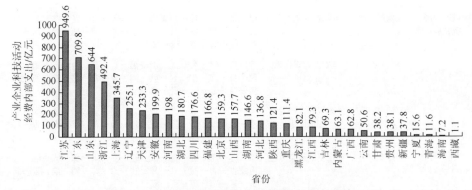

图 13-30　全国各省份产业企业科技活动经费内部支出

在持续加强的环境规制的压力下，产业企业将科技经费投放于节能减排工艺改进、低碳技术研发、污染排放治理的经费比重越来越大，2011 年规模以上产业行业的产业行业污染治理费用占科技经费总投入的比重达到 23%。

14. 新产品开发

产业企业新产品开发和新产品开发经费的投入是维系企业生存活力的重要表征，也是企业技术创新环境和实力优劣的外在表现，本节将新产品开发作为产业低碳技术发展环境的一项指标，其数据采用《中国产业经济年鉴》中的"产业企业新产品开发和生产产值"这个指标的统计数据（图 13-31）。

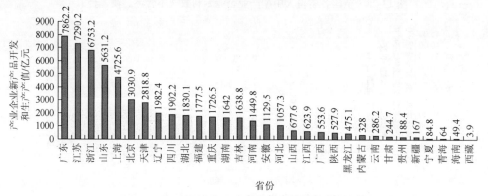

图 13-31　全国各省份产业企业新产品开发和生产产值

综上所述，省域产业可持续发展评价指标包括区域产业经济发展、区域产业经济运行效率、区域创新环境和能力 3 类，14 个指标，加上各省份的地理位置，合计共 4 类，15 个指标，见表 13-15。

表 13-15　省域产业可持续发展水平评价指标

一级指标	二级指标	计算方法及单位	区域排名次序（由高到低）
区域产业经济发展	产业发展水平	人均产业总产值	津—京—沪—琼—内蒙古—新—鲁—吉—辽—苏—冀—青—云—鄂—豫—陕—甘—皖—浙—黑—湘—桂—赣—川—宁—粤—渝—闽—晋—贵—藏
	城市化	非农业人口比重	沪—京—津—粤—辽—浙—黑—吉—苏—内蒙古—闽—渝—琼—鲁—鄂—宁—晋—陕—湘—冀—青—赣—皖—新—桂—川—豫—云—甘—贵—藏
	经济开放度	外商投资占产业增加值比重	闽—琼—粤—津—苏—沪—京—辽—鲁—赣—浙—鄂—桂—湘—陕—渝—吉—冀—皖—川—豫—晋—黑—内蒙古—青—宁—云—甘—贵—藏—新
	固定资产	固定资产投资原值	鲁—苏—粤—浙—豫—冀—辽—沪—川—鄂—闽—湘—京—内蒙古—吉—皖—陕—黑—晋—津—桂—赣—渝—云—新—贵—甘—宁—琼—青—藏

续表

一级指标	二级指标	计算方法及单位	区域排名次序（由高到低）
区域产业经济发展	交通运输	区域公路里程/区域地理面积	沪—黑—冀—豫—辽—新—陕—吉—鲁—晋—湘—川—鄂—桂—皖—赣—粤—云—甘—闽—贵—苏—青—浙—渝—宁—京—津—琼—藏—内蒙古
区域产业经济运行效率	生产效率	规模以上产业劳动生产率	沪—新—浙—粤—云—津—黑—鲁—京—青—内蒙古—苏—闽—琼—辽—鄂—湘—吉—陕—皖—冀—川—桂—贵—甘—宁—赣—豫—渝—晋—藏
	管理水平	规模以上产业企业营业利润率	黑—新—青—陕—琼—云—藏—津—内蒙古—沪—鲁—粤—鄂—晋—闽—贵—京—川—吉—浙—皖—苏—冀—桂—湘—豫—渝—宁—甘—赣—辽
	资产利用	规模以上产业企业总资产贡献率	湘—鲁—豫—黑—赣—琼—内蒙古—津—闽—陕—桂—吉—云—皖—粤—新—鄂—苏—辽—冀—川—沪—渝—贵—浙—青—晋—甘—宁—京—藏
	资源利用	单位产业 GDP 能耗	京—沪—黑—浙—粤—琼—苏—赣—津—鲁—闽—陕—豫—湘—皖—辽—鄂—新—云—桂—甘—吉—川—渝—晋—冀—贵—青—藏—内蒙古—宁
	资本深化	以产业固定资产净值余额与产业就业人数比表示	京—宁—陕—云—贵—鄂—甘—黑—津—琼—吉—晋—桂—辽—皖—沪—川—渝—冀—内蒙古—湘—青—赣—藏—豫—新—鲁—苏—粤—闽—浙
区域创新环境和能力	技术基础	大中型产业企业专利数	粤—浙—鲁—苏—渝—沪—豫—京—津—辽—皖—鄂—川—湘—陕—冀—黑—晋—贵—甘—闽—吉—桂—赣—内蒙古—云—新—宁—琼—青—藏
	人力资本	产业企业科技活动人员	粤—苏—浙—鲁—豫—川—辽—皖—沪—鄂—京—冀—晋—湘—闽—津—陕—黑—渝—赣—吉—桂—内蒙古—甘—云—贵—新—宁—青—琼—藏
	科技经费	产业企业科技活动经费内部支出	苏—粤—鲁—浙—沪—辽—津—皖—豫—鄂—川—闽—京—晋—湘—冀—陕—渝—黑—赣—吉—内蒙古—桂—云—甘—贵—新—宁—青—琼—藏
	新产品开发	产业企业新产品开发和生产产值	粤—苏—浙—鲁—沪—京—津—辽—川—鄂—闽—渝—湘—吉—豫—皖—冀—晋—赣—桂—陕—黑—内蒙古—云—甘—贵—新—宁—琼—青—藏
地理位置	—	按经济划分的东北、东部、中部和西部	东部 10 省（直辖市），即京—津—冀—鲁—苏—浙—沪—闽—粤—琼；中部 6 省，即晋—皖—赣—豫—鄂—湘；西部 12 省（自治区、直辖市），即内蒙古—桂—渝—川—贵—云—藏—陕—甘—青—宁—新；东北 3 省，即黑—辽—吉

　　因子定权法的基本原理是通过各个指标对各个研究对象（各个省份）分别打分，后将各研究对象的得分做加权平均，得到各研究对象的因子得分权重，而后将权重进行 0-1 标准化。

　　本节中统计了 14 个指标在 31 个省份的年均值，并按照各省年均值将各省由大到小（产业增加值能耗为由小到大）排序，然后赋权，排序在第 1 位的得分为 31，排序在第 2 位的得分为 30，以此类推，排序在第 31 位的得分为 1。各省产业可持续发展水平的因子得分权重及标准化值见表 13-16。

表 13-16 全国各省产业可持续发展水平评价

省份	因子得分权重 w	标准化 q	省份	因子得分权重 w	标准化 q	省份	因子得分权重 w	标准化 q
北京	22.867	0.958	浙江	21.267	0.879	重庆	14.400	0.544
天津	23.600	0.993	安徽	16.467	0.645	四川	15.200	0.583
河北	14.333	0.541	福建	17.733	0.707	贵州	9.867	0.322
山西	12.000	0.427	江西	13.067	0.479	云南	13.267	0.489
内蒙古	15.200	0.583	山东	23.533	0.990	西藏	3.267	0.000
辽宁	18.733	0.806	河南	17.267	0.684	陕西	18.067	0.723
吉林	16.267	0.635	湖北	19.667	0.801	甘肃	8.133	0.238
黑龙江	17.133	0.678	湖南	17.067	0.674	青海	10.133	0.336
上海	23.733	1.000	广东	22.333	0.932	宁夏	8.667	0.264
江苏	22.267	0.928	广西	12.533	0.453			
新疆	11.333	0.394	海南	16.600	0.651			

按照标准化得分及各群组中省份数量的相对均衡,对各省进行分组。将表 13-5 中测度的各省累计 M-L 指数进行 0-1 标准化处理,与本节测度因子得分权重的标准化得分,放在同一个二维坐标系中,见图 13-32。

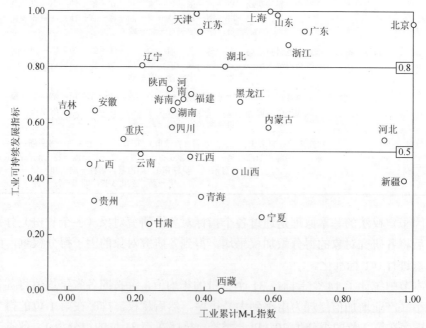

图 13-32 基于标准化得分的省份群组分类

将标准化得分大于 0.8 的归为高技术水平区域群组,标准化得分 0.5~0.8 的为中技术水平区域群组,得分小于 0.5 的为低技术水平区域。分组结果见表 13-17。

表 13-17 基于标准化得分的各省群组划分

群组	标准化得分	省份
高技术水平区域	$q>0.8$	上海、北京、天津、江苏、山东、广东、浙江、湖北、辽宁
中技术水平区域	$0.5<q<0.8$	陕西、河南、福建、黑龙江、湖南、海南、安徽、吉林、四川、内蒙古、重庆、河北
低技术水平区域	$0<q<0.5$	云南、江西、广西、山西、新疆、青海、贵州、宁夏、甘肃、西藏

由每个指标确定各省份的评分值,采用因子定权法对指标进行分类,从而将我国的 31 个省份(不含港、澳、台)划分为三个技术梯队,即高技术水平区域、中技术水平区域和低技术水平区域。其中,高技术水平区域包括上海、北京、天津、江苏、山东、广东、浙江、湖北、辽宁 9 个省份;中技术水平区域包括陕西、河南、福建、黑龙江、湖南、海南、安徽、吉林、四川、内蒙古、重庆、河北 12 个省份;低技术水平区域包括云南、江西、广西、山西、新疆、青海、贵州、宁夏、甘肃、西藏 10 个省份。本节将根据省域划分的三个技术水平区域作为本研究的三个技术区域。

本节实证研究的特色之处在于:①综合考虑地理位置、经济发展、自然禀赋、创新环境,将我国 31 个省份采用因子定权法重新进行分组,归并为三大技术水平区域;②产业环境绩效影响因子的选取依据本节构建的省域产业可持续发展技术水平潜力评价指标和以往文献的研究成果,影响因素分析充实,解释变量选择富有依据;③采用窗口分析法,分析了各省份、各区域及全国层面的产业环境绩效的动态变化,并将环境绩效无效率分解为区域技术无效率和管理无效率。

四、区域产业环境绩效测度与分析

(一)共同前沿和区域前沿下的区域差异分析

本节基于技术差距视角,在全要素生产理论的指导下,采用非参数共同前沿的方法,构建了我国产业环境绩效测度的研究框架体系。共同前沿和区域前沿下我国各省及三个技术水平区域的产业环境绩效见表 13-18。

表 13-18　共同前沿和群组前沿下我国产业环境绩效的统计描述（1990～2011 年）

省份	技术水平区域隶属	MEE				GEE			
		最小值	最大值	平均值	标准差	最小值	最大值	平均值	标准差
北京	高	0.39	1.00	0.83	0.22	0.42	1.00	0.85	0.21
天津	高	0.35	0.65	0.51	0.10	0.35	0.65	0.51	0.10
辽宁	高	0.38	1.00	0.87	0.25	0.38	1.00	0.87	0.25
上海	高	0.68	1.00	0.95	0.11	0.68	1.00	0.95	0.11
江苏	高	0.35	1.00	0.68	0.21	0.35	1.00	0.68	0.21
浙江	高	0.29	1.00	0.69	0.26	0.29	1.00	0.69	0.26
湖北	高	0.13	0.27	0.19	0.03	0.20	0.61	0.45	0.08
山东	高	0.33	1.00	0.64	0.23	0.33	1.00	0.64	0.23
广东	高	0.44	1.00	0.82	0.23	0.44	1.00	0.82	0.23
河北	中	0.11	0.25	0.18	0.04	0.15	0.57	0.42	0.10
内蒙古	中	0.07	0.22	0.17	0.04	0.09	0.56	0.39	0.14
吉林	中	0.14	0.27	0.18	0.04	0.32	0.57	0.44	0.07
黑龙江	中	0.25	0.39	0.34	0.04	0.29	1.00	0.84	0.24
安徽	中	0.13	0.38	0.21	0.07	0.36	1.00	0.58	0.18
河南	中	0.13	0.43	0.23	0.09	0.33	0.62	0.49	0.10
福建	中	0.27	1.00	0.74	0.32	0.27	1.00	0.74	0.32
湖南	中	0.13	0.30	0.22	0.06	0.23	1.00	0.60	0.20
海南	中	0.24	1.00	0.40	0.21	0.56	1.00	0.90	0.16
重庆	中	0.11	0.33	0.19	0.06	0.28	0.62	0.43	0.10
四川	中	0.13	0.44	0.23	0.09	0.33	0.73	0.50	0.12
陕西	中	0.14	0.23	0.17	0.02	0.18	0.48	0.39	0.08
山西	低	0.07	0.17	0.14	0.02	0.11	0.46	0.36	0.09
江西	低	0.15	0.29	0.23	0.05	0.21	1.00	0.69	0.29
广西	低	0.14	1.00	0.34	0.26	0.35	1.00	0.68	0.21
贵州	低	0.11	0.29	0.16	0.05	0.24	0.49	0.37	0.06
云南	低	0.19	1.00	0.39	0.24	0.49	1.00	0.81	0.20
西藏	低	0.06	0.24	0.11	0.06	0.14	0.28	0.21	0.05
甘肃	低	0.14	0.21	0.17	0.02	0.16	0.53	0.43	0.11
青海	低	0.14	0.30	0.19	0.05	0.29	0.52	0.40	0.06

续表

省份	技术水平 区域隶属	MEE				GEE			
		最小值	最大值	平均值	标准差	最小值	最大值	平均值	标准差
宁夏	低	0.11	1.00	0.20	0.19	0.19	1.00	0.37	0.16
新疆	低	0.19	1.00	0.33	0.17	0.22	1.00	0.74	0.31
高技术水平区域		0.27	1.00	0.75	0.15	0.27	1.00	0.75	0.16
中技术水平区域		0.07	0.43	0.23	0.05	0.32	1.00	0.56	0.11
低技术水平区域		0.06	1.00	0.22	0.08	0.09	1.00	0.49	0.07
全国		0.06	1.00	0.25	0.07	0.09	1.00	0.59	0.10

从表 13-18 中可以看出，1990～2011 年，共同前沿和区域前沿下我国整体产业环境绩效的均值差别比较大，分别为 0.25 和 0.59，这一方面说明其各省份确实存在的潜在技术差距；另一方面说明我国整体的产业环境绩效水平偏低，尚存在节能减排的潜力。从区域的角度看，共同前沿下高技术水平区域、中技术水平区域和低技术水平区域的产业环境绩效的均值分别为 0.75、0.23 和 0.22，高技术水平区域显然要高于中技术水平区域和低技术水平区域，分析其原因，主要在于高技术水平区域拥有优异的生产技术、管理效率和相对完善的污染排放控制和处理机制。低技术水平区域产业环境绩效无效率均值为 0.22，说明其即便是采用和技术梯队 1 省份相一致的优异产业环境技术，仍存在 22% 的节能减排增产的潜力。

在区域前沿下，高技术水平区域、中技术水平区域和低技术水平区域的产业环境绩效均值分别为 0.75、0.56 和 0.49，均高于共同前沿下的均值，主要是因为两种前沿下的参考的技术集是不一样的，区域前沿参考的是本区域省份潜在的最优生产技术，而共同前沿参照的是全国所有省份潜在的最优生产技术。以中技术水平区域中的吉林省为例，区域前沿下的产业环境绩效均值为 0.44，意味着采用中技术水平区域最优的生产技术，还存在 56% 的节能增产减排潜力，参照共同前沿其产业环境绩效值为 0.18，表明如果采用全国最先进的生产技术，其节能增产减排潜力还可以提升 82%，两者的技术缺口达到 26%。从表 13-18 中还可以看出，高技术水平区域的技术缺口均不超过 1%，这是因为技术梯队 1 省份的潜在技术水平比较高，接近于全国的技术最优水平，从而两种前沿下的产业环境绩效均值差别不大（图 13-33）。

（二）区域动态变化分析

为分析不同技术区域在区域前沿下的最优生产技术水平和全国最优生产技术水平的差异及演变规律，本节引入技术差距比和区域技术差两个指标，其中技术

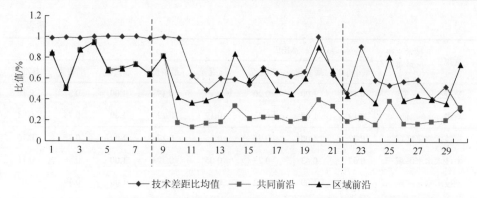

图 13-33　区域前沿和共同前沿下我国各省产业环境绩效与技术差距比的均值

差距比为区域潜在生产技术水平与全国最优潜在技术水平的比率，区域间技术差距为技术差距比的差值，体现了区域间潜在生产技术水平的差异。由表 13-19可以看出，1990～2011 年三个技术梯队省份的潜在技术存在较明显的差距，其中高技术水平区域技术缺口比率（technology gap rate，TRG）都接近于 1，进一步表明了高技术水平区域的区域前沿和共同前沿是非常接近的，生产技术水平在全国处于领头羊和标杆的地位，这主要是由于高技术水平区域的省份大都是我国东部沿海省份，地理位置优越，加之经济基础好、企业管理先进、国家政策倾斜等因素，有利于引进、消化、吸收国外的先进生产技术和优秀人才，有利于推进各省经济增长，有助于孵化节能减排的技术环境，从而各省份的潜在的"节能-增产-减排"综合技术实力比较强。高技术水平区域和低技术水平区域的 TGR 均值分别为 0.679 和 0.385，距离全国最优的生产技术水平还有 32.1%和 61.5%"节能-增产-减排"的空间，同时与高技术水平区域存在 0.295 和 0.588的技术差距，低技术水平区域的生产技术水平远低于高技术水平区域的水平，这主要是由于改革开放以来的优先发展沿海省份的区域经济发展政策，这种不均衡的区域政策对低技术水平区域的技术提升造成了一定的阻碍，使得这些省份的产业行业类型、生产设备与工艺、人力资本、技术集资金支持低于高技术水平区域的省份。

表 13-19　不同技术水平区域技术差距测度结果

年份	技术差距比			区域技术差距		
	High-Tech	Mid-Tech	Low-Tech	HT-MT	HT-LT	MT-LT
1990	0.956	0.613	0.345	0.343	0.612	0.269
1995	0.976	0.634	0.368	0.342	0.607	0.266
1997	0.956	0.707	0.338	0.250	0.618	0.368
2000	0.948	0.639	0.358	0.310	0.590	0.281

年份	技术差距比			区域技术差距		
	High-Tech	Mid-Tech	Low-Tech	HT-MT	HT-LT	MT-LT
2001	1.000	0.606	0.555	0.394	0.445	0.051
2002	0.980	0.670	0.332	0.310	0.648	0.338
2003	0.998	0.686	0.363	0.312	0.635	0.323
2004	0.976	0.714	0.379	0.262	0.597	0.334
2005	0.976	0.763	0.397	0.213	0.579	0.366
2006	0.934	0.890	0.400	0.044	0.534	0.490
2007	1.000	0.652	0.383	0.348	0.617	0.268
2008	0.976	0.630	0.411	0.346	0.565	0.220
2009	0.976	0.648	0.375	0.328	0.601	0.273
2010	0.976	0.648	0.388	0.328	0.588	0.260
2011	0.998	0.636	0.387	0.358	0.617	0.291
均值	0.974	0.679	0.385	0.295	0.588	0.293

注：High-Tech 表示高技术水平群组，Mid-Tech 表示中技术水平群组，Low-Tech 表示低技术水平群组；HT-MT 表示高技术群组和中技术水平群组的比较，HT-LT 表示高技术群组和低技术水平群组的比较，MT-LT 表示中技术水平群组和低技术水平群组的比较

（三）环境绩效无效率分解

我国产业节能减排主要有技术和管理两种途径，其中技术方面的节能减排主要指以能源消费领域持续技术进步为推动的技术层面的节能减排，如淘汰落后产能、推广先进技术、制造高效设备、加大科研投入等，是节能减排的内生因素；管理方面的节能减排主要是指管理体制改革和运作机制调整带来的能效提升和污染排放减少，如推广能源合同管理、强化能源消费统计与检测等。

共同前沿下各省产业环境绩效无效率分解可以进一步剖析制约产业环境效率提升的因素，从而为各省产业绿色发展提供路径制定的依据。

从表 13-20 中可以看出，高技术水平区域和中技术水平区域的省份的 TGI 贡献度明显小于 GMI 的贡献度，其中，高技术水平区域的技术无效率所占比重微乎其微，再次验证了技术梯队 1 省份技术处于全国产业生产技术的最前沿，同时表明了这些省份的产业环境绩效无效率的重要因素在于管理无效率，因此提升管理能力是这些省份改善产业环境绩效的重点。中技术水平区域 TGI 贡献度也虽然小于 GMI 的贡献度，但也占了 10% 左右的比重，因此中技术水平区域省份在提升管理能力的同时，要注意引进和学习高技术水平区域省份的先进产

业生产技术，提升产业环境绩效的水平。低技术水平区域省份的 TGI 和 GMI 有相当的贡献度，这一方面说明了低技术水平区域的潜在的产业生产技术与高技术水平区域和中技术水平区域存在较大的差异；另一方面，这些省份要内外兼顾，同时制定措施推进技术水平改善和管理能力提高，共同促进省域产业环境绩效的提升。

表 13-20　中国产业环境绩效无效率均值及其分解

省份	技术水平区域隶属	1990~2011 年产业环境绩效无效率均值及占比					发展策略	
		MEEI	TGI		GMI		改善生产技术	提升管理水平
北京	高	0.600	0.003	0.5%	0.597	99.5%		√
天津	高	0.756	0.001	0.2%	0.755	99.8%		√
辽宁	高	0.751	0.004	0.5%	0.747	99.5%		√
上海	高	0.550	0.000	0.0%	0.550	100.0%		√
江苏	高	0.675	0.000	0.0%	0.675	100.0%		√
浙江	高	0.688	0.000	0.0%	0.688	100.0%		√
湖北	高	0.758	0.144	19.0%	0.615	81.0%		√
山东	高	0.718	0.004	0.6%	0.713	99.4%		√
广东	高	0.685	0.000	0.0%	0.685	100.0%		√
河北	中	0.807	0.092	11.4%	0.715	88.6%		√
内蒙古	中	0.771	0.244	31.6%	0.527	68.4%		√
吉林	中	0.893	0.072	8.0%	0.821	92.0%		√
黑龙江	中	0.797	0.138	17.3%	0.659	82.7%		√
安徽	中	0.885	0.096	10.9%	0.789	89.1%		√
河南	中	0.720	0.149	20.7%	0.572	79.3%	√	
福建	中	0.682	0.000	0.0%	0.682	100.0%		√
湖南	中	0.722	0.142	19.6%	0.580	80.4%		√
海南	中	0.599	0.000	0.0%	0.599	100.0%		√
重庆	中	0.910	0.376	41.4%	0.534	58.6%	√	√
四川	中	0.794	0.697	87.8%	0.097	12.2%	√	
陕西	中	0.899	0.486	54.1%	0.413	45.9%	√	√
山西	低	0.601	0.237	39.4%	0.364	60.6%	√	√
江西	低	0.841	0.068	8.1%	0.772	91.9%		√

续表

省份	技术水平区域隶属	1990～2011年产业环境绩效无效率均值及占比					发展策略	
		MEEI	TGI		GMI		改善生产技术	提升管理水平
广西	低	0.780	0.422	54.1%	0.358	45.9%	√	√
贵州	低	0.905	0.496	54.8%	0.409	45.2%	√	√
云南	低	0.793	0.330	41.7%	0.462	58.3%	√	√
西藏	低	0.939	0.512	54.6%	0.427	45.4%	√	√
甘肃	低	0.933	0.330	35.4%	0.602	64.6%	√	√
青海	低	0.897	0.428	47.8%	0.468	52.2%	√	√
宁夏	低	0.940	0.246	26.1%	0.695	73.9%	√	√
新疆	低	0.855	0.297	34.7%	0.558	65.3%	√	√

五、区域产业环境绩效收敛性分析

收敛性分析的意义在于分析不同区域产业环境绩效的趋同及发散情况，主要有 σ 收敛、绝对 β 收敛和条件 β 收敛三种类型。其中，σ 收敛偏重于经济存量水平随时间的变动分析，若经济存量水平存在时序下降的趋势，则表明存在 σ 收敛，也就是区域间的差异和离差越来越小；而 β 收敛偏重于经济增量速度的分析，基本原理是测度变量的初始水平与经济增长率之间的变动趋势，其中绝对 β 收敛和条件 β 收敛的区别在于，绝对 β 收敛最终的结果是各研究单元是完全趋同的，达到完全相同的稳定状态，条件 β 收敛最终的结果是各研究单元的差异是逐渐缩小的，但是差异是存在的。σ 收敛和绝对 β 收敛属于绝对收敛，表示各研究单元的增长存量和增速趋同。本节分别采用 σ 收敛和绝对 β 收敛对我国各省份逐年的产业环境绩效进行分析。

（一）σ 收敛性分析

σ 收敛的测度通常采用标准差、基尼系数、变异系数和泰尔指数等，本节采用标准差的方法计算。产业环境绩效的 σ 收敛可表示如下：

$$\sigma_t = \sqrt{\frac{1}{I-1}\sum_{i=1}^{I}(EE_{it}-\overline{EE}_{it})^2} \qquad (13-48)$$

其中，EE_{it} 表示第 i 个地区在 t 年的产业环境绩效值；$\overline{EE}_{it}$ 表示 t 年所有地区的产业环境绩效均值，若存在 $\sigma_{t+1} < \sigma_t$，则说明所测变量的离散程度在缩小，存在 σ 收敛。对共同前沿和区域前沿下的我国各省逐年产业环境绩效值进行 σ 收敛测度，结果见图 13-34。

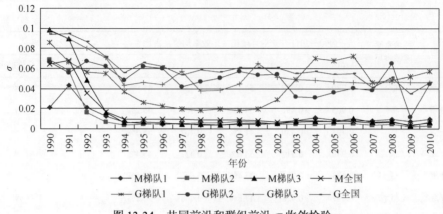

图 13-34　共同前沿和群组前沿 σ 收敛检验

从图 13-34 中可以看出，我国产业环境绩效，1990~2011 年共同前沿下，全国及三个技术区域收敛趋势明显，均是符合 σ 收敛的，且不存在俱乐部收敛。而区域前沿下 σ 收敛并不是很明显，而且可能存在俱乐部收敛，也就是潜在技术水平越先进的区域技术增长速度越快，而潜在技术水平越落后的区域技术增长越缓慢。

（二）绝对 β 收敛——俱乐部收敛分析

为进一步分析区域前沿下我国产业环境绩效是否确实存在俱乐部收敛，本节引入地区虚拟变量，采用 β 收敛进行检验。

β 收敛通常用来描述经济变量增长速度与其初始水平之间的负相关关系，绝对 β 收敛可以通过构造回归模型加以检验。

$$g_{it} = (\ln EE_{iT} - \ln EE_{it})/(T-t) = \alpha_i + \beta \ln EE_{it} + \varepsilon_{it} \qquad (13\text{-}49)$$

其中，α_i 表示常数项，β 表示待估参数，ε_{it} 表示随机误差项；EE_{iT} 和 EE_{it} 分别表示第 i 地区在第 T 年和初始年第 t 年的区域产业环境绩效；$g_{it} = (\ln EE_{it} - \ln EE_{io})/(T-t)$ 表示 $(T-t)$ 年第 i 区域产业环境绩效的平均增长速度。若 β 显著为负，表明存在绝对 β 收敛，也就是说各省份产业环境绩效趋于同一稳态水平，初始值低的省份产业环境绩效的平均增长速度高于初始值高的省份，存在落后省份追赶先进省份的发展趋势。

以 2000 年为界，将研究时间划分为跨世纪前后两个阶段，即 1990~2000 年和 2001~2011 年，其中 1990~2011 年时间段各省的初始值采用 1990~1995 年的产业环境绩效的均值，期末值采用 2005~2011 年产业环境绩效的均值，时间跨度为 15 年，也就是 $(T-t)=15$；1990~2000 年时间段各省的初始值采用 1990~1993 年的均值，期末值采用 1997~2000 年的均值，时间跨度为 7 年；同样 2001~2011

年时间段各省的初始值采用 2001～2004 年的均值，期末值采用 2007～2011 年的均值，时间跨度为 6 年。

为分析三个技术水平区域的技术趋同情况，本节引入地区变量 Dum，对我国三个技术水平区域进行两两比较。模型 A 中，属于高技术水平区域的省份 Dum 取值为 1，属于中技术水平区域的省份的为 0；模型 2 中属于高技术水平区域的省份 Dum 取值为 1，属于低技术水平区域的省份技术的为 0；模型 3 中属于中技术水平区域的省份 Dum 取值为 1，属于低技术水平区域的省份技术的为 0。对三个模型分别用加入区域变量的固定效应模型进行回归，结果见表 13-21。

表 13-21　产业环境绩效绝对 β 收敛检验

参数	模型 A (High-Tech) – (Mid-Tech)			模型 B (High-Tech) – (Low-Tech)			模型 C (Mid-Tech) – (Low-Tech)		
	1990～2010 年	1990～2000 年	2001～2010 年	1990～2010 年	1990～2000 年	2001～2010 年	1990～2010 年	1990～2000 年	2001～2010 年
α	−0.0364[**]	−0.0307[*]	−0.0625[**]	−0.0445[**]	−0.0414[**]	−0.0654[**]	−0.0346[**]	−0.0383[**]	−0.0472[**]
β	−0.0423[**]	−0.0793[**]	−0.0412[**]	−0.0425[**]	−0.0664[**]	−0.0418[*]	−0.0381[**]	−0.0697[**]	−0.0234[*]
Dum	0.0001[*]	0.0276[*]	−0.0115	0.0082	0.0443[**]	0.0087[*]	0.072[**]	0.0233[**]	0.0001
收敛速度	0.0085	0.0665	0.0539	0.0027	0.0389	0.0514	0.0179	0.0627	0.0336
R^2	0.7759	0.8086	0.2414	0.6648	0.7787	0.2903	0.6498	0.7270	0.0817
F 值	27.692	33.803	2.545	15.865	28.156	3.273	17.625	25.297	0.845

注：High-Tech 表示高技术水平区域；Mid-Tech 表示中技术水平区域；Low-Tech 表示低技术水平区域
*表示 5%的显著水平，**表示 1%的显著水平

表 13-21 中结果显示，三个时间段异质技术水平区域两两比较结果中，β 值都为负值，且在 1%的显著水平下显著；模型 B 和模型 C 地区虚拟变量大都为正值，也非常显著，技术梯队间存在俱乐部收敛的现象，也就是说，我国产业环境绩效高技术水平区域的省份普遍比低技术水平区域的省份技术发展要快，中技术水平区域的省份普遍比低技术水平区域的省份技术增长快。潜在技术水平低的省份的技术水平增长速度在短时间内不会超越潜在技术水平高的省份，尤其是低技术水平区域的潜在技术水平在短时间内难以超越中技术水平区域和高技术水平区域。而模型 A 中区域虚拟变量的负值反映了高技术水平区域和中技术水平区域俱乐部收敛不明显，说明中技术水平区域潜在技术水平追赶效应优于高技术水平区域的省份，这与近年来"中部崛起""振兴东北老产业基地"的政策导向有很大的关系。

上述 σ 收敛和 β 收敛的结果共同说明，区域前沿下的测度产业环境绩效与共同前沿下的环境绩效的收敛性存在较大的差异，考虑潜在技术差距的产业环境绩

效说明我国高技术水平区域的省份和低技术水平区域的省份可能存在技术差距进一步加大的风险，这与周五七和聂鸣（2012）的研究结果一致，因此，我国区域发展应该在保证先进技术水平发展的同时，更多关注潜在技术水平差的省份，采取措施促进其产业生产技术效率提升和产业技术发展环境的优化，从而缩小全国各省份的技术差异水平，从整体上提升我国产业环境绩效。

六、研究结论与政策启示

采用共同前沿和带有松弛测度的 DEA 方法，本节在环境生产技术下测度了我国产业环境绩效及其无效率的技术-管理二维分解，采用 σ 收敛及绝对 β 收敛测度了共同前沿及区域前沿下我国产业环境绩效的收敛性，本节研究的研究结果如下。

（1）我国产业环境绩效整体水平偏低，距离全国共同前沿尚有 75.32% 的节能、增产、减排空间。

（2）不同省份、不同技术梯队环境绩效指数也有较大的差别，产业可持续发展存在较严重的区域发展不平衡的现象，高技术水平区域的产业环境绩效远高于低技术梯队的产业环境绩效，三个技术水平区域潜在的生产技术水平差异明显，高技术水平区域的潜在生产技术是全国的领头羊和技术标杆，与全国的技术差距比为 0.974，达到了全国最优生产技术的 97.4%；中、低技术水平区域的技术边界追赶效应均优于高技术水平区域，环境绩效提升潜力较大，需从产业环境绩效无效率的外生因素和内源因素两方面来挖掘。

（3）共同前沿下 σ 检验结果显示产业环境绩效存在收敛趋势，中国产业环境绩效差距在近期内不会扩大；而区域前沿下的 β 检验结果表明产业环境绩效存在俱乐部收敛，高技术水平区域和低技术水平区域省份存在技术差距加大的风险，需提高低技术水平区域的产业技术含量，从而提升产业环境绩效水平。

第四节　产业环境绩效评价与差异化分析

环境规制和区域技术差距视角下，环境绩效呈现出各行业和区域差异，本节将探究其原因，提炼出产业环境绩效的主要影响因素，并对各因素的贡献度进行测算，并结合本章第一节、第二节和第三节的研究结论，分析我国产业环境绩效提升的路径。

一、基于 Tobit 二阶段法的外在影响因素分析

（一）计量模型构建

国内已有研究针对环境绩效的影响因素进行理论和实证分析，常选用的

方法是两步法，以测算出来的环境效率值为因变量，以其影响因素为自变量建立回归模型；而影响因子的选取往往根据已有研究和主观判定来选定，大致有经济结构、能源结构、城市化、对外开放、产权结构、政府干预等。结合本节区域潜在技术差异研究的需要，以已有的研究成果及本节构建的产业可持续发展技术水平潜力指标体系为基础，初步选定的影响产业环境绩效的因素主要有区域产业经济发展水平、区域产业运行效率、区域创新环境和能力三大类 12 个指标，即产业发展水平（IL）、城市化率（UR）、经济开放度（EO）、固定资产投资（Inv）、交通运输（Tra）、生产效率（PE）、管理水平（ME）、资源利用（RU）、资本深化（CD）、政府影响力（GI）、技术基础（TL）、能源消费结构（CS），其中政府影响力表示政府政策对产业可持续发展的干预程度，采用各省产业污染治理投资占地区产业生产总值的比重来表示，能源消费结构采用各省煤炭消耗量占总能源消费量的比重表示。相关指标测算的基础数据来源于国泰安数据库及《新中国 60 年统计资料汇编（1949—2008）》。

本节将群组前沿下的产业绩效作为因变量，将初选的 14 个指标作为因变量。首先对因变量进行相关性检验，结果表明，固定资产投资、交通运输、生产效率、管理水平分别与资本深化、政府影响力存在很强的正相关性，除管理水平与资本深化的相关系数为 0.546 外，其余的相关系数均大于 0.8，指标间存在多重共线性。为消除解释变量的多重共线性，本节将构建多个回归模型，保证每个模型中各指标的相关系数均小于 0.5。

由于产业环境绩效取值在 0 和 1 之间，数据被截断，所以最小二乘法不再适用于估计回归系数，本节采用能够处理受限或者截断因变量的 Tobit 随机效应模型进行面板数据的回归，构建的计量模型如下：

$$\text{GEE}_{it}^* = C + \beta_1 \text{IL}_{it} + \beta_2 \text{UR}_{it} + \beta_3 \text{EO}_{it} + \beta_4 \text{Inv}_{it} + \beta_5 \text{Tra}_{it} + \beta_6 \text{PE}_{it} + \beta_7 \text{ME}_{it} \quad (13\text{-}50)$$
$$+ \beta_8 \text{RU}_{it} + \beta_9 \text{CD}_{it} + \beta_{10} \text{GI}_{it} + \beta_{11} \text{TL}_{it} + \beta_{12} \text{CS}_{it} + \varepsilon_{it}$$

$$\text{GEE}_{it} = \max(0, \text{GEE}_{it}^*) \quad (13\text{-}51)$$

其中，GEE_{it} 为本节计算的群组前沿下 1990~2011 年各省份产业环境绩效值；β_i 为相关系数；ε_{it} 为随机误差项，且 $\varepsilon_{it} \sim N(0, \delta^2)$。构建的模型采用极大似然估计法估计参数 β。

（二）结果分析

本文采用 EViews 软件对影响产业环境绩效的影响因子进行 Tobit 回归分析，结果见表 13-22。

表 13-22 我国产业环境绩效影响因素 Tobit 随机效应模型回归结果

回归元	模型 I	模型 II	模型III	模型IV	模型 V	模型VI
常数项	−0.667* (−1.819)	−2.585** (−6.274)	−0.001 (−0.006)	−0.469* (−1.274)	−0.270** (−1.830)	−0.192* (−0.399)
β_1	0.006 (0.096)	0.012* (0.239)	−0.104** (−4.189)	−0.178** (−3.826)	0.036* (0.360)	−0.079* (−1.088)
β_2	0.192** (2.683)	0.140** (3.183)	0.329* (0.885)	0.439* (0.806)	0.256** (2.954)	0.848** (2.830)
β_3	−0.240* (−0.938)	0.033 (0.213)	−0.193* (−1.144)	0.008 (0.034)	−0.472* (−0.935)	−0.224* (−1.102)
β_4	0.017** (10.944)					
β_5		0.191** (14.428)				
β_6			0.030** (25.691)			
β_7				0.007* (1.120)		
β_8				−0.423** (−10.776)		
β_9					0.066** (6.046)	
β_{10}						0.108** (2.048)
β_{11}	0.178* (0.802)	0.059* (0.497)	−0.090 (−0.674)	0.061* (0.383)	0.004 (0.011)	0.106** (2.404)
β_{12}	−0.221** (3.231)	−0.328** (5.247)	−0.350** (1.698)	−0.259** (3.254)	−0.340** (2.809)	−0.168* (0.358)
自然对数似然函数值	386.286	424.433	491.548	424.435	330.206	403.321

*表示5%的显著水平，**表示1%的显著水平

消除多重共线性的 6 个模型的拟合优度值近似，拟合水平较高，说明这些模型对数据的拟合都处于一致的比较好的水平。模型 I 主要考察了产业发展水平、城市化率、经济开放度、固定资产投资、技术基础、能源消费结构对我国产业环境绩效的影响。模型 II 则在模型 I 的基础上重点考察了交通运输等基础设施对产业环境绩效的影响；模型III 则在模型 I 的基础上重点关注了生产效率对产业环境绩效的影响；模型IV 则重点关注了管理水平、资源利用两个影响因子；模型 V 则考察了资本深化对产业环境绩效的影响，模型VI 则关注了政府影响力对产业环境绩效的影响。

从总体上看，全国范围内，能源消费结构、资源利用在一定程度上抑制了产业环境绩效的提升，而城市化率、交通运输、技术基础（研发投入）具有显著的正向促进作用，固定资产投资、生产效率、管理水平、资本深化对产业环境绩效的影响系数为正数，但是正向贡献能力相对较弱。以下将分类别对各个影响因子的检验结果及经济含义进行分析。

（1）能源消费结构改善及资源利用效率提升对产业环境绩效改善至关重要。回归分析发现，产业环境绩效与能源消费结构存在显著的负相关关系，而且煤炭消费比重下降 1%，则会使产业环境绩效提升 22.06%，能源消费结构的改善对产业环境绩效的改善至关重要，也体现了产业减排一个重要的路径是从源头上减少含碳资源的消费量，但是我国正处于产业化和城镇化的进程中，以煤为主的能源消费结构在短时间内难以改变，2000 年以来，全国整体产业行业原煤占能源消耗总量的比重一直在 70%左右波动，因此从源头上减少碳排放，优化以煤为主的能源结构是一个长期的产业环境绩效改善的策略。

本节采用单位产业产值能耗作为能源利用效率的考察变量，结果发现能耗效率系数为负值，说明单位产业产值的能源消耗量越高，能效水平越低，产业环境绩效越低。由回归结果发现，若单位产业产值能源消耗降低 1 个百分点，产业环境绩效平均可改善 27.77%，因此提升能源利用效率能够发挥很好的推进环境绩效改善的作用。经济快速发展导致能源需求量不断攀升，能源供需矛盾凸显，因此能效水平提升成为各地经济发展的一项重要任务，特别是重化工类能耗高的行业要着力通过新技术和先进的管理方式提升煤、石油、天然气等资源的使用效率，由粗放型向集约型转变。

（2）城市化与产业环境绩效改善相辅相成、共同推进。城市化率一般用城镇人口占总人口的比重表示，基于我国产业发展进程和国情，产业一般能带动整个区域经济的发展，从而推动区域基础设施更加完善，加快区域城镇化的发展，因此产业发展往往能够推进城市化的进程。而本节所构建的 6 个模型城市化率的系数均显著为正值，暗含城市化率对产业环境绩效改善具有很强的正向推进作用，说明了城市化水平提升能够促进产业化向绿色转型。从而，我国城市化和产业化发展之间是相互推动、相互促进的，是相辅相成的关系。

（3）完善基础设施建设推进产业环境绩效改善。进入 21 世纪以来，特别是加入 WTO 以后，我国产业产值逐年攀升，产业产品种类和产量逐年增长，相应的对便捷的产品运输物流网络的要求逐步提升。便捷的运输网络能够使投入的生产要素及时供应、产成品及时推向市场，缩短了产业生产过程的时间，提高了对市场需求反映的灵敏度，从而为区域产业发展开阔了更大的市场空间，并在市场竞争下，逐渐形成产业集聚效应和规模效应，更大程度上提升了产业的市场生产率，带来产业整体效率的提升，产业环境绩效也得以提升。

（4）技术研发投入是产业环境绩效改善的重要举措。产业技术研发经费主要用于创新、改进与推广包括环境保护在内的先进生产工艺和技术，这些技术在推动经济快速增长的同时，提升了资源使用效率和环境污染的处置水平，在减少污染排放的同时增加了有效产出，从而提升了产业环境绩效。回归分析结果表明，产业研发投入增加 1 个百分点，可以使产业环境绩效平均提升 5.3 个百分点。

（5）区域产业经济运行效率具有一定的推进作用。本节采用的区域经济运行效率指标主要有生产效率、管理水平、资产利用，从回归结果中可以看出，这些指标对产业环境绩效的提升均有正向的影响，但是影响作用不是很大，结果也不是很显著，因此区域产业经济运行效率对产业环境效率的提升作用是有限的。

（6）经济开放度对产业环境绩效有抑制作用。一般意义认为通过外商投资引致的现金管理和工艺技术的溢出效应能够提高当地的产出水平和环境效率，而本节的研究结果却出现了相反的结果，也就是外商投资不能提升我国的产业环境绩效水平，相反对产业环境绩效有一定的负向影响。主要原因可能在于美国及欧洲等西方产业化发达的国家和地区，对产业发展具有更加严厉的惩罚措施和规章，导致这些国家将高污染、高耗能的产业通过外商投资的形式向发展中国家转移，从而外商投资额度增加并不能改善我国的产业环境绩效。

（7）政府影响力。"十一五"期间，我国政府综合运用经济、法律法规、行政等手段，制定了推进节能减排的产业政策，政府资金投入规模和覆盖范围较之以往均有大幅增加，"十一五"期间中国政府推动节能减排工作在产业低碳技术开发、新能源产业项目扶持、能源效率提升等方面的投资高达 961 亿元，逐步形成政府引导、社会各个层面积极参与的局面，进一步证实了本章第二节的研究结论，产业环境规制能够促使产业企业在技术创新上的投入，通过申请政府专项产业节能减排资金或者使用自有资本，研发和采用节能减排工艺，可以实现环境绩效水平提升和企业盈利的双赢。

综上所述，产业环境绩效的外在影响因素中，能源消费结构、资源利用对我国产业环境绩效的提升有抑制作用，也就是说改善以煤为主的能源消费结构及降低产业单位 GDP 能耗能够在很大程度上促进产业环境绩效的提升；同时，政府影响力、交通运输、研发投入、城市化率对产业环境绩效具有显著的正向影响作用，完善环境规制、完善交通设施建设、加大产业生产技术的研发投入、提高各省的城市化水平能够在较大程度上提升我国的产业环境绩效。

二、基于 LMDI 分解分析的内在驱动因素分析

为达成产业节能减排目标，提升产业环境绩效，不仅需要关注影响产业环境绩效的外在影响因素，也要探究影响产业碳排放增长的内在关键因素，明确我国碳产业排放增长的驱动力。因此，识别影响碳排放增长的关键因素，分析其根本驱动力，这是本节研究的重点内容。

基于本章第一节的研究，省域和行业层面产业环境绩效变化的内在驱动力主要是技术效率变化和技术进步，本节将在剔除产业技术因素的前提下，探究影响产业环境绩效的其他内在驱动力。

本节将 CO_2 作为环境影响替代变量引入研究，因此，本节将产业环境绩效的

内在驱动力转变为研究碳排放变动的内在驱动因素和贡献度。除分析产业行业外，本节把具有高碳排放量特征的农业、建筑业、交通运输邮电业、商业、生活部门英国石油公司（British Petroleum，BP）、国际能源机构（International Energy Agency，IEA）作为产业的对比对象引入研究，以明确产业节能减排的相对潜力和相比其他部门的驱动因素的差异。

上述研究，CO_2 排放量的计算是基于国内各统计年鉴及 IPCC、BP、IEA 等国外研究机构发布的能源数据和排放因素。我国各行业的碳排放存在差异，其影响因素也不尽相同，因此本节在上述研究的基础上，对 Kaya 等式重新进行扩展，引入经济效应影响因子、行业贡献影响因子、能源强度影响因子和碳排放强度影响因子，随后分行业研究影响我国各行业碳排放增长的驱动力，并通过横向和纵向比较，分析不同时期，各驱动因素影响的正负向及强弱大小，分析其原因，并据此提出相应的结论与建议。

（一）基于 Kaya 等式的分解分析模型

Kaya 等式是由日本学者 Yoichi Kaya 教授在 IPCC 的首次研讨会上提出来的。Kaya 等式将 CO_2 排放分解为以下四个影响因素：人口规模、碳排放强度、能源强度和人均生产总值，即：

$$Q_c = M_{pop} \times \frac{Q_c}{Q_e} \times \frac{Q_e}{GDP} \times \frac{GDP}{M_{pop}} \tag{13-52}$$

其中，Q_c 代表 CO_2 排放量；Q_e 代表能源消耗量；M_{pop} 代表人口总量；GDP 代表国内生产总值。

上述 Kaya 等式可应用于各行业的 CO_2 排放分析中，本节在上述学者的研究基础上，结合我国实际情况，引入经济效应影响因子、行业贡献影响因子、能源强度影响因子和碳排放强度影响因子，进一步对 Kaya 等式进行扩展。

假定行业 i 包括 j 个子行业，行业 i 的 CO_2、能源使用量和产值分别为各 j 个子行业的相应数据加和，即：

$$Q_{ci}^t = \sum_j Q_c^t; Q_{ei}^t = \sum_j Q_e^t; GDP_i^t = \sum_j GDP^t \tag{13-53}$$

其中，t 表示年份。

根据 Sun 在修订的 IDA 模型构建所提出来的"共同生产、平均分担"（jointly created and equally distributed）的原则处理分解过程的剩余项。本节构建的基于扩展 Kaya 的行业分解模型如下：

$$Q_{ci}^t = GDP_i^t \times \sum_j \frac{Q_{ej}^t}{IV_j^t} \times \frac{IV_j^t}{GDP_i^t} \times \frac{Q_{cj}^t}{Q_{ej}^t} = GDP_i^t \times \sum_j EI_j^t \times SS_j^t \times CI_j^t \tag{13-54}$$

其中，IV 表示行业产值；EI 表示能源消耗强度；SS 表示行业贡献率；CI 表示能源结构碳强度；ci 表示行业 CO_2 排放量；ej 表示子行业能源消耗量；cj 表示行业能源消耗量。

为研究影响 CO_2 的因素的逐年变化情况，需分别对 GDP、EI、SS、CI 的逐年变化情况进行分析，上述各变量的年变化量采用相近两年的差额表示：

$$\Delta GDP = GDP^t - GDP^{t-1} \tag{13-55}$$

$$\Delta EI_j = EI_j^t - EI_j^{t-1} \tag{13-56}$$

$$\Delta SS_j = SS_j^t - SS_j^{t-1} \tag{13-57}$$

$$\Delta CI_j = CI_j^t - CI_j^{t-1} \tag{13-58}$$

将（13-53）两边同除以 t 年人口 M_{pop}^t，则本节构建的碳排放增长驱动力模型为

$$\frac{Q_{ci}^t}{M_{pop}^t} = \frac{GDP_i^t}{M_{pop}^t} \times \sum_j \frac{Q_{ej}^t}{IV_j^t} \times \frac{IV_j^t}{GDP_i^t} \times \frac{Q_{cj}^t}{Q_{ej}^t} = PG_i^t \times EI_i^t \times SS_i^t \times CI_i^t \tag{13-59}$$

其中，PG_i 代表人均 GDP；EI_i 代表 i 行业单位产值的能源消耗；SS_i 代表 i 行业的行业贡献率；CI_i 代表 i 行业的单位能源的 CO_2 排放量。

由于经济发展与 CO_2 排放量密切相关，式（13-59）中 $\dfrac{GDP_i^t}{M_{pop}^t}$ 代表经济效应，用经济效应的大小来说明经济发展水平的高低。

由于各行业单位产值的能源需求量的变动与 CO_2 排放量的变动密切相关，式（13-59）中 $\dfrac{Q_{ej}^t}{IV_j^t}$ 代表 i 行业能源消耗强度效应。

不同的行业的 CO_2 排放量也不尽相同，式（13-59）$\dfrac{IV_j^t}{GDP_i^t}$ 表示各行业产值对 GDP 的贡献，本定义为行业贡献效应。

能源结构的调整、结构变化也会影响 CO_2 的排放量，式（13-59）中 $\dfrac{Q_{cj}^t}{Q_{ej}^t}$ 代表 i 行业的碳排放强度效应。

基于 Sun（1998）的改进的 IDA 分解法，本节构建模型中的影响 CO_2 排放的经济效应、能源强度效应、行业贡献效应和碳排放强度效应分别用以下公式测算。

$$\begin{aligned}
经济效应(i) = {} & \Delta PG_i \sum_j \left\{ SS_j EI_j CI_j + \frac{1}{2}(\Delta SS_j EI_j CI_j + SS_j \Delta EI_j CI_j + SS_j EI_j \Delta CI_j) \right\} \\
& + \Delta PG_i \left\{ \frac{1}{3}(\Delta SS_j \Delta EI_j CI_j + \Delta SS_j EI_j \Delta CI_j + SS_j \Delta EI_j \Delta CI_j) \right. \\
& \left. + \frac{1}{4}(\Delta SS_j \Delta EI_j \Delta CI_j) \right\}
\end{aligned}$$

$$\tag{13-60}$$

$$能源强度效应(i) = \sum_j \Delta EI_j \left\{ PG_i SS_j CI_j + \frac{1}{2}(\Delta PG_i SS_j CI_j + PG_i \Delta SS_j CI_j + PG_i SS_j \Delta CI_j) \right\}$$
$$+ \sum_j \Delta EI_j \left\{ \frac{1}{3}(\Delta PG_i \Delta SS_j CI_j + \Delta PG_i SS_j \Delta CI_j + PG_i \Delta SS_j \Delta CI_j) \right.$$
$$\left. + \frac{1}{4}(\Delta PG_i \Delta SS_j \Delta CI_j) \right\}$$

$$(13\text{-}61)$$

$$行业贡献效应(i) = \sum_j \Delta SS_j \left\{ PG_i EI_j CI_j + \frac{1}{2}(\Delta PG_i EI_j CI_j + PG_i \Delta EI_j CI_j + PG_i EI_j \Delta CI_j) \right\}$$
$$+ \sum_j \Delta SS_j \left\{ \frac{1}{3}(\Delta PG_i \Delta EI_j CI_j + \Delta PG_i EI_j \Delta CI_j + PG_i \Delta EI_j \Delta CI_j) \right.$$
$$\left. + \frac{1}{4}(\Delta PG_i \Delta EI_j \Delta CI_j) \right\}$$

$$(13\text{-}62)$$

$$碳排放强度效应(i) = \sum_j \Delta CI_j \left\{ PG_i SS_j EI_j + \frac{1}{2}(\Delta PG_i SS_j EI_j + PG_i \Delta SS_j EI_j + PG_i SS_j \Delta EI_j) \right\}$$
$$+ \sum_j \Delta CI_j \left\{ \frac{1}{3}(\Delta PG_i \Delta SS_j EI_j + \Delta PG_i SS_j \Delta EI_j + PG_i \Delta SS_j \Delta EI_j) \right.$$
$$\left. + \frac{1}{4}(\Delta PG_i \Delta SS_j \Delta EI_j) \right\}$$

$$(13\text{-}63)$$

基于本节假设，i 行业的 CO_2 排放量的变化主要是由上述效应引起的。因此，由四个效应引起的 CO_2 的变化量为式（13-60）～式（13-62）结果的加总。

依据《中国统计年鉴》和《中国能源年鉴》，行业能源数据分为农林牧渔水利业，工业，建筑业，交通运输仓储邮政业，批发和零售业，住宿和餐饮业，其他等八类；由于批发和零售业，住宿和餐饮业，金融业，房地行业都与商业活动密切相关，便于统计分析和模型计算，本节将其统一化为商业，本节将影响碳排放的整个经济社会划分为农林牧渔水利业、工业、建筑业、仓储运输邮政业、商业和生活部门六个经济部门。为更加清晰地分析我国近 20 年来碳排放增长变化的驱动因素，使结论更接近实际，各经济指标采用 1990 年不变价。根据《中国统计年鉴》《中国能源年鉴》《中国城市年鉴》的数据，整理的能源消费量、碳排放量、经济结构、人口总量、GDP 增长率等数据如表 13-23 所示。各类主要能源折算标准煤系数如表 13-24 所示。

表 13-23　我国能源、碳排放与主要经济指标

项目		1990 年	1995 年	2000 年	2005 年	2007 年	2008 年	2009 年	2010 年
人口/亿人		11.43	12.11	12.67	13.08	13.21	13.28	13.35	13.40
GDP 增长率/%		3.8	10.9	8.4	11.3	14.2	9.6	9.1	10.3
GDP/亿元		18 547.9	33 070.5	50 035.2	79 691.9	102 511.1	112 387.7	122 743.4	135 566.3
各行业产值/亿元	农林牧渔水利业	5 062.0	6 205.2	7 354.1	8 919.4	9 716.0	10 238.6	10 666.9	11 122.6
	工业	6 858.0	15 480.3	25 153.5	42 168.8	54 694.0	60 125.3	65 374.7	73 261.3
	建筑业	859.4	1 718.1	2 298.2	3 753.2	5 111.9	5 597.6	6 636.3	7 530.1
	仓储运输邮政业	1 167.0	1 955.7	3 081.0	5 074.4	6 717.6	7 416.4	8 125.7	8 918.1
	商业	4 721.0	7 911.5	12 463.9	20 528.1	27 175.6	30 002.6	32 871.9	36 077.6
工业增加值/亿元		6 413.7	10 005.8	18 167.3	44 709.6	67 376.8	77 618.2	84 394.6	94 575.7
一次能源消费量/Mtce		987.0	1 311.8	1 455.3	2 360.0	2 805.1	2 914.5	3 066.5	3 250
碳排放量/亿吨		22.44	30.22	30.78	51.08	60.76	65.51	68.77	72.66

注：①GDP、各行业产值及产业增加值按 1990 年不变价格计算；②一次能源的碳排放系数采用国家发展和改革委员会公布的数据；③一次能源消费量计算所用的能源折算标准煤系数采用 IEA 公布的数据；④1990～2008 年 CO_2 排放量是 IEA 公布的数据，2009 年、2010 年数据依据《中国统计年鉴》《中国能源年鉴》的相关数据整理所得

表 13-24　各类主要能源折算标准煤系数

能源名称	原煤/吨	焦炭/吨	原油/吨	汽油/吨	煤油/吨	柴油/吨	燃料油/吨	天然气/立方米	电力/千瓦时
折算标准煤系数	0.7143	0.9	1.4286	1.4714	1.4714	1.4571	1.4286	1.33×10^{-3}	0.404×10^{-3}

资料来源：IEA

从表 13-23 和图 13-35 可以看出，1990 年以来，我国 CO_2 排放变化情况呈现阶段性变化，本节将其分为四个阶段：稳定增长阶段、缓慢下降阶段、快速增长阶段和缓慢增长阶段，见表 13-25。

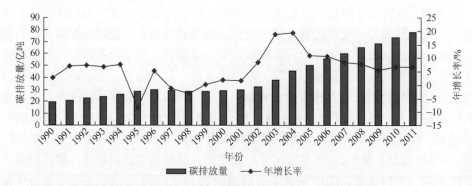

图 13-35　1990～2011 年中国产业行业 CO_2 排放量及增幅

表 13-25　1990~2011 年中国 CO_2 排放量的变化及特点

阶段	特点	年均增速/%	年均增量/亿吨	年均碳排放量/亿吨
稳定增长阶段(1990~1994 年)	增速平稳，增速和增幅变化不大	6.28	1.37	22.75
缓慢下降阶段(1995~1998 年)	增速变化较大，碳排放量逐年下降	−1.86	−0.13	29.00
快速增长阶段(1999~2005 年)	增速快，增幅大	8.70	3.11	36.17
缓慢增长阶段(2006~2011 年)	增速和增幅变化较大，碳排放量逐年上升	7.61	4.62	66.83

（二）结果分析

在表 13-25 中 CO_2 排放量的四个变化阶段的基础上，对产业行业等六个经济部门的环境绩效的内在驱动因素进行测度，其中，农林牧渔水利业、建筑业、仓储运输邮政业、商业、生活部门五个部门产业行业的对比结果如图 13-16 所示。

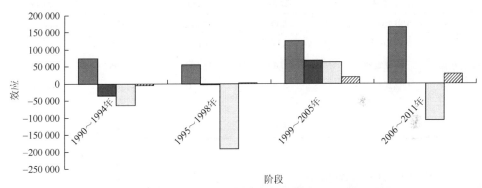

图 13-36　1990~2011 年影响我国产业 CO_2 排放的驱动因素分解图

采用 Matalab 编程对所构建的模型进行求解。在四个不同阶段中，影响六个行业部门的 CO_2 排放的经济效应、能源强度效应、行业贡献效应和碳排放强度效应的计算结果见图 13-36。

在四个不同阶段中，表 13-26 中影响产业行业的 CO_2 排放的经济效应、行业贡献效应、能源强度效应和碳排放强度效应表示的是 1990~2011 年，各行业 CO_2 的排放增长驱动效应的贡献度。

表 13-26　1990～2011 年分行业 CO_2 排放量增长驱动效应及其贡献　　单位：%

效应	行业	1990～1997 年	1998～2000 年	2001～2004 年	2005～2011 年
经济效应	农林牧渔水利业	34.19	21.05	39.92	19.87
	产业	41.06	22.25	85.09	54.83
	建筑业	20.93	24.61	24.59	20.81
	仓储运输邮政业	25.00	55.05	24.10	41.59
	商业	25.97	38.91	30.54	35.58
	生活部门	91.23	40.54	64.60	84.27
行业贡献效应	农林牧渔水利业	60.98	−87.37	58.13	1.64
	产业	−19.77	−1.50	45.84	0.16
	建筑业	−31.72	62.00	−1.45	−31.69
	仓储运输邮政业	2.92	23.30	−45.12	−18.78
	商业	14.14	6.73	−30.97	8.20
能源强度效应	农林牧渔水利业	3.29	−14.41	16.78	−13.62
	产业	−35.78	−75.84	42.70	−36.11
	建筑业	−20.03	0.17	41.02	−32.67
	仓储运输邮政业	−22.51	3.50	10.70	−31.89
	商业	−27.01	−16.90	4.76	−28.48
碳排放强度效应	农林牧渔水利业	−8.12	−5.99	18.74	−64.87
	产业	−3.39	0.40	11.77	8.91
	建筑业	−27.32	13.56	−32.95	−14.83
	仓储运输邮政业	−49.58	−25.14	−20.09	−7.74
	商业	−32.89	−37.47	−43.25	27.74
	生活部门	−8.77	−59.46	−35.40	−15.73

　　从时间序列角度上分析如下。

　　（1）1990～1997 年，影响我国各部门碳排放的主要正效应是经济效应。经济效应对农林牧渔水利业、工业、建筑业、仓储运输邮政业、商业和生活部门的碳排放的贡献分别为：34.19%、41.06%、20.93%、25.00%、25.97%、91.23%，其中，农林牧渔水利业、工业和生活部门三个经济部门的碳排放受到经济效应的影响较大，这主要是因为随着我国改革开放的推进，经济发展逐渐升温，产业产值和增加值稳步增长，居民生活水平逐步改善，生产、生活的提高导致了碳排放量的增加。这段时间的主要负效应是碳排放强度效应和能源强度效应，碳排放强度效应对仓储邮政运输业和商业碳排放的贡献分别是 49.58% 和 32.89%，能源强度效应对建筑业碳排放的贡献达到 20.03%，这些行业在这段时间内也得到了较大的发展，但产值增加对一次能源的需求量相对较少，带来的碳排放量相对较低，因此碳排放负效应相对较大。

（2）1998～2000 年，我国的碳排放量出现逐年下降的趋势，而经济效应仍是主要的正向效应。这段时间内，受东南亚金融危机的影响，进出口贸易量缩减，产业发展速度下降，我国经济增长有所放缓，经济效应及行业贡献效应引致了碳排放量的降低。为了保持社会平稳发展和经济软着陆，我国采取了一系列扩大内需的政策，鼓励产业发展，煤炭、冶炼等高耗能和高碳排行业规模也因此得到扩大，其能源强度效应引致了这段时间内的碳排放量增加，贡献值为 191 709.65 万吨，即假设其他因素保持不变，由于产业耗能的增长，会导致此段时间碳排放年均增长 191 709.65 万吨。

（3）2001～2004 年，跨入 21 世纪，随着金融危机影响的减小及我国经济高速发展，科技水平的提升和对外经贸与合作的持续推进，"十五"期间我国经济发展迅速，GDP 年增长率都高于 10%，而这段时间，经济规模仍是各行业碳排放增加的一个重要效应。同时，能源强度对各行业的碳排放有很大的正向效应，尤其是对产业和建筑业的碳排放正向影响贡献分别高达 42.70% 和 41.02%，这也说明了产业、建筑业等高耗能行业的发展是碳排放增长的重要的原因；产业贡献效应对碳排放的影响也体现出来，对和日常生活密切相关的第三产业和仓储运输邮政业的碳排放有较明显的负向效应，对农林牧渔水利业和工业则有较大的正向效应，这也体现了工业、农林牧渔水利业等生产行业相对于运输和服务业等生活行业是更主要的碳源。从数据上看，假设其他因素保持不变，这段时间内，工业等第二产业的结构比重增加会导致碳排放年均增长 67 697.56 万吨。

（4）2005～2011 年，能源强度效应和经济效应是影响碳排放的主要驱动力。结果显示：在各行业中能源强度效应比经济效应大，此阶段经济效应大于经济快速发展、碳排放增速快的前一个阶段。这说明，经济的快速增长导致的碳排放量增加的现状在短时间内难以扭转，不过，随着我国政府对节能减排和能源结构调整的高度重视和减排工作的逐渐落实，能源强度效应在碳排放量减少方面的贡献度逐步凸显。

从影响效应角度分析如下。

（1）经济效应和能源强度效应是影响产业碳排放变化的重要原因，从而影响产业的环境绩效水平。其中经济效应是正向效应，能源强度效应是负向效应，也就是说，产业经济增长会增加产业碳排放量，从而降低产业环境绩效水平；能源使用效率提升则有助于产业碳排放量的减少，从而提升产业环境绩效水平。

（2）碳排放强度效应对产业行业 CO_2 排放量的影响有限，贡献度小于 10%，且在 1990～1994 年为负向效应，1995～2011 年为正向效应。能源强度调整是碳减排的重要的途径之一，但由于清洁能源替代价格较高和不可预估的能源反弹效应等因素，能源结构调整不可急功近利。

（3）行业贡献效应对产业行业碳排放量的影响远低于能源强度效应和经济效应，贡献度比较低，甚至接近于 0，这说明了产业结构调整按常理说能够降低产业乃至整个社会的碳排放量，但是产业结构调整是一项耗时长、见效慢的工程，以降低产业在整个国民经济比重为目的的产业结构调整策略并不能在短期内见成效；同时说明从内源上提升产业能源效率、鼓励产业技术创新、促进产业产业升级，能够降低碳排放强度，从而提升产业环境绩效水平。

通过时间序列和影响效应角度的分析，得出以下结论。

（1）总体来看，1990～2011 年影响我国产业碳排放的正向驱动因素主要是经济效应，负向驱动因素主要是能源强度效应。

（2）在研究的四个阶段中，经济效应对产业的平均驱动效应贡献为 50.81%。经济增长与碳排放存在正相关关系，这一研究结果表明，我国碳排放与经济发展和人民生活水平的提升密切相关，放缓经济发展会使碳减排立竿见影，而短时间内的碳减排也势必会影响经济和社会的发展，因此在制定减排政策和减排目标时要权衡经济增长和碳减排的政策协同，建立适合中国国情的支持低碳经济的政策体系，在经济平稳发展的情况下实施碳减排，实现社会经济发展和各行业碳减排的双赢。

（3）1998～2000 年我国碳排放量年均下降 2.53%，原因可能是受经济危机的冲击造成经济增长的变缓，而深层次的原因可能是产业能源利用效率的提高和产业企业所有制结构的变化，由此可见，技术进步和政府政策是影响碳排放的重要因素。

（4）2005～2011 年，我国将节能减排置于国家政策的高度，并从高耗能产业整改停、生产流程工艺改进、先进生产工艺和设备引进等各个层面大力落实，碳排放虽然总量依然增加，但增速逐步减缓。从碳源角度分析，一方面"十五""十一五"期间产业重型化发展对能源需求量的逐步增加是碳排放量增长的一个重要因素，产业的能源强度效应的年平均驱动贡献为 4.87%；另一方面，生产行业的一次能源结构调整对 CO_2 排放有减缓作用，但中国以煤为主的资源禀赋的现状短时间内难以扭转，通过能源结构的优化和能源效率的提高来降低碳排放，还需要新能源技术研发和技术攻关，降低能源替代引致的价格提升，抑制能源的反弹效应。同时，结构效应对产业碳减排贡献度也比较小，可见优化行业结构、降低产业在整个经济中的比重是碳减排的一个重要方面，但是我国目前尚处于产业化和城镇化的进程中，短时间内通过行业结构难以快速实现产业"绿化"转变，优化调整行业结构以降低碳排放是一个长期的战略选择。

降低 CO_2 的排放量，是一项系统工程，涉及社会经济发展水平、产业结构、行业产值贡献、能源禀赋、能效效率等多方面，碳减排策略的选择需要综合考虑各驱动因素，包括正向驱动和负向驱动。在我国，降低碳排放量需要在适时、适度调整能源结构，优化产业结构，提高能源效率，注重人民生活水平提高的同时，加大倡导低碳生活力度，实现减排目标。

三、本节小结

本节从外在影响因素、内在驱动因素及产业低碳影响分析了我国产业环境绩效提升的影响因素和环境绩效提升的关键，本节得出的研究结论如下。

（1）产业环境绩效的外在影响因素中，能源消费结构、资源利用效率对我国产业环境绩效的提升有抑制作用，也就是说改善以煤为主的能源消费结构及降低产业单位 GDP 能耗能够在很大程度上促进产业环境绩效的提升；同时，基础设施建设、研发投入、城市化率对产业环境绩效具有显著的正向影响作用，完善交通设施建设、加大产业生产技术的研发投入、提高各省的城市化水平能够在较大程度上提升我国产业环境绩效水平。

（2）内在驱动因素上，1990～2011 年，影响我国产业行业 CO_2 排放的正向驱动因素主要是经济效应，负向驱动因素主要是能源强度效应；产业碳减排政策的制定要权衡经济发展和碳减排政策；同时，研究表明 1995～1998 年和 2005～2011 年产业 CO_2 排放量增速减缓的主要驱动力是能源强度效应，优化能源结构、降低一次能源的比重，是短期内最有效的产业低碳发展策略。

第五节　产业环境绩效提升的策略研究

控制温室气体排放的同时保持经济稳健增长成为近年来研究的一个热点问题。CO_2 的过量排放会导致温室效应，因此必须减少碳排放以遏制气候灾变。产业碳减排的实现是一项系统工程，依据本书第四、五、六章的研究结论，尤其是针对产业环境绩效贡献度大的因子，本节从环境规制和技术改进两个方面提出我国产业环境绩效改善的策略。

一、产业环境绩效提升的环境规制策略

（一）完善和有效利用环境规制政策工具

本章第一节、第二节和第四节的研究结果表明，政府的环境规制对碳排放有显著影响。有效实施适当的环境规制能够实现资源效率和环境保护的双赢目标。正确的环境规制会刺激企业进行资源利用和废弃物排放的技术改造。政府通过法律、政策、行政等手段对企业等的经济活动进行调节，以达到环境、经济、社会发展相协调的目标。

2000 年以来我国产业能源强度上升、能耗总量增长、温室气体排放量增加，我

国开始重新重视重产业化对环境的影响,2006年中央政府将节能目标写入"十一五"规划,并将其列为约束性指标。"十一五"期间,中央政府通过一系列环境规制政策文件,提出构建目标责任制的节能减排策略。目标责任制是一种自上而下、层层落实的政策体系,涵盖了省、市、县、乡四级人民政府和各类重点能耗企业,目标责任制重点关注了各省和产业行业的节能策略,其实施主要是将节能减排目标逐层确定和分解、节能数据统计和监测、节能目标评价、节能考核与奖惩,而节能往往是和减排联系在一起的,现行温室气体排放主要是由能源使用引致的,减少能源消耗能从源头上减少了温室气体的排放,因此,产业节能减排环境规制策略可借鉴"节能目标责任制"。区域层面,确定整体节能和减排的目标,自上而下,层层落实;行业层面,依据环境规制成本和环境绩效指数,确定各产业行业的节能和减排的整体目标,然后按照行业和行政部门进行目标分解,自上而下,层层落实。

目标责任制为"十一五"期间产业节能减排目标的实现发挥了根本性的作用,目标责任制发挥作用的核心机制是节能压力的逐级传递,将中央政府的意志转化成各级地方政府和重要用能单位的节能目标。节能目标责任制的确立,使节能管理体系由"十五"及前期的行业部门主导的"条状"环境治理管理模式转变为以地方政府为主导的"块状"环境治理模式,节能目标责任制加强了各级政府部门对节能工作的领导,健全了节能监察执法和节能减排机构,开创了合同能源管理机制,带动了高耗能企业节能工作的开展,目标责任制的环境治理体系见图13-37。

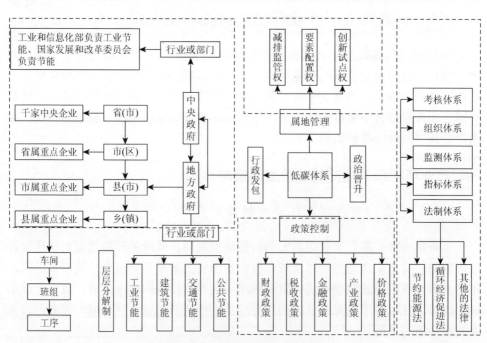

图 13-37　低碳治理的支撑要素

"十一五"和"十二五"期间节能目标责任制在我国产业减排上发挥了重要的作用，而良好的政策绩效常取决于政策的执行。节能目标责任制在执行之初，绩效显著，而随着时间的推移，政策的实施在行政发包、政策控制、属地管理和政治晋升方面均受到一些挑战，主要表现如下。

（1）科层化协商机制不完善，层级指标不易确定。由于在时间上地方人大会议召开早于全国人大会议，所以基层规划确定早于全国规划，地方指标首先通过了地方人大认可，具有法律效力，而全国人大在后制定的全国指标如何统筹决定、充分尊重地方人大的效力则是全国指标需要考虑的问题，反之，地方人大在制定指标时，总是预先揣摩全国人大和其他地方人大可能制定的指标值，出现不按区域和行业发展实际，而通过与其他省区对比得到指标的现象。

（2）指标"一刀切"现象依然存在。"十一五"期间各地应完成的指标依旧是按照省份分为三个不同档次的目标，这种政府主导的行政发包制没有充分考虑各省和各产业行业的发展情况，忽略了各省和各行业的节能潜力，存在比较明显的"一刀切"的现象。

（3）信息不对称带来的逆向选择。下层政府部门往往利用信息不对称的优势，通过选择性执行有利于自身产业发展的政策，如与产业企业建立攻守同盟和利益共同体来应对节能减排的压力和实现目标，造成环境政策执行失真。

（4）要保持本地经济相对于相邻地区的较快增长，有的地方政府私下无视节能减排指标的约束，重经济绩效，轻公共服务，采用变相减免税、低价地供给能源、放松低碳准入标准等手段，吸引更多的资本等流动性要素，造成资源配置的扭曲效应。

（5）低碳指标数量和权重低于经济发展指标，低碳指标超出区域政府治理的能力，导致在节能减排领域的成绩远小于经济增长的成绩。

产业化和城市化进程中，我国产业低碳的治理体系改革是一项系统工程，涉及理念转变、体制再造、机制创新、职能转变、方式优化、行为改进等诸多方面，针对上述环境规制政策工具实施中出现的问题，可考虑从以下方面进行渐进式的制度调整，逐步构建更有效的机制确保实现产业节能减排目标。

（1）构建"环境机制、节能减碳机制、技术创新与引进机制"三位一体的绿色转型机制体系，破除传统命令-控制型的低碳规制政策，转而采用以碳税为主的市场导向性政策，增加政策的透明度，同时，可以更加科学、合理地细化产业各行业和各省份产业节能减排的指标，改变"一刀切"目标模式。此外，可着手构建全国统一的能效标准和环评标准。

（2）建立高层次的产业节能减排管理部门，这个部门不隶属于任何一个区域的专职机构，负责制订产业节能减排专项规划和政策，调控节能目标和碳排放指标的平衡，控制节能减排政策的实施和监察，保障各项指标完成。

（3）转变政府职能，建立服务型政府。通过网络问政、媒体监督等形式建立政府与公众的合作机制，完善节能减排的问责机制；将社会民众福利、生态环境改善等指标纳入到政绩考核体系上，提升碳排放强度考核指标在考核体系中的权重，完善中央对地方的考核评价机制。

（4）推进能源价格机制改革，对水电气等环境规制成本较高且具有垄断性的能源产业，加强行业监管，鼓励多元竞争主体进入；在注重与既有资源税、消费税等税种的基础上，科学制定碳税政策，强化税收的再分配机制，并将税收所得收入用于低碳技术的研发和转化上来。

（二）建立健全碳减排的法律法规和行业标准

本章第二节及第四节的研究结论表明，环境规制对于企业的节能减排具有鼓励和推进作用，能够实现环境绩效水平提升和企业盈利的双赢。公平、合理的节能减排政策的制定及政策的落实，还需要建立起完备的节能减排法律体系，各区域和各行业有差别、有依据的节能减排的目标和标准。系统、全面、公平、可操作性强的环境规制政策和区域、行业的减排目标是实现我国产业行业全面节能减排的重要保障支撑体系，从宏观上而言，产业环境规制和减排目标是我国社会主义市场经济发展进行宏观调控的有力工具，具体到我国低碳经济发展的战略路径上，是实现资源依托型经济模式向低碳经济模式转变的催化剂。

目前，我国的产业节能减排的法律法规尚不健全，从能源使用上看，以煤为主的化石能源仍是产业行业所采用的主要能源；从发展模式上看，传统经济发展中高能源消耗、高碳排放、低能源效率的粗放型的发展模式尚未完全转变；从产业结构上看，高耗能、高污染的重化工行业依然占有很大的比重；从产业环境治理上看，经济增长和产业高能耗、高排放存在鱼与熊掌不可兼得的局面，尤其是在"十五"期间和"十一五"初期表现得尤为明显。要使产业能源结构、产业结构、发展模式、环境治理有所改善，建立和完善相匹配的、操作性强的、适用于我国现代产业环境绩效改善的法律法规和行业规范势在必行。

从我国产业发展的实际来看，2002～2009年我国产业环境绩效下降的原因是"十五"和"十一五"期间我国建筑业、汽车行业等的迅猛发展引致的产业过度重型化发展，注重了产业发展增速对经济的带动，而轻视了产业发展对环境的破坏。产业分行业累积 M-L 指数变动趋势表明，黑金采选业、石油加工业、化学纤维业、石油开采业等重型化工行业的环境绩效下降，而通信设备、交通设备、专用设备、电器机械等制造业的环境绩效是增长的，因此我国在产业选择上，应转变高耗能、高污染的重化工行业对经济的带动，着重发展高端设备制造业对整个经济发展的带动作用，这样才能实现在碳减排的目标约束下经济的高速增长。

本书第十二章的研究结果表明，环境规制不仅不会降低产业环境绩效水平，反而有助于企业遵守环境规制，提升整体效益。而影子价格及环境规制实施的影响因素的研究，则进一步对我国产业环境规制实施的行业差别和各部门的保障措施提出了要求。就目前而言，我国的环境规制有一定的行业差别，但是囿于区域经济的发展和区域对带动产业的引进的需要，我国产业环境规制的实施并没有很大的倾向于环境发展，依然有很大的比例遵从了经济发展的需要，因此，环境规制的实施应首先从地区的区域规划开始，立足长远，统筹布局，合理规划。

目前我国产业行业的立法及区域、行业标准尚不完善，有的还盲目跟从，政策的落实性较差，同时，执法阻力大、监督机制不健全等问题也在一定程度上影响了我国法律的震慑性和约束力。为保障产业行业节能减排工作的顺利开展，我国可从行业标准、财税政策、行业准入、行业立法等方面展开调研，制定产业行业环境绩效提升策略。

从行业标准上，围绕钢铁、冶金、化工、水泥等重点高耗能、高污染产业行业制定节能减排的法律规范，明确钢铁、焦炭、铁合金、有色金属、电石、水泥、平板玻璃、造纸、制革、印染等产业行业淘汰落后产能的重点和技术改进的方向。健全高耗能产品能耗限额强制性标准，制定和发布超前性能耗限额标准，定期开展能耗限额标准执行情况监督检查。探索建立基于能耗限额标准差别电价制度，推动产业节能环保标准的国际协调和统一。

在财税政策方面，强化税收政策、财政补贴、贷款贴息等信贷政策在产业低碳发展和节能工艺改造的引导作用，充分发挥中央财政资金在清洁生产、资源综合利用、企业低碳化技术改造中的支持和引导作用。

在行业准入管理方面，严格能耗、水耗、环保、综合利用等行业准入标准，加强造纸、印染、化工、农副产品等的水耗、化学需氧量等行业准入核查；加强钢铁、石油化工、有色金属、建材等行业的 SO_2、氮氧化物、烟灰粉尘等准入核查；加强金属采选、蓄电池、基础化工等行业的铅、汞、镉等重金属的污染核查。研究设计产业企业生态评价和行业准入的实施指南。

（三）推广低碳经济教育

公众消费行为在能源消耗和碳排放中也占据主要的地位，与公众消费行为相关的能耗和碳排放可大致分为直接和间接两类，其中直接部分包括建筑和交通等伴随公众日常活动而产生的能耗和碳排放；间接部分主要是为了满足公众居住、工作、休闲、交通活动中所需要的物质产品所消耗的能源和产生的碳排放，如汽车制造、房屋修建、家电生产、服装织造等。因此，低碳经济的发展除了需要政府政策引导、重要生产部门的通力合作外，还需要每个公民的积极参与，从日常生活做起，从身边的小细节做起，将节能减排实践深入落实到公民生活的方方面面，让民众自觉主动地参与到节能减排的实践中来，为低碳经济的发展贡献自己的一份力量。而生活中采取怎样的措施更好地践行节能减排是需要解决的问题，这就需要进行大力的低碳经济教育。关于低碳经济的教育，本节针对不同的人群层次分为两个重要的部分：一部分是对普通民众的低碳经济教育，主要是通过广告、广播、宣传画、新闻、报纸等形式进行节能减排思想教育和技能教育；另一部分是针对有一定低碳经济理论基础和技术基础的人群进行专业教育，主要是培养具备低碳经济理论和技术有深层次理解和较强创造力的高层次专业人才。

在民众普及型的低碳经济教育方面，普及和宣传的教育内容要接近生活、易于理解、方式普及面广、易丁被接受。日常生活的碳排放量不容小视，餐饮、私家车、公共汽车等都会产生氮氧化合物、CO_2 等废气排放，而这些废气是 PM2.5 的主要组成部分。据中国社会科学研究院齐建国教授的研究，北京市近年来雾霾等极端天气的产生不仅是一种自然现象，也是人为事件，城市周边密度较大的燃煤火力发电厂、水泥建材厂、化工厂等，各类燃油汽车保有量的迅速增长使 PM2.5 的排放量持续上升，遇上空气流动性下降和空气湿度因素上升等因素，就产生了雾霾，因此，要鼓励群众尽量少开燃油私家车，或者选择新型能源的动力汽车。在教育方式上，要分析拥有私家车的主要人群，使得所采用的宣传方式能够拥有尽量大比重的受众群体。

在联合国气候峰会上，我国政府提出碳减排的核心问题在于技术创新，而技术创新的关键在于人才的培养，因此，人才队伍建设对于我国产业碳减排具有重要的作用。本章第四节研究结果表明，区域创新环境和能力对产业环境绩效的提升具有重要的正向推动作用，以大中型产业企业专利数表征的技术基础、以产业科技活动人员数表征的人力资本、以产业企业科技活动经费内部支出表征的科技经费和以产业企业新产品开发产值表征的新产品开发等四个影响因子，均对我国产业环境绩效的提升有正向的促进作用，因此，产业行业低碳人才的培养对于产业碳排放强度降低有重要的意义。本章第四节的研究结论与我国政府在联合国气候峰会上提出的论点是一致的。

在高层次低碳经济人才培育方面，大学教育的学科分类中，环境科学与工程等是培育低碳人才的主要专业，相对而言，这个专业在我国起步比较晚，低碳人才数量不多，而近年来，低碳企业对低碳人才的需求量增长呈明显上升趋势，人才缺口越来越大；同时，低碳人才的培养，不仅需要技术上的低碳技术科研攻关，还需要培育相关低碳技术的知识产权保护的人才，以保证技术研发成功后有相应的法律法规保护技术产权，相应政策优惠对科技成果转化的促进，将极大地促进我国低碳人才的积极性。另外，低碳人才的培养还应注意对低碳知识的宣传，使更多的人接触到低碳概念，让低碳的理念普及到广大群众中去，了解未来我国低碳发展的巨大前景与发展空间、培养大众低碳意识、形成低碳行为模式，从而使更多的人愿意投身到低碳行业中，全面构建我国的低碳社会。

二、产业环境绩效提升的技术改进策略

依据"节能目标责任制"管理思路，转变以产业为主的条状管理，而转向以地区为主的块状管理。结合本书第一章和第二章的研究结论及我国产业发展的实际，提出产业环境绩效提升的技术改进策略。

（一）推动产业转型升级，推动产业绿色低碳化发展

产业是我国经济发展的主导力量，同时也是转变我国粗放式经济增长模式的主战场，"十二五"时期是深化改革、加快转变经济增长方式的攻坚期，需要转变传统产业粗放的增长方式，找寻和化解长期积累的深层次矛盾，优化产业增长环境，推进产业转型升级，促进产业又好又快地发展。

所谓产业的转型，是转变传统产业的发展方式，走向新型的产业化道路；所谓产业升级，是产业结构整体的优化和提升，包括技术结构、组织结构、布局结构和行业结构的全面优化。

产业转型升级和绿色化发展，是一项长期的系统工程，涉及市场调控、企业发展、技术创新等多个方面，具体而言，应当以市场为导向，以产业企业为参与主体，注重低碳技术的研发和引进，共同促进企业节能减排实质性工作的展开，逐渐淘汰落后产能，合理引导企业的兼并和重新组合，提升低碳技术的研发能力和实施能力，推进产业结构优化升级。

加强低碳技术的研发和推广。低碳技术是低碳经济发展的核心，产业转型升级、绿色化发展应注重低碳技术的研发和产业化，加快低碳技术的试点示范建设，开发节能家电、新能源汽车、新能源发电设施等低碳产品，从生产和生活中控制产业碳排放。

大力推进产业淘汰落后产能。在市场机制作用下，综合运用法律、经济和行政手段，使落后产能逐渐退出市场并形成不利于落后产能发展的市场环境和长效的市场机制。严格产业行业的市场准入条件，清楚界定落后产能，预防改头换面落后产能的再生长。采取政府调控措施，压制高排放、高消耗产业产品的消费市场，鼓励民众采用新型可替代的产业化产品。制定严格的资源集约利用、环境保护、清洁生产等方面的法规和技术标准，通过法律的手段，打击落后产能市场，依法加快淘汰落后产能。

合理引导企业兼并重组。鼓励企业通过强强联合、跨区域合作、资源整合、

产业链链接等方式进行企业的兼并和重组，在低碳经济背景下，优势互补、资源综合利用，加强企业低碳技术创新、管理模式创新，提升企业的低碳竞争力，壮大企业竞争优势。

加快发展节能环保产业。环保产业是推进产业转型升级发展的有力支撑。环境产业的发展要注重市场环境、资本投入、研发投入等多方面入手。依托国家制定的产业节能减排发展重点任务和重点领域发展导向的契机，大力推进低碳技术、先进装备制造业、面向产业发展的服务业等的发展，形成有利于节能环保产业发展的市场环境；加大对节能环境产业发展的专项资金的支持力度，尤其是产业行业资源节约和环境保护这两个方面的关键技术的资金支持，推进节能环保产业的发展；为节能环保产业发展提供人才和技术研发保障，加强与学校和科研院所的合作，组建产学研技术创新联盟，加强关键技术的研发和先进技术的推广应用，并形成有效的长期合作机制，健全产业创新体系，逐步攻克共性及关键核心技术，增强企业在节能环保领域的资助创新能力。

提升产业信息化水平。充分发挥信息化在推动产业转型升级、绿色化发展的牵引作用，按照"两化"深度融合的要求，推动信息技术在产业化发展中的深度应用，逐步提升产业转型升级中产业信息化的层次和水平。大力研发设计制造执行系统、产业控制系统、综合管理软件等凸显信息化的产业应用软件和相关的行业解决方案，攻关关键技术瓶颈，推进数字化研发设计和制造工具的普及和使用，优化研发设计和生产流程，加快敏捷制造、虚拟制造、精益生产等在产业生产流程中的普及和推广，提升汽车制造、飞机研发制造、船舶、大型产业设备制造、家用电器等产业行业产业生产的智能化水平。以服务能力建设为中心，创新信息化推进机制，培育一批面向产业行业的信息化服务平台和信息化促进中心，树立一批产业信息化发展示范企业。

（二）优化产业行业能源结构

CO_2 的排放是导致气候变化的关键因素，护环境、降低碳排放已成为全球各国的共识。我国 CO_2 排放量自 2001 年以来呈快速增长的状态，年均增量高达 11 764 万吨，增速高达 9.7%。据国际能源机构（International Energy Agency，IEA）2011 年最新统计，2008 年我国碳排放量占世界碳排放总量的 21.9%，排放份额超过美国（18.7%）居世界之首，并预估到 2030 年碳排放总量将达 128 亿吨。

目前，我国的能源结构是以煤炭为主，占到能源消耗量的 70%左右，这种情况在未来相当的长的时期里持续。而煤炭的碳排放系数较高，属于高碳能源。那么，以煤炭为主的能源结构必然将造成碳排放的大幅提高，另外，我国现阶段煤炭使用技术还比较落后，煤炭能源浪费是一个非常严重的问题，与之相伴的就是温室气体的大量排放。

　　增加新能源和可再生能源在能源消耗总量中的比重，严格控制以煤为主的化石能源消费总量的过快增长，逐步调整能源结构，是实现我国产业行业乃至整个社会碳排放量降低的重要现实途径。在有限的化石能源储量的前提下，应当加大水能、风能、生物质能、太阳能、核能等清洁可再生能源的使用和研发，使能源消费选择具有多元化，提升可再生新能源的比重，从而缓解能源紧张的压力，实现能源结构的优化升级，最终从能源结构调整的角度降低碳排放强度。

　　在"十一五"期间，我国低碳技术研究与应用的领域主要集中于能效提升和新能源开发两个方面，主要包括洁净煤燃烧和发电技术、产业部门和建筑部门的能效提升技术、风能和太阳能这两种新能源的利用技术、碳捕捉和封存技术，并且在低碳技术应用上呈现出市场规模逐渐壮大、发展速度快、终端能耗效率显著提升的特点，这说明了新能源和可再生能源在"十一五"期间得到了较快发展，也展示了我国低碳技术的研发和应用方面对能源结构的优化上的重要贡献。

　　而针对在"十二五"规划纲要中明确提出的到 2015 年新能源和可再生能源消费量占一次能源比重高于 11.4% 的约束性指标，尚存在诸多问题和挑战。从自然资源的角度看，水能和生物质能等自然资源有限，风能、太阳能、核能等需要较大的占地面积；从研发人才储备上看，新能源和再生资源的相关人才储备不足，研发基础薄弱，创新能力不足；从资金支持上看，新能源和可再生资源研发和应用存在成本高、配套支撑资金匮乏等问题；从经济发展上看，产业化进程中，我国产业产值逐年提升，并保持了 7% 以上的增长率，由此对能源的消费量也随之增加，一次能源需求量基数增加，使得对应的占据 11.4% 的新能源和可再生能源的采用量也要求大幅提升，因此即使新能源和可再生能源绝对量上有较大提升也不能保证所占比重达标。面对上述问题和挑战，产业能源结构的调整需要各地方政府在技术研发资金支撑上充足到位；加强产学研结合等人才培养办法，尽快培育一批经验丰富、技术娴熟的专业人才；做足调研，统筹考虑，对约束性指标的可达性进行细致分析，并依据公平和效率的原则对目标进行再次细致分解，提出近期和远期各行业和各区域新能源和可再生能源需达到的目标，加大监督和检出力度，各行业和各地区统筹协作，最终达成能源结构优化调整的约束性目标。

（三）提高产业能源效率，促进产业低碳化发展

　　依据本节的研究，产业能源效率的提高对于产业环境绩效的提升有重要的作

用。传统产业的发展需要巨大的能源，而在传统的发展模式下，能源的主要来源是化石能源的燃烧，传统模式的产业化就必然造成能源结构的高碳化。随着高碳排放引起的温室效应对地球生态系统的破坏，人类社会的低碳化转型显得迫在眉睫。但是，从高碳产业向低碳产业的转型，过程是漫长的，问题是复杂的，要同时开发新能源，调整能源结构，提高产业能源效率，综合采取低碳技术、节能技术和减排技术，减少化石能源过度依赖，提高能源利用效率，遏制化石能源消费增长，控制高碳产业和产品，鼓励低碳技术发展。同时，政府要制定鼓励低碳产业发展、限制控制高碳产业的税收政策和优惠政策，使低碳成为企业发展的必然选择。能源利用效率的提高能够直接降低能源的消耗总量，进而降低能源消耗所产生的碳排放。可以说，提高能源利用效率是一种从根本上实现节能减排的有效措施。如果想有效提高能源利用效率，就要依靠能源利用技术的进步、能源使用设备的改进及生产中能源利用的管理升级。

能源技术的进步，能够从根本上使能源得到最大限度的利用，在产业生产角度一般体现在能源热量的完全释放，这样可以减少能源的浪费，避免不必要的重复的能源投入。其次，能源使用设备的改进，是从生产的硬件的角度推动节能减排，在产业生产中，能源的消耗是提供动力、热量的基础，而高效的能源利用设备可以将能源所蕴含的能量更大程度地释放，进而提高能源利用率。管理的升级是能源利用的软件方面的推动作用。在实际生产中，作业人员的现场操作、物料及生产区域的布局、设备的运营与维护等许多方面涉及的管理问题都会直接或间接地影响整个生产流程的碳排放，因此，从节能减排的角度出发，加强生产的管理升级是实现节能减排的必要途径。

我们还应逐渐打破产业行业对能源的过度依赖，通过优惠的投资融资、税收、奖励等政策充分发掘社会市场，对新能源行业、合同能源管理、能源监测与分项计量等行业加强行业监管，建立完善的市场准入机制，充分实现宏观调控。

（四）通过技术创新，促进产业企业清洁生产

降低产业碳排放，应当以技术为支持，充分发展废物回收和再循环技术、环境污染处理技术，通过减少原材料消耗来降低废弃物排放。企业对环保方面 R&D 进行投资，在保护环境的同时，可以无损竞争力和利润增长。企业进行技术创新时，其诱发效应和导向作用可以带来基于环境的技术创新动力，降低企业技术创新过程中的制度环境风险。在政府给予恰当的优惠政策的条件下，企业会把更多的资源和资金投向节能环保的 R&D 事业，进而促进合作开发、引进、采用和创新绿色技术。这样有利于突破我国当前面临的资源能源瓶颈障碍，解决我国发展所处的重化产业阶段下的高能耗和高污染问题。

加强产业企业技术改造。技术改造具有投资少、周期短、风险小、污染小、能耗低的优势，是企业节能减排的重要手段。主要的措施有：以提升企业发展质量和发展效益为中心，通过采用新技术、新材料、新装备、新工艺、新流程，对企业现有生产工艺和生产设施装备进行改造，提升企业先进产能水平。同时注重企业研发设计的环境的提升，构建比较完备的研发、实验和检测的设施和条件；推广和采用行业关键节能技术、重点行业节能减排技术；注重技术改造和淘汰落后产能、企业流程再造、企业兼并重组的有机结合，提升企业新产品和新技术的研发能力，在低碳背景下，提升企业的市场竞争力。

促进产业企业清洁生产和污染治理。当前欧美等发达国家都在通过提倡和鼓励清洁生产来促进产业可持续发展。清洁生产在兼顾经济发展的同时可以实现环境的保护。我国正处于产业化进程中，清洁生产不能完全照搬发达国家的经验，应以污染排放强度高的产业行业的清洁生产的审核、实施方案、评价指标为着重点，推动高污染企业的清洁生产技术改造，并着手制订产业企业清洁生产和生态评价实施方案，指导不同产业行业的企业积极进行企业清洁生产改造。印染、制革、化工等产业企业要注重排放污水的治理，制定 COD 和氨氮排放量的达标标准；石油化工、建材、钢铁等行业要注重 SO_2、烟粉尘、氮氧化物、挥发性有机物等大气污染物排放的治理，制定相应的达标标准；基础化工、有色金属采选、铅蓄电池等行业要注重重金属排放对环境危害的防治，制定相应的达标标准，控制和减少废水、废渣、废气和危险化学品对环境危害。

研发废旧资源再生循环利用技术，推进循环经济发展。循环经济是一种新型的经济增长模式，在生产源头注重减量化，在生产过程中注重再利用、再循环和产业链的链接技术。产业在生产过程中不可避免地要产生废弃物和副产品，采用循环经济的理念，将废弃物和副产品再利用、再循环，不仅能够减少环境污染，带来环境效应，也能削减企业投入成本，带来一定的经济效应。循环经济发展同样注重技术的改进和革新。注重产业园区建设和产业的集聚发展，通过上下游产业优化整合，实现园区、产业集聚区内及同周边产业的产业链条衔接和搭建，废弃物再生利用、能量梯级利用、污染物集中处置，构建富有活力的网状产业体系。构建以废旧金属、废报纸、废旧纺织品、废旧电子电器产品、废旧合成材料产品为主的分类回收体系，分门别类将废旧产品处理成可被再利用的产品，发展废旧资源再资源化利用产业。以废旧汽车零部件、机床、工程机械等为重点，研发再制造的关键技术和产成品，制定再制造产品的质量认定标准，培育再制造产业的示范园区或者企业，推进产业废旧机电产品再制造产业的发展。加强污染物处理、废弃物再资源化和产业链链接等共性关键技术，推动产业废弃物再资源化增值利用。

应对全球气候变化的实践表明，从技术上减排才是长效的手段。本章第一节的研究结果也表明，技术进步能力弱和技术效率水平不高是产业行业环境绩效水平较低的重要原因，第三节的研究结果表明，我国大多数省份提升产业环境绩效的手段在于提升技术效率。因此，应该针对重化工行业（第一节的结论）制定低碳减排技术开发和推广应用规划、行动措施、保障机制及实施路线图以明确各产业行业的关键减排技术的研发、示范、规范化和市场化进程，以及推广这些低碳关键技术的优先顺序和时间表，促进这些技术向高端制造业、高新技术产业及信息技术产业渗透，以实现中国产业整体减排效率的趋同和追赶。为了确保这些关键技术的实施，应在机制、资金、税收、市场、管理等方面制定相应的扶持政策。同时，部门和行业应该将低碳减排技术发展和推广应用规划纳入到部门和行业的整体规划及国家层面的相应规划中。

本章第四节的研究结果表明，区域产业低碳发展创新环境和能力中各因素对产业环境提升有重要的正向推动作用，因此可考虑从研发中心的建立和专项减排资金的支持两方面促成产业低碳发展环境，提升产业低碳研发能力，支持产业低碳技术的研发和实施。

鼓励产业企业建立研发中心，支持产业企业与高校、科研院所、其他企业研发中心联合建立各种形式的技术联盟，产学研结合，使研究机构的新技术迅速应用到企业生产中，经过实践检验，使科学、合适、优良的技术予以示范和推广应用。

加强产业关键节能减排技术的专项资金支持。按照中央财政和地方财政对关键减排技术的专项资金规划和拨付，支持化工、钢铁、有色金属、水泥等行业开展先进低碳减排技术的研发、示范和推广应用，支持跨行业的共性低碳技术的研发、示范和推广应用，如余热发电和联合循环发电等技术等。

三、本节小结

产业节能减排对我国整个社会经济的可持续发展具有重要的作用，产业节能减排是一项系统工程，需要从制度完善、技术提升、结构调整、产业升级、社会宣传、区域协同等各方面统筹安排，协同推进。具体而言，环境规制改善方面，各产业行业完善和有效利用环境规制工具、建立健全碳减排的法律和行业标准、大力推广低碳经济教育、推进政府主导的全社会各层面低碳经济发展；从技术改进策略方面，依据节能目标责任制的要求，各省可通过技术创新，促进产业企业清洁生产；提高产业能源效率，促进产业低碳化发展；促进产业升级，推动低碳产业发展；优化产业行业能源结构；等等。通过上述举措提升各省的产业环境绩效，尤其是中、低技术水平区域的省份，要通过技术创新、技术学习和技术追赶，提升环境绩效水平。

参 考 文 献

陈诗一. 2010. 中国的绿色工业革命：基于环境全要素生产率视角的解释（1980—2008）. 经济研究，（11）：21-34.

郝珍珍，李健，韩海彬. 2014. 中国工业环境绩效的测度模型及实证研究. 系统工程，7：1-11.

郝珍珍，李健. 2013a. 区域工业共生网络研究进展及述评. 科技和产业，13（3）：39-44.

郝珍珍，李健. 2013b. 我国碳排放增长的驱动因素及贡献度分析. 自然资源学报，10：1664-1673.

郝珍珍，李健. 2014. 基于产业影响和空间重构的我国低碳城市建设研究——以天津市为例. 中国人口·资源与环境，7：65-72.

李锴，齐绍洲. 2013. FDI 影响中国工业能源效率的传导渠道分析——基于水平，前向和后向关联. 中国地质大学学报（社会科学版），13（4）：27-33.

李廉水，周勇. 2006. 技术进步能提高能源效率吗——基于中国工业部门的实证研究. 管理世界，10：82-89.

涂正革，刘磊珂. 2011. 考虑能源、环境因素的中国工业效率评价——基于 SBM 模型的省级数据分析. 经济评论，2：55-65.

王群伟. 2010. 全要素视角下的能源利用和二氧化碳排放效率测度研究. 南京航空航天大学博士学位论文.

袁鹏，程施. 2011. 中国工业环境效率的库兹涅茨曲线检验. 中国工业经济，2：79-88.

周五七，聂鸣. 2012. 中国工业碳排放效率的区域差异研究——基于非参数前沿的实证分析. 数量经济技术经济研究，（9）：58-70.

周五七，聂鸣. 2013. 基于节能减排的中国省级工业技术效率研究. 中国人口·资源与环境，23（1）：25-32.

Battese G E, Rao D P. 2002. Technology gap, efficiency, and a stochastic metafrontier function. International Journal of Business and Economics, 1（2）：87-93.

Chambers R G, Färe R, Grosskopf S. 1996. Productivity growth in APEC countries. Pacific Economic Review, 1：181-190.

Charnes A. 1994. Data Envelopment Analysis：Theory, Methodology and Applications. Berlin：Springer.

Chiu C, Liou J, Wu P, et al. 2012. Decomposition of the environmental inefficiency of the meta-frontier with undesirable output. Energy Economics, 34（5）：1392-1399.

Chung Y, Fare R, Grosskopf S. 1997. Productivity and undisirable outputs：a directional distance function approach. Journal of Environmental Management, 51（3）：229-240.

Dean J M, Lovely M E, Wang H. 2009. Are foreign investors attracted to weak environmental regulations? Evaluating the evidence from China. Journal of Development Economics, 90（1）：1-13.

Färe R, Grosskopf S, Lindfren B, et al. 1992. Productivity changes in Swedish pharmacies 1980-1989：a non-parametric manlmquist approach. Journal of Production Analysis, 3（1）：85-101.

Färe R, Grosskopf S, Pasurka Jr C A. 2007. Environmental production functions and environmental directional distance functions. Energy, 32（7）：1055-1066.

Färe R, Grosskopf S. 1989. Multilateral productivity comparisons when some outputs are undisirable：a non-parametric approach. Review of Economics and Statistics, 71（1）：90-98.

Fukuyama H, Weber W L. 2009. A directional slacks-based measure of technical inefficiency. Socio-Economic Planning Sciences, 43（4）：274-287.

Hailu A, Veeman T S. 2001. Non-parametric productivity analysis with undesirable outputs：an application to the Canadian pulp and paper industry. American Journal of Agricultural Economics, 83（3）：605-616.

Hao Z Z，Li J. 2013. The adjustment and optimized path of regional industrial structure in low-carbon economy society in China：a case study of Tianjin . African Journal of Business Management，7（30）：3022-3034

Li J，Hao Z Z. 2011. The organization of regional industry ecosystem：structure and evolution. Industrial Engineering and Engineering Management（IE&EM），2011 IEEE 18Th International Conference on. IEEE，2：773-777.

Picazo-Tadeo A J，Reig-Martinez E，Hernandez-Sancho F. 2005. Directional distance functions and environmental regulation. Resource and Energy Economics，27（2）：131-142.

Shephard R W. 1970. Theory of Cost and production functions. Princeton：Princeton University Press.

Sun J. 1998. Changes in energy consumption and energy intensity：a complete decomposition model. Energy economics，20（1）：85-100.

Tone K. 2001. A slacks-based measure of efiiciency in data envelopment analysis. European Journal of Operational Research，130（3）：498-509.

Tone K. 2004. Dealing with undesirable outputs in DEA：a slacks-based measure（SBM）approach. Presentation at NAPW III，Toronto.

第十四章　碳减排政策工具与运行机制

第一节　环境政策工具的研究与分类研究

一、环境政策工具的历史演进

管制是指政府为控制企业的生产运作中的各种行为而采取的一系列管理、约束政策来协调私人成本与社会成本的统一。管制一般可以分为社会管制和经济管制。社会管制指政府为保护公众的健康、自由、安全等进而对公众所处的环境、所购买的产品及享受的服务等进行管理和治理，其中，环境管制是社会管制的一项重要内容，政府通过制定相应的环境政策工具来管制和协调企业的经济活动和行为，以实现环境保护与经济发展的可持续发展。

"环境管制"概念是在 20 世纪 60 年代最早出现的，20 世纪 70 年代以来，世界各国政府面对越演越烈的环境与经济发展之间的矛盾，不得不对高耗能产业实施放松经济管制的政策，把环境管制作为一个重点的管制领域。环境管制的具体演变过程如图 14-1 所示。

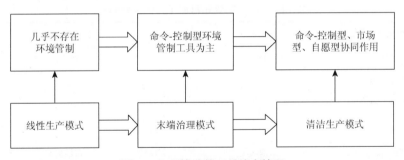

图 14-1　环境政策工具演变情况

据图 14-1 可知，环境管制模式从线性生产—末端治理—清洁生产经历了三大发展演进阶段，环境政策工具已从工业化初期几乎没有环境管制的阶段发展到命令-控制型，再发展到命令-控制型、市场型、自愿型协同并存的阶段。工业化初期，大部分企业都属于粗放型的制造型企业，其生产模式大都是线性的，线性的生产模式即从原始生态圈获取资源，进而加工、生产成产品后将污染物在投入原始生态圈中的"线性污染循环"。直到 20 世纪中叶，这种线性的生产模式已经给环境造成了重大的破坏时才引起人们的关注。政府开始有目的地设计和制定命令-控制型的环境政策工具。此时的主要工业生产模式演变为先污染、后治理的末端治理模式。这说明环境问题已经开始成为人们关注的重点问题，在保证经济发展的同时，人们也开始采取一系列的解决方案来尽可能地降低经济发展对环境的破坏。到了 20 世纪末，"可持续发展"已经成为世界各国共识，清洁生产成为主要的工业发展模式，即实现"资源—产品—污染物—再生资源"的反馈式循环物质链，实现全过程治理模式。伴随着市场经济的发展，市场型及自愿型的环境政策工具逐渐成为各国政府、企业的宠儿。

二、主要环境政策工具的分类

环境政策工具的设计与演进终极目标是进一步提高管制效率。但是在考虑成本效率的条件下，不仅要考虑对污染治理数量、规模、进度的最优化，更要考虑污染治理成本、交易成本、社会经济成本的最小化和最优化。目前，环境政策工具的划分主要按照庇古理论和科斯理论作为划分标准的理论和评判基础，表 14-1 显示在庇古与科斯两种手段下不同环境政策工具的作用机理和特征。目前，环境管制政策工具可以分为命令-控制、市场激励和自愿三大类，具体如表 14-2 所示。

表 14-1　庇古手段和科斯手段的主要特征

比较项目	庇古理论	科斯定理
政府干预作用	较大	较小，产权界定后不需要
市场机制作用	较小	较大
政府管理成本	较大	较小
市场交易成本	较大	参与经济主体少时不高；参与经济主多时很高
面临危险	政府失灵	市场失灵
经济效率潜力	帕累托最优	帕累托最优
参与经济主体	污染者	污染者与受害者
对技术水平的要求	较高	较低
偏好情况	政府更加偏好	公众更加偏好
产权	关系较小	产权界定是前提
调节灵活性	调整税率，需要一个过程，易造成时滞	灵活，协调各方可随时商定
选择与决策	集体选择，集中选择	单个选择，分散决策

表 14-2　环境政策工具分类情况

命令-控制型	市场激励型	自愿型
环境标准	污染税	自愿、非自愿协议
产品标准	产品税	技术契约
产品禁令	排放权	合作网络
入市批准	环境补贴	信息共享
工艺管制	废旧资源回收	—
规定技术	生产者责任制	—

资料来源：OECD（1997 年）

（一）命令-控制型环境政策工具

依靠政府或出台法律法规对污染排放企业进行引导、限制或禁止的方式，即称为命令-控制型环境管制工具。命令-控制型政策工具主要包括制定和执行环境质量标准、技术标准等，以划分相应的功能区并建立环境和保护计划为目标。我国现阶段使用的命令-控制型环境政策工具主要包括：污染物排放标准制度、排污权许可证制度、限期治理制度、"三同时"建设项目制度、环境目标责任制等。命令-控制型环境政策工具的主要优点就是能够直接对污染排放主体进行管制与控制，如对排放企业的先进设备引进、生产工艺升级、环境友好产品设计等，同时还能使如空气、土壤、水等自然资源、环境介质等的相关管理与约束都能达到政府设定的标准的规格。由此可以看来，命令-控制型环境政策工具能够使政府机构直接管制排放企业的行为，使其符合标准和规范，提供相对可以预见的污染程度和水平。

虽然命令-控制型环境政策工具对于环境的治理起到了一定的促进作用和成效，但是从 20 世纪 80 年代以来，命令-控制型环境政策工具开始受到各界的批评。比如，美国环保局从 20 世纪 80 年代开始对法律、政策的成本和效益进行分析，学术界也开始出现大量对于命令-控制型环境政策工具缺陷批评的研究。不少环境经济学家认为技术强制法规导致社会总的污染治理成本很高。命令-控制型环境政策工具往往会要求排污企业采用排污改善技术使企业的生产和经营所排放的污染物达到政府和社会所能接受的水平。但是在实际的环境管制过程中，监管者对于不同的排污者的边际污染治理成本是不完全信息的，但又要求排污企业达到统一的污染排放标准目标，这样会导致边际治理成本非常高，从而导致整个社会的总治理成本也较高。另外，制定和实施命令-控制型环境政策工具的信息成本也很高。监管者要想设计和制定该类政策，就必须掌握大量相关的环境信息、技术信息和成本信息。但是信息的获得和处理成本大部分情况是较高的。随着环境与经济、社会的矛盾日益突出，命令-控制型环境政策工具在面对较复杂的环境问题时作用并不明显。另外，由于官僚主义，复杂、冗长的行政审批手续和时间，不少企业抱怨命令-控制型环境政策工具使它们没有足够的灵活性去寻找低成本高效益的削减方式，反而会增加额外的交易成本和机会成本。

在我国现阶段，命令-控制型环境管制工具主要有以下几个方面的缺陷与不足。第一，该类政策工具具有一定的滞后性，不能及时地对环境状况、经济状况、新技术的变化与应用做出及时反应，由此会降低该类政策工具的管制效率。第二，该类政策工具具有一定的阻碍性，难以对企业的管理创新、机制创新和技术创新提供驱动力，阻碍市场对资源的优化配置能力，无形当中会加大社会经济成本，减少社会福利。第三，该类政策工具具有一定的设计缺陷性，其实施的有效性对相关的信息具有非常严重的依赖性，但是在现实当中这些相关的信息往往是很难获得的，或者获得这些信息所花费的成本非常高。第四，该类政策工具具有一定的僵化性，对不同区域、不同企业进行统一的标准化，极容易产生低效、浪费和弱激励。

（二）市场型环境政策工具

命令-控制型政策工具会导致社会总治理成本较高，难以实现资源的有效配置，因此，世界各国也在积极寻找新的政策工具形态，力图实现社会总治理成本的最小化和资源配置的最优化。市场型环境政策工具，也称为市场激励型环境政策工具，是主要通过市场的方式来促进环境、经济和社会最优目标实现的政策工具，一般主要包括基于庇古理论的税费形态和基于科斯产权理论的排污权交易形式等。

在环境政策工具设计和实施较为完善和成熟的西方发达国家和亚洲较为发达的国家中，市场型环境政策工具较命令-控制型环境政策工具受到更多的青睐。市场型环境政策工具可以细分为五大类：价格机制、创建市场、环境补贴和投融资政策、押金-返还政策和环境损害责任制度，具体见表14-3。

表14-3　市场型环境政策工具的细分与实施形态

政策细分		主要实施形态
价格机制	收费机制	排污费、使用费、准入费、管理费、环境补偿费等
	税收方式	污染税、产品税、进出口税、差别税、租金税、资源税等
创建市场	绿色定价	能够体现资源的环境和生态价值的定价机制
	产权明晰	各种生产要素的所有权、使用权和开发权等

续表

政策细分		主要实施形态
创建市场	污染排放权交易	可交易的污染排放权、配额开发，如水交易权、碳排放交易权等
	环境补贴和投融资政策	财政转移支付、软贷款、优惠利率、环境基金、环保投资的财政补贴等
	押金-返还政策	押金返还、绩效债券等
	环境损害责任制度	相关法律责任、罚款、环境责任保险、守法奖金等

1. 税费形式

税费形式是庇古理论在环境政策中的运用。以税费形式为主环境政策工具是指国家对于污染环境、破坏生态和使用或消费资源等影响环境行为采取的，以提高经济效率、改进环境状况的一系列税费形式的政策工具的总称。通常，包括的税费种类有：环境污染税、资源使用税、生态补偿税、环境产品税等。税费形式的环境政策工具在发达国家的环境治理当中应用较为普遍，因为该政策工具可以有效提高排污企业的经济效率和提高环境管制效率。碳税，是通过对消耗化石燃料的产品或服务，按其碳含量的比例进行征税的一种环境税。目前，在美国科罗拉多州的 Boulder 市已开始征收碳税。加拿大的魁北克省也开始征收碳税，不同的是针对煤炭、石油、天然气等能源公司征税。碳税在北欧等国家已被广泛接受，并以不同的形式征收。

与命令-控制型环境政策工具相比，税费形式的政策工具有以下三点优点。第一，可以有效促进企业进行技术创新、管理创新和机制创新，企业为了合理减税，会进行技术和工艺的改善和创新。第二，制定科学合理的税率，即税费为社会成本和私人成本之差，此时企业的私人成本与社会成本重合，均衡点为社会最优生产量和社会最优污染量。第三，可以有效降低监管者的交易成本。但是，征收税费这种方式的环境政策工具也存在明显的缺陷。最优税率的设计和制定需要大量相关的信息，如污染企业的边际成本和边际收益及造成的边际外部成本等相关信息。而在现实当中这些信息监管者是很难获得，或者获得信息的成本太高。因此，在实践当中很难设计最优的税率，只能进行不断的尝试和修正。此外，部分监管结构可能产生的"寻租"行为也会导致环境管制效率的低下，造成资源的浪费。

2. 排放权交易形式

排放权交易是科斯产权理论在环境政策工具中具体运用与实施的一种政策形态。排放权交易理论是由美国经济学家戴尔斯于 1968 年最早提出的，排放权交易主要是指在污染物总量控制下，以市场作为导向标，基于市场机制建立污染物的排放权申请、排放权许可的交易市场，以实现环境保护、污染物控制的目标。排放权交易的作用机理主要是政府根据一定时期内经济社会对于环境污染的容量而制定排放污染物的总量，由此来给排放企业发放排污权许可证，如果企业申报的污染量超过许可证的上限时，企业就必须去排污权交易市场购买一定额的排污权许可证，否则会受到政府相应的经济惩罚和制裁；如果企业排放的污染量小于所购买的许可证上限，则该企业可以将剩余的许可证量在排污权交易市场出售以获取利润或者进行储存以备后用。排污权交易机制是政府运用法律手段将经济权利与市场交易机制相结合以控制环境污染的一种有效的政策手段。

　　该理论已经在欧美发达国家相关领域得以实际应用，并取得了一定的效果。而碳排放权交易形式的碳减排政策工具最早是由英国提出的，将各国的碳排放量量化成合法的碳排放权指标，基于此建立一个碳排放权交易体系，针对排放企业的排放量来分配碳配额，使该配额可以在碳交易市场上合法交易，以实现碳排放企业自主减排的目的。

　　目前，欧盟于 2005 年建立了欧盟碳排放交易体系（EU ETS），其是世界上规模最大的温室气体排放交易机制。自 EU ETS 建立以来，碳交易量及其成交金额都在稳步上升，占据着世界碳交易总量的近 3/4。2005～2011 年 EU ETS 的碳交易量情况如图 14-2 所示。

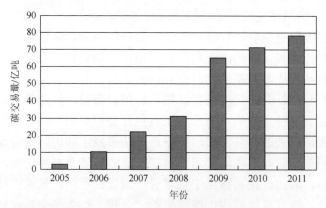

图 14-2　2005～2011 年 EU ETS 碳交易量

资料来源：世界银行报告统计数据

　　此外，其他大洲也纷纷建立了碳排放权交易体系以减少温室气体排放。比如，美国建立了四个区域的温室气体减排机制，包括区域温室气体减排行动计划、西部温室气体倡议、气候储备方案和中西部地区温室气体减排协议；

大洋洲碳排放交易市场主要包括世界上最早的针对电力企业的基于总量控制的澳大利亚新南威尔士州温室气体减排计划和新西兰温室气体减排体系；近几年来，亚洲也开始重视碳排放交易体系、机制的建立与设计。具体情况见表 14-4。

表 14-4　亚洲主要国家碳排放交易体系建立情况

碳交易市场	启动时间	参与意愿	运作机制	参与行业
日本东京都温室气体交易体系	2010 年	强制	总量配额交易	工商业领域的约 1400 个排放源
日本自愿性排放交易体系	2005～2007 年	自愿	总量配额交易	自愿参与企业
韩国排放交易体系	2015 年	强制	总量配额交易	大型电力生产、制造和运输及国内航空业
印度节能证书交易体系	2012 年	强制	节能证书交易	水泥、钢铁、造纸、铁路、纺织等

整体上来讲，排污权交易制度有以下几方面优点：第一，排污权交易制度的建立迫使企业将环境视为一种生产要素纳入到生产决策中，将环境保护与治理同企业自身收益与发展紧密联系起来，对企业的技术与管理创新起到很大的推动和激励作用。第二，实施排污权交易制度是以总污染量控制为基础的，所以可以保证区域内排污总量在环境承载力接受的范围之内。第三，排污权交易制度相较于命令-控制型的环境政策工具具有较高的灵活性。排污权交易制度也有较为明显的缺点：第一，环境污染物的总量难以界定；第二，需要以完善的市场经济和技术作为基础；第三，产权不清使得交易主体不明，会导致该政策工具实施的交易成本过高。

3. 环境补贴形式

环境补贴也是基于庇古理论的一种环境政策工具，是指为了实现环境保护和节约资源的目的，政府采取一系列的政策对企业的减排行为进行干预，对企业在环境治理方面进行财政支持，即将环境成本内部化的政策手段。环境补贴的形式主要包括拨款、贷款和税金减免。目前，环境补贴形式已被许多国家所应用并推广。例如，法国给工业企业提供以贷款形式为主的财政支持以控制水污染；意大利为固体废弃物的回收和再利用提供财政补贴，鼓励那些以治理环境污染为目的而优化生产程序和生产工艺的企业；德国为改进生产工艺、引进新型设备以减少环境污染而导致资金周转不灵的中小企业设置了环境补贴系统，促进和鼓励中小企业转变发展模式，鼓励其进行管理创新、技术创新等。

（三）自愿型环境政策工具

自愿型的环境政策工具属于非正式的政策制度，是由于确定客体产权的交易成本较高而导致自由谈判、协商机制失效的一种环境政策工具。随着经济的不断发展，工业门类划分越来越细、越来越繁杂，产品的生产向着市场化、专业化、个性化发展，产品的生命周期越来越短，所以正式的政策制度会因为执行成本较高而不符合成本效率的原则，由此，非正式的制度，如自愿型的环境协议、公众参与等越来越受到人们的关注。自愿型的环境协议指以本着自愿的状态建立政企、企业间相互制约的关系以促进企业不断改进和完善其治理环境的能力。公众参与指通过环保教育、宣传环保概念培养人们的环保意识，使人们能够自觉地减少环境破坏，另外公众还可以通过投诉、听证、抵制等形式参与到政府对企业的监督与管理当中，使管理者与被管理者的决策更加透明化。

自愿型环境政策工具的优点是能最大限度地调动企业改善环境、治理环境的积极性，促进企业进行管理创新、机制创新和技术创新。同时，自愿型环境政策工具还能降低交易成本，提高政府的环境管制成本效率，由此提高环境的管制效率。但是，自愿型环境政策工具也具有较为明显的缺点：一是要求公众的环保意识较高，但是在现实条件下这种思想上的培养在短期内难以实现；二是由于缺乏政府的强制性管理和保护，自愿型环境政策工具极易陷入形式主义，使各方付出的管理资源付之东流。

三、我国环境政策工具的发展现状

（一）我国环境政策工具的制定与实施

1. 命令-控制型

目前，我国现行的环境政策工具大都属于命令-控制型，进行污染管制主要是建立在达标排放和总量控制基础上的点源污染控制方式。

达标排放和总量控制是我国进行环境污染治理的"两道防线"。"第一道防线"达标排放是指污染物排放进入环境后发挥的功能必须达到确定的等级，如一个企业的废水处理应该满足《污水综合排放标准》或相关行业污水排放标准。当达标排放仍不能满足区域环境改善的要求时，排污总量控制成为保障区域环境质量改善的"第二道防线"。早在 1996 年我国就正式把污染物排放总量控制政策列为"九五"期间环境保护的考核目标。"十五"期间我国环保工作的重点全面转移到污染物排放的总量控制上。例如，制定酸雨的区域总量削减目标，新项目的建设在环评阶段就必须向当地环保部门提出预期达到的排放标准和排放总量指标。在我国的环保技术和投入资金允许的情况下，我们也可以借鉴美国在水污染防治中的先进经验，即"第三道防线"。"第三道防线"是指为满足区域环境质量的改善，限制每日的最高允许排放浓度和排放量。另外，根据我国出台的《清洁生产促进法》，对于不能满足达标排放和总量控制要求的企业，必须根据《清洁生产促进法》进行强制的清洁生产审核。力求从源头削减污染，降低末端治理的成本。

2. 市场激励型

我国的市场激励型政策工具主要包括排污收费、排污权交易、污染税和生态补偿等。

（1）排污收费。排污收费是我国很早应用的市场激励手段之一，早在 1978 年我国就开始试行排污收费，1982 年颁布了《征收排污费暂行办法》，2003 年 7 月 1 日开始实施《排污费征收使用管理条例》，从原来的超标排放收费拓展为按污染物种类和数量排污收费与超标收费并存的收费模式。

（2）排污权交易。目前我国的排污权交易制度尚未全面实施，仍处于试点阶段。早在 20 世纪 80 年代以来，我国已在 10 多个城市开展了排污权交易试点，其中，包括大气污染物、水污染排放权及目前的碳排放权。早在 1987 年，上钢十厂为解决废水处理问题首先尝试实施排污权交易，并取得了一定的效果。对于水权交易制度，我国的江苏省为了治理太湖流域的水污染问题一直致力于建立科学合理的水污染权交易机制。在 1994 年，我国将包头、柳州、太原、贵阳等城市选为大气污染排放权交易的试点城市。2002 年将山东、山西、河南、天津、上海等纳入 SO_2 排放权交易试点范围。

排污权交易政策工具的设计、制定和实施过程是一个创建区域总量控制基础上的排污权交易市场的过程，要有完善和成熟的政策、法律法规和技术、资金、人力等资源与之相配套、相补充。由于我国的排污权交易市场尚未全面推行，所以排污权交易市场也没有充分公开和交流的途径，所以在排污权交易市场中的企业需要投入较高的信息成本、谈判成本等交易成本，而且还会提高政府的行政审批成本和监督成本。所以，基于历史的经验，我国的碳排放权交易政策工具的设计和实施也会面临着相似的困难，不仅要考虑市场的配套问题、建成后的实施效果及企业的参与情况，而且要考虑碳排放权交易的成本效率问题。

（3）污染税。在我国以往的税法中并未正式引入污染税的概念，但我国一直也在不断尝试采用税收等经济杠杆来解决环境保护和治理问题。污染税主要包括三个方面：鼓励"三废"综合利用、减少污染物排放和鼓励清洁生产。

（4）生态补偿。从 20 世纪 90 年代后期，我国中央政府开始以财政转移支付的手段开始实行跨行政区域的生态补偿。除中央的转移支付以外，一些地方性的生态补偿项目也逐步兴起。例如，浙江省针对环境保护问题关闭了一些造纸厂和化工厂并进行相应的补偿；新疆为了解决塔里木河下游的荒漠化问题，当地政府对中上游用水进行限额使用。有些学者将我国的生态补偿机制称之为"供方的生态有偿服务"。但是，由政府决定支持环境服务和补偿数额会降低管制效率。

3. 自愿参与型

我国从 20 世纪 90 年代就开始通过开展自愿活动来推动环境保护和治理。比如，我国通过推广绿色社区、生态村、生态示范区、生态城等创建活动来促进社会大众对环境保护的广泛参与。截止到 2008 年年底，我国共有 33 个生态工业示范园区，建成 12 455 所绿色学校、5236 个绿色社区、72 个国家级环境保护模范城市。

（二）我国市场型碳减排政策工具的发展现状

相较于欧美和亚洲发达国家，我国在市场型碳减排政策工具的设计、实施和执行上起步较晚。目前，碳排放权交易与碳税是我国准备试行的主要的碳减排政策工具。其中，碳税的设计与制定还在研究中，而碳排放权交易机制和碳交易市场在我国已经开始进入起步建设阶段。针对以 CO_2 为主的温室气体排放问题，国家发展和改革委员会于 2010 年 7 月 19 日发布《关于开展低碳省区和低碳城市试点工作通知》。将广东、辽宁、陕西、湖北和云南五省和天津、保定、贵阳、重庆、厦门、深圳、杭州、南昌八市选为我国第一批国家低碳试点城市。2012 年国家发展和改革委员会确定了最终在北京、天津、上海、重庆、广东、湖北和深圳 7 个省市建立碳排放权交易试点，国家发展和改革委员会应对气候变化司司长苏伟表示，我国正在重点探索区域内的碳排放交易机制，如以京津冀为中心辐射华北五省的区域性碳交易规则和机制，为全国的碳排放权交易市场提供可参考的模式和发展路径。

我国"十二五"期间首次明确提出要建立碳排放交易市场，完善碳排放交易制度。而可靠的碳金融价格预测作为重要的决策工具可以为我国制定碳排放交易市场相关政策、提高碳市场风险管理能力及减少碳资产流失提供有效的依据。2005 年《京都议定书》的正式生效，标志着利用市场机制进行温室气体减排的开端，碳交易市场在全球迅速发展起来。目前，碳衍生产品市场的发展速度要远超碳现货市场，而且碳排放现货、期货、远期、期权等碳金融产品已发展成为市场参与者实现碳排放的投资组合收益、增强金融风险管理的主要金融管理工具。据世界银行统计，2011 年全球碳排放市场总交易市场规模达 1760 亿美元，交易量达 103 亿吨二氧化碳当量，较 2010 年增长 11%，预计 2020 年将达到 3.5 万亿美元，将取代石油市场成为全球最大的商品交易市场。目前，中国碳交易市场处于初步建设阶段，尚处于碳价值链的末端，缺乏碳交易的议价权，导致我国碳资产流失严重，2008 年因碳价差就造成我国高达 33 亿欧元的碳资产流失，建立自主碳交易体系、开展各类碳金融业务已成为我国参与全球国际碳金融竞争、实现可持续发展的当务之急。而碳金融价格预测作为提高碳金融市场风险防范能力和减少碳资产价值流失的有效途径之一，目前已成为学术界所关注的热点，所以探究和开发针对当前国际碳金融市场价格波动特征下的价格预测方法是具有现实意义的研究课题。此处介绍一种针对碳金融市场价格的预测模型，即基于 EMD-PSO-SVM 的误差校正预测模型，旨在为我国的碳金融市场价格波动与风险控制的研究提供些许参考与借鉴。

目前国内外学者针对国际碳金融市场价格的预测方面进行了大量的研究，所采用的模型和方法主要可以分为数据驱动模型和数据发掘模型两种。数据驱动模型主要是对碳市场价格组成的时间序列进行深层次的分析和模拟，包括利用 ARMA、ARCH、GARCH、TGARCH 等方法对碳金融市场价格进行预测，如 Chevallier（2010）构建了 AR（1）-GARCH（1，1）模型对 EUA 现货、EUA 期货和 CER 期货价格波动特征进行了预测与分析。Byun 和 Cho（2013）对比了 GARCH、K 近邻算法和隐含波动率对于碳期货价格的波动性预测能力，研究结果表明 GARCH 模型要优于 K 近邻算法和隐含波动率。Wang 和 Wu（2012）对比了基于单变量和多变量的 GARCH 族模型在能源市场中的预测效果，结果显示多变量模型预测效果要优于单变量模型。Martos 等（2013）建立了一个多元 GARCH 模型对碳排放配额价格进行预测，结果显示该常见的波动因素可以用于改善预测区间。最近能从大量模糊的随机数据中提取隐含的有价值信息的数据挖掘技术如混沌理论、灰色理论、神经网络及支持向量机（support vector machine，SVM）等越来越多地被引用到非平稳、非线性时间序列的预测中来。其中，建立在统计学习理论基础上的 SVM 方法在时间序列预测方面具有可以有效缩小泛化误差区间、降低模型的结构风险，同时又保证样本预测误差最小的优点。鉴于碳金融市场价格时间序列的强噪声特征，近几年不少学者将 SVM 方法引入对国际能源价格和国际碳金融市场价格的预测和分析中，取得较好的预测结果。Zhang 和 Tan（2013）提出了一种基于 WT、CLSSVM 和 EGARCH 的混合预测模型，通过对西班牙电力期货市场的节点边际电价和市场供求平均电价进行实证研究验证了该模型具有较好的预测能力。Saini 等（2010）构建了一个基于 GA-SVM 的预测模型，并将该模型运用到了澳大利亚国家电力市场（NEM）的两个大型电力系统中进行测试，结果显示该模型具有较好的预测能力。Zhu 和 Wei（2013）针对传统 ARIMA 模型在预测非线性特征下碳期货价格时的缺陷，构建了 ARIMA-LSSVM 的混合模型，并对 EU ETS 下的两种碳期货价格进行实证研究，结果验证了该混合模型较传统线性时间序列预测模型的优越性。魏一鸣和朱帮助（2011）构建了基于 GARCH-PSO-LSSVM 的混合预测模型，并选用 EU ETS 下的不同到期的碳期货合约进行实证分析，取得了较好的预测结果。这些在 SVM 方法基础上的改进方法使得预测精度相对于传统预测方法有了较大的提高，但是现有方法仍未有效地解决运用 SVM 方法的预测结果相对于实际值具有滞后性、拐点处误差较大的缺陷，使得预测精度受到影响。

　　针对上述问题，本节构建了一种基于 EMD-PSO-SVM 的误差校正预测模型。该模型是在 SVM 预测的基础上，先运用 PSO 算法对 SVM 模型的参数进行优化，后对原始碳金融价格序列进行初步预测，而后引入 EMD 方法将测试误差分解为具有不同尺度特征的模态分量的叠加，并运用 PSO-SVM 模型对这些分量进行训练并预测获得误差预测值后，再通过预测误差对初步预测值的校正来解决预测滞后和拐点误差较大的问题以提高预测精度，选取洲际交易所碳交易所 2008～2013 年 12 月到期的 CER 期货合约和 EUA 期货合约的日交易结算价格数据进行实证模拟，最后将预测结果与其他常用预测方法的预测结果进行了比较分析，验证了该模型的可行性和精确性。

1. 研究方法

1）EMD 方法原理

　　经验模态分解（empirical mode decomposition，EMD）方法，亦称 Hilbert-Huang 变换，是由美国国家航空航天局的 Huang 在 1998 年提出的一种新的自适应信号处理方法。EMD 可以将信号中不同时间尺度的波动逐级分解后得到几个具有不同尺度特征的本征模态函数（intrinsic mode function，IMF）和一个代表原始信号总体趋势的剩余分量，分解结果能够反映真实的物理过程，非常适合处理非平稳、非线性的信号。EMD 的具体分解方法如下。

　　（1）确定原始序列 $x(t)$ 的极大值点和极小值点，采用三次样条函数对上下包络线进行拟合，对极大值和极小值包络线取平均值就得到了平均包络线 $m_1(t)$。

　　（2）将原始序列 $x(t)$ 减去 $m_1(t)$ 就得到了一个剔除低频数据分量的新序列 $h_1(t)$：

$$h_1(t) = x(t)\text{-}m_1(t) \tag{14-1}$$

　　如果 $h_1(t)$ 仍然不平稳，则用 $h(t)$ 代替 $x(t)$，重复上述过程 k 次，最终所得到的平均包络值趋于 0 为止。这样就得到了第 1 个 IMF 分量 $c_1(t)$：

$$c_1(t) = h_{(1k)}(t) - m_{1k}(t) \tag{14-2}$$

（3）将原始序列 $x(t)$ 减去第 1 个 IMF 分量 $c_1(t)$ 就得到了第一个去掉高频成分的差值序列 $r_1(t)$，对 $r_1(t)$ 重复进行以上操作就可以得到第二个 IMF 分量 $c_2(t)$ 和另一个差值序列 $r_2(t)$，直到不能分解为止，最后得到了一个不能再分解的序列 $r_n(t)$，$r_n(t)$ 可以代表原始序列的总体趋势，此处 EMD 分解过程结束。这时原始序列就分解成了 IMF 分量和总体趋势的叠加：

$$x(t)=\sum_{j=1}^{n-1}C_j(t)+r_n(t) \tag{14-3}$$

由于各个 IMF 分量具有不同的频率和振动幅度，也就代表了原始序列不同尺度的信息。在处理数据时，为了防止原序列极值端点发生发散现象并"污染"整个结果，此处采用多项式拟合算法对端点做了处理。

2）SVM 方法原理

SVM 算法是由 Cortes 和 Vapnik 于 1995 年在统计学理论基础上提出的一种新机器学习方法，它遵循结构风险最小化原则且可以对基于小样本高维度非线性系统实现精确拟合，具有较好的泛化能力。SVM 的基本思想是把输入向量通过非线性映射函数 $\varphi(x)$ 将数据 x_i 映射到高纬度特征空间 F，并在 F 上进行线性回归。SVM 在高维特征空间中的回归函数为

$$f(x)=w\cdot\varphi(x)+b \tag{14-4}$$

其中，$\varphi(x)$ 为 R_m 空间到 F 空间的非线性映射函数，$x\in R_m$；w 为权向量；b 为偏置向量。

根据机构风险最小化原则，可以转化为如下的最小化的线性风险泛函的问题：

$$\min J=\frac{1}{2}\|w\|^2+C\sum_{i=1}^{n}(\zeta_i+\zeta_i^*)$$

$$\text{s.t.}\begin{cases}y_i-w\cdot\varphi(x_i)-b\leqslant\varepsilon+\zeta_i\\w\cdot\varphi(x_i)+b-y_i\leqslant\varepsilon+\zeta_i^*\\\zeta_i,\zeta_i^*\geqslant0,i=1,2,\cdots,n\end{cases} \tag{14-5}$$

其中，$\|w\|^2$ 反映了模型的复杂程度，其值越小则置信风险越小；ε 为不敏感损失系数；ζ_i，ζ_i^* 为松弛变量；C 为惩罚变量；n 为样本的容量。式（14-5）是一个标准的约束优化问题，可运用拉格朗日函数法对其求解。由此可以得到 SVM 回归函数 $f(x)$：

$$f(x)=\sum_{i=1}^{n}(\alpha_i-\alpha_i^*)K(x_i,x_j)+b \tag{14-6}$$

其中，α 和 α^* 为拉格朗日乘子；$K(x_i,x_j)$ 为高维空间内积运算核函数，可表示为 $K(x_i,x_j)=\varphi(x_i)\varphi(x_j)$。鉴于径向基核函数较其他核函数具有参数少、性能好的特点，所以本节采用径向基核函数作为 SVM 的核函数，其定义如下：

$$K(x_i, x_j) = \exp\left(-\frac{\|x_i - x_j\|^2}{2\sigma^2}\right) \qquad (14\text{-}7)$$

其中，σ 为径向基核函数的宽度参数，$i = 1, 2, \cdots, m$，$k = 1, 2, \cdots, s$。

3）PSO 方法原理

粒子群算法（particle swarm optimization, PSO）是 Kennedy 和 Eberhart 在 1995 年提出的一种基于种群的智能优化算法。该法的基本思想是模拟鸟群在飞行的集体协作来避免飞行迷失的行为，由此使得群体实现最优目的。首先，PSO 算法先随机初始化一群粒子，每个粒子被视为每个优化问题的潜在解，并且每个粒子有速度和位置两个参数。假设在一个 s 维的目标搜索空间中，存在规模为 m 个粒子的种群，每个粒子有速度和位置两个参数。第 i 个粒子在 s 维空间的位置表示为 $x_k^i = (x_1^i, x_2^i, \cdots, x_s^i), i = 1, 2, \cdots, m$，每个粒子所在的位置就是一个潜在解，粒子的优劣一般由被优化的适应度函数来决定，所以根据目标函数 $f(x_i)$ 计算出 x_k^i 的适应度值 f_k^i 来判断其优劣性。第 i 个粒子的飞行速度 $v_k^i = (v_1^i, v_2^i, \cdots, v_s^i)$，决定了第 i 个粒子在 s 维搜索空间迭代次数的位移，根据每一个粒子的适应度，更新每个粒子个体最优位置 $P_{best} = (P_1^i, P_2^i, \cdots, P_s^i)$ 和全局最优位置 $H_{best} = (H_1^b, H_2^b, \cdots, H_s^b)$。Kennedy 和 Eberhart 提出粒子具体进化过程如下：

$$v_k^i = w_{k-1}v_{k-1}^i + c_1 r_1 (P_{k-1}^i - x_{k-1}^i) + c_2 r_2 (H_{k-1}^b - x_{k-1}^i) \qquad (14\text{-}8)$$

$$x_k^i = x_{k-1}^i + v_k^i \qquad (14\text{-}9)$$

其中，v_k^i 为第 i 个粒子第 k 次迭代的飞行速度矢量；w_{k-1} 为惯性权重；c_1，c_2 为加速因子，一般将加速因子设为 $c_1 = c_2 = 2$；r_1，r_2 为均匀分布在 [0, 1] 区间的随机数，x_k^i 为第 k 次迭代后粒子 i 的位置矢量。在更新过程中，粒子速度的每一维都被限定在 $[v_{min}, v_{max}]$ 内，以防止运动速度过大而飞过最优解。利用惯性权重 w_k 可以加快收敛速度，使得 PSO 可以用自适应改变惯性权重来克服在迭代后期全局搜索能力不足时不能找到最优解的问题。随着每次迭代，所有粒子向最优位置靠近，当达到最大迭代步数或其他预设条件时，算法停止进化，输出最优解。SVM 中参数选择的常用方法有网格搜索和交叉验证等，但这些方法计算量较大且搜索时间较长，而 PSO 算法具有操作简单，易于实现，并且可以搜索全局最优解的优势，鉴于此本节选择 PSO 算法对 SVM 模型中的参数进行最优化，具体步骤如下。

步骤 1，将样本数列进行空间重构形成多维时间序列，产生 SVM 的训练集和测试集。

步骤 2，进行初始化，随机生成粒子群，而后对粒子最大速度、惯性权重、最大迭代次数及参数 C 和 σ 的取值范围进行设置。

步骤 3，确定粒子适应度函数。从 SVM 建模过程可知，SVM 学习性能与惩罚系数 C 和函数参数 σ 的选取密切相关，所以目标函数可设为

$$\min f(C,\sigma) = \frac{1}{n}\sum_{i=1}^{n}(y_i - y_{ri})^2$$

$$\text{s.t.}\begin{cases} C \in [C_{\min}, C_{\max}] \\ \sigma \in [\sigma_{\min}, \sigma_{\max}] \end{cases}$$

（14-10）

其中，y_i 和 y_{ri} 分别为原始样本数据的预测值和实际值。

步骤 4，计算每个粒子的适应度值。根据式（14-10）可得 $F_{\text{fitness}} = f(C,\sigma)$，将每个粒子的个体极值 $P_{i\text{-best}}$ 设为当前位置，计算出最好适应度值的粒子所对应的个体极值作为最初的整个种群最优位置 H_{best}。

步骤 5，用式（14-8）和式（14-9）更新粒子的位置、速度和适应度值。

步骤 6，计算每个粒子在更新后的位置上的适应度值，并将其与 P_{best} 和 H_{best} 进行比较，如果优于 P_{best} 或 H_{best} 的适应度值，则用该粒子位置替代 P_{best} 或 H_{best}。

步骤 7，判断是否满足终止条件。若满足，则训练结束，输出全局最优位置即为 SVM 的 C、σ 最优值；否则转至步骤 4 继续参数优化。

2. 模型设计

在运用 SVM 方法对原始时间序列进行初始预测时必定会产生一定的误差，这些误差会造成预测结果与实际结果产生偏差，从而影响预测模型的预测精度。针对这一问题本节构建了基于 EMD-PSO-SVM 的误差校正预测模型，对模型所产生的误差进行准确预测后，将误差预测结果反馈后再对原始时间序列进行预测，即对预测值进行误差校正后会得到更加精确的预测结果。

模型的具体步骤描述如下。

（1）数据预处理。首先将选取的样本数据序列 $\{x_t, t=1, 2, \cdots, n\}$ 转化为矩阵形式，并构造样本 (X_t, Y_t)，其中 $X_t = \{x_{t-m}, x_{t-m+1}, \cdots, x_{t-1}\}$，$Y_t = x_t$。设 m 为滑动时间窗口大小，代表用前 m 个交易日预测第 $m+1$ 交易日价格。将样本数据序列进行分段处理，根据各阶段特征可以分为训练数据集 I_1、测试数据集 I_2 和预测数据集 I_3，按空间重构原则分别对三个数据集合进行空间重构。

（2）对样本数据序列进行初步预测。运用 PSO 算法对 SVM 模型的参数进行最优化。建立了 PSO-SVM 模型对样本数据序列 I_3 集合数值进行初步预测，得到初步预测值 $P(I_3)$。

（3）运用 EMD 分解误差并预测。首先对 I_1 集合的误差集合建立对 I_2 集合误差值的 PSO-SVM 模型，得到 I_2 集合的误差预测值 EP(I_2)，然后利用 EP(I_2) 建立 PSO-SVM 模型对 I_3 集合误差进行预测，得到预测值 EP(I_3)。由于误差序列是一种多频谱交叠的信号，具有非平稳、非线性、强随机性等特征，为了克服误差序列多尺度频谱叠加造成的误差，本节在对误差序列进行预测之前运用 EMD 方法将误差序列分解为一系列具有不同时间尺度信息分量集合，在此基础上针对不同尺度的信息对每个分量预测后通过叠加得到 I_3 集合误差的预测序列。

（4）样本数据序列进行误差校正并预测。分别获得 I_3 集合的初步预测值 $P(I_3)$ 及误差预测值 EP (I_3)。利用 EP (I_3) 对初步预测值 $P(I_3)$ 进行校正，从而得到校正后的最终预测值 $P^*(I_3)$。

3. 预测模型实例分析

1）数据样本的选择

选取欧洲最大的 ICE 碳排放期货交易所（Intercontinental Exchange）12 月到期日的主力碳排放合约期货核证减排量（Certification Emission Reduction，CER）期货和欧盟碳排放配额（European Union Allowance，EUA）期货的日交易结算价格作为本节的考察样本。因为目前在 EU ETS 下，CER 期货和 EUA 期货是流动性最大的两种交易形态，而对 CER（DEC12）和 EUA（DEC12）期货合约价格进行预测可以有效地反映 EU ETS 碳交易市场的总体态势。考虑样本的可获得性和连续性，其中，CER 期货日交易结算价格（DEC12）选取的时间区间是 2008 年 3 月 14 日至 2013 年 9 月 17 日，共计 1290 个样本数据；EUA 期货日交易结算价格（DEC12）选取的时间区间是 2008 年 3 月 14 日至 2013 年 9 月 17 日，共计 1290 个样本数据。图 14-3 为 CER（DEC12）和 EUA（DEC12）期货合约日交易结算价格曲线，单位是欧元/吨 CO_2 当量。训练数据集 I_1 区间选为（1，600），测试数据集 I_2 为（600，1100），预测数据集 I_3 为（1100，1290）。

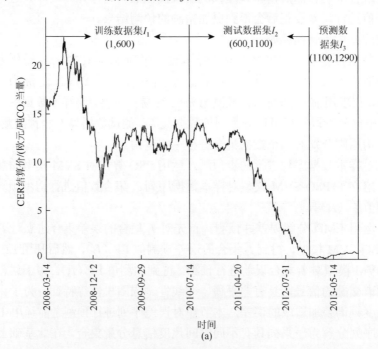

(a)

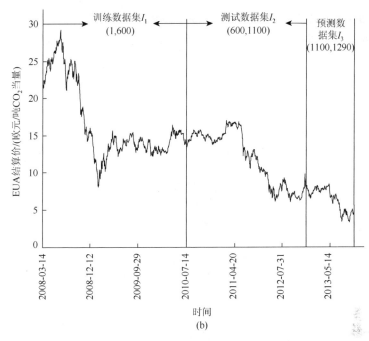

图 14-3 CER 和 EUA 期货日交易结算价格走势

2）评价准则

为了评价本模型的预测性能并对误差进行测量，本节选用均方根误差（root mean square error，RMSE）、平均绝对误差（mean absolute error，MAE）两类指标作为评价准则。RMSE 对于测量数据中的极大和极小误差具有较高的敏感性，能够很好地反映出测量数据的精度，而 MAE 由于离差被绝对值化，不会出现正负相抵消的情况，能较好地反映预测值误差的实际情况。RMSE 和 MAE 分别定义为

$$\text{RMSE}=\sqrt{\frac{1}{N}\sum_{i=T}^{T+N}(R_i-P_i)^2} \qquad (14\text{-}11)$$

$$\text{MAE}=\frac{1}{N}\sum_{i=T}^{T+N}|R_i-P_i| \qquad (14\text{-}12)$$

其中，R_i 为预测的实际值；P_i 为预测值；T 为训练数据集合期数；N 为预测集合期数。

3）初步预测

利用样本数据的 I_1 集合和 I_2 集合建立 PSO-SVM 模型进行初步预测。输入训练样本，按照相关算法求得 C_1=114.38，σ_1=0.9138，CER（DEC12）和 C_2=103.64，σ_2=0.7233，EUA（DEC12）。PSO 算法进化过程中采用实值编码，初始种群为 20，最大迭代次数为 500，惯性权重 w_{min}=0.2，w_{max}=0.9，加速因子设为 $c_1=c_2$=2，最大

速度 v_{max}=50，SVM 参数的范围：$C \in [1，1000]$，$\sigma \in [0.1，10]$，适应度函数定义为 $F_{fitness}=f(C，\sigma)$。对样本集 I_3 进行初始预测，具体结果如图 14-4 所示。

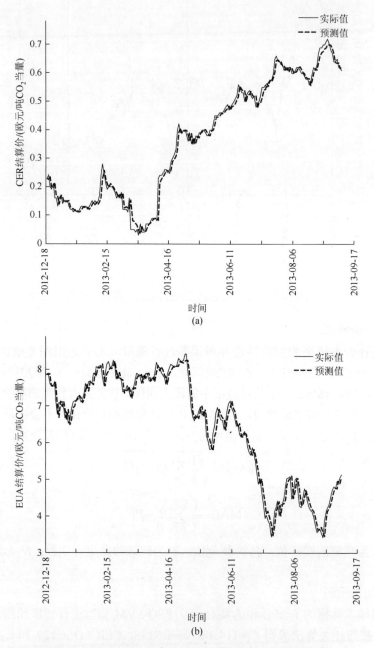

图 14-4　CER 和 EUA 期货日交易结算价格初步预测结果

根据图 14-4 所显示的 PSO-SVM 模型的初步预测结果可以看出，预测值曲线相对于实际值曲线具有非常明显的滞后性，而且在拐点处仍存在着较大的误差，影响了模型的预测精度。

4）EMD-PSO-SVM 误差校正预测模型

如前面所述，误差序列的非线性、非平稳及携带系统动力信息不足的特点使得 PSO-SVM 模型难以对误差值进行精确的预测。本节中出现的误差序列具有很强的随机性，难以选取具有相同时间尺度特征的影响因素。因此，本节通过对 CER 期货和 EUA 期货日交易结算价格的测试误差序列进行 EMD 分解，对各 IMF 分量分别预测并将最后结果叠加后得到最终的预测误差值。具体分解过程如图 14-5 所示。

对 CER 和 EUA 的日交易结算价格序列进行误差校正即先将 CER 和 EUA 的测试误差序列分解后分别得到如图 14-5 所示的 9 个 IMF 分量及 1 个剩余分量和 8 个 IMF 分量及一个剩余分量，对各分量运用 PSO-SVM 模型进行训练和预测后将各分量的预测值叠加，获得最终的误差预测结果 $EP_{CER}(I_3)$ 和 $EP_{EUA}(I_3)$。然后将其反馈到初始预测序列 $P_{CER}(I_3)$ 和 $P_{EUA}(I_3)$ 中，得到校正后的预测值 $P^*_{CER}(I_3)$ 和 $P^*_{EUA}(I_3)$，如图 14-6 和图 14-7 所示。

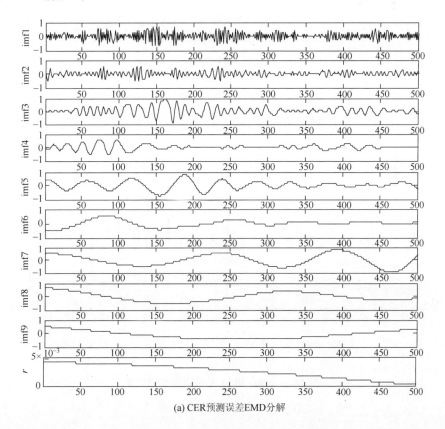

(a) CER预测误差EMD分解

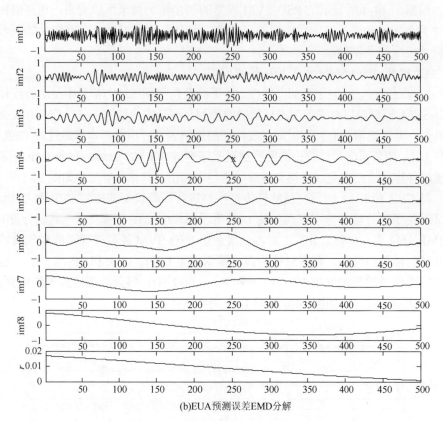

(b)EUA预测误差EMD分解

图 14-5　CER 和 EUA 日交易结算价格测试误差的 EMD 分解

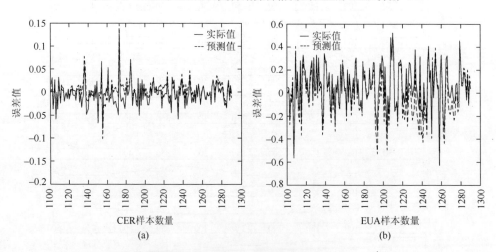

图 14-6　CER 和 EUA 预测误差值结果

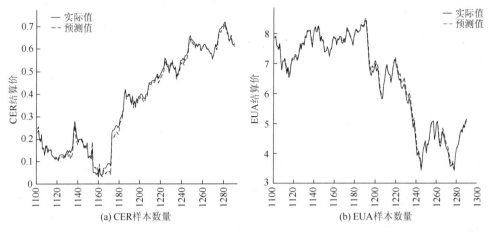

图 14-7 误差校正后的 CER 和 EUA 预测值

图 14-6 和图 14-7 中所显示的预测误差值和误差校正后的最终预测结果表明，对于 CER 和 EUA 的日交易结算价格序列，校正后的预测值与误差预测值的趋势具有较高的一致性，预测结果滞后性和拐点误差大的问题得到了很好的解决。可以看出，基于 EMD-PSO-SVM 的误差校正预测模型取得了较好的预测效果，也说明了本模型在国际碳金融市场价格预测中是切实可行的。

为了更好地衡量和比较基于 EMD-PSO-SVM 的误差校正预测模型的预测能力，本节还运用了 ANN、ARIMA 和 GMDH 模型对 CER 和 EUA 的日交易结算价格进行了训练与预测，最后将预测结果与本模型预测结果进行比较分析，具体如表 14-5 所示。

表 14-5 各种模型的预测结果比较

预测模型	CER（DEC12）			EUA（DEC12）		
	RMSE	MAE	均值排名	RMSE	MAE	均值排名
PSO-SVM 模型	0.2237	0.0162	2	2.411	0.1749	2
ANN 模型	0.2251	0.016	3	2.4587	0.1793	3
ARIMA 模型	0.2357	0.0159	5	2.4802	0.1832	5
GMDH 模型	0.2271	0.0166	4	2.4778	0.1806	4
EMD-PSO-SVM 误差校正预测模型	0.2054	0.0137	1	2.1941	0.1538	1

从表 14-5 的预测结果对比中可以看出，基于 EMD-PSO-SVM 的误差校正预测模型在预测精度上较 ANN、ARIMA 和 GMDH 等模型有显著提高，说明了该预测模型是切实有效的。

4. 结论

国际碳金融市场是一个涉及政治、经济、社会、环境、科学技术等众多因素的复杂系统，对国际碳市场价格的预测及分析是一项非常重要的任务，尤其对于中国来讲，建立符合国情的碳金融市场，提高对国际碳市场价格的预测能力，对我国减少由于碳价差带来的损失，提高对碳金融市场的风险防范能力有着重要的意义。本节提出的预测模型分析了目前国际碳金融市场价格所呈现的属性和特征，为我国未来碳金融市场价格预测提供了新的思路和方法。限于篇幅，本节仅对两种主流碳货进行了测试，进一步增加样本的数量、扩大测试范围，在此模型基础上建立多因素影响下的碳金融市场价格误差校正预测模型是下一步的研究方向。

四、我国碳减排政策工具的分析框架研究

随着气候变化成为全世界研究的热点问题，控制温室气体排放、推进经济的低碳发展已成为我国应对全球气温变暖、资源濒临枯竭、实现经济可持续发展的重要战略。目前，中国正处于资本密集型工业化和城市化的快速发展中，在经济全球化的发展背景下，中国温室气体排放高居全球第二位，面临着巨大的减排压力。中国作为一个负责任的发展中国家，既有发展的权利，更有保护全球气候的义务。发展低碳经济离不开低碳经济政策的引导与推动，为了应对全球气温变暖，中国采取了一系列有利于缓解温室气体排放的低碳政策措施，并取得了初步的成效。

政策工具是政府治理经济社会的主要手段和途径，是政策目标与实施结果之间的桥梁和纽带，所以科学、合理地制定低碳政策工具，对于中国低碳经济的发展具有非常重要的意义和影响。目前，中国发展低碳经济还处于初级阶段，很多相关的法律法规尚不健全，无法有效地约束和激励企业实现低碳设计、低碳生产、低碳运营，无法有力地推动新能源产业的市场化与专业化，所以如何制定出科学、合理的低碳政策在学术界也成为一个热点问题。目前，围绕低碳发展政策的学术研究也在不断拓展和延伸。低碳政策的制定是一项复杂的系统性研究，其不仅涉及我国整体的经济发展模式的转变、经济增长和能源需求的特征及阶段性发展规律的变化等，也涉及政策内部政策工具本身的设计、组织、搭配及构建，这就对我国低碳政策的制定提出了较高的要求。

（一）国内外研究现状与研究方法

本节在政策工具的视域下，首先，对我国近年来出台的低碳发展相关政策

进行梳理和分析，其次采用内容分析法对我国中央政府颁布的低碳政策工具进行计编码和维度分析。内容分析法最早应用于新闻界，第二次世界大战以后，新闻传媒学、社会学、图书馆学及情报学等领域的专家对内容分析法进行了深入的多学科研究。在过去的 20 多年里，内容分析法作为一种定性与定量相结合的研究方法，在探索、验证和解决管理领域相关的复杂问题方面得到了广泛的应用。Morris（1994）指出内容分析法能够使研究者避免其主观意识所产生的干扰，由此可以更好地对所研究信息进行分析。计算机与信息化技术的迅猛发展，极大地推动了内容分析法在管理研究中的进一步发展与应用。Deffner（1986）将内容分析法分为人工模式内容分析、个别单词计数系统内容分析和计算机化人工智能内容分析三大类。Duriau 等（2007）在 EbSCO 和 ProQuest 数据库中以内容分析为关键词搜集了 1980～2005 年的重要的学术和业内刊物，并参照管理学报主题的类别将搜集到的文章的研究主题进行了分类，比较全面和系统地回顾和分析了管理领域中运用内容分析法的文献，同时还详细地介绍了运用内容分析法进行新兴管理研究的趋势和分类。

我国学者邱均平和邹菲（2004）将内容分析法简单地概括为一种对研究对象的内容进行深入分析，透过现象看本质的科学方法，该定义形象地揭示了内容分析法对隐含信息的剖析功能。王宇红和张慧（2007）采用内容分析法对涉及国有企业人才素质要求的文献进行了分析，对文献作者的职业分布和地域分布进行了统计分析，为企业的人才选拔提供了理论指导。苏竣和赵筱媛（2007）结合科技活动特点与科技政策作用领域等因素，构建了公共科技政策分析的三维立体框架，并利用此框架具体分析了《鼓励软件产业和集成电路产业发展若干政策》，为科技政策体系的合理布局及优化完善提供有借鉴意义的途径和方法。目前，对中国的低碳发展政策进行量化分析，并对低碳政策工具的选择、组织、搭配与构建中所存在的过溢、缺失与冲突的研究文献相对较少，所以本节按照内容分析法的研究步骤，首先选取中国中央级政府低碳发展政策文本作为内容分析的分析样本；其次，根据政策工具理论制定分析框架，设计分析维度体系，对分析单元进行定义，即将选出的各个低碳发展政策文本中的政策工具内容进行编码；再次，将符合框架的低碳发展政策编号归入分析框架中进行频数统计；最后，根据统计结果来分析现有的低碳发展政策体系是否合理，并借此为未来的低碳发展政策的优化和改善提供有效的政策建议。

（二）低碳政策文本的样本选择

本节按照内容分析法的研究步骤，首先对低碳政策文本进行样本选择。所选择的低碳相关政策文本均来源于近十年由国务院相关部委及直属机构网站公开的关于低碳发展的法律法规、规划、意见、办法、通知、公告等体现政府政策的文件。本节最终梳理了有效政策样本 33 份，具体如表 14-6 所示。

表 14-6　中国低碳发展相关政策文本表

编号	政策名称
1	《消耗臭氧层物质管理条例》
2	《中华人民共和国清洁生产促进法》
3	《清洁发展机制项目运行管理办法》
4	《国家计委、科技部关于进一步支持可再生能源发展有关问题的通知》
5	《促进产业结构调整暂行规定》
6	《中华人民共和国固体废物污染环境防治法》
7	《"十二五"控制温室气体排放工作方案的通知》
8	《"十二五"节能减排综合性工作方案》
9	《环境统计管理办法》
10	《环境信息公开办法（试行）》
11	《中华人民共和国节约能源法》
12	《可再生能源发电有关管理规定》
13	《国家发展改革委关于印发可再生能源中长期发展规划的通知》
14	《可再生能源发电价格和费用分摊管理试行办法》
15	《国家发展改革委关于印发可再生能源发展"十一五"规划的通知》
16	《公共机构节能条例》
17	《国务院关于加快发展循环经济的若干意见》
18	《民用建筑节能条例》
19	《中华人民共和国循环经济促进法》
20	《中华人民共和国可再生能源法》
21	《规划环境影响评价条例》
22	《可再生能源电价附加收入调配暂行办法》
23	《新能源基本建设项目管理的暂行规定》
24	《中央企业节能减排监督管理暂行办法》
25	《环境行政处罚办法》
26	《关于进一步加强环境影响评价管理防范环境风险的通知》
27	《国务院关于加强环境保护重点工作的意见》

续表

编号	政策名称
28	《废弃电器电子产品回收处理管理条例》
29	《新能源和可再生能源发展纲要》
30	《可再生能源发展基金征收使用管理暂行办法》
31	《中华人民共和国大气污染防治法》
32	《可再生能源发展专项资金管理暂行办法》
33	《国家林业局关于开展林业碳汇工作若干指导意见的通知》

（三）低碳发展政策分析框架的构建

从广义上讲，政策工具是被决策者及政策实施者所采用，或者在潜在意义上可能采用来实现一个或者更多政策目标的手段。很多政策本身也是政策工具，所以对于政策工具的研究在某种意义上来讲也是对政策的研究。政策工具是研究国家公共政策的一个科学、有效的方法，近些年随着政策科学发展，国家公共政策分析在分析工具层面上得到了发展和延伸。所以从政策工具视域下建立对我国低碳发展政策分析框架，可以更深入地把握目前低碳发展政策体系的特点、规律和趋势。政策工具分析的基本思想是把政策的结构性作为基本的立论基础，突出了政策的结构特性，认为政策是可以由一系列基本的单元工具合理组织、搭配而构建出来的，同时认为政策工具还可以体现出决策层的公共政策价值和理念。

1. 基本政策工具维度

本节结合 Rothwell 和 Zegveld（1985）的思想，将基本的政策工具分为供给、环境和需求三种类型，如图 14-8 所示。本节将这三种类型的政策工具简化为低碳发展政策分析框架的 X 维度。

1）环境型政策工具

环境型政策工具主要体现为低碳政策对产业低碳化的影响，具体来讲是指政府通过一系列的政策调控如税收制度、财务金融、法规管制等政策为产业界进行低碳化发展提供有利的政策环境和发展空间，同时促进低碳设计、低碳生产及低碳产品的开发。环境型政策工具具体又可细分为目标规划、金融支持、税收优惠、知识产权与法规管制等方面。

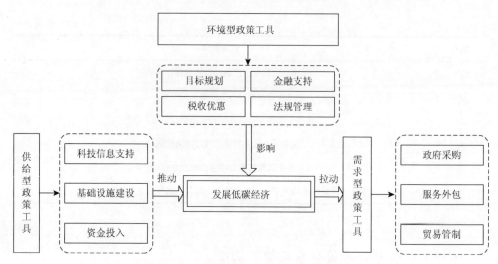

图 14-8　发展低碳经济的基本政策工具

2）供给型政策工具

供给型政策工具主要体现为低碳政策对产业低碳化的推动作用，主要是指政府通过给予高耗能产业以人才、资金、信息、技术等相关要素以推动该类产业实现低碳转型，实现低碳可持续发展。供给型政策工具主要包括人才培养、科技信息支持、资金投入、低碳技术、基础设施建设及公共服务等。

3）需求型政策工具

需求型政策工具主要体现为低碳政策对产业低碳化的拉动力，指政府主要通过政府采购、服务外包、贸易管制及海外机构管理等措施减少市场的不确定性，积极开展对低碳技术的研发和新产品的开发，从而带动相关低碳产业。

2. Y 维度：产业低碳竞争力维度

基本政策工具维度的划分主要是从政府角度去研究低碳政策对相关产业的影响，而产业要实现低碳化发展，其自身的内在组织、生产、活动及运行规律也必须考虑在内，而这种内在的组织活动和运行规律主要体现在产业自身的低碳竞争力上。产业要想实现低碳转型，在未来的低碳市场上获得更强的竞争力，除了外部低碳政策的支持与引导，产业内部系统自我生存、自我繁衍能力不断提高才能获得持续的竞争力。产业的低碳竞争力主要体现在配置资源要素的能力、产业的组织生产能力和产业低碳技术的创新能力，所以本节将产业的低碳竞争力要素总结为低碳生产、技术研发和投资力度三方面。不同的政策作用于不同的产业低碳竞争力要素上会产生不同的效用。本节将这三个低碳竞争力要素简化为低碳政策分析框架的 Y 维度。

3. 低碳政策二维分析框架的构建

通过对基本政策工具和低碳竞争力的维度划分与分析,将 33 份低碳政策分别在供给方面、环境方面和需求方面及在低碳竞争力方面的作用进行梳理、判断和归类,最终构建低碳政策的二维分析框架,具体如图 14-9 所示。

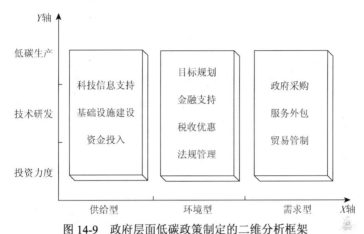

图 14-9　政府层面低碳政策制定的二维分析框架

（四）基于政策工具的低碳政策文本的内容分析单元编码

本节选取了近十年由国务院各部委及直属机构颁布的有关于低碳发展的若干政策（若干政策）,首先对已选出的政策文本内容按照"政策编号——具体条款/章节"进行编码,选出 33 条政策,共计 45 条条款,集中体现了政府通过应用低碳政策工具,规范和引导相关产业实现低碳转型和低碳发展。然后,根据已建立的低碳政策二维分析框架,将其分别归类,最终形成了基于政策工具的低碳政策文本的内容分析单元编码表,如表 14-7 所示。

表 14-7　政策文本的内容分析单元编码表

政策名称	低碳政策文本的内容分析单元	编码
1　《消耗臭氧层物质管理条例》	第二条《中国受控消耗臭氧层物质清单》由国务院环境保护主管部门会同国务院有关部门制定、调整和公布。 第三条在中华人民共和国境内从事消耗臭氧层物质的生产、销售、使用和进出口等活动,适用本条例。	[1-2]
	第三条在中华人民共和国领域内,从事生产和服务活动的单位及从事相关管理活动的部门依照本法规定,组织、实施清洁生产	[1-3]
2　《中华人民共和国清洁生产促进法》	第九条中央预算应当加强对清洁生产促进工作的资金投入,包括中央财政清洁生产专项资金和中央预算安排的其他清洁生产资金,用于支持国家清洁生产推行规划确定的重点领域、重点行业、重点工程实施清洁生产及其技术推广工作,以及生态脆弱地区实施清洁生产的项目。	[2-3]
	中央预算用于支持清洁生产促进工作的资金使用的具体办法,由国务院财政部门、清洁生产综合协调部门会同国务院有关部门制定	[2-2-9]

	政策名称	低碳政策文本的内容分析单元	编码
3	《清洁发展机制项目运行管理办法》	第二十条经营实体对清洁发展机制项目产生的减排量进行核实和证明，将核证的温室气体减排量及其他有关情况向清洁发展机制执行理事会报告，经其批准签发后，由清洁发展机制执行理事会进行核证的温室气体减排量的登记和转让，并通知参加清洁发展机制项目合作的参与方	[3-20-3]
	……	……	……
33	《国家林业局关于开展林业碳汇工作若干指导意见的通知》	第一，根据研究成果，除了要积极推进在优先区域内实施 CDM 造林再造林碳汇项目外，从全国林业生产力布局和六大工程实施情况考虑，特别是保障我国国土生态安全以及促进西部地区生态环境建设的需要，应积极引导发达国家投资者到我国西部生态脆弱地区实施这类项目，以加快这些地区植被恢复进程。	[33-1]
		第二，根据我国林业建设现状，结合当前国际碳交易市场情况和国内气候变化相关政策，国家林业局碳汇管理部门将组织专家和地方林业部门，遴选一批候选项目，并纳入碳汇项目储备库，择机适时地向外国碳汇购买方推介。	[33-2]
		第三，作为碳汇项目的参与方，我方在与发达国家的企业或有关国际组织商谈共同实施碳汇项目时，应把握我方参与项目旨在帮助发达国家履行《议定书》义务的基本原则。	[33-3]
		第四，各地在与发达国家企业及有关国际组织探讨开展 CDM 造林再造林碳汇项目时，必须遵循国家关于 CDM 项目管理的有关规定，并根据林业特点，采取符合国家要求的项目实施形式	[33-4]

（五）频数统计与维度分析

在对政策工具内容分析单元编码的基础上，对 33 条政策共计 45 条条款在不同的维度下进行频数统计，如表 14-8 和图 14-10 所示。对低碳政策在基本政策工具维度下的频数统计进行分析。按照表 14-8 中对条款项目进行统计表明，环境型的政策工具占到了基本政策工具的绝大部分约为 71.12%，其次是供给型政策工具，约占 24.44%，需求型政策工具最少，约占 4.44%。对具体政策工具进一步深入分析发现，法规管制在环境型政策工具中占据绝大部分约 64.52%，金融支持和税收优惠仅为 18.75%，说明我国在正在有计划、有步骤地开展低碳经济发展战略，着手制订低碳发展相关的法律、法规及低碳经济发展规划，出台相应的政策措施，但是目前我国的低碳经济发展尚处于起步阶段，我国的能源结构仍属于化石能源依赖型，新能源在能源利用上所占比例仍然很小，产业结构不合理，第二产业发展过快，第三产业所占比重较少，远低于世界同等收入国家和发达国家，产业效率仍然很低，自动化程度低，生产方式较为落后，以高耗能、高排放、低技术含量、低附加值的加工制造业对我国经济进一步快速发展提出了严峻的挑战。在供给型政策工具中，科技信息支持、基础设施建设和资金投入三者所占比率相对均衡，说明国家不仅非常重视对低碳产业开发利用及基础设施平台的建设，而且加大了对相关产业科技信息支持，加大了工业化与信息化的融合，有利于产业的健康可持续发展。在需求型政策工具中，政策工具应用相对较少，只有政府采购和贸易管制，服务外包没有涉及，这也为后续出台的政策预留了填补的空白和空间。

表 14-8　基本政策工具维度下各环节统计分析比例

工具类型	工具名称	条文编号	统计	百分比/%
供给型	科技信息支持	[4-2]，[6-6]，[17-13]，[33-1]，[19-7]	5	
	基础设施建设	[23-6]，[27-2-9]，[33-2]	3	24.44
	资金投入	[2-2-9]，[7-3-13]，[7-9-28]	3	
环境型	目标规划	[12-5]，[13]，[15-1]，[15-2]，[29]，[31-17]	6	
	金融支持	[17-15]	1	
	税收优惠	[8-8-34]，[1-2]，[2-3]，[3-20-3]，[32-13]	5	71.12
	法规管制	[5]，[6-3]，[9-2]，[11-7]，[11-59]，[14]，[18-36]，[20]，[21-31]，[22]，[24-11]，[25]，[26]，[27-3-13]，[28-4]，[30]，[32]，[32-6]，[33-3]，[33-4]	20	
需求型	政府采购	[16-19]	1	
	服务外包	—	—	4.44
	贸易管制	[1-3]	1	
合计	—	—	45	100

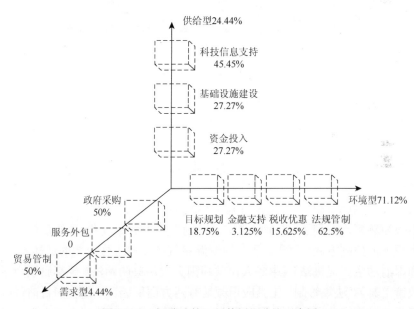

图 14-10　低碳政策工具使用百分比示意图

在基本政策工具维度分析的基础上，引入低碳竞争力维度的影响因素，得到政策工具在低碳竞争力上的分布统计结果。如图 14-11 所示，45 份低碳政策文本对我国产业的低碳竞争力进行了低碳生产、技术研发与投资力度三方面的分析，根据条款的具体分布，发现低碳生产所占比例为 48.89%，说明我国非常重视各行业对与产品的低碳设计、环保、低碳的原材料选取直至生产整个过程；投资力度与技术研发所占比率分别为 35.56% 和 15.56%，表明我国不断加大力度开发新的低碳技术，只有新的低碳技术才能推进我国低碳经济根本发展，才能实现产业结构调整与经济发展模式的转变。

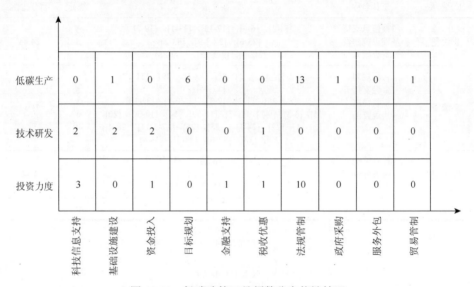

	科技信息支持	基础设施建设	资金投入	目标规划	金融支持	税收优惠	法规管制	政府采购	服务外包	贸易管制
低碳生产	0	1	0	6	0	0	13	1	0	1
技术研发	2	2	2	0	0	1	0	0	0	0
投资力度	3	0	1	0	1	1	10	0	0	0

图 14-11　低碳政策工具频数分布统计情况

（六）研究结论与政策建议

1. 研究结论

（1）在低碳基础政策工具中，环境型政策工具应用存在过溢现象。根据频数统计的结果来看，环境型和供给型政策工具应用较多，占到了整个基础政策工具的 95.56%，环境型政策工具更是占到了将近 2/3。其中，又以"法规管制"工具的应用最为频繁，占到了 62.5%。"法规管制"属于命令-控制型的政策工具，采取自上而下的控制方式，《"十二五"控制温室气体排放工作方案的通知》《中华人民共和国清洁生产促进法》《中华人民共和国大气污染防治法》等都属于命令控制型的政策工具。"法规管制"工具应用频繁有两方面原因：一是我国目前低碳经济还处于摸索和探索阶段，这就需要建立相关的低碳法律、法制来约束和引导我国产业、行业的低碳发展；二是由于在先前制定的政策中未实现预计目标或未切实执行，在后续政策中重点提及、强调。而"目标规划"工具的利用也相对较多，如《国家发展改革委关于印发可再生能源发展"十一五"规划的通知》《国家发展改革委关于印发可再生能源中长期发展规划的通知》等，这些政策工具为我国的相关领域起到了"方向指引"和"目标设立"的作用，但是缺乏具体的实施细则，缺乏操作层面上的政策工具。

（2）需求型政策工具应用频度较低。在频数统计中，需求型政策工具却只占4.44%，只涉及政府采购与贸易管制两项，并不涉及服务外包等政策工具。服务外包政策工具不仅能提高企业和民间机构对产业的低碳化或低碳产品的生产的积极性，更能减轻政府在财政、技术、人员等诸多方面的压力，而且能使低碳产业更加市场化，是一种能较好促进低碳经济发展的政策工具。所以必须要加强相应需求型政策的制定。而供给型政策工具对于发展低碳经济起着重要的拉动作用，资金投入与基础设施建设是发展低碳经济的必要因素，而未来的经济发展主要是信息与技术的竞争，信息化与工业化的融合，科技信息支持对于我国发展低碳经济起到重要的推动作用。但在频数统计中，科技信息支持、基础设施建设与资金投入这些行之有效的政策工具分别只有5、3、3项，所占比例较小。

（3）从产业的低碳竞争力维度来看，相关的配套政策制定尚不完善。目前我国产业的低碳化并未真正开展起来，离实现低碳生产还有很大的差距，而低碳技术的研发我国更是落后于发达国家，而对于低碳政策的实行方法上还是以节能减排为主，而且大部分都是单纯依靠政府的行政力量在推行，缺乏激励机制，如《国务院关于印发"十二五"控制温室气体排放工作方案的通知》第二条提到主要目标是大幅度降低单位国内生产总值 CO_2 排放，到 2015 年全国单位国内生产总值 CO_2 排放比 2010 年下降 17%。中央政府制定地方政府、特定行业淘汰落后产能和减排目标，并将目标任务分解到各地方政府和企业，主要是靠政治推动与行政问责来实现，忽视了市场的作用，缺乏长效机制。而在投资力度中占据绝大比例的是"法规管制"项，科技信息支持只有三个，而基础设施建设更是没有，说明我国在引导产业进行低碳转型、推进低碳经济发展、研发低碳技术方面目前还停留在制定政策、法规、规划的层面上，还缺乏具体可操作的激励性、保障性政策工具去支持低碳生产和技术研发。

2. 政策建议

（1）优化环境型政策工具的使用频率，增强政策的可操作性。适度降低环境型政策工具的使用频率，对已出台的目标规划、法规管制等低碳政策工具的具体实施情况加以落实和监督，建立健全相应的配套实施细则与指导意见，提高政策的系统性和可操作性。继续加大政府对低碳减排的财政补贴及税收优惠等，以税收政策工具对产业的能源消耗进行限制和管理，运用碳税来推动对高耗能产业的淘汰和新能源的推广。建议采取更多样和更细致的政策工具来保障和支持我国低碳经济的发展。

（2）重视供给型和需求型政策工具对于低碳经济发展的带动作用，增加两类政策工具的使用频率。供给推动和需求拉动在促进低碳经济发展方面比环境型政策工具更具活力，其可以充分发挥经济手段修正甚至消除市场中不合理的机制。在供给型政策工具中，信息是科学决策的依据，未来的发展要求信息化与新能源相结合，所以要加强对科技信息支持、信息基础设施建设等政策的重视，同时加大对再生资源研发和低碳产业发展的投资力度，建立低碳测评标准、数据库、信息管理系统和信息披露制度，为低碳经济的发展奠定技术、信息和资金基础。在需求型政策工具中，建议加大政府采购政策的制定力度，为我国的新能源提供市场发展空间，同时也要加强服务外包等政策工具的制定，以减轻政府在财政、技术、人员等诸多方面的压力，使我国的低碳产业更加市场化。

（3）制定正确的低碳科技发展和低碳市场发展政策。低碳技术是发展低碳经济的核心。而根据《中国人类发展报告 2009/2010——迈向低碳经济和社会的可持续未来》，电力、交通、建筑、黑色冶金、水泥、化工和石油化工是我国碳排放最多的六大产业部门，其涉及的关键低碳技术主要有 62 项，但是其中有 43 项核心技术我国目前尚并不能掌握，这表明我国低碳技术与世界先进水平差距还是非常大的，这也造成了我国能源密集型工业生产出的产品单位能耗大大高于世界先进水平。除了低碳技术和低碳科技创新能力的不足外，目前我国关于低碳技术在市场中的发展也缺乏科学、合理的政策保障。例如，风力发电技术、新能源汽车技术等在不断更新的市场中既有技术本身的不成熟，又有价格的障碍。所以，政府必须要制定出一套行之有效的低碳科技和低碳市场发展战略和政策。在制定低碳政策时，也要考虑到在情景上的权变，对不同地区区别指导、区别对待，统筹兼顾，协同发展，同时也要加强对政策的实施情况进行评估和监督，建立低碳政策评价标准与实施绩效体系，为以后的政策制定提供科学的引导和借鉴。

第二节　市场型碳减排政策工具对政府-企业行为的影响机理

不同的类型的碳减排政策工具的实施效果是不尽相同的。企业在生产活动当中产生的污染排放物会引起外部性，导致市场失灵，需要政府来制定和实施不同类型的环境政策工具来提高总的社会效率，要靠政府投入一定的资源和必要的强制性管制来保证这些环境政策工具得以顺利实施。但是事情往往事与愿违，尤其是基于市场型政策工具不一定可以有效减少政策工具的交易成本。其中，排污者是完全遵守还是不完全遵守会受到很多的因素所影响，使排污者自觉地完全遵守法律法规而并不考虑自身的利益最大化是不现实的。如果排污者选择不完全遵守法律法规，这会引起监管者额外的交易成本，所以要研究市场型碳减排政策工具的运行机制就必须首先探究其对政府-企业行为的影响机理。

一、环境管制中的行为分析

（一）环境管制中企业的行为分析

在早期关于环境政策效率的分析中，往往会忽略排污者会选择规避法律的情况。政府会对排污企业以一定概率进行监管，如果被监管企业违反法律法规则将会被惩以一定的经济制裁，有时也会给予被监管企业一定的奖励。而作为被监管企业来讲，其目标是利润最大化，而遵守相关法律是企业对政府进行正面和负面激励所做出的反应。污染企业对于政府处罚的预期不仅要依据所处罚的数额，还与监管的频率有关。

1. 更加严厉的惩罚和监督预期

对于发现的违法企业政府会施以更加严厉的惩罚，这种执法策略会产生额外的守法激励。这种额外的激励作用称之为"执法杠杆"。Harford 和 Harrington（1991）建立了所得税执法模型来研究企业高遵守概率的情况。这些模型被称为"状态依赖"的管制模型，监管者会根据排污企业原先的违法情况来制定管制策略，即监管者将根据排污企业的违约历史将它们分为违法概率低和违法概率高的两类企业。违法概率高的企业将会受到监管者更高的监督概率，被实施更加严格的标准或更高数额的罚金。对于监管者来说，实施给定监督水平或者逾期罚款的策略下会使企业遵守的比例提高。但是从排污企业的角度来说，如果被监管者发现存在违法行为，则更加严厉的惩罚和监督预期可能会导致额外的遵守激励。Downing 和 Kimball（1982）则指出更加严厉的惩罚和监督预期对风险厌恶的决策者来说会提供遵守法律的动力，提高主观守法的概率。

2. 担心失去政府的补贴和市场信心

当政府实施排污补贴时对于排污企业的遵守法律会起到一定的激励作用。虽然补贴不会像罚款那样提供直接的守法激励，但是当存在不遵守罚款时，企业如果失去补贴款时会影响企业的成本-效益的衡量。而且 Arora 和 Gangopadhyay（1995）的研究表明，市场有可能更加青睐于遵守环境规制的企业，部分消费者可能会愿意购买守法企业的产品，守法企业会获得更高的市场赞誉进而提高销售量。Harford（1997）提出了一个新理论，即大型公开交易的企业可能会比其他企业更加倾向于遵守环境标准。即从某个程度上来说，如果一个公司的股东拥有所有公开交易的多元化投资组合，如果所有这些企业一起构成国家环境风险的一个很大的组成部分,则股东就不会寻求股价的最大化,而是有可能将清洁环境的偏好加入到企业的生产运作中。另外,Pargal和 Wheeler(1996)通过研究发现,非正式社会团体压力和社会规范在促使企业守法排污中起到了重要的作用。

3. 企业选择不完全遵守排放标准

Becker(1986)年提出的最优处罚模型中,他认为加强监管的威慑力可能会采取提高处罚的方式去增加监督的频率来提高抓住违反者的成功率。该模型的研究结果表明,执法的边际成本与每个单位的执法成本减少的犯罪所带来的边际社会收益相等。因此,该模型可以确定个人偏好、违反概率和监督率。但是有时候当监管者发现排污企业有不完全遵守的违法行为时,并不 定会惩罚该企业。因为在现实中,违法企业可能会花费其他资源来规避惩罚。比如,通过贿赂执法官员逃脱惩罚。由于在现实中存在企业试图规避法律惩罚的情况,这会导致最优的处罚均衡结果更加复杂化,使管制效率受到不小的影响。

Harford(1978)研究发现企业的实际排污水平并不随着被查出的概率或者对瞒报处罚而变化。当存在规避行为时,提高被查出概率将降低规避的边际价值,因此降低企业的最优排污水平。Lee(1984)考察了通过增加排污费用是否可以减少实际排污水平,传统最优处罚理论会得出提高罚款来刺激企业减排的推断,但是对于企业来说,有可能花费资源逃避缴费比削减污染更划算。因此,监管机构希望通过提高排污费来获得正面的环境影响。但是结果并不是必然带来排污的减少,却有可能增加了行贿受贿的动力,如果在一个社会里规避法律的行为很常见,则查出违法行为的概率和惩罚款的大小不再是完全的替代品。要想提高守法率,可行的政策有可能是降低排污费,提高政府监督的力度。

提高处罚或者提高法规的严格程度有着两重效应。直接效应是提高环境质量,因为违法的预期处罚增加。但是,间接效应是对规制者和受规制者方存在激励,影响查出概率。因此,面临着更高违罚款的企业可能在法庭上对罚款不服,或者采取其他手段来减少实际处罚的概率。除非这些间接效应很小或者为零,不能轻易做出更加严格的管制行为一定会使环境得到更好的改善。Kambhu(1990)的研究中就提出排污企业在规避法律责任的行为当中使得命令控制型政策工具比市场型的排污税政策更容易被接受。另外,Nowell和 Shogren(1994)考虑了企业的非法倾倒行为,在接受监管者的调查时,企业可以在法庭上对其违法行为提出质疑和辩护。他们可以提高对非法处置的处罚来增加规避行为的边际效益,这取决于废物的类型,可以采用一个押金返还制度来为补贴计划提供资金。但是补贴合法处置的成本不一定是解决规避问题的正确办法。补贴合法处置成本降低了产生污染活动本身的成本,因此扭曲了产品市场的价格，增加了危险废物量的产生量，使得更多的危险废物要适当处理。

（二）环境管制中政府的行为分析

本节介绍了一些关于政府部门在环境管制中执法行为的理论。其中，包括管制经济学理论、官僚行为理论等。虽然这些理论在现实背景中是西方政体，但是对于研究我国政府在污染管制中的行为也起到了很强的借鉴作用。

（1）管制经济学理论。管制经济学是指对政府施行管制所进行的一系列政策、措施等活动的全面的系统研究。一般来说管制可分为社会性管制与经济性管制。经济性管制主要指政府在约束具有垄断、不完全信息等特征的行业定价、进入与退出等方面时所进行管理与调控。具体来讲，经济性管制主要通过发放许可证或者指定一定的标准来实现，另外就是对企业进行费率管制，即对所管制企业产品或服务进行定价管制。还有就是对所管制企业的产品的数量和质量进行管制。其中，对产品的数量进行管制在实际中容易实施，其可以有效地影响着产品的价格，进而限制或者激励企业的生产计划，而对于产品质量的管制在实际中应用较为局限，因为管制者对于企业的相关信息不完全知道，所以很难制定出有效的管制方式。

在管制经济学理论中提到的管制机构希望最大化其净政治支持的目的。Deily和Gray（1991）用模型表示了管制机构的这种方式。他们指出如果一个企业发现守法代价太高，而不守法则会被关闭或者被惩罚，他可能考虑对管制机构施压来形成政治对抗。特别是该企业的员工和其他当地会由于工厂关闭而受损的市民可能是此类严格执法活动的有力反对者。因此，他们假设政府会无法严格执法，因为守法成本太高，或者当工厂有被关闭的风险。他们还预测当工厂主要是本地雇员时执法会减少。

（2）官僚行为理论。官僚行为理论设想政府人员从得到更多的预算而获利（通过更高的薪酬、额外补贴和地位）。行政机构和中央政府之间的信息不对称导致行政机构受到预算最大化而不是社会福利最大化驱动。Lee（1983）考察了当执法机构按预算最大化行事时排污费的征收问题，发现该机构会花费额外的资源监督违法行为。虽然Lee的研究直觉上很有吸引力，是官僚行为理论的很好应用，但是他并没有帮助解释污染控制法在美国是如何执行的。我们已经说明，最优处罚会带来较低的监督水平，经验证据也表明最小监督实际上是存在的。Gath和Pething（1992）则建立了一个监管者-企业的博弈模型，其中，管制执法机构的质量是未知变量，同时，该执法机构是政府官僚体制的一个雇佣者，因此可能会对执法的积极性较小，或者产生执法管制无效化，而污染企业对监管者的效率高或者是效率低的情况是不完全信息的。污染企业会采取"试探性污染"的方式来测试监管者的监管倾向和监管质量，由此暴露监管者的类型。

（3）环境效益最大化目标。在美国，环保部门是与司法部门有着紧密联系的。部分环保官员甚至在执法时具有刑事拘捕的权力，所以，从这个角度出发，环境执法就可以看成是一项纯粹的执法职能以达到最大可能的守法。与"守法最大化"对比，"社会福利最大化"要求实现执法机构不仅要管制污染企业的污染量，最大限度地减少其对社会造成的负外部性，实现守法收益，还需要平衡执行和守法成本，而"守法最大化"则会忽略成本因素。Keeler（1995）的研究中假设了监管部门执法预算有限，所以该监管部门不得不考虑执法成本，以与其他部门竞争。Garvie 和 Keeler（1994）在模型中考察了监管部门如果试图施加更高的处罚，则会招致额外的执法成本，如企业试图规避检查给监管部门造成的额外监管成本，在法庭上的质疑、辩护活动等。Jones 和 Scotchmer（1990）考察了当企业面临不同的守法成本而执行统一的法规标准的情况，即管制结构对于企业的守法成本具有不完全信息，其中，使高守法成本企业守法是比较困难的，所以高守法企业守法的管制成本也是非常高的。在美国，如果国会和法院不愿意环境法规仅仅用来平衡社会成本和社会效益，或者是在法律法规中考虑守法成本，则"最大化环境效益"就是一个难以实现、难以落实的目标。比如，在上述文献中监管部门发现使高守法成本企业守法的成本超过了管制预算时，国会拨款委员会会迫使该监管部门将管制资源从高守法成本的企业调离。而我国在环境保护的相关立法当中，也会出现"最大化环境效益"与"最大化环境经济效益"的矛盾。我国《水污染防治法》中第一条立法明确规定："保证水资源的有效利用，促进经济社会可持续发展。"仅从法条的字面意思上看，政府保护环境的主要目标还是以保障"经济的最大化"发展，而不是"环境的最大化效益"。而我国实际的流域水污染治理当中，我国以"最大化环境效益"为目标而进行的地方环境保护规划、重点流域水污染防治规划、生态省规划及循环经济规划等，在实际治理当中，中央的重点投资对象仍然是下游的经济较发达地区，而中西部经济欠发达地区的上游的城镇生活污水集中处理上仍然投入较少，这也貌似违背了"最大化环境效益"的目标。

（4）在联邦选举制度下考察民选政府在环境政策制定和执行中的作用，虽然在污染外部性导致市场失灵，政府干预可以带来帕累托改进，但是人们不能假定政府一定会以最优的方式行使其管制权力。Buchanan 和 Tullock（1975）和 Hahn（1990）关于污染管制寻租的文献中指出，如果工业企业更具组织性，则政府基于管制成本会偏向工业企业而不是环境。Selden 和 Terrones（1993）建立了一个中值模型对政府监管部门执行环境政策时的行为进行了研究。在该模型中，立法机构和选民对污染的控制成本和政府的管制倾向存在着信息不对称情况，选民不仅不容易了解到监管部门的管制成本，而且也往往观察不到政府监管部门执行其环境标准的程度。而政府管制对于环境质量的提高起到了积极的作用，但是这也带来私人消费降低的成本。

很多经济学家认为在美国的环境管制中，政府监管部门有时候会担心公民诉讼而导致过度守法，进而浪费了过多的资源用于污染治理，使排污比社会最优的水平低。在中国情况却有不同的地方，人们普遍认为环境的法规和惩罚不够严格，没能使污染者感受到足够的法律威慑力，导致排污高于社会最优水平，导致环境短期内不能明显改善。

而在我国，中央政府历来非常重视对于环境的改善和治理，但是由于我国的政体改革尚未完善，而且存在地方保护主义，影响着中央政策法令的推广和实施。而且中央政府、地方政府及排污企业在环境管制中的行为也会受到各种机会主义的影响，具体见图14-12。

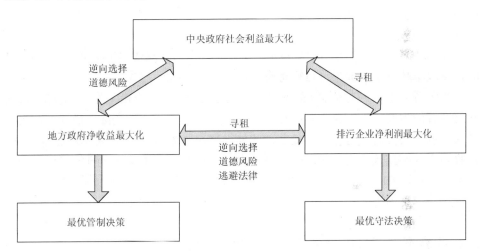

图 14-12　环境管制模型中各参与主体的行为决策

中央政府作为人民的代表，当环境问题严重影响到整个社会的利益时，便会制定严格的法律与环境标准，但是在推动政策与法律实施时会受到一些利益集团或者代表利益集团的国家机构或地方政府的阻碍，会出现环境寻租行为。而地方政府作为中央政策的执行单位有可能会受到利益的影响，利用手中的权力"寻租"，使得排污企业会有时候会选择不完全遵守法律法规的决策。

二、模型的设定

设定在一个竞争性的市场中存在 n 个风险为中性的企业，当监管者实施碳减排政策工具时，企业会从成本最小化的角度来考虑碳排放问题，并且监管者对于企业具有不完全信息。

记企业 i 的减排成本函数为 $c_i(e_i)$，e_i 表示企业 i 的碳排放量，设定企业 i 的减排成本函数对其碳排放量是严格递减的凸函数，即满足 $c_i'(e_i)<0$，$c_i''(e_i)>0$。参数 θ 表示企业的碳减排技术水平，且满足 $\theta\in[\theta_1,\theta_2]$（$0<\theta_1<\theta_2$）。$\theta$ 越小，表示企业减排的能力越强，在污染排放一定条件下的成本越低；θ 越大，表示企业减排的能力越弱，在污染排放一定条件下的成本越高。

在实施碳排放标准条件下，监管者会根据企业 i 的碳排放情况设定一个碳排放标准 s_i，E 为碳排放总量上限，满足 $\sum_i s_i=E$。当企业 i 上报的碳排放量超过了规定的排放标准设为 v_i，$v_i=e_i-s_i$。对于理性人来说，$v_i\geqslant0$。当 $v_i=0$ 时，说明企业 i 完全遵守环境政策（perfect compliance）；当 $v_i>0$ 时，说明企业 i 不完全遵守环境政策（imperfect compliance）。

在实施碳排放权交易条件下，由政府发放的碳排放权许可证总量为 L，且满足 $L=E$。假设各企业是在一个竞争性的碳排放权交易市场中进行排放权许可证买卖的，所以会产生一个均衡价格 p^*。设 l_i^0 为企业 i 最初由政府发给的排放权许可证数量，l_i 为持有的排放权许可证数量，当企业 i 不遵循排放标准时，即 $v_i=e_i-l_i>0$ 时，排放量超过了排放权许可证持有量，即有 $e_i>l_i$。

监管者会不定期对企业 i 的碳排放情况进行检查，检查概率为 π_i，π_i 越大说明政府监管的力度越大，反之则越小。如果检查发现企业 i 的实际碳排放量超过了排放标准，则会对其进行罚款处分，此处设惩罚函数为 $f(v_i)$[①]，表示对违规企业 i 征收罚金与碳排放量之间的函数关系，设惩罚函数是关于碳排放量的严格递增的凸函数，即满足条件 $f(0)=0,f'(0)>0,f''(0)>0$。由此产生的单位监督成本为 μ_i，单位惩罚成本为 ξ_i。

三、实施不同碳减排政策工具下企业的行为

（一）在碳排放标准情况下

企业 i 在实施碳排放标准条件下，监管者设定一个碳排放标准 s_i，满足 $\sum_i s_i=E$。当企业 i 上报的碳排放量超过了规定的排放标准（v_i，$v_i=e_i-s_i$），监管者会不定期对企业 i 的碳排放情况进行检查，检查概率为 π_i，如果检查发现

---

① 也有的文献将惩罚函数设为 $F(v)=F_0+f(v)$，F_0 为固定的惩罚数额，但是这种惩罚函数形式在文献中并不常用，大多数文献都将惩罚函数设为 $f(v)$，而且相关学者文献中研究结果表明在排放标准政策工具下固定惩罚部分无法使引导企业完全遵守实现最优化，所以以此处将惩罚函数设为 $f(v)$。

企业 i 的实际碳排放量超过了排放标准，则会对其进行罚款处分，惩罚函数为 $f(v_i)$，且满足条件 $f(0)=0$，$f'(0)>0$，$f''(0)>0$，由此产生的单位监督成本为 μ_i，单位惩罚成本为 ξ_i。

则企业 i 的最优减排行为可以表示为

$$\min c(e,\theta) + \pi f(e-s)$$
$$\text{s.t.} e-s \geqslant 0 \tag{14-13}$$

则式（14-13）的拉格朗日等式为

$$\Lambda = c(e,\theta) + \pi f(e-s) - \beta(e-s)$$

其 K-T 条件为

$$\frac{\partial \Lambda}{\partial e} = c_e(e,\theta) + \pi f'(e-s) - \beta = 0 \tag{14-14}$$

$$\frac{\partial \Lambda}{\partial e} = s-e \leqslant 0, \beta \geqslant 0, \beta(e-s)=0 \tag{14-15}$$

（二）在碳排放权交易条件下

在实施碳排放权交易条件下，由政府发放的碳排放权许可证总量为 L，且满足 $L=E$。假设各企业是在一个竞争性的碳排放权交易市场中进行排放权许可证买卖的，所以会产生一个均衡价格 p^*。设 l_i^0 为企业 i 最初由政府发给的排放权许可证数量，l_i 为持有的排放权许可证数量，当企业 i 不遵循排放标准时，即 $v_i = e_i - l_i > 0$ 时，排放量超过了排放权许可证持有量，即有 $e_i > l_i$。

从企业 i 的角度来看，实施碳排放权交易条件下仍然像实施碳排放标准条件下一样，会有被政府监管部门进行审查的可能，而且如果被检查出有违规行为则会受到惩罚。在碳排放权交易许可的条件下使企业 i 服从政府监管部门制定的排放标准，则假设 $p \leqslant f'(0)$。因为在碳排放权许可条件下，企业 i 为了使减排成本最低，则会选择在碳排放市场购买或者卖出碳排放权。因此，企业 i 的最优减排行为可以表示为

$$\min c(e,\theta) + p(l-l_0) + \pi f(e-l)$$
$$\text{s.t.} (e-l) \geqslant 0 \tag{14-16}$$

则式（14-16）的拉格朗日等式为

$$K = c(e,\theta) + p(l-l_0) + \pi f(e-l) - \lambda(e-l)$$

则 K-T 条件为

$$\frac{\partial K}{\partial e} = c_e(e,\theta) + \pi f'(e-l)\text{-}\lambda = 0 \qquad (14\text{-}17)$$

$$\frac{\partial K}{\partial e} = p - \pi f'(e-l) + \lambda = 0 \qquad (14\text{-}18)$$

$$\frac{\partial K}{\partial e} = l - e \leq 0, \lambda \geq 0, \lambda(l-e) = 0 \qquad (14\text{-}19)$$

（三）在碳税条件下

我们考虑了一个固定系列的 n 个同质风险中性的企业。一个监管者对于这些企业的减排成本有着不完全信息。设企业 i 的减排成本函数为 $C(q_i, x_i, \varepsilon_i)$，该函数是严格递减的，而且关于它的排放量 q_i 是严格的凸函数。x_i 是一个企业 i 可观察到的特征向量。需要注意的是减排成本的函数形式对于所有企业是一致的，但是单独的减排成本是随着 x_i 和 ε_i 的不同而不同的。企业 i 的碳税税率是 t_i，其需要去提交一份碳排放报告，报告的碳排放量为 r_i。如果 $r_i < q_i$ 时说明企业并未如实上报实际碳排放量。而监管者如果没有一个有效的监督则不能决定企业的遵守上报状态，则 π_i 为监督概率。如果排放企业被政府检查后发现实际碳排放量 $q_i - r_i > 0$ 时，则会给予该企业一定的经济惩罚，惩罚参数为 ϕ_i。此处假设 $\phi_i > t_i$。因此，企业 i 的最优减排行为可以表示为

$$\begin{aligned} &\min_{(q_i, r_i)} C \leq (q_i, x_i, \varepsilon_i) + t_i r_i + \pi_i \phi_i (q_i - r_i) \\ &\text{s.t.} q_i - r_i \geq 0, \quad r_i \geq 0 \end{aligned} \qquad (14\text{-}20)$$

$q_i - r_i \geq 0$，因为每个企业上报的排放量不会高于自身实际的排放量。

K-T 条件为

$$\Lambda_q = C_q(q_i, x_i, \varepsilon_i) + \pi_i \phi_i - \lambda_i = 0 \qquad (14\text{-}21)$$

$$\Lambda_r = t_r - \pi_i \phi_i + \lambda_i \geq 0, \quad r_i \geq 0, \quad r_i(t_r - \pi_i \phi_i + \lambda_i) = 0 \qquad (14\text{-}22)$$

$$\Lambda_\lambda = -(q_i - r_i) \leq 0, \quad \lambda_i \geq 0, \quad \lambda_i(q_i - r_i) = 0 \qquad (14\text{-}23)$$

企业的最优上报排放情况为

$$r_i = \begin{cases} q_i, & t_i \leq \pi_i \phi \\ 0, & t_i > \pi_i \phi \end{cases} \qquad (14\text{-}24)$$

因此，企业 i 会上报的排放量只有当碳税没有超过期望的边际处罚。当

$t_i \leqslant \pi_i \phi$ 时，企业会如实上报排放量，式（14-22）变成 $t_i = \pi_i \phi - \lambda_i$，连同式（14-21）产生了相似的结果，企业会选择排放量边际减排成本与碳税相等，即有 $-C_q(q_i, x_i, \varepsilon_i) = t_i$，然而，当 $t_i > \pi_i \phi$ 时，企业会谎报低排放量，式（14-23）显示了 $\lambda_i = 0$，在式（14-21）中可以变成 $-C_q(q_i, x_i, \varepsilon_i) = \pi_i \phi_i$；一个不完全遵守的企业选择它的排放量边际减排成本等于它的边际惩罚，因此，企业 i 的最优减排行为可以表示为

$$r_i = \begin{cases} q_i(t_i, x_i, \varepsilon_i) \big| C_q(q_i, x_i, \varepsilon_i) + t_i = 0, & t_i \leqslant \pi_i \phi \\ q(\pi \phi_i, x_i, \varepsilon_i) \big| C_q(q_i, x_i, \varepsilon_i) + \pi_i \phi_i = 0, & t_i > \pi_i \phi \end{cases} \quad (14\text{-}25)$$

四、政府管制与企业排放的行为博弈分析

（一）政府管制与企业排放的静态博弈分析

1. 模型的基本假设

首先建立一个地方政府和碳排放企业在监管与碳排放之间的行为博弈模型：假设该地方所有碳排放企业为一个整体的碳排放源，即综合视为一个大型的碳排放企业 I，设企业 I 的经济收益 R 依赖于生产产品的产量 Q，即 $R=R(Q)$。假设 Q_1 为企业 I 积极实施减排策略，改进生产技术和工艺后的产量，则此时企业 I 对应的利润为 R_1；Q_2 为企业 I 不考虑碳排放量时的产量，则企业 I 对应利润为 R_2，因为，企业在不考虑碳排放量时的成本显然要比积极实施减排策略、改进生产技术和工艺后的成本小，所以有 $Q_1 > Q_2$，$R_1 > R_2$。

从该地方政府的角度来看，政府 G 会得到企业 I 的税收 T，有 $T=T(Q)$。显然企业 I 在不考虑碳排放量时进行生产政府 G 能有更多的税收，即 $T_2 > T_1$。如果企业 I 违反相关的法律法规，政府 G 会对其实施一定的罚款 F，同时，政府 G 在进行监管时需要支出一定的管制成本 C，包括制定政策所需要的实施成本、监督企业所需要的监督成本及惩罚成本等交易成本。当污染外部性导致市场失灵时，政府的干预可以带来帕累托改进，但是在现实中政府是否会以最优的方式去进行管制是值得商榷的。所以此处我们也考虑了由于政府 G 在进行环境管制中存在寻租行为，为了杜绝产生的寻租行为，当地纪检、审计等部门会对政府 G 进行检查和监督，由此产生的寻租监管成本记为 L。

2. 政府与企业的收益矩阵分析

地方政府 G 与企业 I 的收益矩阵分析结果见表 14-9。

表 14-9　地方政府 G 与企业 I 的收益矩阵

企业 I	地方政府 G			
	监管		不监管	
排放	R_2-F	$T_2-L+F-C$	R_2	T_2-L
不排放	R_1	T_1-C	R_1	T_1

（1）当 $F<C$ 时，地方政府 G 实施监管的罚款比支出的管制成本大，则 G 的最优选择是不监管。

（2）$R_2-F>R_1$，企业 I 不考虑碳排放量的收益大于限制排放与政府 G 所征收的罚金之和。则企业 I 的最优选择都是进行无节制地排放。

（3）当 $F>C$，并且 $R_2-F<R_1$ 时，G 选择监管时，企业 I 则会停止排放；G 选择不监管时，企业 I 会无节制地排放。

设企业 I 碳排放的概率为 β，停止排放的概率为 $1-\beta$；政府 G 实施监管的概率为 α，不监管的概率为 $1-\alpha$。记企业 I 在碳排放、不排放策略下的期望收益为 Er_I^1 和 Er_I^0；政府 G 实施监管和不监管情形下期望收益为 Er_G^1 和 Er_G^0。

达到混合策略纳什均衡时，企业 I 选定自己的策略组合下政府 G 实施监管与不监管的期望收益应相等，即：

$$Er_G^1 = Er_G^0 \tag{14-26}$$

$$Er_G^1 = \beta(T_2 - L + F - C) + (1-\beta)(T_1 - C) \tag{14-27}$$

$$Er_G^0 = \beta(T_2 - L) + (1-\beta)T_1 \tag{14-28}$$

由式（14-26）～式（14-28）可得

$$\beta = C/F$$

当政府 G 选定自己的策略组合时，企业 I 选择碳排放与不排放的期望收益相等，即：

$$Er_i^1 = Er_i^0 \tag{14-29}$$

$$Er_I^1 = \alpha(R_2 - F) + (1-\alpha)R_2 \tag{14-30}$$

$$Er_I^0 = \alpha R_1 (1-\alpha)R_1 = R_1 \tag{14-31}$$

由式（14-29）～式（14-31）可得

$$\alpha = (R_2 - R_1)/F$$

综上，我们得到这个博弈的混合策略解：当 $\alpha \in [(R_2 - R_1)/F, 1]$ 时，企业 I 的最优策略是不排放；当 $\alpha \in [0, (R_2 - R_1)/F]$ 时，企业 I 的最优策略是排放；当 $\beta \in [C/F, 1]$ 时，政府 G 的最优策略是监管；当 $\beta \in [0, C/F]$ 时，政府 G 的最优策略是不监管；当 $\alpha = \alpha' = (R_2 - R_1)/F$，$\beta = \beta' = C/F$ 时，政府 G 与企业 I 达到博

弈均衡。

由上述研究结果可知，企业 I 排放和不排放的收益 R_2、R_1，政府 G 所征收的罚金 F，政府监管成本 C，寻租监管成本 L 等因素都会对该博弈中的纳什均衡结果产生影响。

（二）政府管制与企业排放的动态均衡分析

本节将从动态的角度来分析多种因素对政府和企业最优策略均衡的影响。将前面式（14-27）改写为

$$Er_G^1 = T_1 - C + \beta(T_2 - T_1 + F - L) \tag{14-32}$$

为了便于分析我们设定 $T_1=0$。这种简化处理不会影响结论。我们将在图 14-13 中描述该问题。

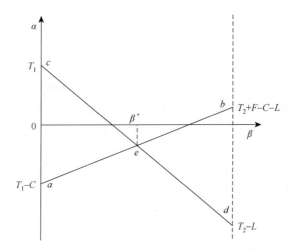

图 14-13　政府策略空间下企业碳排放概率情况

直线 ab 表示政府监管收益与企业碳排放概率之间的关系。其中，a 点表示企业排放概率为 0，即不排放的条件下政府进行监管的收益为 T_1-C；b 点表示企业进行排放时政府进行监管的收益为 $T_2+F-C-L$，同样将式（14-27）化简，有

$$Er_G^0 = T_1 + \beta(T_2 - T_1 - L) \tag{14-33}$$

如图 14-13 可知，直线 cd 描述的是政府不监管的收益与企业排放概率之间的关系。其中，c 表示企业不排放时政府不监管的收益，为 T_1，d 点表示企业碳排放时政府不监管的收益为 T_2-L。两条收益线 ab 与 cd 相交于 e 点，表明在此处政府达到最优的均衡状态。在该处对应的 β 即为企业最优排放概率，为 $\beta=C/F$。根据图 14-14 我们可知降低政府的监管成本 C、减少政府因企业污染排放的收益 R、增加政府对碳排放企业的处罚金 F 及增加寻租监管成本 L，都有助于企业减少碳

排放的概率。以下是我们对均衡过程的分析。

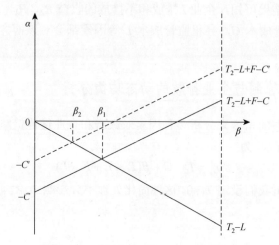

图 14-14　降低监管成本 C 时的均衡情况

（1）降低政府监管成本 C。当降低政府监管成本 C 时，政府监管收益曲线 Er_G^1 会向上平移（图 14-14），表明随着政府监管收益增加，政府肯定会用增加的收益扩大监管力度，增加监管资源。政府加强监管会使企业污染收益下降，那企业会减少污染概率，政府会随之降低监管程度，如此不断博弈，均衡点由 β_1 移到 β_2，如图 14-14 有 $\beta_2 < \beta_1$，表明监管成本的降低达到了降低企业排放概率的效果。

（2）增加对排放企业罚金 F。当增加对排放企业的罚款 F 时政府监管收益曲线绕左端点逆时针转动（图 14-15）。在这种情况下，政府监管收益 Er_G^1 增加政府肯定会加强监管。而随着政府监管的加强，企业进行排放收益也会随之降低，企

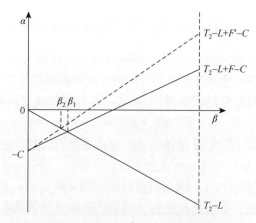

图 14-15　增加处罚 F 时的均衡情况

业会降低排放概率，如此不断博弈，均衡点由 β_1 移到 β_2。如图 14-15 有 $\beta_2 < \beta_1$，表明增加政府对排放企业的处罚政策达到了降低企业排放概率的效果。

（3）降低政府因企业污染而得到的收益 T_2 或者增加寻租监管成本 L。随着政府在企业污染时收益 T_2 减少，政府监管和不监管收益曲线 Er_G^1 和 Er_G^0 都相应绕端点逆时针转动（图 14-16），得到新曲线（用虚线表示）的交点 β_2 为企业最优的污染概率，且有 $\beta_2 < \beta_1$，表明降低政府收益确实达到了降低企业污染概率的效果。随着寻租监管成本 L 的增加，政府两条收益曲线 Er_G^1 和 Er_G^0 分别绕端点逆时针旋转，新交点 β_2 为企业最优行为点，且有 $\beta_2 < \beta_1$，表明增加政府政治成本确实起到了减少企业污染概率的政策效果。

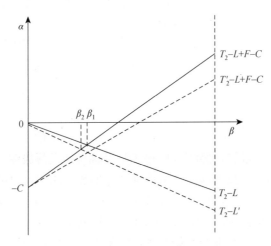

图 14-16　降低 T_2 或增加 L 时的均衡

（三）结果分析

上述分析表明，降低政府监管成本、加大对排放企业的处罚力度、增加政府寻租行为的监管成本等政策措施，能使环境得到持续改善。为了应对未来世界经济的发展趋势，实现经济的可持续发展，改变发展模式、改进生产技术和工艺、早日实现产品的低碳化和个性化是企业维持核心竞争力的关键所在，所以无论是企业应对政府的监管，还是从自身的长远发展，进行技术创新已成为企业发展的重点任务之一。而政府应该努力降低监管成本、惩罚成本等交易成本，制定和实施科学合理的环境政策工具去激励企业提高生产效率、转变发展方式、减少环境污染。同时也要注重政府及监管机构自身的监督和管理，将以 GDP 增长为首要考核指标的政绩评价体系转变为绿色 GDP 作为核心的政绩考核与监督体系，杜绝寻租行为，提高社会的总管制效率。

第三节　我国区域碳排放管制成本测度

环境质量标准设定得是否合适，关键在于是否能对环境管制的收益和成本做出科学、准确的评估与测度。环境管制成本是环境质量标准设定的是否科学、合理的关键评价指标。环境经济学在过去 40 多年里得到了较为快速的发展，环境经济学领域的学者不断设计新的方法去测度环境管制成本。而目前我国尚未建立垂直统一的监管体系，受我国层级监管体制的影响，监管部门的检测与制裁等管制成本较大，这就造成"企业守法成本高、监管部门实施成本高、企业违规成本低"的现象。而我国是一个正处于经济高速发展中的发展中国家，我国各区域发展基础、发展定位和发展功能都存在较大差异，所以在对我国各区域的管制成本进行测度和分析前，必须要对我国各区域的碳排放情况、碳排放效应及碳减排能力进行系统的研究，并根据上述结果构建碳减排方向距离函数模型对我国各区域的碳排放管制成本进行测度与分析。

一、我国碳排放效应测度分析

改革开放以来，我国在经济上取得了举世瞩目的发展成就，已成为世界第二大经济体。在此期间，我国国民经济持续快速增长，GDP 由 1979 年的 4062.6 亿元增长到了 2012 年的 519 322 亿元，按照可比价格计算年增长速度达到了 9% 以上，如图 14-17 和图 14-18 所示。人均 GDP 增长近 16.2 倍。但是在经济取得巨大成就的同时，也伴随着环境的污染和生态的破坏。我国作为世界上最大的碳排放国，要考察各区域碳减排管制成本，首先要对我国的碳排放情况及碳排放效应进行分析和测算，以此作为我国区域碳减排能力评价和管制成本测度的研究基础。

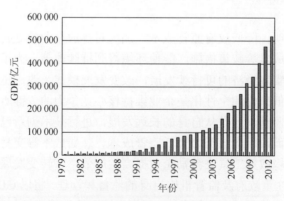

图 14-17　我国 1979～2012 年 GDP 增长情况

资料来源：国家统计局

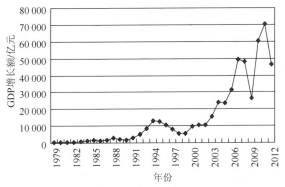

图 14-18　我国 1979～2012 年 GDP 增长额

资料来源：国家统计局

目前指数分解法是对碳排放因素分解研究的主流方法。对于碳排放因素分解的代表性研究有：Torvanger（1991）首次利用指数分解法研究与能源相关的环境污染问题，Ang 等（1998）和 Wang 等（2005）构建了平均 Divisia 指数（LMDI）分解模型对能源强度与经济增长的相关问题进行研究。Ma 和 Stern（2008）采用 LMDII 模型对中国碳排放的碳排放效应进行了分析。Tunc 等（2009）构建了因素分解模型对土耳其碳排放情况进行了分解与分析。Paul 和 Bhattacharya（2004）将印度碳排放分解成 GDP、产业结构、能源强度和能源消费四个因素。近年来我国也有不少学者对碳排放的影响因素进行了相关研究，如朱勤等（2010）构建了因素分解模型对我国 1980～2007 年三大产业中的煤炭、石油、天然气三种能源进行分析。还有一些学者开始注重从微观层面上即主要关注个体消费行为和家庭消费行为与碳排放间的关系研究。张文佳和柴彦威（2008）以家庭为研究单元，建立结构方程模型，在解读天津市民工作日的活动–移动模式的基础上，验证了基于家庭的活动分析法的理论。马静等（2011）基于居民日常出行行为计算了微观层面的城市交通碳排放，对居住空间、个体行为及交通碳排放三者之间的内在关系进行研究。王迪和聂锐（2010）利用 Laspeyres 指数分解技术对江苏省 6 部门能源消费和碳排放情况进行分解研究。通过对国内外文献的梳理得出，指数分解法是研究环境领域相关问题的一种有效因素分解方法，本节利用改善的精炼 Laspeyres 指数分解模型对我国 2003～2012 年碳排放的影响效应进行考察，以期找出我国碳排放影响效应的贡献度与作用度。

（一）研究方法

美国斯坦福大学 Paul R. Ehrlich 教授最早提出了 Laspeyres 指数分解方法。Laspeyres 指数分解有乘法和加法两种形式，这两种方式均是通过每个工业部门占工业总产值的比重进行的。本节在借鉴 Liaskas 等（2000）的研究基础上提出了加法形式的精炼 Laspeyres 分解模型对我国碳排放影响效应进行分析。令 E_t 表示第 t 期能源消费总量，G_t 表示第 t 期经济总产值（以基期可比价计算），E_{it} 表示第 i 部门在 t 期能源消费量，G_{it} 表示第 i 部门在 t 期经济产出，则由以上定义有

$$E_t = \sum_{t}^{m} E_{it}, \quad G = \sum_{t}^{m} G_{it}, \quad i = 1, 2, \cdots, 6 \tag{14-34}$$

其中，i 表示经济系统中的部门分类。那么第 t 期的碳排放量及第 i 部门的碳排放量可以表示为

$$C_t = E_t \sum_{j=1}^{F} ef^j \cdot \alpha_t^j, \quad C_{it} E_{it} \cdot \sum_{j=1}^{F} ef^j \cdot \alpha_{it}^j \tag{14-35}$$

其中，C_t 表示第 t 期的碳排放总量；ef^j 表示第 j 类能源碳排放强度；α_t^j 表示第 j 类能源消费在第 t 期能耗总量中的比重；C_{it} 表示第 i 类部门在第 t 期的碳排放量；α_{it}^j 表示第 j 类能源在第 t 期 i 部门中能源消费的结构比重；F 表示能源品种数。由于第 i 部门在第 t 期中的碳排放强度可以表示为 $C_{it}=C_{it}/G_{it}$，同时，定义 S_{it} 为第 i 部门对经济系统的贡献度，即 $S_{it}=G_{it}/G_t$，则碳排放变化量 ΔC 可以表示为

$$\Delta C = C_t - C_0 = \sum_{i=1}^{m} C_{it} - \sum_{i=1}^{m} C_{i0}$$

$$= \sum_{i=1}^{m} C_{it} \cdot I_{it} \cdot \sum_{j=1}^{F} ef^j \cdot \alpha_{it}^j - \sum_{i=1}^{m} G_{i0} \cdot I_{i0} \cdot \sum_{j=1}^{F} ef^j \cdot \alpha_{i0}^j \tag{14-36}$$

$$= G_t \sum_{i=1}^{m} S_{it} \cdot I_{it} \sum_{j=1}^{F} ef^j \cdot \alpha_{it}^j - G_0 \sum_{i=1}^{m} S_{i0} \cdot I_{i0} \sum_{j=1}^{F} ef^j \cdot \alpha_{i0}^j$$

据式（14-36）可知，碳排放量的变动主要受经济总产值 G_t、各部门能源强度 I_{it}、各部门产出结构 S_{it} 和能源品种结构四种因素共同作用的结果，则任意两个周期内碳排放量的变动可以表示为

$$\Delta C = \Delta C_{\text{e-scale}} + \Delta C_{\text{int}} + \Delta C_{\text{str}} = \Delta C_{\text{e-scale}} + \Delta C_{\text{int}} + (\Delta C_{O-\text{str}} + \Delta C_{E-\text{str}}) \tag{14-37}$$

此处根据精炼 Laspeyres 加法形式对式（14-37）进行分解，则可以得出对于我国碳排放的影响效应。

（1）经济规模效应：

$$\Delta C_{\text{e-scale}} = \Delta G \cdot \sum_{i=1}^{m} S_{i0} \cdot I_{i0} \cdot \alpha_{i0} + \frac{1}{4} \Delta G \cdot \sum_{i=1}^{m} \Delta S_i \cdot \Delta I_i \cdot \Delta \alpha_i$$

$$+ \frac{1}{2} \Delta G \cdot \sum_{i=1}^{m} (\Delta S_i \cdot I_{i0} \cdot \alpha_{i0} + S_i \cdot I_{i0} \cdot \alpha_{i0} + S_{i0} \cdot I_{i0} \cdot \Delta \alpha_i) \tag{14-38}$$

$$+ \frac{1}{3} \Delta G \cdot \sum_{i=1}^{m} (\Delta S_i \cdot \Delta I_i \cdot \alpha_{i0} + \Delta S_i \cdot I_{i0} \cdot \Delta \alpha_i + S_{i0} \cdot \Delta I_i \cdot \Delta \alpha_i)$$

（2）技术进步效应：

$$\Delta C_{\text{int}} = \Delta I \cdot \sum_{i=1}^{m} S_{i0} \cdot G_{i0} \cdot \alpha_{i0} + \frac{1}{4} \Delta I \cdot \sum_{i=1}^{m} \Delta S_i \cdot \Delta G_i \cdot \Delta \alpha_i$$

$$+ \frac{1}{2} \Delta I \cdot \sum_{i=1}^{m} (\Delta S_i \cdot G_{i0} \cdot \alpha_{i0} + S_i \cdot G_{i0} \cdot \alpha_{i0} + S_{i0} \cdot G_{i0} \cdot \Delta \alpha_i) \tag{14-39}$$

$$+ \frac{1}{3} \Delta I \cdot \sum_{i=1}^{m} (\Delta S_i \cdot \Delta G_i \cdot \alpha_{i0} + \Delta S_i \cdot G_{i0} \cdot \Delta \alpha_i + S_{i0} \cdot \Delta G_i \cdot \Delta \alpha_i)$$

（3）产业结构效应：

$$\Delta C_{O-str} = \Delta S \cdot \sum_{i=1}^{m} G_{i0} \cdot I_{i0} \cdot \alpha_{i0} + \frac{1}{4}\Delta S \cdot \sum_{i=1}^{m} \Delta G_i \cdot \Delta I_i \cdot \Delta \alpha_i$$

$$+ \frac{1}{2}\Delta S \cdot \sum_{i=1}^{m} (\Delta G_i \cdot I_{i0} \cdot \alpha_{i0} + G_i \cdot I_{i0} \cdot \alpha_{i0} + G_{i0} \cdot I_{i0} \cdot \Delta \alpha_i) \qquad (14\text{-}40)$$

$$+ \frac{1}{3}\Delta S \cdot \sum_{i=1}^{m} (\Delta G_i \cdot \Delta I_i \cdot \alpha_{i0} + \Delta G_i \cdot I_{i0} \cdot \Delta \alpha_i + G_{i0} \cdot \Delta I_i \cdot \Delta \alpha_i)$$

（4）能源结构效应：

$$\Delta C_{E-str} = \Delta \alpha \cdot \sum_{i=1}^{m} S_{i0} \cdot I_{i0} \cdot G_{i0} + \frac{1}{4}\Delta \alpha \cdot \sum_{i=1}^{m} \Delta S_i \cdot \Delta I_i \cdot \Delta G_i$$

$$+ \frac{1}{2}\Delta \alpha \cdot \sum_{i=1}^{m} (\Delta S_i \cdot I_{i0} \cdot G_{i0} + S_i \cdot I_{i0} \cdot G_{i0} + S_{i0} \cdot I_{i0} \cdot \Delta G_i) \qquad (14\text{-}41)$$

$$+ \frac{1}{3}\Delta \alpha \cdot \sum_{i=1}^{m} (\Delta S_i \cdot \Delta I_i \cdot G_{i0} + \Delta S_i \cdot I_{i0} \cdot \Delta G_i + S_{i0} \cdot \Delta I_i \cdot \Delta G_i)$$

式（14-38）～式（14-41）说明任意两个周期内碳排放量是经济规模、技术进步、产业结构及能源结构共同作用的结果。

（二）数据来源与处理

根据《中国统计年鉴 2012》《中国投入产出表 2002》《中国投入产出表 2007》，同时，采取《中国统计年鉴》的六部门划分方法，即将我国的 42 个部门分为农林牧渔水利业、工业、建筑业、交通运输和邮电通信业、批发和零售贸易餐饮业及其他六个部门，并选取六部门经济产出、能源消费、技术进步等指标，其中经济产出指标以 GDP 指标表示，以 1995 年为基期按可比价计算；能源消费指标以 6 部门终端能耗标准量表示，数据源于 2003～2012 年《中国能源统计年鉴》；技术进步指标以能源强度代替，表示每万元 GDP 的能耗标准量，其中 GDP 以当期实际产值计算，数据由历年《中国能源统计年鉴》间接得出。

（三）实证分析

要研究我国各地区碳排放情况，首先要将各地区的碳排放各类指标值测算出来。虽然目前我国尚未公布碳排放的相关官方数据，对于碳排放量的测算方法也尚未有一个统一的标准，但是在国内外文献中对于碳排放量测算方法的研究已经不少。本章在国内外研究机构和专家学者的测算方法的基础上，选用了根据国际机构的碳排放指数对碳排放进行直接测算的方法，具体计算公式为

$$C_t = \sum_i \sum_j \frac{E_{it}^j}{E_{it}} \cdot \frac{C_{it}^j}{E_{it}^j} \cdot E_{it} = \sum_i \sum_j S_{it}^j \cdot ef^j \cdot E_{it} \qquad (14\text{-}42)$$

其中，E_{it}^j 表示第 j 种能源在 t 考察期第 i 部门的消费量；C_{it}^j 表示第 j 种能源在 t

考察期第 i 部门消耗的碳排放量。由于目前我国对于主要化石能源的碳排放系数并没有统一，本节根据对国家科学技术委员会气候变化项目、日本能源经济研究所、美国能源部能源独立局、国家发展和改革委员会能源研究所提供的主要化石能源的碳排放系数进行平均处理，ef^{j} 的取值参见表 14-10。

表 14-10 主要化石能源碳排放系数表

数据来源	煤炭	石油	天然气	水电、核电
国家科学技术委员会气候变化项目	0.7260	0.5830	0.4090	0.0000
日本能源经济研究所	0.7560	0.5860	0.4490	0.0000
美国能源部能源独立局	0.7020	0.4780	0.3890	0.0000
国家发展和改革委员会能源研究所	0.7476	0.5825	0.4435	0.0000
ef^{j}	0.7329	0.5574	0.4226	0.0000

通过式（14-42）测算可得，2003～2012 年我国碳排放总量见表 14-11 和图 14-19。

表 14-11 2003～2012 年我国碳排放量 单位：万吨

年份	总计	农林牧渔水利业	工业	建筑业	交通运输和邮电通信业	批发和零售贸易餐饮业	其他
2003	448 998.45	18 300.16	310 400.23	4 900.45	20 500.61	7 600.89	3 400.41
2004	520 138.51	19 500.82	449 050.08	5 400.86	25 600.46	8 400.42	5 300.67
2005	576 415.64	26 800.03	556 000.42	7 500.50	49 000.08	12 000.22	7 000.56
2006	632 472.49	31 600.17	570 000.23	8 700.47	57 200.97	26 200.92	9 200.78
2007	684 685.85	47 000.11	629 000.56	10 200.44	79 500.51	31 700.25	11 300.48
2008	703 673.34	52 200.50	662 600.58	14 700.88	89 300.23	40 600.67	13 200.48
2009	739 600.31	40 800.66	700 490.72	16 200.91	104 600.24	57 800.51	15 700.07
2010	767 810.84	50 800.36	718 040.23	19 400.75	139 500.96	66 300.35	17 409.19
2011	803 412.71	63 183.01	733 124.81	21 819.23	145 156.91	68 312.31	18 361.32
2012	832 134.84	68 123.31	752 313.13	23 134.51	163 823.21	69 313.55	19 892.30

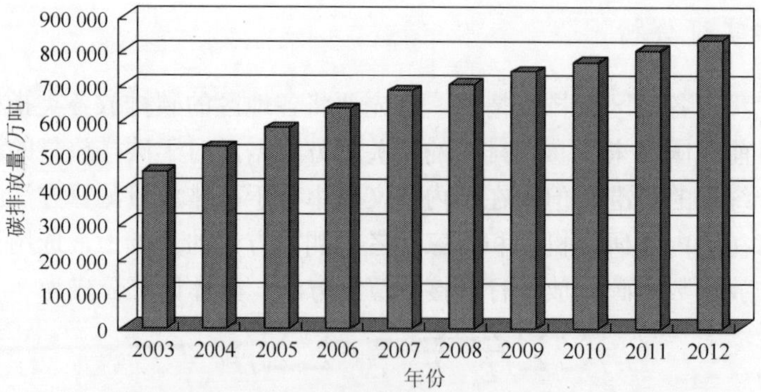

图 14-19 2003～2012 年我国碳排放量增长柱形图

可以看出，自 2003 年以来我国的碳排放量呈加速上涨趋势。数据显示，2012 年我国碳排放量约为 1990 年的 3 倍。根据 IEA 的数据，中国如果保持目前的排放趋势，2030 年中国的碳排放量将达到世界的 30%以上，成为世界上最大的碳排放经济体，远超美国（表 14-12）。

表 14-12　2005～2030 年中国碳排放量及占世界份额预测

年份	2005	2010	2015	2020	2030
总量/亿吨	51.0	67.0	83.5	100.0	128.0
份额/%	19.2	22.2	24.5	22.4	30.5

对我国六部门能源消费与碳排放的变动情况进行因素分解，得到了经济增长规模、产业结构调整、技术进步和能源结构调整对碳排放的影响程度。其中，碳排放变动的影响因素及其相应的贡献见表 14-13，动态变化情况如图 14-20、图 14-21 所示。

表 14-13　我国碳排放的影响效应分解情况

年份	经济增长规模		技术进步		产业结构调整		能源结构调整	
	绝对值/万吨	比重/%	绝对值/万吨	比重/%	绝对值/万吨	比重/%	绝对值/万吨	比重/%
2003	1 403.0	54.83	−1 083.6	−32.81	−393.9	−6.43	−162.1	−3.31
2004	2 340.5	57.27	−1 317.7	−34.93	−510.3	−8.09	−361.8	−5.17
2005	4 502.4	59.86	−1 739.2	−37.12	−788.2	−10.75	−502.3	−6.95
2006	7 901.9	63.13	−1 929.6	−38.96	−638.7	−9.33	−839.1	−8.43
2007	9 531.6	66.27	−2 027.5	−40.18	−521.4	−7.21	−1 457.9	−14.11
2008	12 948.3	70.67	−2 639.1	−43.20	−171.9	−2.22	−2 322.6	−24.52
2009	15 341.8	76.33	−2 865.3	−45.73	102.1	1.83	−3 326.1	−31.86
2010	18 523.2	81.07	−3 247.6	−49.56	132.5	1.98	−3 531.7	−33.05
2011	22 341.8	86.41	−3 517.8	−53.62	436.8	5.84	−3 940.2	−35.69

（四）实证结果分析

（1）经济增长规模对碳排放的影响。由表 14-12、表 14-13、图 14-20 及图 14-21 可以看出，我国的碳排放量逐年增长，近十年呈加速上升趋势，从 2003 年的 886.7 万吨上升到了 2012 年的 9810.8 万吨，增长了 10 倍还多。图 14-20 显示了经济的快速发展对我国的能源消费有着巨大的推进作用，导致 CO_2 排放量逐年递增，结合我国近十年的宏观政策的实现情况及近十年的发展情况来看，制度创新、技术创新和管理创新，大大推进了我国经济的快速发展，与此同时，也进

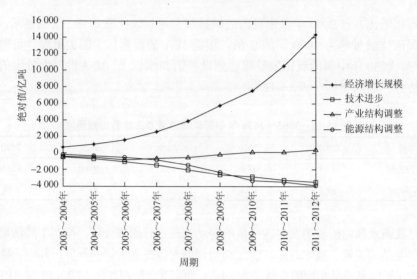

图 14-20　2003～2012 年我国碳排放影响因素分解绝对值趋势图

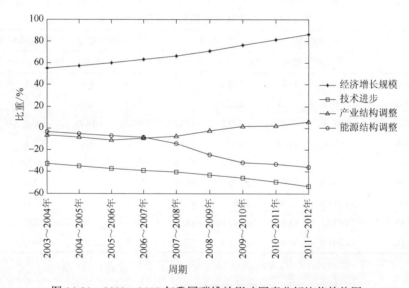

图 14-21　2003～2012 年我国碳排放影响因素分解比值趋势图

行了大量的基础设施建设和固定资产投资，而工业部门依旧是我国投资的重点，这就造成了我国的碳排放呈逐年增长趋势。

（2）技术进步对碳排放的影响。从图 14-20 和图 14-21 中可以看出，技术进步对于我国降低碳排放、实现节能减排具有较为明显的作用，而且所占比重逐年增长。技术进步主要是通过提高能源的利用效率和能源的转化效率来提高减排效率的。

（3）产业结构调整对碳排放的影响。产业结构的优化调整一直是我国发展低碳经济、实现可持续发展的重要举措之一，但是从我国产业结构调整对碳排放的影响上来看，效果并不十分显著，而且对降低碳排放的效果呈逐年递减趋势。从图 14-20 和图 14-21 中可以看出，2003～2008 年产业结构调整对于我国碳减排还起着促进作用，但是 2009～2012 年产业结构调整对碳减排起到了反作用。这种反作用不是因为产业结构对碳排放起到了推进作用，而是因为在 2006 年我国经济处于快速发展阶段，高耗能产业发展迅速，主要是我国的房地产行业起到了较大的拉动作用，致使产业结构变动成了能源过度消耗的导火索，由此造成了碳排放的加速扩大。虽然近年来服务业快速发展，所占份额逐年增加，但是工业仍然是我国的主导产业，我国产业结构进一步调整优化存在较大难度，是目前我国发展低碳经济、循环经济、绿色经济，实现经济可持续发展需要解决的重要问题。

（4）能源结构调整对碳排放的影响。根据图 14-20 和图 14-21 可知，能源结构调整相比较产业结构调整对于我国碳减排有着更为明显的作用，且这种促进效用呈逐年增大趋势。从技术进步与能源结构调整对于我国碳排放的影响效应来看：一方面，技术进步可以直接提高能源的利用效率，减少能源的中间转化环节；另一方面，能源结构的优化调整又可以反过来促进新能源技术的开发与创新，二者是相辅相成的。而从我国的能源消费结构上看，煤炭仍然占据 60%以上，虽然近几年有所降低，但是仍然处于主导地位，其次是原油消费和天然气消费。所以，对于我国能源结构进一步优化调整是我国降低碳排放、实现节能减排的重点工作。

二、基于 PSO-PP 模型的区域碳减排能力评价

根据前文碳排放效应测度分析结果得到了我国各地区的经济增长规模、产业结构调整、能源结构调整和及技术进步等因素对我国碳排放影响效应的贡献度与作用度。基于上节的研究结果，本小节构建了粒子群优化投影寻踪评价模型（PSO-PP）对 1998～2012 年我国各区域碳减排能力进行了评价。

（一）研究方法

投影寻踪法（projection pursiut，PP）是一种把高维数据通过一定的优化组合投影到低维子空间上，然后通过极小化（或极大化）某个投影指标，去寻找反映原高维数据特征的投影的统计方法，由此来实现对非线性和非正态高维数据的处理和分析。PP 模型多用于解决多种因素影响的综合评价问题，能够有效克服"维数祸根"问题。投影指标是根据分类的目标构造和优化寻找最优投影方向的目标

函数。它用于衡量投影到低维空间上的数据是否有意义，即要找到 1 个或几个投影方向，使它的指标值达到最大或最小值。因此，在投影寻踪模型中投影指标的好坏直接影响投影方向的选取。

粒子群优化算法（particle swarm optimization，PSO）是一种基于种群的智能优化算法，最早由 Kennedy 和 Eberhart 在 1995 年提出。PSO 具有高效的全局寻优搜索能力。该法的基本思想是模拟鸟群在飞行的集体协作来避免飞行迷失的行为，由此使得群体实现最优目的。首先，PSO 先随机初始化一群粒子，每个粒子被视为每个优化问题的潜在解，并且每个粒子有速度和位置两个参数。假设在一个 s 维的目标搜索空间中，存在规模为 m 个粒子的种群，每个粒子有速度和位置两个参数解。第 i 个粒子在 s 维空间的位置表示为 $x_k^i = (x_1^i, x_2^i, \cdots, x_s^i)$，$i=1,2,\cdots,m$，每个粒子所在的位置就是一个潜在解，粒子的优劣一般由被优化的适应度函数来决定，所以根据目标函数 $f(x_i)$ 计算出 x_k^i 的适应度值 f_k^i 来判断其优劣性。第 i 个粒子的飞行速度 $v_k^i = (v_1^i, v_2^i, \cdots, v_s^i)$，其决定了第 i 个粒子在 s 维搜索空间迭代次数的位移，根据每一个粒子的适应度，更新每个粒子个体最优位置 $P_{\text{best}} = (P_1^i, P_2^i, \cdots, P_s^i)$ 和全局最优位置 $H_{\text{best}} = (H_1^b, H_2^b, \cdots, H_s^b)$。Kennedy 和 Eberhart 提出粒子具体进化过程如下：

$$v_k^i = w_{k-1}v_{k-1}^i + c_1 r_1 (P_{k-1}^i - x_{k-1}^i) + c_2 r_2 (H_{k-1}^b - x_{k-1}^i) \qquad (14\text{-}43)$$

$$x_k^i = x_{k-1}^i + v_k^i \qquad (14\text{-}44)$$

其中，v_k^i 为第 i 个粒子第 k 次迭代的飞行速度矢量；w_k 为惯性权重；c_1，c_2 为加速因子，一般将加速因子设为 $c_1=c_2=2$；r_1，r_2 为均匀分布在[0, 1]区间的随机数，x_k^i 为第 k 次迭代后粒子 i 的位置矢量。每一维粒子速度在区间[$v_{\min}, v_{\max}$]内进行不断更新。利用惯性权重 w_k 可以加快收敛速度，使得 PSO 可以用自适应改变惯性权重来克服在迭代后期全局搜索能力不足时不能找到最优解的问题。PSO 的具体应用可参见本章第一节。目前很多文献采用基于遗传算法的投影方向寻优模型进行评价研究。而在投影寻踪对高危数据进行降维的过程中存在着参数的最优化问题，PSO 作为一种新型的智能算法应用在投影寻踪技术中寻找最佳的向量有着较好的效果。本节采用 PSO-PP 可以有效克服主观偏性及人为因素带来的误差影响。

（二）评价模型构建

基于 PSO-PP 的构造步骤具体如下。

1. 对样本评价指标集进行归一化处理

设各因素指标的样本集为 $\{x*(i,j) \mid i=1,2,\cdots,n;\quad j=1,2,\cdots,m\}$，其中 $x*(i,j)$ 表

示第 i 个样本的第 j 个评价指标值，n 表示样本容量，m 表示评价指标数量。此处进行归一化处理以消除各评价指标量纲和统一指标值的变化范围。

正向指标的归一化公式为

$$x(i,j) = \frac{x^*(i,j) - x_{\min}(j)}{x_{\max}(j) - x_{\min}(j)} \tag{14-45}$$

负向指标的归一化指标为

$$x(i,j) = \frac{x_{\max}(j) - x^*(i,j)}{x_{\max}(j) - x_{\min}(j)} \tag{14-46}$$

在式（14-45）和式（14-46）中，$x_{\max}(j)$ 表示第 j 个指标的最大值，$x_{\min}(j)$ 表示第 j 个指标的最小值。

2. 构造投影指标函数 Q_a

将 m 维数据 $\{x(i,j) \mid j = 1, 2, \cdots, m\}$ 合成以 $a = \{a_1, a_2, \cdots, a_m\}$ 为投影方向的一维投影值 k_i，$i = 1, 2, \cdots, n$。即：

$$k_i = \sum_{j=1}^{m} a_j x(i,j), \quad i = 1, 2, \cdots, n \tag{14-47}$$

在综合投影评价指标值时，要求投影值 k_i 应具备以下局部的投影点集中密集和投影点团散开两个散布特征。则投影指标函数可表示为

$$Q_a = S_k \times D_k \tag{14-48}$$

其中，S_k 为投影值 k_i 的标准差；D_k 为投影值 k_i 的局部密度。

$$S(a) = \sqrt{\frac{\sum_{i=1}^{n} (k_i - E_k)^2}{n = 1}} \tag{14-49}$$

$$D(a) = \sum_{i=1}^{n} \sum_{i=1}^{n} (R - r_{ij}) \times u(R - r_{ij}) \tag{14-50}$$

其中，E_k 为序列 $\{k_i \mid i = 1, 2, \cdots, n\}$ 的平均值；R 为局部密度的窗口半径。此处采用粒子群优化算法解决其高维全局寻优问题即投影方向，寻找最大可能暴露高维数据某类特征结构，在目标函数达到极值时得到最佳投影方向。

最佳投影方向 a 的最大化目标函数：

$$\text{Max}: Q(a) = S_k \times D_k \tag{14-51}$$

$$\text{s.t.} \sum_{j=1}^{m} a_j^2 = 1 \tag{14-52}$$

其中，$\{a_j \mid j = 1, 2, \cdots, m\}$ 是复杂非线性优化问题的优化变量。

3. 粒子群优化投影指标函数

设粒子搜索空间为 H 维，则第 $p(p=1, 2, \cdots, H)$ 个粒子的位置、速度和适应值可以分别表示为 Sp、Vp 和 Wp。在粒子随机产生 Sp 与 Vp 的每次迭代中，设粒子在飞行过程中最好位置：个体极值为 personal-best（t），简记为 pb（t），粒子群最好位置即全局极值为 global-best（t），简记为 gb（t），则粒子更新自己新的位置和速度为

$$v_p(t+1) = wv_p(t) + c_1 b_1(t)(p_p(t) - s_p(t)) + c_2 b_2(t)(g(t) - s_p(t)) \qquad (14\text{-}53)$$

$$s_p(t+1) = s_p(t) + v_p(t+1) \qquad (14\text{-}54)$$

其中，w 为惯性权重；c_1 和 c_2 为加速常数分别代表粒子个体和群体的学习因子；$p_1(t)$ 和 $p_2(t)$ 分别描述粒子个体和群体，在速度更新过程中为[0, 1]之间均匀分布的随机数。在判断整个粒子群的 gb（t）时，先比较当前每个粒子的 pb（t），找出当前迭代中的 gb（t）1，再与历史全局最优 gb（t）2 比较，如果优于则令 gb（t）1 取当前迭代中的 gb（t）2，否则全局最优 gb（t）2 还取原来的值，公式如下：

$$g(t+1) = S_{\max}(t+1) \qquad (14\text{-}55)$$

其中，$S_{\max}(t+1)$ 为 $t+1$ 时刻所有粒子中最大的 f（pb（t））所对应的粒子位置。每个粒子的适应值 $fp(t+1)$ 由实际优化问题决定，优化投影寻踪评价模型的投影方向其计算步骤如下。

步骤一，当前粒子位置 Sp（$t+1$）为式（14-47）中的投影方向 a，将其代入式（14-47），计算一维投影值 k_i。

步骤二，根据式（14-49）和式（14-50）计算 S_k 和 D_k。

步骤三，根据式（14-48）计算投影指标函数 $Q(a)$，即为粒子的适应值 $fp(t+1)$。

当 $t+1$ 时刻与 t 时刻的最优粒子适应值指标值不再发生变化或者达到最大的迭代次数 $G_{\max}$ 时，则终止整个算法。当前粒子群所寻找到的全局极值即为最佳投影方向 a^*，全局极值所对应的适应值即为最大投影指标函数 $Q^*(a)$。

4. 进行评价值计算

将步骤（14-47）求得的最佳投影方向 a^* 代入式（14-47），可得待评价样本的最佳投影值 k_i^*，即为待评价样本的评价值。

（三）区域碳排放评价指标体系构建

本节基于前文碳排放效应测度分析的研究结果，将我国区域碳排放评价指标

体系分成经济发展规模水平、产业结构水平、能源结构水平和技术进步与对外开放水平 4 个一级指标及 16 个二级指标，具体见图 14-22。

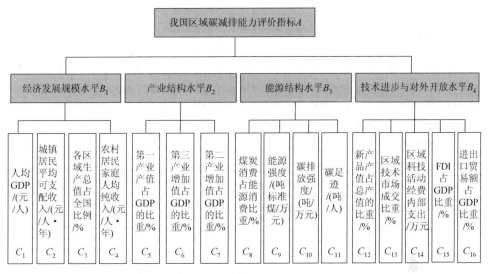

图 14-22　区域碳排放评价指标体系构建

（1）经济发展规模水平。此处选用了人均 GDP、城镇居民平均可支配收入、各区域生产总值占全国比例、农村居民家庭人均纯收入四个指标作为经济发展规模的二级指标。居民的各类收入可以反映地区的经济发展情况和人民生活的质量。因为当居民的消费水平较低时，碳排放强度也较低；反之亦然。当经济规模发展到某个临界点时，居民消费水平已经提升到一定程度，人们会对环境提出更高的要求以获取更高的生活质量，所以碳排放强度会随着环境治理的力度加强而逐渐降低。

（2）产业结构水平。第二产业工业是我国经济发展的支柱产业。工业行业在划分的三大产业中消耗化石能源是最多的，所以碳排放量是最大的；第一产业产值占 GDP 的比重及第三产业增加值占 GDP 比重反映产业结构的层次及经济发展水平，也是现代化城市综合服务发展的主要体现。我国目前仍然是一个依赖煤炭等化石能源为主的国家，以煤炭为主的能源消费结构导致较高的碳排放强度。因而，煤炭消费的比重也反映了碳减排的能力。

（3）能源结构水平。能源结构直接影响着国民经济各部门的最终用能方式，可以有效地反映居民的生活水平。能源结构可分为生产结构和消费结构。本节选用煤炭消费占能源消费比重、能源强度（能源消耗总量/GDP 总额）、碳排放强度（碳排放总量/GDP 总额）及碳足迹（即人均碳排放量，碳排放总量/总人口数）作为反映能源结构水平的指标。

（4）技术进步与对外开放水平。其是碳减排能力与潜力的体现。本节将技术进步与对外开放水平作为一个评价指标是因为技术与对外开放是相互影响的，加强对外开放，积极参与国际合作，学习和借鉴国际先进发展经验才能迅速提高我国的各项技术水平，而只有不断提高各领域的技术水平才能在国际竞争和国际合作中占据主导地位。对外开放水平反映我国与世界各国经济、科技、文化等的联系程度。中国作为世界上的制造大国，对于能源与资源的消耗很大，由此造成的碳转移问题是不容忽视的。科技是推动生产力发展的主要驱动力，所以技术进步和科技创新可以有效提高能源利用率，是减少碳排放量的重要途径。

此处选择各地区新产品产值占总产值的比重、区域技术市场成交比重和区域科技活动经费内部支出作为技术研发的反映指标，选用 FDI 占 GDP 比重和进出口贸易额占 GDP 比重作为反映对外开放水平的反映指标，没有采用 R&D 投入，主要是因为：①我国 R&D 数据只统计了研发机构、大中型企业和高等院校的研发数据，没有包括民营企业、外资企业等 R&D 投入，而这些企业研发支出在不断地增加；②研发投入主要是应用研究、基础研究和试验发展等支出，而科技开发经费内部支出涵盖了研发经费中人员劳务费、科研业务费、科研基建支出、固定资产购建费、科研管理费及其他费用支出，这些支出对提高我国技术水平同样起到了至关重要的作用。因而，选择区域科技活动经费内部支出更能反映出我国科技进步的实际情况。各地区技术市场成交额是科技成果转化为实际应用的体现，这些指标可以用于衡量一个国家或地区科技活动规模、科技投入强度及科技创新能力，科技投入越高，对碳减排的支撑力度就越大。碳汇是指从空气中消除 CO_2 的过程，对碳减排具有非常重要的抑制作用。城市作为经济活动聚集地，是主要的碳排放区域。城市绿化覆盖率高表明城市碳汇水平高，对碳减排的正向作用越强。计算时，城市绿化覆盖率=城市建成区绿化覆盖面积/城市建成区面积。

基于数据的可得性和研究的需要，本节以我国 29 个省份（西藏数据缺失、重庆并入四川一起统计）2000～2012 年的数据为样本，数据均来自历年《中国统计年鉴》《中国科技统计年鉴》《中国能源统计年鉴》《新中国 55 年统计资料汇编（1949—2004）》。

（四）实证分析

由上述运算步骤计算出各个地区碳减排能力评价指标每一年的最佳投影方向，计算结果如表 14-14 所示。

表 14-14 碳减排能力评价指标的最佳投影方向

	评价指标	2000 年	2001 年	2002 年	2003 年	2004 年	2005 年
B_1：经济发展规模水平	C_1：人均 GDP/（元/人）	0.2145	0.2167	0.2234	0.2245	0.2378	0.2456
	C_2：城镇居民平均可支配收入/（元/人·年）	0.3231	0.3356	0.3521	0.3441	0.2911	0.3577
	C_3：各区域生产总值占全国比例/%	0.2031	0.2001	0.2456	0.2231	0.2544	0.2399
	C_4：农村居民家庭人均纯收入/（元/人·年）	0.3412	0.3541	0.3876	0.3221	0.3388	0.2995
B_2：产业结构水平	C_5：第一产业产值占 GDP 的比重/%	0.1223	0.1345	0.1266	0.1267	0.1477	0.1580
	C_6：第三产业增加值占 GDP 的比重/%	0.1986	0.1933	0.1521	0.1592	0.1354	0.1810
	C_7：第二产业增加值占 GDP 的比重/%	0.2013	0.1735	0.2277	0.2457	0.1945	0.1798
B_3：能源结构水平	C_8：煤炭消费占能源消费比重/%	0.1631	0.1317	0.1600	0.1511	0.1945	0.1722
	C_9：能源强度/（吨标准煤/万元）	0.2349	0.3040	0.2803	0.2441	0.2863	0.2018
	C_{10}：碳排放强度/（吨/万元）	0.2322	0.2531	0.2001	0.2121	0.2318	0.2000
	C_{11}：碳足迹/（吨/人）	0.0913	0.1132	0.0932	0.1267	0.1356	0.1054
B_4：技术进步与对外开放水平	C_{12}：新产品产值占总产值的比重/%	0.2345	0.2541	0.2612	0.2312	0.2145	0.2011
	C_{13}：区域技术市场成交比重/%	0.3013	0.2946	0.2811	0.2621	0.2011	0.1999
	C_{14}：区域科技活动经费内部支出/万元	0.3522	0.3381	0.2831	0.3109	0.3234	0.3251
	C_{15}：FDI 占 GDP 比重/%	0.3011	0.2411	0.2678	0.3227	0.3339	0.3588
	C_{16}：进出口贸易额占 GDP 比重/%	0.3974	0.3531	0.3231	0.3611	0.3678	0.3621

	评价指标	2006 年	2007 年	2008 年	2009 年	2010 年	2011 年	2012 年
B_1：经济发展规模水平	C_1：人均 GDP/（元/人）	0.2477	0.2499	0.2536	0.2633	0.2742	0.2953	0.2998
	C_2：城镇居民平均可支配收入/（元/人·年）	0.3610	0.3112	0.3500	0.3621	0.3451	0.3516	0.3741
	C_3：各区域生产总值占全国比例/%	0.2110	0.2556	0.2529	0.2581	0.2641	0.2512	0.2739
	C_4：农村居民家庭人均纯收入/（元/人·年）	0.3116	0.3019	0.3124	0.3456	0.3567	0.3467	0.3871
B_2：产业结构水平	C_5：第一产业产值占 GDP 的比重/%	0.1696	0.1588	0.1391	0.1344	0.1523	0.1615	0.1712
	C_6：第三产业增加值占 GDP 的比重/%	0.1511	0.1906	0.1604	0.1567	0.1679	0.1982	0.1999
	C_7：第二产业增加值占 GDP 的比重/%	0.2256	0.2301	0.2211	0.2345	0.2551	0.2611	0.2348
B_3：能源结构水平	C_8：煤炭消费占能源消费比重/%	0.2223	0.2090	0.2011	0.2278	0.2381	0.2348	0.2450
	C_9：能源强度/（吨标准煤/万元）	0.2217	0.2588	0.2454	0.2591	0.2612	0.2521	0.2617
	C_{10}：碳排放强度/（吨/万元）	0.2345	0.2245	0.2456	0.2501	0.2511	0.2691	0.2458
	C_{11}：碳足迹/（吨/人）	0.1204	0.1022	0.1233	0.1494	0.1610	0.1345	0.1456
B_4：技术进步与对外开放水平	C_{12}：新产品产值占总产值的比重/%	0.2312	0.2010	0.2111	0.2456	0.2591	0.2445	0.2611
	C_{13}：区域技术市场成交比重/%	0.2621	0.2235	0.2165	0.2354	0.2412	0.2374	0.2641
	C_{14}：区域科技活动经费内部支出/万元	0.3100	0.3456	0.3614	0.3010	0.3121	0.3341	0.3518
	C_{15}：FDI 占 GDP 比重/%	0.3031	0.2522	0.2931	0.3165	0.3541	0.3451	0.3671
	C_{16}：进出口贸易额占 GDP 比重/%	0.3614	0.3800	0.3801	0.3733	0.3861	0.3971	0.3799

由图 14-23 可知，在经济发展规模水平指标下，人均 GDP、城镇居民平均可支配收入、各区域生产总值占全国比例、农村居民家庭人均纯收入四个二级指标的最佳投影方向区间是 0.2～0.4。其中，各区域生产总值占全国比例和农村居民家庭人均纯收入的最佳投影方向相对较大，两个指标基本处于 0.3～0.4，说明在经济发展规模水平指标下，各区域生产总值占全国比例、城镇居民平均可支配收入和农村居民家庭人均纯收入对于碳减排的综合影响较大。

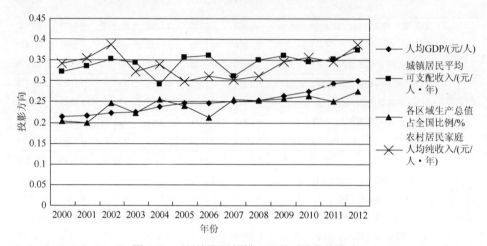

图 14-23　经济发展规模水平的最佳投影方向

由图 14-24 可知，在产业结构水平指标下，第一产业产值占 GDP 的比重、第三产业增加值占 GDP 的比重和第二产业增加值占 GDP 的比重三个二级指标的最佳投影方向区间是 0.1～0.3。其中，第二产业增加值占 GDP 的比重的最佳投影方向相对较大，但是相较于其他的二级指标相对较小，所以对于碳减排的综合影响相对较弱。

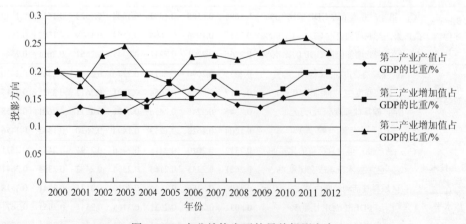

图 14-24　产业结构水平的最佳投影方向

由图 14-25 可知，在能源结构水平指标下，煤炭消费占能源消费比重、能源强度、碳排放强度和碳足迹四个二级指标的最佳投影方向区间是 0.05～0.3。其中，能源强度的最佳投影方向相对较大，说明在能源结构水平指标下，能源强度对于碳减排的综合影响较大。

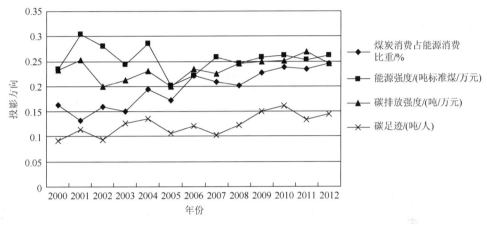

图 14-25　能源结构水平的最佳投影方向

由图 14-26 可知，在技术进步与对外开放水平指标下，新产品产值占总产值的比重、区域技术市场成交比重、区域科技活动经费内部支出、FDI 占 GDP 比重和进出口贸易额占 GDP 比重五个二级指标的最佳投影方向区间是 0.2～0.4。其中，FDI 占 GDP 比重和进出口贸易额占 GDP 比重、区域科技活动经费内部支出的最佳投影方向相对较大，说明在技术进步与对外开放水平指标下，FDI 占 GDP 比重、进出口贸易额占 GDP 比重、区域科技活动经费内部支出对于碳减排的综合影响较大。

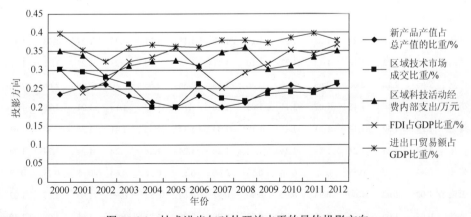

图 14-26　技术进步与对外开放水平的最佳投影方向

综合上述研究结果可得,区域生产总值占全国比例、城镇居民平均可支配收入、农村居民家庭人均纯收入、FDI 占 GDP 比重、进出口贸易额占 GDP 比重、区域科技活动经费内部支出等因素指标对于碳减排的影响较大。

进一步还可以计算出 2000~2012 年我国各个省(自治区、直辖市)相应的最佳投影值,由此可以分析各个地区碳减排的能力。表 14-15 中列出了各地区相应的最佳投影值。投影值越大表明碳减排能力越强。

表 14-15 我国各地区碳减排能力投影值

省份	2000年	2001年	2002年	2003年	2004年	2005年	2006年	2007年	2008年	2009年	2010年	2011年	2012年
北京	2.84	2.83	2.76	2.75	2.84	2.85	3.11	2.92	2.91	2.95	2.99	3.15	3.17
天津	1.90	1.93	1.92	1.85	2.03	1.94	2.00	1.99	2.04	2.04	2.05	2.10	2.11
河北	1.01	1.02	1.00	1.02	1.10	0.99	1.05	1.01	1.03	1.06	1.07	1.11	1.13
山西	0.59	0.55	0.56	0.66	0.71	0.72	0.77	0.79	0.80	0.81	0.81	0.84	0.88
内蒙古	0.66	0.69	0.67	0.70	0.72	0.69	0.76	0.72	0.75	0.76	0.78	0.80	0.82
辽宁	1.22	1.27	1.30	1.42	1.51	1.30	1.41	1.38	1.42	1.45	1.47	1.48	1.50
吉林	0.91	0.97	0.96	1.01	1.04	0.88	1.00	0.95	1.01	1.03	1.03	1.05	1.09
黑龙江	1.04	1.07	1.08	1.04	1.13	0.96	1.04	1.02	1.03	1.05	1.06	1.09	1.10
上海	2.60	2.71	2.70	2.84	2.90	2.81	2.84	2.77	2.72	2.81	2.89	3.01	3.03
江苏	1.90	1.97	2.09	2.33	2.50	2.33	2.34	2.25	2.24	2.31	2.33	2.41	2.56
浙江	1.75	1.90	1.98	2.05	2.21	2.07	2.16	2.03	2.11	2.16	2.24	2.39	2.48
安徽	0.75	0.84	0.93	0.97	0.99	0.92	1.15	1.02	1.09	1.13	1.17	1.21	1.21
福建	1.71	1.75	1.72	1.77	1.89	1.93	1.74	1.64	1.87	1.87	1.85	1.93	1.97
江西	0.91	1.00	1.02	1.05	1.15	1.10	1.20	1.03	1.17	1.19	1.25	1.31	1.33
山东	1.53	1.58	1.61	1.68	1.83	1.65	1.65	1.65	1.67	1.71	1.72	1.77	1.80
河南	0.95	1.00	0.95	0.94	1.04	0.88	1.03	1.03	1.09	1.11	1.11	1.19	1.23
湖北	1.18	1.22	1.23	1.22	1.29	1.11	1.22	1.11	1.21	1.23	1.27	1.33	1.35
湖南	1.20	1.22	1.18	1.18	1.23	1.10	1.11	1.22	1.18	1.23	1.25	1.31	1.30
广东	2.66	2.66	2.66	2.66	2.66	2.66	2.66	2.66	2.66	2.66	2.66	2.66	2.66
广西	1.03	1.16	1.15	1.07	1.11	1.04	1.19	1.19	1.14	1.21	1.23	1.28	1.31
海南	1.24	1.30	1.17	1.21	1.41	1.19	1.34	1.33	1.36	1.41	1.38	1.38	1.41
四川	1.24	1.24	1.24	1.24	1.24	1.24	1.24	1.24	1.24	1.24	1.24	1.24	1.24
贵州	0.44	0.50	0.58	0.58	0.66	0.58	0.60	0.53	0.58	0.64	0.68	0.71	0.72
云南	1.00	1.02	1.00	0.94	0.91	0.90	0.81	0.84	0.88	0.90	1.03	1.07	1.07
陕西	0.95	1.00	0.94	0.99	1.00	0.88	1.00	0.89	1.01	1.04	1.05	1.05	1.10

续表

省份	2000年	2001年	2002年	2003年	2004年	2005年	2006年	2007年	2008年	2009年	2010年	2011年	2012年
甘肃	0.66	0.71	0.69	0.69	0.77	0.60	0.71	0.66	0.69	0.74	0.76	0.79	0.79
青海	0.70	0.66	0.66	0.71	0.81	0.77	0.77	0.69	0.63	0.70	0.71	0.75	0.74
宁夏	0.70	0.69	0.60	0.51	0.49	0.46	0.43	0.44	0.39	0.38	0.40	0.41	0.44
新疆	0.90	0.93	0.88	0.88	0.91	0.90	0.80	0.88	0.88	0.93	0.91	0.94	0.99

表 14-15 中数据进行排序后比较发现，2000～2012 年这 13 年中北京、上海、广东、江苏、浙江和天津这六个省份基本位于前六位。该六个省份都属于我国经济发达地区，外贸活动频繁，人民生活水平较高，人均碳排放量较大，是碳排放的主要地区，所以要承担主要的减排责任，而且这些地区是资金、人才、技术的集聚地区，所以具备的减排能力较强。而后六位省份从区位上来看基本上属于我国的西部地区，属于经济较为落后的地区。这些地区工业较为落后，产业结构不合理有待提高和优化，尚处于粗放型的能源依赖发展模式，能源的利用率较低，所以造成这些地区能源强度和碳强度较大，但是减排能力较差。

三、区域碳排放管制成本测度分析

我国在经济上取得的巨大成就的同时，也意识到了我们在发展时形成了一种粗放型的低效率、低质量、低附加值、高污染、高排放和高耗能的经济增长方式。我国仍以实施传统的命令-控制型的环境政策工具为主，实施各项环境标准，但是尚未建立垂直统一的监管体系，受我国层级监管体制的影响，监管部门的检测与制裁等存在管制成本较大等问题，造成"企业守法成本高、监管部门实施成本高、企业违规成本低"的现象。对于环境成本方面的研究，早在 19 世纪国外学者就提出了成本收益分析法（cost benefit analysis，CBA）进行了相关研究。但是 CBA在分析环境成本问题中却存在着大量的不确定因素。目前，该类环境成本分析尚无法对环境成本进行科学、准确的核算。

目前对于碳排放管制成本测度的国内外相关研究有：当企业面临环境管制时传统的全要素生产率测度方法会使实际的生产率出现高估的情况；单要素指标在反映能源利用率中存在不足；构建了方向距离函数模型对部分企业的碳排放管制成本进行分析。相对于国外对于碳排放管制成本相关的研究，我国对于碳排放管制成本的研究尚处于起步阶段，所以相关文献较少。国内学者对于碳排放管制成本相关研究主要有：认为环境规制会对企业带来排污费用，但是也会激发企业进行技术创新，由创新产生的收益会部分抵消排污费用；运用 Domazlicky 构造的环境损失指数方法对中国各地区的管制成本进行测算，发现大多数省份存在环境管制的成本；建立 DDF 模型对我国的能源效率和碳排放管制成本进行分析。研究表明，中国区域间的能源效率有较大差异性，东部地区能源效率较高，西部较为低效，而且西部地区的环境管制成本呈 W 形。还有学者运用方向性距离函数对我国工业行业的管制成本进行了分析。

鉴于我国目前对于 CO_2 排放的定价机制、法控机制及权责机制尚不成熟，而且相关排放管制成本的信息获得难度也较大，这给我国区域碳排放管制成本的估算与分析造成了较大的困难。针对上述问题，此处借鉴了 Fare 的观点，即将碳排放管制成本表示为减少非期望产出而导致期望产出的数量减少，由此构建碳减排方向距离函数模型来解决对于碳排放管制成本数据缺乏所带来的研究困难，进而对我国各区域的碳排放管制成本进行测度与分析。

（一）碳减排方向距离函数模型的构建

投入与产出在传统的 DEA 模型当中一般被假定为强可处置性，但是在实际的生产过程当中，投入与产出都具有强可处置性的假设是不完全成立的。在一个生产过程中同时考虑期望产出和非期望产出时，采用弱可处置性生产技术（weakly disposability reference technology）的环境 DEA 技术较传统 DEA 技术更能反映实际生产过程。在现实的经济发展当中，经济的快速发展与污染物排放的治理是并行的，所以在这样的假设下，环境生产函数因为不能保证期望产出增加的同时，减少非期望产出，所以需要引入方向距离函数来满足模型的需要。方向距离函数模型是传统 Shephard 距离函数的一般化形式，其线性规划模型为可以表示为（v 为投入方向向量，u 为产出方向向量）：

$$\begin{aligned} &\max \beta \\ &\text{s.t. } X\lambda + \beta v \leqslant x_0 \\ &\quad\quad Y\lambda - \beta u \geqslant y_0 \\ &\quad\quad \lambda, v, u \geqslant 0 \end{aligned} \tag{14-56}$$

产出指标的改进方向是由其不同的方向向量来决定的，由此可以得到不同的目标值，即在前沿上不同的投影点。通过设定一个方向向量 $v = (v_y, v_b)$，则可以得到方向距离函数式为

$$\vec{H}_0(x, y, b; v_y, v_b) = \sup\{(y + \beta v_y, b - \beta v_b) \in P(x)\}$$

则该函数的最大值 $\beta^* = \vec{H}_0(x, y, b; v_y, v_b)$ 表示各单元的生产效率。其中，β 是按照方向向量 v 所能达到的期望产出增加与非期望产出减少的最大比值。当 $\vec{H}_0(x, y, b; v_y, v_b) = 0$ 时，表明该生产过程已经位于前沿面上，是具有技术效率的；$\vec{H}_0(x, y, b; v_y, v_b) > 0$ 时，表明该生产过程是技术无效率的。

为了重点研究我国各区域 CO_2 排放的管制成本情况，本节构造了碳减排方向距离函数模型。假设将我国每一个省份视作一个投入产出系统，其中投入向量包括省的资本存量、就业人员和能源消费量，此处只考虑一种期望产出为各省的 GDP，非期望产出即 CO_2 排放量。其中投入向量用 X 表示，产出向量分为好产出 y（good output）和坏产出 b（bad output）。$P(x)$ 为生产可能集，表示为

$$P(x) = \{(y,b) : x(y,b)\} \qquad (14\text{-}57)$$

设有 N 个省份，则环境生产函数可以表示为

$$F(x,b) = \max\{y : (y,b) \in P(x)\} \qquad (14\text{-}58)$$

方向距离函数假设生产可行性集是一个封闭有界凸集，满足 $P(0)=\{0, 0\}$。同时假设好产出和投入具是强处置性、零结合性和产出联合弱处置性。强可处置性是指不受严格的额环境管制影响，即期望产出和非期望产出都是自由可处置的，即满足如下条件：当 $(y,b) \in P(x)$，且 $(y^*,b) \leqslant (y,b)$，则有 $(y^*,b) \subseteq P(x)$；如果 $x^* \geqslant x$，则 $P(x^*) \supseteq P(x)$。

零结合性和产出联合弱处置性，意味着期望产出必然伴随着非期望产出，减少非期望产出必然带来期望产出的降低，即满足如下条件：当 $(y,b) \in P(x)$，且 $b=0$，则 $Y=0$；当 $(y,b) \in P(x)$，且 $0 \leqslant \varepsilon \leqslant 1$，则 $(\varepsilon y, \varepsilon b) \in P(x)$。

根据上述分析可以得出本模型中的方向距离函数式。

当本模型考虑有 $n=1,\cdots,N$ 个省份，则在考虑非期望产出 CO_2 管制下的省份 n^*。方向距离函数可以表示为

$$
\begin{aligned}
&\text{Max}\,\beta_{n^*} = \vec{H}_0(x_{n^*}, y_{n^*}, b_{n^*}; v_y, v_b)\\
&\text{s.t.} \sum_{n=1}^{N} \omega_n y_{nm} = y_{n^*m} + \beta_{n^*} v_{ym}, \quad m=1,\cdots,M\\
&\sum_{n=1}^{N} \omega_n b_{nj} \leqslant b_{n^*j} - \beta_{n^*} v_{bj}, \quad j=1,\cdots,J \qquad (14\text{-}59)\\
&\sum_{n=1}^{N} \omega_n x_{ns} \leqslant x_{n^*s}, \quad s=1,\cdots,S\\
&\omega_n \geqslant 0, \quad n=1,\cdots,N
\end{aligned}
$$

这个函数可求解有一种期望产出、J 种非期望产出和 N 种投入情况下的最大产出问题。此处 $\omega_n(n=1,\cdots,N)$ 是权重变量，是一个没有约束的规模报酬不变的生产函数。B 为生产点离前沿产出的数值，即技术非效率项。为了估计环境规制的成本，要引入环境非规制的技术，环境非规制的技术是指期望产出和非期望产出都是可自由处置的。碳减排方向性距离函数可以表示为

$$\text{Max}\,\beta_{n^*} = \vec{H}_0^*(x_{n^*}, y_{n^*}, b_{n^*}; v_y, v_b)$$

$$\text{s.t.} \sum_{n=1}^{N} \omega_n y_{nm} \geqslant y_{n^*m} + \beta_{n^*} v_{ym}, \quad m = 1, \cdots, M$$

$$\sum_{n=1}^{N} \omega_n b_{nj} \geqslant b_{n^*j} - \beta_{n^*} v_{bj}, \quad j = 1, \cdots, J \tag{14-60}$$

$$\sum_{n=1}^{N} \omega_n x_{ns} \leqslant x_{n^*s}, \quad s = 1, \cdots, S$$

$$\omega_n \geqslant 0, \quad n = 1, \cdots, N$$

在式（14-60）中可以得出各省份期望产出可以扩张的最大程度在"弱可处置"下扩张的比例将低于在"自由处置"假定下产出可以扩张的程度，即有 $F^*(x_{n^*}; b_{n^*}) \geqslant F(x_{n^*}; b_{n^*})$。

则利用方向性距离函数计算的第 n^* 个决策单元碳排放管制成本可以表示为

$$\vec{H}_0\text{CER} = \vec{H}_0^*(x_{n^*}, y_{n^*}, b_{n^*}; v_y, v_b) - \vec{H}_0(x_{n^*}, y_{n^*}, b_{n^*}; v_y, v_b) \tag{14-61}$$

（二）数据选择与处理

本节选取中国 28 个省份（西藏和海南由于数据缺失而没有包含在内，重庆归入四川）2004～2012 年的数据作为研究对象。涉及的投入指标包括资本存量、人力资本存量和能源消费，产出指标包括期望产出地区生产总值和非期望产出各省份的 CO_2 排放量。在投入指标中，资本存量的测算借鉴永续盘存法来处理，即先估计一个基准年后运用永续盘存法按照不变价格计算各省份的资本存量，公式为

$$K_{it} = K_{it-1}(1 - \eta_{it}) + I_{it} \tag{14-62}$$

其中，i 为第 i 个省区；t 为第 t 年；η 为经济折旧率；I 为当年的固定资产形成总额。本节是以 2000 年为基年计算而得的数据，计量单位为亿元。人力资本存量的计算采用各省份年底的就业人数来衡量，数据来自《中国统计年鉴 2013》，计量单位为万人。能源消费采用能源消费总量指标衡量，数据来自《中国能源统计年鉴 2013》，计量单位为万吨标准煤。在产出指标中，期望产出为地区 GDP，数据来自《中国统计年鉴 2013》。为了保持数据的可比性，以 2000 年为基期消除价格影响因素，计量单位为亿元。而非期望产出 CO_2 排放量的计算，由于目前中国官方并未给出权威的碳排放数据，所以此处运用地区碳排放测算公式：

$$T_j = \sum_{i=1}^{6} E_{ij} \times f_i \times c_i, \quad i = 1, 2, \cdots, 6 \tag{14-63}$$

其中，T_j 为第 j 个省份的碳排放量，i 为化石燃料的种类，此处一共包括六类化石燃料，为汽油、柴油、煤油、燃料油、煤炭和天然气；E_{ij} 为第 j 省份在某个时刻对第 i 种能源的消费数量；f_i 为第 i 种能源标准煤折算系数；c_i 为第 i 种能源的碳

排放系数，计量单位为亿立方米。

（三）我国碳排放管制成本实证分析

本节只研究单一期望产出和非期望产出，通过方向性距离函数来研究碳排放管制成本大小时，我们设置方向性向量为 $v=(v_y, v_b)=(1, -1)$，则具体的方向距离函数为

$$\vec{H}_0(x, y, b; 1, -1) = \sup\{(y + \beta, b + \beta) \in P(x)\}$$

为了减少所产生的误差，此处运用 Picazo-Tadeo 等采用的方法对投入、产出的观测样本进行标准化处理以尽可能减少误差对研究结果的影响。具体结果见表 14-16 和表 14-17。

表 14-16　全国 28 个省份 2004~2012 年的碳排放管制成本　　单位：亿元

省份	2004 年	2005 年	2006 年	2007 年	2008 年	2009 年	2010 年	2011 年	2012 年
北京	298.34	244.04	201.47	257.18	301.74	357.11	397.19	431.34	467.23
天津	40.19	0.00	0.00	31.88	59.12	89.07	131.11	152.71	190.00
河北	578.31	689.23	586.77	778.32	886.32	930.00	1 070.09	1 179.02	1 251.49
山西	463.03	485.37	586.19	709.29	491.10	801.47	1 098.27	829.29	1 146.32
内蒙古	0.00	0.00	0.00	2.94	0.00	59.28	0.00	91.20	262.15
辽宁	0.00	0.00	0.00	0.00	0.00	0.00	0.00	0.00	0.00
吉林	382.14	371.94	330.05	381.24	462.39	502.81	593.18	573.23	616.98
黑龙江	331.23	297.41	340.20	423.00	531.81	582.27	633.53	612.87	699.20
上海	0.00	0.00	0.00	0.00	0.00	0.00	0.00	0.00	0.00
江苏	0.00	56.29	0.00	0.00	59.01	4.91	286.16	211.29	350.46
浙江	0.00	0.00	0.00	95.10	0.00	251.14	379.28	284.23	349.35
安徽	0.00	0.00	0.00	0.00	0.00	0.00	0.00	0.00	0.00
福建	0.00	0.00	0.00	0.00	0.00	0.00	0.00	0.00	0.00
江西	0.00	4.91	0.00	0.00	0.00	79.03	138.98	294.57	280.80
山东	290.18	497.91	433.15	512.56	571.82	681.24	701.58	788.80	889.61
河南	384.04	341.00	496.18	581.28	748.03	618.20	891.28	863.32	1 076.61
湖北	0.00	0.00	0.00	0.00	6.49	0.00	234.91	487.46	571.85
湖南	0.00	184.28	47.01	388.07	582.25	752.28	916.36	1 224.37	1 478.93
广东	0.00	0.00	0.00	0.00	0.00	0.00	0.00	0.00	0.00
广西	0.00	0.00	0.00	275.29	596.19	826.19	929.01	1 347.17	1 050.84
四川	391.23	198.84	471.10	529.38	779.49	917.12	1 285.23	1 683.11	1 992.30
贵州	283.74	371.27	172.19	412.28	591.23	677.28	501.23	724.42	933.48

续表

省份	2004 年	2005 年	2006 年	2007 年	2008 年	2009 年	2010 年	2011 年	2012 年
云南	0.00	0.00	0.00	0.00	42.29	23.80	0.00	66.39	86.87
陕西	239.42	452.81	281.34	451.26	525.23	625.28	719.18	891.23	814.34
甘肃	156.03	181.88	380.91	281.61	429.71	695.26	725.19	800.67	884.61
青海	0.00	0.00	0.00	17.12	0.00	0.00	32.02	57.91	84.11
宁夏	0.00	4.01	0.00	26.01	50.09	73.91	142.65	160.71	181.96
新疆	0.00	48.91	28.26	0.00	59.01	88.64	110.87	169.91	145.96
合计	3 837.88	4 430.1	4 354.82	6 153.81	7 773.32	9 636.29	11 917.3	13 925.22	15 805.45

表 14-17　全国 28 个省份 2012 年的碳排放管制成本分析　　单位：亿元

省份	无碳排放规制	有碳排放规制	碳排放管制成本
北京	467.23	0.00	467.23
天津	193.56	3.56	190.00
河北	1304.65	53.16	1251.49
山西	1190.43	43.68	1146.32
内蒙古	291.67	29.52	262.15
辽宁	0.00	0.00	0.00
吉林	632.09	15.11	616.98
黑龙江	711.07	11.87	699.20
上海	0.00	0.00	0.00
江苏	366.89	16.43	350.46
浙江	356.78	7.43	349.35
安徽	0.00	0.00	0.00
福建	0.00	0.00	0.00
江西	284.51	3.71	280.80
山东	934.21	44.60	889.61
河南	1101.15	24.54	1076.61
湖北	587.67	15.82	571.85
湖南	1496.45	17.52	1478.93
广东	0.00	0.00	0.00
广西	1056.51	5.67	1050.84
四川	2012.41	20.11	1992.30
贵州	947.32	13.84	933.48
云南	94.21	7.34	86.87

续表

省份	无碳排放规制	有碳排放规制	碳排放管制成本
陕西	821.12	6.78	814.34
甘肃	890.73	6.12	884.61
青海	86.12	2.01	84.11
宁夏	186.52	4.56	181.96
新疆	151.63	5.67	145.96

　　上述研究结果是按照 2000 年不变价观测到的实际期望产出数据进行计算的。在方向距离函数的计算下，大部分省份都存在碳排放管制成本。根据表 14-16 可以看出，整体来讲，全国各省份 2004～2012 年的碳排放管制成本总体呈上升趋势。北京、河北、山西、陕西、吉林、黑龙江、山东、河南、四川、贵州、甘肃碳排放管制成本较为稳定地上升，而辽宁、上海、安徽、广东和福建的碳排放管制成本为 0，湖南、湖北、广西碳排放管制成本上升较快，剩余的省份碳排放管制成本增长较为缓慢。

　　通过对表 14-17 和图 14-27 的研究结果进行分析得出，辽宁、上海、安徽、福建和广东等省份碳排放管制成本为 0，说明这些省份对于环境的保护和治理较为重视，而且产业结构较好，处在构造的前沿面上，有环境管制和无环境管制对其成本影响不是很大。有的省份碳排放管制成本较高，高于 500 亿元的有河北、山西、吉林、黑龙江、山东、河南、湖北、湖南、广西、四川、贵州、陕西和甘肃。从地域上来看，这些省份以中西部地区居多，发展方式以能源依赖型的工业

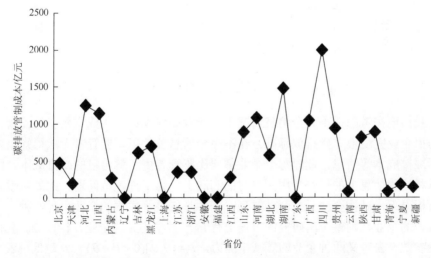

图 14-27　我国 2012 年 28 个省份的碳排放管制成本情况

发展模式为主，能源消耗和碳排放量较大，碳排放管制成本较高，集中体现了"政府管制成本高、企业违规成本低"的问题，说明我国各区域在碳排放管制中要注重管制成本效率对碳排放管制政策实施效率的影响，不能只仅仅考虑减排的规模与数量。政府如何在实施市场型碳减排政策工具下进行最优成本效率的监管决策将在下一章进行深入探究。

第四节　市场型碳减排政策工具下最优成本效率监管决策

一、考虑成本效率的碳排放标准监管决策分析

本节为了对比市场型碳减排政策工具与命令-控制型碳减排政策工具下监管者的最优成本效率的决策模型，选取命令-控制型的碳排放标准政策工具作为研究对象，先对碳排放标准政策工具下监管者的决策进行分析。

（一）完全信息条件下的监管决策分析

当满足 $-c_e(s,\theta) \leqslant \pi f'(0)$ 时，排放企业会完全遵守碳排放标准。所以一个排放企业 i 遵守碳排放标准的条件是：监管者实施的边际惩罚费用要比企业 i 的边际减排成本要高。则监管者要实现所有企业遵从实施的碳排放标准而且所花费的监督成本最小，即满足：

$$\pi^{\min}(s,\theta) = \frac{-c_e(s,\theta)}{f'(0)} \qquad (14\text{-}64)$$

因为监管者对于企业的减排成本等信息都是完全知道的，所以监管者对于排放企业的惩罚费用是统一的，由于信息的完全性，监管者在进行监管时就不需要对企业的类型进行区分。

（二）不完全信息条件下的监管决策分析

我们现在考虑在不完全信息情况下监管者如何设计最优成本效率的监管决策去约束企业完全遵守碳排放标准。在不完全信息条件下，监管者无法得知企业的实际减排成本等信息，此时每个企业都要比监管者更了解自己的减排成本，因此可以将这种信息上的优势应用到自身的利润上。为了描述该问题，此处假设在碳排放标准下，减排企业只有两种类型：一种是低减排成本的企业；另一种是高减排成本的企业，则整个所研究的市场上有 n_k 个类型为 k 的企业，$k=1$，2。我们用可变参数 θ 去定义两种企业的碳减排能力，$\theta \in [\underline{\theta}, \overline{\theta}](0 < \underline{\theta} < \overline{\theta})$。$\theta$ 越低，表示企业减排的能力越强，减排成本越低，反之则亦然。假设一个低减排成本的企业被

定义为 θ_1，高成本的企业被定义为 θ_2，且 $\theta_2 > \theta_1$。给定的减排标准为 s，则低减排成本的企业将会面临更低的减排成本，即 $c(s,\theta_2) > c(s,\theta_1)$。因为在不完全信息下监管者很难分出企业的类型。所以如果一个高减排成本的企业被监督者选为低减排成本企业则将会使该企业减少被监管的成本。

所以让我们来考虑两种可能的碳排放标准，对应不同类型的企业。如果监管者不能发现被监管企业的类型，则有下面的约束条件：

$$\pi_1 f'(0) \geqslant -c_{e1}(s_1,\theta_1) \tag{14-65}$$

$$\pi_2 f'(0) \geqslant -c_{e2}(s_2,\theta_2) \tag{14-66}$$

$$\pi_1 f'(0) \geqslant -c_{e2}(s_2,\theta_2) \tag{14-67}$$

$$\pi_2 f'(0) \geqslant -c_{e1}(s_1,\theta_1) \tag{14-68}$$

$$\pi_1 \in [0,1] \tag{14-69}$$

$$\pi_2 \in [0,1] \tag{14-70}$$

上述约束条件代表着不同类型的企业遵从各自被设定减排成本的约束条件。考虑到碳排放标准与企业可能产生不一致的情况，有三种可能的情况：第一种情况环境的监督机构施行统一的碳排放标准，即 $s_1 = s_2 = s_3 = E/(n_1 + n_2)$。在这种情况下，鉴于边际减排成本函数，我们可得 $-c_{e2}(s,\theta_2) > -c_{e1}(s,\theta_1)$，意味着 $\pi_2 > \pi_1$。要达到最小的实施成本就必须满足式（14-65）～式（14-70），监督者应该监督类型 1 和 2 的企业，根据：

$$\pi_1 = \pi_2 = \frac{-c_{e2}(s,\theta_2)}{f'(0)} \tag{14-71}$$

第二种情况考虑的碳排放标准是当 $s_1 > s_2$。考虑到了边际减排成本函数，我们得到 $-c_{e2}(s_2,\theta_2) > -c_{e1}(s_1,\theta_1)$，意味着 $\pi_2 > \pi_1$。在这种情况下满足式（14-65）和式（14-66）可使成本最小，监督者应该监督类型 1 和 2 的企业，根据：

$$\pi_1 = \pi_2 = \frac{-c_{e2}(s_2,\theta_2)}{f'(0)} > \frac{-c_{e1}(s_1,\theta_1)}{f'(0)} \tag{14-72}$$

第三种情况考虑的碳排放标准是当 $s_2 > s_1$。考虑到了边际减排成本函数，有两种可能的情况：$-c_{e2}(s_2,\theta_2) > -c_{e1}(s_1,\theta_1)$ 或是 $-c_{e2}(s_2,\theta_2) > -c_{e1}(s_1,\theta_1)$。在这种情况下要满足式（14-65）～式（14-68）的约束条件才能使成本最小化。监督者应该监督类型 1 和 2 的企业，根据：

$$\pi_1 = \pi_2 = \max\left(\frac{-c_{e1}(s_1,\theta_1)}{f'(0)} > \frac{-c_{e2}(s_1,\theta_1)}{f'(0)}\right) \tag{14-73}$$

式（14-71）～式（14-73）意味着在不完全信息下要用一种碳排放标准去引导企业遵循排放标准需要监督者用相同的概率监督两类企业。同时，我们可以得到在不完全信息条件下无论如何设定碳减排标准监管者监管一种类型企业的监督成本一定比在完全信息下高。

二、考虑成本效率的碳排放权交易监管决策分析

（一）理论模型的设定

设定在一个竞争性的市场中存在 n 个的风险为中性的企业，当监管者实施碳减排政策工具时，企业会从成本最小化的角度来考虑碳排放问题，并且监管者对于企业具有不完全信息。具体分析如图 14-28 所示。

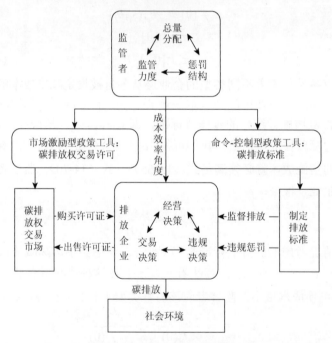

图 14-28　基本分析框架图

记企业 i 的减排成本函数为 $c_i(e_i)$，e_i 表示企业 i 的碳排放量，设定企业 i 的减排成本函数对其碳排放量是严格递减的凸函数，即满足 $c_i'(e_i)<0$，$c_i''(e_i)>0$。参数 θ 表示企业的碳减排技术水平，且满足 $\theta\in[\theta_1,\theta_2]$（$0<\theta_1<\theta_2$）。$\theta$ 越小，表示企业减排的能力越强，在污染排放一定条件下的成本越低；θ 越大，表示企业减排的能力越弱，在污染排放一定条件下的成本越高。

在实施碳排放标准条件下，监管者会根据企业 i 的碳排放情况设定一个碳排放标准 s_i，E 为碳排放总量上限，满足 $\sum_i s_i=E$。当企业 i 上报的碳排放量超过了规定的排放标准设为 v_i，$v_i=e_i-s_i$。对于理性人来说，$v_i\geq0$。当 $v_i=0$ 时，说明企业 i

完全遵守环境政策（perfect compliance）；当 $v_i > 0$ 时，说明企业 i 不完全遵守环境政策（imperfect compliance）。

在实施碳排放权交易条件下，由政府发放的碳排放权许可证总量为 L，且满足 $L=E$。假设各企业是在一个竞争性的碳排放权交易市场中进行排放权证买卖的，所以会产生一个均衡价格 p^*。设 l_i^0 为企业 i 最初由政府发给的排放权许可证数量，l_i 为持有的排放权许可证数量，当企业 i 不遵循排放标准时，即 $v_i = e_i - l_i > 0$ 时，排放量超过了排放权许可证持有量，即有 $e_i > l_i$。

监管者会不定期对企业 i 的碳排放情况进行检查，检查概率为 π_i，π_i 越大说明政府监管的力度越大，反之则越小。如果检查发现企业 i 的实际碳排放量超过了排放标准，则会对其进行罚款处分，此处设惩罚函数为 $f(v_i)$，表示对违规企业 i 征收罚金与碳排放量之间的函数关系，设惩罚函数是关于碳排放量的严格递增的凸函数，即满足条件 $f(0)=0$，$f'(0)>0$，$f''(0)>0$。由此产生的单位监督成本为 μ_i，单位惩罚成本为 ξ_i。

（二）碳排放标准下最优成本效率监管决策分析

在实施碳排放标准下，监管者想要使社会经济成本最小化以实现碳排放总量为 E 的减排目标，该社会经济成本包括企业的减排成本（abatement costs）和监管者的实施成本（enforcement costs），实施成本包括对企业的监督成本（monitoring costs）和惩罚成本（sanctioning costs），则监管者的最优规划为

$$\min_{\substack{(s_1,s_2,\cdots,s_n)\\(\pi_1,\pi_2,\cdots,\pi_n)}} \sum_{i=1}^{n}(c_i(e_i)+\mu_i\pi_i+\xi_i\pi_i f(e_i-s_i)) \tag{14-74}$$

$$\text{s.t.} e_i = e_i(s_i,\pi_i) \tag{14-75}$$

$$\sum_{i=1}^{n} e_i(s_i,\pi_i) = E \tag{14-76}$$

$$e_i \leqslant s_i, \quad \forall i=1,\cdots,n \tag{14-77}$$

企业的减排成本可以表示为 $\sum_{i=1}^{n} c_i(e_i)$，监督成本为 $\sum_{i=1}^{n}\mu_i\pi_i$，惩罚成本为 $\sum_{i=1}^{n}\xi_i\pi_i f(e_i-s_i)$。假设惩罚函数 $f(e_i-s_i)$ 对于监管者是一个外生变量，则建立监管者解决该问题的 Lagrangian 函数：

$$\Lambda = \sum_{i=1}^{n}(c_i(e_i)+\mu_i\pi_i+\xi_i\pi_i f(e_i-s_i)) + \lambda\left[\sum_{i=1}^{n}e_i - E\right] \tag{14-78}$$

Kuhn-Tucker 条件：

$$\frac{\partial\Lambda}{\partial s_i} = c_i'(e_i)\frac{\partial e_i}{\partial s_i} + \xi_i\pi_i f'(e_i-s_i)\left(\frac{\partial e_i}{\partial s_i}-1\right) + \lambda\frac{\partial e_i}{\partial s_i} = 0 \tag{14-79}$$

$$\frac{\partial \Lambda}{\partial \pi_i} = c_i'(e_i)\frac{\partial e_i}{\partial \pi_i} + \mu_i + \xi_i\left(f(e_i - s_i) + \pi_i f'(e_i - s_i)\frac{\partial e_i}{\partial \pi_i}\right) + \lambda\frac{\partial e_i}{\partial \pi_i} = 0 \quad (14\text{-}80)$$

$$\frac{\partial \Lambda}{\partial \lambda} = \sum_{i=1}^{n} e_i - E = 0, \quad \lambda \geqslant 0 \quad \forall i = 1, \cdots, n \quad (14\text{-}81)$$

综合上述分析可以得出以下结论。

命题 1　在企业完全遵守情况下，监管者降低排放标准增加的边际惩罚成本不小于监督概率下降减少的边际监督成本时，可以使社会经济成本实现最优成本效率，即满足：

$$u_i f''(0) \leqslant \xi_i (f'(0))^2 \quad (14\text{-}82)$$

证明：在企业完全遵守情况下，即 $e_i(s_i \leqslant 0$ 时，联立式（14-79）和式（14-80）可得

$$\frac{\partial e_i / \partial s_i}{\partial e_i / \partial \pi_i} = \frac{\xi_i \pi_i f'(e_i - s_i)}{-\mu_i - \xi_i f(e_i - s_i)} \quad (14\text{-}83)$$

因为企业 i 在实施排放标准条件下的最优排放条件为 $-c_i'(e_i) \leqslant \pi_i f'(e_i - s_i)$，所以两边分别对 π_i 和 s_i 求偏导可得

$$\frac{\partial e_i}{\partial \pi_i} = \frac{-f'(e_i - s_i)}{c_i''(e_i) + \pi_i f''(e_i - s_i)} < 0 \quad (14\text{-}84)$$

$$0 < \frac{\partial e_i}{\partial s_i} = \frac{\pi_i f''(e_i - s_i)}{c_i''(e_i) + \pi_i f''(e_i - s_i)} < 1 \quad (14\text{-}85)$$

因为当设定的碳排放标准排放量与企业的碳排放量相等时，监管者所利用的监督资源实现最优分配，实施成本是最具成本效率的，即实现 $e_i = s_i$，有 $c_i'(e_i) = c_i'(s_i) \leqslant \pi_i f'(0)$，将式（14-84）、式（14-85）带入式（14-83）可得

$$\frac{\partial e_i / \partial s_i}{\partial e_i / \partial \pi_i}\Big|_{e_i = s_i} = \frac{\pi_i f''(0)}{c_i''(s_i) + \pi_i f''(0)} \cdot \frac{c_i''(s_i) + \pi_i f''(0)}{-f'(0)} = \frac{\pi_i f''(0)}{-f'(0)} = \frac{\xi_i \pi_i f'(0)}{-\mu_i - \xi_i f(0)} \quad (14\text{-}86)$$

因为从前面可知 $f(0)=0$，且 $f(0) \to 0+$，$\pi_i \geqslant 0$，所以有 $\mu_i f''(0) \leqslant \xi_i (f'(0))2$。

综上，命题 1 得证。

式（14-82）左边表示随着监管者的监督概率 π 下降，边际监督成本会随之下降，右边表示当监管者降低碳排放标准时，边际惩罚成本会增加。命题 1 说明了当 n 个企业的监督成本和惩罚成本不同时，监管者降低碳排放标准增加的边际惩罚成本不小于监督概率下降减少的边际监督成本，可以使社会经济成本实现最优成本效率。

命题 2　在企业不完全遵守情况下，监管者变动碳排放标准的边际成本等同于变动监督概率边际成本，即监管者变动 π_i 的边际成本与惩罚成本的总和与变动 s_i 的边际惩罚成本相等时，可以使总成本实现最优成本效率，即满足：

$$\frac{\mu_i + \xi_i f(e_i - \tilde{s}_i)}{\partial e_i / \partial \pi_i} = \frac{-\xi_i \tilde{\pi}_i f(e_i - \tilde{s}_i)}{\partial e_i / \partial s_i}, \quad i = 1, \cdots, n \quad (14\text{-}87)$$

证明：当企业不完全遵守情况下，即 $e_i > \tilde{s}_i$，$\tilde{s}_i$ 是监管者针对企业 i 的碳排放情况设定的最优排放标准。由已知得其相关的 Kuhn-Tucker 条件如式（14-79）和式（14-80），同时对式（14-79）和式（14-80）除以 $\partial e_i / \partial s_i$ 和 $\partial e_i / \partial \pi_i$ 得

$$c_i'(e_i) + \xi_i \pi_i f'(e_i - s_i) \left(\frac{\partial e_i / \partial s_i - 1}{\partial e_i / \partial s_i} \right) = c_i'(e_i) + \frac{\mu_i}{\partial e_i / \partial \pi_i} + \frac{\xi_i f'(e_i - s_i)}{\partial e_i / \partial \pi_i} + \xi \pi_i f'(e_i - s_i) = -\lambda$$

$$(14\text{-}88)$$

通过式（14-88）可得

$$\frac{\mu_i + \xi_i f'(e_i - \tilde{s}_i)}{\partial e_i / \partial \pi_i} = \frac{-\xi_i \tilde{\pi}_i f'(e_i - \tilde{s}_i)}{\partial e_i / \partial \pi_i} \quad i \neq j, (i, j) = 1, \cdots, n$$

企业 i 不完全遵守最优实施决策 $(\tilde{\pi}_1, \tilde{\pi}_2, \cdots \tilde{\pi}_n, \tilde{s}_1, \tilde{s}_2, \cdots, \tilde{s}_n)$ 时，则需要监管者使得每个企业的边际减排成本与监督成本之和相等，基于此可以对式（14-88）进一步推理：

$$c_i'(e_i) + \xi_i \tilde{\pi}_i f'(e_i - \tilde{s}_i) \left(\frac{\partial e_i / \partial s_i - 1}{\partial e_i / \partial s_i} \right) = c_j'(e_j) + \xi_j \tilde{\pi}_j f'(e_j - \tilde{s}_j) \left(\frac{\partial e_j / \partial s_j - 1}{\partial e_j / \partial s_j} \right) \quad (14\text{-}89)$$

$$c_i'(e_i) + \frac{\mu_i}{\partial e_i / \partial \pi_i} + \frac{\xi_i f(e_i - \tilde{s}_i)}{\partial e_i / \partial \pi_i} + \xi_i \tilde{\pi}_i f'(e_i - \tilde{s}_i) = c_j'(e_j) + \frac{\mu_j}{\partial e_j / \partial \pi_j} + \frac{\xi_j f(e_j - \tilde{s}_j)}{\partial e_j / \partial \pi_j} + \xi_j \tilde{\pi}_j f'(e_j - \tilde{s}_j)$$

$$(14\text{-}90)$$

综上，命题 2 得证。

命题 2 说明如式（14-89）所示，边际减排成本与移动 s_i 惩罚成本的总和在所有企业当中应该是相同的；如式（14-90）所示，变动 π_i 的边际成本、监督成本和惩罚成本的总和在所有企业当中是相同的。所以，对于企业在不完全遵守条件下监管者的最优成本效率实施决策为变动监督概率边际成本等同于变动碳排放标准的边际成本。

（三）碳排放权交易下最优成本效率监管决策分析

在碳排放交易条件下，监管者为了使社会经济成本实现成本效率的最优规划为

$$\min_{\substack{(v_1, \cdots, v_n) \\ (\pi_1, \cdots, \pi_n)}} \sum_{i=1}^{n} c_i(v_i + l_i(p^*, \pi_i)) + \sum_{i=1}^{n} \mu_i \pi_i + \sum_{i=1}^{n} \pi_i \xi_i f(v_i) \quad (14\text{-}91)$$

$$\text{s.t.} \sum_{i=1}^{n} v_i + l_i(p^*, \pi_i) = E, \quad v_i \geqslant 0, \text{且} i = 1, \cdots, n \quad (14\text{-}92)$$

该问题的 Lagrangian 函数：

$$\Lambda = \sum_{i=1}^{n} c_i(v_i + l_i(p^*, \pi_i)) + \sum_{i=1}^{n} \mu_i \pi_i + \sum_{i=1}^{n} \pi_i \xi_i f(v_i) + \lambda \left(\sum_{i=1}^{n} v_i + l_i(p^*, \pi_i) - E \right) \quad (14\text{-}93)$$

Kuhn-Tucker 条件：

$$\frac{\partial \Lambda}{\partial v_i} = c_i'(\cdot)\left(\frac{\partial l_i}{\partial p^*}\frac{\partial p^*}{\partial \pi_i} + \frac{\partial l_i}{\partial \pi_i}\right) + \mu_i + \xi_i f(v_i) + \lambda\left(\frac{\partial l_i}{\partial p^*}\frac{\partial p^*}{\partial \pi_i} + \frac{\partial l_i}{\partial \pi_i}\right) = 0 \quad (14\text{-}94)$$

$$\frac{\partial \Lambda}{\partial v_i} = c_i'(\cdot) + \pi_i \xi_i f'(v_i) + \lambda = 0, \quad \pi_i \geqslant 0, \quad \frac{\partial \Lambda}{\partial v_i}\pi_i = 0, \quad v_i \geqslant 0, \quad \frac{\partial \Lambda}{\partial v_i}v_i = 0, \quad i = 1,\cdots,n$$

$$(14\text{-}95)$$

$$\frac{\partial \Lambda}{\partial \lambda} = \sum_{i=1}^{n} v_i + l_i(p^*,\pi_i) - E = 0 \quad (14\text{-}96)$$

命题 3　当企业完全遵守情况下，满足对所有企业实施相同的监督成本，即 $\mu_i=\mu_j$，且 $i\neq j$，$i,j=1,\cdots,n$，或者满足 $f'(0)=0$ 时，碳排放权交易可以使社会经济成本实现最优成本效率。

证明：当企业完全遵守情况下，即对于企业 i 有 $v_i=0$，$\xi_i=0$，$\pi_i>0$，式（14-94）可以写成：

$$\frac{\partial \Lambda}{\partial \pi_i} = c_i'(\cdot) + \frac{\mu_i}{\dfrac{\partial l_i}{\partial p^*}\dfrac{\partial p^*}{\partial \pi_i} + \dfrac{\partial l_i}{\partial \pi_i}} + \lambda = 0, \quad i = 1,\cdots,n \quad （14\text{-}97）$$

假设排放企业 i 是在一个完全竞争的碳排放权交易市场中，企业 i 的最优排放条件为 $c_i'(\cdot)=p^*$，则监管者的监督概率为 $\pi_i=p^*/f'(0)$。当 $v_i=0$ 时，式（14-97）可以改写成：

$$-p^* + \frac{\mu_i}{2\partial l_i + \partial \pi_i} = -\lambda, \quad i = 1,\cdots,n \quad （14\text{-}98）$$

所有企业满足：

$$-p^* + \frac{\mu_i}{\partial l_i + \partial \pi_i} = -p^* + \frac{\mu_j}{\partial l_j + \partial \pi_j} = -\lambda, \quad i \neq j, (i,j) = 1,\cdots,n \quad （14\text{-}99）$$

当 $v_i=0$ 时，将 $p^*=\pi_i f'(0)$，$\partial l_i/\partial \pi_i = f'(0)/\pi_i f''(0)$ 带入到式（14-99）得

$$-p^* + \mu_i\frac{\pi_i f''(0)}{f'(0)} = -p^* + \mu_j\frac{\pi_j f''(0)}{f'(0)}, \quad i \neq j, (i,j) = 1,\cdots,n \quad （14\text{-}100）$$

用 $p^*/f'(0)$ 代替式（14-100）中的 π_i 和 π_j 可得

$$-p^* + \mu_i\frac{p^* f''(0)}{f'(0)^2} = -p^* + \mu_j\frac{p^* f''(0)}{f'(0)^2}, \quad i \neq j, (i,j) = 1,\cdots,n \quad （14\text{-}101）$$

上述等式仅限 $\mu_i=\mu_j$ 或者 $f''(0)=0$ 时成立。

综上，命题 3 得证。

命题 4　当企业不完全遵守情况下，满足 $\mu_i=0$，$\xi_i=\xi_j$，且 $f(v_i)f''(v_i)=2(f'(v_i))2$ 条件时，碳排放权交易可以使社会经济成本实现最优成本效率。

证明：当企业不完全遵守情况下，即对于企业 i 有 $v_i>0$，联立式（14-94）和

式（14-95）有

$$\frac{\mu_i + \xi_i f(v_i)}{\dfrac{\partial l_i}{\partial p^*}\dfrac{\partial p^*}{\partial \pi_i} + \dfrac{\partial l_i}{\partial \pi_i}} = \pi_i \xi_i f'(v_i), \quad i = 1, \cdots, n \qquad (14\text{-}102)$$

在一个竞争性的碳排放权交易市场中，企业 i 的最优排放条件为 $c_i'(\cdot) = p^*$，则产生的均衡价格 $p^* = \pi_i f'(v_i)$，式（14-95）可写为

$$(-1 + \xi_i)p^* = -\lambda, \quad i = 1, \cdots, n \qquad (14\text{-}103)$$

从式（14-103）中我们可以推断出，在一个竞争性的碳排放权交易市场中，监管者要使社会经济成本实现最优成本效率，则有

$$\xi_i = \xi_j, \quad i = 1, \cdots, n \qquad (14\text{-}104)$$

当 $\xi_i = \xi_j$，$\mu_i \neq \mu_j$ 时，$i \neq j$，$(i, j) = 1, \cdots, n$，式（14-102）可以写成：

$$\frac{\mu_i + \xi f(v_i)}{2\partial l_i / \partial \pi_i} = \pi_i \xi f'(v_i), \quad i = 1, \cdots, n \qquad (14\text{-}105)$$

将 $\partial l_i / \partial \pi_i = f'(v_i) / \pi f''(v_i)$ 代入式（14-105）得

$$(\mu_i + \xi f(v_i))\frac{f''(v_i)}{(f'(v_i))^2} = 2\xi, \quad i = 1, \cdots, n \qquad (14\text{-}106)$$

只有当 $\mu_i = 0$，且 $f(v_i)f''(v_i) = 2(f'(v_i))2$ 时，式（14-106）成立。

综上，命题 4 得证。

命题 3、命题 4 反映了一个共同的特性，即相对于实施命令-控制型的碳排放标准，实施碳排放权交易不仅可以使监管者在较低的实施成本下使社会经济成本实现最优成本效率，还可以提高资源的利用与分配效率，并且在竞争性的碳排放权交易市场中，碳排放权许可证还履行着价格的分配和导向功能，说明了碳排放权交易政策更具经济激励性与市场灵活性。

（四）不完全信息条件下实施碳排放权交易最优成本效率分析

上述研究分析了在碳排放总量控制下，监管者实施两种不同类型的碳减排政策工具的最优成本效率决策。在碳排放标准政策下，监管者通过调整监管力度和违规惩罚等行政手段来使社会经济成本实现最优成本效率，在碳排放权交易政策下，监管者实施较低的监督成本与惩罚成本也可使社会经济成本实现最优成本效率。而两种碳减排政策工具在碳排放总量控制下哪种更具成本效率，针对该问题本节进行了对比分析，具体结果见引理 1。

引理 1　实现碳排放总量控制的减排目标下，减排企业对于监管者不完全信息时，实施碳排放权交易政策比实施碳排放标准政策更具成本效率。

证明：假设社会经济成本为 C，其包括 n 个减排企业的减排成本 $C^{enterprise}$ 和监

管者的实施成本 $C^{\text{government}}$，则有下式：

$$C_{\text{standard}}^{\text{society}} = C_{\text{standard}}^{\text{enterprise}} + C_{\text{standard}}^{\text{government}} = \sum_{i=1}^{n} c_i(e_i) + \sum_{i=1}^{n} [\mu_i \pi_i + \xi_i \pi_i f(e_i - s_i)] \quad （14-107）$$

$$C_{\text{permit}}^{\text{society}} = C_{\text{permit}}^{\text{enterprise}} + C_{\text{permit}}^{\text{government}} = \sum_{i=1}^{n} [c_i(v_i + l_i(p^*, \pi_i))] + \sum_{i=1}^{n} [\mu_i \pi_i + \pi_i \xi_i f(v_i)] \quad （14-108）$$

为了便于成本效率的比较，本节将 n 个减排企业进行分类，分为 n_1 个减排能力强的企业 θ_1 和 n_2 个减排能力弱的企业 θ_2，且 $\theta_2 > \theta_1$，$n_1 + n_2 = n$。在给定的减排标准 s 下，有 $c(s, \theta_2) > c(s, \theta_1)$。因为在不完全信息条件下，被监督企业在排放标准下的减排成本不小于在排放权交易下的减排成本，所以此处只需比较监管者在碳排放标准和碳排放权交易下的实施成本。监管者为了完成总的碳排放总量控制下的减排目标，在碳排放权交易条件下对碳排放权进行最优分配，使总的边际减排成本最小。假设在一个竞争性的碳排放权交易市场中碳排放权许可证的均衡价格为 $p(\theta_1, \theta_2, L)$，则监管者对两种类型的减排企业设置的均衡碳排放标准量表示为 $\bar{s}_1$ 和 $\bar{s}_2$。因为监管者引导企业遵守最具成本效率的方式是对每个企业的监督概率相等，即 $\pi_1 = \pi_2 = \pi = p(\theta_1, \theta_2, L) / f'(0)$，则有

$$-c_{e1}(s_1, \theta_1) / f'(0) = -c_{e2}(s_2, \theta_2) / f'(0) = p(\theta_1, \theta_2, L) / f'(0)$$
$$\Rightarrow -c_{e1}(\bar{s}_1, \theta_1) = -c_{e2}(\bar{s}_2, \theta_2) = p(\theta_1, \theta_2, L) \quad （14-109）$$

设监管者对每个企业的实施成本为 φ，其包括对每个企业的监督成本和惩罚成本。则在实施碳排放权交易条件下的最优实施成本可以表示为

$$C_{\text{permit}}^{\text{optimal-gov}} = \sum_{i=1}^{n} [c_i(v_i + l_i(p^*, \pi_i))] + \sum_{i=1}^{n} [\mu_i \pi_i + \pi_i \xi_i f(v_i)] = \varphi n \times p(\theta_1, \theta_2, L) / f'(0)$$
$$\Rightarrow C_{\text{permit}}^{\text{optimal-gov}} = \varphi n \times p(\theta_1, \theta_2, L) / f'(0) = \varphi n \times [-c_{e1}(\bar{s}_1, \theta_1)] / f'(0) = \varphi n \times [-c_{e2}(\bar{s}_2, \theta_2)] / f'(0)$$

$$（14-110）$$

在碳排放标准下监管者对两种类型的减排企业设置的碳排放标准量满足 $s_1 + s_2 = E = L$，且 $\bar{s} < \max(s_1, s_2)$。因为监管者在不完全信息条件下无法有效区别减排企业的类型，所以当 $s_1 \neq \bar{s}_1$，$s_2 \neq \bar{s}_2$ 时，在碳排放标准下监管者要想使实施成本实现最优成本效率，需要对不同类型的减排企业实施统一的监管概率，并且根据最大的边际减排成本类型企业来设置排放标准，即满足：

$$\pi_1 = \pi_2 = \max[-c(s_1, \theta_1) / f'(0), -c(s_2, \theta_2) / f'(0)] \quad （14-111）$$

则在实施碳排放标准条件下的最优实施成本可以表示为

$$C_{\text{standard}}^{\text{optimal-gov}} = \sum_{i=1}^{n} c_i(e_i) + \sum_{i=1}^{n} [\mu_i \pi_i + \xi_i \pi_i f(e_i - s_i)] = \varphi / f'(0) \times [n_1 \times (-c_{e1}(s_1, \theta_1)) + n_2 \times (-c_{e2}(s_2, \theta_2))]$$
$$\Rightarrow C_{\text{standard}}^{\text{optimal-gov}} = \varphi n \times \max[-c_{e1}(s_1, \theta_1), -c_{e2}(s_2, \theta_2)] / f'(0)$$

$$（14-112）$$

对比式（14-110）和式（14-112）可得 $C_{\text{permit}}^{\text{optimal-gov}} < C_{\text{standard}}^{\text{optimal-gov}}$。当 $s_1 = \overline{s_1}$，$s_2 = \overline{s_2}$ 时有 $C_{\text{permit}}^{\text{optimal-gov}} = C_{\text{standard}}^{\text{optimal-gov}}$，所以有 $C_{\text{permit}}^{\text{optimal-gov}} \leqslant C_{\text{standard}}^{\text{optimal-gov}}$。因为 $C_{\text{permit}}^{\text{enterprise}} \leqslant C_{\text{standard}}^{\text{enterprise}}$，所以有 $C_{\text{permit}}^{\text{society}} \leqslant C_{\text{standard}}^{\text{society}}$。

综上，引理 1 得证。

本节通过建立管制最优规划模型，同时考虑减排成本、监督成本和惩罚成本，在严格依照碳排放总量控制目标前提下，从成本效率的角度对两种不同类型的碳减排政策工具下监管者的最优监管决策进行了分析，并以此为基础对比了二者在碳排放总量控制下的成本效率。研究发现，监管者可以根据企业的不同减排行为而制定相应的最优成本效率决策，以期实现社会经济成本的最小化，其中，在不完全信息条件下，实施碳排放权交易较碳排放标准更具成本效率。说明碳排放权交易机制不仅可以实现监管资源、环境资源、社会资源的优化配置，能够形成自组织性的碳排放权交易激励机制，提高企业的减排积极性，可以有效降低监管部门的管制成本，较碳排放标准具有明显的优越性与灵活性。

我国正处于资本密集型工业化和城市化的快速发展中，处于产业结构调整优化的重要转型期，但我国的低碳经济发展尚处于初级阶段，总量控制、限期整改和治理等方面配套的相关政策法规尚不健全，缺乏统一垂直的监管体系，造成了监管部门的环境管制成本较高、企业违法成本较低的现象。所以，应该根据我国发展的实际情况，适时建立符合我国国情的碳排放权交易体系，设计和开发碳排放交易平台，完善价格调控、排放权存储和借贷等机制，对碳交易系统运行过程中各方主体权利义务的界定、变化和实现制定配套的相关法律法规，通过立法为碳交易市场创造更多的市场需求，引导实体经济实现低碳转型，实现命令-控制型的碳减排政策向市场激励型的碳减排政策逐渐过渡。

本节只是探究了碳排放标准和碳排放权交易两种政策工具在不同条件约束下的成本效率，在今后的研究中，可对碳税、碳排放补贴等其他政策工具的成本效率进行深入探讨。另外，本节的研究是在以惩罚结构为外生变量的基本假设下进行的，而线性的惩罚结构对碳减排政策工具成本效率的影响将是本节下一步探讨的内容。

三、考虑成本效率的碳税监管决策分析

（一）理论模型的设定

我们考虑了一个固定系列的 n 个同质风险中性企业，当监管者实施碳减排政

策工具时，企业会从成本最小化的角度来考虑碳排放问题，并且监管者对于企业具有不完全信息。记企业 i 的减排成本函数为 $C(e_i, \varepsilon_i)$，该函数是严格递减的，其中 e_i 表示企业 i 的碳排放量，$C(e_i, \varepsilon_i)$ 是关于它的排放量，e_i 是严格的凸函数，即满足 $C'(e_i) < 0$，$C''(e_i) > 0$。此处假设所有企业的减排函数的类型是相同的，但是企业间个体的减排成本相对变量 ε_i 是不同的。

设对企业 i 征收的碳税税率为 t_i，在碳税政策下监管者要求企业预先上报其计划排放量为 r_i。当企业 i 的实际碳排放量超过其上报的碳排放量时，设 $v_i = e_i - r_i$，对于理性人来说，$v_i > 0$。当 $v_i = 0$ 时，说明企业 i 完全遵守碳减排政策，当 $v_i > 0$ 时，说明企业 i 不完全遵守碳减排政策。监管者为了考察企业上报的碳排放量是否与其实际碳排放量一致，即企业是否会出现说谎情况，监管者会花费一定的费用去对企业 i 进行监督考察，设 π_i 为监督概率，如果企业 i 被监管者检查后发现实际碳排放量 $v_i = e_i - r_i > 0$ 时，则会给予该企业 i 一定的经济惩罚，则此处设惩罚函数为 $f(v_i)$（具体注释与前文理论模型设定中的一致），表示对违规企业 i 征收罚金与碳排放量之间的函数关系。设惩罚函数是关于碳排放量的严格递增的凸函数，即满足条件 $f(0) = 0$，$f'(0) > 0$，$f''(0) > 0$。由此产生的单位监督成本为 μ_i，则监督成本可以表示为 $\mu_i \pi_i$，单位惩罚成本为 ξ_i，则惩罚成本可以表示为 $\xi_i \pi_i f(e_i - r_i)$。

（二）实施碳税条件下企业的行为分析

通过本章第二节的研究结论可知，监管者为了使社会经济成本实现成本效率的最优规划为

$$\min_{(e_i, r_i)} \leqslant C(e_i, \varepsilon_i) + t_i r_i + \pi_i f(e_i - r_i) \tag{14-113}$$
$$\text{s.t.} e_i - r_i \geqslant 0, \quad r_i \geqslant 0$$

一个不完全遵守的企业 i 会选择它的碳排放量边际减排成本等于它的边际惩罚，因此，该企业的最优的排放选择是

$$e_i = \begin{cases} e(t_i) \big| C'(e_i) + t_i = 0, & t_i \leqslant \pi_i f'(e_i - r_i) \\ e(\pi_i f'(e_i - r_i)) \big| C'(e_i) + \pi_i f'(e_i - r_i) = 0, & t_i > \pi_i f'(e_i - r_i) \end{cases} \tag{14-114}$$

其中，$e_i = e(x)$ 为企业 i 的实际碳排放函数。本节研究的目标是设定特定的碳税政策和实施策略使得社会总经济成本最低，其中，社会经济成本的基本假设与本章第四节中考虑成本效率的碳排放标准监督决策分析中的一样，社会经济成本包括总减排成本和实施成本。实施成本主要由企业的监督成本 $\mu_i \pi_i$ 和惩罚成本 $\xi_i \pi_i f(e_i - r_i)$ 组成，即政策的实施成本为 $\mu_i \pi_i + \xi_i \pi_i f(e_i - r_i)$。

（三）最小实施成本的碳税定价决策分析

命题 5　同时考虑减排成本、监督成本和惩罚成本情况下，监管者设定碳税为 $t_i = \pi_i f'(v_i)$ 时，监管者制定的完全遵守决策的总实施成本最小。

证明：根据前文中的式（14-73）、式（14-74）可得 $r_i = 0$ 和 $e_i = e_i(\pi_i f'(e_i - r_i))$，此处假设当 $t_i > \pi_i f'(v_i)$ 时，且 π_i 不变，即总监督成本 $\mu_i \pi_i$ 保持不变，但是人为地将 t_i 减少，使得 $t_i = \pi_i f'(e_i - r_i)$，则企业 i 会选择遵守行为并使 $r_i = e_i$，然而当没有惩罚成本时，即 $\xi_i \pi_i f(e_i - r_i)$ 变为 0 时，此时可以使总的实施成本减少；假设 $t_i < \pi_i f'(v_i)$，因为可得 $r_i = 0$ 和 $e_i = e_i(\pi_i f'(e_i - r_i))$，当企业 i 选择完全遵守时，即 $e_i = e_i(t_i)$，此时，监管者逐渐降低监督的频率，即使得 t_i 逐步逼近 $\pi_i f'(e_i - r_i)$，在这过程中企业的排放和遵从行为不会发生改变，但是 π_i 的减少使得总体监管成本减小，当 $t_i = \pi_i f'(e_i - r_i)$ 时达到最小。因此，使期望的总实施成本最小化必须满足 $t_i = \pi_i f'(e_i - r_i)$ 的条件。而且，总监督成本最小化要通过尽可能高的个体惩罚来实现，即总监管成本的增加是建立在个体监管成本水平上的，总体惩罚成本的增加是以对个体公司惩罚为代价的。命题 1 得证。

（四）不完全信息条件下实施碳税的最优成本效率决策分析

根据上述研究的基础上，本节重点探讨了在不完全信息条件下，监管者如何制定最优成本效率的碳税决策，即在不同的信息条件下分别制定差别碳税形式和统一的碳税形式。假设监管者对企业 i 的碳排放污染程度是不完全信息的，设总的排放破坏函数为 $D\left(\sum e_i, \delta\right)$，$\delta$ 是企业 i 的碳排放污染系数，是一个随机变量。则对监管者来说总的社会经济成本函数为

$$E\left\{\sum C(e_i, x_i, \varepsilon_i) + \sum m(\pi_i, x_i, \mu_i) + D(e_i, \delta)\right\} \qquad (14\text{-}115)$$

此处根据命题 1 中的结果，即监管者是所有企业完全遵守的最优策略的约束条件 $t_i = \pi_i \phi_i, i, \cdots, n$，企业 i 会选择排放量为 $C_e(e_i, x_i, \varepsilon_i) + t_i = 0, i, \cdots, n$，即 $e_i = e(t_i, x_i, \varepsilon_i), i, \cdots, n$。则用 $t_i = \pi_i \phi_i$ 和 $e_i = e(t_i, x_i, \varepsilon_i), i, \cdots, n$ 替代式（14-115），则可以得到针对单独企业的区别碳税税率形式为

$$E\left\{\sum C(e(t_i, x_i, \varepsilon_i), x_i, \varepsilon_i) + \sum m(t_i / \bar{\phi}, x_i, \mu_i) + D(e(t_i, x_i, \varepsilon_i), \delta)\right\} \quad (14\text{-}116)$$

此处假设 $t_i \leqslant \bar{\phi}, i, \cdots, n$。假设式（14-116）在 $(t_1, \cdots, t_n)$ 是凸函数，则最优的碳税税率为

$$\begin{aligned} &E(C_e(e(t_i, x_i, \varepsilon_i), x_i, \varepsilon_i) e_t(t_k, x_k, \varepsilon_k)) + E(m_\pi)((t_k / \bar{\phi}, x_k, \mu_k) / \bar{\phi} \\ &+ E\left(D'\left(\sum e(t_i, x_i, \varepsilon_i), \delta_i\right) e_t(t_k, x_k, \varepsilon_k)\right) = 0, k = 1, \cdots, n. \end{aligned} \qquad (14\text{-}117)$$

在式（14-117）中，$e_t(t_k, x_k, \varepsilon_k)$ 是企业 k 排放所征收的碳税的边际效应，$E(m_\pi)(t_k / \overline{\phi}, x_k, \mu_k) / \overline{\phi}$ 是监管者监管企业 k 时的监管成本下的条件期望碳税的边际效应。将 $C_e(e_i, x_i, \varepsilon_i) + t_i = 0, i, \cdots, n$ 带入得

$$t_k = \frac{E\left(D'\left(\sum e(t_i, x_i, \varepsilon_i), \delta_i\right) e_t(t_k, x_k, \varepsilon_k)\right)}{E(e_t(t_k, x_k, \varepsilon_k))} + \frac{E(m_\pi(t_k / \overline{\phi}, x_k, \mu_k))}{\overline{\phi} E(e_t(t_k, x_k, \varepsilon_k))}, k = 1, \cdots, n \quad (14\text{-}118)$$

则式（14-118）中右边第一个部分可以表示为

$$E\left(D'\left(\sum e(t_i, x_i, \varepsilon_i), \delta_i\right)\right) = \frac{\text{Cov}\left(D'\left(\sum e(t_i, x_i, \varepsilon_i), \delta_i\right) e_t(t_k, x_k, \varepsilon_k)\right)}{E(e_t(t_k, x_k, \varepsilon_k))}, k = 1, \cdots, n \quad (14\text{-}119)$$

由 $C_e(e_i, x_i, \varepsilon_i) + t_i = 0, k = 1, \cdots, n$ 可以得到

$$e_t(t_i, x_i, \varepsilon_i) = -1 / C_{ee}(e_k, x_k, \varepsilon_k), k = 1, \cdots, n$$

替代式（14-118）、式（14-119）可得

$$t_k = E\left(D'\left(\sum e(t_i, x_i, \varepsilon_i), \delta_i\right)\right) + \frac{\text{Cov}\left(D'\left(\sum e(t_i, x_i, \varepsilon_i), \delta\right), -1 / C_{ee}(e_k, x_k, \varepsilon_k)\right)}{E(-1 / C_{ee}(e_k, x_k, \varepsilon_k))}$$
$$+ \frac{E(m_\pi(t_k / \overline{\phi}, x_k, \mu_k))}{\overline{\phi} E(-1 / C_{ee}(e_k, x_k, \varepsilon_k))}, k = 1, \cdots, n \quad (14\text{-}120)$$

引理 2　在不完全信息条件下，监管者同时考虑减排成本、监督成本和惩罚成本情况下，满足如下条件时，监管者可以制定最优成本效率的差别碳税形式。

$$\frac{\text{Cov}\left(D'\left(\sum e(t_i, x_i, \varepsilon_i), \delta\right)\right), -1 / C_{ee}(e_j, x_j, \varepsilon_j)}{E(-1 / C_{ee}(e_j, x_j, \varepsilon_j))} + \frac{E(m_\pi(t_j / \overline{\phi}, x_j, \mu_j))}{\overline{\phi} E(-1 / C_{ee}(e_j, x_j, \varepsilon_j))}$$
$$\neq \frac{\text{Cov}\left(D'\left(\sum e(t_i, x_i, \varepsilon_i), \delta\right)\right), -1 / C_{ee}(e_k, x_k, \varepsilon_k)}{E(-1 / C_{ee}(e_k, x_k, \varepsilon_k))} + \frac{E(m_\pi(t_k / \overline{\phi}, x_k, \mu_k))}{\overline{\phi} E(-1 / C_{ee}(e_k, x_k, \varepsilon_k))} \quad (14\text{-}121)$$

$i \neq k = 1, \cdots, n$

受制于碳排放的不完全信息性，监管者无法制定最优的差别碳税税率，一般只能设置一个统一的碳税税率，但是实施统一的碳税税率对于不同排放企业总是存在或多或少的误差，这也是目前碳税机制设计中需要解决的重点问题。由于无法有效地获得相关的重要减排信息，监管者不得不设置统一的碳税税率来约束排放企业的减排行为和减排动机。但是当监管者获取了一定的信息，如排放企业的一些明显的特性或指标可以对其减排成本、环境污染

程度等进行估计，如企业先前的环境控制方式可以为监管者提供一定的信息去监督和考察企业的减排成本，或者监管者可以根据企业的产品特征、减排技术、投入产出过程等来考察企业的减排成本即环境污染程度等信息，当满足条件式（14-121）时，监管者可以制定更具成本效率的差别碳税形式，使得总的社会成本实现最小化。本节的研究结果在监管者同时考虑减排成本、监督成本和惩罚成本情况下，力图为我国碳税机制的设计和制定提供可参考的视角和借鉴。

第五节　我国市场型碳减排政策工具的运行机制研究

以碳排放权交易和碳税为主的市场型碳减排政策工具的设计和实施对整个社会会产生多方面的影响。首先是对经济的影响方面来看，碳减排政策工具的设计和实施不仅会对国家宏观经济层面产生重要影响，如对 GDP、物价、进出口等因素产生影响，同时，也影响着市场中经济活动主体的生产行为、运营成本、核心竞争力等微观经济层面。从政策工具推出的可接受性来看，减排工具的推出可能会提高企业的运用成本、压缩利润，同时提高居民的生活成本，甚至有可能增大收入差距，因此碳减排政策工具的设计和推出必须要考虑社会对其的可接受性，否则可能会产生较大的阻力。从政策工具推出的时机来看，我国碳税和碳排放权交易机制的推出需要有良好的经济环境作为基础，如果国内外的经济环境处于低潮期，则此时碳减排政策工具的推行不仅不利于经济的复苏，还会受到纳税人较强的阻力，不利于政策工具的推行和实施。市场经济发展到一定的阶段才能满足高效率、灵活性更强的市场型碳减排政策工具的实施和推广，另外还需要政府具有较高的管理能力，能够准确地把握国内的经济发展情况及所监督企业的减排能力和减排成本，由此才能设计出科学、合理的符合市场实际情况的碳税税率和减排总量，由此实现减少碳排放对社会造成的福利损失，实现社会福利最大化的目标。

综合以上分析，市场型碳减排政策工具的设计、实施和推广需要多方的论证和检验，不仅要对市场型碳减排政策工具对我国宏微观经济产生的影响进行全面、正确的评估，还要对政府监管机构的管理、控制和信息搜集能力进行客观评估，提高监管部门的管理水平，减少"寻租行为"。同时，还要为市场型碳减排政策工具的推广提供良好的舆论和社会环境，提高人们对其的认知程度和接受程度，这样才能确保市场型碳减排政策工具的实施效率，以实现我国减少温室气体排放、经济与社会的可持续发展目标。本节从四个方面探究了我国市场型碳减排政策工具的运行机制，希望该尝试能为我国的市场型碳减排政策工具的设计和执行提供有价值的参考和借鉴。

一、碳减排政策工具选择机制

市场型碳减排政策工具虽然相对命令-控制型碳减排政策工具在控制温室气体减排方面具有内在的优势，如成本方面的优势，并且实施更具灵活性等，这些都已在前面的研究中体现出来，但是市场型碳减排政策工具的运用并不是毫无前提的。市场型碳减排政策工具的运用不仅是一个技术问题，还是一个涉及政治、经济、法律、科技等多方面的系统工程，所以要想保证市场型碳减排政策工具在我国的运行效率，如何选择市场型碳减排政策工具是我国面临的重要课题之一。

通过本章第六节的研究结果可以知道，无论是碳排放权交易机制还是碳税机制在实际实施当中都是有条件的。如果在完全信息条件下，且不存在不确定性，则两类市场型政策工具的效果是完全一致的，都能实现企业总减排成本的最小化。但是，如果在不完全信息且存在多重不确定条件下，则二者的作用效果将不一致。我国的监督和执法资源都相对较为缺乏，所以为了提高碳排放管制效率，就必须考虑政策实施的成本效率，所以有必要将政策产生的交易成本作为一个重要的影响因素进而对碳减排政策工具的成本-收益进行比较，由此为政策的选择提供科学的依据和借鉴。所以在选择市场型碳减排政策工具时，要建立符合我国国情的多角度的选择机制。本节从四个角度探讨了市场型碳减排政策工具的选择机制。

1. 成本效率角度

目前世界各国大都是以本国的税制为基础建立碳税机制的，因此碳税就是在石化能源的生产、进口等环节征收的消费税税目，由碳税产生的交易成本和实施成本都比较低。而对于碳排放交易机制来说，不仅需要对区域的碳排放总量进行预测与分析，还需要基于碳排放总量对各排污企业进行初始排放权的分配，碳排放权交易政策会产生更多的交易成本、谈判成本，而且价格由市场制定，所带来的不确定性也更多。以我国的排污交易许可证制度为例，由于缺乏成熟的交易框架，给企业造成了高额的信息获取成本和交易成本，而对监管者来说也造成高额政策实施成本。另外，还需要建立与碳排放权交易市场相配套的企业碳排放申报机制、监控机制与惩罚机制，建立这些机制需要较大的管理成本。

2. 管制政策的实施目标角度

碳排放权交易政策是在总量控制的前提下进行的，是建立在区域总量控制基础上的机制，必须要与其他政策手段相衔接、相补充。而目前存在的最大问题是企业的碳排放总量是难以确定的。而碳税是一种固定的价格机制，由于信息的不对称性，政府无法对所有企业制定差别税。在总量控制目标下，碳排放权交易政策的激励性更强，但是在社会福利最大化目标下，碳税则更具优势。

3. 收入分配角度

如果允许碳排放权许可证储存或出借，则对于排放企业来说可以充分考虑未来对于损害成本不确定性的决策，减少碳排放则可以获得更多的排放权许可证，也就意味着更多的收益，这样从福利效果的角度来看，碳排放权交易体制要优于碳税机制，因为碳税政策下排放企业只能进行相对离散的调整与决策，相比较于碳排放权交易机制对于价格反映的及时性，碳税政策体系下的价格反映将是比较滞后的。碳税作为一种税收通常能够提高政府的收入，如果建立碳排放权拍卖机制则碳排放权交易机制也可以提高政府的收入。无论是哪种政策工具，分配效应是最终的影响因素。从公平性角度来看，如果初始的碳排放权交易许可证是以免费的形式发放给企业，由于碳排放权在碳排放权交易市场是有价的，排放企业就获得了额外的收益，则完全拍卖的碳排放权交易机制要优于碳税机制。

4. 政策上接受程度角度

政府要制定和推出一项政策首要考虑的问题之一就是该项政策被社会大众或者所监管群体的接受程度。对受到政策实施负面影响的群体提供补偿是该项政策得以成功推动的重要部分。从公平性的角度来讲，实施碳税政策，碳排放企业付费的形式相对较为公平，政府可以通过碳税的杠杆效应使税收用于增加低收入者的收入由此来增加碳税政策在政治上的可行性与可接受性，另外，也可以通过补贴的形式来提高企业、居民进行减排投资和提升减排技术的积极性。但是碳税必将税收集中征收在能源密集型企业中，其必将增加推行碳税机制的阻力与难度。而对于碳排放权交易机制来讲，初始排放权分配的方式直接影响其可接受性。如果碳排放权初始分配方式为免费，则非常容易被接受。但是这些企业往往都属于国有型的垄断性企业，在政治上具有较强的独立性，所以悖于社会公平性；如果采取拍卖的形式，则无形当中提高了企业的生产成本，从而加大了政策的实施阻力。

二、碳排放权交易与碳税的协调机制

碳排放权交易机制和碳税机制之间并不是替代关系或者是矛盾关系，而是相互补充的关系，两者共同发挥着减少和控制温室气体排放的重要作用。如何选择最优的碳减排政策工具并不是最重要的，而设计科学、合理的减排政策工具协调机制要更加重要。

（一）基本原则

1. 环境与经济可持续发展原则

建立碳排放权交易与碳税协调机制的主要目的就是从不同侧面共同推进、共同实现碳排放的削减与控制，实现高效率、低成本的环境保护终极目标。碳排放权交易与碳税的协调机制使这两种碳减排政策工具兼收了二者的优点，不仅具有缩减排放成本、提高碳排放管制效率，还有增强排放主体的减排、环保意识的作用，这些都是为了完成减少碳排放、保护环境的终极目标而服务的。

2. 总量控制原则

对所在区域的环境、资源容量进行科学的评价与估算，将碳排放量控制在该区域生态环境的承载力范围内，对碳排放总量实施有效的控制与测度是碳排放权交易与碳税协调机制建立的前提。实施排放污染物的总量控制才能保证对区域的生态环境的改善程度进行量化的评价与优化。所以严格遵守总量控制是建立碳排放权交易与碳税协调机制必须遵循的基础原则。

3. 重点深化、逐步推行原则

碳排放权交易制度在我国尚处于试点阶段，进行交易的污染物也比较有限，而且碳税制度目前也处于转型期之中。因此，碳排放权交易制度与碳税制度的协调机制应建立在各方面配套机制相对成熟的基础上，遵循市场的运行规律，在碳排放权交易配套机制、法律法规相对成熟的区域做好试点运行工作，重点深化、逐步推行，确保协调机制有效、合理地运行。

（二）建立碳排放权交易与碳税协调治理平台

建立碳排放权交易与碳税协调治理平台的关键在于明确碳税及碳配额交易的各自优劣势及适用边界，建立基于二者的协调治理体系，在总量控制的大背景下，寻求碳排放权交易和碳税的共同治理模式。针对不同发展情景下的企业，采取碳税和碳排放权交易的组合减排模式，依托不同制度下污染物的同源性，统一管理，以购买排放权许可证的方式，将企业排污的外部影响化为内部成本，促进企业开展碳交易活动，以征收碳税的形式，促进企业开展技术改革，降低产品碳排放水平，减少商品边际减排成本，提高企业利润。同时，对于不同种类的污染源和不同类型的企业，开展有差别的碳税及初始配额发放工作，建立规范的排放权交易及碳税奖惩机制，促进污染源控制，由目前的总量交易体系转变为总量-碳税-碳交易体系，形成协调互动的协同减排机制。

（三）建立基于碳排放权交易市场信息的碳税优化机制

目前我国包括碳税在内的税费形态的环境政策工具正面临着转型与优化，如何准确地把握市场的动态，制定出科学、合理的税费标准与动态税率机制是碳税实施和推广的重要环节。在确定碳税税率和相关标准时，对相关信息的获取问题是制定碳税机制的重中之重。另外，碳排放权交易制度也是依赖市场信息的碳减排政策工具，而碳排放权交易市场中所反映出的相关污染物信息及排放企业的相关信息成为碳税标准不断优化、调整的重要参考数据。增加碳排放权交易市场对碳税机制的信息反馈频度、调整碳税制度收费标准与设计税率的征收形式具有重要意义，利于碳排放权交易制度与碳税制度的良性互动与协调。

三、碳减排区域化的协同管制机制

（一）环境管制区域化的提出

根据传统环境管制内在逻辑关系，环境资源是具有共享性的公共产品，各级政府机构是现行管制模式中的管制主体，是天然的代表，应建立专门的碳排放权交易管理机构，如碳排放权交易管理中心等，通过引进第三方核查机构，对参与碳排放权交易的企业进行定期监管和跟踪。管理机构与参与企业的管制关系，是政府依法对企业使用环境资源所产生的外部性进行限制，并进行对价补偿，以维护环境资源使用的公平性和可持续性。但是，甄别哪些企业需要进行对价补偿、如何制定限制标准是目前管理机构面临的主要问题，也是基于单个厂商管制的传统环境管制转变所面对的共同问题。在对企业碳排放情况进行监控和管理的过程中，受减排意识和企业追求利润的本质影响，多数企业抗拒碳交易相关制度，不配合或不愿配合碳交易核查、碳减排技改、碳排放上报等工作，且受企业资产产权界定的影响。尤其是大型国有企业产权界定模糊的现状，一直困扰着多数碳核查机构及碳排放权交易管理机构的核查、配额分配等工作，影响碳排放权交易的顺利进行，因此需要环境管制区域化的制度安排。而碳排放监管机构负责制定区域碳排放标准、碳排放权配额及相关法律法规等，努力把原来受制于产权界定成本和信息获取成本过高无法单元化、规制化的环境产权边界清晰化，实现区域化的环境产权框架，由此来优化区域的环境资源优化配置，实现经济、社会、环境的可持续发展。

（二）环境管制区域化的制度安排

1. 环境管制区域化的产权界定制度

如何实现区域化环境产权的界定是降低碳排放权交易政策的实施成本、提高环境资源配置效率的重要途径。对环境产权进行绝对的界定是不现实的，但要对其实现区域化的、相对的边界界定是符合实际、切实可行的。

（1）对区域内的固态环境资源进行产权界定。基于区域性的碳排放量控制对各区域的固态环境资源进行量化分割和计量。固态环境资源具有实体性、固态性，对其进行区域化的产权边界划分是切实可行的，而通过制度的设计与实施使拥有环境资源的活动主体实现科学利用、节省资源、提高利用率则存在较大难度。

（2）对区域内的非固态环境资源进行产权界定。非固态环境资源相对于固态环境资源来说，具有流动性、不稳定性、难以计量和控制等特点，如大气、水等环境资源。该类环境资源虽然从形态上来讲难以确定产权界定，但也可以通过其他形式的原则进行划分，如根据明确权责的原则及按照行政区划分等原则进行划分。该类划分利于区域间产权主体权责明确、利益平衡、相互监督。

2. 环境管制区域化的产权交易制度

为了构建区域化的环境产权交易制度，实现环境资源的产权界定，可以针对实际需要设立环境产权的各级交易市场。比如，碳排放权一级交易市场和二级交易市场。排放权一级交易市场为区域间各排放企业间的碳排放权交易。在该市场发展初期，以强制交易或指导交易的运作模式对该市场进行调控。然后该区域各级政府根据各区域实际的经济、社会发展情况来划分其排放配额，并按年度进行考核，主要以行政命令来实现市场的启动工作，待一级交易市场相对较为成熟之后，则可以适当放开行政命令的控制，由市场来确定最优交易价格和交易形式。排放权二级交易市场为区域内低层级排放企业与厂商间的排放权产权交易，如县级的排放企业根据其可支配的碳排放权配额向区域内各厂商出售以获取收益，厂商会将碳排放纳入到生产要素的考虑当中，并通过市场的价格信号制定最优的生产决策。

3. 环境管制区域化的产权保护制度

市场主体的产权交易只有在完善的法律框架下才能顺利运作与施行。所以应该尽快建立健全相关法律体系及配套体系，确保交易主体双方在产权界定、交易、维权和收益的过程中有详细的法律法规予以保护和参照。同时还要注重执法方式、程序的规范性与合理性，提高被监督企业和消费者对于法律可接受性与认知性，加强"环境保护、低碳生活"相关的法律宣传，逐步提高人们的环保意识和认知，为市场型碳减排政策工具的有效实施和推广创造良好的软环境。

四、基于新型信息技术的环境监管机制

从我国环境管制的特点上来看，立法、执法、监督等监管方面我国大都是以行政为主体，司法执法和监督上都处在较为薄弱的地位，所以在环境监管领域容易出现寻租行为，由此影响环境管制政策的实施效率，不仅不利于环境的及时治理，还造成社会成本的极大浪费。而对于排放企业来讲，由于政府很难完全获取其遵守法律法规的信息，造成环境管制效率低下，所以信息性对于环境的治理有着重要的作用。不仅在环境治理上，着眼于未来的可持续发展，提高监管的信息效率是全球政治、经济、社会、环境协同发展的重要手段。尤其我国是制造业的大国，商品制造和出口量都非常巨大，但是无论是产品识别体系和技术规范，还是国内的物联网管理框架，我国都还处于初级建设阶段，而目前全球制造业正在从"生产制造"向"服务制造"转变。消费者市场对于个性化、新颖化的商品要求越来越高，造成了新型产品的生命周期不断被缩短，废弃产品数量越来越多，形成大量浪费和环境污染。在云计算、大数据、物联网等新一代信息技术应用日益广泛和深入的背景下，建立基于新型信息技术的环境监管机制已迫在眉睫，因为其不仅影响着我国的环境管理效率，更重要的是会给我国的信息安全和经济情报带来安全隐患。所以建立基于新型信息技术的环境监管机制不仅有助于提高环境的管制效率，而且可以大大降低在实施环境政策工具时产生的数额巨大的交易成本，使得监管者的管理更有效率、更加透明，减少寻租等投机主义的发生概率，提高社会总管制效率。此处提出一种基于物联网的再制造闭环供应链信息服务系统，以期为提高我国的环境政策工具的实施效率、"智能"制造，进一步开发、推广制造物联服务系统提供参考与借鉴。

随着环境的恶化与人们环保意识的提高，废旧物回收再制造的经济性、

环保性与价值性日益受到各国政界、学界和企业界的重视与认可。中共"十八大"政府报告中指出要全面促进资源节约，要着力推进绿色发展、循环发展、低碳发展，形成节约资源和保护环境的空间格局、产业结构、生产方式和生活方式。因此，企业在未来的发展中不得不重视废弃产品的回收再制造，企业供应链行为正由传统的供应链转向闭环供应链，而且制造企业对于再生工业原料的生产、分类、加工、包装、存储及高科技再生产品的再制造等的信息资源有着迫切的需求。所以，建立再制造资源与识别信息的交互信息网络与管理服务系统是目前再制造企业在闭环供应链系统中所需解决的重要问题。

目前国内外关于闭环供应链的研究不断深入，比较有代表性的文献大致可以分为研究综述类、库存管理与物流类、竞争策略与运作类、定价策略类、协调机制类、管理信息系统类等。①研究综述类：Atasu 和 Cetinkaya（2006）对典型的回收经济性研究文献进行了评述和分析，还从政府、企业、顾客三个角度研究了三方的利益最大化问题，最后从社会利益最大化角度出发探讨了教育宣传、津贴补偿等协调方式；Guide 和 Van Wassenhove（2009）指出要从商业的视角来研究整个闭环供应链问题；Guide 等（2006）分别从不同的角度设计闭环供应链模型，以期解决闭环供应链的回收路径最优和回收价值最大化问题。②库存管理与物流类：Lann 等（1999）运用混合动力系统研究了闭环供应链的库存与管理问题；Atasu 和 Getinkaya（2006）设计了在有限生命周期内闭环供应链的最优物流回收路径；Schultmann 等（2006）对汽车产业中的闭环供应链的逆向物流任务进行了研究；Nunen 和 Zuidwijk（2004）从流程、产品和消费者三个视角对闭环供应链所涉及的逆向物流活动、关键决策因素、绩效评估及监控技术进行了研究。③竞争策略与运作类：Heese 等（2005）讨论了制造商通过回收废旧产品获得的竞争优势问题。④定价策略类：Savaskan 等（2004）从回收率的角度，研究了三种回收渠道对闭环供应链中成员的定价策略及其利润的影响，指出制造商的最优选择为零售商回收；张曙红等（2012）考虑政府奖罚激励措施，研究了在集中决策和分散决策模式下新产品和再制造产品无差别定价时的定价策略。⑤协调机制类：王文宾和达庆利（2011）对集中式和分散式闭环供应链的决策选择进行了研究，分别比较了在回收率与回收量的奖惩机制下的闭环供应链决策；Ferrer 和 Swaminathan（2006）研究了新制造与再制造产品并存和冲突情形下的决策问题；Listes 和 Dekker（2005）、Ko 等（2007）构建了基于不确定性的多阶段随机规划模型与同时优化正、逆向物流的混合整数非线性规划模型来解决闭环供应链物流协调问题。⑥管理信息系统类：Chouinard 等（2005）认为要有效进行闭环供应链管理，企业应重新设计与完善其原有信息系统；计三有和仇艳丽（2011）建立了基于面向服务的体系结构的闭环供应链信息系统模型，以期解决闭环供应链信息集成的复杂性等问题。

以上研究从不同的方面为闭环供应链的发展提供了新的思路与方法，但是不足的是：以上研究大都是对于整条链上各环节的重点研究，缺乏对闭环供应链中需求与信息整体、系统、全面的研究，结合先进的信息技术对再制造整条闭环供应链上的再生资源生产、拆解、加工过程及实现再制造信息服务系统进行分析的研究尚少。本节针对再制造闭环供应链目前面临的主要问题和发展需求，将最新的物联网技术与再制造信息服务体系将结合，构建了基于物联网技术的再制造闭环供应链信息服务系统，旨在提高再生资源利用效率，满足消费者不同的个性化服务需求，力图实现对闭环供应链的信息化、自动化、智能化、服务化管理。

（一）基于物联网技术的再制造闭环供应链信息服务系统基本框架

1. 闭环供应链的物流与信息流流程分析

闭环供应链是指在传统的正向供应链基础上加入逆向反馈的过程，由此形成一个完整的闭环供应链（closed-loop supply chain，CLSC）系统。随着企业对于废旧产品回收再制造的日趋重视，企业的供应链行为开始由传统的正向供应链向闭环供应链转变。闭环供应链上各环节都存在着物流、信息流和资金流。物流是闭环供应链中最明显、直观的流动，但在目前信息化飞速发展的背景下，信息的价值已经赋予闭环供应链以新的意义和地位。打造基于再制造的闭环供应链，主要是对有质量问题和报废的生产性、生活性再生资源进行收集、运输、拆分、加工和再制造。只有在信息流的指引下，整条闭环供应链才能达到更优的效率、更低的成本。所以，每个环节都离不开信息流。

针对再制造闭环供应链的信息流如图 14-29 所示，由各回收商收集各市场中报废的商品，并根据再生资源的种类、数量、磨损度、回收地点等属性进行信息集成，再根据再制造服务的需求，对再生资源进行分选、分类、记录及标准化加工处理后运送到专业的拆分加工企业，经拆分加工企业识别、加工、处理后送到再制造企业，同时得到再制造企业的需求反馈信息。再制造企业通过汇总回收商和拆分加工企业的信息后制订再制造方案，期间产生的再制造需求信息向正向供应链方向产传递，即传向供应商、制造商、分销商，最终到客户，同时，也得到客户的需求信息，及时改进、调整再制造方案。剩下的无法利用的、有危害性的危险废弃物，专业的无害化处理企业接到信息后对危险废弃物进行及时处理，同时进行信息反馈，将对环境的破坏程度降到最低。由此形成整条面向再制造的闭环供应链的信息传递流程。

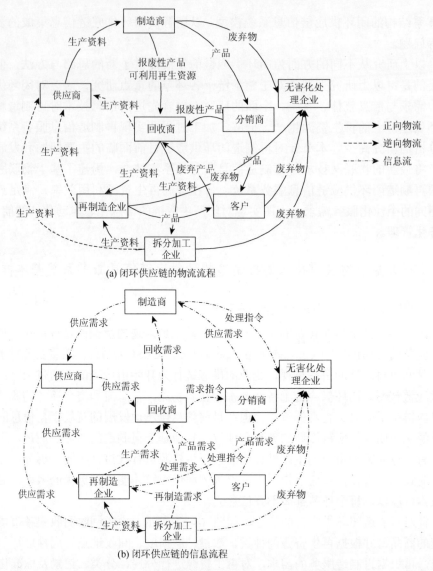

(a) 闭环供应链的物流流程

(b) 闭环供应链的信息流程

图 14-29 再制造闭环供应链物流与信息流流程分析

2. 闭环供应链面临的问题与发展需求

作者近年来对一些典型的废弃资源和再生资源加工利用专业化产业园区、离散再制造企业的调研及研究及再生资源回收流程优化方法推广的实践过程中，发现目前再制造闭环供应链系统中面临如下问题。

（1）废弃资源回收网点分散、无序、不规范，现代化的废弃资源回收网络体系有待建立。由于受经济发展水平、资源要素禀赋差异、产业基础条件、区位交

通条件、人口密集度等因素的影响，我国目前不同区域的废弃资源回收网点存在
较大差异性，如相对发达的东南沿海地区的废弃资源回收网点相对完善，而大多
数中、西部地区尚处在较为简单、粗放的垃圾处理阶段，而且目前我国对于废弃
资源回收网络体系的分类、标准、结构、布局等相关研究还处于起步阶段，无法
建立起高度组织化的逆向物流体系，各环节缺乏统一、有效的管理，由此导致闭
环供应链上各环节的信息缺失性，造成了闭环供应链物流的延迟性与低效性，对
于终端再制造服务需求不能有效反馈，难以满足消费者的个性化需求。

（2）产品信息收集量大，对废弃资源的分类和无线传感技术的应用提出了挑
战。由于闭环供应链管理是对产品全生命周期的管理，所以再制造企业要对原材
料、零部件等的类型、数量、用途、经济价值、生命周期、环境损害度等属性进
行全面了解，而且对于不同零部件或原材料的装备方式、再制造程度、再生技术
的可行性及相关法规的支持与限制等信息都要做到全方位识别与掌控，这就要求
运用射频识别（radio frequency identification，RFID）等无线传感技术对产品、原
材料、零部件等的属性资料及物流行程进行识别和跟踪，但是产品会涉及成千上
万种的原材料，而回收回来的废弃资源经过拆解也会产生大量的废旧零部件，会
大大提高 RFID 技术的应用成本与实施难度，这对废弃资源的分类提出了更高的
要求。

（3）无法对客户需求进行准确的预测，整体收益不高。面对客户多样化的需
求，供应商、制造商、再制造商等闭环供应链各成员尚无法获得准确、真实的
客户需求与数量，而且各成员间存在竞争关系和信息不对称，为了各自利益最
大化会进行单独决策，不仅会造成客户的需求信息在链内传递失真，需求预测
失准的"牛鞭效应"，还会造成再制造产品与客户需求脱节，闭环供应链上各成
员收益降低，整条闭环供应链系统缺乏协同合作机制与集成化决策机制，运行
效率低下。

3. 基于物联网技术的闭环供应链信息服务系统框架

近年来，随着传感器、信息技术、传感网络、RFID、移动计算等技术的飞速
发展，物联网技术（internet of things，IOT）应运而生。物联网的概念是 1991 年
美国麻省理工学院的 Kevin Ashton 教授首次提出的，是将 RFID 设备、传感设备、
全球定位系统等新一代传感科技嵌入到物理世界中，实现对物理世界的信息采集，
实现物与人、物与物的相互"感知"。

物联网技术的出现为提高再制造业整体运作管理水平和协作效率提供了
重要的理论与方法。针对上述面向再制造闭环供应链上所面临的问题，本节设
计了基于物联网技术的再制造闭环供应链信息服务系统基本框架，如图 14-30
所示。

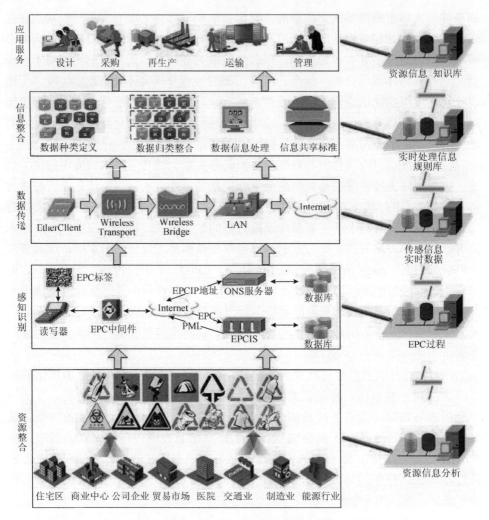

图 14-30　再制造闭环供应链物联网信息服务系统框架

如图 14-30 所示，该框架主要的功能结构分为资源整合、感知识别、数据传送、信息整合、应用服务五部分。资源整合主要是通过各再生资源回收企业对回收的废旧物品进行分类、加工处理，后通过信息编码和分类为核心的前端采集设备（如配置各类传感器和无线网络）以实现物理制造资源的动态感知识别，满足在制造过程中对实时、精确信息的要求，同时还可以实现对可再生资源的追溯过程。数据传送主要是在各种异构多跳网络、传感器数据功能封装服务、数据获取及筛选、调用等技术支持下，为各类传感器在易购通信网络环境传输各类再制造资源的实时拆解、加工、再制造、销售、回收提供信息服务。信息整合是基于再制造过程的基础数据，通过对多源信息数据关系的定义、筛选，最终整合成可以满足闭环供应链各环节的需求信息。应用服务则是通过云计算技术搭建各种满足不同业务的系统软件服务平台，如闭环供应链智能监控平台、电子政务综合办公平台、3G 环境移动办公执法平台等，存储各种业务数据，提供可再生资源的种类、质量、生命周期等属性信息服务，对客户提供该类物品的分类信息。

（二）基于物联网技术的再制造闭环供应链信息服务系统的关键技术

基于物联网技术的再制造闭环供应链信息服务系统主要涉及计算机、自动化、信息化、工业工程及智能控制等多个学科的理论、方法和模型相融合。本节主要从闭环供应链生产材料物联化及由此形成的物资动态信息产生过程和动态上传过程所涉及的关键技术进行阐述的。主要涉及的关键技术有：异构网络互联融合技术、新型传感器及感知节点技术、业务支撑及智能处理关键技术。

1. 异构网络互联融合技术

任何终端节点在物联网中都能实现泛在的互联，如由传感器网络、RFID、个域网、局域网、车域网、体域网等节点组成的网络构架在基础的通信网络上，从而形成一个广泛互联的网络。目前在核心层面可以考虑 NGN/IMS 的融合，核心协议包括 SIP 和 TCP/IP 等，在接入层面需考虑多种异构网络的融合与协同，实现互联互通。由于在再制造的闭环供应链中可再生资源种类繁多，信息存在复杂化、多元化等特征。传统的有限网络解决方案和基于无线的网络解决方案往往被场地、再生资源不确定性、通信盲点等因素所限制，因此选择具有动态自行组网和具有最大可能消除信心盲点特性的异构网络，各接入子网实现协同共存、合作竞争的关系以满足整个网络的业务及应用需求，最终使复杂、多元的再生资源制造信息实现可靠传输，具体流程如图 14-31 所示。

2. 新型传感器及感知节点技术

物联网新型传感技术及感知节点技术是面向再制造的闭环供应链物联网信息服务系统开发与应用的前提。它包括用于对物质世界进行感知、识别的电子标签，新型传感器，智能化传感网节点技术等。而现实世界中越来越多的物理试题需要自组织来实现智能环境感知并对其进行自动控制，并具备通信和信息处理的能力，使物与物、物与人之间实现相互感知，由此在再制造闭环供应链中，这种先进传感设备可以及时、准确地反映制造资源的实时运行状态，对环境感知的数据变化情况，还可以获取有效的再生资源信息，便于监督部门进行监管。以 RFID 技术为例，基于可再生资源的特殊性，在对归类后的资源产品进行信息编码的时候要充分考虑到信息量、成本、不易磨损等编码技术。以往的条码技术存储量小且稳定性较差，近些年来发展的 RFID 技术为可再生资源的信息编码提供了更好的解

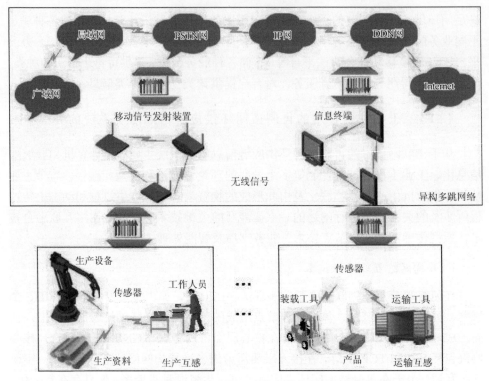

图 14-31　再生资源生产加工中的异构网络的融合与协同

决方案。利用 RFID 技术不仅可以帮助再制造企业有效获取可再生资源的信息，便于监督部门进行监督、监管，而且还可以让客户了解到产品的材质、技术、工序、物流等信息，可以监督产品的质量，也可以快速反馈个性化需求，无论是企业还是客户都可以对产品的来源信息、安全性、稳定性进行查询，如图 14-32 所示，对可再生资源进行产品追溯、有效监管源头制造企业的生产标准、保证产品质量安全、保护环境具有重要的作用。

3. 业务支撑及智能处理关键技术

业务支撑重点需要对物联网的各类业务需求进行分析。在再制造闭环供应链中，需要对业务功能、场景和特征进行梳理和分析后对业务功能进行再定义，然后设计支持多种类再生资源及相关业务的业务框架。另外，还需要结合云计算、P2P 等新一代分布式计算技术去构建业务支撑体系，利用云制造方式，实现再生资源相关业务需求系统的信息集成与闭环供应链中服务的管理集成，突破传统硬件环境的束缚，使再制造企业经营相关的内部需求与外部销售需求有机结合，实现再制造相关企业信息资源共享与互动，有助于增强再制造企业的市场竞争力与市场反应度，推进闭环供应链的网络化、智能化、科学化发展。

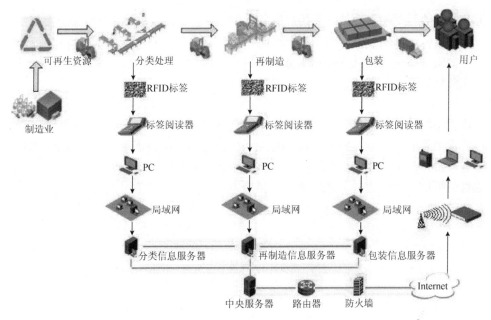

图 14-32　RFID 技术在再制造闭环供应链中的应用

（三）应用案例分析

天津子牙循环经济产业区（简称园区），是目前中国北方地区规模最大的再生资源专业化拆解、加工利用的综合性、封闭管理产业园区，是中日循环型城市重要的合作项目。被国家发展和改革委员会、工业和信息化部、环境保护部、财政部等部委先后批准为"国家循环经济试点园区""国家'城市矿产'示范基地"。本研究团队多年来深入园区调研，参与制订了园区的《产业发展规划》，同时，积极推动、推广园区的信息服务化管理与精深加工再制造策略与方法，选取园区子作为闭环供应链的物联网信息服务系统的应用案例。

1. 信息服务系统运行流程分析

目前，天津市再生资源产业围绕回收、拆解利用和无害化处理三大系统的社会化产业分工发展体系尚不完善，缺少行业标准，再生资源回收的组织化程度较低，经营方式较为落后，从业人员尚处于自发经营和管理无序的状态，从而不能为园区适时、批量、连续提供所需加工的原材料。而园区内的一些企业多以个体经营为主，企业产值和规模较小，再生处理方式粗放，信息资源的获取和共享方式较为落后和原始，导致园区内不能及时地获取原材料信息及消费者市场的有效需求信息，直接影响园区生产效率和产业规模。针对园区内上述存在的问题，为了实现对园区的信息化、自动化、智能化管理，本节构建了针对天津子牙循环经济产业区的基于物联网技术的信息服务系统。

根据园区的实际情况，先对园区物联网信息系统运行流程进行分析。客户通过身份验证后登陆物联网信息服务系统后，可以查询相关的服务需求信息，而且系统会对所查询的服务信息进行智能化分析并预测一定时间点内的需求趋势，而后系统会自动选出不同制造企业组合，如果没有符合需求的制造企业则同时结合消费者市场的反馈信息，发送到再制造企业或进行需求修改命令；如果有符合客户需求的再制造企业，则进入再制造企业生产环节和原料需求环节，根据云制造服务平台提供的再生资源回收站点、再生资源回收企业所提供的实时数据，选择原材料拆解、分类方式、供应路径、供应方式、运输方式等服务环节，最终满足客户的信息需求。具体如图 14-33 所示。

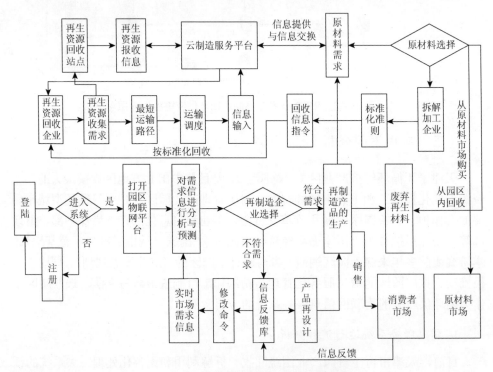

图 14-33　园区物联网服务系统运行流程

2. 信息服务系统的具体设计与实施

目前，园区已建立了中国子牙循环经济网，已经具备了初步的公共信息发布、市场需求信息查询、园区政务管理、电子商务往来等基本功能，使得基于物联网技术的再制造闭环供应链信息服务系统得到初步的应用，同时根据园区内闭环供应链中各环节企业在新形势下的需求，将结合物联网特点继续完善信息服务系统，基于异构多跳网络，结合云制造服务平台及数据库，为园区内部企业提供市场动态信息与评估功能，优化客户的使用、操作方式，实现园区管理的高度信息化、自动化、智能化，着力打造面向再制造闭环供应链的信息服务系统，具体如图 14-34 所示。

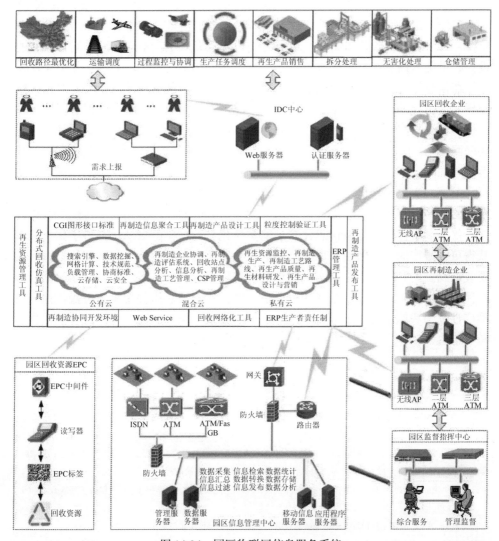

图 14-34　园区物联网信息服务系统

（1）运用 RFID、无线传感网络等技术进行终端数据的采集、处理、终端网络的部署和协同等，建立有线网络与无线传感网络相结合的物联网系统，使园区内的科技研发体系、物流服务体系、商贸交易体系、基础配套体系、再制造产品生产体系实现统一信息化管理。

（2）建立企业、客户双向信息需求服务平台，运用云计算进行智能化信息调用，为闭环供应链上的各类企业管理人员、园区内部管理人员、其他相关企业及客户提供数据查询功能，使链上企业准确地预测市场需求，提升整个闭环供应链的协同度与园区的竞争力。

（3）运用企业资源计划（enterprise resource planning，ERP）系统、GIS/GPS动态监控系统、运输配载系统等提供再制造原材料需求、再制造产品的生命周期监控、再生资源回收数量科学决策、各类再生资源产生量不同运输时间与频率的设计、最优运输路径设计等服务。

在信息化与工业化加速融合的背景下，现代的再制造技术迫切需要对再生资源再制造执行过程多源信息进行采集、分类，对再制造产品生产过程进行监控、分析、预测、控制。本节针对目前面向再制造的闭环供应链所存在的问题，运用物联网技术，构建了面向再制造的闭环供应链信息服务系统，对再生资源的回收、拆解、加工、再制造、包装、销售、市场反馈等环节全程动态化跟踪、调查、监督和追溯，实现闭环供应链上各环节企业与消费者市场实现信息双向对接，提高企业的再制造效率与市场反应速度，实现制造资源的物物感知的"智能"制造。这不仅提高了再制造企业信息化管理的系统化、标准化、自动化、科学化，能够获得更大限度的经济效益，增强企业的核心竞争力，还能够有效地节约资源，实现废旧物资的利用最大化，实现经济发展与环境保护的共赢。最后以园区为应用案例，表明了基于物联网技术的再制造闭环供应链信息服务系统的可操作性与可推广性，为我国进行"智能"制造，进一步开发、推广制造物联服务系统提供参考与借鉴。

参 考 文 献

高杨，李健. 2014a. 基于 EMD-PSO-SVM 误差校正模型的国际碳金融市场价格预测. 中国人口·资源与环境，24（6）：163-170.
高杨，李健. 2014b. 基于物联网技术的再制造闭环供应链信息服务系统研究. 科技进步与对策，31（3）：19-25.
高杨，李健. 2014c. 考虑成本效率的碳减排政策工具最优选择研究. 系统工程，（6）：119-125.
计三有，仇艳丽. 2011. 基于 SOA 的闭环供应链信息系统研究. 武汉理工大学学报（信息与管理工程版），33（5）：825-827.
李健，高杨. 2013. 政策工具视域下中国低碳政策分析框架研究. 科技进步与对策，30（21）：112-117.
李健，高杨. 2014. 天津市工业出口隐含碳与经济增长关系的实证研究. 天津大学学报（社会科学版），16（1）：1-6.
李祥飞，张再生，高杨. 2014. 考虑执行成本的最优碳税实施策略研究. 系统工程学报，29（5）：680-688.
马静，柴彦威，刘志林. 2011. 基于居民出行行为的北京市交通碳排放影响机理. 地理学报，6（8）：1023-1032.
聂锐，张涛，王迪. 2010. 基于 LPAT 模型的江苏省能源消费与碳排放情景研究. 自然资源学报，25（9）：1557-1565.
邱均平，邹菲. 2004. 关于内容分析法的研究. 中国图书馆学报，30（4）：12-17.
苏竣，赵筱媛. 2007. 基于政策工具的公共科技政策分析框架研究. 科学学研究. 25（1）：52-56.

王迪，聂锐. 2010. 江苏省节能减排影响因素及其效应比较. 资源科学，32（7）：1252-1258.

王文宾，达庆利. 2011. 奖惩机制下闭环供应链的决策与协调. 中国管理科学，19（1）：36-41.

王宇红，张慧. 2007. 国内企业对人才素质要求的内容分析. 科技管理研究，27（6）：136-138.

魏一鸣，朱帮助. 2011. 基于 GMDH-PSO-LSSVM 的国际碳市场价格预测. 系统工程理论与实践，31（12）：2264-2271.

张曙红，张金隆，冷凯君. 2012. 基于政府激励的再制造闭环供应链定价策略及协调机制研究. 计算机集成制造系统，18（12）：2750-2755.

张文佳，柴彦威. 2008. 基于家庭的城市居民出行需求理论与验证模型. 地理学报，63（12）：1246-1256.

朱勤，彭希哲，陆志明. 2010. 中国能源消费碳排放变化的因素分解及实证分析. 资源科学，31（12）：2072-2079.

Ang B W，Zhang F Q，Choi K H. 1998. Factorizing changes in energy and environmental indicators through decomposition. Energy，23（6）：489-495.

Arora S，Gangopadhyay S. 1995. Toward a theoretical model of voluntary overcomliance. Journal of Economics Behavior and Organization，（28）：289-309.

Atasu A，Cetinkaya S. 2006. Lot sizing for optimal collection and use of remanufacturing returns over a finite life cycle. Production and Operations Management，15（4）：473-487.

Atasu A，Guide Jr V D R，Van Wassenhove L N. 2008. Product reuse economics in closed-loop supply chain research. Production and Operations Management，17（5）：483-496.

Atasu A，Van Wassenhove L N，Sarvary M. 2009. Efficient take-back legislation. Production and Operations Management，18（3）：243-258.

Becker G S. 1986. Crime and Punishment：an economic approach. Journal of Political Economy，（76）：169-217.

Buchanan J M，Tullock G. 1975. Polluter's profits and political response：direct controls verus taxes. American Economics Review，（65）：139-147.

Byun S J，Cho H J. 2013. Forecasting carbon futures volatility using GARCH models with energy volatilities. Energy Economics，（40）：207-221.

Chevallier J. 2010. Volatility forecasting of carbon prices using factor models. Economics Bulletin，30（2）：1642-1660.

Chouinard M D，Amours S A，Kadi D. 2005. Integration of reverse logistics activities within a supply chain information system. Computers in Industry，56（1）：105-124.

Cohen M. 1999. Monitoring and enforcement of environmental policy//Tietenberg T，Folmer H，Elgar E. International Yearbook of Environmental and Resource Economics. Edward Elgar.

Deffner G. 1986. Microcomputers as aids in gottschalk-gleser rating. Psychiatry Research，18（2）：151-159.

Deily M E，Gray W B. 1991. Enforcement of pollution regulation in a declining industry. Journal of Environmental Economics and Management，21（2）：260-274.

Downing P，Kimball J. 1982. Enforcing pollution control laws in the United States. Policy Studies Journal，11（1）：55-65.

Duriau V J，Reger R K，Pfarrer M D. 2007. A content analysis of the content analysis literature in organization studies：research themes，data sources，and methodological refinements. Organizational Research Methods，10（1）：5-34.

Ellerman A D. 2005. A note on tradeable permits. Environmental and Resource Economics，（31）：123-131.

Ferrer G，Swaminathan J M. 2006. Managing new and remanufactured products. Management Science，52（1）：15-26.

Garvie D，Keeler A，1994. Incomplete enforcement with endogenous regulatory choice. Journal of Public Encomics，（55）：141-162.

Gath W，Pething R. 1992. Illegal pollution and onitoring of unknown quality：a signaling game approach//Pethig R.

Conflicts and Cooperation in Managing Environmental Resources. New York: Springer-Verlag.

Guide Jr V D R, Souza G, Van Wassenhove L N, et al. 2006. Time value of commercial product returns. Management Science, 52 (8): 1200-1214.

Guide Jr V D R, Van Wassenhove L N. 2009. The evolution of closed-loop supply chain. Operations Research, 57 (1): 10-18.

Hahn R. 1990. The political economy of environmental regulation: towards a unifying framework. Public Choice, 65 (1): 21-47.

Harford J D. 1978. Firm behavior under imperfectly enforceable pollution standards and taxes. Journal of Environmental Economics and Management, (5): 26-43.

Harford J D. 1997. Firm ownership patterns and motives for voluntary pollution control. Managerial and Political Economics, 18 (6): 421-432.

Harford J D, Harrington W 1991. A Reconsideration of Enforcement Leverage when Penalties are Restricted. Journal of Pubilc Economics, 45 (3): 391-395.

Heese H S, Cattani S K, Ferrer G, et al. 2005. Competitive advantage through take-back of used products. European Journal of Operational Research, 164 (1): 143-157.

Jones C A, Scotchmer S. 1990. The scocial cost of uniform regulatory standards in a hierarchcal government. Journal of Environmental Economics and Management, (19): 61-72.

Kambhu J. 1990. Direct controls and incentives system of regulation. Journal of Environmental Economics and Management, (19): 72-85.

Keeler A G. 1995. Regulatory objectives and enforcement behavior. Environmental and Resource Economics, (6): 73-85.

Ko H J, Ecans G W. 2007. A genetic algorithm-based heuristic for the dynamic integrated forward/reverse logistics network foe 3pls. Computers & Operations Research, 24 (2): 346-366.

Lann E V D, Salomon M, Dekker R, et al. 1999. Inventory control in hybird systems with remanufacturing. Management Science, 45 (5): 733-747.

Lee D R. 1983. Monitoring and budget maximization in the control of pollution. Economics Inquiry, (21): 565-575.

Lee D R. 1984. The economics of enforcing pollution taxation. Journal of Environmental Economics and Management, (11): 147-160.

Li J, Gao Y. 2013. Research on eco-industry symbiosis system based on complex network. Proceedings of 2012 3rd International Asia Conference on Industrial Engineering and Management Innovation (IEMI2012).

Liaskas K, Mavrotas G, Mandaraka M, et al. 2000. Decomposition of industrial CO_2 emissions: the case of european union. Energy Economics, 22 (4): 383-394.

Listes O, Dekker R. 2005. A stochastic approach to a case study for product recovery network design. European Journal of Operation Research, 160 (1): 268-287.

Ma C, Stern D I. 2008. Biomass and China's carbon emissions: a missing piece of carbon decomposition. Energy Policy, 36 (7): 517-526.

Martos C G, Rodriguez J, Sánchez M J. 2013. Modelling and forecasting fossil fuels, CO_2 and electricity prices and their volatilities. Applied Energy, (101): 363-375.

Montero J P. 2002. Prices vs. quantities with incomplete enforcement. Journal of Public Economics, 1 (85): 435-454.

Morris R. 1994. Computerized content analysis in management research: a demonstration of advantages & limitations. Journal of Management, 20 (4): 903-931.

Nowell C，Shogren J. 1994. Challenging the enforcement of environmental regulation. Journal of Regulatory Economics，（6）：265-282.

Nunen J A E E，Zuidwijk R O E. 2004. Enabled closed-loop supply chains. California Management Review，46（2）：40-54.

Pargal S，Wheeler D. 1996. Informal regulation in developing countries：evidence from indonesia. Journal of Political Economy，（104）：1314-1357.

Paul S，Bhattacharya R N. 2004. CO_2 emission from energy use in India：a decomposition analysis. Energy Policy，32（5）：85-593.

Rahimifard A，Newman S T，Rahimifard S. 2004. A web-based information system to support end-of-life product recovery. Journal of Engineering Manufacture，218（9）：1047-1057.

Rothwell R，Zegveld W. 1985. Reindusdalization and Technology. London：Logman Group Limited：83-104.

Saini L M，Aggarwal S K，Kumar A. 2010. Parameter optimisation using genetic algorithm for support vector machine-based price-forecasting model in national electricity market IET. Gener. Transm. Distrib，4（1）：36-49.

Savaskan R C，Bhattacharya S，Van Wassenhove L N. 2004. Closed loop supply chain models with product remanufacturing. Management Science，50（2）：239-252.

Schultmann F，Zumkeller M，Rentz O. 2006. Modeling reverse logistics tasks within closed-loop supply chains：an example from the automotive industry. European Journal of Operational Research，171（3）：1033-1050.

SeldenT M，Terrones M E. 1993. Environmental legislation and enforcement：a voting model under asymmetric information. Journal of Environmental Economics and Management，24（3）：212-228.

Sun J W，Ang B W. 2000. Some properties of an exact energy decomposition model. Energy，25（12）：1177-1188.

Torvanger A. 1991. Manufacturing sector carbon dioxide emissions in nine OECD countries：1973-1987. Energy Economics，13（3）：168-186.

Tunc G，Türüt-Asik S，Akbostanci E. 2009. A decomposition analysis of CO_2 emissions from energy use：Turkish case. Nergy Policy，37（11）：4689-4699.

Wang C，Chen J N，Zou J. 2005. Decomposition of energy-related CO_2 emission in China：1957-2000. Energy，30：73-83.

Wang Y D，Wu C F. 2012. Forecasting energy market volatility using GARCH models：can multivariate models beat univariate models? Energy Economics，（34）：2167-2181.

Zhang J L，Tan Z F. 2013. Day-ahead electricity price forecasting using WT，CLSSVM and EGARCH model. Electrical Power and Energy Systems，（45）：362-368.

Zhu B Z，Wei Y M. 2013. Carbon price forecasting with a novel hybrid ARIMA and least squares support vector machines methodology. Omega，（41）：517-524.

第十五章　金融服务系统及传导机制

第一节　国内外低碳经济金融服务模式分析

由于经济发展阶段、金融体系发达程度、金融结构类型及政府与市场的关系等因素之间的差别，不同国家产业政策、财政和金融手段在经济发展过程中的运用模式有很大差异。而且，对于新兴碳交易市场，各国金融机构的参与程度也有很大差别，因此，对比分析不同国家低碳经济发展中的金融服务实践，从中总结经验教训，对于产业低碳发展金融服务系统分析具有重要意义。本章将从低碳经济发展金融手段的运用和碳金融市场的发展现状两个方面，对国内外低碳经济发展中的金融服务实践进行比较和评价，并由此提出未来我国产业低碳发展中开展金融服务的思路。

一、碳金融市场的形成与发展

（一）碳交易机制的金融化特征

碳交易市场的快速发展，引发了人们对"碳"价值的思考。人们发现碳交易的实施过程，实际上就是"碳"价值实现的过程。但这一过程往往需要政策制定者、市场管理者、投资者、股票经纪机构等诸多金融服务部门的参与才能实现，如图 15-1 所示。

由图 15-1 我们可以看出，一旦决策者做出减排承诺，就为排放贸易机制和低碳技术研发提供了机会。股票经纪人、银行、财务顾问、风投机构会通过市场机制为"碳"进行定价，从而将"碳"转变成为一种资产，并融入企业的经营项目中。从此意义上说，"碳"就具有了金融资源价值并成为决定金融机构决策活动的重要考虑因素。比如，当前一些金融机构为碳交易市场所设计的不同金融衍生产品，如保险、担保、保理、碳排放权交付保证、应收碳排放权的货币化及套利交易工具等，这些衍生金融产品为碳交易供求双方提供了避险工具和套利手段，促进了"碳"价值的实现，也促进了碳金融市场的形成。当然，这一价值实现过程对于碳资产来说是必要且不充分的，还存在很多其他形式的实现过程。

目前，随着碳交易规模的扩大，碳金融市场也得到快速发展，主流金融世界里越来越多的机构开始进入这个市场，本节将对发达国家和中国的碳金融市场分别进行分析。

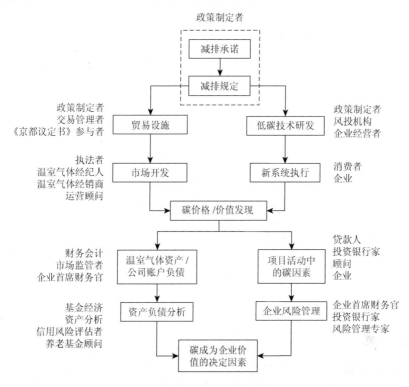

图 15-1　"碳"的金融价值创造过程

（二）发达国家碳金融市场的发展现状

根据世界银行的数据，国际碳金融市场交易自 2005 年《京都议定书》生效以来飞速发展，2009 年碳交易规模达 1437 亿美元，比 2005 年的 100 亿美元增长超过十倍。从当前交易总量来看，全球碳金融市场总体规模仍呈持续增长之势，如表 15-1 所示。此外，由于发达国家对碳金融市场的探索起步较早，目前已经形成多主体参与、共同促进的良好局面。

表 15-1　全球碳金融市场的交易量和交易额

	2008 年		2009 年	
	交易量/吨	交易额/亿美元	交易量/吨	交易额/亿美元
基于配额的市场				
欧盟排放贸易体系	3 093	100 526	6 326	118 474
新南威尔士	31	183	34	117
芝加哥气候交易所	69	309	41	50

续表

	2008 年		2009 年	
	交易量/吨	交易额/亿美元	交易量/吨	交易额/亿美元
基于配额的市场				
区域温室气体减排行动	62	198	805	2 179
分派总量单位	23	276	155	2 003
分计	3 278	101 492	7 362	122 822
京都机制下的抵消规模				
分计	1 072	26 277	1 055	17 543
基于项目的市场				
原始清洁发展机制	404	6 511	211	2 678
联合履约	25	367	26	354
自愿市场	57	419	46	338
分计	486	7 297	283	3 370
总计	4 836	135 066	8 700	143 735

1. 政府机构

国家政府长期以来始终是碳市场的主要推动者和参与者，是《京都议定书》的创建者，也是早期碳信用的购买者。国际实践已经证明了政府参与碳金融市场的有效性。比如，英国由政府投资、按企业模式运作的碳基金独立公司，既能利用政府部门优势，准确把握和执行宏观政策，又可发挥专业人士的专业技能和管理特长，保证政府对基金运营效率的监督，有力发挥了基金对碳减排的促进作用。

2. 世界银行

世界银行也一直是碳金融市场的主要推动者，早在 20 世纪 90 年代末就成立了世界上第一只碳基金，又称原型碳基金（Prototype Carbon Fund），是政府和公司取得碳信用的低风险工具。截至 2009 年，这个基金管理的资产大约为 1.8 亿美元。其后，世界银行的各种购买工具均被并入专门的碳金融管理事业部（World Bank Carbon Finance Unit，CFU），以及陆续成立的其他碳基金，包括社区发展碳基金（Community Development Carbon Fund）、生物碳基金（Bio Carbon Fund）、森林碳伙伴关系基金（Forest Carbon Partnership Facility）和多个国家级别的碳基金，如欧洲碳基金（Carbon Fund for Europe）、西班牙碳基金（Spanish Carbon Fund）等，管理资产约为 24 亿美元，碳基金规模迅速扩大。2000～2009 年碳基金规模变化如图 15-2 所示。

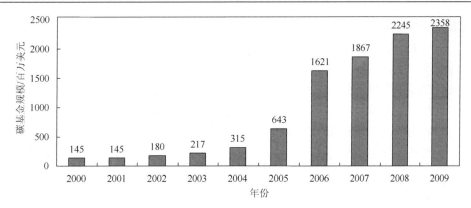

图 15-2　2000～2009 年世界银行碳基金规模

2010 年，世界气候谈判坎昆会议上，世界银行行长佐利克宣布未来将筹集目标为 1 亿美元的市场准备伙伴基金，推动各国尤其是发展中国家内部的碳交易市场。与其他碳基金相比，该基金最大的特点在于将把发达国家和发展中国家联系在一起，通过发达国家向发展中国家提供赠款的方式，帮助发展中国家建立国内交易体系，而不是利用市场手段实现国家的减排目标，这对碳市场是一个积极信号，预示了将来碳金融发展的新趋势，即发展中国家内部的碳金融市场将不断走强。

3. 气候交易所

围绕碳排放权，世界各国已经建立起交易形式多样的场所，包括一级规范交易场所和二级自愿交易场所。前者是指为满足国际或者国内强制性法规要求的交易行为；后者是指出于自愿而进行碳指标购买的交易行为。目前，全世界共建立各类交易场所 20 多个，最为典型的是芝加哥气候交易所（Chicago Climate Exchange，CCX）和欧盟排放贸易体系（Europe Unin Emission Trading System，EU ETS）。

CCX 成立于 2003 年，是全球第一家气候交易所，并于 2003 年 12 月成功开展了首笔交易。尽管受美国后期退出《京都议定书》协议框架的影响，多家北美公司、市政府与金融机构先后退出董事会，但该气候交易所依然是全球最重要的自愿性温室气体减排交易场所之一，而且也是全球唯一同时开展 CO_2、CH_4、N_2O、FCS、PFCS 和 SF_6 六种温室气体减排交易的市场。目前，该气候交易所已形成包括美国电力、福特、IBM 等 300 多个跨国参与者在内的，涉及航空、汽车、电力、环境、交通等数十个不同行业的世界知名碳交易所。2004 年，芝加哥气候交易所在欧洲与伦敦国家石油交易所合资在欧洲创建了分支机构，即欧洲气候交易所，并于 2008 年，与加拿大蒙特利尔交易所合资建立了蒙特利尔气候交易所。目前，欧洲气候交易所已经成为占有最大交易比率的交易所，其碳金融工具期货合约已由国际石油交易所上市挂牌。

EU ETS 则于 2005 年 1 月 1 日正式启动，是世界上第一个温室气体排放配额交易市场。尽管交易所启动时间晚于 CCX，但目前已成为世界上最为活跃、最为规范、交易规模最大的排放权交易市场，涉及电力行业及石油、钢铁、水泥、玻璃和造纸等主要部门。而且从其交易实际状况来看，企业履约率也很高，尤其是英国的履约率，已超过 99%。在国家层面上，除爱尔兰、西班牙、奥地利、葡萄牙、丹麦外，其他国家都接近于达成目标。

4. 商业银行

除了少数早期参与碳金融业务的先驱，商业银行参与碳金融业务相对较晚。部分原因是商业银行观念依然比较保守，在对碳金融业务没有较为充分把握然的情况下，不敢贸然进入其中。此外，商业银行的趋利避险趋向也是重要原因之一，与其他金融市场相比，碳金融市场不成熟且规模较小，商业银行看不到获利机会而不愿进入。不过，随着市场的发展成熟，目前国外很多商业银行已经开始积极参与其中，尤其是在欧洲，开展碳金融业务比较早的荷兰银行（ABN-AMRO Bank），把碳市场列为具有战略利益的领域，推出一系列永续经营的全球性私募股权基金，并开展以汇率为基础的碳交易结算，以及由欧洲企业买主预先支付碳信用的融资业务。比利时富通银行（Fortis Bank）也是碳交易市场的较早参与者，推出了一系列碳资产金融服务，包括针对亚洲企业的排放贸易及碳融资、碳信托服务和针对欧盟的排放贸易交易服务、碳资产结算服务、碳基金设立及管理服务等。目前，欧洲许多其他商业银行，如拉博银行、巴克莱银行和汇丰银行也正奋起直追，尤其注重于企业碳银行业务与顾问服务等方面。

5. 股票研究机构

和商业银行一样，股票研究公司也较晚进入这个市场。不过随着碳交易市场业务量的扩大，许多参与市场的企业开始寻求财务顾问和资金协助，这引起了许多股票研究机构的兴趣，纷纷进入碳金融市场。例如，摩根财团的欧洲公司研究团队发表的《碳金融大全：主要问题解答》报告，指出对欧洲公司而言，CO_2 将成为越来越重要的问题，对股票和信用市场也将越来越重要。摩根士丹利（Morgan Stanley）欧洲股东集团发表的《新兴碳市场的股票操作》报告，探讨了新兴碳市场的背景、排放配额要求的基本动力，并开始研究数家碳产业公司。高盛集团（Goldman Sachs），则在《环境政策纲要》中明确表明，该公司计划在排放交易（CO_2、SO_2）、天气衍生品、再生能源信用和其他气候相关商品扮演市场创造者，并正寻找如何在促进这类市场的发展中扮演建设性角色的办法。

上述研究团队关于碳市场的研究报告，说明了他们对于日益蓬勃发展碳交易市场的关注，而随着市场持续扩张，股票研究机构的深度和品质势必更会提高。

6. 保险公司

随着碳交易市场规模的不断扩大，不遵约或不良风险管理的财务后果越来越受到参与者的重视，碳交易业务的风险管理及保险服务对交易者来讲也变得愈发重要。因此，开发整合型的风险管理产品，以规避所有气候风险，正成为大型保险公司新的竞争点，这也助长了保险公司竞逐碳金融业务的决心。两家世界最大的再保险公司瑞士再保险与慕尼黑再保险，最早采取较广泛的市场建立者角色，以深入了解气候变化的经济影响，并探讨为碳市场设计的新保险产品。美国保险业巨擘美国国际集团（American International Group）和瑞士苏黎世（Zurich）大型保险公司迅速跟进，相继宣布推出自己的碳交割保证及计划保险产品。目前，许多受排放权交易计划影响的工业公司，不把排放营运视为核心策略，反而日渐重视将风险转移给能协助他们达成遵约义务的第三者。

7. 信用评级机构

由于碳交易的结果可能影响参与者的长期信用，所以促使世界级的信用评级机构——标准普洱（S&P）、穆迪（Moody's）、惠誉（Fitch）等将碳金融纳入它们的业务研究程序。目前 Fitch 公司全球电力的北美小组已经开始对碳排放交易进行特别分析，并定期撰写碳排放交易特别报告。而 S&P 和 Moody's 则属于观察性质居多，但两家公司都已明确表示正准备将碳金融因素纳入各自的债券评级中，并已开始追踪碳排放交易市场，尤其是欧洲的市场。

8. 国家级企业协会

除了上述主要的参与者，在发达国家，国家企业协会也已经成为碳交易市场的积极参与者。例如，2004 年日本成立的碳基金会，就已经开始代表数家日本私营企业和公共贷款机构，包括东京电力公司和日本开发银行，参与温室气体减排计划和气候保护计划。2006 年年初，瑞士政府成立的气候分布基金会，设定到 2012年向清洁发展机制和联合减排计划购买 1000 万吨温室气体排放减量的目标。这也意味着中介组织，将随着碳交易市场规模的扩大继续扮演重要的角色。

（三）中国碳金融市场发展现状

1. 适合中国的碳金融市场机制——CDM 机制

CDM 机制是指发达国家通过提供资金和技术的方式，与发展中国家开展项目级的合作，通过项目所实现的"经核证的减排量"（简称 CERs），用于发达国家缔约方完成在议定书第三条下的承诺。

作为发达国家与发展中国家之间的一种灵活机制，CDM 机制不仅有利于发达国家以较低的成本实现温室气体排放控制目标，也可以促进发展中国家通过合作获得资金和技术，实现自己的可持续发展，因此，被认为是一种"双赢"机制，也被认为是当前运行最成功的一种碳金融市场机制。中国作为最大的发展中国家和温室气体排放大国，在 CDM 机制中，被看成最具潜力的排放权提供方。

2. 中国 CDM 市场发展现状

中国 CDM 市场启动时间相对较晚，但自 2005 年 6 月，中国首个 CDM 项目在联合国成功注册以来，却迅速发展壮大，截至 2010 年 12 月 21 日，国家发展和改革委员会批准的全部 CDM 项目已达 2847 个。另据联合国环境规划署统计，截至 2009 年 9 月 1 日，中国在联合国 CDM 执行理事会（Executive Board，EB）进入进程的项目达 1089 个，约占全球市场的 41.8%，注册成功的 CDM 项目达 624 个，约占全球市场的 34.8%，注册项目的预计减排量达 184 693 CERs，约占全球市场的 59.1%，已签发有 149 749CERs，约占全球市场的 46%，在全球处于全面领先地位，如图 15-3 所示。

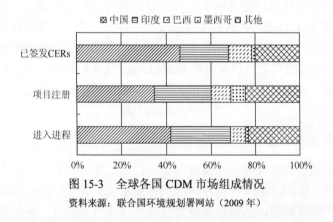

图 15-3　全球各国 CDM 市场组成情况

资料来源：联合国环境规划署网站（2009 年）

3. 中国碳交易所发展现状

目前，我国对碳交易越来越重视。现已拥有北京环境交易所、上海环境能源交易所、天津排放权交易所，但目前的交易还仅限于节能环保技术的转让交易，真正通过交易平台完成的碳排放权交易不多。天津排放权交易所 2008 年年底完成了第一笔 SO_2 电子竞价交易，2009 年 11 月完成了国内第一笔以碳足迹盘查为基础的碳中和交易；北京环境交易所 2009 年 8 月完成"绿色出行"碳自愿减排交易，上海环境能源交易所也于 2009 年 12 月完成一笔碳中和交易等。

二、国内外低碳经济中金融服务实践对比分析

低碳经济发展涉及许多方面的金融因素，如传统产业的低碳化改造和新兴低碳产业发展中的资金扶持问题、有限资金合理运用的金融政策制定问题、证券市场的金融制度安排和间接融资问题等，这些都是低碳经济发展中需要重点考虑的金融因素。然而，相对而言，利用金融手段为低碳经济发展提供资金支持是最基础，也是最本质的问题。因此，本节对于各国低碳经济发展中金融手段的运用模式分析，主要是从低碳经济发展的资金支持视角进行总结和对比研究。

（一）美国——市场主导、多元复合模式

美国作为一个市场经济十分发达的国家，始终奉行宽松自由的产业政策，无论是企业发展还是产业发展，都尽可能减少政府的直接干预，主要依靠市场机制实现资源的优化配置。在低碳经济发展过程中，美国坚持了自由市场经济原则，其产业低碳发展的融资问题基本通过直接资本市场解决，同时辅之以风险资本、私人投资、财税等多种措施，协调促进低碳经济发展，走的是"市场主导、多元复合"模式之路。

1. 利用证券或资本市场为低碳经济直接融资

美国是市场导向型的金融结构，经济发展过程中的金融服务，无论是资本市场还是证券市场，基本上都是市场选择的过程，即使是利用银行资本投资产业发展时，手段通常也是间接的，一般并不直接参与或干涉某产业的投资，而主要是通过制定和修订一些政策法规、完善金融制度体系，为直接融资行为创造有利的环境，减少市场信息不对称和资源竞争的无序性，低碳经济发展过程中的金融服务模式亦是如此。

2. 利用风险投资机制发展可再生能源

目前，美国将可再生能源作为迅速发展、具有巨大市场的低碳产业来看待，对所有可再生能源技术，从研究开发、技术产业化到技术出口，都给予了重点扶持。利用风险投资机制，美国建立了多种风险基金，用于吸引大量风险资本和私人投资，如政府基金、清洁技术基金等。其他如 KPCB 风险投资公司、优点风险投资基金、维高资本控股集团、对冲基金、共同基金等主要的风险投资机构也已经涉足可再生能源领域，形成较大的风险资本数量，美国硅谷约有 80% 的风险投资基金也从信息技术转向了可再生能源、节能减排技术，在一定程度上保证了美

国可再生能源发展的资金需求。据报道，可再生能源产业目前已经成为美国风险投资的第三大行业，仅次于信息技术和生物技术行业。

3. 绿色信贷

作为绿色金融的先行者，美国金融机构在减少资源消耗和环境污染、提高经济效益方面已经积累了很多成功经验。1980 年，美国国会通过了《环境应对、赔偿和责任综合法》规定企业必须为其引起的环境污染承担责任，包括商业银行业，其业务不仅要满足合作伙伴的需要，同时还要意识到自身行为对社会及生态环境的责任，这一法律规定催生了绿色信贷体系发展。目前，随着低碳经济的兴起，美国银行业陆续推出促进节能减排、新能源开发的绿色信贷产品。比如，花旗银行旗下的房贷机构——房利美公司于 2004 年针对中低收入顾客推出的结构化节能抵押产品（energy efficient mortgage），将省电等节能指标纳入贷款申请人的信用评分体系，大力推进家庭了节能。此外，花旗银行在不断加大绿色产业贷款规模的同时，还积极给企业提供培训，促使企业绿色发展，也推动了美国低碳经济发展的进程。

4. 政府投资

尽管在国际气候谈判会议上，美国政府推三阻四，始终没有采取积极行动，并在早期宣布退出具有国际约束力的《京都议定书》，但从其国内应对气候变化的行动方面，政府在推动低碳经济发展方面已经采取了一系列行动，尤其是以可再生能源产业发展为核心的"绿色新政"，加速了美国经济社会的低碳转型。2009年，美国奥巴马政府通过《美国经济复苏与再投资法案》，实施了总额为 7872 亿美元的经济刺激计划，其中，大约有 580 亿美元投入环境与能源领域，包括可再生能源项目的融资担保、低碳化技术的研发支持等，具体如表 15-2 所示，意在及时借助低碳经济发展之机，将经济复苏和低碳经济发展结合起来，实现美国经济的再次腾飞。

表 15-2　美国政府经济刺激计划：绿色新政

	投资项目	投资金额/亿美元
	智能电网	110
	对州政府能源效率化、节能项目的补助	63
政策 支出	对可再生能源发电和送点项目提供融资担保	60
	对面向中低收入阶层的住宅的断热化改造提供补助	50
	联邦政府设施的节能改造	45
	研究开发化石燃料的低碳化技术（CO_2 回收储藏技术）	34

续表

	投资项目	投资金额/亿美元
政策 支出	对在美国国内生产制造氢气燃料电池的补助	20
	对大学、科研机构、企业的可再生能源研究开发的补助	25
	对电动汽车用高性能电池研发的补助	20
	可再生能源及节能领域专业人才的教育培训	5
	对购买节能家电商品的补助	3
税	对可再生能源的投资实行三年的免税措施	131
	扩大对家庭技能投资的减税额度	20
	对插电式混合动力车的购入者提供减税优惠	20

资料来源：蔡林海（2009）

此外，在碳交易市场开发建设过程中看，美国还积极推行低碳金融衍生品的开发，鼓励金融创新和金融结构的优化，加强对传统产业的技术改造，这些措施都必将对下一阶段美国低碳经济发展带来深刻影响。

（二）日本——政府主导、全面推进模式

日本是典型的政府主导型金融结构，对低碳经济发展的金融支持主要是通过制订和实施经济计划和产业政策，特别是对主导产业的扶持和保护政策及对衰退产业的调整和援助政策，同时综合性地运用立法、金融、财政、贸易、税收等手段，引导社会投资方向，为日本企业和产业发展指出总的方向并创造良好经济环境，从而推动低碳经济发展，走的是"政府主导、金融辅助、全面推进，最终建立低碳社会"的服务模式。

1. 政府专项资金扶持

长期以来，日本政府一直非常注重采取政府调控手段，促进经济发展，尤其是在近几年的绿色经济发展过程中，如循环型社会建设，政府每年都会安排专门的节能减排资金预算，以支持企业和个人践行循环经济。对于低碳经济，政府更是高度重视，不断加大预算投资，以实现低碳社会发展目标。例如，日本2009年的国家预算补充条文明确指出要在低碳领域追加15兆亿日元的投资，在学校、社区等机构的公共建筑、公用设施上面普及太阳能发电和节能环保制品。此外，专项低碳技术研发领域，政府也给予了多项资金支持，如2006年预算内给予燃料电池及相关技术开发199亿日元的支持；给予燃料电池产业化实验33亿日元的支持；给予新能源汽车市场导入88亿日元的支持；自2006年起到2009年，对从事燃料电池汽车、燃料电池车用燃料供给设备、燃料电池设备开发的企业给予税收支持等，

政府强大的资金安排有力促进了日本低碳经济发展。

2. 政府主导的绿色金融体系

2008 年 6 月，日本首相福田康夫提出"低碳社会是日本未来发展的目标"，并指出日本 2050 年的温室气体减排目标：比目前减少 60%～80%。这一目标，被日本广泛称为"低碳社会福田蓝图"。在此背景之下，日本政府制定了"构建低碳社会行动纲领"，设计了日本应对气候变化的相关政策体系，涉及税制、金融、补贴、管制、技术、人才等所有领域。其中，金融领域的具体计划就是建立绿色金融体系，具体包括三项措施，如表 15-3 所示，以便将日本庞大的金融资产运用到低碳技术的创新投资及低碳社会的建设上面。

表 15-3　日本政府"绿色金融"体系建设的内容

政策	具体涵义
确立"有责任的投资原则"	支持日本的金融机构积极参与世界为保护环境而展开"有责任的投资原则"活动，促使日本金融机构积极为 CO_2 减排、低碳技术创新、新能源产业发展做出贡献
确定企业 CO_2 排放量的信息公开义务	规定企业有义务公开发表 CO_2 排放量的算定结果及企业的减排措施实施状况，以便机构投资者和个人投资家在投资时做出判断，同时，金融机构要定期公布绿色金融的发展状况
提供绿色风险资金	采取有效的金融手段积极支持那些民间金融机构难以进行的可再生能源开发事业、低碳技术创新的开发投资等，减轻民间金融机构的投资风险；促进民间绿色基金的设立，增加对企业低碳化经营投融资的渠道

资料来源：蔡林海（2009）

3. 政策性金融的环保型项目融资

政府金融机构是日本金融机构的主要组成部分，规模与财政一般预算相当，常被称为日本"第二财政"。在早期绿色金融发展的过程中，政府金融机构率先建立了"环境信用评级"机制，根据评级结果，对致力于资源、环境友好型事业的企业给予不同程度的资金扶持，如图 15-4 所示。低碳经济发展过程中，政策性金融同样发挥了重大作用，主要是通过对国家经济政策重点支持的主导产业、战略产业、新兴产业等低碳型产业部门提供长期、低利的优惠融资，促进低碳经济发展。政府金融机构对于上述这些投资周期长、资金需求量大和风险较高的产业的集中投入，也对民间资本形成了诱导效应，促使大量民间金融机构竞相跟着向政策性银行投资部门提供贷款，有效地保证了低碳经济发展的资本需求。

4. 商业银行的绿色金融服务

在日本金融服务体系中，银行为主的间接融资始终占据主要地位，发展绿色

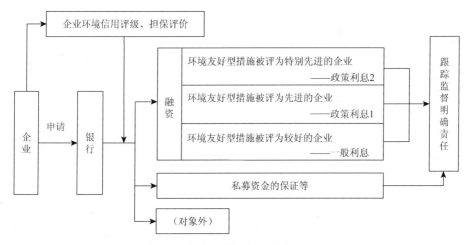

图 15-4　日本政府金融机构的绿色信贷流程

资料来源：野村综研（上海）咨询有限公司（2009）

金融，促进环境友好型经营融资业务，是日本金融机构的贷款发展方向。2006 年，日本瑞穗银行建立了可持续发展部门，并根据政府金融机构的绿色贷款模式和国际金融公司的环境社会筛选准则，改变了原有的项目融资审批流程。根据新流程，客户需要填写"筛选表格"，而可持续发展部门会根据筛选准则将项目进行 A 类、B 类和 C 类（即依据评价结果，分别具有高、中、低级别的环境或社会风险）。针对 A 类和 B 类的项目，可持续发展部门会根据其"行业环境清单"开展彻底的环境审查，并在其基础上形成环境筛选报告提交给信贷部门。信贷部门则根据环境评级结果确定相应的贷款利率。目前，瑞穗银行在环境社会筛选准则中已经加入碳排放指标，以促进低碳经济发展。日本商工组合中央金库（商工合作社中央金融机构）等商业性金融机构也为依据地球温室效应对策计划书制度评价为 A 级以上的企业提供优惠贷款利息等。

由上可知，日本正在加快推进以低能耗、低污染、低排放为核心内容的低碳经济发展，其促进了日本新一轮经济社会发展。

（三）中国——政府主导、银行辅助模式

虽然经过多年发展，我国市场化投融资机制得到了长足发展，金融服务经济发展的方式和重点也不断得到调整，但政府主导仍然是我国金融服务体系的主要特征，这突出地表现为政府对市场金融活动的较多干预和政策金融对民间的诱导。从我国低碳经济发展的金融服务现状来看，目前依然主要依靠政府投资和扶持，以及商业银行等机构提供的部分信贷支持，属于"政府主导、银行辅助"相结合的服务模式，具体体现在以下几个方面。

1. 政府专项资金扶持

制订低碳经济规划，设定低碳经济发展专项基金，依然是目前我国各城市、各地区企业获得资金和进行投资的主要资金来源，此外，国家还设立了针对节能环保产业、新能源技术开发推广的财政补贴和税收优惠政策，以促进我国产业的低碳发展。但相对于中国实现低碳发展每年需要增加 1 万亿元甚至更多的额外投资而言，资金来源的稳定性和合理使用存在很大不确定性，且政府资金主要用于创新引导，受益面有限。

2. 实行投融资倾斜政策，扶持重点产业发展

根据我国低碳经济发展中资金的配置倾向，可以发现，面临有限金融资源的制约，实行了相应的金融政策来支持资源的倾斜配置战略。一是实行信贷倾斜分配，如按照低碳经济发展的若干意见规定，重点支持对社会发展起主导作用的基础工业，优先保证资金供给，对战略性产业实行优先支持。二是通过"窗口指导"控制信用总供给，指导贷款使用方向，保障优先发展重点产业部门，如战略性新兴产业发展的资金需要。

3. 商业银行绿色金融制度有所发展

尽管我国绿色金融的发展还处于起步阶段，但部分商业银行在绿色金融业务方面已经取得积极进展，商业银行成为我国低碳经济发展金融服务的重要主体。2005年 8 月，兴业银行就与国际金融公司谈判合作开展能效融资项目事宜。2006 年，兴业银行开始向市场推广能效融资产品，成为我国能源效率金融服务市场的开拓者。2007 年 6 月北京银行成为中国第二家与国际金融公司合作开展能效贷款的银行。继此之后，上海浦东发展银行、中国工商银行、中国建设银行、国家开发银行、招商银行也相继跟进，为我国绿色金融发展积累了不少经验。但总体而言，我国绿色金融发展尚处于起步阶段，绿色金融实践还太少，发展水平也不高。金融机构对环境风险还处于防御阶段，在环境风险评估、管理和环境价值创造方面缺乏经验和技术，对绿色金融业务模式、产品和服务的开发等方面还处于探索阶段。

三、产业低碳发展金融服务研究借鉴与启示

虽然，我国当前的总体经济发达水平相比发达国家仍然落后，但在低碳经济发展道路上，我们几乎站在同一条起跑线上，关键是要看谁跑得更快。因此，低碳经济背景下，我们要提高认识，充分发挥金融作为经济核心的带动和促进作用，在借鉴发达国家产业低碳发展的金融服务经验和教训的基础上，立足于我国产业低碳发展的金融需求和我国金融业的发展现状，创新性地建立有利于形成两者之

间相互促进、可持续健康发展的金融服务系统，促进我国产业低碳发展。

从上述发达国家产业低碳发展中金融手段的运用模式及全球碳金融市场的发展现状分析，我们得到的启示如下。

1. 基于本国国情设计和建设产业低碳发展的金融服务体系

任何一种有效的支持产业发展的金融服务体系都是一定历史条件和制度环境下的产物。一国金融服务水平的高低，主要取决于其金融体系与经济发展阶段、制度环境的相适应性。我国产业低碳发展金融服务系统的设计必须充分考虑我国金融业的发展现状、经济发展水平和总体体制环境，不能盲目地跟随其他国家的金融服务模式。

从当前我国金融体制的改革趋势来看，商业银行将依然是金融服务体系的主体，这也决定了未来很长一段时间我国金融体系的结构特点。因此，现阶段，我国应建立银行导向型的金融服务体系，并在金融体制的改革过程中，根据低碳经济发展的要求和产业低碳发展的政策需要，加快完善金融生态环境，逐步优化金融服务产业低碳发展的机制。

2. 协调政府主导与发挥市场机制作用之间的关系

例如，美国虽然是自由市场经济的国家，主要依靠市场机制实现资源在产业之间的优化配置，但在低碳经济发展过程中，政府也有意识地通过制定有利于产业低碳发展的政策，以及对可再生能源项目、低碳技术研发项目的资金支持等，鼓励企业发展低碳经济。日本则在明确的低碳社会发展计划和政策性金融政策的基础上，逐步重视资本市场的融资力度，并正在积极探索有效途径，试图借助低碳经济发展的契机，加快本国金融体制改革，在发展产业低碳发展的间接融资同时，进一步提高产业低碳发展的直接融资比重。

我国属于典型的政府主导产业发展的国家，政府主导、银行辅助也是当前金融手段在产业低碳发展中的主要应用模式。然而，从一定程度上来说，政府主导型的金融体系虽然可以最大限度地发挥政府干预经济的功能，动员社会资本为产业发展服务，促进金融资本与经济发展计划的有机结合，但是，这种金融服务模式对产业发展的推动具有不可持续性，如果依靠政府扶持而不是市场机制来完成我国产业低碳发展的投融资过程，就企业而言，容易形成对政府扶持资金的长期依赖，造成产业绩效和市场竞争能力下降；就行业而言，容易造成低水平的重复建设和投资失控；就金融业而言，则会由于金融支持的无效甚至负效支持而产生服务水平的倒退。因此，拓展投融资渠道，协调政府主导与发挥市场机制作用之间的关系，满足产业低碳发展的资金需求，是未来开展金融服务的主要内容。

3. 重点支持对产业低碳发展具有决定意义的产业

纵观世界各主要大国的经济发展历程，可以发现，几乎任何一个国家在不同的经济发展周期都有重点支持的产业群体，而在产业政策上，对新兴主导产业的发展、中小企业的扶持、产业组织的合理化等方面，金融手段都起了十分重要的作用。低碳经济需要高新技术产业群在其中发挥可持续发展的作用，各国普遍都非常重视高技术产业在低碳经济中的作用，在研究开发投入、人才教育和培训、融资渠道等方面，对这些产业实行了物质资本、人力资本和金融资本的支持。同时，各国也强调增加研究和开发的投入，运用低碳化技术，对传统产业进行技术改造，提高其技术和资本含量。据欧洲委员会 2010 年 10 月发表的"2010 欧盟工业界研发投资排行榜"，美国、日本等发达国家的研发投资仍然远远高于发展中国家。若将工业行业按研发投资强度高、中高、中低和低四个层次划分，目前占据高强度行业研发投资排行榜前三位的分别是：美国、日本和欧盟。其中，美国占本国研发总投资的 69%，日本占总投资的 37.8%，欧盟占总投资的 34.9%。而且，从不同高强度行业的研发投资水平占全球该行业总研发投资比重看，美国医药研发投资占全球医药研发总投资的 43.2%、IT 硬件研发投资占全球 48.0%、软件和计算服务研发投资占全球 74.6%。美国、日本等发达国家高额的研发投入使他们的信息通信、航空航天、新材料、生物技术、环境保护等领域的技术密集型产业保持世界领先地位，对产业低碳发展起到了强有力的带动作用。

4. 建立完善的碳交易市场体系至关重要

低碳经济已经成为下一轮经济增长的核心动力，而充分利用碳交易机制，发挥市场手段在低碳经济发展中的作用，也成为世界各国的重要战略选择。虽然《京都议定书》2012 年之后的发展趋势并不明朗，但目前全球碳交易市场规模仍呈现快速发展之势。因此，后京都时代，中国作为最大的碳排放权供给方，仍然需要把握碳交易机遇，加快步伐参与构建全球碳市场，抓紧制定法律与国际规则接轨，为谋求未来的经济地位、争夺金融话语权做充分的准备。

第一，提高认识，加快建立规范的国内碳交易市场平台。目前，仅仅是探讨 CDM 项目的减排机遇，意义已经不大，我们需要跟随国际碳金融市场的发展趋势，在国内逐步构建规范的碳交易市场平台。一是整合利用近年来国内兴建的碳交易市场，逐步推出以现货为主的碳交易市场，并对企业进行专业培训，引导企业参与交易；二是借鉴国际碳排放权交易机构的碳期货市场运行经验，如欧洲气候交易所和 CCX 的碳期货合约，结合我国实际情况设计出基于中国国情的标准化碳期货合约，包括碳期货交易所的布局、市场参与主体、价格形成制度、实物交割制度等项工作，并在条件允许时推出碳期货交易，最终形成以现货交易市场为基础，期货交易方式为主要方式，两个市场相互作用、相互促进的规范性碳交易市场。

第二，鼓励金融机构进入碳交易市场，促进碳金融和碳交易协同发展。碳交易活动本身就是金融运作活动，我国现有的 CDM 运行项目中也蕴涵着对金融服务的巨大需求。因此，应积极制定有关政策和措施，鼓励、支持、引导银行、券商、基金、信托、保险等金融机构进入碳交易市场，为碳交易双方进行经纪业务，协助市场供需见面，形成价格，并为碳交易参与者设计远期等金融产品，形成我国碳交易市场的主导权、定价权，实现碳金融和碳交易的协同发展。

第三，建立完善与碳交易相适应的制度安排，保障碳交易的顺利实施。一是针对未来碳交易形势的发展，制定相关法律、法规，奠定碳交易的法律基础；二是规范不同金融服务主体在碳交易市场中的参与方式，设计出与国际法则接轨的、符合中国国情的碳金融机制；三是加强与碳交易有关的其他配套制度的建设，包括碳指标的签发标准和资产分类、碳交易的税务安排、碳交易的激励机制等，保证市场参与者的利益，保障碳交易市场的稳定、可持续运行。

第二节　产业低碳发展金融服务机理分析

金融作为社会资源调配的中介，能够促进实物资本的形成。在产业发展的过程中，货币的流通、资本的配置等影响产业发展的重要因素都与金融体系密切相关，金融可以通过减少信息交易成本、提高储蓄-投资转化率等措施改善产业发展环境。然而，在低碳经济发展背景下，产业融资需求和金融服务模式发生了深刻变化，因此，在产业低碳发展的过程中，金融到底有什么功能？金融服务如何影响产业的低碳发展？这是产业低碳发展金融服务机理需要研究的内容。本章基于金融功能观理论，遵循"产业低碳发展目标—金融服务需求—金融服务供给—金融功能实现"的思路，分析产业低碳发展金融服务机理。

一、金融体系功能分析

（一）金融功能观

所谓功能，简单理解就是功效或作用，金融功能就是金融工具、金融机构及整个金融体系对经济社会发展所具有的推动作用。金融功能观（functional perspective）是 20 世纪 90 年代中期兴起的一种理论观点，源于 20 世纪 80 年代学者对于金融系统在经济体中的功能研究和探讨。比如，关于金融在风险管理方面的功能分析，认为银行具有提供流动性保险的功能，但是，银行的这一功能同时也有可能导致银行本身因借贷期长而承担一定风险，这也是银行危机乃至经济危机产生的重要原因之一；对于银行支付清算功能进行了系统探讨，认为银行是整个支付清算系统的核心，金融市场的良好发展、银行对于企业的监督，都有赖于银行提供的资金汇划和清算服务水平。

在上述研究的基础上，Merton 等学者于 1995 年首次将金融功能作为金融服务理论的核心，提出了"金融功能观"。它的核心观点是：金融体系是一个系统，具有固有的功能，在不确定环境中能够实现资源的时间和空间配置。这一功能具体又可细化为六种基本功能，如表 15-4 所示。

表 15-4　金融系统的六种基本功能

功能名称	功能内涵
支付清算和结算	利用支票账户、信用卡和电子通信网络进行金融交易的清算和结算
积聚资源和分割股份	通过金融中介积聚资金或者分割企业家的项目股权
跨时空的资源转移	通过借贷实现资金在时间和空间上的转移
风险管理	通过资产分散、对冲和保险手段实现风险管理
提供信息	可从证券价格中提取有用的信息
提供激励	通过证券设计、金融创新实现对企业的激励

资料来源：殷剑峰（2006）

这种方法把金融体系的功能视为经济发展的假定条件，并在此条件下探讨实现这些金融功能的最佳机构或组织。该结构或组织追求的不是金融服务的多变性，而是金融体系功能实现的相对稳定。它致力于根据不同的金融功能来设计金融服务体系，这种体系，将使金融系统在经济发展过程中能够更有效地降低交易费用，提高金融服务效率。该方法是一种由外至内、目标先行的方法，具体过程是指：从金融所处的系统环境和经济目标出发，根据"成本-收益"原则，分析外部环境对金融功能的需求，然后探究通过何种载体来承担和实现其功能。因此，它遵循的是"外部环境—金融功能—金融结构（功能实现机制）"的金融服务方式。

"金融功能观"提出后，引起了理论界的高度重视，很多学者开始从不同角度研究和探讨金融体系在经济发展中的功能。比如，Dow 和 Gorton（1997）关于金融在信息揭示方面的功能分析，Levine（1997）关于金融在动员储蓄、配置资源、实施企业控制、促进风险管理、便利（商品、劳务、合约）交易等方面的功能分析，Allen 和 Gale（1999）关于金融在风险分散、信息提供和企业监管方面的功能分析，以及喻平（2004）关于金融在风险管理、信息揭示、公司治理、动员储蓄、便利交换方面的功能分析，等等。

针对上述分散的金融功能研究，白剑眉（2005）从系统的角度把金融在经济体系的功能分为三个层次：抽象层次、具体层次和表象层次，其结构全景如图 15-5 所示。其中，抽象层次反映了金融体系的本质功能，即资源配置功能；具体层次是对抽象层次的功能分解，划分为支付结算、投融资服务、动员储蓄、信息传递、风险管理五个方面；表象层次是对现实中经济金融现象的最为直观的描述，即金融在经济体系中的渗透功能。

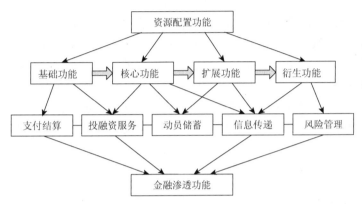

图 15-5　金融功能的层次结构

资料来源：白剑眉（2005）

产业发展同样与金融功能有着密切的联系，金融对于产业系统的支持需要通过一定的载体体现出来，这一载体就是金融功能实现的金融服务体系。因此，紧扣金融体系在产业发展中的基本功能，着力考察整个金融体系在产业低碳发展过程中各项能力发挥的程度及作用，是把握产业低碳发展金融服务机理的逻辑起点，而且从功能角度探讨产业低碳发展金融服务机理，进而探讨金融体系对产业低碳发展的促进作用，这也有助于更加清楚地认识金融在产业系统中的地位。

（二）产业发展中的金融功能

由金融功能观及其相关研究可知，在经济发展中，金融体系的功能，从根本上说就是将储蓄者和投资者根据环境、基于自身偏好所做出的分散化金融决策加总为社会集中的金融决策，从而使现代化经济发展成为可能。产业发展的金融服务体系也不例外，指通过收集储蓄并转化为贷款而将金融资源在实体经济部门进行分配，提高资源配置与利用效率，从而实现产业总量的扩张和产业结构的优化。随着金融体系的发展，目前金融体系在产业系统中的功能也日益走向复杂化与高级化。但一般而言，在产业发展过程中，金融体系被认为具有如下五种基本功能：资金形成、资金导向、信息揭示、公司治理和风险管理，五种功能并非单独起作用，而是协同促进产业发展。

1. 资金形成功能

金融体系可以通过对资金余缺的调节，将分散的资金转化为资本进行投资，即资金的形成功能，可有效提高资金集中规模，从而适应产业发展对资金的需求。具体包括三种途径：一是通过金融中介集中闲散资金，扩大产业发展资金来源。由于存在谨慎性和投机性的货币需求，在既定的国民收入下，社会消费与储蓄之间存在着一个持币的弹性区间，使得真实的消费与储蓄比例会因多种原因而改变。而金融中介可以通过多种金融工具，如以银行为中介的间接方式和以多种证券为媒介的直接方式，动员社会储蓄，增加产业发展的资金来源。二是通过提高储蓄转化为投资的效率，支持产业发展。储蓄向投资转化的能力和方向决定了投资的数量和质量，一个有效率的金融体系可以通过多样化的金融机构、金融工具和高效便捷的金融服务减少储蓄向投资转化过程中的交易成本和信息成本，提高储蓄转化为投资的效率，支持产业发展。三是通过商业银行的信用创造功能，把潜在的资源现实化，扩大实有货币供给量，加速资本形成。

2. 资金导向功能

资金导向功能指金融体系运用各种机制促进资源在各产业、部门、地区之间的合理流动，实现资源的优化配置。具体作用包括：一是运用商业性金融机构之间的利益竞争机制，促进市场金融资源的优化配置。在支持产业发展的过程中，商业性金融机构往往从自身利益出发，根据收益性、安全性、流动性原则开展投资项目评估，从而将储蓄资源分配于不同收益率的投资项目之间，使资金按照效率原则在各产业部门之间高效流动，实现优化配置。同时，通过对于资金使用企业的监督，还可以减少资金配置中的短期行为，提高投资效益和要素生产率，促进各种生产要素从萎缩部门向新兴产业转移，推动产业结构升级。二是运用政府金融机构或国家对金融体系的直接干预，实现政策性金融资源的优化配置。在支持产业发展的过程中，政策性金融是商业金融的有效补充，对于那些商业性金融机构不愿或无力支持的重点、新兴产业，往往需要通过政府建立若干官方或半官方的政策性金融机构，进行投资和贷款，为产业体系提供必要的金融资源和重组机制，矫正补充产业发展的金融支持体系。通过宏观层面的信贷配给和行政指导，往往会形成一种诱导机制，引导市场金融和民间金融的投资活动，优化资源的配置。

3. 信息揭示功能

在经济发展过程中，金融体系的信息揭示功能影响着经济体中每一个单位融入融出资金和投资项目的选择，因此，一个健全的金融体系获取和处理信息的能力对产业发展也具有至关重要的作用。具体作用包括：一是促进资金在产业体系中的高效运用。相对而言，金融体系在收集和处理信息方面比单一的储蓄者或者投资者更具优势，在支持产业发展的过程中，储蓄者或者投资者通过借助金融体系的信息资源去选择最有发展前景的产业或企业，将大大降低他们的信息搜索成本，并促使资金的配置更有效率，提高投资效率。二是形成产业和金融协调发展的良性循环。从长期来看，那些获取信息的人在市场中的投资收益往往会激励其参与信息搜集与获取的过程，从而刺激信息咨询类金融服务中介的发展，以为其他人提供更有效率的产业投资信息，实现产业和金融协调发展的良性循环。

4. 公司治理功能

金融体系在产业发展中的公司治理功能主要通过具有一定规模的企业发挥作用。在既定识别成本下，"外部人"的监督往往更缺乏效率，从而阻碍分散资金的集中，并使资金不能流向有利可图的项目中去。而金融体系中的合约、市场和中介则能够通过公司治理功能降低对经理人事后监督、促进公司治理信息获取和执行的成本，实现"代理监督"。这种安排不但节省了储户的重复监督成本，也便利了公司治理，使企业所有权和经营权的分离成为可能，从而以公司治理的完善和企业的发展壮大带动产业的良性发展。此外，健康的金融体系还有助于政府采取更加灵活的宏观调控措施成为可能，保证经济整体的供求平衡，为产业发展提供良好的经营环境。

5. 风险管理功能

对于产业体系中的传统产业，金融体系的功能主要表现为资金融通。然而，对以高新技术产业为代表的新兴产业，金融业在风险管理方面的功能更为突出，即利用资本市场的信息揭示功能，便利风险集聚、交易和规避，增强产业发展过程中资产的流动性，促进资本积累和长期投资，促进技术创新，形成有利于产业发展的稳定的社会环境。具体包括：一是消除流动性风险，促进长期资本投资和技术创新实现，实现产业结构升级。由于流动性风险的存在，社会资金盈余者可能会因为不愿放弃对资金的控制权，而使一些高收益的项目无法获得长期投资资本。金融体系通过建立流动性的资本市场可以消除这种风险，在流动性资本市场中，储蓄者可以通过持有股票、债券的形式实现对资本的长期控制，而且，在他们想变现时，也可以迅速、轻易地卖出。这种灵活的资本持有方式解决了储蓄者进行长期投资与保留流动性偏好、风险分散的矛盾，有利于长期资本投资和技术创新，实现产业结构升级。二是提供单个项目、企业、产业、地区的风险共担机制，支持产业的长期发展。目前，金融体系中货币市场和资本市场都已为交易、聚集和分散风险提供了丰富的金融工具，围绕个人和企业的各种保险更是促进了风险共担机制的发展，可以为产业的长期发展分散和转移风险。

二、产业低碳发展的金融需求分析

按照金融功能观的"外部环境—金融功能—金融结构（实现机制）"的分析思路，分析产业低碳发展金融服务机理，我们首先要关注外部环境，而外部环境的主要特征就是产业低碳发展的金融需求特征，包括产业发展的一般金融需求及低碳发展的特殊金融服务需求。

（一）产业及其金融需求的一般分析

产业作为国民经济系统的重要组成部分，其发展离不开资金支持。从产业发展的历史来看，最初计划经济体制下产业发展的资金支持体现的多是政府行为，但在市场经济条件下，我国产业发展投融资体系中的最大部分资金调控权已逐步转向以信贷、证券市场为主的投融资市场机制。在此过程中，金融体系的功能和作用日渐突出，产业发展与金融体系的联系也更加紧密，无论是产业的接替升级还是总量扩张，均离不开一定的金融环境，但其具体的金融需求会受到产业类别、产业发展阶段和企业特性的影响。

（1）产业类别的影响。产业分类有多种方法，如轻重产业分类法、三次产业分类法、要素投入分类法，不同类别的产业，金融需求的特性存在很大差异。例如，依据产业生产过程中各要素投入的相对比例，我们可以将产业划分为劳动密集型、资本密集型和技术密集型。其中，劳动密集型产业不需要过于复杂的技术和雄厚的资本积累，生产过程以简单劳动投入为主，生产周期较短，资金投入不多，且企业多以小而散的形式存在，因而其金融需求的特性往往表现为单一的资金需求，而且资金需求的特性小而灵活，主要采取借贷形式，如纺织业；相比而言，资本密集型产业往往需要大规模的资金投入，如重化工业，其最突出的特征在于它建立在一定资本积累的基础上，需要一定的技术支持，而且生产周期相对劳动密集型产业较长，因而资金回收的期限延长，风险也相应增大，单一的借贷投入往往无法满足其发展需求，需要发挥金融市场的融资功能。同样，技术密集型产业也要求较高的资金投入，如信息工业、新材料、新能源工业及生物工程、海洋新科技等高新技术产业。相对于纺织、重化工等传统产业，高新技术产业的特征是知识技术要素投入大、生产增长率高、产品的附加价值高，因此，其发展要求较高的科研经费投入，而且由于技术应用前景与效果、技术寿命等多方面的不确定性，高新技术产业发展的资金投入还面临着较高的风险，这就使得高新技术产业的金融需求从单一的资金需求转变为全方位的系统服务需求。

（2）产业发展阶段的影响。产业发展的过程是指产业成长、成熟乃至衰退的全部动态过程。由于不同发展阶段的基础和目标不同，金融需求及其满足状况往往存在很大差异。例如，在产业成长期，随着技术进步和生产规模的扩大，需要大量资金投入，而产业发展前景的不确定性和自身积累的缺乏却常常使得企业难以获得发展所需要的资金；而在产业成熟期，趋于稳定的经营、良好的信用状况和大量可以用于抵押的资产使得企业可以融得稳定发展所需要的资金；进入衰退阶段，企业投资规模又开始收缩，转向其他新兴产业，进入新一轮产业循环。

（3）企业特性的影响。企业作为产业发展的主体，其特性也是影响产业金融需求的重要方面，具体受所属产业类别和自身发展阶段的影响。例如，企业有创立、成长到成熟三个阶段，前两个阶段往往因为风险较大会产生资金缺口，后期随着企业规模的扩大及信用的积累，更为容易得到投资，满足企业发展的资金需求，因此，相比而言，新创企业所需的金融服务往往更为系统，不但要求金融服务主体能够提供足够的资金，还要求它们具有承担风险的能力，从而为企业发展提供全方位的支持。

（二）低碳经济下产业发展的特点及其金融服务创新需求

低碳经济作为一种经济体系，其增长仍要沿着一般经济增长轨道进行。因此，上述关于产业及其金融需求的一般分析，在低碳经济背景下依然是适用的。但产业低碳发展是基于低碳经济的大背景，因此，产业低碳发展的金融需求，还需要考虑低碳经济下的产业发展特点及其衍生的特殊金融服务需求。

在低碳经济背景下，促进产业结构调整，推进产业低碳发展是核心内容。相应的，我国产业政策也发生了一些重要转变。

第一，产业发展进入从规模扩大为主转为素质提高为主的新阶段。低碳经济背景下，除了要缩短我国产业发展水平与发达国家之间的差距，还要大力发展新型低碳产业。例如，新能源产业，已主要不是在生产能力和产量方面的差距，而是在单位产品能耗物耗、产品品种和结构、生产技术水平等方面的差距。因此，发展低碳经济，我国急需提高产业发展的技术能力和水平，提高产业发展过程中的物质、能源使用效率，减少废弃物和CO_2排放。

第二，产业结构调整的重点由解决比例失调为主转向推进产业结构优化升级为主，兼顾解决比例失调。产业结构调整的实质是实现产业结构的动态优化演进，包括两个方面：一方面是通过资源在现有产业间的优化配置，实现产业结构比例的协调；另一方面是通过科技进步，推动新兴产业的不断兴起壮大并发展成为主导产业，从而带动整个产业结构的优化升级，这一过程既包括新兴产业的兴起和主导产业的更替，也包括传统产业的技术改造和内在价值提升。从目前我国经济发展的实际状况来看，各个产业之间比例失调的状况虽然仍然存在，但结构短缺的矛盾已不那么明显，制约我国经济发展的主要问题是产业发展水平与经济又好又快发展之间的矛盾，主要表现在：产业重复建设现象严重，存在产能过剩现象；技术和知识密集型的附加值高的产业的比重低；传统产业的技术含量低，资源能源利用效率水平落后；等等。因此，未来推进我国产业结构调整，一方面应继续协调产业之间的比例，另一方面必须推进技术创新，加大对传统产业进行技术改造的力度，培育高新技术产业，以此带动整个产业结构的优化升级。

第三，产业发展面临着日益加剧的国际竞争压力。面临气候变化、资源环境约束等全球性挑战，世界产业发展模式正在发生重大调整和变革，许多国家都把新能源、新材料、节能环保产业等作为经济发展的新引擎，积极推进低碳经济发展。日本、美国、欧洲等世界主要发达国家和地区纷纷投入巨额资金，制定优惠政策，对能源节约和替代技术、可再生能源技术、碳捕捉和碳封存技术等低碳经济技术研发提供支持，并大力发展本国碳交易市场，希望在世界低碳经济发展的竞争中占据有利地位。

因此，紧紧抓住低碳经济下产业发展形势的新变化、新特点，顺应世界潮流增强我国产业低碳发展的能力，显得更加重要和紧迫，主要表现在以下四个方面。

（1）从产业结构调整的角度看，我国进入转变经济发展方式、推进经济转型的关键时期。根据我国《国民经济和社会发展第十二个五年规划》，推进产业结构调整，加快转变经济发展方式，将是我国经济发展的主线，包括两个方面：一是遵循产业演进规律，大力发展和提升第三产业，降低工业所占比重，使第三产业对经济发展发挥更大的带动作用；二是推进工业内部结构调整，降低高物耗、高能耗、高污染行业所占比重，并通过科技创新、技术改造等手段降低产业资源能源消耗、减少废弃物排放，推动制造业企业从产业链低端向高端发展，摆脱以往过多依靠高投入、高物耗、高能耗带动经济增长的发展方式，努力以较低的投入带来较大的产出。要实现这种结构调整，需要金融服务的积极转型。现行的金融服务，对于传统制造业的支持方面比较熟悉，但长期以来对于服务业的支持却一直非常滞后，再加上新兴高科技行业的高额融资需求，低碳经济发展阶段，要推动产业结构的调整，需要吸引更多的金融资源，并通过适当的方式，合理配置资源，把服务重点从原来的低附加值、低效率工业行业，逐步转移到服务业和新兴高科技产业。

（2）从产业发展的主体来看，在产业结构调整的不同时期或者企业发展的不同阶段，所需要的金融服务是有巨大的差异的。在促进产业低碳发展的结构调整过程中，无论是服务业的大力发展还是工业结构的内部调整，必然需要大量资源的重组、大量新技术的应用及一些企业的创立或退出等，但在目前贷款融资占据主导地位的产业金融环境下，产业低碳发展所需要的金融服务必然难以得到满足。

例如，有些企业，表面上认识到了低碳经济发展的重要性，甚至具有发展低碳经济的潜力，但实际上却没有采取任何行动，因为它们无以承担发展低碳经济的成本，包括技术研发和使用清洁能源等，所以，它们对于低碳经济选择了观望。再来看一个假设，如果一个市场能提供上百亿元的资金用于发展可再生能源、清洁生产技术，那么企业应该是有动力和愿望主动发展低碳经济的，因此，产业的低碳发展，并不需要极力怂恿和管制，而是需要讲究方法，找到促使企业发展低碳经济的动力，有效推进产业的低碳发展。

（3）从产业发展的技术角度看，产业的低碳发展，更多需要依赖技术的进步。不过，技术进步和创新往往是难以事前规划和设计的，一个突破性的技术进步和创新，需要广大的企业进行充分试验和探索，具有较大的风险，这就要求有恰当的金融服务形式来分散这种技术进步中可能产生的风险，同时也应当有足够的激励来奖励符合市场需求的创新和技术进步，显然这是难以依靠银行信贷来推动的，也难以完全依靠财政资金来规划，需要一个能够对技术进步形成有效的风险分散和激励的资本市场，这既包括股权投资基金等，也包括创业板等市场，还包括灵活运用现有的资本市场来实现这种金融的功能，以及通过税收负担的降低和税务工具的激励来促进企业有积极性加大对技术进步和研究的投入。

（4）从产业发展的市场机遇来看，在《京都议定书》的规定下，以碳排放权交易为特征的市场正在迅速发展，金融业务正在逐渐被探索，用以利用碳交易市场的机会，包括项目直接投融资、碳指标交易、碳信用贸易等。作为全球碳金融的开创者，世界银行在碳基金业务、CDM 项目核证与签发等方面已经做出了巨大努力，荷兰银行、巴克利银行、高盛集团、英国标准银行和美国银行等国际知名金融机构也已经成为碳金融市场上的活跃分子。与国际金融机构的积极参与相比，我国金融机构尚缺乏足够的碳交易意识和认识，急需探索低碳经济下的金融创新机会，推动碳交易机制下的金融服务创新，增强捕捉低碳经济下的商业机会的能力。

三、功能视角下产业低碳发展的金融服务机理

功能视角，即以金融功能理论为基础，依据产业发展中的金融功能，针对产业低碳发展的金融需求，分析金融功能对产业低碳发展的作用机制，包括金融服务主体及功能实现过程。

（一）金融服务的产业选择

所谓金融服务的产业选择是指金融机构在支持产业发展的过程中，按照国家产业政策的框架和规定，对自身金融资源的投向和规模进行安排，从而使有限的资源在支持产业发展的过程中发挥最大的效能。金融业在支持产业发展的过程中

之所以要进行产业选择，主要是基于以下两个原因：一是金融机构自身的收益取向。在金融业中，商业银行贷款是产业支持的主要来源，而商业银行是以盈利为主要经营目标的金融企业，因此，趋利动机决定了其在进行产业扶持的过程中，会优先选择经济效果好、发展潜力大的产业；二是相对产业体系庞大的金融资源需求，我国的金融市场规模处于供不应求的状态，因此，除盈利目的外，金融机构在配置金融资源时，还承担了国家产业结构调整的任务，因此，在扶持产业发展时，必须通过产业选择使有限的金融资源流向国家重点支持的关键性产业或主导产业，以实现国家产业政策的目的。所以，金融机构具体如何进行产业选择，不仅关系到自身金融资源的配置效率和投资效益，实际也关系到国家产业政策的实施，对于促进产业结构优化、提高国家宏观经济效率具有重要的意义。

1. 金融服务的产业选择与产业结构优化

产业结构优化是逐步实现产业结构合理化和高级化的过程，而为实现这一过程，必须进行政策扶持的产业选择，金融服务的产业选择是其重要内容，其过程就是基于产业的发展潜力和发展效果，确定产业类型，如图 15-6 所示，进而通过金融资源的优化配置，来实现产业结构的优化配置。

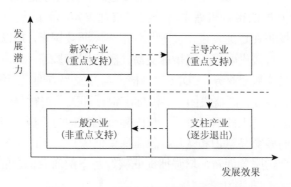

图 15-6　金融促进产业结构优化的过程

图 15-6 中的金融支持理念充分体现了产业结构优化的原则，各类产业按照发展潜力与发展效果进行划分，形成四个象限，分别代表一般产业、新兴产业、主导产业与支柱产业。这四大产业类型既从静态上反映了一个国家或地区在一定时期内的产业构成，也从动态上体现了产业成长的变化过程，通过有效的金融支持，可以促进这一变化过程。如图 15-6 所示，金融业在产业选择的过程中，首先以一般产业作为产业选择的基础性样本，选取那些当前效益虽不明显，但未来发展潜力大的产业给予重点支持，形成新兴（优质）产业，这样，那些低效益、低竞争力的劣质产业将由于无法获得资金支持而受到抑制或被淘汰，主导产业和支柱产业是新兴（优质）产业处于不同发展阶段所呈现的产业形态，其中，主导产业属

于成长期优质产业，纳入金融支持的重点产业范围，而支柱产业属于成熟期优质产业，尽管当前发展效果很好，但按照产业生命周期的科学理论，其发展潜力将会逐渐降低，从而向毫无发展潜力一般劣质产业演化，并逐步为市场所淘汰，因此，不纳入金融支持的重点产业范围。由此可见，在产业选择的过程中，金融业既很好地实现了资本的优化配置，又相应地推进了产业结构优化。

此外，相对于其他生产资源，金融资源具有易于分割、流动性较强的特点，在产业选择的过程中，不仅可以优化产业内部的资金循环（存量资本），还能发挥诱导效应，吸引社会其他资金（流量资本）流入，从而对特定产业的发展起到加速作用，有效解决产业结构优化过程中要素的分化组合与所有制、部门壁垒之间的矛盾。

2. 金融服务的产业选择与宏观经济效率提高

一个国家经济的发展，取决于产业系统的整体素质，其中，战略性新兴产业和主导产业的竞争优势是决定产业整体素质的重点。因此，通过金融服务的产业选择，使得有限的金融资源配置到新兴产业、主导产业中，无疑可以提升产业的整体素质，不但有利于形成有效的产业结构，也有利于加速我国的工业化进程，建立长期的产业竞争优势。因此，我国应根据自身资源禀赋及经济发展路径的特点，充分发挥金融服务的产业选择优势，通过产业与金融手段的密切结合，真正实现产业的结构升级和经济的可持续发展，这既是提高资本经营效率、推动产业结构优化的重要保障，也是衡量国家动员资本、提高宏观经济效率的重要指标。

（二）金融业扶持产业低碳发展的动因分析

1. 通过扶持产业低碳发展获得和分享新的行业发展利润

获取利润是金融机构提供金融服务的原动力。随着市场竞争的加剧，金融机构的利润逐渐趋于平均化，要想获取超额利润除了依赖于自身市场份额的扩大，更依赖于新的市场机会的出现。在低碳经济成为世界发展新趋势的今天，低碳型产业将逐步成为一个国家或地区的主导产业，势必会产生扩大金融服务市场、提升金融服务层次的强烈需求，因此，这一行业的发展潜力和发展效果可以为金融机构提供长期稳定的利润来源，金融机构通过为产业低碳发展提供金融服务，可以获得新的利润增长点，有效分散、转移自身面临的运营风险，保持经营的安全性和流动性。

2. 通过扶持产业低碳发展促进金融发展，实现双赢

如前所述，金融业作为服务业，为产业发展提供了必不可少的金融支持，可

以促进产业结构优化，提高宏观经济效率。但反过来，金融业自身的发展也取决于实体经济的状况，产业结构优化往往会带动金融发展，促进金融结构优化。为了便于分析实体经济对金融发展的影响，我们首先假定经济领域从宏观上分为两大部门：实体经济部门和金融部门，当经济均衡发展时，实体经济部门和金融部门的资本配置达到合意比例，经济实现最大化增长。在此前提下，我们继续做出如下具体假设。

第一，所有实体经济部门分为两类：传统部门（a 部门）和新兴部门（b 部门）。其中，a 部门可以细分为实体经济部门中的传统产业部门（$a1$）和为传统产业部门提供金融服务的传统金融服务部门（$a2$）；同样，b 部门也可以细分为实体经济部门中的新兴产业部门（$b1$）和为新兴产业部门提供金融服务的新兴金融服务部门（$b2$）。

第二，一定时期内经济发展投资总量不变。

第三，决定产业结构变动的主要是新兴部门。

第四，依据低碳经济的特点，产业低碳发展需要大力发展低碳型产业，属于新兴产业部门。

根据上述假设，可以构造出生产函数，具体形式为

$$Y = F(K_a, K_b)$$
$$\text{s.t.} \quad K_a + K_b = K, \quad K_{a1} + K_{a2} = Ka, \quad K_{b1} + K_{b2} = K_b \tag{15-1}$$

其中，K_a 和 K_b 分别表示 a 部门和 b 部门的内部结构；K_{a1} 和 K_{a2} 分别表示传统产业部门和传统金融服务部门的资本存量；K_{b1} 和 K_{b2} 分别表示新兴产业部门和新兴金融服务部门的资本存量。

当实体经济结构和金融结构不变，且 a 部门和 b 部门都处于稳定增长状态时，整个经济将处于稳定增长状态，此时，a 部门和 b 部门中的资本存量分别达到合意比例 K_a^* 和 K_b^*，其中：

$$K_a^* = \frac{K_{a2}}{K_{a1}}, \quad K_b^* = \frac{K_{b2}}{K_{b1}} \tag{15-2}$$

然而，相对传统部门，新兴部门的生产过程更加复杂，所要求的技术水平也往往更为先进，因此，必然要求实体经济加大对新兴产业部门人力资本、技术研发等方面的投资，从而导致新兴产业部门中的投资增加，如此，新兴金融服务部门也需要提供更大规模、更复杂的金融服务。这样一来，传统部门中的实体经济产业部门的投资就会趋于减小，服务于实体经济部门的传统金融服务部门的金融供给也会减少，即 K_{a1} 和 K_{a2} 不断减小，K_{b1} 和 K_{b2} 不断增大，因此，a 部门的合意比例 K_a^* 将会大于 b 部门 K_b^*，即：

$$K_b^* < K_a^* \tag{15-3}$$

因此，在投资总额不变的前提下，实体经济部门结构转变过程中，部门可用资源 ΔK 会从传统部门 a 流出，流向新兴部门 b，由式（15-1）可得

$$\Delta K = \Delta K_a = \Delta K_{a1} + \Delta K_{a2} = \Delta K_{b1} + \Delta K_{b2} = \Delta K_b \qquad (15\text{-}4)$$

由于我们研究结构转变问题的前提是总量不变，即实体经济部门和金融部门所提供的产品和服务品种不变，只是每种产品或服务的相对规模发生了变化，所以，结构转变过程中，a 部门和 b 部门的合意比例不变，则存在以下关系：

$$K_a^* = \frac{K_{a2} - \Delta K_{a2}}{K_{a1} - \Delta K_{a1}}, \quad K_b^* = \frac{K_{b2} - \Delta K_{b2}}{K_{b1} - \Delta K_{b1}} \qquad (15\text{-}5)$$

将式（15-2）代入式（15-5）可推出：

$$K_a^* = \frac{\Delta K_{a2}}{\Delta K_{a1}}, \quad K_b^* = \frac{\Delta K_{b2}}{\Delta K_{b1}} \qquad (15\text{-}6)$$

将式（15-6）代入式（15-4）可推出：

$$\frac{\Delta K_{b1}}{\Delta K_{a1}} = \frac{1 + K_a^*}{1 + K_b^*} \qquad (15\text{-}7)$$

由式（15-3）可知：

$$\frac{\Delta K_{b1}}{\Delta K_{a1}} < 1 \qquad (15\text{-}8)$$

综合上述公式，可知：

$$\Delta K_{b1} < \Delta K_{a1}, \quad \Delta K_{b2} > \Delta K_{a2}$$
$$\Delta K_{a1} - \Delta K_{b1} = \Delta K_{b2} - \Delta K_{a2}$$

由数学分析可知，实体经济部门产业结构的变动引发了资源的流动，而资源的流动导致金融结构的变动。具体过程可描述如下：实体经济部门的产业结构提升使得资源从传统部门 a 流出，流入新兴部门 b，而且，从传统产业部门流出的资源 ΔK_{a1} 大于流入新兴产业部门的资源 ΔK_{b1}，多出的部分则流入到了新兴金融部门，从而导致流入新兴金融部门的资源 ΔK_{b2} 大于从传统金融部门流出的资源 ΔK_{a2}，这说明新兴产业部门的结构提升后，等量的实体资本存量需要的金融服务高于结构提升前需要的金融服务，换言之，就是产业结构的提升会引起金融的发展。而随着金融发展和金融结构的完善，又可以促使金融资产规模的成倍扩张，从而为企业提供更多的资金，为促进产业低碳发展提供长久活力，实现产业和金融部门的协同发展。

（三）金融功能对产业低碳发展的作用机制

从产业低碳发展的金融服务需求和金融支持产业低碳发展的动因分析可以看出，金融作用于产业低碳发展的过程，实质上是在产业低碳发展的金融需求诱致下，通过金融服务主体，提供金融服务，满足金融需求，并由此形成一系列金融

功能来实现的，如图 15-7 所示。

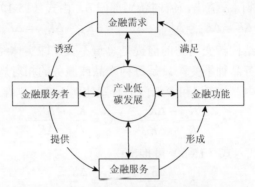

图 15-7　功能视角下产业低碳发展金融服务机制

具体而言，金融功能对产业低碳发展的作用机制表现在以下四个方面。

1. 通过资金形成功能促进产业资本形成

资金作为经济活动中不可缺少的生产要素，也是任何产业形成和发展的前提，因此，资本形成问题是产业低碳发展的核心问题。通常，推进低碳发展的产业项目需要投入的资金比较大，来自企业自我积累起来的资金及自身商业信用所能融得的资金往往不能满足生产对资本的需求，因此，有效、高质量的金融服务体系能够充分动员和聚集大规模的储蓄和社会资本，形成产业资本，满足企业对资金的需求，支持产业发展和升级。

2. 通过资金导向功能促进产业结构优化

金融支持产业结构优化的过程，往往表现为金融通过资金导向功能实现产业选择的过程。主要体现在以下三个方面：一是推动战略主导产业的发展。根据产业经济理论，主导产业是一个国家或地区经济增长的主要力量，也是产业结构调整的关键。在低碳经济背景下，一个高效率的金融服务体系，通过产业选择，可以为具有低碳特征的战略性主导产业成长提供必要的金融资源配置，从而以市场化的手段推进产业结构优化升级。二是促进核心企业的形成。企业是经济社会发展的重要推动力，也是低碳经济发展的主要参与者，而发展潜力大、带动力强的核心企业则是带动产业低碳发展的坚实基础。完善的金融服务体系可以通过资金导向功能提高生产的社会化程度和资本集中规模，支持、引导核心企业的成长。三是引导资金从传统高碳产业部门向现代低碳产业部门流动。资本从低效率部门和行业向高效率部门和行业流动是产业结构优化调整的根本标志。低碳经济下，具有趋利倾向的商业性金融机构可以按照资金运用的风险与收益均衡原则确定融资的数量和使用方向，从而引导资金从传统高碳产业部门或行业向现代低碳产业部门或行业流动；政策性金融机构也可按照国家产业政策的要求先行对国家确定的重点低碳型产业进行长期、低利投资，引导社会资金从传统高碳产业部门或行业向现代低碳产业部门或行业流动。

3. 通过信息揭示与公司治理功能促进企业规范化运作

气候问题不仅是某一国家或某一领域内的科技、经济、政治问题，更是涉及全球各国政府及人类几乎所有知识领域的问题。与当前困扰人类社会的其他诸多环境问题，如垃圾填埋、固废处置、污染治理等不同，CO_2的减排更具全球性，气候问题的解决需要在世界范围内建立一个全球治理机制，需要我们切实改变对待他人、他国及自然的基本态度，以共同应对全球气候日益变暖的趋势。金融领域亦是如此。碳交易机制的规定，使得世界各个地区的生产、流通和消费等领域更加紧密地联系在一起，相互渗透、相互融合。我们要建立规范的信息披露制度，促进公司治理，规范企业的运作方式，增强企业对区域外知识的交流和获取能力。

4. 通过风险管理功能促进低碳化技术创新

发展低碳经济，无论是调整经济结构、产业结构还是能源结构，技术创新是关键。技术创新是极其复杂的经济活动，包括技术的研发、示范、推广、产业化等多个阶段，其过程总是充溢着种种不确定性和高风险，因而，对技术创新风险进行有效管理是成功实现技术创新的关键，而金融活动对于创新项目的分散投资有助于实现这一目标。从一定意义上讲，推动低碳化技术创新的主要力量不是技术的引进，而是国内有利于技术创新的金融制度安排，即依托什么制度搞技术创新投资，有没有相应的金融平台作支持。所以，一个有效的金融服务体系可以在为低碳化技术创新提供资金支持的同时，通过对高风险、高收益的新兴产业提供风险分担与风险补偿，降低低碳化技术创新的投资风险。比如，以产业投资基金为代表的风险投资机构，能较好地适应高投入、高风险、高收益的新兴低碳产业的投融资要求，为低碳化技术创新提供市场导入和资金支持；风险投资可以通过契约机制和阶段性注资机制契合开放式技术创新，规避风险，也是管理技术创新风险的特殊金融机制。因此，金融体系可以通过风险管理功能促进低碳化技术创新。

总之，金融对产业低碳发展的作用，是依靠金融对于产业发展的功能作用发挥的。在产业低碳发展中，金融既可以通过资金形成和资金导向功能实现资源的优化配置，也可以通过信息揭示和公司治理实现企业的规范化运作，还可以通过风险管理功能促进低碳化技术的创新。产业系统在全方位的金融服务推动作用下，可以实现低碳发展的目标。

第三节　产业低碳发展金融服务系统分析与设计

在金融功能视角下，产业低碳发展的金融服务既包括资金融通等金融活动，又涉及政府、银行等金融组织，以及金融制度和经济体制等外部环境因素，因此，产业低碳发展的金融服务是包括基础性核心金融活动、实体性中间金融主体和整体性金融环境三个层次的有机整体，即金融服务系统（financial service system）。因此，本节在产业低碳发展金融服务机理分析的基础上，以复杂系统理论为研究基础，对产业低碳发展金融服务进行系统分析与设计，旨在提出更为有效的金融服务策略。

一、复杂系统相关理论

（一）系统的概念及一般描述

系统是指集合概念的一般化。根据 WEBSTER 大辞典，系统是指由有规则的相互作用、相互依存的形式组成的诸要素集合等。根据此定义，可以看出系统的三个要素：一是系统的诸要素及其属性。系统是由一些相互联系和彼此影响的要素所组成，其中的要素是系统结构的基本组成部分，各要素的变化都可能影响和改变系统的特性。二是系统的环境及其界限。系统作为一个集合，具有一定的界限，以便能把系统从所处的环境中分离出来。三是系统的输入与输出。系统是由诸多要素组成的，系统的运行必须具有一定的目的，系统要素的确定是为了实现该系统的目的，不同的要素可以实现不同的特定目的。

在此基础上，我们可以将系统一般化地描述为

系统=（要素，要素间关系，环境）

或者形象化地表示为

$$S = (S_i, R, E)$$

其中，S_i 表示系统中的各组成要素，如 $S_1, S_2, S_3, \cdots$；R 表示各要素之间的关系；E 表示环境是指系统边界之外的那一部分，如图 15-8 所示。

这样定义的系统是动态的，随着系统和环境的变化，原来与系统没有相互联系的元素可能建立起联系，因而变成系统的环境，原来属于系统环境的某些要素也可能退出环境或者变为系统的要素。

（二）复杂适应系统理论的内涵和特征

复杂适应系统（complex adaptive system，CAS）是霍兰德（Holland）教授在

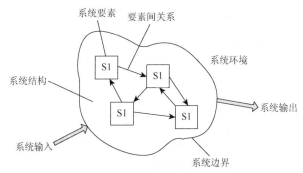

图 15-8　系统的基本概念图

资料来源：顾培亮（1998）

多年研究复杂系统的基础上提出来的一种理论，基本思想是：适应性造就复杂性。CAS 是由一组规则描述的、相互作用的主体组成的系统，在系统中，任何特定的适应性主体所处环境的主要部分，都由其他适应性主体组成。所以，任何主体在适应上所做的努力就是要去适应别的适应性主体。在这种适应的过程中，主体不断进行着演化学习，并且根据学到的经验改变自身的结构和行为方式，调整自身状态以适应环境，或与其他主体进行协同、合作或竞争争取最大的生存机会或利益，这个特征是 CAS 生成的复杂动态模式的主要根源。

　　CAS 理论的基本概念包括四个特性和三个机制。四个特性分别是指聚集、非线性、流和多样性，在适应和进化中发挥作用；三个机制分别为标识、内部模型和积木，是个体与环境交流时的机制。但在阐述基本内涵的过程中，本节按照它们之间的相互关系进行排列，而不是按特性和机制进行分组。

　　（1）聚集，包括两个含义：一是把相似的事物聚集成类，形成构建模型的原始构件——较为简单的主体；二是较为简单的主体通过聚集相互作用形成更高一级的主体——介主体（meta-agents），这既不是简单的合并，也不是消灭简单主体的吞并，而是新的类型的，更高层次上的主体的出现，介主体通过再聚集，还可形成介介主体，如此反复，得到 CAS 的典型层次组织。

　　（2）非线性，在 CAS 中，主体及它们的属性在发生变化时不遵从简单的因果关系，呈现出非线性的特征。而非线性的相互作用几乎总是使聚集行为比人们想象的要复杂得多，也是系统复杂性的根源。

　　（3）流，指主体之间、主体与环境之间存在着复杂的物质、能量和信息交换，形成复杂的物质流、能量流和信息流。流在经济学上具有两种显著特性，对所有 CAS 都很重要。一是乘数效应，只要在 CAS 系统中的某个节点发生变化，就会引发一连串的变化；二是再循环效应，在乘数效应的基础上，实现某个节点的多次输入输出，即使系统产生更为复杂的演变。

　　（4）多样性，指在适应环境的过程中，个体之间的差别会发展与扩大，最终形成分化。因此，我们在 CAS 中看到的多样性是主体之间相互作用和不断适应的结果，也是系统复杂性的体现。

（5）标识，指隐含在 CAS 中具有共性的层次组织机构（即主体/介主体/介介主体/……）背后的机制。它能够界定聚集的边界，并允许主体在一些不易分辨的主体或目标中去进行选择，可以为主体间的筛选、特化和合作提供合理基础。

（6）内部模型，指实现预知的机制，包括隐式的和显式的。隐式内部模型是在对一些期望的未来状况的隐式预测下，指明当前的一种行为；显式内部模型则是作为远期前瞻的预测基础，用于选择时进行明显的，但是内部的探索。内部模型的应用具有局限性，只有在描述的情景反复出现时才起作用。

（7）积木，指复杂系统建构的基础构件，它由基本的主体通过各种方式组合而成，并呈现出自身的特性。所有的 CAS 往往都是由相对简单的一些构件，通过改变组合方式而形成的。因此，系统的复杂性往往不在于块的多少和大小，而在于原有构筑块的重新组合方式多样性。

上述概念对于人们认识、理解和揭示系统提供了新的思路，与其他的系统理论相比较，CAS 理论具有以下四个特点。

第一，基于主体的适应性。CAS 理论认为，所有的 CAS 都是由大量具有适应性的主体构成，具有目的性、主动性和积极性。而在传统的系统论中，系统的组成部分一般称为元素、单元、部件或子系统，这些概念往往是作为被动的、局部的系统概念提出。

第二，注重主体与环境的相互作用。在传统的系统论中，个体本身的属性在系统的演变过程中起主要作用，而在 CAS 中，个体与环境之间的相互作用才是整体的基础。由于主体具有适应性，主体之间，主体与环境之间可以进行交互作用，主体调整自身状况以适应环境，或与其他主体进行合作或竞争，争取并延续自身利益，是系统复杂演变和进化的主要动力。

第三，关注主体的共同演化和涌现。在 CAS 中，每个主体都有自己的位置，对其他主体和环境发生作用，适应性主体可以从一种多样性统一形式转变为另一种多样性统一形式。然而，更重要的是，适应性主体不仅是个体演化，更是共同演化，在主体的共同演化和外界环境的响下，系统的整体性会在主体的相互作用中涌现出来。涌现生成过程中，尽管规律本身不会改变，但其决定的事物却会变化，因而会存在大量不断生成的结构和模式，即一种相对简单的涌现可以生成更高层次的涌现，涌现是复杂适应系统层级结构间整体宏观的动态现象。

第四，实现宏观层面和微观层面的有机结合。传统系统论通常运用统计规律，分析系统的微观行为和宏观表现，这对于没有主动性个体组成的系统来说是一种较合理的方法，但是对于具有适应性主体构成的系统来说不太合理。在 CAS 中，主体所处的宏观和微观环境被看成系统的不同层次，系统的整体性能会在主体的相互作用中涌现出来，这种研究的方式更符合生物、社会、经济的实际运作情况。

正是由于以上这些特点，CAS 理论具有了其他理论所没有的、更具特色的新功能，在研究生物、经济、社会等有意识的主体为基本组成部分的系统时具有不可替代的优越性。

（三）产业低碳发展金融服务系统分析启示

金融系统是一个开放的、复杂的巨系统，复杂性科学自诞生以来，就把金融系统作为最重要的研究方向。相比其他自然系统，金融系统因为具有思维认知差异的人的介入而变得更加复杂，具有更明显的非线性、多样性、自组织和自进化等特性，是一种典型的复杂系统。

产业低碳发展金融服务系统是一个复杂系统，有众多参与主体，性质不同，但服务目的相同。局部运动相对简单，即为产业低碳发展提供相应的服务措施，但彼此之间相互作用而产生的系统整体状态呈现出许多复杂特征，有可能促进系统的良好运行，也有可能造成阻碍。

产业低碳发展金融服务系统面临的环境也更为复杂。首先，20 世纪 90 年代以来，金融自由化的浪潮在世界范围内兴起，市场经济国家和地区纷纷放松国内的金融管制，降低金融准入条件，放宽对金融机构业务活动范围的限制，国际金融逐步走向一体化。其次，随着国际碳交易市场的快速发展，新的金融衍生工具不断推出，这在一定程度上虽然促进了资本流动，将可能产生的投资风险分散到愿意承担这些风险的投资者身上，适应了投资者的选择偏好，但同时也产生了一些诸如碳资产定价、降碳交易基准线确定、减排量核算等新的风险，使得原本就不太成熟稳定的金融系统和经济体系（尤其是在发展中国家）关于支持低碳经济发展的政策制定变得更加模糊和复杂，也使得有关的经济管理部门在对市场进行干预和规制时，决策的难度加大。最后，信息技术的迅猛发展及其在金融系统中的推广应用，导致了金融电子化的全面革新。目前，在互联网的帮助下，各种信息可以在全球范围内即时传递，金融交易几乎不受任何时空限制，这不仅为金融一体化提供了必要的载体，使得金融交易成本大幅下降，也给金融信息传播渠道带来了本质性的变化。可以说，整个金融系统的运行环境远比以往任何时候都更加复杂。因此，在产业低碳发展金融服务系统分析中，除了考虑金融服务主体外，还特别需要分析金融服务的环境影响因素。

根据上述复杂系统的理论分析，CAS 理论的"适应性造就复杂性"为研究复杂的金融服务系统提供了新思路。

（1）运用 CAS 理论探讨产业低碳发展金融服务系统的内涵和特征。金融服务是一个涉及金融主体、金融活动、金融工具、金融制度等诸多要素的系统，既具有系统的一般性特征，也具有复杂适应系统特有的属性，可以利用 CAS 的基本内涵，分析金融服务系统的复杂适应内涵和特征。

（2）运用 CAS 理论分析产业低碳发展金融服务系统的主体。主体是 CAS 理论中最基本的概念。在产业低碳发展金融服务系统中，服务主体主要涉及政府部门、银行中介、政策性金融机构、资本市场、碳金融市场，各类主体之间的相互作用必然影响金融服务系统的运行效果，也加大了金融服务的不确定性，可以根据 CAS 理论分析不同主体对于环境的影响及主体之间的影响。

（3）运用 CAS 理论研究金融服务系统的运行机制。CAS 理论实现了宏观层面和微观层面的有机结合。CAS 中，在微观主体主动性和外界环境的相互作用下，系统的整体性能会涌现出来。因此，我们在研究金融服务系统时，应该从金融服务系统主体的一般行为模式入手，通过分析主体之间、主体与环境之间的适应性行为，提出金融服务系统的宏观发展策略和具体运行机制。

二、产业低碳发展金融服务系统分析

（一）产业低碳发展金融服务系统的概念和内涵

产业低碳发展金融服务系统是指在一定制度的约束下，由相互作用、相互依存的金融服务主体及其之间的适应性活动所构成一个有机整体。

根据定义，我们同样可以将产业低碳发展金融服务系统一般化地描述为

产业低碳发展金融服务系统=（金融服务主体，主体间关系，外部环境因素）

或者形象化地表示为

$$IFS = (IFS_i, R, E)$$

其中，IFS_i 表示系统中不同的金融服务主体，如 IFS_1, IFS_2, IFS_3 等；R 表示主体之间的相互关系；E 表示外部环境因素，即系统边界之外的那一部分。

具体来讲，产业低碳发展金融服务系统包括如下基本内涵。

首先，该系统是由相互联系和彼此影响的金融服务主体所组成。各主体通过相互作用而实现综合的金融服务功能，每个主体的行为都有可能影响和改变系统的运行效果。

其次，该系统建立在一定的空间范围内，并具有开放的边界。外界环境的变化可为系统发展提供契机和动力。外界环境的变化主要包括法律颁布、制度变迁、市场机遇、科技进步、服务新需求等。

最后，该系统具有明确的目的，即促进产业低碳发展。为实现这一目的，金融服务主体主要采取的行为包括制定经济政策、建立金融制度、创新金融工具、提供新型金融产品等。

（二）产业低碳发展金融服务系统的复杂特征

产业低碳发展的金融服务系统作为一个复杂适应系统，既具有复杂系统的一般性特征，也具有复杂适应系统特有的属性。一般特征包括整体性、结构性、动态性和环境适应性；复杂适应性特征包括聚集特性、非线性特性、流特性和多样性特性。

1. 整体性

产业低碳发展金融服务系统是由相互联系、彼此影响的要素结合而成，但不是系统要素的简单相加和偶然堆积，而是各要素通过非线性相互作用构成的有机整体。各要素的独立功能和相互作用只能统一和协调于系统的整体之中。离开整体而存在的单个要素，即使对促进产业低碳发展具有良好的作用，但绝不会具有系统整体所反映出来的功能。

2. 结构性

结构性是系统各要素有机联系的反映。不同要素通过相互作用形成系统发展和变化的规律，但本质的稳定性形成了系统的结构。产业低碳发展金融服务系统的结构性通过行为主体不断调整要素构成及与其他主体之间的相互作用来体现。当金融服务主体采取不同的政策或措施时，产业低碳发展金融服务系统会呈现不同的功能和效果。其中，各服务主体的层次结构和协调活动是产业低碳发展金融服务系统整体结构性的反映。

3. 动态性

系统是过程的集合体，具有与空间及时间阶段相适应的活动方式。在没有外界干扰的情况下，产业低碳发展金融服务系统的不同行为主体不断调整自己的活动方式，实现系统在某一空间或时间上的功能结构，从而实现金融服务系统的功能，形成推动产业低碳发展的动力。

4. 环境适应性

任何一个系统都存在于一定的环境之中，都与外界环境进行着物质、能量和信息的交换。产业低碳发展金融服务系统的环境适应性指服务系统本身能够与外部环境影响因素相互作用，并且能够根据外部给予的刺激及时做出回应，这往往是提升金融服务能力和水平的最重要因素。

5. 聚集特性

产业低碳发展金融服务系统是由政府部门、银行中介、政策性金融机构、资本市场、碳金融市场等大量相互作用的主体组成，这些主体通过聚集作用可以形成更高的介主体及介介主体等，如涉及多个领域的金融集团、包含多个主体和客户的服务网络联盟等。不同主体通过聚集、变化而实现整个金融服务系统的能力提升和实力增强。

6. 非线性特性

产业低碳发展金融服务系统主体之间的相互作用是个体适应学习规则的表现，因此各主体的行为之间的关系不再是简单的、被动的、单向的因果关系，而是包括各种反馈的非线性关系。比如，政府对银行中介的指导、政府对资本市场的干预、银行中介在碳金融市场中不断推出新的金融产品等。正是由于金融服务系统中主体之间的非线性相互作用，促成了金融服务系统的优化提升。

7. 流特性

在产业低碳发展金融服务系统中，各主体之间、各主体与环境之间存在着不断进行的资金流、人流、技术流和信息流。每种"流"的运行渠道是否通畅、周转迅速到什么程度，都直接影响着金融服务系统的运行状态，从而影响产业低碳发展实现的程度。运行通畅，可以产生乘数和再循环效应，实现资源的充分利用，并且在每个节点产生更多的资源，促进整个金融服务系统的演化和发展；运行不畅，也会阻碍系统的发展和目标的实现。

8. 多样性特性

从微观层次来讲，产业低碳发展金融服务系统内部个体的多样性是显而易见的。比如，在银行这一主体中，存在总行、分行、支行多种形态；政府也存在中央政府和地方政府多种形态。另外，从整体层面来讲，金融服务系统中主体之间的相互作用也呈现出丰富多彩的性质和状况，每个主体都在不断适应其他的主体所提供的环境，在适应环境的过程中，有的主体会破产淘汰，有的主体也会不断发展，甚至生成新的个体，这种多样性提高了金融服务系统的适应性。

三、产业低碳发展金融服务系统构建

（一）产业低碳发展金融服务系统的内部构成要素

通过上述分析可知，产业低碳发展金融服务是一个复杂系统，包含较多具有适应性特征的主体，包括政府、中央银行、商业性金融机构、政策性金融机构、非银行金融机构、合作性金融机构和外资金融机构等，这些主体在相互作用中形成更高形式的介介主体——金融服务联盟，主要包括政府扶持服务、商业性金融服务、政策性金融服务、资本市场金融服务、碳金融服务五种类型，不同的金融服务联盟对产业低碳发展具有不同的支持作用，如图 15-9 所示。本节着重从五种金融服务联盟对产业低碳发展中的作用出发，分析金融为产业低碳发展提供全方位金融服务所包含的内容，以便提出有针对性的政策建议。

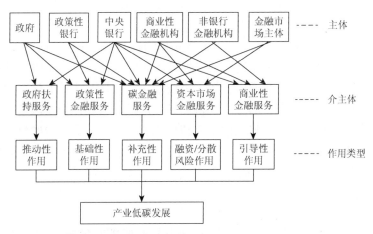

图 15-9　产业低碳发展金融服务主体及作用类型

1. 政府扶持的推动作用

我国是一个政府管制的国家，虽然经济发展过程中的政府行为并不完善，甚至存在某些行政风险，但是对于刚刚兴起的低碳经济而言，产业的低碳发展在未来很长一段时期内将仍然主要依靠政府部门的扶持和推动，因此，在促进产业低碳经济发展的金融服务系统建设中，政府要根据金融与产业协调发展的要求，组织金融服务系统中的各种资源，利用经济、行政、法律等各种手段对金融服务系统进行宏观调控，推动产业低碳发展。一是把碳金融纳入到国家可持续发展和应对气候变化的政策框架之内，并提供相应的投资、税收等配套政策，鼓励金融机构参与低碳领域的投融资活动，支持产业低碳发展；二是发挥政府拥有的行政、司法和经济调配权利，制定有关碳排放的强制标准，健全并完善我国碳交易市场体系的监管和法律框架，为低碳经济和低碳金融发展创造稳定的政策环境；三是加快制度创新，扩大我国绿色碳基金的规模与种类，包括清洁能源、生态产业投资基金、低碳技术基金等，形成促进低碳经济发展的长效投融资机制。

2. 商业性金融服务的基础性作用

商业性金融机构是指按照现代企业制度改造和组建起来的，以营利为目的的银行和非银行金融机构。20 世纪 80 年代以来，中国金融业获得较快发展，初步形成以中国人民银行为领导、商业银行为主体、多种金融机构和金融市场并存、分工协作、共同发展的金融服务格局。但相比而言，长期以来，我国产业发展的金融需求仍然主要通过以商业性银行贷款为代表的间接融资满足，而以资本市场为代表的直接融资比重相对较小，因此，商业性金融机构作为我国金融服务的供给主体之一，在产业低碳发展中起着举足轻重的作用。具体而言，商业性金融服务的基础性作用主要表现在以下几个方面。

第一，通过动员储蓄，扩大产业低碳发展的投资资金来源。商业性金融机构，在吸收储蓄方面的能力是独一无二的，尤其是中国工商银行、中国农业银行、中国银行、中国建设银行、交通银行等大型商业银行，是产业发展解决资金问题的主要渠道，可利用自身众多的分支机构和营业网点，吸收社会零散资金，并通过自身负债业务和期限转换，将短期资金转化成长期资金，实现投融资者的流动性保险与银行资产负债期限的转换，形成产业或企业发展低碳经济的有效资金来源。

第二，通过资金配置，促进产业结构优化。商业银行作为我国投融资主体，不但可以直接为产业发展提供资金支持，还可以在政府和中央银行"窗口指导"下，调剂社会各产业主体之间的资金流向，实现国家调节产业结构的目的。在低碳经济发展中，当国家制定产业低碳发展政策或优先发展的产业项目时，商业银行可以调整其信贷资金投向，支持国家的战略决定；当中央银行代表政府制定和执行促进产业低碳发展的货币政策时，商业银行可通过自身业务活动，贯彻中央银行金融政策，发挥好产业政策的支持功能，以此不断优化贷款投向，确保信贷资金准确地向国家急需发展的行业和部门投入，催化产业低碳发展。

第三，通过风险偏好，促进新兴低碳产业发展。银行出于自身盈利倾向，在资金配置中会追求资金的保值增值功能，因此，他们对处于不同发展阶段的产业提供资金具有选择性，往往提供给有一定风险但利润率较高的行业，而这些行业一般属于国家主导产业或战略性新兴产业。一方面，这些产业的发展需要更多的资金支持，银行能够满足他们的资金需求；另一方面，这些产业虽然发展前景存在一定风险，但往往有较高的利润率，为这些产业提供信贷支持能够为银行带来稳定的收益，并从一定程度上减少自身的营业风险。在产业低碳发展过程中，新型低碳产业往往属于国家战略兴新兴产业，如节能环保产业、新能源新材料产业等，这一特点满足了商业性金融机构的风险偏好，容易获得商业银行的信贷支持，加速自身发展。

第四，通过中介服务，为产业低碳发展提供信息支持。商业银行处于整个社会资本运动的中心，是个人或机构投资和企业或产业资金需求相互联系的桥梁，特别针对企业，银行具有信息获取的垄断性，因为企业在向银行申请贷款时，必须提供自身的经营信息和财务报表，这决定了银行拥有丰富的信息来源。

此外，银行出于自身业务发展的需要，也会不断地研究市场动向、产业政策趋向、企业发展整体状况等。因此，在产业低碳发展过程中，银行可以根据信息的整理，确定低碳发展潜力大的产业或企业，更加主动地影响产业低碳发展的过程。

3. 政策性金融服务的导向作用

政策性金融机构是指那些由政府部门发起、出资创立、参股或保证的，不以利润最大化为经营目的，在特定的业务领域内从事政策性融资活动的金融机构。政策性金融是国家推行产业政策的重要工具，政策性金融机构政策的制定和管理，将对产业低碳发展产生重要影响。

一方面，政策性金融机构通过自身贷款行为，引导资金用于低碳经济系统中国家重点支持的产业。目前，国家开发银行、中国农业发展银行、中国进出口银行三大政策性金融机构都已经加入低碳经济支行列。例如，2010 年，国家开发银行累计发放节能减排和环保贷款 2320 亿元，并完成了"低碳生态园区发展模式及融资模式研究""环保生态专项系统性融资研究""排污权质押可行性研究"等课题，进一步明确了该行支持低碳经济的重点领域和方向；中国农业发展银行根据自身业务特点，重点支持了我国农村大型灌区节水改造、江河湖水系治理及农村饮水安全、清洁能源开发、垃圾污水处理及环境综合治理等项目，2010 年，累计发放节能减排贷款 169 亿元；中国进出口银行则在利用国外贷款支持我国低碳经济发展方面取得显著成效，2009 年，向武汉凯迪控股投资有限公司发放中德财政合作能效和可再生能源贷款共计 1.4 亿元人民币，贷款期限均为 68 个月，这也是该行首笔中德财政合作能效和可再生能源贷款。今后，政策性金融机构应加大资金投向低碳经济领域的倾斜力度，促进产业低碳发展。

另一方面，政策性金融机构利用信息溢出的"牛铃效应"，发挥诱导作用，带动商业性金融机构和民间金融的资源向政府希望扶持的低碳型重点产业和新兴产业投资。由于政策性金融机构不是纯粹的盈利机构，所以对投资取向的判断较为中立和公正，可以从政府、企业、民众中收集更为广泛和真实的信息，对产业活动和地区经济活动的实际情况把握得也更为准确。所以，一旦政策性金融机构对类似新能源、新材料等这样具有国家战略意义的新型低碳产业进行投资，将会产生信息溢出的"牛铃"效应，如图 15-10 所示，引导商业性金融机构和民间金融向其支持的企业进行新的投资，从而形成一种政策性金融对商业性金融资金运用方向和规模的虹吸扩张性诱导机制，即政策性金融在发挥诱导作用，促使民间、商业性金融对某一产业的投资热情高涨起来后，政策性金融再逐渐减少其投资份额，把投资领域让给民间和商业性金融，自己转向扶持其他行业。

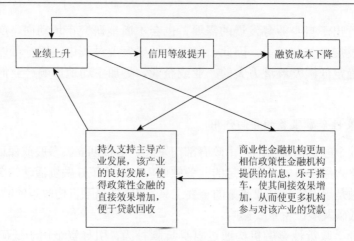

图 15-10　政策性金融机构信息溢出的"牛铃效应"

4. 资本市场的融资和风险分散作用

资本市场，从广义上讲，是指证券融资和经营一年以上资金借贷和证券交易的场所，包括证券市场和各种以金融机构为中介的中长期信贷市场，而从狭义上将，资本市场则主要是指经营期限一年以上的证券市场。本节采取狭义的概念，对资本市场的分析主要集中于证券市场。随着我国市场经济的发展和金融制度的完善，资本市场得到大力发展，成为我国市场化融资的重点组成部分，对扩大企业生产规模，支持企业低碳发展意义重大。

第一，调整产业资本的增量和存量。资本市场的出现，改变了传统以间接融资为主体的融资格局，形成以商业银行为中介的间接融资和以证券为主要媒介的直接融资并存的多元化融资格局。在这种情况下，原本零星分解、暂时闲置的社会资金被转化为支持产业发展的长期资本，实现增量调整。同时，在证券市场的运作下，企业之间通过互相参股建立起一种横向联系，一些产品发挥前景好、效益高、实力雄厚的企业能够以控股、参股的方式向另外的企业渗透，利用其他企业的生产能力来扩大自身生产能力。而作为控股公司下的一个子公司的企业，在此联系中，则逐步实现生产经营的调整，即以股权为纽带的横向存量调整。

第二，促进核心企业成长，推动产业结构调整。资本市场的出现创造了一个闲散资金供给与企业资金需求直接联系的机制，使企业摆脱了对银行融资的过度依赖，实现了融资方式的多样化，这样资本市场就把产业中具有发展潜力、有成长业绩的核心企业挑选出来，通过资本市场的融资使其获得进一步发展的资金支持，从而促进产业低碳发展。

第三，选择并培育低碳主导产业。在经济发展过程中，主导产业一般是高增长率产业，对资本有很大的需求，但是其所需的巨额资本往往因资本转移和风险分散无法实现而不能得到满足，而以证券市场为代表的资本市场集中投资和分散风险的特点适应了主导产业的融资需要，保证了主导产业的发展。所以，资本市场能够推动主导产业的形成，并实现其扩散效应。

此外，资本市场通过横向的风险分担，在分散产业低碳发展的非系统性风险方面也具有较大的优势。一是资本市场通过对投资者之间进行流动性调剂，可以保证承受冲击的投资者将其持有的潜在利润高但流动性差的股票出售给其他人，从而保证企业能够长期持有最初投资者投入的资金，实现资金配置的高效率。二是资本市场通过高效的信息处理应对技术创新过程中的金融风险，提高资金配置的市场化，使资金向高效率的企业集中，从总体上提高资本的效率，从而提高金融体系对产业低碳发展的促进作用。

5. 碳金融市场的补充作用

随着国际碳交易市场的日趋成熟，碳金融已经成为国际上重要的金融服务业务之一，我国将在 2010 年启动全国统一的碳交易市场，因此，碳金融市场也将成为影响产业低碳发展的重要金融供给因素。

发展国内碳金融市场是健全我国产业低碳发展金融服务系统的重要组成部分。金融系统必须抓紧创新金融工具，完善碳金融服务体系，充分发挥碳金融市场对于产业低碳发展的推动作用，形成与其他金融服务力量的互补。一是继续利用 CDM 机制获得国际资金和技术帮助。目前，我国碳排放资源大量被交易出去，已经获得了国外资金的支持，尤其是沼气发电、风电、水电等项目，是发达国家投资机构在我国开展 CDM 项目最活跃、资金最集中的领域。但在技术引进方面出现"短板"，工厂节能改造、新技术引进与应用、城市节能等技术改造型的 CDM 项目非常少，这些领域恰恰是目前我国最需要技术支持的领域。因此，未来，要充分利用 CDM 机制获得国际资金和技术上的帮助。二是发展国内碳金融市场，形成新的融资平台。目前，我国碳金融市场刚刚起步，未来，应大力拓展各项创新业务，如碳基金、碳保险、碳证券、碳信用评级业务等，积极创新碳权质押融资贷款，加快发展碳金融创新，实现产业结构调整和金融创新等行业的协同发展。

（二）产业低碳发展金融服务系统的外部影响因素

产业低碳发展金融服务系统的功能是由内部构成要素和外部环境影响因素共同决定的。因此，我们在构建产业低碳发展金融服务系统模型之前，不仅应了解金融服务系统的内部构成要素，还应分析金融服务系统的外部影响因素。

产业低碳发展金融服务系统的外部环境是指金融服务系统以外的空间，以及直接或间接影响金融服务系统内部要素运行效果的一切事物的总和，包括一般环境和具体环境。其中，一般环境是指间接影响内部构成要素的环境因素，主要包括经济环境、政治环境、教育环境和文化环境；具体环境则是指与内部构成要素直接相关的环境因素，主要包括法律环境、制度环境、信用环境、信息环境和技术环境，如图 15-11 所示。一般环境对于系统的影响往往需要通过具体环境来体现。

图 15-11　产业低碳发展金融服务系统的环境结构

1. 经济环境

经济环境一般是指一个国家或地区的经济制度、经济发展水平、产业结构、消费结构、劳动力结构等形态要素的总和。金融是依附于商品经济的一种产业，随着商品经济的发展而发展，因此，产业低碳发展金融服务系统的生存和发展离不开赖以生存的经济环境。经济环境对金融服务系统的影响主要体现在对金融资源配置方式的影响上面，它决定了金融支持产业发展的方式和效果。比如，在以苏联、改革开放前的中国等为代表的计划经济体制下，产业发展的金融服务机制属于计划配置式，具有显著的行政计划性和资金供给制特征。而在市场经济体制下，产业发展的金融服务机制则属于市场配置式，根据政府在经济体制中的作用，又可细分为市场主导型的金融服务模式和政府主导型的金融服务模式，前者如美国和英国，后者如日本和韩国。

2. 政治环境

政治环境就是指一个国家或地区在一定时期内的政治大背景，对金融服务系统的影响主要体现在政局形势和政府角色的发挥两个方面。比如，如果政局稳定，人民安居乐业，整体经济发展形势向好，金融服务系统则能够稳定运行。反之，若政局不稳，社会矛盾尖锐，就会影响社会稳定，从而导致整个金融服务系统的波动。因此，政府通过稳定政治环境，可以为金融服务系统的运行和实施创造稳定、有序的环境，从而促进金融服务系统的健康高效发展。此外，政治环境也决定了政府在金融服务系统中的角色定位，即政府对金融服务系统的干预程度，这在一定程度上也影响金融服务系统的运行方式和效率。

3. 教育环境

教育环境是为培育人而有意识地创设的环境。产业低碳发展金融服务系统与人密切相关，包括系统内人与人之间的关系、人与金融工具之间的关系、人与金融产品之间的关系等，因此，教育环境可以通过对人力资源的培育，间接地影响金融服务系统的创新意识及对其他环境的敏感度，对金融服务系统内的一切活动都具有重要作用。产业低碳发展金融服务系统的教育环境可以用金融服务系统中人员的数量和质量来衡量，包括金融从业人员学历、金融研发人员数量等指标。

4. 文化环境

文化环境是指人类社会在长期发展历史过程中形成的精神形态，由特定的价值观念、行为方式、审美观念、伦理道德规范及风俗习惯等内容构成，影响和制约着产业低碳发展金融服务系统中人们的价值取向、思维模式、行为方式、工作效率等。相对其他环境因素，文化环境对于金融服务系统的影响并不显而易见，却又无时无刻不在深刻影响着金融服务系统的运行，因此，文化环境是产业低碳发展金融服务系统环境影响因素的重要组成部分。

5. 法律环境

法律环境是指国家或地方政府所颁布的各项法规、法令和条例等，是金融服务主体活动的准则。系统中的人或组织只有依法进行各种活动，才能受到国家法律的有效保护，因此，法律环境对产业低碳发展金融服务系统起着重要的保障和约束作用。因此，法律环境能够约束或调整金融服务系统中各主体的行为规范，促进产业低碳发展金融服务系统的高效发展。

6. 制度环境

在社会中，制度环境是指一系列用来建立生产、交换与分配基础的规程或行动准则。针对产业低碳发展金融服务系统，本节所指的制度环境主要是金融制度环境，指一个国家用法律形式所确立的金融体系结构，以及组成这一体系的各类银行和非银行金融机构的职责分工和相互联系。它界定了有关金融服务的各个重要组成部分，包括金融服务主体，以及整个社会资金在金融系统中的融通机制和金融监管机制等，直接影响金融服务系统的运行方式，也是金融系统稳定运行的重要保障。因此，除法律法规等准则外，产业低碳发展的金融服务也需要在上述一系列的金融制度规定与规则中完成，以保障系统行为的规范性。

7. 信用环境

对于个体而言，信用是指社会行为主体对自己所作承诺的兑现意愿和兑现能力。在金融系统中，信用则体现了交易双方的信誉和能力。金融业由于其特殊的性质，从产生伊始，就和信用相伴相生，对于产业低碳发展金融服务系统而言，信用环境对系统的运行无可置疑地起着非常重要的作用。影响金融服务系统的信用环境一般包括两个方面：信用文化和信用制度。前者是指人们的信用意识、信用理念及由此产生的信用氛围；后者则是指信用评级、征信、担保、公证等制度，两者相辅相成、互为补充，促进产业低碳发展金融服务系统的发展。

8. 信息环境

信息环境，指的是社会中由个人或群体可能接触到的信息及其传播活动的总体，是制约人的行为的重要因素，具有社会控制的功能。在当今瞬息万变的时代，信息作为一种资源开始发挥巨大的作用，充足而有效的信息往往能够使得人们做出更加正确的决策，从而采取及时有效的行动。因此，加强对信息环境的科学认识，是产业低碳发展金融服务系统发挥整体效应的关键，尤其是在资本市场中，改善市场信息环境，对于维护资本市场秩序、提高资本市场效率、形成良好的投融资环境具有非常重要的作用。

9. 技术环境

技术环境是指社会环境中的科技要素及与该要素直接相关的各种社会现象的集合。在金融服务系统中，科学技术的应用会影响交易双方的信息成本和监督成本，进而影响支持产业发展的金融服务的形式。在早期科技发展水平较低时，金融服务都是采取银行为主的间接融资方式，这是因为投融资双方之间的信息不对称问题较为突出，而银行等金融中介可以减少资金供求双方的信息搜寻成本和交易成本，并较好地解决信息不对称引起的逆向选择和道德风险问题。而随着信息技术的发展，以证券市场为主的直接融资方式日益成为金融服务的主要方式，尤其是在发达国家。这是因为随着电子信息技术的发展及应用，金融交易中的信息不对称程度大大降低，金融服务往往选择效率更高的直接融资方式。

综上所述，产业低碳发展金融服务并非由金融系统独立地创造金融产品或提供金融服务，它的运行与效果更广泛地涉及其赖以活动之区域的经济、政治、教育、文化、法律、制度、信用、信息、技术等基本环境要素，以及这些环境的构成及其变化过程。因此，识别金融服务环境要素并管理它们，是促进产业低碳发展的重要工作。

（三）产业低碳发展金融服务系统的结构模型

通过分析前面界定的产业低碳发展金融服务系统的内部构成要素和外部环境因素，我们可以得到产业低碳发展金融服务系统的结构，如图 15-12 所示。

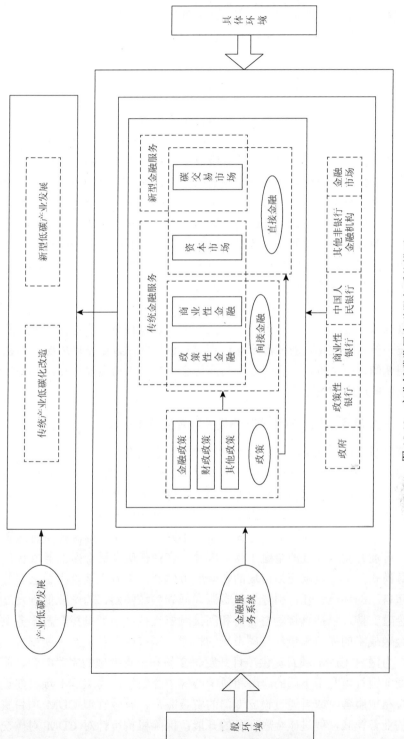

图 15-12　产业低碳发展金融服务系统模型

在图 15-12 中，我们可以看出，产业低碳发展金融服务系统包括很多关键要素，这些要素相互依存、互相补充，金融服务系统对产业低碳发展的综合作用，可以说是这些要素相互作用的结果，该模型主要包括三个部分。

1. 金融服务系统中的直接金融和间接金融

一个完整的金融服务系统中，按照资金盈余者与资金短缺者之间资金融通方式的不同，可以分为直接金融（direct finance）和间接金融（indirect finance）。直接金融是指资金盈余者与资金短缺者绕过中介机构直接接触，分别作为最后贷款者和最后借款者直接协商实现资金融通的行为，如证券市场融资；间接金融则是指资金盈余者与资金短缺者通过金融中介机构间接实现资金融通的金融行为，如商业银行信贷。一般而言，发达的金融服务系统意味着发达的直接金融和间接金融，虽然两者资金融通的方式各异，但就其对产业低碳发展的支持作用来说，在促进产业低碳发展过程中发挥着同等重要作用。一国金融资源，可以在直接金融与间接金融联动的作用机制中，配置到实物经济体系中的产业系统中去，提高社会资金运用高效率，实现金融资源的优化配置，推动产业低碳发展。

以低碳新能源产业发展为例，它的产业成长过程有一个生命周期：新能源技术研发、技术产业化，新能源产业逐步成长、扩张，以至发展成熟，而在其发展生命周期的每一个阶段，直接金融与间接金融都必须协调发挥作用，满足新能源产业发展的庞大的资金需求。

2. 金融服务系统中的传统服务模式与新型服务手段

碳交易市场是低碳经济背景下兴起的一种新的交易机制，与其他商品交易机制不同，碳交易本身是一种金融活动，是虚拟经济与实体经济的有机结合。与一般金融活动相比，碳交易更紧密地连接了金融资本与基于绿色技术的实体经济，体现在两个方面：一方面，在碳交易机制中，金融资本可以直接或间接投资于创造碳资产的项目与企业；另一方面，来自不同项目产生的碳减排量进入碳交易市场时，可被开发成标准的金融工具。因此，产业低碳发展金融服务既包括传统金融服务模式，又涉及碳交易市场的金融服务创新，前者主要是指金融服务主体应承担起自己的环境责任，引导金融资源向低碳领域倾斜，为产业低碳发展提供必需的金融支持，包括直接融资支持和间接融资支持；后者是指金融服务主体要从全球金融战略的视角积极参与碳市场的构建，围绕碳交易机制不断推进金融服务创新，为国内 CDM 项目提供项目开发、交易和全程管理的完善的金融服务。比如，商业银行可利用下属的金融租赁中心等中介组织，为 CDM 项目建设提供设备融资租赁服务，或者通过设立专门的资金账户，有效管理 CDM 项目资金流动等新的业务模式，促进碳金融业务的开展；保险机构可针对 CDM 对碳交易信用交割担保的需求，开发碳交易保险以转移项目违约的风险；证券机构也可抓住低碳经济发展的机遇，将碳金融市场中缺乏流动性的碳资产，转化为在金融市场上可以自由买卖的资产；等等。

3. 金融服务系统中各要素之间的协调

产业低碳发展金融服务系统性强，且各部分也不是简单的组合，需要有统一性和整体性，因此，要注意产业低碳金融服务系统各要素之间的关系，随环境变化调整和改变金融服务系统的运行方式，提高系统的有序性和整体运行效果。

例如，央行和政府的关系，两者都负有调节、管理国民经济的责任。央行作为一国货币金融主管机构，具有一定的独立性，主要负责金融货币政策的制定和执行，其目标是要稳定货币、促进经济稳定增长。但央行作为国家机器的组成部分，其职责必须是为国家利益服务，因此，央行接受中央政府的控制和管理。但地方政府与当地央行分支机构的关系又不同于央行和中央政府的关系，央行分支机构不隶属于地方政府管理，产业低碳发展系统中不同层次金融服务主体之间的关系呈现出复杂性特点。再以财政政策和金融政策之间的关系为例说明不同要素之间作用的复杂性。财政政策和金融政策均为政府配置社会经济资源的重要方式，均服从于国家的发展战略，但两者在贯彻国家产业政策时，其支持的重点与途径又有很大差异，因此，现实经济运行过程中，两者必须有明确的分工，一般而言，财政政策担负的是国家产业政策中结构性调整的任务，而金融政策则主要体现在货币政策方面，要在保持币值稳定和总量平衡方面发挥重要作用，所以，促进两者良性互动，更好地发挥它们在调节和配置社会资源中的作用，也是金融服务系统需要考虑的重点方面。因此，产业低碳发展金融服务的研究，必须从全局角度出发，考虑产业低碳发展金融服务系统中不同要素之间的相互作用与相互协调，以促进系统功能的发挥。

第四节 产业低碳发展金融服务传导机制研究

传导机制是经济学理论的核心内容，也是当前的研究热点，尤以货币政策传导机制研究表现得最为明显。金融服务传导机制即金融政策传导机制，由生态工业系统评价分析可知，金融服务是一个复杂系统，产业低碳发展金融服务涉及诸多要素，但其系统整体效应的发挥始于金融政策的制定，经由金融服务主体执行，促进金融资源向有利于产业低碳发展的方向调整，从而实现金融政策的低碳效应。因此，本节将以经济政策传导机制理论为基础，寻求金融政策作用于产业低碳发展的途径，即产业低碳发展金融服务传导机制。

一、经济政策传导机制的理论模型

在经济学理论中，传导机制的相关研究主要是分析经济政策如何通过经济系统影响微观经济主体的消费和投资行为，从而导致宏观经济总量发生变化，实现国民经济新的均衡的过程，如武康平和胡谍（2010）关于货币政策传导机制的研究，即是对货币政策通过房地产市场传导到宏观经济的整个过程进行分析，找出货币政策影响房地产市场的渠道，以及房地产市场影响宏观经济的效应机制，从而提出更具针对性的促进经济发展的政策。由于研究出发点和分析方法不同，各学派经济学家对经济政策传导机制有不同的观点，主要分为两个学派：凯恩斯主义经济学者提出的结构模型（structural model）和货币主义经济学者提出的简化形式模型（reduced-form model）。

（一）凯恩斯主义的结构模型

在凯恩斯主义的结构模型中，常常利用数据先建立一个模型，这个模型能解释某一变量通过什么途径去影响另一个变量，从而解释这一变量对宏观经济系统的影响。该模型通过一系列关系等式来描述不同经济部门中企业和消费者的行为，进而揭示经济的运行方式，这些等式往往反映了宏观经济政策影响总投入和总产出水平的途径。以货币政策为例，凯恩斯主义的结构模型可用图 15-13 表示。

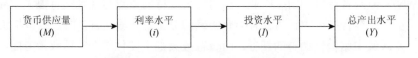

图 15-13　凯恩斯主义的结构模型

该模型表示：M 的变动会影响 i，而 i 的变动会影响到 I，I 再对 Y 产生影响，从而说明 M 对于 Y 的影响。因此，通过此结构模型，我们可以清楚地看出货币政策影响经济运行的具体过程。

该模型有两个优点：一是可以独立地评估整个传导过程中的每一步影响结果，从而获得更多关于变量之间关系的认识；二是有助于了解经济政策改变如何对经济结果产生影响，以及影响的具体程度。然而，假若递推关系有误或者有遗漏，则递推分析就无法进行，最后得出的结论也会极大偏离实际，甚至出现错误，从而影响经济发展效果，这也是该模型的最大缺点。

（二）货币主义的简化形式模型

与结构模型相反，简化形式模型则认为经济活动是一个黑箱，我们无法准确预测某一变量对另一变量产生影响的具体方式，只能通过两者之间是否存在相关关系，来分析某一变量对另一变量的影响。仍以货币政策对经济产出的影响为例，简化形式模型可用图 15-14 表示。

图 15-14 货币主义的简化形式模型

如图 15-14 所示，货币主义的简化形式模型没有给出 M 对于 Y 影响的具体方式，也没有限定货币政策影响经济活动的途径，只是通过 Y 的运动是否与 M 的运动之间存在密切相关关系来分析货币政策对经济运行的影响。因此，如果我们对于货币政策的传导机制没有准确把握，就可以通过分析 M 变动是否与 Y 之间存在相关关系来确定 M 对 Y 的影响。

具体来说，简化形式模型的优点表现为：当两变量之间的递推关系比较模糊时，我们依然可以通过相关性分析进行影响程度分析。但其不足之处在于，我们能够得出变量之间的相关关系，但并不能由此推断两者之间的因果关系，即两变量之间孰为因，孰为果。

（三）模型评价与选择

通过上述分析我们可以看出，结构模型和简化形式模型之间各有优劣，没有绝对的好坏之分。一般来说，结构模型能够解释经济的具体运行过程，而且如果模型正确，我们也往往能更准确地预测经济政策对经济运行的影响，以及变量之间的因果关系，从而把握经济活动中政策传导的过程。但是，如果该模型中忽略了某些重要变量，那么从该模型推导出的结论则可能会产生某些偏差，甚至得出不正确的结论，因此，结构模型仅适用于那些影响因素清晰、递推关系成熟的过程分析；简化形式模型则不拘泥于具体的影响因素和影响过程，适用于那些影响因素无法全面考虑、递推关系也不明确的情况。虽然，在相关分析中，该模型不能完全确定变量之间的因果关系，但由于现实情况中，我们往往无法完全明晰变量之间的影响因素，因此，简化形式模型在现实经济研究中得到了更为广泛的应用，本节选择此模型作为产业低碳发展金融服务传导机制研究的理论基础。

二、产业低碳发展金融服务传导机制理论分析

（一）产业低碳发展金融服务传导机制的含义

从对经济政策传导机制理论模型的阐述可见，产业低碳发展金融服务传导机制，其实就是产业低碳发展金融政策的实现机制，揭示产业低碳发展金融服务系

统通过何种方式或途径与产业系统发生联系、逐步影响产业系统状态、实现低碳发展的过程。金融政策传导机制与其他经济政策传导机制（如产业政策传导机制）不同。一般而言，政府制定的产业政策可以通过直接作用于企业得以实现，而政府和央行制定的金融政策则需要通过影响金融政策执行主体间接实现，如果没有一定制度的约束和激励，商业性金融机构等金融政策执行主体不会将资源主动向低碳领域配置，除非是具有良好经济效益预期的低碳项目，因此，政府和央行制定的金融政策需要具有一定的激励或约束性，促使金融机构将资源倾向低碳项目或企业，从而为发展低碳经济的企业提供发展和生存空间。

结合产业低碳发展金融服务机理，产业低碳发展金融服务传导机制的研究，主要应当解决的问题是金融政策制定、执行、效应发挥和反馈的过程，换句话说，也就是"传"和"导"的两个过程，即在金融政策制定者制定金融政策之后，金融政策执行者运用政策直接或间接调节金融服务系统或产业系统中的某些变量，使得产业系统不断改进自身的经济行为，降低碳排放强度，实现低碳发展的最终目标。

（二）产业低碳发展金融服务传导机制的理论模型

根据上述定义，产业低碳发展金融服务传导机制主要包括两个部分：一是中介变量，即金融活动通过哪些经济参数的变动影响产业低碳发展；二是传导途径，即中介变量的作用渠道。前者反映的是金融服务促进产业低碳发展所依赖的载体，后者反映的则是中介变量之间的相互作用关系，两者结合共同构成了完整的金融服务传导机制，当然这两部分并非完全割裂的，它们在一定程度上是融为一体的，其理论模型如图 15-15 所示。

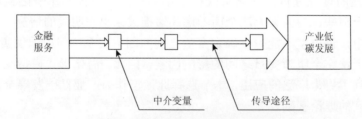

图 15-15　金融服务传导机制的理论模型

金融服务传导机制运行顺畅与否直接关系到金融政策在产业低碳发展过程中的应用效果，对金融服务传导机制的把握既有利于加深对金融功能的理解，也有利于明确金融服务启动以后通过什么渠道或者哪些中介变量实现产业低碳发展，金融功能发挥得好与坏取决于什么因素，从而就可能进行有针对性的改进，使得金融服务能有效地发挥作用，实现其功能。

（三）产业低碳发展金融服务传导机制的实现过程

由图 15-15 可以看出，金融服务传导机制模型中，我们无法给出金融服务对于产业低碳发展的具体影响方式，也不能限定两者之间的影响途径，只能通过分析金融服务与产业低碳发展的经济现象，来分析金融服务对于产业低碳发展的影响过程。而分析这一过程，首先需要确定的就是中介变量，在此基础上，分析中介变量之间的相互作用方式，从而找出金融服务促进产业低碳发展的具体途径。

然而，关于哪些变量可以作为金融服务与产业低碳发展的中介变量，目前尚未见到相关研究。金融对于产业发展的影响主要表现在对产业结构调整方面，而产业结构调整反映了国家或地区经济增长和发展模式的变化，对国家的生态环境会产生重要的影响，与碳排放强度密切相关。因此，我们可以得出这么一个结论：金融服务可以促进产业结构调整，而产业结构调整中存在的问题又是造成高碳排放的原因。从目前经济现象上来看，这一逻辑是成立的，因为中国改革开放以来，电力、钢铁、机械设备、汽车、造船、化工、建材等行业得到快速发展，成为经济增长的主要驱动力，而在这些行业快速成长的过程中，金融服务起到了不可替代的作用，最为直接的作用就是为这些行业的发展提供所需资金。然而，这些传统行业一般都属于"高耗能""高排放""高污染"的高碳行业，因此，在它们快速发展的过程中，必然会带来能源的大量消耗和温室气体的过量排放，从这个角度来讲，我们可以说金融服务在促进这些行业成长的同时也造成了能源的大量消耗和温室气体的过量排放。

根据这一经济现象，我们可以假定产业低碳发展金融服务传导机制的两个关键中介变量：产业结构和碳排放，依据产业低碳发展金融服务理论模型，可以分析得出产业低碳发展金融服务传导机制的实现过程，如图 15-16 所示。

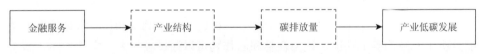

图 15-16　产业低碳发展金融服务传导机制的实现过程

三、产业低碳发展金融服务传导机制实证研究

（一）研究假设

由图 15-16 可以看出，产业低碳发展金融服务传导机制的实现过程主要蕴涵了两个传导过程：一是金融服务对产业结构调整的影响；二是金融服务支持下产业结构调整对碳排放量的影响。然而，当前关于变量之间的影响研究并不完善，现有研究

着重于金融服务通过产业结构调整促进经济发展的视角，认为金融服务可以通过调整产业结构，实现经济增长，但没有考虑到金融服务在调整产业结构过程中对碳排放强度的影响，傅进和吴小平（2005）、杨国辉（2008）、董金玲（2009）、张云（2008）等学者关于金融服务与产业结构关系的研究思路，进一步拓展以上研究成果，从金融服务通过产业结构调整影响碳排放强度的视角，基于全国及 28 个主要省份的金融服务数据、产业结构数据和碳排放量数据，对我国金融服务、产业结构调整和碳排放强度之间的相关性进行实证检验，验证金融服务与产业低碳发展之间的相关性及图 15-16 传导机制理论的正确性和可行性。

根据以上经济现象与理论背景分析，本节提出以下假设。

假设 H1：金融服务对产业结构具有显著影响，促使其调整演变。

假设 H2：产业结构与碳排放强度显著相关，当前产业结构属于高碳排放型。

对于金融服务对产业结构的影响，从目前关于金融体系与经济增长、产业发展的相关研究来看，包含不同的方面。踪家峰等（2009）、钱水土等（2010）学者认为，从当前我国产业发展的金融支持现状来看，以银行机构为代表的间接金融对于经济增长和产业发展具有重要作用，但从长远来看，以证券市场为代表的直接金融将发挥越来越重要的作用。Scharler（2008）、Koetter 和 Wedow（2010）等银行导向型金融结构的支持者也提出以银行为代表的间接金融更有利于经济增长，因此，针对假设 H1，本节提出以下假设。

假设 H1a：以银行为代表的间接金融服务在我国产业结构调整具有显著影响。

假设 H1b：以证券市场为代表的直接金融服务从长期来看对我国产业结构具有显著影响。

根据目前关于低碳经济的相关研究，对于产业结构与碳排放强度的关系，多数研究，如刘满平（2006）、曾波和苏晓燕（2006）、谭丹等（2008）、郭晶（2010）、于珍等（2010）、郭朝先（2010）等认为第二产业变化对碳排放强度有重要影响，是造成高碳排放的主要产业，而第一产业和第三产业属于低碳排放产业，应大力发展。部分学者如李旸（2010）、刘美平（2010）、夏庆利（2010）等还从碳汇角度分析了农业的碳汇功能，认为森林和农作物可以通过吸收大气中的 CO_2，减缓当前的温室效应。因此，针对假设 H2，本节提出以下假设。

假设 H2a：第一产业与碳排放强度显著不相关。

假设 H2b：第二产业与碳排放强度显著相关。

假设 H2c：第三产业对碳排放强度显著不相关。

（二）实证研究设计

由于所搜集到的验证假设的数据时间序列不相一致，本节分别对假设 H1 和假设 H2 进行单独检验，同时，也可以更清晰地考量变量之间的关系。

1. 金融服务和产业结构的相关分析

当前关于金融服务与经济增长相关性的实证研究中，向量自回归模型（vector auto-regression，VAR）是一个被广泛使用的模型，如周好文和钟永红（2004）关于金融中介与经济增长的研究、Arestis 等（2010）关于金融结构与经济增长的相关性研究、Abu-Bader 和 Abu-Qarn（2008）关于金融发展与经济增长的相关性研究等。因此，本节也采用这一模型对我国金融服务与产业结构的相关性进行协整分析。选择此方法主要基于三点考虑：一是 VAR 模型不以严格的经济理论为依据，模型变量也不存在内生、外生之分；二是 VAR 模型在因果关系检验上是非常有效的；三是 VAR 模型比单方程模型具有更高的可靠性。当变量非平稳但具有协整关系时，基于 VAR 模型做出的判断也是可靠的，此外，VAR 模型分析过程中确定的滞后阶数也是进一步进行 Johansen 协整检验、Granger 因果关系检验滞后阶数确定的根据。

1）指标选择和数据准备

根据相关实证研究可知，如何选取表征金融服务与产业结构的指标是非常值得研究的。本节在指标选取的过程中借鉴了相关文献的做法，并对其进行了修正，以更好地研究金融服务与产业结构调整之间的关系。

对于金融服务指标来说，目前比较通用的做法有三种：一是金融发展指标（又称戈式指标），通常采用金融资产总量与 GDP 的比值表示；二是金融深化指标（又称麦氏指标），通常采用货币存量与 GDP 的比值表示；三是中国学者常用的金融存贷款指标，用金融存贷款额度与 GDP 的比值表示。由于中国目前依然缺乏金融资产和货币存量的直接统计数据，所以，戈式指标和麦氏指标不太适用我国国情，同时，在我国产业结构调整过程中，无论是产业比例的改善，还是产业结构质量的提高，都离不开金融机构的资金支持，某一地区信贷额度占 GDP 比重的提高，往往反映了该地区金融机构对当地经济的支持力度。因此，本节选取全国及各省贷款融资率作为金融服务的主要衡量指标，记为 LGR；然而，目前随着证券市场的发展，银行机构等直接融资外的间接融资服务比重也日益增加，只以银行贷款度量金融服务状况已不符合实际，因此，本节在全国层面分析中，同时选取股票融资率（SGR）作为金融服务的衡量指标。各指标含义如下：

$$贷款融资率（LGR）=金融机构贷款/GDP \qquad (15-9)$$
$$股票融资率（SGR）=股票筹资额/GDP \qquad (15-10)$$

对于产业结构，我们参考杨琳和李建伟（2002）、周建安（2006）、李红河（2010）等学者的度量指标——产业结构系数来表示。因为根据配第-克拉克定理，我国产业结构调整主要表现为第一产业产值比重不断下降，第二、第三产业产值比重不断上升的趋势，尤其是 1978 年改革开放以来的产业结构调整过程，如图 15-17 所示，因此，我们用第二、三产业产值之和与当年 GDP 的比值来衡量产业结构变动状况，记为 ISR，其含义如下：

$$产业结构系数（ISR）=（第二产业产值+第三产业产值）/GDP \qquad (15\text{-}11)$$

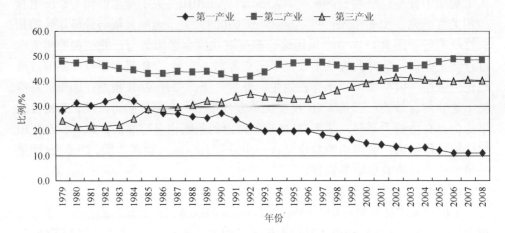

图 15-17　1979～2008 年中国三次产业比例变动状况

资料来源：《中国统计年鉴 2009》

其中，全国 LGR、SGR 和 ISR 计算所需数据分别来源于中国历年统计年鉴（2001～2009 年）中的金融机构人民币信贷资金平衡表（资金运用）、股票发行量和筹资额及 GDP；28 个主要省份 LGR、ISR 计算所需数据则分别来源于中国历年金融年鉴（2001～2009 年）中的地区金融发展状况和地区生产总值。根据式（15-9）、式（15-10）和式（15-11），各指标数据如表 15-5～表 15-7 所示。

表 15-5　全国 LGR、SGR 和 ISR 数据（1978～2008 年）

年份	GDP/亿元			金融机构贷款/亿元	股票筹资额/亿元	金融服务		ISR
	全部	第二产业产值	第三产业产值			LGR	SGR	
1978	3 645.2	1 745.2	872.5	1 850.0	—	0.51	—	0.72
1979	4 062.6	1 913.5	878.9	2 039.6	—	0.50	—	0.69
1980	4 545.6	2 192.0	982.0	2 414.3	—	0.53	—	0.70
1981	4 891.6	2 255.5	1 076.6	2 860.2	—	0.58	—	0.68
1982	5 323.4	2 383.0	1 163.0	3 180.6	—	0.60	—	0.67
1983	5 962.7	2 646.2	1 338.0	3 589.9	—	0.60	—	0.67

续表

年份	GDP/亿元			金融机构贷款/亿元	股票筹资额/亿元	金融服务		ISR
	全部	第二产业产值	第三产业产值			LGR	SGR	
1984	7 208.1	3 105.7	1 786.3	4 766.1	—	0.66	—	0.68
1985	9 016.0	3 866.6	2 585.0	5 905.6	—	0.66	—	0.72
1986	10 275.2	4 492.7	2 993.8	7 590.8	—	0.74	—	0.73
1987	12 058.6	5 251.6	3 574.0	9 032.5	—	0.75	—	0.73
1988	15 042.8	6 587.2	4 590.3	10 551.3	—	0.70	—	0.74
1989	16 992.3	7 278.0	5 448.4	14 360.1	—	0.85	—	0.75
1990	18 667.8	7 717.4	5 888.4	17 680.7	—	0.95	—	0.73
1991	21 781.5	9 102.2	7 337.1	21 337.8	5.00	0.98	0.000 2	0.75
1992	26 923.5	11 699.5	9 357.4	26 322.9	94.10	0.98	0.003 5	0.78
1993	35 333.9	16 454.4	11 915.7	32 943.1	375.50	0.93	0.010 6	0.80
1994	48 197.9	22 445.4	16 179.8	39 976.0	326.80	0.83	0.006 8	0.80
1995	60 793.9	28 679.5	19 978.5	50 544.1	150.30	0.83	0.002 5	0.80
1996	71 176.6	33 835.0	23 326.2	61 156.6	425.10	0.86	0.006 0	0.80
1997	78 973.0	37 543.0	26 988.1	74 914.1	1 293.80	0.95	0.016 4	0.82
1998	84 402.3	39 004.2	30 580.5	86 524.1	841.50	1.03	0.010 0	0.82
1999	89 677.1	41 033.6	33 873.4	93 734.3	944.50	1.05	0.010 5	0.84
2000	99 214.6	45 555.9	38 714.0	99 371.1	2 103.10	1.00	0.021 2	0.85
2001	109 655.2	49 512.3	44 361.0	112 314.7	1 252.34	1.02	0.011 4	0.86
2002	120 332.7	53 896.8	49 898.9	131 293.9	961.75	1.09	0.008 0	0.86
2003	135 822.8	62 436.3	56 004.7	158 996.2	1 357.75	1.17	0.010 0	0.87
2004	159 878.3	73 904.3	64 561.3	178 197.8	1 510.94	1.11	0.009 5	0.87
2005	183 217.4	87 364.6	73 432.9	194 690.4	1 882.51	1.06	0.010 3	0.88
2006	211 923.5	102 162.0	84 721.4	225 347.2	5 594.29	1.06	0.026 4	0.88
2007	257 305.6	124 799.0	103 876.6	261 691.0	8 680.17	1.02	0.033 7	0.89
2008	300 670.0	146 183.0	120 486.6	303 395.0	3 852.21	1.01	0.012 8	0.89

表 15-6　主要省份 LGR 数据（1978～2008 年）

省份	1978 年	1979 年	1980 年	1981 年	1982 年	1983 年	1984 年	1985 年	1986 年	1987 年	1988 年
北京	0.50	0.62	0.63	0.66	0.70	0.82	0.89	0.99	1.10	1.11	1.01
天津	0.97	0.95	0.99	1.00	0.99	1.02	0.94	1.03	1.12	1.12	1.07
河北	0.50	0.48	0.52	0.57	0.54	0.55	0.62	0.67	0.76	0.74	0.64
山西	0.53	0.49	0.54	0.53	0.51	0.51	0.61	0.69	0.78	0.84	0.75
内蒙古	0.69	0.68	0.72	0.72	0.67	0.67	0.63	0.55	0.71	0.72	0.67

续表

省份	1978年	1979年	1980年	1981年	1982年	1983年	1984年	1985年	1986年	1987年	1988年
辽宁	0.59	0.59	0.61	0.70	0.67	0.64	0.63	0.66	0.74	0.74	0.72
吉林	0.75	0.73	0.77	0.83	0.88	0.83	0.89	0.80	1.08	0.96	0.90
黑龙江	0.48	0.52	0.56	0.60	0.64	0.64	0.77	0.78	0.85	0.85	0.83
上海	0.56	0.58	0.64	0.68	0.68	0.68	0.63	0.69	0.87	0.96	0.89
江苏	0.45	0.42	0.48	0.55	0.55	0.52	0.58	0.54	0.65	0.62	0.51
浙江	0.38	0.34	0.38	0.40	0.40	0.40	0.45	0.45	0.51	0.49	0.46
安徽	0.48	0.47	0.47	0.47	0.50	0.47	0.51	0.52	0.57	0.56	0.52
福建	0.47	0.49	0.51	0.51	0.56	0.62	0.71	0.65	0.82	0.77	0.67
江西	0.45	0.13	0.47	0.51	0.52	0.54	0.58	0.62	0.71	0.75	0.70
山东	0.59	0.58	0.63	0.62	0.61	0.60	0.62	0.66	0.76	0.75	0.69
河南	0.61	0.57	0.55	0.59	0.58	0.53	0.62	0.63	0.70	0.64	0.60
湖北	0.64	0.56	0.60	0.65	0.67	0.70	0.75	0.81	0.90	0.90	0.83
湖南	0.07	0.08	0.45	0.47	0.47	0.49	0.50	0.53	0.61	0.62	0.57
广东	0.56	0.52	0.63	0.66	0.67	0.72	0.94	0.86	0.95	0.94	0.85
广西	0.61	0.57	0.57	0.00	0.51	0.54	0.60	0.65	0.74	0.77	0.67
重庆	—	—	—	—	—	—	—	—	—	—	—
四川	—	—	—	—	—	—	—	—	—	—	—
贵州	0.46	0.42	0.41	0.44	0.43	0.41	0.43	0.51	0.64	0.65	0.59
云南	0.45	0.41	0.40	0.41	0.40	0.41	0.46	0.59	0.71	0.69	0.61
陕西	0.64	0.62	0.63	0.64	0.64	0.61	0.69	0.78	0.89	0.90	0.81
甘肃	0.47	0.47	0.45	4.70	0.52	0.48	0.60	0.62	0.71	0.74	0.73
青海	0.44	0.48	0.43	0.45	0.48	0.47	0.43	0.64	0.77	0.93	0.89
新疆	0.47	0.46	0.46	0.49	0.50	0.49	0.58	0.65	0.72	0.75	0.72

省份	1989年	1990年	1991年	1992年	1993年	1994年	1995年	1996年	1997年	1998年
北京	1.07	1.10	1.06	1.03	1.13	1.32	1.28	1.29	1.50	1.65
天津	1.13	1.25	1.31	1.31	1.43	1.25	1.26	1.21	1.22	1.22
河北	0.64	0.70	0.69	0.68	0.85	0.80	0.74	0.75	0.80	0.86
山西	0.75	0.83	0.92	0.90	0.91	0.89	1.12	1.09	1.03	1.09
内蒙古	0.73	0.85	0.91	0.94	0.99	0.99	0.98	1.00	1.07	1.11
辽宁	0.77	0.91	0.98	0.92	1.00	1.00	1.08	1.13	1.11	1.14
吉林	0.98	1.19	1.36	1.37	1.45	1.27	1.29	1.36	1.50	1.52
黑龙江	0.82	0.92	0.99	0.99	1.05	0.93	0.88	0.88	0.93	1.01
上海	0.99	1.13	1.13	1.09	1.25	1.18	1.15	1.19	1.24	1.30

续表

省份	1989年	1990年	1991年	1992年	1993年	1994年	1995年	1996年	1997年	1998年
江苏	0.52	0.58	0.65	0.58	0.59	0.55	0.56	0.64	0.67	0.78
浙江	0.49	0.55	0.54	0.52	0.65	0.61	0.60	0.62	0.71	0.78
安徽	0.53	0.61	0.75	0.73	0.77	0.70	0.64	0.66	0.71	0.77
福建	0.69	0.73	0.73	0.76	0.69	0.57	0.55	0.57	0.58	0.58
江西	0.73	0.79	0.87	0.89	0.98	0.90	0.83	0.81	0.86	0.87
山东	0.73	0.77	0.79	0.78	0.75	0.65	0.63	0.65	0.70	0.71
河南	0.60	0.68	0.74	0.71	0.82	0.77	0.72	0.73	0.81	0.89
湖北	0.84	0.89	0.93	0.90	0.82	0.83	0.84	0.82	0.86	0.94
湖南	0.60	0.62	0.67	0.67	0.74	0.69	0.64	0.67	0.71	0.71
广东	0.79	0.81	0.77	0.74	1.02	0.97	0.96	0.98	1.12	1.20
广西	0.72	0.62	0.75	0.77	0.76	0.70	0.70	0.72	0.78	0.80
重庆	—	—	—	—	—	—	—	0.58	0.86	0.95
四川	—	—	—	0.72	0.94	0.91	0.90	0.85	0.89	0.98
贵州	0.61	0.71	0.79	0.85	0.86	0.84	0.93	0.95	1.07	1.13
云南	0.59	0.55	0.57	0.59	0.68	0.70	0.77	0.80	0.91	0.10
陕西	0.85	0.95	0.99	1.03	1.17	1.14	1.13	1.15	1.25	1.35
甘肃	0.76	0.85	0.95	0.95	1.13	1.16	1.23	1.17	1.28	1.32
青海	0.98	1.03	1.17	1.20	1.26	1.28	1.36	1.35	1.59	1.69
新疆	0.80	0.85	0.89	0.95	1.00	0.94	1.02	1.11	1.16	1.18

省份	1999年	2000年	2001年	2002年	2003年	2004年	2005年	2006年	2007年	2008年
北京	1.84	2.40	2.53	2.99	3.24	2.57	2.23	2.30	2.12	2.19
天津	1.26	1.14	1.17	1.23	1.55	1.41	1.28	1.24	1.30	1.21
河北	0.80	0.81	0.83	0.84	0.81	0.71	0.64	0.64	0.62	0.59
山西	1.27	1.49	1.40	1.48	1.48	1.35	1.04	1.03	0.96	0.87
内蒙古	1.08	0.96	0.98	0.98	0.92	0.84	0.67	0.68	0.62	0.59
辽宁	1.16	1.11	1.18	1.20	1.27	1.19	1.04	1.02	0.98	0.92
吉林	1.55	1.46	1.47	1.43	1.36	1.20	0.94	0.92	0.83	0.76
黑龙江	1.07	0.97	0.96	0.95	0.92	0.78	0.68	0.65	0.61	0.55
上海	1.34	1.31	1.45	1.95	2.11	1.81	1.62	1.54	1.48	1.48
江苏	0.72	0.70	0.82	0.81	0.97	0.92	0.94	0.90	0.90	0.89
浙江	0.87	0.90	0.96	1.10	1.32	1.33	1.27	1.32	1.33	1.38
安徽	0.75	0.78	0.81	0.84	0.88	0.83	1.30	0.85	0.83	0.79
福建	0.64	0.62	0.71	0.71	0.79	0.77	0.80	0.90	0.89	0.89

续表

省份	1999 年	2000 年	2001 年	2002 年	2003 年	2004 年	2005 年	2006 年	2007 年	2008 年
江西	0.86	0.87	0.88	0.88	0.92	0.83	0.76	0.75	0.74	0.71
山东	0.74	0.73	0.78	0.85	0.88	0.82	0.75	0.73	0.70	0.67
河南	0.95	0.85	0.87	0.93	0.94	0.82	0.71	0.69	0.64	0.57
湖北	0.91	0.82	0.87	0.92	0.98	0.89	0.90	0.88	0.84	0.77
湖南	0.72	0.76	0.70	0.76	0.84	0.78	0.70	0.69	0.75	0.64
广东	1.29	1.21	1.23	1.29	1.48	1.33	1.01	0.95	0.94	0.91
广西	0.88	0.79	0.82	0.82	0.87	0.84	0.76	0.75	0.73	0.71
重庆	1.09	1.18	1.07	1.14	1.32	1.17	1.16	1.27	1.26	1.25
四川	1.06	1.12	1.04	1.08	1.12	1.01	0.93	0.93	0.90	0.91
贵州	1.11	1.07	1.13	1.19	1.27	1.45	1.17	1.19	1.15	1.07
云南	0.98	1.02	1.05	1.08	1.23	1.15	1.15	1.20	1.20	1.16
陕西	1.42	1.32	1.38	1.48	1.52	1.35	1.10	0.99	0.95	0.88
甘肃	1.30	1.19	1.21	1.29	1.34	1.24	1.00	0.94	0.91	0.87
青海	1.67	1.39	1.41	1.68	1.45	1.34	1.18	1.14	1.13	1.08
新疆	1.19	1.03	1.10	1.16	1.15	1.03	0.90	0.81	0.79	0.69

表 15-7　主要省份 ISR 数据（1978～2008 年）

省份	1978 年	1979 年	1980 年	1981 年	1982 年	1983 年	1984 年	1985 年	1986 年	1987 年	1988 年
北京	0.95	0.96	0.96	0.95	0.93	0.93	0.93	0.93	0.93	0.93	0.91
天津	0.94	0.92	0.94	0.95	0.94	0.94	0.92	0.93	0.92	0.91	0.90
河北	0.71	0.70	0.69	0.68	0.66	0.64	0.66	0.70	0.72	0.74	0.77
山西	0.79	0.79	0.81	0.74	0.73	0.76	0.77	0.81	0.84	0.85	0.85
内蒙古	0.67	0.67	0.74	0.65	0.64	0.66	0.66	0.67	0.70	0.71	0.67
辽宁	0.86	0.83	0.84	0.83	0.83	0.80	0.82	0.86	0.85	0.85	0.84
吉林	0.71	0.72	0.72	0.69	0.68	0.62	0.66	0.72	0.72	0.73	0.75
黑龙江	0.77	0.76	0.75	0.75	0.74	0.72	0.73	0.78	0.77	0.80	0.83
上海	0.96	0.96	0.97	0.97	0.96	0.96	0.96	0.96	0.96	0.96	0.96
江苏	0.72	0.65	0.71	0.69	0.65	0.66	0.66	0.70	0.70	0.73	0.74
浙江	0.62	0.57	0.64	0.66	0.64	0.68	0.68	0.71	0.73	0.74	0.74
安徽	0.53	0.52	0.54	0.48	0.52	0.55	0.56	0.57	0.59	0.60	0.62
福建	0.64	0.62	0.63	0.63	0.62	0.63	0.65	0.66	0.68	0.68	0.69
江西	0.58	0.53	0.57	0.54	0.52	0.56	0.57	0.60	0.61	0.60	0.63
山东	0.67	0.64	0.64	0.62	0.61	0.60	0.62	0.65	0.66	0.68	0.70

省份	1978年	1979年	1980年	1981年	1982年	1983年	1984年	1985年	1986年	1987年	1988年
河南	0.60	0.59	0.59	0.58	0.59	0.56	0.58	0.62	0.64	0.64	0.68
湖北	0.60	0.55	0.64	0.60	0.58	0.60	0.62	0.64	0.63	0.65	0.66
湖南	0.59	0.55	0.58	0.56	0.54	0.54	0.55	0.58	0.58	0.60	0.63
广东	0.70	0.68	0.67	0.68	0.65	0.67	0.68	0.70	0.72	0.73	0.73
广西	0.59	0.56	0.55	0.54	0.51	0.53	0.56	0.57	0.58	0.59	0.62
重庆	—	—	—	—	—	—	—	—	—	—	—
四川	0.55	0.55	0.56	0.55	0.54	0.56	0.56	0.59	0.60	0.62	0.64
贵州	0.58	0.58	0.59	0.56	0.53	0.57	0.58	0.59	0.60	0.60	0.60
云南	0.57	0.58	0.57	0.56	0.57	0.59	0.59	0.60	0.61	0.63	0.66
陕西	0.70	0.66	0.70	0.65	0.67	0.68	0.66	0.70	0.72	0.72	0.74
甘肃	0.80	0.81	0.78	0.75	0.74	0.70	0.73	0.73	0.73	0.72	0.72
青海	0.76	0.74	0.72	0.74	0.72	0.74	0.72	0.74	0.73	0.73	0.74
新疆	0.64	0.64	0.60	0.58	0.57	0.58	0.59	0.62	0.64	0.62	0.63

省份	1989年	1990年	1991年	1992年	1993年	1994年	1995年	1996年	1997年	1998年
北京	0.92	0.91	0.92	0.93	0.94	0.93	0.94	0.95	0.95	0.96
天津	0.91	0.91	0.91	0.93	0.93	0.94	0.93	0.94	0.95	0.94
河北	0.76	0.75	0.78	0.80	0.82	0.79	0.78	0.80	0.81	0.81
山西	0.83	0.81	0.85	0.85	0.86	0.85	0.85	0.85	0.87	0.87
内蒙古	0.70	0.65	0.67	0.70	0.72	0.69	0.69	0.68	0.71	0.71
辽宁	0.86	0.84	0.85	0.87	0.87	0.87	0.50	0.85	0.87	0.86
吉林	0.79	0.71	44.11	0.77	0.78	0.73	0.73	0.72	0.75	0.72
黑龙江	0.85	0.78	0.82	0.82	0.83	0.80	0.81	0.81	0.82	0.84
上海	0.96	0.96	0.96	0.97	0.97	0.98	0.97	0.98	0.98	0.98
江苏	0.75	0.47	0.78	0.35	0.84	0.83	0.84	0.84	0.85	0.86
浙江	0.75	0.75	0.77	0.81	0.83	0.83	0.84	0.85	0.86	0.87
安徽	0.63	0.63	0.71	0.71	0.73	0.77	0.71	0.72	0.73	0.74
福建	0.70	0.72	0.73	0.75	0.77	0.78	0.78	0.79	0.81	0.82
江西	0.65	0.59	0.62	0.65	0.69	0.67	0.70	0.71	0.72	0.76
山东	0.72	0.72	0.71	0.76	0.79	0.80	0.80	0.80	0.82	0.83
河南	0.66	0.65	0.68	0.72	0.75	0.75	0.75	0.74	0.75	0.75
湖北	0.67	0.65	0.69	0.72	0.76	0.73	0.74	0.76	0.78	0.80
湖南	0.63	0.63	0.64	0.68	0.70	0.69	0.69	0.70	0.71	0.74
广东	0.75	0.75	0.78	0.81	0.84	0.85	0.85	0.86	0.87	0.87

续表

省份	1989 年	1990 年	1991 年	1992 年	1993 年	1994 年	1995 年	1996 年	1997 年	1998 年
广西	0.61	0.61	0.63	0.65	0.72	0.72	0.70	0.69	0.68	0.70
重庆	—	—	—	—	—	—	—	0.76	0.77	0.79
四川	0.65	0.64	0.67	0.68	0.70	0.70	0.71	0.71	0.72	0.74
贵州	0.61	0.62	0.61	0.64	0.68	0.65	0.64	0.64	0.66	0.69
云南	0.67	0.63	0.67	0.70	0.75	0.76	0.75	0.76	0.76	0.78
陕西	0.75	0.74	0.75	0.76	0.78	0.78	0.77	0.77	0.79	0.79
甘肃	0.73	0.74	0.75	0.77	0.77	0.77	0.80	0.74	0.76	0.77
青海	0.74	0.75	0.76	0.78	0.80	0.77	0.77	0.79	0.80	0.81
新疆	0.64	0.65	0.67	0.72	0.75	0.72	0.71	0.73	0.73	0.74

省份	1999 年	2000 年	2001 年	2002 年	2003 年	2004 年	2005 年	2006 年	2007 年	2008 年
北京	0.96	0.96	0.97	0.97	0.97	0.98	0.99	0.99	0.99	0.99
天津	0.95	0.96	0.96	0.96	0.96	0.97	0.97	0.97	0.98	0.98
河北	0.82	0.84	0.84	0.84	0.85	0.84	0.85	0.86	0.87	0.87
山西	0.94	0.89	0.90	0.90	0.91	0.92	0.94	0.94	0.95	0.96
内蒙古	0.73	0.75	0.77	0.78	0.80	0.81	0.85	0.87	0.87	0.88
辽宁	0.88	0.96	0.89	0.89	0.90	0.89	0.89	0.89	0.90	0.90
吉林	0.75	0.80	0.80	0.80	0.81	0.81	0.83	0.84	0.85	0.86
黑龙江	0.87	0.89	0.89	0.88	0.89	0.89	0.88	0.88	0.82	0.87
上海	0.98	0.98	0.98	0.98	0.99	0.99	0.99	0.99	0.99	0.99
江苏	0.87	0.88	0.87	0.89	0.91	0.91	0.92	0.93	0.93	0.93
浙江	0.88	0.89	0.90	0.91	0.92	0.93	0.93	0.94	0.95	0.95
安徽	0.75	0.76	0.77	0.78	0.82	0.81	0.71	0.83	0.84	0.84
福建	0.82	0.84	0.85	0.86	0.87	0.87	0.87	0.88	0.89	0.89
江西	0.76	0.76	0.77	0.78	0.80	0.80	0.82	0.83	0.84	0.84
山东	0.84	0.85	0.86	0.87	0.88	0.92	0.89	0.90	0.90	0.90
河南	0.75	0.77	0.78	0.79	0.82	0.81	0.82	0.84	0.85	0.86
湖北	0.83	0.85	0.85	0.86	0.85	0.84	0.83	0.85	0.85	0.84
湖南	0.77	0.79	0.79	0.80	0.81	0.79	0.80	0.82	0.80	0.82
广东	0.88	0.90	0.91	0.91	0.92	0.92	0.94	0.94	0.95	0.94
广西	0.72	0.74	0.75	0.76	0.76	0.76	0.78	0.79	0.79	0.80
重庆	0.81	0.82	0.83	0.84	0.85	0.84	0.85	0.88	0.88	0.89
四川	0.75	0.76	0.78	0.79	0.79	0.79	0.80	0.82	0.81	0.81
贵州	0.71	0.73	0.75	0.76	0.78	0.79	0.81	0.83	0.84	0.84

省份	1999年	2000年	2001年	2002年	2003年	2004年	2005年	2006年	2007年	2008年
云南	0.78	0.78	0.78	0.79	0.80	0.80	0.81	0.81	0.82	0.82
陕西	0.82	0.83	0.84	0.85	0.87	0.86	0.88	0.89	0.89	0.89
甘肃	0.79	0.80	0.81	0.82	0.82	0.82	0.84	0.85	0.86	0.85
青海	0.83	0.85	0.86	0.84	0.88	0.88	0.88	0.89	0.89	0.89
新疆	0.77	0.79	0.81	0.81	0.78	0.80	0.80	0.83	0.82	0.84

2）模型设定

以 LGR、SGR 和 ISR 三个变量的时间序列共同构建如下 VAR 模型：

$$IGR_t = b_{10} + \sum_{i-t}^{k} \alpha_{1i} IGR_{t-i} + \sum_{i-t}^{k} \beta_{1i} SGR_{t-i} + \sum_{i-t}^{k} \gamma_{1i} ISR_{t-i} + \mu_{1t} \qquad (15\text{-}12)$$

$$SGR_t = b_{20} + \sum_{i-t}^{k} \alpha_{2i} IGR_{t-i} + \sum_{i-t}^{k} \beta_{2i} SGR_{t-i} + \sum_{i-t}^{k} \gamma_{2i} ISR_{t-i} + \mu_{2t} \qquad (15\text{-}13)$$

$$ISR_t = b_{30} + \sum_{i-t}^{k} \alpha_{3i} IGR_{t-i} + \sum_{i-t}^{k} \beta_{3i} SGR_{t-i} + \sum_{i-t}^{k} \gamma_{3i} ISR_{t-i} + \mu_{3t} \qquad (15\text{-}14)$$

其中，b 为常数项；k 为滞后阶数；μ 为随机误差项。

在 VAR 模型分析中，滞后阶数 k 的确定对于得出正确的检验结果非常重要，如果滞后阶数 k 过小，会导致检验过程中残差项自相关加重，从而产生非一致的参数估计，而 k 加大数值，虽然可以消除残差项的自相关，但会增加需要估计的参数，减少模型自由度。因此，滞后阶数 k 的选择，既要保证有足够数目的滞后项，又要保证模型有充足的自由度。

目前，关于滞后阶数的确定主要有三种方法：似然比检验方法、赤池（Akaike）信息准则和施瓦茨（Schwarz）信息准则，本节滞后阶数的确定主要基于两大信息准则，由 EViews6.0 软件自行确定。

2. 产业结构和碳排放强度的相关分析

碳排放问题是一个信息不完备的不确定性系统，与产业发展过程中的诸多因素密切相关，如产业结构、能源结构、技术水平等，多种因素共同作用的结果决定了系统的发展态势。然而，由于目前我国没有碳排放量的直接监测数据，当前大部分的碳排放量研究都是基于能源消费量、能源碳排放系数进行估算。所以，计量经济学模型，如回归分析、方差分析、主成分分析等对样本数据有更高要求的方法，往往不太适用碳排放及其相关因素的研究。经过综合比较分析，本节选取灰色关联分析方法，来反映产业结构变动和碳排放量变化之间的关系。该方法在不确定信息的基础上，能较好地描述和确定因素之间的关联程度，以及引起系统变动的主要因素和次要因素，从而可以掌握事物的主要特征，促进和引导系统迅速而有效地发展，在经济、交通、教育等领域有广泛应用。

1）指标选择和数据准备

在产业结构与碳排放量相关分析的过程中，文章采用的变量主要有四个：碳排放量（X_0）、第一产业产值占 GDP 的比例（X_1）、第二产业产值占 GDP 的比例（X_2）和第三产业产值占 GDP 的比例（X_3）。

按照 IPCC 第四次评估报告，CO_2 是最重要的人为温室气体，而全球 CO_2 浓度的增加主要是由于化石燃料（如煤、石油和天然气）的使用。因此，根据中国能源消费实际情况和数据可获得性，本节所指的碳排放量主要是指燃烧一次能源中的化石能源（原煤、原油和天然气）所排放的 CO_2 数量。如前所述，我国没有碳排放量的直接监测数据，当前大部分的碳排放量研究都是基于能源消费量、能源碳排放系数进行估算。通过查阅相关文献，综合考虑算法公认程度和变量数据来源，中国碳排放总量采用以下公式进行估算：

$$C = \sum_i E \times S_i \times F_i \tag{15-15}$$

其中，C 为碳排放总量；E 为第 i 类化石能源的消费量；S_i 为第 i 类化石能源对标准煤的折算系数；F_i 为第 i 类化石能源的碳排放系数。

化石能源消费数据来自各年《中国能源统计年鉴》。化石能源对标准煤的折算系数采用《中国能源统计年鉴》规定的数值（表 15-8）。碳排放系数选取国家发展和改革委员会能源研究所的数据（表 15-9）。

表 15-8　化石能源对标准煤的折算系数

能源品种	原煤	原油	天然气
折标准煤系数	0.7143 千克标准煤/千克	1.4286 千克标准煤/千克	1.3330 千克标准煤/米^3

资料来源：《中国能源统计年鉴 2009》

表 15-9　各类能源碳排放系数　　　　单位：千克碳/千克标准煤

数据来源	煤炭	石油	天然气
美国能源部/能源信息署	0.7020	0.4780	0.3890
日本能源经济研究所	0.7560	0.5860	0.4490
国家发展和改革委员会能源研究所	0.7476	0.5825	0.4435

另据当前关于我国碳排放量的研究成果，2001 年以后，我国碳排放总量呈现快速增长之势。而 20 世纪初以来，恰好是我国产业结构调整的关键时期，因此，综合考虑各省数据可获得性，本节选择 2001～2008 年为样本时间序列，对全国及 28 个主要省份的碳排放强度和产业结构之间的关系进行实证分析，探索我国碳排

放量快速增长的产业原因。碳排放量估算所需 GDP 来源于中国历年统计年鉴
（2002～2009 年），化石能源数据来源于中国历年能源统计年鉴（2002～2009 年）
中的全国能源平衡表、能源消费和地区能源平衡表。利用式（15-15），可计算得
出全国及主要省份 2001～2008 年的碳排放量，如表 15-10 所示。

表 15-10　2001～2008 年全国及主要省份碳排放量（X_0）数值　　单位：亿吨

省份	2001 年	2002 年	2003 年	2004 年	2005 年	2006 年	2007 年	2008 年
全国	8.74	9.40	11.07	12.95	14.53	15.99	17.06	18.44
北京	0.18	0.18	0.19	0.21	0.22	0.23	0.25	0.26
天津	0.19	0.19	0.20	0.23	0.25	0.25	0.27	0.26
河北	0.73	0.79	0.89	0.99	1.12	1.14	1.30	1.35
山西	0.92	1.08	1.25	1.36	1.49	1.67	1.76	1.74
内蒙古	0.34	0.37	0.45	0.64	0.76	0.89	1.02	1.26
辽宁	0.79	0.83	0.89	1.06	1.11	1.16	1.21	1.22
吉林	0.29	0.30	0.34	0.36	0.45	0.48	0.51	0.53
黑龙江	0.48	0.50	0.56	0.62	0.70	0.24	0.78	0.85
上海	0.30	0.31	0.35	0.37	0.40	0.38	0.38	0.41
江苏	0.59	0.63	0.71	0.85	1.04	1.13	1.21	1.24
浙江	0.38	0.42	0.47	0.60	0.69	0.78	0.89	0.89
安徽	0.34	0.38	0.42	0.45	0.49	0.53	0.57	0.65
福建	0.14	0.17	0.20	0.23	0.28	0.31	0.35	0.37
江西	0.15	0.14	0.17	0.22	0.23	0.26	0.29	0.30
山东	0.70	0.94	1.14	1.39	1.79	2.02	2.18	2.28
河南	0.60	0.67	0.70	0.95	1.15	1.34	1.50	1.53
湖北	0.34	0.35	0.41	0.46	0.49	0.54	0.58	0.56
湖南	0.25	0.26	0.30	0.35	0.49	0.52	0.57	0.54
广东	0.48	0.51	0.59	0.66	0.72	0.82	0.92	0.96
广西	0.12	0.11	0.17	0.17	0.19	0.21	0.25	0.24
重庆	0.15	0.15	0.14	0.17	0.19	0.22	0.25	0.32
四川	0.28	0.33	0.43	0.49	0.47	0.53	0.60	0.67
贵州	0.28	0.29	0.38	0.44	0.49	0.58	0.60	0.58
云南	0.16	0.18	0.23	0.16	0.35	0.40	0.40	0.42
陕西	0.22	0.24	0.28	0.35	0.41	0.52	0.57	0.78
甘肃	0.20	0.22	0.25	0.28	0.29	0.31	0.35	0.35
青海	0.04	0.04	0.05	0.05	0.05	0.06	0.07	0.09
新疆	0.25	0.26	0.29	0.34	0.37	0.42	0.46	0.50

注：海南、宁夏和西藏因缺少数据序列部分年份资料，无法进行估算；不包括港、澳、台数据

　　研究过程中所需三次产业比例数据来源于中国历年统计年鉴（2002～2009年）中的 GDP 构成和地区 GDP 构成，如表 15-11～表 15-13 所示。

表 15-11　第一产业比例（X_1）数值　　　　单位：%

省份	2001 年	2002 年	2003 年	2004 年	2005 年	2006 年	2007 年	2008 年
全国	14.4	13.7	12.8	13.4	12.2	11.3	11.1	11.3
北京	3.3	3.0	2.6	2.4	1.4	1.3	1.1	1.1
天津	4.3	4.1	3.6	3.5	3.0	2.7	2.2	1.9
河北	16.4	15.6	15.0	15.6	14.9	13.8	13.2	12.6
山西	9.6	9.8	8.8	8.3	6.3	5.8	4.7	4.4
内蒙古	23.2	21.6	19.5	18.7	15.1	13.6	12.5	11.7
辽宁	10.8	10.8	10.3	11.2	11.0	10.6	10.3	9.7
吉林	20.1	19.9	19.3	19.0	17.3	15.7	14.8	14.3
黑龙江	11.5	11.6	11.3	11.1	12.4	11.9	13.0	13.1
上海	1.7	1.6	1.5	1.3	0.9	0.9	0.8	0.8
江苏	11.4	10.5	8.9	8.5	8.0	7.1	7.1	6.9
浙江	10.3	8.9	7.7	7.3	6.6	5.9	5.3	5.1
安徽	22.8	21.6	18.5	19.4	18.0	16.7	16.3	16.0
福建	15.3	14.2	13.3	12.9	12.8	11.8	10.8	10.7
江西	23.3	21.9	19.8	20.4	17.9	16.8	16.5	16.4
山东	14.4	13.2	11.9	11.5	10.6	9.7	9.7	9.7
河南	21.9	20.9	17.6	18.7	17.9	16.4	14.8	14.4
湖北	14.8	14.2	14.8	16.2	16.6	15.0	14.9	15.7
湖南	20.7	19.5	19.1	20.6	19.6	17.6	17.7	18.0
广东	9.4	8.8	8.0	7.8	6.4	6.0	5.5	5.5
广西	25.2	24.3	23.8	24.4	22.4	21.4	20.8	20.3
重庆	16.7	16.0	15.0	16.2	15.1	12.2	11.7	11.3
四川	22.2	21.1	20.7	21.3	20.1	18.5	19.3	18.9
贵州	25.3	23.7	22.0	21.0	18.6	17.2	16.3	16.4
云南	21.7	21.1	20.4	0.4	19.3	18.7	17.7	17.9
陕西	15.6	14.9	13.3	13.7	11.9	10.8	10.8	11.0
甘肃	19.3	18.4	18.1	18.1	15.9	14.7	14.3	14.6
青海	14.2	13.2	11.8	12.4	12.0	10.9	10.6	11.0
新疆	19.4	19.1	22.0	20.2	19.6	17.3	17.8	16.4

注：海南、宁夏和西藏因缺少数据序列部分年份资料，无法进行估算；不包括港、澳、台数据

表 15-12　全国及主要省份第二产业比例（X_2）数值　　单位：%

省份	2001 年	2002 年	2003 年	2004 年	2005 年	2006 年	2007 年	2008 年
全国	45.1	44.8	46.0	46.2	47.7	48.7	48.5	48.6
北京	36.2	34.8	35.8	37.6	29.5	27.8	26.8	25.7
天津	49.2	48.8	50.9	53.2	55.5	57.1	57.3	60.1
河北	49.6	49.8	51.5	52.9	51.8	52.4	52.8	54.2
山西	51.6	53.7	56.6	59.5	56.3	57.8	60.0	61.5
内蒙古	40.5	42.0	45.3	49.1	45.5	48.6	51.8	55.0
辽宁	48.5	47.8	48.3	47.7	49.4	51.1	53.1	55.8
吉林	43.3	43.5	45.3	46.6	43.6	44.8	46.8	47.7
黑龙江	56.1	55.6	57.2	59.5	53.9	54.4	52.3	52.5
上海	47.6	47.4	50.1	50.8	48.6	48.5	46.6	45.5
江苏	51.6	52.2	54.5	56.6	56.6	56.6	55.6	55.0
浙江	51.3	51.1	52.6	53.8	53.4	54.0	54.0	53.9
安徽	43.0	43.5	44.8	45.1	41.3	43.1	44.7	46.6
福建	44.8	46.1	47.6	48.7	48.7	49.1	49.2	50.0
江西	36.2	38.8	43.4	45.6	47.3	49.7	51.7	52.7
山东	49.3	50.3	53.5	56.3	57.4	57.7	56.9	57.0
河南	47.1	47.8	50.4	51.2	52.1	53.8	55.2	56.9
湖北	49.6	49.2	47.8	47.5	43.1	44.4	43.0	43.8
湖南	39.5	40.0	38.7	39.5	39.9	41.6	42.6	44.2
广东	50.2	50.4	53.6	55.4	50.7	51.3	51.3	51.6
广西	35.5	35.2	36.9	38.8	37.1	38.9	40.7	42.4
重庆	41.6	42.0	43.4	44.3	41.0	43.0	45.9	47.7
四川	39.7	40.7	41.5	41.0	41.5	43.7	44.2	46.3
贵州	38.7	40.1	42.7	44.9	41.8	43.0	41.9	42.3
云南	42.5	42.6	43.4	44.4	41.2	42.8	43.3	43.0
陕西	44.3	45.5	47.3	49.1	50.3	53.9	54.2	56.1
甘肃	44.9	45.7	46.6	48.6	43.4	45.8	47.3	46.3
青海	43.9	45.1	47.2	48.8	48.7	51.6	53.3	55.1
新疆	42.4	42.1	42.4	45.9	44.7	48.0	46.8	49.6

注：海南、宁夏和西藏因缺少数据序列部分年份资料，无法进行估算；不包括港、澳、台数据

表 15-13　　全国及主要省份第三产业比例（X_3）数值　　　单位：%

省份	2001 年	2002 年	2003 年	2004 年	2005 年	2006 年	2007 年	2008 年
全国	40.5	41.5	41.2	40.4	40.1	40.0	40.4	40.1
北京	60.5	62.2	61.6	60.0	69.1	70.9	72.1	73.2
天津	46.6	47.1	45.5	43.3	41.5	40.2	40.5	37.9
河北	34.0	34.6	33.5	31.5	33.3	33.8	34.0	33.2
山西	38.8	36.5	34.7	32.2	37.4	36.4	35.3	34.2
内蒙古	36.3	36.4	35.2	32.2	39.4	37.8	25.7	33.3
辽宁	40.7	41.4	41.4	41.1	39.6	38.3	36.6	34.5
吉林	36.5	36.6	35.4	34.4	39.1	39.5	38.3	38.0
黑龙江	32.4	32.8	31.5	29.4	33.7	33.7	34.7	34.4
上海	50.7	51.0	48.4	47.9	50.5	50.6	52.6	53.7
江苏	37.0	37.3	36.6	34.9	35.4	36.3	37.4	38.1
浙江	38.4	40.0	39.7	39.0	40.0	40.1	40.7	41.0
安徽	34.2	34.9	36.7	35.5	40.7	40.2	39.0	37.4
福建	39.9	39.7	39.1	38.4	38.5	39.1	40.0	39.3
江西	40.5	39.3	36.8	34.0	34.8	33.5	31.9	30.9
山东	36.3	36.5	34.6	32.2	32.0	32.6	33.4	33.4
河南	31.0	31.3	32.0	30.1	30.0	29.8	30.1	28.6
湖北	35.5	36.6	37.4	36.4	40.3	40.6	42.1	40.5
湖南	39.8	40.5	42.2	39.9	40.5	40.8	39.8	37.8
广东	40.4	40.8	38.4	36.8	42.9	42.7	43.3	42.9
广西	39.3	40.5	39.3	36.8	40.5	39.7	38.4	37.4
重庆	41.7	42.0	41.6	39.5	43.9	44.8	42.4	41.0
四川	38.1	38.2	37.8	37.7	38.4	37.8	36.5	34.8
贵州	36.0	36.2	35.3	34.1	39.6	39.8	41.8	41.3
云南	35.8	36.3	36.2	35.2	39.5	38.5	39.1	39.1
陕西	40.2	39.6	39.4	37.2	37.8	35.3	34.9	32.9
甘肃	35.8	35.9	35.3	33.3	40.7	39.5	38.4	39.1
青海	41.9	41.7	41.0	38.8	39.3	37.5	36.0	34.0
新疆	38.2	38.8	35.6	33.9	35.7	34.7	35.4	33.9

注：海南、宁夏和西藏因缺少数据序列部分年份资料，无法进行估算；不包括港、澳、台数据

2）模型建立

灰色关联度的基本思想是根据序列曲线几何形状来判断不同序列之间的联系是否紧密。基于邓聚龙教授提出的灰色系统理论，许多学者提出了不同的灰色关

联度模型，如灰色综合关联度、灰色斜率关联度、灰色点关联度等。参考现有研究灰色关联度的实证模型，本节设定碳排放为系统特征母序列，记为 X_0，全国及各省份第一、第二、第三产业产值占其 GDP 的份额代表产业结构作为相关因素序列，分别记为 X_1，X_2 和 X_3，则

$$X_i = \{ x_i(1), x_i(2), \cdots, x_i(n) \}$$

其中，i 为母序列和比较序列，$i = 0, 1, 2, 3, \cdots$；n 为时间序列长度，$n = 8$。计算过程将分别以 2001～2008 年碳排放量和第一产业、第二产业、第三产业比例的时间序列数据作为原始数据序列，计算出灰色综合关联度，得到灰色综合关联序，从而判断产业结构变动和碳排放量变化之间的关系。具体计算步骤如下。

（1）求绝对关联度。灰色绝对关联度是母序列 X_0 与比较序列 X_i 之间相似程度的表征，X_0 与 X_i 越相似，灰色绝对关联度越大，反之就越小。令

$$X_i = \{ x_i(1), x_i(2), \cdots, x_i(n) \}$$

$$X_0^0 = \left(x_0(1) - x_0(1), x_0(2) - x_0(1), \cdots, x_0(n) - x_0(1) \right) = \left(x_0^0(1), x_0^0(2), \cdots x_0^0(n) \right)$$

$$X_i^0 = \left(x_i(1) - x_i(1), x_i(2) - x_i(1), \cdots, x_i(n) - x_i(1) \right) = \left(x_i^0(1), x_i^0(2), \cdots x_i^0(n) \right)$$

则可以得到各序列的始点零化像 X_0^0，X_i^0，由

$$|s_0| = \left| \sum_{t=2}^{n-1} x_0^0(t) + \frac{1}{2} x_0^0(n) \right|$$

$$|s_i| = \left| \sum_{t=2}^{n-1} x_i^0(t) + \frac{1}{2} x_i^0(n) \right|$$

$$|s_i - s_0| = \left| \sum_{t=2}^{n-1} \left(x_i^0(t) - x_0^0(t) \right) + \frac{1}{2} \left(x_i^0(n) - x_0^0(n) \right) \right|$$

可得灰色绝对关联度

$$\varepsilon_{oi} = \frac{1 + |s_0| + |s_i|}{1 + |s_0| + |s_i| + |s_i - s_0|} \tag{15-16}$$

（2）求相对关联度。灰色相对关联度是母序列 X_0 与比较序列 X_i 之间相对于始点的变化速率之联系的表征，X_0 与 X_i 变化速率越接近，灰色相对关联度越大，反之就越小。令

$$X_0' = \left(\frac{x_0(1)}{x_0(1)}, \frac{x_0(2)}{x_0(1)}, \cdots, \frac{x_0(n)}{x_0(1)} \right) = \left(x_0'(1), x_0'(2), \cdots, x_0'(n) \right)$$

$$X_i' = \left(\frac{x_i(1)}{x_i(1)}, \frac{x_i(2)}{x_i(1)}, \cdots, \frac{x_i(n)}{x_i(1)} \right) = \left(x_i'(1), x_i'(2), \cdots, x_i'(n) \right)$$

可以得到各序列的初值像 X_0'，X_i'，则 X_0'，X_i' 的始点零化像为

$$X_0'^0 = \left(x_0'(1) - x_0'(1), x_0'(2) - x_0'(1), \cdots, x_0'(n) - x_0'(1) \right) = \left(X_0'^0(1), X_0'^0(2), \cdots, X_0'^0(n) \right)$$

$$X_i'^0 = \left(x_i'(1) - x_i'(1), x_i'(2) - x_i'(1), \cdots, x_i'(n) - x_i'(1)\right) = \left(X_i'^0(1), X_i'^0(2), \cdots, X_i'^0(n)\right)$$

由

$$\left|s_0'\right| = \left|\sum_{t=2}^{n-1} x_0'^0(t) + \frac{1}{2} x_0'^0(n)\right|$$

$$\left|s_i'\right| = \left|\sum_{t=2}^{n-1} x_i'^0(t) + \frac{1}{2} x_i'^0(n)\right|$$

$$\left|s_i' - s_0'\right| = \left|\sum_{t=2}^{n-1} \left(x_i'^0(t) - x_0'^0(t)\right) + \frac{1}{2}\left(x_i'^0(n) - x_0'^0(n)\right)\right|$$

可得灰色相对关联度

$$r_{0i} = \frac{1 + \left|s_0'\right| + \left|s_i'\right|}{1 + \left|s_0'\right| + \left|s_i'\right| + \left|s_i' - s_0'\right|} \tag{15-17}$$

（3）求综合关联度。灰色综合关联度既体现了序列 X_0 与 X_i 的相似程度，又反映出 X_0 与 X_i 相对于始点的变化速率的接近程度，是较为全面地表征序列之间是否联系紧密的一个数量指标。一般，我们可取 $\theta = 0.5$，表示对绝对量和变化速率同等关注。由

$$\rho_{0i} = \theta \varepsilon_{0i} + (1 - \theta) r_{0i} \tag{15-18}$$

可以得到碳排放量与三次产业之间的灰色综合关联度 ρ_{0i}，而根据 ρ_{0i} 的大小则可以排出三次产业对于碳排放量影响的综合关联序，由此判断其对于碳排放的影响程度。

（三）数据检验与分析

1. 单位根检验

由于时间序列中往往存在滞后效应，即前后变量彼此相关，所以，在进行具体相关性检验之前，需要考察具有时间趋势的各变量是否属于非平稳变量，进而确定是否应采用协整分析方法，以避免出现 VAR 模型的"伪回归"现象[①]。时间序列平稳性可通过简单图形和自相关函数进行检验，但精度均不高，因此，学者往往选用统计方法进行判断，其中，ADF（augment dickey-fuller test）检验方法是目前最常用的方法之一。因此，本节首先利用 ADF 检验法检验各变量的平稳性，以全国层面数据为例，各变量平稳性检验结果如表 15-14～表 15-16 所示。

---

① 即在进行时间序列分析时，经济现象之间本不存在有意义的经济关系，但回归结果却表现为存在有意义的经济关系。

表 15-14　全国 ISR 平稳性检验结果

检验变量	检验类型（C, T, P）	ADF 值	临界值	检验结果
ISR	无常数项，无趋势项，$P=0$	2.176 200	−1.610 211*	不平稳
	有常数项，有趋势项，$P=0$	−4.258 014	−4.296 729***	不平稳
	有常数项，无趋势项，$P=0$	0.161 392	−2.621 007*	不平稳
	无常数项，无趋势项，$P=1$	2.451 916	−1.610 011*	不平稳
	有常数项，有趋势项，$P=1$	−3.123 120	−3.221 728*	不平稳
	有常数项，无趋势项，$P=1$	−0.342 597	−2.622 989*	不平稳
	无常数项，无趋势项，$P=2$	1.886 342	−1.609 798*	不平稳
	有常数项，有趋势项，$P=2$	−4.877 832	−4.323 979***	平稳
	有常数项，无趋势项，$P=2$	−0.325 060	−2.625 121*	不平稳
ΔISR	无常数项，无趋势项，$P=0$	−6.301 182	−2.650 145***	平稳
	有常数项，有趋势项，$P=0$	−6.061 615	−4.323 979***	平稳
	有常数项，无趋势项，$P=0$	−6.186 360	−3.689 194***	平稳

注：ADF 检验类型包括常数项 C、时间趋势项 T 和滞后阶数 P。虽然滞后阶数是由信息准则自行确定，但这里，为了更好地证明数据序列的平稳性，本节对原始数据序列自行设定了 0、1 和 2 三种不同滞后阶数情况，而对一阶查分后的变量，则选取了 0 和 1 两个滞后阶数进行检验

*表示在 10%水平上显著，***表示在 1%水平上显著

表 15-15　全国 LGR 平稳性检验结果

变量	检验类型（C, T, P）	ADF 值	临界值	检验结果
LGR	无常数项，无趋势项，$P=0$	1.198 100	−1.610 211*	不平稳
	有常数项，有趋势项，$P=0$	−1.455 692	−3.218 382*	不平稳
	有常数项，无趋势项，$P=0$	−1.623 694	−2.621 007*	不平稳
	无常数项，无趋势项，$P=1$	0.729 342	−1.610 011*	不平稳
	有常数项，有趋势项，$P=1$	−2.613 484	−3.221 728*	不平稳
	有常数项，无趋势项，$P=1$	−1.923 639	−2.622 989*	不平稳
	无常数项，无趋势项，$P=2$	1.030 849	−1.609 798*	不平稳
	有常数项，有趋势项，$P=2$	−1.887 045	−3.225 334*	不平稳
	有常数项，无趋势项，$P=2$	−1.736 857	−2.625 121*	不平稳
ΔLGR	无常数项，无趋势项，$P=0$	−6.301 182	−2.650 145***	平稳
	有常数项，有趋势项，$P=0$	−6.061 615	−4.323 979***	平稳
	有常数项，无趋势项，$P=0$	−6.186 360	−3.689 194***	平稳

注：ADF 检验类型包括常数项 C、时间趋势项 T 和滞后阶数 P。虽然滞后阶数是由信息准则自行确定，但这里，为了更好地证明数据序列的平稳性，本节对原始数据序列自行设定了 0、1 和 2 三种不同滞后阶数情况，而对一阶查分后的变量，则选取了 0 和 1 两个滞后阶数进行检验

*表示在 10%水平上显著，***表示在 1%水平上显著

表 15-16　全国 SGR 平稳性检验结果

变量	检验类型（C, T, P）	ADF 值	临界值	检验结果
SGR	无常数项，无趋势项，$P=0$	−1.070 522	−1.606 129*	不平稳
	有常数项，有趋势项，$P=0$	−3.289 639	−3.297 799*	不平稳
	有常数项，无趋势项，$P=0$	−2.657 650	−2.666 593*	不平稳
	无常数项，无趋势项，$P=1$	−0.867 184	−1.605 603*	不平稳
	有常数项，有趋势项，$P=1$	−4.321 875	−4.667 883***	不平稳
	有常数项，无趋势项，$P=1$	−2.862 492	−3.065 585**	不平稳
	无常数项，无趋势项，$P=2$	0.630 082	−1.605 026*	不平稳
	有常数项，有趋势项，$P=2$	−1.944 703	−3.324 976*	不平稳
	有常数项，无趋势项，$P=2$	−0.830 443	−2.681 310*	不平稳
ΔSGR	无常数项，无趋势项，$P=0$	−3.779 809	−2.728 252***	平稳
	有常数项，有趋势项，$P=0$	−3.508 780	−4.728 363***	不平稳
	有常数项，无趋势项，$P=0$	−3.667 799	−3.959 148***	不平稳
	无常数项，无趋势项，$P=1$	−5.831 216	−2.740 613***	平稳
	有常数项，有趋势项，$P=1$	−4.969 331	−4.800 080***	平稳
	有常数项，无趋势项，$P=1$	−5.555 716	−4.004 425***	平稳

注：ADF 检验类型包括常数项 C、时间趋势项 T 和滞后阶数 P。虽然滞后阶数是由信息准则自行确定，但这里，为了更好地证明数据序列的平稳性，本节对原始数据序列自行设定了 0、1 和 2 三种不同滞后阶数情况，而对一阶差分后的变量，则选取了 0 和 1 两个滞后阶数进行检验

*表示在 10% 水平上显著，**表示在 5% 水平上显著，***表示在 1% 水平上显著

根据以上结果，我们可以看出，在 1%、5% 或 10% 的置信水平下，原始序列中的 ISR、LGR 和 SGR 都大于临界值，说明原始序列中的这几个变量含有单位根的零假设不能被拒绝，均为非平稳序列；而经过一阶差分后的变量 ΔISR、ΔLGR 和 ΔSGR 的 ADF 值均小于临界值，因此，可以认为原始序列经过差分后拒绝有单位根的零假设，达到平稳。因此，三个变量 ISR、LGR 和 SGR 的原始序列都是一阶单整非平稳序列，而它们的一阶差分序列都是平稳时间序列，即 ISR $\sim I(1)$，LGR $\sim I(1)$，SGR $\sim I(1)$。

遵循同样步骤，对 28 个主要省份的 ISR 和 LGR 时间序列数据进行 ADF 检验，检验结果如表 15-17 和表 15-18 所示。

表 15-17　主要省份 ISR 数据平稳性检验结果

变量	检验类型 (c, t, p)	ADF 值	临界值 (5%)	变量	检验类型 (c, t, p)	ADF 值	临界值 (5%)
北京				山东			
ISR	(c, t, 0)	−2.486 348	−3.574 244	ISR	(c, t, 0)	−3.413 020	−3.568 379
ΔISR	(c, t, 0)	−5.196 152	−1.953 381	ΔISR	(c, t, 0)	−3.955 754	−1.955 020

续表

变量	检验类型(c, t, p)	ADF 值	临界值(5%)	变量	检验类型(c, t, p)	ADF 值	临界值(5%)
天津				河南			
ISR	$(c, t, 0)$	-2.101 364	-3.568 379	ISR	$(c, t, 1)$	-3.279 766	-3.574 244
ΔISR	$(c, t, 2)$	-5.265 774	-1.954 414	ΔISR	$(c, t, 1)$	-6.315 197	-1.953 858
河北				湖北			
ISR	$(c, t, 0)$	-2.486 490	-3.568 379	ISR	$(c, t, 0)$	-3.004 007	-3.568 379
ΔISR	$(c, t, 1)$	-6.270 698	-1.953 858	ΔISR	$(c, t, 2)$	-6.463 220	-1.954 414
山西				湖南			
ISR	$(c, t, 0)$	-3.518 538	-3.568 379	ISR	$(c, t, 0)$	-3.550 018	-3.568 379
ΔISR	$(c, t, 0)$	-10.399 51	-1.953 381	ΔISR	$(c, t, 1)$	-7.078 443	-1.953 858
内蒙古				广东			
ISR	$(c, t, 0)$	-1.961 201	-3.568 379	ISR	$(c, t, 0)$	-2.748 945	-3.568 379
ΔISR	$(c, t, 4)$	-4.582 769	-1.955 681	ΔISR	$(c, t, 4)$	-10.233 64	-1.953 381
辽宁				广西			
ISR	$(c, t, 0)$	-2.149 669	-2.963 972	ISR	$(c, t, 1)$	-3.722 624	-4.309 824***
ΔISR	$(c, t, 1)$	-8.201 392	-1.953 959	ΔISR	$(c, t, 3)$	-5.145 124	-1.955 020
吉林				重庆			
ISR	$(c, t, 0)$	-2.933 090	-3.568 379	ISR	$(c, t, 0)$	-2.174 240	-3.875 302
ΔISR	$(c, t, 2)$	-6.538 349	-1.954 414	ΔISR	$(c, t, 1)$	-5.524 719	-1.988 198
黑龙江				四川			
ISR	$(c, t, 0)$	-3.051 201	-3.568 379	ISR	$(c, t, 0)$	-2.360 593	-3.568 379
ΔISR	$(c, t, 2)$	-6.217 368	-1.954 414	ΔISR	$(c, t, 1)$	-1.972 465	-1.953 381
上海				贵州			
ISR	$(c, t, 0)$	-2.651 030	-3.568 379	ISR	$(c, t, 0)$	-2.200 506	-3.568 379
ΔISR	$(c, t, 0)$	-12.247 45	-1.953 381	ΔISR	$(c, t, 0)$	-7.333 480	-1.953 858
江苏				云南			
ISR	$(c, t, 0)$	-4.103 293	-4.296 729***	ISR	$(c, t, 0)$	-1.872 740	-3.568 379
ΔISR	$(c, t, 2)$	-4.982 818	-1.954 414	ΔISR	$(c, t, 2)$	-6.222 091	-1.955 020
浙江				陕西			
ISR	$(c, t, 1)$	-2.639 919	-3.574 244	ISR	$(c, t, 0)$	-0.117 169	-2.963 972
ΔISR	$(c, t, 4)$	-4.655 608	-1.955 681	ΔISR	$(c, t, 4)$	-3.251 407	-1.955 681

续表

变量	检验类型 (c, t, p)	ADF 值	临界值（5%）	变量	检验类型 (c, t, p)	ADF 值	临界值（5%）
安徽				甘肃			
ISR	$(c, t, 0)$	−3.743 082	−4.296 729***	ISR	$(c, t, 0)$	−2.682 690	−3.568 379
ΔISR	$(c, t, 2)$	−9.094 579	−1.953 858	ΔISR	$(c, t, 3)$	−6.897 701	−1.953 858
福建				青海			
ISR	$(c, t, 0)$	−3.228 686	−3.568 379	ISR	$(c, t, 1)$	−3.050 303	−3.574 244
ΔISR	$(c, t, 2)$	−4.804 658	−1.954 414	ΔISR	$(c, t, 1)$	−7.482 885	−1.953 858
江西				新疆			
ISR	$(c, t, 0)$	−0.081 876	−2.963 972	ISR	$(c, t, 0)$	−3.353 886	−3.568 379
ΔISR	$(c, t, 2)$	−5.524 990	−1.954 414	ΔISR	$(c, t, 2)$	−7.635 166	−1.953 381

注：检验过程中，滞后阶数取由 SIC 准则自动选取；检验的临界值无特别说明，都是在 5%显著水平下得到统计检验值

***表示在 1%水平上显著

表 15-18　主要省份 LGR 数据平稳性检验结果

变量	检验类型 (c, t, p)	ADF 值	临界值（5%）	变量	检验类型 (c, t, p)	ADF 值	临界值（5%）
北京				山东			
LGR	$(c, t, 3)$	−3.449 854	−3.587 527	LGR	$(c, t, 1)$	−2.887 992	−3.574 244
ΔLGR	$(c, t, 1)$	−6.585 930	−1.953 858	ΔLGR	$(c, t, 1)$	−4.040 117	−1.953 381
天津				河南			
LGR	$(c, t, 3)$	−2.593 164	−3.568 379	LGR	$(c, t, 0)$	−0.528 971	−3.568 379
ΔLGR	$(c, t, 2)$	−6.646 345	−1.954 414	ΔLGR	$(c, t, 2)$	−5.940 284	−1.954 414
河北				湖北			
LGR	$(c, t, 0)$	−1.008 314	−3.568 379	LGR	$(c, t, 0)$	−2.114 706	−3.574 244
ΔLGR	$(c, t, 1)$	−7.415 411	−1.953 858	ΔLGR	$(c, t, 2)$	−6.465 275	−1.954 414
山西				湖南			
LGR	$(c, t, 0)$	−0.352 795	−3.568 379	LGR	$(c, t, 0)$	−3.193 916	−3.568 379
ΔLGR	$(c, t, 2)$	−6.042 360	−1.954 414	ΔLGR	$(c, t, 1)$	−6.930 867	−1.953 858
内蒙古				广东			
LGR	$(c, t, 0)$	−0.014 162	−3.568 379	LGR	$(c, t, 0)$	−1.409 387	−3.568 379
ΔLGR	$(c, t, 2)$	−5.042 109	−1.954 414	ΔLGR	$(c, t, 1)$	−6.137 355	−1.953 858

续表

变量	检验类型 (c, t, p)	ADF 值	临界值 (5%)	变量	检验类型 (c, t, p)	ADF 值	临界值 (5%)
辽宁				广西			
LGR	$(c, t, 0)$	0.089 232	-3.568 379	LGR	$(c, t, 0)$	-3.919 520	-4.296 729***
ΔLGR	$(c, t, 1)$	-6.411 502	-1.953 858	ΔLGR	$(c, t, 1)$	-8.821 447	-1.953 858
吉林				重庆			
LGR	$(c, t, 0)$	-0.066 184	-3.568 379	LGR	$(c, t, 1)$	-2.528 199	-3.933 364
ΔLGR	$(c, t, 0)$	-9.455 021	-1.953 381	ΔLGR	$(c, t, 1)$	-5.905 935	-1.987 819 8
黑龙江				四川			
LGR	$(c, t, 0)$	-0.136 820	-3.568 379	LGR	$(c, t, 0)$	-2.131 888	-3.733 200
ΔLGR	$(c, t, 0)$	-7.865 709	-1.953 381	ΔLGR	$(c, t, 1)$	-3.800 929	-1.970 978
上海				贵州			
LGR	$(c, t, 1)$	-3.794 981	-4.309 824***	LGR	$(c, t, 1)$	-1.708 312	-3.574 244
ΔLGR	$(c, t, 1)$	-4.813 636	-1.953 381	ΔLGR	$(c, t, 4)$	-4.976 341	-1.955 681
江苏				云南			
LGR	$(c, t, 0)$	-2.688 119	-3.568 379	LGR	$(c, t, 1)$	-3.252 133	-3.574 244
ΔLGR	$(c, t, 1)$	-6.154 826	-1.609 571	ΔLGR	$(c, t, 1)$	-7.749 936	-1.953 858
浙江				陕西			
LGR	$(c, t, 0)$	-1.572 836	-3.568 379	LGR	$(c, t, 2)$	0.513 117	-3.580 623
ΔLGR	$(c, t, 1)$	-6.478 440	-1.953 858	ΔLGR	$(c, t, 2)$	-5.840 435	-1.954 414
安徽				甘肃			
LGR	$(c, t, 1)$	-3.425 565	-3.574 244	LGR	$(c, t, 1)$	-0.028 322	-3.574 244
ΔLGR	$(c, t, 1)$	-7.467 474	-1.935 858	ΔLGR	$(c, t, 2)$	-639 936 7	-1.954 414
福建				青海			
LGR	$(c, t, 0)$	-1.761 840	-3.568 379	LGR	$(c, t, 0)$	-0.317 326	-3.568 379
ΔLGR	$(c, t, 1)$	-6.715 549	-1.953 858	ΔLGR	$(c, t, 1)$	-5.912 993	-1.953 858
江西				新疆			
LGR	$(c, t, 0)$	-0.351 892	-3.568 379	LGR	$(c, t, 1)$	0.527 480	-3.574 244
ΔLGR	$(c, t, 0)$	-7.049 600	-1.953 381	ΔLGR	$(c, t, 1)$	-5.744 366	-1.953 858

注：检验过程中，滞后阶数取由 SIC 准则自动选取；检验的临界值无特别说明，都是在 5%显著水平下得到统计检验值

***表示在 1%水平上显著

　　根据表 15-17 和表 15-18 的检验结果，我们可以看出，在 5%置信水平下，全

国绝大多数省份 ISR 和 LGR 均为非平稳时间序列，而其一阶差分 ΔISR 和 ΔLGR 则均为平稳时间序列。例外的省份包括广西、江苏和安徽。其中，广西的 ISR 时间序列和 LGR 时间序列均在 1%置信水平下呈现非平稳的特性；江苏和安徽的 ISR 时间序列在 1%置信水平下呈现非平稳的特性。但总体而言，我们可以认为，各省 ISR 和 LGR 数据时间序列都是非平稳时间序列，且均为一阶单整，即 $ISR \sim I(1)$，$LGR \sim I(1)$。因此，可用协整检验方法对各省 ISR 和 LGR 之间的关系进行长期均衡分析。

2. 长期协整检验

协整是指两个或两个以上同阶单整的非平稳时间序列的线性组合是平稳时间序列，研究变量之间的协整关系，其意义在于表明具有各自长期波动规律的两个非平稳时间序列，存在稳定的均衡关系。协整检验的具体方法主要包括两变量的 Engle-Granger（EG）检验和多变量的 Johansen 检验。因为本节全国层面 VAR 模型是三变量、省份 VAR 模型是两变量，所以本节选取多变量 Johansen 检验法进行协整检验，以全国层面数据为例，ISR、LGR 和 SGR 变量之间协整检验结果如表 15-19 所示。

表 15-19　全国层面 ISR、LGR 和 SGR 协整检验结果

原假设	迹检验	5%临界值	p 值	最大特征值检验	5%临界值	p 值
零个	51.530 23	42.915 25	0.005 5	27.349 96	25.823 21	0.031 2
至多一个	24.180 27	25.872 11	0.080 0	17.724 27	19.387 04	0.085 8
至多两个	6.456 002	12.517 98	0.404 7	6.456 002	12.517 98	0.404 7

注：①基于原始数据序列特征，选择带有截距项并带有趋势项的 VAR 模型；②Johansen 协整检验滞后阶数等于无约束 VAR 模型的最优滞后阶数减 1，此处滞后阶数为 1

从检验结果来看，无论是迹统计量，还是最大特征根统计量，全国层面 ISR、LGR 和 SGR 之间都存在一个长期协整关系，这说明全国产业结构系数、贷款融资率和股票融资率之间存在长期相关关系。

同样方法，主要省份协整检验结果如表 15-20 所示。

表 15-20　主要省份 ISR 和 LGR 协整检验结果

省份	滞后阶数	迹检验	临界值	特征值检验	临界值	检验结果
北京	2	13.702 23	13.428 78*	12.931 93	12.296 52*	一个协整关系
天津	3	16.311 34	15.484 71**	14.290 26	14.264 60**	一个协整关系
河北	4	24.668 11	23.342 34*	17.788 98	17.234 10*	一个协整关系
山西	2	22.005 10	18.397 71**	21.655 01	17.147 69**	一个协整关系

续表

省份	滞后阶数	迹检验	临界值	特征值检验	临界值	检验结果
内蒙古	4	33.233 26	25.872 11**	25.832 38	19.387 04**	一个协整关系
辽宁	3	16.486 24	13.428 78*	13.920 09	12.296 52*	一个协整关系
吉林	3	16.361 18	16.160 88*	16.143 08	15.001 28*	一个协整关系
黑龙江	0	17.975 61	15.494 71**	15.003 51	14.264 60**	一个协整关系
上海	2	13.721 80	13.428 78*	12.664 28	12.296 52*	一个协整关系
江苏	0	26.248 85	25.872 11**	20.071 44	19.387 04**	一个协整关系
浙江	0	27.746 89	25.872 11**	22.187 25	19.387 04**	一个协整关系
安徽	1	16.128 39	10.474 57*	9.853 526	9.474 804*	两个协整关系
福建	0	22.503 06	20.261 84**	18.976 50	15.892 10**	一个协整关系
江西	0	29.754 62	25.872 11**	22.668 89	19.387 04**	一个协整关系
山东	0	18.840 71	16.160 88**	15.220 13	15.001 28**	两个协整关系
河南	4	34.149 67	25.872 11**	30.974 92	19.387 04**	一个协整关系
湖北	1	11.820 66	10.474 57*	10.447 96	9.474 804*	一个协整关系
湖南	0	23.012 19	15.494 71**	22.430 24	14.264 60**	一个协整关系
广东	0	13.935 12	10.474 57*	10.056 97	9.474 804*	两个协整关系
广西	0	26.809 04	25.872 11**	20.034 17	19.387 04**	一个协整关系
重庆	0	15.500 44	15.494 71**	15.154 88	14.264 60**	一个协整关系
四川	1	13.741 59	12.320 90**	11.808 00	11.224 89**	一个协整关系
贵州	0	12.738 56	10.474 57*	10.369 36	9.474 804*	一个协整关系
云南	0	10.759 29	10.474 57*	10.723 21	9.474 804*	一个协整关系
陕西	0	29.430 90	25.872 11**	24.589 66	19.387 04**	一个协整关系
甘肃	1	23.540 44	23.342 34*	19.117 28	17.234 10*	一个协整关系
青海	0	24.144 25	23.342 34*	19.287 97	17.234 10*	一个协整关系
新疆	1	28.645 94	25.872 11**	22.037 46	19.387 04**	一个协整关系

注：①基于不同省份原始数据序列特征，确定 VAR 模型是否带有截距项并带有趋势项；②Johansen 协整检验滞后阶数等于无约束 VAR 模型的最优滞后阶数减 1；③特征值检验指最大特征值检验；④协整关系个数取决于迹检验和最大特征根检验均通过时的值

*表示在 10%水平上显著，**表示在 5%水平上显著

从检验结果可以看出，省份层面的产业结构系数和贷款融资率之间均存在一个或两个协整关系，只是显著性水平有所差异，因此，可以说中国各省产业结构和金融服务之间都存在长期均衡关系。

3. 因果关系检验

虽然 Johansen 协整检验表明全国及 28 个主要省份产业结构和金融服务之间

都存在长期均衡关系，但并不能确定彼此之间的因果关系，即是金融服务对产业结构调整有影响，还是产业结构调整对金融服务有影响，还是两者互为因果。因此，本节继续对存在协整关系的 ISR、LGR 和 SGR 变量进行因果关系检验，包括基于向量误差修正（vector error correction，VEC）模型的长期因果关系检验和基于格兰杰（Granger）的短期因果关系检验。

1）基于 VEC 模型的长期因果关系检验

VEC 模型是对变量施加了协整约束条件的向量自回归模型，由于全国层面 ISR、LGR 和 SGR 均为非平稳时间序列，且彼此之间存在长期协整关系，所以，可以建立 VEC 如下：

$$\Delta \text{ISR} = b_{10} + \sum_{i=1}^{k} \alpha_{1i} \Delta \text{ISR}_{t-i} + \sum_{i=1}^{k} \beta_{1i} \Delta \text{LGR}_{t-i} + \sum_{i=1}^{k} \gamma_{1i} \Delta \text{SGR}_{t-i} + \lambda_1 ecm_{t-1} + \mu_{1t}$$

$$(15\text{-}19)$$

$$\Delta \text{LGR} = b_{20} + \sum_{i=1}^{k} \alpha_{2i} \Delta \text{ISR}_{t-i} + \sum_{i=1}^{k} \beta_{2i} \Delta \text{LGR}_{t-i} + \sum_{i=1}^{k} \gamma_{2i} \Delta \text{SGR}_{t-i} + \lambda_2 ecm_{t-1} + \mu_{2t}$$

$$(15\text{-}20)$$

$$\Delta \text{SGR} = b_{30} + \sum_{i=1}^{k} \alpha_{3i} \Delta \text{ISR}_{t-i} + \sum_{i=1}^{k} \beta_{3i} \Delta \text{LGR}_{t-i} + \sum_{i=1}^{k} \gamma_{3i} \Delta \text{SGR}_{t-i} + \lambda_3 ecm_{t-1} + \mu_{3t}$$

$$(15\text{-}21)$$

在上述模型中，如果 λ_1 显著为负，则 ISR 为非外生变量，其变动会受到 LGR 和 SGR 的影响；如果 λ_2 显著为负且标准化协整向量中 LGR 的系数为正，或 λ_2 显著为正且标准化向量中 LGR 系数为负，则说明 ISR 在长期时间内对 LGR 产生了影响；如果 λ_3 显著为负且标准化协整向量中 SGR 的系数为正，或 λ_3 显著为正且标准化向量中 SGR 系数为负，则说明 ISR 在长期时间内对 LGR 产生了影响。以全国层面的数据为例，检验结果如表 15-21 所示。

表 15-21　全国层面 ISR、LGR 和 SGR 误差检验结果

标准化协整向量 (ISR，LGR，SGR)	误差修正项系数和 t 检验结果					
	DISR		DLGR		DSGR	
	λ_1	t 值	λ_2	t 值	λ_3	t 值
(1，−0.495 841，−10.774 66) (−4.310 38　−5.765 28)	−0.072 727	−1.104 91	0.458 358	1.725 42	0.099 369	3.589 39

注：①经过标准化的协整向量 ISR=1；②括号中的数值为相对应的 LGR 和 SGR 系数的 t 检验值

同样方法，对全国 28 个主要省份 ISR 和 LGR 进行 VEC 检验，结果如表 15-22 所示。

表 15-22 主要省份 ISR 和 LGR VEC 检验结果

省份	滞后阶数	标准化向量		误差修正项系数和 t 检验结果			
				DISR		DLGR	
		(ISR，LGR)	t 值（LGR）	λ_1	t 值	λ_2	t 值
北京	2	(1，−0.042 037)	−5.405 58	−0.257 715*	−3.075 22	4.116 081*	1.810 20
天津	3	(1，−0.633 289)	−3.824 19	−0.083 885**	−3.350 07	0.326 627**	1.021 13
河北	4	(1，−0.054 126)	−0.639 34	−0.377 078*	−1.380 69	1.620 361*	2.070 77
山西	2	(1，0.025 796.)	0.800 25	−1.089 462**	−4.938 17	−0.562 223**	−0.449 45
内蒙古	4	(1，0.169 943)	8.586 31	−0.413 172**	−0.891 52	−5.403 458**	−4.349 04
辽宁	3	(1，−0.108 776)	−7.302 74	−1.273 396*	−3.506 83	0.314 998*	0.271 22
吉林	3	(1，0.121 831)	3.044 87	−0.940 829*	−3.577 11	1.012 191	0.961 79
黑龙江	0	(1，−0.111 063)	−1.705 73	−0.208 284**	−2.026 05	−0.731 054	−3.210 30
上海	2	(1，−0.032 869)	−7.409 87	−0.406 297*	−3.546 61	2.179 856*	0.525 11
江苏	0	(1，0.214 664)	3.014 07	−0.597 671**	−4.438 16	−0.667 02**	−1.471 98
浙江	0	(1，0.101 381)	4.646 13	−0.932 116**	−5.434 17	−0.784 312**	−1.071 05
安徽	1	(1，−0.910 631)	−22.665 1	0.120 753	2.325 92	0.249 552*	2.727 20
福建	0	(1，−0.753 560)	−5.872 52	−0.088 201**	−4.659 16	−0.039 999	−0.444 69
江西	0	(1，−0.033 945)	0.906 72	−0.844 529**	−5.476 543	−0.412 155	−0.994 51
山东	0	(1，−3.408 251)	−4.157 49	−0.034 824*	−2.476 95	0.060 100*	1.699 58
河南	4	(1，0.237 737)	3.353 56	−0.949 980**	−4.785 84	1.162 868	1.123 31
湖北	1	(1，−1.014 898)	−20.643 0	−0.110 256*	−3.333 00	0.026 959*	0.351 29
湖南	0	(1，−1.347 011)	−7.391 50	−0.030 396**	−1.601 84	0.274 061*	3.995 45
广东	0	(1，−1.263 520)	−9.204 29	−0.018 109*	−3.257 00	0.021 938*	0.475 40
广西	0	(1，−0.229 685)	−2.629 40	−0.498 566**	−5.153 10	−0.128 946	−0.333 85
重庆	0	(1，−0.719 614)	−21.325 1	−0.016 144**	−0.046 46	0.837 994*	2.958 93
四川	1	(1，−0.263 597)	−1.427 43	0.018 265	3.568 26	−0.010 802	−0.178 72
贵州	0	(1，−1.312 049)	−7.450 42	−0.019 703*	−3.456 46	−0.013 033	−0.450 93
云南	0	(1，−0.513 877)	−4.628 44	0.026 208	2.723 94	0.081 692*	2.522 71
陕西	0	(1，−0.009 352)	−0.508 05	−0.793 157**	−5.267 24	−1.638 471**	−1.804 61
甘肃	1	(1，0.016 893)	0.360 01	−0.417 032*	−4.811 39	−0.200 889*	−0.430 91
青海	0	(1，0.007 330)	0.392 08	−0.431 881**	−3.598 13	−1.430 053**	−1.370 37
新疆	1	(1，−0.044 099)	−1.222 69	−0.616 711*	−5.254 59	0.106 823**	0.196 74

注：海南、宁夏和西藏因缺少数据序列部分年份资料，无法进行估算；不包括港、澳、台数据

*表示在 10%水平上显著，**表示在 5%水平上显著

根据表 15-21 检验结果，可以看出，在全国层面，金融服务（LGR 和 SGR）长期影响产业结构的变动，同时，产业结构调整对 LGR 和 SGR 也产生了重要影

响。从表 15-22 的结果可以看出，28 个主要省份中有 25 个省份 λ_1 值显著为负，表明金融服务（LGR）是长期产业结构变动的原因。例外的省份是云南、四川和安徽；有 20 个省份产业结构调整也是 LGR 变动的原因，例外的省份有吉林、黑龙江、福建、江西、河南、广西、四川和贵州；其中，18 个省份从长期来看，金融服务和产业结构调整互为因果关系，仅有四川 1 个省份从长期来看，金融服务和产业结构调整之间没有明确的因果关系。因此，从整体来看，中国金融服务在长期内显著促进了产业结构调整。

2）基于 Granger 的短期因果关系检验

当前关于 Granger 因果关系的检验方法存在争议。一些学者，在研究过程中认为 Granger 因果关系检验的变量应是平稳时间序列，否则检验结果是不可靠的。然而，由于 Granger（1980）最初关于因果性的定义并没有规定变量必须是平稳的，所以，目前很多研究成果在做 Granger 因果关系检验时没有将变量平稳性作为硬性约束条件，如陈邦强等（2007）关于中国金融市场化进程中的金融结构、政府行为、金融开放与经济增长间的影响研究，武志（2010）关于中国金融发展与经济增长的关系研究。很多教科书也没有对变量的平稳性做出要求，如张晓峒（2009）、李国柱和刘德智（2010）编著的教材。由于本节的目的是对原数据序列进行因果关系检验，所以，本节对 ISR、LGR 和 SGR 三变量直接进行了 Granger 因果关系检验，结果如表 15-23 所示。

表 15-23　全国层面 ISR、LGR 和 SGR 因果关系检验结果

原假设（原始数据序列）	滞后阶数	F 统计值	p 值	结果
LGR 不是 ISR 的 Granger 原因	1	12.7538	0.0014	拒绝
ISR 不是 LGR 的 Granger 原因	1	0.09574	0.7594	接受
SGR 不是 ISR 的 Granger 原因	1	0.01572	0.9012	接受
ISR 不是 SGR 的 Granger 原因	1	9.25820	0.0052	拒绝
SGR 不是 LGR 的 Granger 原因	1	0.19793	0.6599	接受
LGR 不是 SGR 的 Granger 原因	1	6.17960	0.0194	拒绝

注：滞后阶数取其 VAR 模型最优滞后阶数

由 Granger 因果分析结果可知，在 5%临界水平上，全国 ISR、LGR 和 SGR 之间存在三种因果关系，即 LGR 是产业结构系数的 Granger 原因，ISR 是 SGR 的 Granger 原因，LGR 是 SGR 的 Granger 原因，其他两两变量之间不存在因果关系。该结果说明两个结论：一是我国长期以来，金融服务对产业结构调整的促进效应明显，但主要以贷款等直接融资方式为主，证券市场为主的间接融资并不发达，对产业结构调整的效应既不明显也不确定；二是当前证券市场中的主要参与者是银行中介，而企业的参与程度不足。

同样方法，对全国 28 个主要省份 ISR 和 LGR 两变量进行 Granger 因果关系检验，结果如表 15-24 所示。

表 15-24　主要省份 ISR 和 LGR 因果关系检验结果

省份	滞后阶数	Granger 因果关系检验			
		LGR → ISR		ISR → LGR	
		F 统计量	p 值	F 统计量	p 值
北京	3	3.428 96	0.035 7**	1.059 92	0.387 2
天津	4	2.854 98	0.054 0*	0.221 83	0.922 7
河北	5	0.588 98	0.708 6	1.996 55	0.137 6
山西	3	0.951 48	0.433 8	0.551 28	0.652 9
内蒙古	5	2.448 53	0.082 0*	0.289 84	0.911 2
辽宁	4	2.878 30	0.052 7*	1.339 69	0.293 6
吉林	4	0.206 69	0.931 4	1.695 89	0.194 8
黑龙江	1	4.332 11	0.047 0**	8.848 41	0.006 1**
上海	3	5.925 48	0.004 3**	0.023 52	0.995 0
江苏	1	1.705 56	0.202 6	2.936 25	0.098 1*
浙江	1	0.009 45	0.923 3	3.072 50	0.091 0*
安徽	2	6.325 82	0.006 2**	4.960 81	0.015 7**
福建	1	1.236 74	0.275 9	0.535 7	0.470 6
江西	1	2.498 44	0.125 6	2.689 52	0.112 6
山东	1	6.543 62	0.016 5**	0.063 11	0.803 5
河南	5	0.692 40	0.637 0	0.956 79	0.474 1
湖北	2	2.650 34	0.075 3*	0.038 01	0.989 8
湖南	1	2.999 04	0.094 7*	0.933 95	0.342 4
广东	1	1.580 81	0.219 4	0.329 53	0.570 7
广西	1	8.013 59	0.008 7**	0.230 50	0.635 0
重庆	1	0.003 56	0.952 9	9.122 33	0.008 3**
四川	2	0.255 05	0.777 0	3.204 34	0.058 4*
贵州	1	6.075 68	0.020 4**	0.178 59	0.675 9
云南	1	0.046 12	0.831 6	3.844 75	0.060 3*
陕西	1	3.101 73	0.089 5*	4.245 49	0.049 1**
甘肃	2	5.757 09	0.009 1**	1.953 18	0.163 7
青海	1	8.359 43	0.007 5**	1.959 48	0.173 0
新疆	2	3.025 04	0.093 4*	6.835 82	0.014 4**

注：滞后阶数为 VAR 模型最优滞后阶数；海南、宁夏和西藏因缺少数据序列部分年份资料，无法进行估算；不包括港、澳、台数据

*代表 10%显著水平，**代表 5%显著水平

　　由此我们可以看出，全国 28 个省份中，有 16 个省份 LGR 是 ISR 的 Granger 原因，分别是北京、天津、内蒙古、辽宁、黑龙江、上海、安徽、山东、湖北、湖南、广西、贵州、陕西、甘肃、青海和新疆；有 9 个省份 ISR 是 LGR 的 Granger 原因，分别是黑龙江、江苏、浙江、安徽、重庆、四川、云南、陕西和新疆；有 4 个省份 ISR 和 LGR 互为 Granger 原因，分别是黑龙江、安徽、陕西和新疆；有 7 个省份 ISR 和 LGR 之间没有明显的 Granger 因果关系，分别是河北、山西、吉林、福建、江西、河南和广东。从这些实证结果来看，短期内金融服务（LGR）对产业结构调整的效应也非常明显，金融服务的水平决定了产业发展的水平和效果。

　　将 VEC 和 Granger 因果分析的结果总结为表 15-25，其中单箭头代表因果关系是单方向的，双箭头代表因果关系是双向的。

表 15-25　主要省份 ISR 和 LGR 因果关系分类

长期因果关系（VEC）		短期因果关系（Granger 因果分析）	
因果关系方向	省份数量/个	因果关系方向	省份数量/个
LGR → ISR	25	LGR → ISR	16
ISR → LGR	20	ISR → LGR	9
ISR ↔ LGR	18	ISR ↔ LGR	4
两者无明显因果关系	1	两者无明显因果关系	7

　　为了准确反映碳排放量和产业结构之间的关系，以全国数据为例，详细说明两者之间灰色关联度的计算过程。其母序列 X_0 与比较序列 X_i 数值分别为

$$X_1 = (14.4, 13.7, 12.8, 13.4, 12.2, 11.3, 11.1, 11.3)$$
$$X_2 = (45.1, 44.8, 46.0, 46.2, 47.7, 48.7, 48.5, 48.6)$$
$$X_3 = (40.5, 41.5, 41.2, 40.4, 40.1, 40.0, 40.4, 40.1)$$

　　由式（15-16）可得全国第一、第二、第三产业与碳排放量之间的绝对关联度为

$$\varepsilon_{01} = 0.51, \quad \varepsilon_{02} = 0.70, \quad \varepsilon_{03} = 0.51$$

　　由式（15-17）可得全国第一、第二、第三产业与碳排放量之间的相对关联度为

$$r_{01} = 0.55, \quad \varepsilon_{02} = 0.59, \quad \varepsilon_{03} = 0.56$$

　　由式（15-18）得全国第一、第二、第三产业与碳排放量之间的综合关联度为

$$\rho_{01} = 0.53, \quad \rho_{02} = 0.65, \quad \rho_{03} = 0.54$$

　　采用以上方法，计算出全国各省份碳排放量与第一、第二、第三产业之间的关联度及综合关联序，如表 15-26 所示。

表 15-26　全国及各省份碳排放量与产业结构的灰色关联度

地区	第一产业 X_1			第二产业 X_2			第三产业 X_3			综合关联序
	ε_{01}	r_{01}	ρ_{01}	ε_{02}	r_{02}	ρ_{02}	ε_{03}	r_{03}	ρ_{03}	
全国	0.505	0.548	0.526	0.700	0.591	0.646	0.513	0.559	0.536	$X_2 > X_3 > X_1$
北京	0.525	0.554	0.540	0.508	0.594	0.551	0.509	0.813	0.661	$X_3 > X_2 > X_1$
天津	0.529	0.565	0.547	0.512	0.793	0.652	0.509	0.598	0.554	$X_2 > X_3 > X_1$
河北	0.517	0.559	0.538	0.581	0.619	0.600	0.539	0.570	0.553	$X_2 > X_3 > X_1$
山西	0.512	0.542	0.527	0.550	0.646	0.598	0.509	0.551	0.530	$X_2 > X_3 > X_1$
内蒙古	0.505	0.525	0.515	0.532	0.603	0.568	0.516	0.530	0.523	$X_2 > X_3 > X_1$
辽宁	0.574	0.589	0.582	0.606	0.631	0.619	0.522	0.586	0.554	$X_2 > X_1 > X_3$
吉林	0.513	0.560	0.536	0.549	0.620	0.585	0.619	0.596	0.607	$X_3 > X_2 > X_1$
黑龙江	0.735	0.629	0.682	0.535	0.581	0.558	0.791	0.596	0.694	$X_3 > X_1 > X_2$
上海	0.554	0.561	0.557	0.581	0.654	0.618	0.595	0.624	0.609	$X_2 > X_3 > X_1$
江苏	0.511	0.540	0.525	0.558	0.608	0.583	0.539	0.554	0.547	$X_2 > X_3 > X_1$
浙江	0.510	0.533	0.522	0.590	0.570	0.580	0.607	0.573	0.590	$X_3 > X_2 > X_1$
安徽	0.508	0.554	0.531	0.607	0.598	0.602	0.530	0.679	0.605	$X_3 > X_2 > X_1$
福建	0.513	0.533	0.523	0.528	0.581	0.554	0.539	0.540	0.540	$X_3 > X_2 > X_1$
江西	0.508	0.550	0.529	0.507	0.817	0.662	0.506	0.554	0.530	$X_2 > X_3 > X_1$
山东	0.509	0.523	0.516	0.581	0.572	0.576	0.510	0.526	0.518	$X_2 > X_3 > X_1$
河南	0.508	0.535	0.521	0.555	0.603	0.579	0.533	0.542	0.538	$X_2 > X_3 > X_1$
湖北	0.682	0.615	0.649	0.509	0.568	0.539	0.530	0.682	0.606	$X_1 > X_3 > X_2$
湖南	0.519	0.545	0.532	0.600	0.569	0.585	0.686	0.559	0.623	$X_3 > X_2 > X_1$
广东	0.514	0.546	0.530	0.582	0.598	0.590	0.745	0.578	0.661	$X_3 > X_2 > X_1$
广西	0.514	0.555	0.534	0.525	0.629	0.577	0.602	0.563	0.582	$X_3 > X_2 > X_1$
重庆	0.514	0.571	0.543	0.530	0.661	0.595	0.597	0.616	0.606	$X_3 > X_2 > X_1$
四川	0.516	0.542	0.529	0.551	0.588	0.570	0.544	0.546	0.545	$X_2 > X_3 > X_1$
贵州	0.506	0.539	0.523	0.536	0.613	0.574	0.563	0.588	0.575	$X_3 > X_2 > X_1$
云南	0.506	0.53	0.52	0.52	0.61	0.57	0.51	0.54	0.52	$X_2 > X_3 > X_1$
陕西	0.511	0.532	0.522	0.522	0.608	0.565	0.511	0.535	0.523	$X_2 > X_3 > X_1$
甘肃	0.513	0.558	0.535	0.558	0.603	0.581	0.551	0.615	0.583	$X_3 > X_2 > X_1$
青海	0.515	0.559	0.537	0.508	0.714	0.611	0.512	0.569	0.540	$X_2 > X_3 > X_1$
新疆	0.579	0.568	0.574	0.532	0.633	0.583	0.514	0.562	0.538	$X_2 > X_1 > X_3$

注：综合关联序指依据综合关联度的大小进行排序；海南、宁夏和西藏因缺少数据序列部分年份资料，无法进行估算；不包括港、澳、台数据

　　根据表 15-26 分析结果，可以看出，从全国层面来讲，三次产业对碳排放强度的影响按其关联度大小依次为：第二产业、第三产业和第一产业。从地区层面来讲，全国 28 个省份中有 16 个省份的第二产业与碳排放量关联度最大。它们分别是天津、河北、山西、内蒙古、辽宁、上海、江苏、福建、江西、山东、河南、四川、云南、陕西、青海和新疆，其中 10 个省份的第二产业比例超过 50%，远大于第一产业和第三产业的比例，说明第二产业的快速发展是促使地区碳排放量快速增加的主要因素。此外，第三产业也是影响碳排放强度的重要因素，全国 28 个省份中有 11 个省份的第三产业与碳排放量关联度最大，包括北京、吉林、黑龙江、浙江、安徽、湖南、广东、广西、重庆、贵州、甘肃。第一产业对碳排放强度的影响最小，全国只有 4 个省份第一产业对碳排放强度的影响不是最小，它们是辽宁、黑龙江、湖北和新疆。

　　上述分析说明了各产业产值对碳排放量的影响，但是还没有分析各产业对于碳排放强度的影响方向和程度，这里通过测算全国及各省份 2001～2008 年单位 GDP 碳排放量的变化及其降幅来分析其影响，如表 15-27 所示。

表 15-27　2001～2008 年中国各省份三次产业比例、单位 GDP 碳排放量和降幅均值

地区	第一产业/%	第二产业/%	第三产业/%	单位 GDP 碳排放量/（万吨/亿元）	单位 GDP 碳排放量降幅/%
全国	12.5	47.0	40.5	0.75	−4.12
北京	2.0	31.8	66.2	0.35	−12.21
天津	3.2	54.0	42.8	0.70	−11.43
河北	14.6	51.9	33.5	1.12	−6.43
山西	7.2	57.1	35.7	3.76	−8.70
内蒙古	17.0	47.2	34.5	1.87	−3.86
辽宁	10.6	50.2	39.2	1.35	−7.44
吉林	17.6	45.2	37.2	1.15	−6.52
黑龙江	12.0	55.2	32.8	1.26	−5.12
上海	1.2	48.1	50.7	0.44	−8.77
江苏	8.6	54.8	36.6	0.54	−6.01
浙江	7.1	53.0	39.9	0.50	−4.25
安徽	18.7	44.0	37.3	0.93	−5.87
福建	12.7	48.0	39.3	0.39	−0.49
江西	19.1	45.7	35.2	0.58	−5.50
山东	11.3	54.8	33.9	0.88	−2.65
河南	17.8	51.8	30.4	1.04	−3.13
湖北	15.3	46.1	38.7	0.74	−5.63

地区	第一产业/%	第二产业/%	第三产业/%	单位 GDP 碳排放量/ （万吨/亿元）	单位 GDP 碳排放量 降幅/%
湖南	19.1	40.8	40.2	0.63	−1.51
广东	7.2	51.8	41.0	0.34	−7.06
广西	22.8	38.2	39.0	0.45	−6.48
重庆	14.3	43.6	42.1	0.67	−5.54
四川	20.3	42.3	37.4	0.66	−2.86
贵州	20.1	41.9	38.0	2.39	−5.66
云南	17.2	42.9	37.5	0.82	4.56
陕西	12.8	50.1	37.2	1.10	−0.19
甘肃	16.7	46.1	37.3	1.54	−6.86
青海	12.0	49.2	38.8	1.12	−3.77
新疆	19.0	45.2	35.8	1.46	−5.01

根据表 15-27，结合对全国及主要省份碳排放强度与第一、第二和第三产业灰色关联度的研究结果再进行分析，可以看出以下结果。

（1）第二产业相对第一产业和第三产业对碳排放量的影响最大，但并不是影响地区碳排放量增大的绝对因素。一个地区第二产业在国民经济中占有较大的份额，并不意味着必然就会产生较高的碳排放量。以北京、天津和上海三大直辖市为例，天津是典型的"二、三、一"工业城市，北京和上海则是我国真正实现"三、二、一"产业结构的城市。从表 15-27 可以看出，天津市 2001～2008 年单位 GDP 碳排放量的均值为 0.70 万吨/亿元，低于全国平均值 0.75 万吨/亿元。尽管从绝对值上看，天津单位 GDP 碳排放量在全国 28 个省份中尚居第 12 位（从低向高排列），但其下降率（从高到低排列）在全国高居第二位，仅低于北京，但却远快于上海。这说明，发展第二产业并不与高碳排放量直接挂钩。

（2）第三产业对地区碳排放量的降低效应并不明显，需要引起重视。尽管一般认为服务业比重增加将带来环境影响下降，但是我国现阶段服务业的碳排放强度与国际水平相比仍然较高，对区域低碳发展的效应并不明显。以北京为例进行说明，北京是我国真正实现了"三、二、一"产业结构的城市之一，第三产业成为其主导产业，在国民经济中所占的份额达到 66.20%，这种产业结构在一定程度上使得第三产业成为北京碳排放的主要来源。但其单位 GDP 碳排放量明显低于其他地区，在全国排名中位居第 2（从低到高排列），在一定程度上说明第三产业属于低碳产业，大力发展第三产业有助于降低区域碳排放强度。然而，从单位 GDP 碳排放量全国最低的广东省来看，尽管其经济结构以第二产业为主，但影响该省碳排放的主要因素却是第三产业,这需要我们认真思考第三产业的低碳效应问题。广东属于我国改革开放的前沿地区,在改革过程中享受到的国家优惠政策及其有利的地理位置等原因使得其经济总体比较发达,产业生态化水平相对较高,单位GDP碳排放量全国最低。但广东省在过去30多年改革开放过程中存在"重生产,轻服务"的政策倾向,其政府部门设置和政策主体几乎全是围绕着工业制造业服务,工业发展水平远高于服务业发展水平,第三产业的低碳效应远没有得到发挥,而成为影响该省碳排放的首要因素。同样,全国其他省域也不同程度地存在"重二产、轻三产"的政策倾向,这一现象应当引起政府相关部门的高度重视。

（3）第一产业的发展对碳排放量的影响最小。无论是从全国层面,还是地区层面,研究结果表明,第一产业的发展对碳排放量的影响都是最小。在28个省份中,第一产业对碳排放量影响不是最小的只有辽宁、黑龙江、湖北和新疆4个地区。四省从历史上看就是我国的农业大省,为了保持第一产业的优势,四省均采取积极措施促进农业发展,同时国家也对这四省第一产业的发展进行大力扶持,促进了第一产业的快速发展,在GDP中占有较高的比例,这是导致这些省份第一产业对碳排放量影响较大的主要原因。

根据上述数据检验的结果,可以得出本节所提理论研究假设的验证情况,如表15-28所示。

表15-28　理论假设验证情况

假设	假设描述	路径	检验结果
H1	金融服务对产业结构有显著影响	H1a	全国层面:假设成立
			省域层面(长期检验):北京、天津、河北、山西、内蒙古、辽宁、吉林、黑龙江、上海、江苏、浙江、福建、江西、山东、河南、湖北、湖南、广东、广西、重庆、贵州、陕西、甘肃、青海、新疆25个省份支持假设成立
			省域层面(短期检验):北京、天津、内蒙古、辽宁、黑龙江、上海、安徽、山东、湖北、湖南、广西、贵州、陕西、甘肃、青海、新疆16个省份支持假设成立
		H1b	全国层面(长期检验):假设成立
H2	产业结构对碳排放强度有显著影响	H2a	全国层面:假设成立
			省域层面:北京、天津、河北、山西、内蒙古、吉林、上海、江苏、浙江、安徽、福建、江西、山东、河南、湖南、广东、广西、重庆、四川、贵州、云南、陕西、甘肃、青海24个省份支持假设成立
		H2b	全国层面:假设成立
			省域层面:天津、河北、山西、内蒙古、辽宁、上海、江苏、福建、江西、山东、河南、云南、山西、青海、新疆15个省份支持假设成立
		H2c	全国层面:假设成立
			省域层面:天津、河北、山西、内蒙古、辽宁、上海、江苏、福建、江西、山东、河南、湖北、四川、云南、陕西、青海、新疆17个省份支持假设成立

（四）结果讨论与政策启示

1. 实证结果分析

本节以产业结构和碳排放强度为中介变量建立了产业低碳发展金融服务的传导机制模型，并以全国及 28 个主要省份 1978～2008 年的时间序列数据对产业低碳发展金融服务的传导路径进行了实证分析，研究结果发现：产业结构是我国金融服务与产业低碳发展之间的一条显著传导途径，无论是从全国层面还是从各省域角度，金融服务通过调整产业结构对碳排放产生了重要影响。从这一结论可知，中国改革开放 30 多年来，金融在促进我国经济快速增长的同时，也促进了"高碳型"产业结构的形成，而造成较高的碳排放强度，但这也从反向角度为中国利用金融服务降低碳排放强度提供了理论和实证支持，意味着未来中国可以利用金融手段引导产业走向低碳发展之路，而产业结构调整依然是金融服务实现的重要传导渠道。就具体研究结论来说，按照研究目的进行梳理可以发现以下内容。

（1）直接金融和间接金融在产业低碳发展中的作用。无论是从长期因果关系检验，还是短期因果关系检验，在总样本 1978～2008 年，中国各省份金融信贷服务对产业结构的影响非常明显，银行信贷服务是我国产业发展的重要支撑。但就同一样本和时间序列数据，金融市场对产业结构的影响并不十分显著，虽然从长期来看，证券市场会对产业结构产生一定影响，但短期来看，证券市场对产业发展的作用尚未得到发挥，这说明目前我国金融仍然属于"银行主导型"的金融结构。因此，从短期来看，提升金融信贷在产业系统中的服务质量，发展绿色间接金融，有利于产业低碳发展，而从长期来看，探索以证券市场为主导的绿色直接金融，可有效提高金融在产业系统中的服务质量。因此，必须进一步探索金融市场化的道路，以获得高质量的金融服务，优化调增产业结构，从而促进产业低碳发展。

（2）三次产业结构对于产业低碳发展的影响。从产业结构与碳排放强度的关系来看，第二产业与碳排放强度呈现出高相关性特点。在总样本 2001～2008 年，全国有 15 个省域的实证检验结果支持了这一结论，表明当前我国第二产业的快速发展增大了产业低碳发展的压力。第三产业对碳排放强度也有显著影响，尽管相对于第二产业，第三产业对于我国碳排放强度的影响较小，但在总样本 2001～2008 年，全国有 11 个省域的实证检验结果表明第三产业的碳排放效应并不明显，这与当前一些学者"大力发展第三产业，建设低碳经济"的结论相悖。第一产业的碳排放效应最低，但其不仅自身生产活动能显著降低碳排放量，还能发挥碳汇功能，促进整个产业系统实现低碳发展。

由此实证结论可以看出，金融服务传导机制主要包含两个传导过程：上游是通过金融服务直接影响产业结构调整；下游是产业结构调整的效应影响碳排放强度，从而影响产业低碳发展的行为。当前金融政策促进产业结构优化的目的是实现经济快速增长的目标，但在低碳经济背景下，不仅需要金融服务主体考虑经济增长的目标，还要综合考虑引导产业结构低碳化调整。一般来讲，当政府和中央银行制定了金融政策和货币政策后，能否快速传导，就取决于金融中介机构的传导行为了，因此，商业银行在我国产业低碳发展金融服务传导过程中发挥着举足轻重的作用。

2. 政策启示

本节的结果表明，一个地区的碳排放强度和产业结构密切相关，不同省份经济发展基础和产业结构特征不一样，产业结构与碳排放强度的关系不一样，因此，未来国家控制碳排放的政策应该考虑如下方面。

（1）加快推进第二产业的低碳发展。目前我国正处于工业化和城市化快速推进的阶段，"二、三、一"的产业发展格局在2020年前不大可能发生变化，未来较长的一段时期内，工业仍将是我国经济快速发展的主要推动力。然而，由于第二产业对碳排放强度的影响程度最大，各级政府部门在明确工业作为引导区域经济增长主导部门的同时，要积极采取措施推进工业低碳、绿色发展，使我国进入又好又快的协调经济增长和低碳排放的道路。

第二产业对于碳排放的影响主要表现在两个方面：一是工业生产对能源的直接消耗及其产生的直接碳排放；二是产品生产过程中通过大量中间投入品而间接消耗的能源及由此产生的间接碳排放。因此，政策制定者应当注意并区别工业发展过程中直接和间接的碳排放，制定适当的政策措施，不仅要通过淘汰落后生产能力、优化能源消费结构等控制高耗能工业部门的直接碳排放，更要注重生产过程中中间投入品的"减物质化"发展，减少间接能耗和间接碳排放。

（2）高度重视第三产业的低碳发展。第三产业作为表征地区经济发达程度和产业结构优化程度的重要变量，在我国过去产业结构调整的过程中受到高度重视，发展速度加快，在一些经济发达省份逐渐成为区域经济发展的主导产业。尽管一般认为服务业比重增加将带来环境影响下降，但值得注意的是，我国现阶段服务业的发展水平与国际相比仍然较低，对降低区域碳排放强度的效应并不明显，因此，未来我国政策制定者在增加第三产业比重的同时，应注重优化第三产业内部结构，提高服务业的发展水平，为提升区域产业结构、降低产业碳排放强度做准备。

（3）注重农业发展的低碳效应。当前，降低第一产业在GDP中的比重是我国产业结构调整的一大趋势。然而，低碳经济背景下，调整产业结构需要重新考虑三大产业之间的关系。在低碳经济发展过程中，农业不仅可以承担为工业提供原料、为部分工业品提供市场、为国家提供税收等任务，还可以在减少碳排放、增加碳汇从而遏制碳排放方面大有作为。因此，未来我国应注重农业发展的低碳效应，创新农业发展制度，转变农业发展方式，推广循环农业模式和低碳农业技术，实现农业系统内碳的零排放。同时，发挥农业系统的碳汇功能，选取有条件的地区建设形式多样的农业碳汇试验区，包括林地、草原、渔业等，增强农业系统的固碳能力，减少经济发展过程中的实际碳排放。

（4）建立和实施不同空间尺度上的低碳发展政策。本节研究结果表明，不同省份产业结构与碳排放的关联性特征并不相同，这说明我国各省份产业结构变动与碳排放之间不存在单一、精确的演变规律，因此，中央政府要尊重地方经济发展的异质性，统筹考虑各省份产业结构与碳排放之间不同的关联度特征，制定适宜的低碳发展措施，包括产业结构调整方向和各地碳减排指标的量化分化等。这样不仅有利于统筹区域经济发展，还可以提高地方发展低碳经济、控制碳排放的积极性。各地区也要结合自身产业结构特点，找到适合自己的低碳发展道路，制定有针对性、有重点的政策措施，促进地区的低碳发展。

相应地，通过实证检验可以得出，自改革开放以来，中国产业发展具有"高耗能""高排放""高污染"等高碳特征，而金融服务可以部分解释中国高碳产业发展的原因，结合金融因素促进低碳经济增长的机制分析，得出中国可以利用金融因素来促进低碳技术创新，进而促进低碳经济增长。产业低碳发展需要较高程度的金融服务作为支持，因为，低碳发展既是经济总量的增长，也是产业结构不断调整和完善的过程。因此，在我国产业低碳发展的过程中，随着产业结构的不断调整与升级，金融对产业发展的支持不应该仅仅着眼于金融总量的扩张，而应该考虑从金融结构调整方面支持产业的可持续发展。未来国家金融服务的政策应考虑为：①积极引导产业结构优化调整，尤其是第二产业和第三产业内部的结构优化，以此减缓第二产业和第三产业快速发展的碳排放压力；②推动绿色金融发展，包括碳金融，创新金融服务工具，充分运用信贷资金对调整产业结构的作用，引导产业结构向"低碳型"方向发展；③积极推进金融市场的发展，应更坚定地推行现代金融发展的市场化进程，拓宽产业低碳发展的投融资渠道，以便为更远未来的低碳经济发展提供坚实保障。

第五节　产业低碳发展金融服务政策研究

虽然前文对产业低碳发展的金融服务进行了系统分析与设计，但问题的关键并不在于人为地促进这个系统发展，而是需要通过制度变迁，营造一个完善的金融服务环境，以有效促进金融服务系统和传导机制的运行。因此，本节根据实证结论的政策含义和产业低碳发展金融服务系统模型，对产业低碳发展金融服务政策进行研究，提出相应建议。

一、产业低碳发展金融政策体系

（一）制定有利于产业低碳发展的信贷政策

根据实证分析结果，信贷服务作为我国金融服务的主要形式，在产业发展中起着重要的基础性作用。而从银行自身角度来看，支持产业低碳发展，也是银行承担环境责任、谋求自身可持续发展的战略选择。目前，低碳经济已经成为世界未来经济发展的必然趋势，如果银行不能站在战略高度，跟上产业低碳发展的步伐，那么，银行在未来就可能会失去竞争能力。因此，银行只有创新信贷服务模式，按照低碳经济理念设计银行信贷产品，才能在推进产业低碳发展与银行可持续发展之间获得相对均衡。

1. 建立低碳优先的信贷政策

2007 年 7 月，国家环境保护总局、人民银行、中国银行业监督管理委员会三部门为了遏制高耗能高污染产业的盲目扩张，联合提出一项全新的信贷政策《关于落实环境保护政策法规防范信贷风险的意见》，要求金融机构要依据环保部门通报的情况，严格贷款审批、发放和监督管理，对未通过环评审批或者环保设施验收的新项目，金融机构不得新增任何形式的授信支持。这份被称为"中国现阶段绿色信贷的基础文件"实施以来，取得了一定效果，对遏制高耗能、高污染等产业的发展及促进企业采用低碳生产技术起到了明显的作用，但在低碳经济背景下还有待完善，应补充建立低碳优先的信贷评价体系，并将支持低碳贷款新增作为一项战略性指标纳入到银行关键业绩考核指标体系，确保政策执行。

2. 创新低碳信贷产品

信贷产品同其他金融产品一样，其发展与信贷服务对象需求及其变化密切相关，与传统经济发展模式相比，低碳经济下的产业信贷对象发生了一些变化：一是新兴战略性产业的发展，如节能环保、新一代信息技术、生物医药、高端装备制造、新能源、新材料等，具有资本密集、技术密集、能耗低、污染少等传统产业无法比拟的优势，也属于典型的低碳产业，是现代产业体系的重要组成部分。二是产业共生网络的发展，如循环经济产业链构建和产业园区发展，通过践行减量化、再利用、资源化的"3R"原则提高资源能源利用效率，减少 CO_2 排放。在此情况下，金融机构的信贷服务将由支持单一企业转变为同时支持附着于产业链的上、下游企业群，由支持单一产业转变为同时支持共生网络内的多个产业。三是碳交易市场的发展，如 CDM 机制对金融产品和制度都提出了新的要求。因此，金融机构要适应服务对象的变化，对信贷产品进行适应性调整：一是调整信贷结构，促进资源从风险高、盈利少、社会贡献度低的行业和企业向社会贡献度较高的行业和企业集中，实现生产要素优化配置，提高经济运行的质量和效率；二是适应循环经济产业链和产业园区服务对象的变化，着力对信贷产品组合长度和宽度进行调整，为其提供系列化、循环式的信贷资金支持；三是适应碳交易市场的金融服务创新需求，根据全球碳交易市场规则，对中国境内产生的温室气体排放量，按照 CDM 机制开发有价产品，将国内碳交易市场逐步演变成为银行信贷市场，同时，研究开发碳基金及市场化的碳排放权衍生金融产品，形成以 CDM 项目为核心的碳金融体系。

3. 建立低碳信贷管理机制

低碳经济是一个新事物，低碳信贷业务也会涉及很多新的问题，主要涉及两个方面：一是低碳经济涉及很多专业知识，如碳交易市场的不同运行机制及制度要求、产业共生网络构建的产业链接技术、战略性新兴产业发展的政策体系等，从这个意义上说，低碳信贷对金融机构提出了新的管理要求，金融机构必须拥有一批既能掌握经济金融理论和信贷操作技能，又能知晓上述专业技术知识的专门人才，才能顺利实施低碳信贷业务；二是低碳信贷涉及更为专业的风险管理问题，因为低碳项目相比传统项目往往具有贷款额度大、投资收益大、回收周期长的特点，其信贷风险相比传统项目也往往更大，如产业共生网络建设贷款项目，一旦某个链条上的某个环节产生问题，往往传递到整个链条上的所有企业，因此，针对产业共生网络的循环贷款比传统针对单个企业的贷款风险要大得多。面对这些新的问题，金融机构要积极转变信贷管理观念，对低碳信贷进行研究、探索与总结，加快建立低碳信贷管理机制。具体应从以下三个方面着手：一是建立低碳信贷人才培养机制，通过实施有针对性的低碳业务培训，引进既掌握经济金融理论和信贷操作技能，又知晓低碳相关专业知识的专门人才等措施，打造高素质的低碳信贷队伍；二是强化低碳信贷风险管理，要按照产业低碳发展特点和要求，建立低碳信贷风险控制流程及操作系统，做好风险评价和预警工作，完善信贷风险补偿机制，实现防险、化险一体化，维护金融安全与稳定；三是加强低碳信贷业务整体管理，实现"五个平衡"，即"政策性金融与商业性金融的平衡""制造业信贷与服务业信贷的平衡""项目信贷与环境信贷的平衡""生产信贷与消费信贷的平衡""信贷产品创新与衍生工具创新的平衡"，保障低碳金融业务的开展。

（二）培育有利于产业低碳发展的金融市场

实现产业低碳发展，信贷服务要先行。但是，产业低碳发展不能完全建立在信贷金融服务或间接金融的基础上，金融业要担当增长与环保"双赢"的重任，长期而言，必须主动调整金融发展模式，推进金融市场发展。前文实证结果也表明，以证券市场为主体的直接金融，从长期来看，对产业低碳发展具有显著影响，因此，建立产业低碳发展金融服务体系，不能忽视金融市场的作用，同时，也要正视我国经济发展的当前环境和产业发展的真实水平，要高度警惕产业低碳发展初期，高碳产业存量信贷风险居高不下而低碳产业增量信贷风险加速攀升的严峻形势，加速推动低碳金融市场发展，分散低碳项目的贷款融资风险。

1. 加快碳资本主导下的人民币国际化进程

随着碳交易的渐趋成熟，碳金融得到快速发展，以碳信用为货币基准的"碳本位"货币体系，正成为货币市场发展的新趋势。伴随各国在碳交易市场参与度的提高，已有越来越多的国家搭乘碳交易快车提升本币在国际货币体系中的地位，加速走向世界主导国际货币的行列。尽管以我国现有的低碳经济发展水平，人民币作为碳交易计价货币的道路漫长而艰难，但作为东亚地区最稳定的货币，人民币已经成为一些国家和地区居民保值的重要币种。比如，马来西亚、菲律宾、韩国等国的中央银行已将人民币作为其储备货币之一，而在老挝、越南等亚洲周边国家，人民币可以自由流通，地位也已与美元等量齐观，因此，人民币成为碳交易计价货币并不是毫无希望。此外，在低碳经济这场绿色革命中，碳交易市场供给方比较多元，参与者不再仅限于发达工业化国家，还包括发展中国家和经济转型国家，这说明碳交易市场很难形成唯一计价货币的约定，客观上存在碳交易计价货币多元化的可能。因此，中国必须加快构建碳资本及其主导下的碳减排发展权体系框架，使人民币成为碳交易计价的主要结算货币，这是人民币成为国际货币的必由之路，是争夺未来新兴碳金融市场话语权的战略问题，也是加强未来国际谈判筹码的政治问题。

2. 促使证券市场融资活动低碳化

经过 20 多年发展，证券市场目前已经成为我国产业发展的重要融资手段之一，也是民间资本参与经济发展的重要途径，因此，证券市场在促进产业低碳发展方面责无旁贷，其作用主要表现在以下三个方面：一是发挥市场的融资功能，让尽可能多的社会资金融入到资本市场中来，改善融资结构，支持产业低碳发展；

二是优化上市公司的行业结构，过去 20 余年上市公司大多是具有高能耗，甚至高污染特点的传统产业，未来，证券市场可以通过制定低碳准入政策，促使更多发展低碳经济的企业成为上市公司主体，同时，通过再融资的倾斜政策，促进已有上市公司低碳化的资产重组和技术改造，最终在结构上使低碳企业及低碳业务占据主导地位，这一方面，目前创业板市场运作较好，上市公司具有明显的低碳经济特征，很大程度上配合了新兴产业政策的推行；三是建立更为完善和包容的市场准入制度，给予前期技术投入大、回收周期长但具有巨大发展潜力的低碳企业优先准入政策，促进低碳企业发展。

3. 加强风险投资体系建设

风险投资是由专业投资机构在自担风险的前提下，通过科学评估和严格筛选，向有潜在发展前景的创新企业、项目、产品等注入资本，并运用科学管理方式增加风险资本附加值的一种投资活动，是资本市场中私人权益市场的一部分，包括非正式的"天使"投资市场与风险资本市场。作为一种新型投融资机制，能够适应产业低碳发展资本需求量大、投资回收期长、技术创新存在风险的特征，因此，拓展风险投资市场，对于培育和发展低碳产业意义重大。加强风险投资体系建设，主要可采取以下措施：一是建立专门的风险投资基金，支持低碳经济中的重点产业、企业发展，具体可由政府、投资公司等相关部门作为主体参与人发起建立，并通过招聘优秀的投资管理者规范风险投资的经营和运作；二是建立多元化、社会化的风险投资机制，为低碳经济风险投资行为制定特殊的扶持政策，最大限度地规避风险投资相应的风险，引导风险投资机构集中支持和推动有利于带动产业低碳发展的创新项目；三是建立和完善风险投资运作机制，包括风险投资项目遴选机制、风险投资监督管理机制、风险资本退出机制及相应的风险投资中介服务体系，保障风险资本良好运用。

4. 完善碳交易和碳金融市场机制

尽管我国对碳交易越来越重视，现已拥有北京环境交易所、上海环境交易所和天津排污权交易所三家碳交易所，但目前的交易还仅限于节能环保技术的转让交易，真正通过交易平台完成的碳排放权交易不多，因此，我国的碳交易所与欧美真正意义上的碳交易市场还有非常大的差距，尚没有完全金融化。因此，我国的碳金融制度建设也还处于摸索阶段，要积极借鉴国际碳交易机制和碳金融制度的发展经验，深入研究碳金融的特点，建立与低碳经济发展相适应的金融制度，形成一个银行信贷、直接投融资、以人民币为计价和结算货币的碳指标交易、碳期权期货等一系列金融工具组合而成的碳金融制度体系，引导金融资源向低碳领域流动，向低碳产业发展。

5. 开展融资租赁业务

融资租赁又称金融租赁，是一种通过短时间、低成本、特定程序把资金和设备紧密结合起来的资金融通、物尽其用的方式，具有融资、融物双重职能。由于融资租赁主要是为飞机、船舶、石油钻井台、能源基础设施等大型机械设备及卫星通信系统、尖端科研设备等资金密集型设备提供融资服务，因此，融资租赁又称设备租赁，是企业更新设备的主要金融手段之一。低碳经济中的很多 CDM 项目可以开展这一业务，如风电和水电项目中的风力发电机和水力发电机。银行或租赁公司等金融机构先为项目企业购买这些设备，待项目建成后，再将设备出租给企业使用，企业从出售 CERs 的收入中支付租金，从而释放企业的流动资金，保证企业资金的流动性。

6. 大力发展碳基金

碳基金是指由政府、企业或专业投资机构设立的通过各种融资渠道，参与碳交易行为的资本金，目前已经成为发达国家用于支持低碳经济发展的重要手段。国际碳基金主要包括两种形式：政府基金和民间基金，前者主要依靠政府出资，后者主要依靠社会捐赠，但两者目的相同，都在于引导社会投资帮助企业和公共部门减少温室气体排放，并且投资低碳技术的研发以提高能源使用效率。从发达国家实施效果来看，碳基金对国家实现《京都议定书》强制减排目标已产生了不同程度的促进作用。然而，虽然国际碳基金业务已经发展得比较成熟，但中国目前尚没有真正意义上的碳基金，所拥有的两只与碳相关的基金——清洁发展机制基金（政府基金）和中国绿色碳基金（民间基金），都不在其中，清洁发展机制基金主要包括赠款和有偿使用两种使用方式，中国绿色碳基金则主要用于支持 CDM 森林碳汇项目。因此，在未来低碳经济发展的过程中，中国应该大力发展碳基金，并用来支持产业低碳发展，从而推动低碳经济增长。

（三）完善产业低碳发展的政策性金融政策

政策性金融是当前弥补金融市场失效的一种有效金融方式，往往在商业金融和资本市场无力或不愿承担的业务领域，通过各种特殊的投融资活动，起到建设制度、培育市场的作用，既能成为商业性金融和金融市场的有益补充，又能在国民经济基础性产业和战略性产业领域中发挥主导性功能，促使国家产业政策得到落实。因此，低碳经济中的很多领域都是政策性金融需要重点介入的领域，无论是传统产业的低碳化改造还是新兴低碳产业的发展。因此，政策性金融是实现产业低碳发展目标的重要金融服务手段，具体工作可从以下三个方面展开：一是调整信贷策略，体现低碳导向。国家开发银行、中国农业发展银行、中国进出口银行三家政策性银行要根据国家相关政策适时调整自己的信贷策略，对客户生产过程节能、排放等环节严格调查，对不符合要求的项目坚决不予受理。二是密切跟随国家新的政策要求，从严审查、监督、管理各项贷款，切实防范因违背国家环保政策形成的信贷风险。三是学习商业银行，积极推进金融产品创新，可针对产业低碳发展的金融需求特点，积极开发和引入多样化且有针对性的金融产品，如分别针对风电、水电等可再生能源 CDM 项目的支持方案，针对低碳产业示范基地建设和老工业基地改造项目的支持方案和针对石化、钢铁等传统产业改造项目的支持方案等，切实起到支持产业低碳发展的作用。

（四）制定与金融政策互补协调的财政政策

财政政策主要包括税收、财政投融资、补贴、国债、转移支付等手段，在支持经济社会发展的过程中，其目标、功能、作用与金融政策相辅相成，因此，在产业低碳发展金融服务的过程中，需要完善相应的财政政策，实现金融政策的协调配合。

（1）税收政策。一是实施特别折旧制度。这一方面可以借鉴日本经验，根据我国产业结构调整的需要，对有助于低碳生产的设备规定高于一般折旧率的办法，以加速企业的资本回收和设备更新，从而减轻企业税负，缓解企业发展低碳经济中所面临的资金紧张状况。二是实施投资减税制度，即对实施低碳生产企业或消费低碳产品的顾客免征或者少征税，以鼓励他们购买和使用低碳技术和产品，从而直接或间接促进产业低碳发展。三是明确企业所得税优惠重点，加强对高科技企业快速成长期或重大技术攻关、重大市场开拓等关键阶段实施税收优惠，加强企事业单位科技投入方面的税收鼓励措施，从而提高高新技术企业在低碳经济中的竞争力及其发展低碳经济的积极性。

（2）财政投融资政策。财政投融资作为政府配置资源的重要实现途径，可通过对增量资本的结构调整变化促进资产存量调整，从而使生产要素合理流动，促进产业结构合理化和高级化。一是拓宽传统基础产业低碳化改造融资渠道，将国家确定的"瓶颈"传统产业部门融资纳入重点产业投资基金范围，如钢铁、石化等原材料产业，对其提供定向投入，促使其完成产业重组与产业改造；二是调整传统制造业投融资政策，对于国家规定的需要限制和调整的传统制造业，如机床、轻纺产业，实施融资限制和调整，优化资产存量，与国家产业结构调整方向保持一致，对于需要扶植与保护的幼稚制造业，如汽车、生物产业，采取提供政府财政担保力度，增加国家财政贴息、加大专项贷款力度等措施，提高其资金筹措能力，增强其资本积累能力与资金配套能力；三是加大支柱制造业融资力度，如航空航天、装备制造、新能源等产业，要开拓其融资渠道，包括直接融资和间接融资，缓解支柱产业资金配套能力不足的现状。

（3）其他促进产业低碳发展的财政政策。主要包括设立专项低碳基金、协调银行为低碳项目担保、低碳产业贴息、改革现行财政法人体制等，逐步形成金融政策与财政政策协调支持产业低碳发展的良好格局。

二、产业低碳发展金融服务外部环境优化政策

（一）健全相关法律及制度体系

金融服务系统需要良好的法律和制度体系作为保障，应根据产业低碳发展的实际需要，综合考虑金融服务主体的需求，制定相关法律法规和制度体系，形成有利于开展产业低碳发展金融服务的法律和制度环境。

（1）构建低碳经济发展的国家宏观调控法律体系。目前，我国已经制定了《中华人民共和国大气污染防治法》《中华人民共和国节约能源法》《中华人民共和国清洁生产促进法》《中华人民共和国可再生能源法》《中华人民共和国循环经济促进法》《气候变化国家评估报告》《能源效率标识管理办法》《清洁发展机制项目运行管理办法》等一系列法律法规，这对于我国循环经济发展和两型社会建设，都发挥了积极作用，但对于低碳经济发展来说，政策法律体系依然薄弱。因此，应针对低碳经济发展需求，分阶段制定、出台低碳经济的法律法规及制度性文件，包括碳排放权交易法律机制、清洁发展制度、低碳消费法律制度及低碳发展的相关标准等，从而形成一个有利于低碳经济发展的政策法律体系，规范和约束社会各方面在低碳经济发展中的行为。

（2）健全适应低碳经济发展需求的金融法律体系。随着金融体制改革的不断深入，目前，我国已初步形成了一个以《中华人民共和国银行业监督管理法》《中国人民银行法（修正案）》为核心，以《商业银行法（修正案）》《中华人民共和国证券法》《中华人民共和国保险法》《中华人民共和国票据法》等金融法律、行政法规和规章为主体，以金融方面的司法解释为补充的金融法律体系，但从金融运行的角度来看，这些法律法规也不同程度地存在一些问题和不足，尤其是与宏观经济法律体系的契合与协调问题。因此，伴随着低碳经济法律体系的完善，金融法律体系也需要做出相应调整或补充，以适应低碳经济发展的需求。

（二）加强信用体系和金融监管体制建设

完备的信用体系和金融监管协调机制可促进金融系统的稳健发展，在开展产业低碳发展金融服务的过程中，要注重社会信用体系和金融监管体制的建设，防范金融服务工作开展中的各项风险，促进产业低碳发展。

（1）完善社会信用体系，改善金融服务的信用环境。现代市场经济本质上是

一种信用经济，建立健全社会信用体系是防范社会主义市场经济建设中金融风险的必然要求。低碳经济形态也具备这一特征，因此，社会信用体系建设是促进产业低碳发展金融服务的重要保障，对于促进企业和个人自律，形成有效的市场约束，具有重要作用。要依托社会现有的"金税""金关""金质"等管理系统，推进企业信用制度建设，促进行业信用建设和行业守信自律。同时，相关部门要根据低碳经济发展需要，抓紧研究建立市场主体碳信用记录，完善社会信用体系，为金融服务创造良好的信用环境。

（2）构建我国碳信息披露框架。近年来，随着碳交易市场的快速发展，国外通过问卷调查方式，实施了企业碳信息披露项目（carbon disclosure project，CDP），提供了低碳战略、碳减排核算、碳减排管理和全球气候治理状况等方面的信息。虽然该项目实施框架目前并不完善，但依然为企业利益相关者提供了一个相对完整的碳信息披露体系，为全球应对气候变化也提供了有益参考。因此，加强碳信息的披露框架建设，为利益相关者决策提供所需信息也是我国推动碳排放权交易的重要问题。我们应该在借鉴国际 CDP 运行经验的基础上，逐步建立起符合我国碳交易实际情况的碳信息披露框架，这不仅是为了满足相关利益者对碳排放信息的需求，对企业树立社会责任意识、完善环境管理制度和社会信用体系也将有很大的促进作用。

（3）建立低碳经济担保机制。低碳经济担保机制指低碳经济产业贷款担保机构，有效的低碳经济担保机制是加强和改进低碳信贷服务、缓解企业发展低碳经济融资难的关键。因此，应鼓励政府出资的各类信用担保机构积极开展符合低碳经济发展要求的担保业务，有条件的地区，可以由政府牵头出资、企业和个人参股，建立专业化的低碳经济信贷担保机构，并采取市场化运作方式，提高担保机构的服务效率，更好地为低碳经济发展提供资金上的信用担保支持。

（4）改革和完善金融监管体制。金融监管是指政府通过特定的机构（如中央银行）对金融交易行为主体进行的某种限制或规定，是维持金融业和经济健康发展的必然措施。随着低碳经济的发展，金融市场中出现了许多新的风险，尤其是碳金融市场中的金融服务创新，包括各种衍生品的设计和金融工具的使用等。因此，面对当前碳交易市场的快速发展，要加强对于金融创新的监管，要通过提高金融品合约的标准化程度及信息披露制度、提高市场透明度，缓解交易风险。对投资者进行适应性监管，如某些金融产品的交易必须有足够保证金等。同时，还要完善现有的金融监管体系，加强系统性的监管体系建设，促使各监管部门之间形成更加科学合理的协调配合机制。

（三）改善金融服务的信息和技术环境

与法律、制度、信用、监管环境的优化等金融服务软环境因素不同，信息和技术环境是影响金融服务系统的两个重要硬环境要素，通过改善金融服务的信息和技术环境，促进高端金融元素的聚集，提升产业低碳发展中的金融服务水平和效率。

（1）积极推动金融信息平台的搭建和完善。金融业是一个信息密集的行业，金融服务的水平不仅依赖于金融机构自身的服务理念，更需要整个行业，甚至整个社会的良好信息环境。而且，随着信息技术的发展，当前的金融服务市场也已经发生巨大变化，进入以互联网、通信网和数字交互媒体为基础的网络服务时代，因此，可借助网络平台的发展，积极推动信息服务平台的完善，搭建政府部门与金融机构、金融机构与存贷主体、金融机构与社会公众之间的信息交流平台，为经济发展提供更为优质的服务。

（2）着力改善金融服务的技术环境。随着电子和网络技术在金融服务领域的应用，全球金融服务业进入"科技金融时代"，金融的发展更加依赖于技术进步和科技创新，技术水平成为影响金融创新的主要动力。据统计，目前，西方95%的金融创新都来自信息技术，而我国的金融创新产品则100%基于信息技术，积极开发应用新的电子技术已经成为推进金融创新的有效手段。因此，在低碳经济发展过程中，要不断改善金融服务的技术环境，并从产业低碳发展的金融服务需求出发，运用现代科学技术，推进金融服务创新，为建立更加方便、高效、安全的产业低碳发展金融服务系统打下良好基础。

参 考 文 献

白剑眉. 2005. 金融功能的层次结构：一个全景分析. 广东金融学院学报, 20（4）：9-14.

蔡林海. 2009. 低碳经济：绿色革命与全球创新竞争大格局. 北京：经济科学出版社.

陈邦强, 傅蕴英, 张宗益. 2007. 金融市场化进程中的金融结构、政府行为、金融开放与经济增长间的影响研究——基于中国经验（1978—2005年）的实证. 金融研究, （10）：9-14.

董金玲. 2009. 区域金融发展与产业结构转变的相互作用机制及其实证研究. 财政研究, 10：62-65.

傅进, 吴小平. 2005. 金融影响产业结构调整的机理分析. 金融纵横, 2：30-34.

顾培亮. 1998. 系统分析与协调. 天津：天津大学出版社.

郭朝先. 2010. 中国二氧化碳排放增长因素分析——基于SDA分解技术. 中国工业经济, （12）：47-56.

郭晶. 2010. 低碳目标下城市产业结构调整与空间结构优化的协调——以杭州为例. 城市发展研究, 17（7）：25-28, 51.

李国柱, 刘德智. 2010. 计量经济学实验教程. 北京：中国经济出版社.

李红河. 2010. 区域产业结构调整与金融发展关系：以重庆为例. 重庆社会科学, （2）：45-48.

李健, 周慧. 2009. 天津滨海新区产业循环经济发展模式研究. 现代管理科学, 7：63-64, 114.

李健, 周慧. 2010. 面向功能定位的滨海新区产业发展策略研究. 天津大学学报（社会科学版）, 2：149-154.

李健, 周慧. 2012. 中国碳排放强度与产业结构的关联分析. 中国人口·资源与环境, 1：7-14.

李旸. 2010. 我国低碳经济发展路径选择和政策建议. 城市发展研究, 17（2）：56-67.

刘满平. 2006. 我国产业结构变化与能源供给、消费的协调发展研究. 中国经贸导刊, （5）：33-34.

刘美平. 2010. 我国低碳经济推进与产业结构升级之间的融合发展. 当代财经，（10）：86-91.

钱水土. 2010. 金融结构、产业集聚与区域经济增长：基于 2000—2007 年长三角地区面板数据分析. 商业经济与管理，4：67-74.

谭丹，黄贤金，胡初枝. 2008. 我国工业行业的产业升级与碳排放关系分析. 四川环境，27（2）：74-78，84.

武康平，胡谍. 2010. 房地产市场与货币政策传导机制. 中国软科学，11：32-43.

武志. 2010. 金融发展与经济增长：来自中国的经验分析. 金融研究，（5）：58.

夏庆利. 2010. 基于碳汇功能的我国农业发展方式转变研究. 生态经济，（10）：106-109.

杨国辉. 2008. 中国金融对产业结构升级调整的影响研究. 华中科技大学博士学位论文.

杨琳，李建伟. 2002. 金融结构转变与实体经济结构升级. 财贸经济，（2）：9-13.

野村综研（上海）咨询有限公司. 2009. 天津市环境保护、节能减排、循环经济发展目标和重点任务研究项目中间报告书.

殷剑峰. 2006. 金融结构与经济增长. 北京：人民出版社.

于珍，李保明，施祖麟. 2010. 产业调整路径、幅度与能源消耗. 中国人口·资源与环境，20（6）：92-97.

喻平. 2004. 金融创新与经济增长的关联性研究. 武汉理工大学博士学位论文.

曾波，苏晓燕. 2006. 中国产业结构变动的能源消费影响：基于灰色关联理论和面板数据计量分析. 资源与产业，3：109-112.

张晓峒. 2009. Eviews 使用指南与案例. 北京：机械工业出版社.

张云. 2008. 区域金融发展与经济增长、产业结构调整的关系——以上海经济为例. 上海经济研究，12：24-29.

周好文，钟永红. 2004. 中国金融中介发展与地区经济增长：多变量 VAR 系统分析. 金融研究，（6）：130-137.

周慧，李健. 2011. 面向低碳经济的金融创新研究述评. 现代财经（天津财经大学学报），4：55-60.

周慧，李健，宋雅杰. 2011. 城市产业共生网络的复杂性与管理模式分析. 地域研究与开发，3：35-38，43.

周慧. 2011. 低碳经济的金融创新研究述评. 青海金融，6：13-16.

周建安. 2006. 中国产业结构升级与就业问题的灰色关联分析. 财经理论与实践，27（143）：94-98.

踪家峰，熊行，周聪. 2009. 区域金融结构与经济增长. 财经科学，9：11-17.

Abu-Bader S，Abu-Qarn A S. 2008. Financial development and economic growth: the egyptian experience. Journal of Policy Modeling, 30（5）：887-898.

Allen F，Gale D. 1999. Diversity of opinion and the financing of new technologies. Journal of Financial Intermediations, 8（1/2）：68-89.

Arestis P，Luintel A D，Luintel K B. 2010. Financial structure and economic growth: evidence from time series analyses. Applied Financial Economics, 20（19）：1479-1492.

Dow J，Gorton G. 1997. Stock market efficieney and economic effieieney: is there a connection? The Journal of Finance, 52（3）：1087-1189.

Granger C W J. 1980. Testing for causality: a personal viewpoint. Journal of Economic Dynamics and Control, 2（1）：329-352.

Koetter M，Wedow M. 2010. Finance and growth in a bank-based economy: is it quantity or quality that matters? Journal of International Money and Finance, 8：1529-1545.

Levine R. 1997. Financial development and economic growth: views and agenda. Journal of Economic Literature, 35（6）：688-726.

Scharler J. 2008. Do bank-based financial systems reduce macroeconomic volatility by smoothing interest rates? Journal of Macroeconomics, 30（3）：1207-1221.